大型标志性超高层建筑结构及施工关键技术

——广西九洲国际大厦

钱增志　张学臣　王　智　主编

中国建材工业出版社

图书在版编目（CIP）数据

大型标志性超高层建筑结构及施工关键技术：广西九洲国际大厦/钱增志，张学臣，王智主编．--北京：中国建材工业出版社，2020.1

ISBN 978-7-5160-2590-1

Ⅰ.①大… Ⅱ.①钱… ②张… ③王… Ⅲ.①超高层建筑—建筑结构—研究—广西 ②超高层建筑—建筑施工—研究—广西 Ⅳ.①TU97

中国版本图书馆CIP数据核字（2019）第122188号

大型标志性超高层建筑结构及施工关键技术
——广西九洲国际大厦
Daxing Biaozhixing Chaogaoceng Jianzhu Jiegou ji Shigong GuanJian Jishu
——Guangxi Jiuzhou Guoji Dasha
钱增志　张学臣　王　智　主编

出版发行：中国建材工业出版社
地　　址：北京市海淀区三里河路1号
邮　　编：100044
经　　销：全国各地新华书店
印　　刷：北京鑫正大印刷有限公司
开　　本：889mm×1194mm　1/16
印　　张：24.5
字　　数：600千字
版　　次：2020年1月第1版
印　　次：2020年1月第1次
定　　价：168.00元

本社网址：www.jccbs.com，微信公众号：zgjcgycbs
请选用正版图书，采购、销售盗版图书属违法行为

编写委员会

主 任 委 员：赵　伟　梅红亮

委　　　员：吴永红　于久龙　孙洪军　贾学斌　赵向东
钱增志　周桂云　李太胜　李长勇　张德训
宋璟毅　贺建中　方　辉　范立军　回保华
袁　斌　李士坦　张　洋　高　志　李　想
伊　亮　于占福

主　　　编：钱增志　张学臣　王　智

副　主　编：杨　迪

主要编审人员：闫海强　任志刚　邸士刚　狄春锋　林聚鹏
孙长立　成琳洁　李　强　张　辉　何正伟
王　鹏　张学兵　葛元辉　郭磊磊　于目帅
张丹峰　王　顺　王龙江　冯永安　石河山
白小峰　刘　刚　刘广军　刘　超　刘军荣
全　苗　成　航　宋星波　林　堽　张　烽
王　勇　张　旋　张　鹏　张文献　张爱群
陈　军　陈建利　周迪清　周德忠　钟吉荣
袁永祥　莫世明　梁树庆　郭于戈　常永亮
黄宁武　韩　冰　蒋铁军　程　珊　葛培宏
廖志辉　黎　旭　魏　洁

主 编 单 位：中铁建设集团有限公司
中铁建设集团南方工程有限公司

前　　言

广西九洲国际大厦工程位于南宁市东盟商务核心区，是一座集商务酒店办公于一体的超高层建筑综合体。该工程建筑高度318m，总建筑面积214388.77m^2，地下6层，地上71层，裙楼9层，钢管混凝土柱＋钢筋混凝土框架＋核心筒结构体系，施工环境复杂。

本书以广西九洲国际大厦超高层项目为研究对象，结合项目实践，研究了基于混凝土框筒结构体系的超高层建筑设计与施工技术，从超高层地基基础、混凝土结构超限核心技术、施工组织管理等方面进行了较为系统的探讨。

本书对广西九洲国际大厦的钢管混凝土柱-RC环梁、框筒钢管剪力墙等创新设计进行了介绍，并对组合结构关键技术、主体结构抗震分析进行了研究，详细总结了与超高层超大直径人工挖孔桩承载力有关的设计关键。结合施工中的数据模拟与监测分析，对该结构在各个工况下的变形监测情况进行深入研究，总结出超高层建筑徐变随施工工况和时间的变化规律。

本书还对超高层结构施工的关键技术进行了探讨和总结，如详细探讨了垂直运输内爬式塔吊施工技术、内爬式塔吊高空拆塔施工技术及高大模板支撑体系的设计及施工，并开发了承插型套扣式钢管脚手架设计软件。此外本书还探讨了高强高性能混凝土配合比设计及质量控制关键技术、高强高性能混凝土泵送关键技术。本工程地基基础采用多种支护形式，对超深基坑设计数值方案进行了模拟，并结合施工期间长期监测数据分析，研究了超深基坑支护设计和安全施工技术。

广西九洲国际大厦超高层项目，把钢管混凝土环梁技术应用到超300m的现浇混凝土框筒结构体系中，是一次创新与尝试。在施工中成功解决了结构体系带来的技术难题和降效问题，总结的上、中、下三册研发成果在同类超高层工程施工中具有较大的参考价值和指导意义。

本书可作为超高层建筑施工及设计人员的参考用书，也可作为高校教师教研资料。

由于作者时间有限，书中不妥之处请读者批评指正。

编　　者

目　　录

第1章 绪　论

1.1 广西九洲国际大厦超高层项目概述

广西九洲国际大厦工程项目，场地位于南宁市埌东开发区、中国—东盟国际商务区，民族大道、青秀路及中新路之间，华润万象城的东南侧。场地未作平整，局部为邻近场地开挖的弃土堆填，地形略有起伏，总体南高北低，勘探期间测得各钻孔的孔口标高在 98.86～107.83m 之间，最大高差为 8.97m，场地地貌属于构造剥蚀丘陵地貌。建设单位资金来源为自筹，合同工期 1080 日历天，质量标准要求达到南宁市“邕城杯”标准，工程现场执行南宁市安全施工生产及文明施工的有关规定，达到安全文明工地标准。工程周边交通流量较大，高楼林立，南北西三侧均为华润项目用地，南面和西面的华润项目商住楼正在进行结构施工，场地十分狭小，地下室边线距用地红线仅 3m。同时工程毗邻东盟驻南宁领事馆，对现场文明施工及环境保护要求较高。工程总平面图如图 1-1 所示。

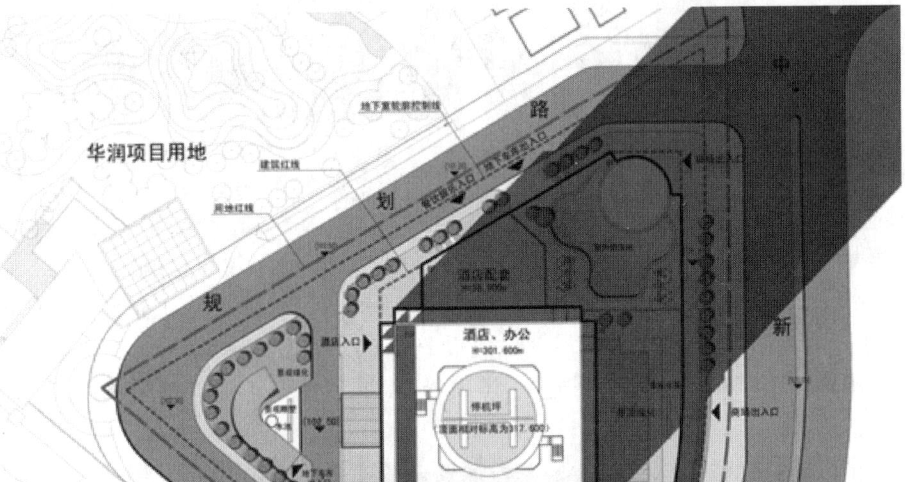

图 1-1　广西九洲国际大厦工程总平面图

总建筑面积 214729.8m²，总建筑高度 317.6m，地上 71 层，地下 6 层，地下室埋深 26.5m。地基呈三角形，东侧长 139.8m，北侧长 140.8m，南侧长 123.6m。裙房 100.6m×99m，塔楼 46.4m×

46.4m。结构形式为钢管混凝土柱框架＋钢筋混凝土核心筒结构。抗震设防类别为乙类，地基基础设计等级为甲级，地下室防水等级为一级。

总用地面积 11515.9m^2，项目大厦共分为三部分，分别为办公主楼、五星级酒店、商业裙楼。负六层至负二层为设备用房及停车场，负一层至五层为商业裙楼，六层至二十五层为五星级酒店客房及配套用房，二十六层至七十一层为办公用房，其中十层、三十五层及五十三层设为避难及设备层。工程以“步步高升”为主题，材料以混凝土和玻璃为主，通过简洁明快的现代手法，以层层退缩的建筑体型，丰富的虚实对比，体现高雅时尚的建筑造型，力求打造南宁的商业地标。九洲国际大厦设计效果图如图 1-2 所示。

(a) 大厦立面图　　(b) 鸟瞰图

图 1-2　广西九洲国际大厦设计效果图

该项目工程量大、周期长、时间紧。工程总投资约 21 亿元，合同金额 8 亿元。总钢筋用量约 2.1 万 t，总混凝土浇筑量约 12.5 万 m^3，钢结构总量约 5000t，总模板施工量约 50 万 m^2。合同工期 1080 天，平均每 14 天施工 1 层，每天约需铺设模板 296m^2，绑扎安装钢筋 19.5t，浇筑混凝土 116m^3。施工期跨越三个雨期，南宁年平均降雨量达到 1310mm，季节性施工的保证措施关系到工程总体进度的实现。

施工场地狭小，内外交通组织难度大。工程地处东盟商务区中心地带，周边住宅小区林立，道路为市政主干道，交通流量大；同时场地内用地紧张，基本的施工临时用地为占用市政道路所得，在地下室施工阶段场内无法形成环形交通路线。如何根据现场条件合理组织场内外交通，减少对市政道路的影响，避免交通堵塞是关系到工程能否开展的重要条件之一。

大体量施工材料及机具的垂直运输高度达到 317.6m，塔吊吊重运行时间较长。超高层建筑体量巨大，结构材料、机电安装及装饰工程所需的材料、设备高达数十万吨，均需通过起重机械进行垂直运输。塔吊的拆除与屋面设备层的施工需统一协调。数千施工人员的上下均需在 5min 内从地面到达作业层。

工程涉及 300m 高度高性能混凝土的泵送，钢管柱内 C60 级高性能混凝土一次泵送浇筑至 317.6m；泵送 C60 级、C70 级混凝土的配合比设计，外加剂的选用及动态调整；泵送设备的选择以及泵管的布置；浇筑完毕后泵管内混凝土的回收利用以及泵管清洗方案的制定。

超高层施工中模板方案的确定。该工程受结构形式限制，只能采用核心筒与外框架平层施工的方式进行。核心筒模板需选择质量轻、组装灵活、安全可靠且适合平层施工的模板体系，以减少工人作业强度，缩短施工周期。外框架模板选用模块化设计及早拆体系，且需对框架梁板的变化有较强的适应性。裙房及地下室模板选用模块化定型模板，充分利用起重设备，减少人员工作强度，并可替换使用。

超高层建筑施工过程中的测量控制。由于超高层建筑高度高，平面控制网和高程垂直传递距离长，测站转换多，测量累计误差较大。超高层建筑侧向刚度小，施工过程中受风振、日照等环境影响极为显著，高空测量控制网的稳定性较差。超高层建筑测量受建筑结构设计、工作环境、测量仪器、施工工艺等因素的影响较大。

超高层建筑涉及专业众多，对深化设计管理要求高。该工程为超高层综合体建筑，专业系统齐全，同时存在众多的甲方指定分包工程，各专业工种之间的穿插协作极为频繁。各专业间的系统排布及综合布置需进行深化设计，要充分领会设计意图，熟悉设备性能，做到统筹兼顾。

现场文明施工及环境保护要求高。该工程位于南宁市东盟商务区内，紧邻南宁市交通主干道——民族大道。东盟商务区是南宁市对外的窗口，该区域内设有东盟各国驻南宁领事馆，对现场文明施工及环境保护要求较高。如何展现施工单位的施工水平及管理能力将是施工过程中需要时刻关注的重点。

施工平面、立面上的交叉作业量大。该工程施工平面大，立面高度高，地下室施工根据现场条件划分为四个施工区域，裙楼划分为三个施工区域；塔楼外幕墙根据造型特点划分为四个施工段；室内装修及机电设备安装划分为五个施工段。工程平面、立面上的多项工作同时展开，交叉作业量大，持续时间长。在基坑施工过程中土方与支护在平面上存在交叉，基坑要求做到“先支后挖”；地下室施工阶段存在结构施工与支护拆除在平面上的交叉，要求在支撑拆除前先施工顶板周围的换梁；主楼区域与裙楼区域在平面上形成交叉施工等。

超高层建筑安全施工是该工程的重点。该工程为超高层综合性建筑，且基坑深，裙楼、地下室面积大，交叉施工多，施工环境复杂，塔楼施工期内，裙楼商场将提前营业，这对超高层建筑的安全文明施工，防高空坠落、防高空落物、防火等提出很高要求，施工过程中的安全控制是该工程的控制重点。

随着城市高层建筑、地铁工程、市政工程以及地下空间开发规模日益增大，深基坑工程近年来急剧增加。影响深基坑开挖及支护结构设计的因素很多，难度较大。由此引发的诸多环境岩土工程问题及工程事故，不仅危及工程安全，造成巨大的人员伤亡和经济损失，而且影响城市道路交通、供电供气、通信等，引起社会不安，图 1-3 为基坑坍塌现场、图 1-4 为支护结构破坏现场。

图 1-3　基坑坍塌现场

图 1-4　支护结构破坏现场

该工程基坑深度为南宁市第一，且周边环境复杂。该工程设六层地下室，开挖深度为 26.5m，基坑面积约 10000m^2，在如此狭小的面积内开挖如此深的基坑，在南宁及广西地区实属罕见。该工程基坑距离在建的华润地产项目地下结构仅 5.3m，两建筑地下结构高差达到 17.2m。在建的 45 层住宅仅距基坑边缘 16.80m，已经结构封顶。

根据唐业清、曾宪明对全国414项基坑事故进行的调查表明：由于设计不当造成深基坑事故的有170项，占41%；由于施工因素引发的事故有180项，占44%；由于水处理不当（如止水、降水、排水等）引发的工程事故有43项，占10%；其余的如勘察因素等引发的事故有21项，占5%。据调查，基坑工程导致的安全和环境问题约占工程总量的10%～15%，高地下水位软土地区达20%，个别地区基坑工程中，有较大问题的约占60%，挡土支护结构倒塌的占30%。而所有这些基坑事故，几乎无一例外会对近邻建（构）筑物、设施产生或轻（开裂）或重（人员伤亡、财产损失）的影响。如1994年9月上海浦东某大厦地下三层基坑一侧围护结构支撑破坏，导致周围道路下陷，各种市政管线破坏，造成大面积停水停电；又如1995年海口某宾馆8m基坑施工中，近邻的一栋三层建筑物突然开裂倾倒，并最终整体塌入基坑中；而发生在2003年7月的上海轨道交通4号线越江隧道区间旁通道工程事故，因大量的水和流沙涌入，引起隧道部分结构损坏及周边地区地面沉降，造成3栋建筑物严重倾斜，黄浦江防汛墙局部塌陷并引发管涌，造成经济损失达上亿元。

深基坑开挖导致的重大事故和环境问题屡见不鲜，为了对基坑变形和周边环境加以控制，合理的支护设计和选型是必不可少的，尤其是在复杂环境下施工的超深基坑。同时，为了减少深基坑施工对周边环境造成的不利影响，在基坑开挖过程中应进行实时监测、预警以便对整体施工过程进行动态调整和对施工进度进行把控。

大厦主楼采用人工挖孔桩基础，桩基持力层为中风化砂岩，桩基设计等级为甲级，共设计36根人工挖孔桩。最大桩身直径为4.0m，扩底直径为5.6m；最小桩身直径为2.6m，扩底直径为3.6m。单桩承载力特征值55000～128000kN。桩基平面布置图如图1-5所示，桩身大样图如图1-6所示。

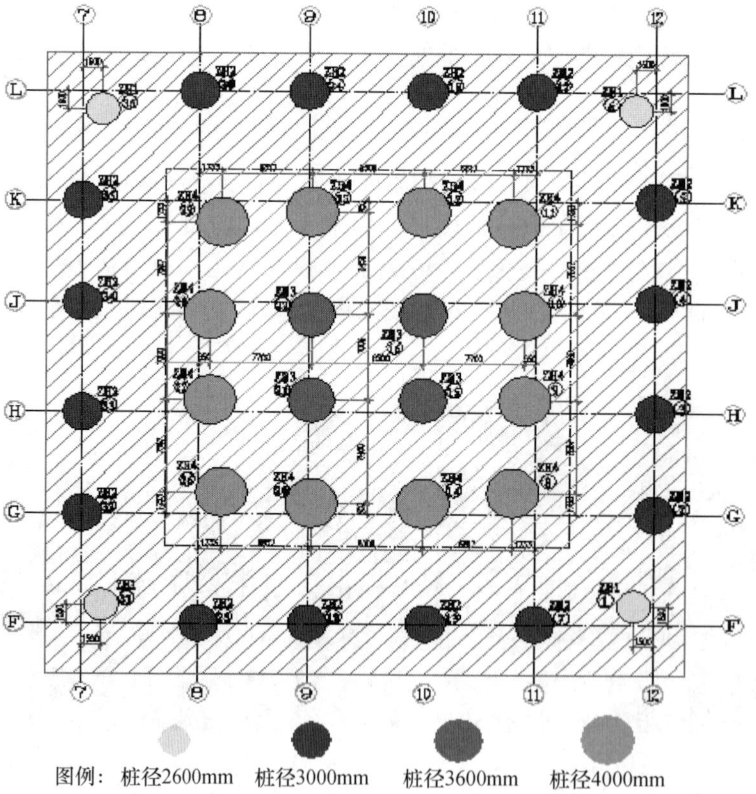

图1-5 主楼人工挖孔桩平面布置图

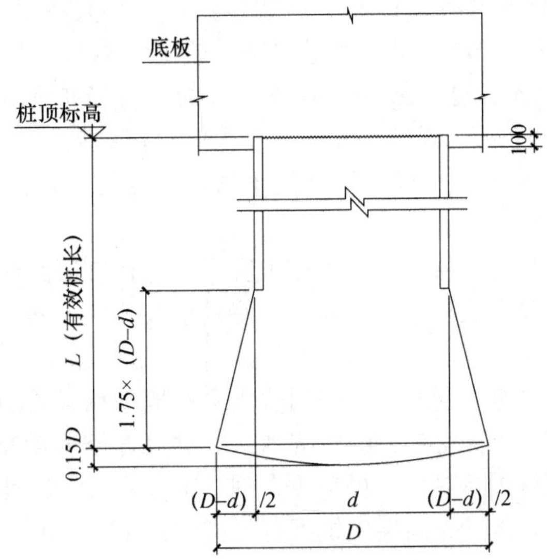

图 1-6　桩身大样图

基于近邻工程及地勘报告的信息，底板以下土层为中风化砂岩，其坚硬程度较大，需采取坑底局部爆破的方式进行施工。采用现浇钢筋混凝土护壁，混凝土强度等级不低于 C40。护壁施工采取一节组合式钢模板拼装而成，拆上节支下节，循环周转使用，模板用 U 形卡连接，上下设由两半圆组成的钢圈顶紧，不另设支撑，混凝土用吊桶运输人工浇筑。

由于该工程桩基设计承载力超大，其标准值最小为 50000kN（试验荷载 10000t），最大达到 128000kN（试验荷载 25600t），成桩后无法进行常规静载试验。因此，在成孔时采用基岩荷载试验检测其桩端承载力，岩基载荷试验示意图如图 1-7 所示。成桩后采用钻芯法和声波透射法检测桩身完整性。

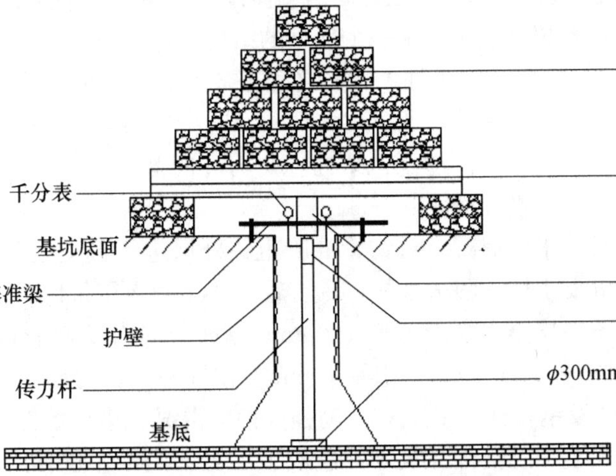

图 1-7　桩端持力层岩基检测示意图

由于工程桩基直径最大达 4m，桩端持力层为中风化砂岩，属于超大直径扩底人工挖孔嵌岩桩。对于该类桩基础，目前大都按照端承桩来设计，然而实际上桩侧摩阻力也有发挥，应将其作为摩擦端承桩设计更佳。因为无法进行常规静载荷试验，单桩极限承载力无法通过试验方法得到。故本书将对超大直径扩底人工挖孔桩承载机理进行研究，基于岩基载荷试验结果提出极限承载力预测模型，并结合数值模拟的方法预测桩的极限承载力，进而对非扩底情况进行对比分析。

鉴于目前国内外关于大直径扩底人工挖孔桩的研究情况，由于大直径人工挖孔桩难以进行常规的静载荷试验，故其极限承载力没有统一的方法能得到，这给大直径人工挖孔桩的设计带来了不便。如果按照规范的方法将其看作端承桩，通过岩基试验确定地基承载力，仅考虑其端阻力而忽略侧阻力的发挥，得到的结果过于保守。故要得到较可靠的大直径扩底人工挖孔桩的极限承载力值，应该结合多种方法，利用理论分析、现场试验结果和数值模拟结果，研究大直径人工挖孔桩的承载机理，考虑桩侧摩阻力的发挥，建立合理的、适用于软岩地区的大直径人工挖孔桩极限承载力预测方法。

目前关于中风化砂岩作为持力岩层的超大直径扩底人工挖孔桩研究尚少，其超大直径的特性会使其不同于其他小直径桩，而其设计成扩底的形式又会使其承载性状不同于普通直桩。本书立足于广西南宁软岩地区的工程特点，着重对高层建筑以大直径扩底人工挖孔灌注桩作为地基基础时的承载特性展开研究。以软质岩石作为桩端持力层时，会碰到软质岩石地基承载力的取值问题，通过现场岩基载荷试验和数值模拟的方法，研究其关键参数的影响因素。对大直径扩底人工挖孔灌注桩的承载特性做深入的机理分析，并与非扩底桩进行对比，提出更合理、准确，且普适性强的承载力预测模型。项目研究成果可为南宁地区下伏软岩地基、高层建筑大直径扩底人工挖空灌注桩基础的设计提供科学、可靠的技术支撑，具有重要的理论价值和现实指导意义。

随着高层建筑的不断发展，剪力墙作为构成高层建筑的一种重要结构单元，对其运用的比重越来越大且范围也越来越广泛，但传统的钢筋混凝土剪力墙承载能力不高，且其延性及耗能能力较差，因此目前在高层和超高层结构中，大多采用的是钢管剪力墙，其可以发挥不同材料和不同形式各自的优点，各项性能相较于传统的钢筋混凝土剪力墙有了很大的提高。但由于相对于传统的钢筋混凝土剪力墙，钢管剪力墙是一种较为新型的结构体系，现有的对其性能的研究和探讨的文献不是十分全面，因此进行系统的研究是十分必要的。相信随着对钢管剪力墙研究的不断深入和完善，其一定会具有十分广阔的发展前景。

钢管混凝土柱（STCC 柱）是由钢管和混凝土组合而成的构件，它充分发挥了两种材料的优点，具有理想的受力性能和良好的经济效益，目前已广泛应用于高层及超高层建筑体系中。我国超高层建筑主要采用钢结构外框架＋钢筋混凝土（RC）核心筒结构体系，而钢管混凝土柱＋钢筋混凝土梁板楼盖＋钢筋混凝土核心筒结构体系是超高层领域中一个新型的结构设计体系。

STCC 柱-RC 梁节点主要是由钢管混凝土柱、钢筋混凝土环梁、钢筋混凝土框架梁和抗剪环构成。环绕钢管贴焊一道或者两道钢筋作为抗剪环，通过抗剪环，环梁将框架梁端剪力传递至钢管；RC 环梁围绕钢管，与钢管紧密箍抱，将梁端弯矩传递至框架柱。抗剪环的截面尺寸应通过抗剪验算确定；环梁承载力应符合“强连接弱构件”的设计概念。

钢管混凝土柱外包混凝土是指采用混凝土对钢管混凝土柱外层进行包裹处理，能够对钢管进行防水、防火等保护，提高了钢管混凝土柱的耐久性能，具有较高的工程运用价值。

广西九洲国际大厦工程于负二层至九层核心筒 1000mm 厚剪力墙内设置了 68 根劲性钢骨-钢管混凝土柱（简称钢骨柱），钢骨柱直径为 500mm，壁厚 10mm，在核心筒剪力墙内以 0.8m 至 1.4m 不等距布置，如图 1-8 所示，剪力墙及钢骨柱内采用 C70 高强高性能混凝土进行填充。钢骨柱的特殊设计，对钢柱安装、钢筋绑扎、模板安装、混凝土浇筑等都造成了巨大的困难，过程施工技术的攻克及质量把控成为施工管理工作的重中之重。

与一般传统剪力墙结构相比，九洲国际项目中核心筒墙体采用的内置钢管混凝土剪力墙具有更好的抗侧能力和抗震性能，并同时满足了超高层建筑对空间布局和使用功能的要求。

广西南宁市九洲国际大厦工程项目的结构体系为钢管混凝土柱＋钢筋混凝土核心筒体结构体系，主要采用的节点为 STCC 柱-RC 环梁节点。STCC 柱-RC 梁节点主要是由钢管混凝土柱、钢筋混凝土环梁、钢筋混凝土框架梁和抗剪环构成。环绕钢管贴焊一道或者两道钢筋作为抗剪环，通过抗剪环，环梁将框架梁端剪力传递至钢管；RC 环梁围绕钢管，与钢管紧密箍抱，将梁端弯矩传递至框架柱。抗剪环的截面尺寸应通过抗剪验算确定；环梁承载力应符合“强连接弱构件”的设计概念。采用 RC 环梁连接的 STCC 柱-RC 梁节点示意图如图 1-9 所示。

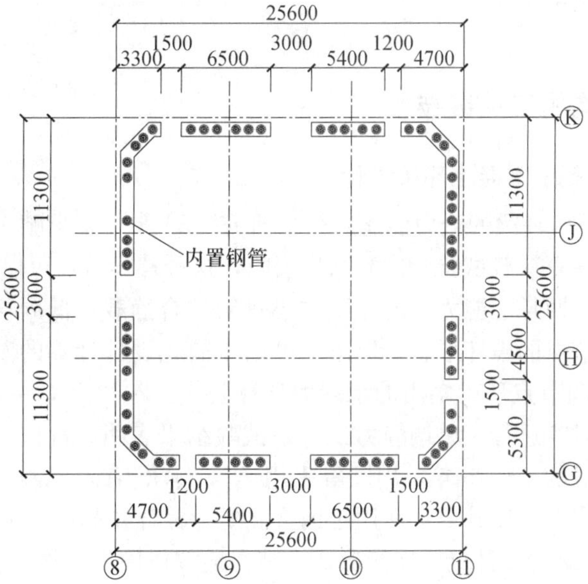

图 1-8　钢管剪力墙钢骨柱布置图

广西九洲国际大厦项目中节点 RC 环梁连接的钢管混凝土柱-钢筋混凝土梁框架（STCC 柱-RC 环梁节点），较为新颖、美观，提高了建筑空间的利用率；同时该类型节点与现行规程中各种钢管混凝土梁柱节点形式相比，其钢板材用量比穿心式减少 23%，如果与用钢量更大的上下环板节点相比，减少幅度会更大，具有很高的经济效益。

工程钢管柱外包混凝土分为 150mm 厚及 50mm 厚两种情况，现以 50mm 厚外包混凝土施工方案为例进行介绍。负一层、七层的分叉钢柱及六十二至六十四层的斜钢柱采用防腐、防火涂料设计。当出现钢管变径情况时，按照较大直径钢管柱尺寸进行外包。50mm 厚钢管柱外包混凝土构造做法如图 1-10 所示。

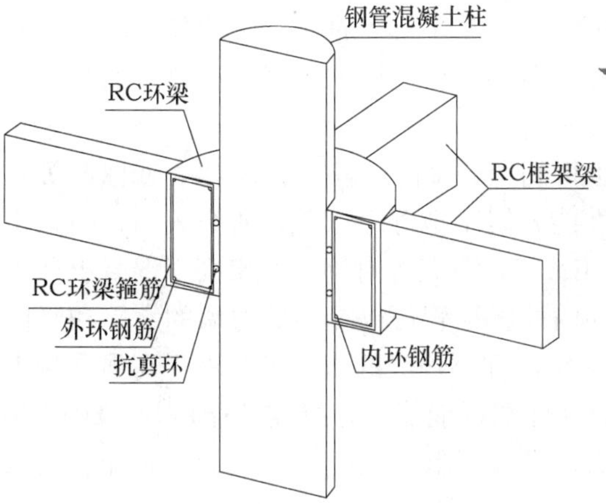

图 1-9　STCC 柱-RC 环梁节点示意图

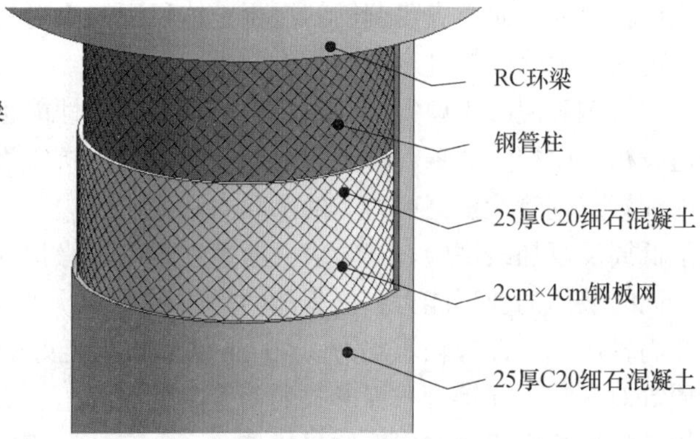

图 1-10　50mm 厚钢管柱外包混凝土构造做法

钢管混凝土柱具有承载力高、抗震性能好的特点，已广泛运用于超高层建筑中。广西九洲国际项目中就是采用了钢管混凝土柱，由于钢管直接暴露在空气中，降低了钢管的耐久性能，在工程中对其进行了外包混凝土处理；外包混凝土具有防锈、防腐及防火隔热功能，同时能够提供侧向约束，防止钢管过早屈曲失稳，具有较高的社会和经济价值。

1.2 超高层施工技术研究

1.2.1 超高层建筑结构施工关键技术

1.2.1.1 钢管混凝土柱及钢筋混凝土环梁设计

近年来，部分学者对RC环梁的受力性能进行了研究。2008年，满鹏等对一种新型环梁节点进行了单调受弯、单调受剪和往复荷载试验，试验结果表明，这种环梁节点可以有效实现“强节点弱构件”的设计目标，具有良好的滞回耗能能力。同年，方小丹等结合静载、低周往复及拟动力等历次环梁节点的试验结果，总结环梁节点的破坏形态，提出了可用于简化设计计算的基于试件破坏面极限平衡的节点环梁承载力设计方法和节点环梁实用的承载力计算公式。2013年，韦宏等设计了11个RC梁-方钢管混凝土柱节点试件，对其进行了单调静力试验，试验结果表明，可以通过调整环梁纵筋及配箍率达到“强节点弱构件”的目的。2015年，周颖等采用ABAQUS有限元静力模型对不同轴压比下环梁的受弯承载力公式进行了修正，使其更加适用于钢管混凝土叠合柱节点环梁。

RC环梁作为超高层建筑的一种重要连接形式，其在地震作用下的性能也得到相应研究。2003年，钱稼茹等进行了数个环梁节点模型在低周反复荷载作用下的试验，试验结果表明，该类型节点能有效地传递框架梁端的剪力和弯矩，具有良好的变形能力和耗能能力。2004年，周栋梁等进行了钢筋混凝土环梁连接的RC环梁-钢管混凝土柱框架的拟动力试验和静力试验，试验表明，RC环梁与柱之间几乎无相对竖向滑移，节点具有良好的抗震性能。2013年，王伟等对不同纵箍筋量的RC环梁节点进行了双向低周反复加载试验，结果表明，钢管混凝土柱-RC环梁节点具有良好的延性，环梁纵筋和箍筋的配置量对节点抗震性能均有较大影响。

1.2.1.2 核心筒钢管剪力墙的设计

近年来，内置钢管剪力墙的静力性能得到了相应的研究。2013年，方小丹等分别对钢管高强混凝土剪力墙试件开展了轴心受压试验和单调水平荷载作用下的压弯试验，研究表明钢管对高强混凝土的有效约束的作用可以提高剪力墙的轴心受压承载力，钢管高强混凝土剪力墙与一般剪力墙相比具有较好的抗震性能。2016年，方小丹等对18个钢管高强混凝土剪力墙试件的受压性能和受拉性能分别开展了试验研究，研究表明钢管间混凝土体积配箍率对钢管混凝土剪力墙的承载力有显著的影响，混凝土强度对剪力墙受拉刚度影响较大。

内置钢管混凝土剪力墙在地震作用下的受力性能也得到了较多的研究。2010年，钱稼茹等对在约束边缘构件内配置圆钢管的钢管混凝土剪力墙的抗震性能开展了拟静力试验，研究表明，约束边缘构件内配置双钢管能提高剪力墙的承载力和变形能力。2014年，白亮等对钢管约束高强混凝土剪力墙开展了低周反复加载试验，试验表明通过在约束边缘构件内设置钢管可以提高剪力墙的水平和竖向承载力，同时墙体的变形能力和抗震能力均明显改善。2015年，方小丹等的研究表明钢管高强混凝土剪力墙在高轴压比（设计轴压比为0.7）下仍然保持良好的延性和耗能能力，抗震性能良好。2016年，赵作周等对8片不同钢管布置形式的钢管高强混凝土剪力墙开展了低周往复加载试验，研究表明该类型结构破坏形式为压弯作用下的受弯破坏，具有良好的抗震性能和抗倒塌能力。

1.2.1.3 钢管混凝土外包混凝土施工技术研究

外包混凝土构件在实际工程中已得到了广泛的运用，部分学者对不同类型的外包混凝土构件的受力性能和计算机理进行了研究。2009年，王毅等进行了钢管混凝土外包式柱脚节点在一定轴力下的低周水平反复加载试验，通过分析其受力机理，提出了适用于外包式柱脚节点压弯极限承载力的计算方法。同年，陈联盟等详细推导了普通箍筋约束钢管混凝土核心柱和螺旋箍筋约束钢管混凝土核心柱两种外包混凝土截面类型钢管混凝土柱的极限承载力计算公式。2011年，盛兴旺等依据弹塑性力学原理，考虑材料非线性，建立了能够满足工程精度要求的内填外包钢管混凝土小偏心受压短柱构件截面极限承载力数值迭代算法。2015年，胡夏闽等对4根组合简支梁试件进行了正弯矩作用下的受力性能试验研究，试验结果表明，其承载力和抗变形性能主要受钢梁腹部钢筋混凝土的影响。2016年，谭相培等采用系数修正法，得出了更为合理的外包混凝土加固轴心受压钢柱正截面承载力计算公式，并据此探讨了各因素对外包混凝土加固轴心受压钢柱承载力的影响。

1.2.2 超高层建筑绿色施工关键技术

（1）竖向垂直运输体系的选择。

（2）复杂多变的混凝土结构模板设计。

（3）基于本地原材料的超高强高性能混凝土配合比设计和制备关键技术。

（4）高强高性能混凝土超高层泵送关键技术。

1.2.3 超高层建筑地基基础关键技术

1.2.3.1 复杂环境下超深基坑支护设计选型与研究

早在20世纪40年代，Terzaghi和Peck等人就提出了基坑预估挖方的稳定程度理论及支撑荷载大小的总应力法，随后又经过不断改进和修正，一直沿用至今。在20世纪50年代，Bjerrum和Eide提供了一种分析深基坑底板隆起的方法。到了20世纪60年代，工程技术人员在奥斯陆和墨西哥城的软黏土深基坑中开始使用仪器进行施工监测，大量的实测资料使后来预测的准确性得到了很大提高。我国基坑工程有着较长的发展历史，理论体系也较为成熟，基坑支护体系也由单一的支护形式向多种支护形式协同作用发展。随着我国深基坑工程的日益增多，基坑支护技术的研究也在向多元化方向发展。侯永茂等通过有限元软件对软土地区超大型深基坑工程建立三维有限元分析模型进行分析，在对模型进行计算的过程中假定土体为横观各向同性体，同时考虑到围护结构与土体之间的相互作用，土体的分步、分区开挖以及支护结构的分区施工作业，然后通过对计算模型的计算结果与实测值进行比较分析。高伟等利用有限元软件对基坑分步开挖过程中土压力的性状及支护结构的变形进行分析研究，通过对模型计算结果的分析判断，总结归纳出分步开挖各个阶段上支护结构的变形和主动区土压力的作用情况，并将数值模拟计算结果与实测数据和实际经验数值进行对比分析，提出了一种较为适合工程实际情况的开挖荷载计算方法。薛丽影等系统地介绍了深基坑工程的特点和破坏形式，深入探讨了深基坑事故发生的内在因素。

（1）基坑桩锚支护结构研究现状

在众多的基坑支护形式中，桩锚支护是我国目前常用的一种支护形式，得到了持续广泛的应用。这主要在于：与土钉支护相比，其具有较强的控制土体变形能力的技术优势；与内支撑相比，其具有造价低、施工方便、支护空间小、遗留问题少的优势；与水泥土墙相比，其具有适用范围广、环境污染小的优势；与逆作法相比，其具有设备简单、技术要求低、推广性强、适用性广的优势。

李宝平通过对西安某商住楼深基坑桩锚支护结构水平位移的计算与监测，研究分析了在深基坑开挖过程中桩锚支护体系的变形特性，得出支护桩的水平位移随开挖工况而变化的分布规律，认为在基坑工程常规设计中应考虑时空效应的影响。吴文等综合考虑排桩、锚杆和土体的相互作用，结合工程实例，通过对土压力和土层锚杆进行测试，及对现场基坑进行监测来研究深基坑工程中桩锚支护结构的受力和变形特性。许锡昌等通过对现场实测数据和数值结果的分析对某矩形深基坑工程桩锚支护结构进行研究，在总结冠梁和支护桩的空间变形模式的基础上进一步建立了整个支护体系的能量表达式。在利用最小势能原理，推导出支护桩桩体顶部最大位移解析解的同时，分析了支护结构主要参数对该位移的影响。吴恒等在对深基坑桩锚支护结构进行优化设计时，应用协同演化的思想成功开发了深基坑桩锚支护优化设计系统。时伟等通过对某深基坑工程的现场试验研究，对深基坑开挖过程中桩锚支护体系的受力特性采用基坑工程时空效应的理念进行了分析，通过分析，总结出了桩侧土体和围护桩的水平位移随开挖工况的变化分布规律。

(2) 内撑式支护结构研究现状

近年来，随着地下空间资源的开发，深基坑内撑式支护结构被广泛地应用。内撑式支护结构主要由围挡结构体系和内支撑体系两部分组成。围挡结构体系一般采用钢筋混凝土桩排桩、SMW工法(即水泥土搅拌桩墙)、钢筋混凝土咬合桩和地下连续墙等形式；内撑体系主要有钢筋混凝土支撑和钢管支撑两种形式，通常设置为水平支撑和斜支撑。

在对内撑式支护结构进行研究方面，许多科研技术工作者为此作出了贡献，他们通过采用理论性研究、试验分析、现场数据检测和数值仿真模拟等手段对基坑内撑式支护结构进行了大量的长期研究。例如，袁海庆等就目前深基坑排桩-内支撑式支护结构在简化计算方面存在的桩与内支撑位移不协调的问题，提出将排桩-内支撑-土压力空间体系转换为桩弹簧支座-内支撑-等效结点荷载的“等价平面体系”的观点，然后再根据渐进算法来解决多层内支撑体系在空间耦合方面的简化计算方法。刘润等借助弹塑性有限元分析软件，重点研究支撑位置的变化对整个支护体系内力和变形的影响规律，同时对支撑位置的选取与支护体系内力和变形之间的关系进行详细分析。刘燕等从斜撑系统的协同变形理论出发，利用最小势能解，提出了分区段先拆后撑的思路，推导了该类支撑结构在分段拆撑过程中，拆撑区段长度的计算方法。刘俊岩等在排桩斜撑支护体系协同变形理论的基础上，提出了施工时进行分区分段“先拆后撑”的思路；并利用最小势原理，推导了该类支护体系在分段拆撑过程中，拆撑区段长度的计算方法；还提出了对该类支护体系进行全过程优化设计的概念，从而为今后该类支护体系的拆撑设计和施工提供了依据和借鉴。

(3) 桩（墙）＋锚索（杆）＋内支撑多种支护结构相结合形式研究现状

虽然基坑支护结构形式多种多样，但是联合支护体系在充分利用了各支护结构特点的基础上，因地制宜地采用多种支护手段来支护深基坑的边坡土体，在满足了基坑施工需要的同时又保证了周边环境的安全，并且加快了施工速度，节约了工程造价。“桩-撑-锚”联合支护技术是在“桩-撑”和“桩-锚”两种支护技术的基础上研发的一种具有综合优越性的新型联合支护形式。特别是在我国西北黄土地区，上层锚杆和内支撑的广泛使用为“桩-撑-锚”联合支护技术的应用提供了广阔的前景。但是，目前对“桩-撑-锚”联合支护技术的研究较少，因此对工程实践的指导尚显不足，所以对其计算方法、内力分析、变形特性及参数敏感性的研究就显得十分重要。

冯申铎等对“桩（墙）-撑-锚”联合支护形式的变形协调问题进行了探讨，认为技术关键是加大锚杆的刚度和变形控制能力。在分析比较这种新型支护与“桩（墙）-撑”支护在基坑施工和使用三阶段变形特点后，认为在采取适当技术措施的基础上，基坑深层总变形量两者达到相当的水平是可能的，并就提高基坑深层变形控制能力给出了措施。王召磊等结合工程实例，通过数值模拟和现场监测，分析“桩-撑-锚”组合支护结构的受力和变形规律，并对设计和监测提出了一些建议。孟德菊在总结基坑计算方法的基础之上，对“桩-撑-锚”组合支护结构的内力和变形计算的数值方法进行了理论研究。其还结合相应的工程算例，通过有限元软件对基坑开挖支护过程进行模拟分析，得出了支护结构的内力和位移变化曲线，并对影响支护结构内力和位移的敏感性因素进行了分析研究。

1.2.3.2 多种支护结构相结合的深基坑开挖对环境的影响研究

基坑工程施工对周围环境的影响不仅包括基坑自身围护结构施工阶段、土方开挖阶段、降低地下水位等的影响，同时还与周边建（构）筑物自身对土体位移的敏感程度有关，两者是互相影响的过程。Terzaghi通过研究基坑围护墙体后地面位移与周围构筑物发生破坏之间的关系，提出了最大容许差异沉降和建筑物单独桩筏基础的最大容许总沉降。Laefer采用根据实际情况模型试验的方法，具体比较了基坑悬臂支护不同刚度和柔性对基坑周围建筑物位移的不同影响。Bryson Lindsey Sebastian通过对实际工程案例中建筑物开裂及变形的分析，研究了随着深度开挖刚性支护对处于软土地基中周围建筑物的影响。Ge Xuewu根据香港地铁隧道施工的实际工程提供的参数，对深基坑开挖对邻近地铁隧道的影响应用二维有限元分析的方法进行了研究，得出了隧道最有害影响因素为隧道的挤压变形。Attwell等探讨了地下工程或基坑开挖引起的地面沉降以及对地面建（构）筑物和地下管线的影响。Iame定性分析了影响坑周土体变形的各种因素，并将其归为八个方面：①基坑尺寸（长度、宽度、深度）；②土的性质；③地下水条件；④基坑暴露时间；⑤支撑系统；⑥开挖和支撑的顺序；⑦邻近的结构和设施；⑧活荷载。

我国许多学者也就基坑开挖过程对邻近建筑物的影响因素进行了分析。刘维宁等对非饱和土的工程性质以及城市地下工程的环境影响和控制理论进行了研究。李伟强等针对大面积开挖基坑进行了研究，提出大面积基坑工程应采取有效方法对基坑坑底回弹隆起进行预测，并注意施工顺序和施工过程中的组织管理，避免对基坑工程造成影响。张亚奎应用数值模拟分析了各种支护情况对坑外地层沉降的影响，总结了其发展变化的规律。宋二祥等论述了基坑开挖对邻近高层建筑影响的分析、决策及实施结果，并对分析过程中所用方法的某些方面，如地基承载力深度修正系数的取值、地基极限荷载的有限元分析等进行了讨论。高文华以Mindlin板理论为基础，将围护墙体作为一块竖直放在地基上的板，并考虑地基的时效性、板土之间的接触摩擦以及分步开挖效应，建立了深基坑支护体系受力与变形时空效应的有限元模型，获得了一种实用的支护体系受力与变形的三维简化分析方法，可用来指导基坑设计、开挖和周围环境的维护。

由此可见，越来越多的学者开始关注基坑工程施工过程对周围环境所产生的影响。尤其是对邻近管线、隧道、有特殊要求的建（构）筑等方面的影响，还有待于进一步研究与探索。

1.2.3.3　复杂环境下多种支护结构相结合的超深基坑监测结果研究

随着城市的高速发展，建筑越建越高，基坑也越挖越深，周边环境越来越复杂，支护形式也越来越多样。深基坑的开挖有效开发了地下空间，但也容易对周边环境造成不利的影响。在基坑开挖过程中进行实时监测、预警，有利于对整体施工过程进行动态调整和对施工进度进行把控。目前对深基坑开挖监测实例的研究有很多，丁智、杨有海、张雪婵等对杭州软土地区基坑监测数据进行分析，讨论了不同工况下墙体深层水平位移和土体深层水平位移、地表沉降程度的联系；安关峰等对广州某深基坑进行监测分析，总结了主动土压力和孔隙水压力随时间的变化，孔隙水压力随深度的变化，冠梁的协同作用对基坑的影响；徐中华、王卫东等对上海软土地区基坑监测数据进行了研究分析，得出了基坑支护结构和周边土体的变形规律。王建华等通过对上海市软土地区支护结构与主体地下结构相结合的深基坑工程案例实测变形资料的收集整理，统计并分析了支护结构与主体地下结构相结合时深基坑围护结构的变形特性。

针对深基坑监测进行分析的成果有很多，但大多数针对的是支护形式单一、周边环境相对简单的基坑。少有对形状不规则、周围环境复杂、支护形式多样的深基坑进行的监测分析。本章基于南宁九洲国际深基坑工程，对复杂环境下多种支护形式结合的深基坑施工进行监测。分析深基坑施工过程中不同支护结构变形、地表沉降、立柱回弹、支撑轴力以及对周边环境的影响等规律，旨在为该地区深基坑的开挖支护设计与施工提供参考。

1.2.3.4　深基坑环梁支撑结构研究

目前高层建筑和地下空间的开发速度越来越快，基坑的规模也越来越大，深基坑的支护已经成为建筑工程造价和施工周期最重要的影响因素，在深基坑的支护中又以支撑型式的选择最为重要。混凝土和钢撑虽然运用较广但限制了施工空间；在目前的工程中环梁支护结构因其受力明确、施工快速高效，逐步被工程设计人员和施工单位所采纳，已广泛应用于软土地区的深基坑或城市建筑密集地区的大面积深基坑支护，并向大直径多支撑发展。目前，环形支撑已经由单层发展为多层，环梁直径已由十几米发展到上百米，支撑的平面型式也由单圆发展为双圆或多圆相连，目前国内最大的环梁直径已达120m，国内深基坑超大直径环梁支撑体系应用实例见表1-1。

表 1-1　国内深基坑超大直径环梁支护结构应用实例

工程名称	基坑面积（m^2）	开挖深度（m）	围护结构	环撑层数	环撑结构
上海万都中心大厦	12100	10.3～12.8（局部14.8）	单排钻孔灌注桩，外加双排水泥搅拌桩	2	闭合拆线的圆形支撑，环外面为桁架
上海万宝花园广场	1100	8.8～12.1	单排钻孔灌注桩，外加双排水泥搅拌桩	2	大圆环，环外边为桁架，角钢格构柱
上海爱俪园大厦	3800	10.95～14.45	单排钻孔灌注桩，外加双排水泥搅拌桩	2	圆环梁加桁架
厦门香港广场	9000	10.1～11.0	单排钻孔灌注桩，外桩缝高压喷浆	1	不规则的周边为桁架
厦门吉祥大厦	6400	9.6～13.2	单排钻孔灌注桩，局部外加旋喷桩帷幕	2	圆形支撑，四角为边桁架
中山市中山广场	7000	10～11.92	单排钻孔灌注桩，外加单排粉喷桩	1	椭圆形支撑，梁桩周线合一，部分为边桁架，灌注桩
天津今晚报大厦	12000	8.7～9.6	单排钻孔灌注桩，外加水泥搅拌桩	1	环梁，环外放射形钢管支顶

随着深基坑工程的快速发展，广大工程设计人员和专家积累了丰富的经验，提出了很多针对基坑设计的理论和设计方法。

倪红梅等介绍了等值梁法在单层和多层支撑支护结构中的应用。等值梁法分为整体等值梁法和分段等值梁法，以具体的工程实例说明了整体等值梁法和分段等值梁法分别在多层支撑支护结构、锚索拉力的计算，以及在最大弯矩的计算中的适用性，并对等值梁法做出了一定的简化。

郭玉荣等在考虑土体和围护墙体的相互作用下提出了一种能够较好反映基坑施工过程的土抗力法，指出了以往“弹性支点法”“弹性抗力法”“地基反力法”的局限性，并在此基础上进行了一定的修改，在考虑地基土压力与围护结构水平位移是非线性关系的前提下，采用增量分析的方式提出了一种更符合实际情况的土抗力法。

张丙强采用弹塑性有限元方法来模拟基坑开挖的过程，对内撑式支护体系的围护结构位移和变形进行了研究，并分析了初始应力场对有限元分析结果的影响，研究结果表明，在三维有限元分析中土体侧压力系数的取值合理与否直接影响着基坑开挖的分析结果，在进行有限元分析时对土体侧压力系数的取值时应慎重选择。

王桂平等对基坑工程特别是在软土地区中存在的“时空效应”进行研究，介绍了在考虑时空效应的情况下土体参数和土体抗力的选取方法，为软土地区类似的深基坑工程提供了有益的借鉴。

高文华强调了模型参数对于基坑计算的重要性，认为地基模型各参数值应根据现场量测通过位移反演得出。通过编制计算程序建立基坑的三维有限元模型，可以考虑基坑开挖的时空效应和计算墙体任意时刻和位置的变形。

应宏伟等使用平面应变有限元法建立带支撑双排桩结构的有限元模型，对其性状进行了深入的分析，并将计算结果与实测数据对比，验证了有限元法在基坑支护结构研究中的合理性。

胡孔国等基于弹塑性有限元理论，编制了一套能够模拟深基坑开挖、支护过程的程序，并用具体工程实例验证了其可靠性，提出了一种能够考虑桩、土、锚共同作用的基坑支护设计方法。

邓子胜提出了一种新的基于支护结构-土非线性共同作用的深基坑位移反分析方法，通过这种分析方法可以使反演的土体参数中包含空间效应的影响，是一种全新的能考虑基坑空间效应的分析方法。

何世秀等通过真三轴对武汉地区典型的粉质黏土进行试验，从而精确地得到了邓肯-张模型里的各个参数，然后以平面应变有限元法为基础建立非线性弹性模型对当地某基坑进行计算分析，有限元计算结果与实测结果十分接近，表明了模型参数在基坑有限元分析中的重要性。

朱彦鹏等基于弹性地基梁的挠曲微分方程，在考虑支护结构-土的非线性共同作用和锚索与桩的变形协调的前提下，推导出一种带支锚支护桩的挠曲方程，以此方程为基础，应用有限差分法可以计算出带支锚支护桩的位移和内力。

陈雨蒙采取三维空间整体有限元的方法对不同布置型式的环梁支护型式进行有限元模拟分析，分析了不同布置型式对围护结构和基坑外土体变形的影响，并对计算结果进行对比分析，分析了环梁支护型式的力学性状和变形特征。

李娟娟采用PLAXIS有限元软件建立某车站基坑平面有限元模型，并将计算结果与监测结果对比，证明了平面有限元模型在长条形基坑中具有较强的适用性。另外还根据监测结果对模型参数进行反演分析，并改变支护结构的设计参数和基于MATLAB遗传算法来探讨基坑支护设计的优化方法。

陈福全等采用强度折减有限元法，分析了在不排水条件下软土地基中内撑式排桩基坑开挖的抗隆起稳定性，并研究了支护结构条件和基坑尺寸对基底隆起的影响。

李欣以福州市某双环桁架支撑结构支护工程为研究对象，分别采用理正二维、FLAC3D和MIDAS/GTS三维软件进行计算和分析，并将结果与监测结果进行对比，对比结果表明，使用三维空间有限元法所得的位移结果是最可靠的。

刘兴旺等通过对长三角软土地区十几个大型基坑围护结构变形、基坑外地表沉降、时间效应等进行分析和总结得出以下结论：在软土中土的流变性很显著，时间效应较明显；长三角软土地区围护结构最大侧身变形位置一般位于$0.0002H$～$0.009H$（H为基坑深度）之间，一般发生在基坑坑底附近。

罗蜀青通过对某环梁支护结构的几种析架支撑型式进行对比分析，提出了环梁支护型式的桁架优化方法。

李彦初等运用大型有限元软件ABAQUS建立包括超前钢管桩、预应力锚索复合土钉基坑支护三维空间有限元模型，对带支锚复合土钉支护结构围护结构的水平位移、土钉轴力分布特点等进行了分析总结。

潘泓等通过自编程序建立某基坑三维空间有限元模型，探讨了环梁抗弯刚度、压顶梁刚度、水平支撑系统的竖向位置对环梁支护结构受力性能、变形性状的影响规律，为环梁支护结构的研究及工程应用提出了较有价值的结论。

姜忻良等通过对天津某深基坑环梁内力和地表沉降监测数据结果的分析，总结了在基坑开挖过程中环梁结构受力的特点和基坑外土体水平位移的变化规律。

董宏晓等通过WES-SOB型万能材料试验机对锚索模型进行了拉拔试验，在一定条件下，研究分析了锚固结构在均匀介质中内锚固段应力、轴力及交接处的剪应力传递、误差规律。

郭跃通过编制基坑三维空间有限元模型程序建立典型算例，对分段施工、板支撑、不均匀堆载等因素对支护结构的影响进行分析总结，为基坑支护结构的优化和施工提供了有价值的建议。

何思明推导了锚索在完全粘结条件下界面剪应力分布公式，并在考虑界面本构关系的前提下，研究探讨了预应力锚索的荷载传递特性，为预应力锚索的设计提供了理论依据。

1.2.3.5 岩基承载力确定方法

大直径人工挖孔灌注桩，特别是大直径嵌岩桩具有直径大、施工质量容易控制、承载力大、沉降小、抗震性能好等显著特点，常被用作高层建筑的基础。嵌岩桩既有摩擦桩的特性又有端承桩的特性，被认为是摩擦端承桩，这种基础形式设计的关键之一就是确定桩端阻力值，与确定桩端持力层的地基承载力有着异曲同工之妙。确定地基承载力的方法有现场岩基载荷试验或其他原位测试法、室内饱和单轴抗压强度试验法、规范建议的地基承载力公式法、工程实践经验法和数值模拟法等。

软岩是指岩块的饱和单轴抗压强度处于5～15MPa之间的岩石。由于不同地区的规范各有偏重，折减系数的取值受人为因素的影响较大，且室内饱和单轴抗压强度的无侧限测定条件与工程地基岩体所处的三向应力状态不同，试验所确定的承载力偏于保守，往往与原位试验结果差距较大。

岩基原位荷载试验准确性高、安全可靠，对积累地区经验具有重要的意义和实用价值，也能为数值模拟提供参考。岩基载荷试验的结果，根据现场实际情况，又受到众多因素的影响，李书春曾对某些影响因素进行数值分析。

1.2.3.6 大直径扩底桩承载机理研究

大直径扩底桩承载力大，无法进行常规的静载试验，研究其承载机理对于大直径扩底桩的设计尤为重要。

胡庆红等基于现场静载荷试验及桩身应力测试结果分析了软土地区深长大直径扩底桩的荷载传递机理和承载性状，指出其荷载传递不同于等直径的灌注桩，扩底桩的扩大部分对承载能力影响较大，不仅影响桩端阻力的发挥，还影响到桩侧阻力的发挥，深长大直径扩底灌注桩在高水平荷载作用下表现为端承摩擦桩性状。

蒋建平等通过桩端面积不同的对比现场试验研究、数值模拟分析等，对大直径扩底装的端阻力折减问题进行了探讨，提出了大直径扩底桩端阻力折减系数是一个与基础结构特性相关联的尺寸效应系数，在形式上表现为变形折减或强度折减。

蒋建平等还通过研究桩身总侧阻力随桩顶沉降的发挥性状发现桩身总侧阻力达到极限状态时存在退化现象，得出桩身总侧阻力的退化是桩身各截面侧阻力在桩顶荷载作用下自组织、自调整的结果，并提出了防治措施。

阮翔等将球孔扩张理论应用于扩底桩端承力的计算，建立了扩底桩的球孔扩张理论计算模型，推导出大直径扩底桩端承载力的解析解。

Kim 等建立一种修改模型，提出了桩的轴向承载力分析方法，使用荷载传递法模拟桩-土作用，分别采用了非线性 τ-z 和 Q-z 曲线模型研究桩的摩阻力，预测桩的轴向承载能力。

Limkatanyu 等提出了一种能够代表桩-土相互作用，基于位移的钢筋混凝土梁柱模型，模型被用来研究不同的模型参数对桩-土响应的影响，包括桩长、桩径、桩土非线性。

张蕾等结合试验数据分析不同扩径比的大直径扩底桩受力变形性状，研究端阻力与沉降量的关系，提出了扩底桩的尺寸效应影响系数。其研究指出，参照大直径桩的方法研究扩底桩深度效应不合适，应考虑桩长对端阻力发挥的影响，并统计合肥地区 95 根扩底桩试验数据，提出了扩底桩临界设计桩长建议值。

陈斌等在有限元分析的基础上，采用 Duncan 非线性弹性 E-B 模型（邓肯模型）对嵌岩桩垂直荷载作用下的承载性状作了较为全面的探讨，得出了嵌岩桩存在着深度效应，嵌岩桩垂直承载力与基岩强度呈指数关系的结论，强调桩底沉渣不仅增加嵌岩桩的平均侧阻力和桩身沉降，还将显著提高桩侧岩层的局部应力。

冯世进等通过扩底桩的三维有限元模型计算，发现随着扩底直径的增加，扩底桩承载力明显提高，基本呈线性关系，扩底高度与桩底直径之比宜控制在 0.2～0.3 之间。

刘念武等通过对桩进行一系列静载以及自平衡试验，得出了单位端阻力随位移的增大呈先增大后放缓的趋势、不同直径桩的临界位移不同的结论。

1.2.3.7 大直径人工挖孔桩承载力确定方法

由于扩底桩承载机理的复杂性，到目前为止，国内外对扩底桩承载力的确定尚未取得统一的方法，并且利用不同方法得到的承载力有时相差较大。各地工程地质条件千差万别，地基土性质相应有很大差异，合理参数的选取非常困难，一个地区的承载力确定方法用到其他地区误差就很大。所以必须结合各地的实际工程地质条件及地区经验找到符合当地条件的承载力确定方法。黄强对四十多根扩底桩进行现场试验结果分析，发现桩侧阻力与总承载力之比的平均值为 0.177，超过 0.2 的共有 6 根，最大的也只有 0.32，由此可见，一般的扩底桩基础为"摩擦端承型"，确定扩底桩承载力的关键是对端阻力的确定。

确定大直径扩底桩承载力的方法主要有四种：第一种为原型静荷载试验，第二种为理论计算，第三种为经验估算，第四种为数值模拟。以下对这四种方法进行总结。

（1）原型静载荷试验

原型静载荷试验是传统的也是最可靠的确定大直径扩底桩承载力的方法，它不仅可以确定扩底桩的极限承载力，而且通过埋设各类测试元件还可以获得荷载传递、桩侧阻力、桩端阻力及分布、荷载-沉降关系等诸多数据。由于大直径扩底桩承载力与一般桩基础相比要大得多，所以试验费用相当高，试验所需提供的反力也相当大，工期还很长，往往不能进行大直径扩底桩的静载荷试验。

蒋建平等将同一场地土层中的扩底桩、楔形桩、摩擦端承桩、纯摩擦桩竖向承载力静载试验的结果进行对比分析，证实了扩底桩的优越性。

高广运等曾用直接试验法和间接试验法来确定扩底桩的承载力，并得出了直径相同时，扩底桩的竖向承载力远大于摩擦桩和直桩的结论。他还在同场地进行了扩底桩和直桩的对比研究。在扩底人工挖孔桩中埋设测试元件进行现场静载试验，对端承于厚层非湿陷性黄土和卵石层的扩底桩竖向承载性状分别进行了讨论，分析了荷载传递规律和地基破坏模式。

大直径扩底桩静载荷试验曲线呈缓变型，由 Q-s 曲线（荷载沉降曲线）确定极限承载力时，通常取桩顶总沉降量 $s=40$mm 所对应的荷载值。对于变形标准，国外方面：①美国波士顿建筑规范取沉降量 $s=0.375$ 英寸≈10mm 对应的压力为容许承载力；取 $s=1.0$ 英寸≈25mm 对应压力的二分之一为容许承载力。②德国建筑标准 DIN4041（Ⅱ）取 $s=20$mm 对应的压力为容许承载力。③日本建筑学会标准取 $s=25$mm 对应压力的二分之一为容许承载力。

（2）理论计算

由于扩大头相对于桩身直径较大，扩大头可看作深埋扩展基础，引用规范中扩展式基础承载力的计算公式加以修正确定扩底桩的承载力。扩底桩基础底部地基土主要以竖向压缩为主，可归属为局部剪切破坏和刺入破坏。为了得到实用的荷载-沉降关系，需要采用弹性理论或破坏前的弹塑性理论。

郦建俊等采用极限平衡法，利用幂函数滑移面假设，推导出了扩底抗拔桩在分层地基中极限承载力的简化计算公式，并将计算结果和其他方法与室内模型试验以及原位试桩的结果作对比，并给出了折减系数修正建议。

赵程等基于圆柱面与幂函数形式曲面的复合滑裂面假设，利用克服土体重力和破坏面摩阻力的极限平衡法，推导出扩底桩在均质和分层地基中极限抗拔承载力的计算公式。并利用 MATLAB 实现简化公式的数值积分程序编制，加以工程实例验证其可靠性。

但目前关于扩底桩竖向抗压承载力的简化分析方法未有相关研究。

（3）经验估算

经验法确定扩底桩承载力是根据静力试验结果与桩侧土、桩底土层的物理性质指标进行统计分析，建立侧阻、端阻与物理性质指标之间的经验关系，利用这种关系预估扩底桩的承载力。这种方法简便而经济，但由于各地区的岩土性质变异性很大，加上施工质量有差异，所以一般只适用于初步设计阶段和一般工程。如可以根据《建筑桩基技术规范》(JGJ 94—2008）提供的极限侧阻力与端阻力标准值估算桩的极限承载力。

彭争光等建立了一套由常规土体室内试验确定的物理、力学性质参数来预估竖向荷载作用下桩基荷载传递模型的系统，得到了由现有资料预估基桩竖向变形及承载力的综合方法。

高广运等对 Charles 提出的破坏准则进行改进，增加扩底比的影响，提出了一种确定大直径扩底桩极限荷载的新方法，并对其适用性进行了验证。

高盟等基于《建筑桩基技术规范》，结合收集的完整试桩资料进行统计分析，提出了一种大直径扩底桩端阻力和侧阻力的确定方法，具有一定的可靠性和适用性。

（4）数值模拟

高广运等利用有限单元法分析不同土体参数对扩底桩竖向承载性状的影响，他还利用三维非线性有限差分数值模型，研究持力层性质对大直径扩底桩竖向承载性状的影响，认为大直径扩底桩承载力随持力层厚度的增大而增大，下卧层模量的变化对大直径扩底桩承载力的影响较大。

1.3 关键技术研究简介

本章节首先结合现今的研究进展和施工中较为突出的重难点对广西九洲国际大厦的钢管混凝土柱-RC环梁、框筒钢管剪力墙等关键构件的设计进行描述，并对工程主体结构的抗震设计进行分析，对结构关键的施工技术进行了探讨和总结，分析了该结构在各个工况下的变形监测情况。其次，详细探讨了垂直运输内爬式塔吊施工技术、内爬式塔吊高空拆塔施工技术及高大模板支撑体系的设计及施工，并开发了承插型套扣式钢管脚手架设计软件。再次，探讨了高强高性能混凝土配合比设计及质量控制关键技术、高强高性能混凝土泵送关键技术。最后，研究了超高层地基基础的关键技术，地基基础采用多种支护形式时的选取问题，对超深基坑施工进行了长期监测，用岩基试验结合预测方法和数值模拟分析解决了设计的关键问题，探讨了主楼下的超大直径人工挖孔桩承载力的确定问题。

1.3.1 超高层建筑结构关键技术

本部分主要针对九洲国际大厦超高层建筑在地处南宁的环境情况下的结构选型、设计以及各个关键结构的施工工艺等进行了较为详细的总结，通过结合施工工法，将结构各类型的关键要点进行了梳理，主要包括：

（1）钢管混凝土柱及钢筋混凝土环梁设计及技术研究，外包混凝土钢管柱设计及施工技术研究和核心筒钢管剪力墙的设计及施工技术研究。

（2）主体结构的抗震、减震耗能的研究分析和评价。

（3）主体结构在各个阶段下的变形的监测和内力分析，以及对其主体及各个关键部件的综合性影响的评定。

1.3.2 超高层建筑绿色施工关键技术

（1）竖向垂直运输体系的选择。

（2）复杂多变的混凝土结构模板设计。

（3）基于本地原材料的超高强高性能混凝土配合比设计和制备关键技术。

（4）高强高性能混凝土超高层泵送关键技术。

1.3.3 超高层建筑地基基础关键技术

本部分主要针对南宁九洲国际大厦工程复杂环境下多种支护结构相结合的超深基坑开挖，引起的基坑变形和周边地表、管线、建筑物的变形，进行支护选型、数值分析、监测分析等方面的研究。以及针对采用超大直径扩底人工挖孔灌注桩作为高层建筑的地基基础时，对桩基承载特性、承载力预测展开研究。具体内容如下：

（1）从理论分析角度，对“桩-撑-锚”这种少见的组合支护结构进行理论分析及综合评价，结合基坑周边复杂的环境因素，进行基坑支护方案的比选，选择适合复杂环境下深基坑施工的更安全、更经济、更可行的支护形式，并利用数值模拟软件对支护的选型进行可行性验证。

（2）对基坑环梁支撑结构进行冗余度研究和优化设计。

（3）对基坑施工过程中对周边环境的影响进行数值模拟分析，包括周边地表沉降、管线变形、建筑物沉降及倾斜。并总结出基坑开挖对周边环境影响的变化规律。

（4）对基坑开挖过程中的监测结果进行分析，其中包括：基坑支护结构变形及内力（支护桩侧移、锚索轴力、环梁支撑轴力）、周边地表沉降、管线变形、周边建筑物的沉降及变形。并总结出基坑开挖过程中支护结构的内力和变形情况及变化规律，以及基坑施工对周边环境的影响和变化规律。

(5) 将数值分析结论与实际监测结果进行对比验证，分析并总结出适合复杂环境下超深基坑的支护组合结构选型，复杂环境下深基坑开挖对支护结构的内力与变形的影响情况及变化规律，多支护结构相结合的深基坑开挖对环境的影响情况及变化规律，从而为复杂环境下多种支护形式相结合的超深基坑施工提供理论依据和实际经验。

(6) 结合数值分析结果与监测结果进行总结归纳，提出多种支护相结合的超深基坑开挖对周边环境影响的控制技术。

(7) 软岩地基大直径人工挖孔桩地基承载力的确定。

大直径扩底人工挖孔灌注桩为摩擦端承桩，其桩端阻力的设计为重中之重。针对用于测定桩端阻力的岩基载荷试验进行数值模拟反演分析，可以得到与试验结果相符的参数。进一步利用数值模拟可以控制单一变量的方法，找出岩基载荷试验的主要影响因素和相关规律（如持力层厚度、持力层黏聚力、持力层内摩擦角），为研究大直径扩底人工挖孔灌注桩承载特性提供依据。

(8) 研究大直径人工挖孔桩的承载机理。

根据工程实际地质情况，研究大直径人工挖孔灌注桩的承载机理，包括扩底和非扩底的情况。通过研究其端阻、侧阻在不同荷载水平时的发挥情况，提出超大直径人工挖孔桩的极限承载力预测方法。采用大型商业有限元软件 ABAQUS，通过数值模拟的方法对大直径扩底人工挖孔灌注桩静载荷试验进行模拟，进一步研究大直径扩底人工挖孔灌注桩桩端阻力、桩侧摩阻力的发展规律，对扩底桩的承载特性进行分析，并与非扩底桩进行对比分析，研究影响大直径扩底人工挖孔灌注桩承载能力的主要因素。

(9) 建立大直径人工挖孔桩的极限承载力预测方法。

建立以岩基载荷试验结果为依据的大直径人工挖孔桩极限承载力预测方法，分别对扩底桩和非扩底桩提出简化计算公式。找到以软质岩石作为桩端持力层时的岩基载荷试验与桩基静载试验的内在联系，由岩基载荷试验的荷载-沉降曲线转化为桩基静载荷试验的荷载-沉降曲线。提出适用于广西地区的预测方法，并对大直径桩的极限承载力进行预测，以数值模拟的结果进行验证。

第 2 章　结构的力学与抗震分析

九洲国际大厦项目在采用常用的框架-剪力墙结构形式的同时，大胆采用了一些尝试性的结构形式，如：钢管混凝土柱-RC 环梁结构、外包混凝土钢管柱结构、内置钢管混凝土剪力墙结构等。以下对上述结构形式的受力特点和应用现状进行总结，并探讨在施工过程中可能遇到的难点与关键技术。

2.1　结构的力学性能

2.1.1　钢管混凝土柱-RC 梁结构

2.1.1.1　国内外研究与应用现状

（1）受力机理

1999 年，方小丹等提出了一种新型的钢管混凝土柱节点，并进行了模型和原型静载试验。并通过论文形式详细介绍了试验方案的设计、试件的制作、加荷方式、试件的裂缝发展情况及破坏形态等试验结果。试验研究表明，钢筋混凝土环梁节点的基本构思在概念上是正确的，在实际上是可行的。

2008 年，满鹏等提出了一种新型的钢骨混凝土柱-钢筋混凝土梁的新型环梁节点，节点构造如图 2-1 所示，并对其进行了试验研究。该节点传力途径为：框架梁剪力经环梁扩散传递给节点以下钢骨混凝土柱，框架梁端弯矩首先传递给环梁，环梁依靠整体拉压形成力偶将弯矩传递给钢骨混凝土柱。试验采用在柱顶施加恒定轴力的同时给框架梁端施加力或强制位移荷载的加载模式，分别进行了单调受弯试验、单调受剪试验和往复荷载试验。试验结果表明，这种环梁节点可以有效实现“强节点弱构件”的设计目标，具有良好的滞回耗能能力。

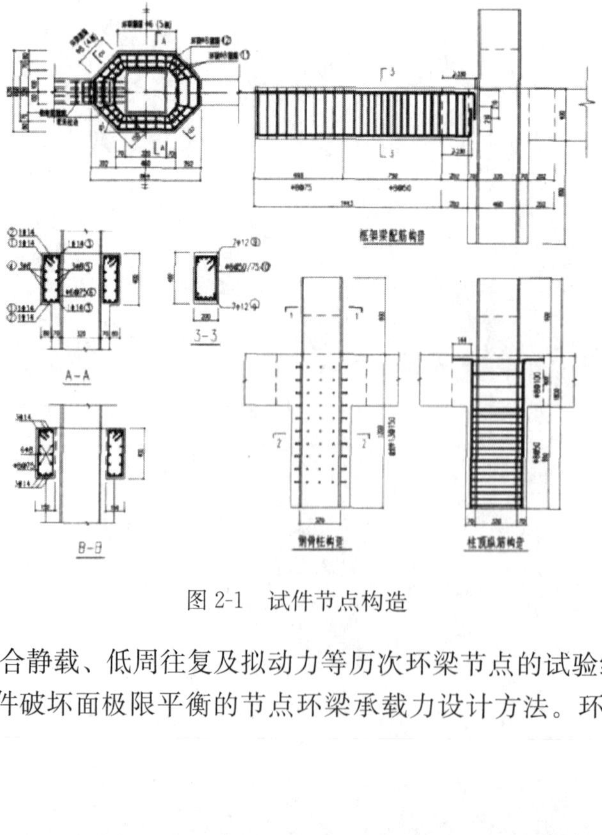

图 2-1　试件节点构造

2008 年，方小丹等结合静载、低周往复及拟动力等历次环梁节点的试验结果，总结了环梁节点的破坏形态，提出了基于试件破坏面极限平衡的节点环梁承载力设计方法。环梁与柱连接简图如图 2-2

所示。该方法综合考虑了环梁环筋和箍筋的相互作用及框架梁、环梁截面尺寸的影响。利用三维有限元分析了在框架梁端弯矩作用下环梁的应力分布，比较了楼板的存在对环梁环向、径向以及竖向应力的影响，从而考虑楼板对环梁承载力的有利作用。在此基础上进一步提出了节点环梁实用的承载力计算公式，由框架梁梁端的配筋可直接求得环梁的配筋，极大地简化了设计计算工作。该计算公式与试验数据符合良好，可用于工程设计。

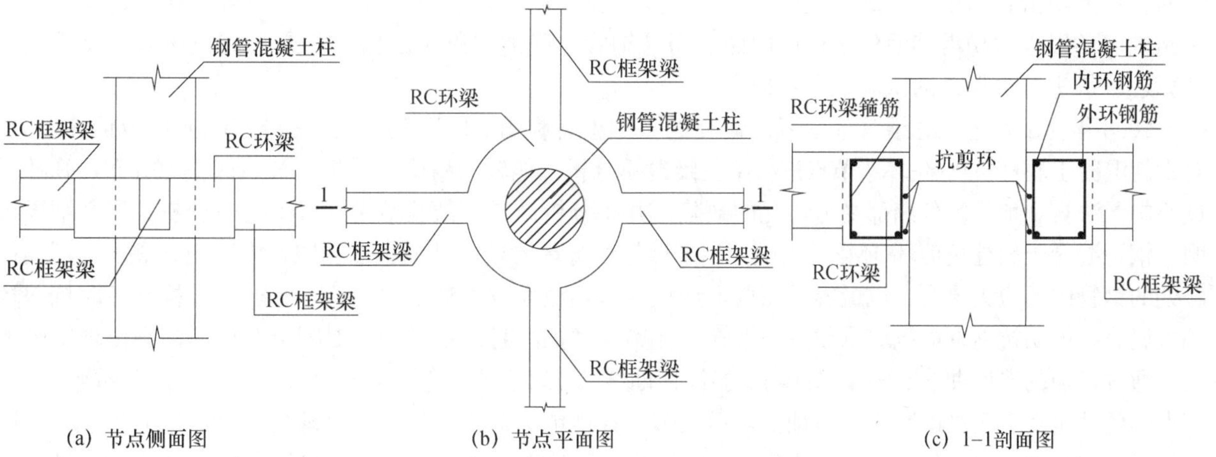

图 2-2　STCC 柱-RC 环梁节点连接简图

2008 年，李志南等采用试验研究与理论分析的方法，结合实际工程，重点对带楼板的钢管混凝土环梁节点的受力性能、构造措施和设计方法等棘手问题进行了系统的研究，对钢管混凝土环梁节点中楼板因素和楼板配筋的影响作了定性的分析。①运用 ANSYS 有限元分析软件对钢管混凝土环梁节点进行了非线性静力分析，通过对一批钢管混凝土环梁节点有限元模型的计算分析，探讨了楼板及楼板配筋对钢管混凝土环梁节点受力性能的影响。②根椐实际工程，设计了 3 个钢管混凝土环梁节点试件，通过对挠度、裂缝发展及宽度、混凝土应变分布、钢筋应变分布等试验结果的分析，得出钢管混凝土环梁节点的工作原理。试验研究表明，实际工程中，由于楼板参与工作，节点的极限荷载提高了三倍左右，梁端挠度也有大幅降低，带楼板环梁节点表现出极好的受力性能。③通过对有限元分析结果与实验结果进行对比分析，进一步验证了钢管混凝土环梁节点的应力应变分布及工作原理，提出了适合于工程应用的设计建议。

2008 年，魏琏等针对钢管混凝土柱-RC 环梁节点型式，通过对边柱、中柱、角柱处采用三种不同型式钢管混凝土柱-环梁节点的受力性能进行了实体有限元分析，并参照有关试验结果，分别对三种不同型式节点在梁端弯矩剪力作用下，环梁截面内的扭矩、弯矩和剪力提供了实用的计算方法，为这类结构的设计提供了依据。

2009 年，尧国皇等在选择了合理的钢材和混凝土的本构关系模型的基础上，利用通用有限元软件 ABAQUS 对钢管混凝土柱-钢筋混凝土环梁中柱节点的受力性能进行了较为深入的研究。研究结果表明，钢管混凝土柱-钢筋混凝土环梁节点可以实现“强节点弱构件”的抗震设计要求。基于分析结果，对钢管混凝土柱-混凝土环梁节点的设计提出了建议：按图集进行设计时，环梁上、下主筋截面面积可适当减小；环梁的配箍率至少不小于与之相接的框架梁中的配箍最大值。研究成果可为相关研究和工程实践提供参考。

2008 年，马良璇针对四川广电中心主楼中带抗剪环的钢管混凝土斜柱-环梁节点进行了 2 个 2/3 缩尺比例环梁采用不同配筋方式的带抗剪环的钢管混凝土斜柱-环梁节点组合体的低周反复加载试验，对节点的抗震性能、宏观传力机理及最终破坏形态等进行了分析研究。试验结果表明，通过对环梁合理配筋构造，带抗剪环的钢管混凝土斜环梁节点能够有效地传递框架梁端的弯矩和剪力；无论破坏最终发生在纵梁梁端还是环梁内，试件都能达到所要求的承载能力和延性；由于钢管混凝土斜柱与环梁的承载能力相对独立，即使环梁最终发生破坏对钢管混凝土斜柱的纵向承载力也不会造成明显影响。同时，她还进行了3个带抗剪环的钢管混凝土柱-环梁节点单调直剪试验研究，并采用有限元程序ABAQUS对节点的单调直剪试验进行了模拟分析研究。试验和模拟分析结果表明，带抗剪环的钢管混凝土柱-环梁节点具有较高的直剪承载能力和相对较小的相对滑移；在3个试件条件下，试件达到直剪最大承载力和滑移变形的原因并不是抗剪环下表面混凝土的局部受压破坏，而是节点环梁剪切滑移面的形成；剪切滑移面由两个部分组成：在第一圈抗剪环以上剪切滑移面位于环梁与钢管壁之间，在第一圈抗剪环以下剪切滑移面位于环梁内侧箍筋与钢管之间的混凝土层内。节点直剪破坏形态及承载力计算还有待进行更深入的试验及分析研究。

2008年，邵永宝在总结其他学者的研究的基础上，利用ANSYS强大的三维有限元模拟计算能力，对钢管混凝土斜柱抗剪环-环梁节点进行了三维建模分析。他较为精确地分析了节点区应力分布，弥补了试验中无法直观地了解各细部受力情况的缺陷，并将分析结果与试验结果进行了比较分析。研究结果表明，钢管混凝土斜柱抗剪环-环梁节点破坏始于框架梁与环梁接触处的钢筋屈服，混凝土开裂。与环梁接触处的钢管中的应力最大，也最容易屈服，加载始末，最大应力都出现在这个区域。结构破坏时抗剪环还未屈服，说明抗剪环的抗剪承载力和钢管与环梁的摩擦力足以承受钢管混凝土对钢筋混凝土环梁的剪力。通过模拟的滞回曲线和骨架曲线与试验滞回曲线的比较，得出倾斜角度在15°以内的钢筋混凝土环梁节点的延性是随着角度的减小而增加的，但是节点耗能能力却十分接近。合理的三维有限元模拟，可以弥补试验观察的不足，揭示试验无法观测到的细节，是对节点内部的应力变化进行深入了解的有效方法。

2010年，曾恒在总结其他学者的研究的基础上利用ANSYS对钢管混凝土柱-钢筋混凝土环梁节点进行有限元数值模拟，以了解受力机理、传力路径和破坏形态，主要分析内容与成果如下：①设计了四个环梁节点，JD-1是为其余三个节点比较而设计，其余三个节点分别考虑截面大小、配筋和抗剪环三种情况的影响。结果表明，增大环梁截面、提高环梁的配筋率和增加抗剪环数量能不同程度地提高环梁节点承载能力。不等高截面的环梁和框架梁的受力性能优于其余三者。②为了解环梁直剪时混凝土的开裂和破坏形态，对环梁的直剪情况进行了模拟，得到了环梁的局部受压极限承载力。③在参考相关文献模型的基础上，提出了一种带加劲肋的环梁节点。并对其进行了有限元分析，分析结果表明，由于部分弯矩通过加劲肋传递到环梁，使框架梁和环梁交接部位应力过于集中的现象有明显改善；并使环梁的承载能力得到更多的发挥，节点破坏时环梁纵筋和大部分箍筋均进入屈服，塑性铰发生在框架梁端，属于弯矩破坏。改进后的环梁节点能极大地提高节点的承载力。

2010年，杨国维等为了了解钢管混凝土柱-钢筋混凝土环梁节点的受力性能，使用通用有限元软件对此种节点进行了静载和低周反复荷载作用下的非线性有限元分析。分析结果给出了节点裂缝发展情况、破坏形态、梁端弯矩转角滞回曲线。结果表明，钢管混凝土柱-钢筋混凝土环梁节点能够实现“强连接弱构件”的抗震设计概念。基于分析结果，对此节点设计提出了以框架梁轴线为中心±25°环梁范围内箍筋加密的建议。

2011年，陈添明通过对混凝土梁-方钢管混凝土柱环梁节点有限元分析，初步掌握环梁内力分布的特点，在此基础上，考虑节点形式、环梁截面的尺寸、环梁纵筋和箍筋的配筋率、抗剪环的直径和根数，以及楼板因素对环梁节点承载力的影响，设计方钢管混凝土环梁节点静力试验方案。他共对11个节点试件进行了静力试验，结果表明，该新型节点能有效地传递弯矩和剪力。通过对实验结果和简化力学模型的分析，提出了环梁节点的实用设计方法。同时，参考有限元分析结果，修正了部分参数，使之更合理。实验及有限元分析结果证明，其提出的环梁节点在概念上是正确的，在实际上是可行的。按照其提出的设计方法，节点抗弯及抗剪能力均具有较大安全富余，并能在节点以外破坏，实现“强节点”目标。

2013年，韦宏等设计了11个RC梁-方钢管混凝土柱节点试件，考虑了节点形式、环梁截面尺寸、环梁纵筋和配箍率、抗剪环直径和数量及节点是否带楼板等因素，对其进行单调静力试验，研究梁柱节点受力性能及不同设计参数对其承载力的影响，分析试验现象及试件中钢筋应变发展规律，其测点位置示意图如图2-3所示。试验结果表明，环梁纵筋及箍筋的配筋率对RC梁-方钢管混凝土柱环梁节点的承载力具有显著的影响，可以通过调整环梁纵筋及配箍率使框架梁先于环梁破坏，达到强节点的目的；采用抗剪环筋传递剪力，能够可靠传力。在试验结果的基础上，以环梁破坏面的力平衡条件，推导了环梁节点承载力计算式，计算结果与试验结果吻合较好。

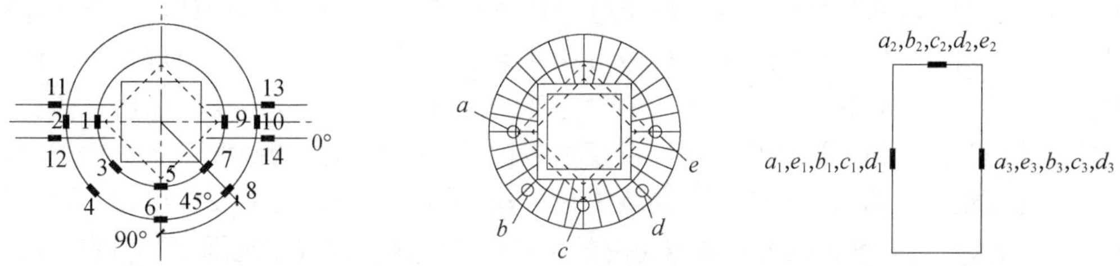

(a) 纵筋测点布置（虚线为斜交柱）　　(b) 箍筋测点布置（虚线为斜交柱）

图 2-3　测点位置示意图

2013 年，王彦等采用 ANSYS 有限元软件建立钢管混凝土柱-环梁节点三维实体模型，对节点模型的变形、应力应变情况、开裂状态进行非线性分析。结果表明，有限元分析结果与试验结果吻合较好，指出了环梁破坏的 3 种形式，并提出适当的框架梁-环梁配筋比可以控制节点破坏形态，对设计此类节点有较好的参考价值。

2014 年，孔亮在理论计算的基础上，运用 ABAQUS 有限元计算软件对环梁节点进行了非线性有限元计算分析，得到了单调直剪荷载作用下环梁节点的内力分布情况，同时对比考察了环梁节点中抗剪环数量、环梁混凝土强度、环梁配筋率、环梁混凝土截面大小以及钢管柱直径对环梁节点抗剪承载力的影响。研究结果表明，新型环梁节点形式具有较高的直剪承载力和相对较小的相对滑移；抗剪环的存在不会对钢管混凝土柱的承载能力产生影响；提高环梁混凝土等级、提高环梁配筋率都能够显著提高环梁节点的抗剪承载力；环梁节点适用于钢管混凝土柱直径较大的情况，当直径较小时建议采用环形牛腿的节点形式；抗剪环宜设置两道，第一道设置在环梁中部，另一道设置在实际荷载作用下的节点环梁受压区。

2014 年，唐飞以重庆市江北区某超高层建筑工程实例为背景对环梁节点进行探讨。该工程为民用建筑，地下结构为 7 层，地面以上 3 层为裙房，上部为单塔结构，该单塔结构高度约 280m，属于超高层建筑的范畴，该工程采用钢管混凝土柱与钢筋混凝土剪力墙作为竖向承载构件，钢筋混凝土梁、楼板构成水平承载构件。在底部裙房区域，存在 4 根 RC 梁与 1 根 STCC 柱在同一高度相交的情况，连接方式采用钢筋混凝土环梁节点，通过有限元软件 ABAQUS 对该 STCC 柱-RC 环梁节点进行了实体有限元模拟及分析，对比了在不同的环筋配筋值下以及设置斜向拉筋和附加箍筋后节点的受力情况，并得出一些有意义的结论：①结合重庆市某超高层建筑实际的设计及施工情况，介绍了钢筋混凝土环梁的研究现状及实际工程中应用的情况。②介绍了有限元模型和计算方法，对该超高层建筑底部裙房区域的钢筋混凝土环梁节点进行了 ABAQUS 有限元模型模拟。③分析了环梁节点在单调加载后各部分钢筋的应力变化，对比了环梁节点在不同环筋配筋下单调加载后，各部位钢筋的应力差异及 P-Δ 曲线（胡克定律）。④对比了环梁节点在不同环筋配筋下，往复荷载加载后，环梁节点的滞回性能以及钢筋屈服区域的分布情况。⑤对环梁节点进行两种优化方案设计，通过有限元分析，对比了优化后节点在单调加载下的应力发展、P-Δ 曲线以及在往复荷载下的滞回曲线和环梁钢筋屈服区域的分布情况。

2015 年，葛森等为了研究圆钢管混凝土柱环梁节点的刚性，借助 ANSYS 软件建立多组圆钢管混凝土柱-环梁节点实体有限元模型进行计算，验证环梁节点的半刚性特性，研究环梁高度、环梁宽度、钢管直径、环梁配筋量和环梁混凝土强度对环梁节点刚度的影响规律，并进一步推导环梁节点简化的初始刚度理论计算公式。研究结果表明，环梁节点具有半刚性特性；增大环梁高度、环梁配筋量和框架梁宽度将提高环梁的刚性，增大环梁宽度和钢管直径将减小环梁刚性。

2015 年，周颖等考虑管外混凝土的轴压作用，采取极限平衡法对环梁破坏隔离体受力分析，对现有钢管混凝土柱节点环梁受弯承载力计算方法进行了修正，使其更加适用于钢管混凝土叠合柱节点环梁，计算结果与静力试验结果对比显示，后者高约 28%，试验构件几何关系如图 2-4 所示，轴压作用示意图如图 2-5 所示。根据试验结果研究对公式进行修正，采用 ABAQUS 有限元静力模型对不同轴压比下环梁的受弯承载力公式进行了验证，对比显示有限元分析结果略高于修正后的计算值，结果表明，考虑轴压力修正后的公式可以用于钢管混凝土叠合柱节点环梁受弯承载力的计算，公式计算结果偏于保守。同年，其针对 7 个钢管混凝土叠合柱边节点环梁进行了试验研究，其中对 2 个试件采用单调静力加载试验，对 2 个变径宽比（环梁半径与环梁宽度的比值）试件和 3 个变配筋比（同侧环梁环筋面积与框架梁纵筋面积的比值）试件采用低周反复加载试验，研究节点的破坏模式、承载力、节点区钢筋应力分布和耗能情况。结果表明，钢管混凝土叠合柱环梁节点在概念上安全可行，合理的设计可以实现“强连接弱构件”；配筋比越大，节点越易发生框架梁破坏；在一定范围内，节点承载力随着径宽比的减小、配筋比的增大而提高；环梁锚固区附近钢筋应力较大，环梁内外纵筋应力分布不均匀，环梁内纵筋一般不屈服；节点的等效黏滞阻尼系数较大，表明节点的耗能能力较好。

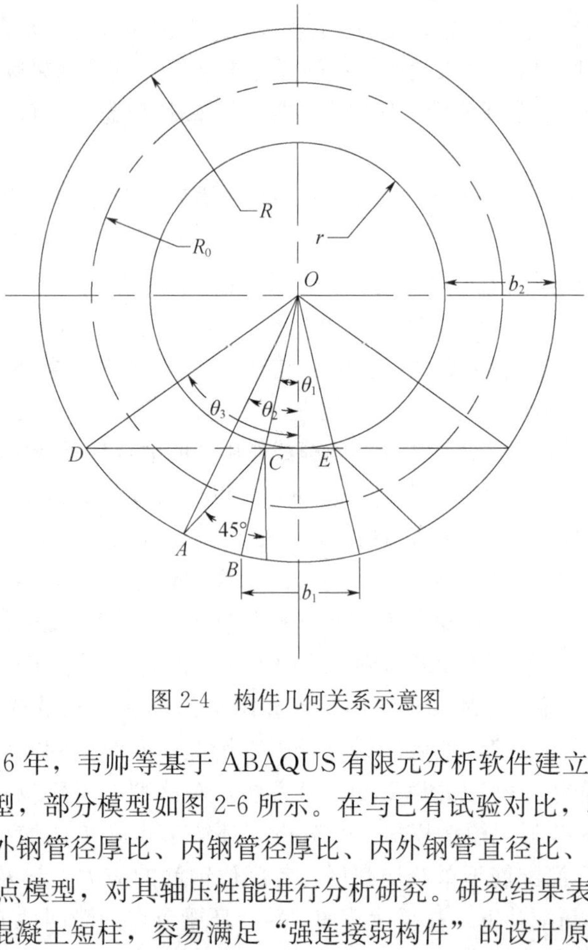

图 2-4　构件几何关系示意图

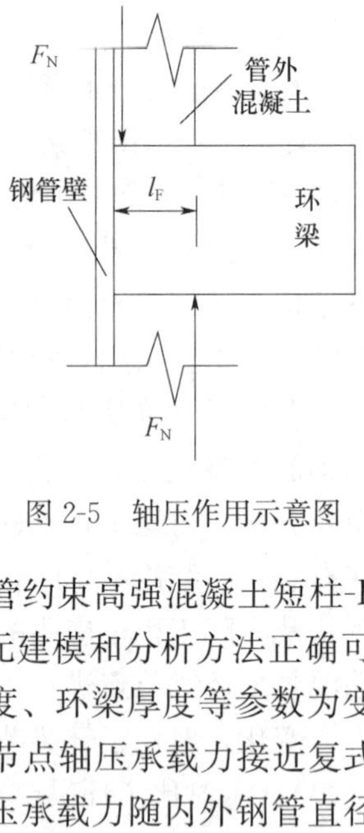

图 2-5　轴压作用示意图

2016 年，韦帅等基于 ABAQUS 有限元分析软件建立复式圆钢管约束高强混凝土短柱-RC 梁环梁节点模型，部分模型如图 2-6 所示。在与已有试验对比，验证有限元建模和分析方法正确可靠的基础上，以外钢管径厚比、内钢管径厚比、内外钢管直径比、节点区高度、环梁厚度等参数为变量建立了 12 个节点模型，对其轴压性能进行分析研究。研究结果表明，该型节点轴压承载力接近复式圆钢管约束高强混凝土短柱，容易满足“强连接弱构件”的设计原则；其轴压承载力随内外钢管直径比、节点区高度、环梁宽度的增加而增加，随内外钢管径厚比的增加而减小。

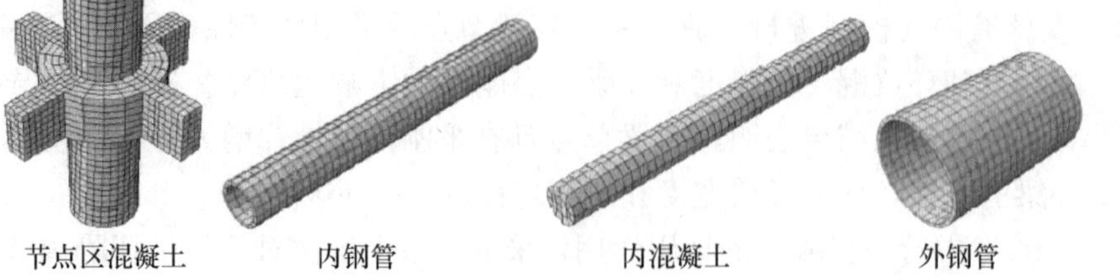

图 2-6　部分试件网格划分示意图

（2）抗震性能

2003 年，钱稼茹等介绍了钢管混凝土柱-混凝土环梁节点的构造和基本受力机理，进行了 37 个节点模型、1 个足尺节点单调加载试验和 14 个节点模型在低周反复荷载作用下的试验，部分试件裂缝图如图 2-7 所示。试验结果表明，通过合理设计，环梁节点能有效地传递框架梁端的剪力和弯矩，具有良好的变形能力和耗能能力，可以实现“强连接弱构件”的抗震概念设计，环梁具有合理明确、构造简单等优势。并简要介绍了环梁节点的设计方法及其在房屋建筑中的应用。

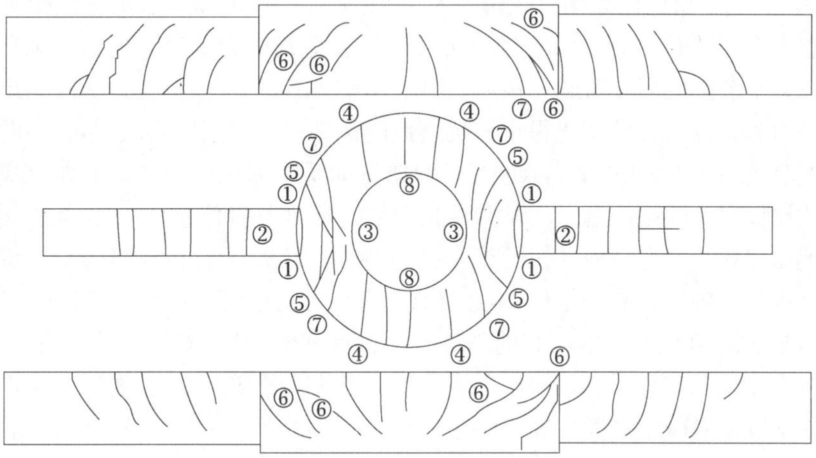

图 2-7　裂缝示意图

2004 年，周栋梁等介绍了一个采用钢筋混凝土环梁连接的 2 层 2 跨 RC 梁-钢管混凝土柱框架的拟动力试验和静力试验。为了研究环梁在地震作用下的破坏形态，大部分节点设计成“弱环梁、强框架梁”，即环梁屈服先于框架梁；少量节点设计成“强环梁、弱框架梁”，即框架梁屈服先于环梁。试验表明，小震时，框架的刚度降低很少；中震时，刚度降低约 30%；大震时，层间位移角小于 1°10′0″；即使弱环梁已经破坏、层间位移角达 1°3′4″，框架的承载力仍未下降；能够实现“强柱弱梁”和实现塑性铰形成于框架梁端的“强连接弱构件”的抗震设计概念。RC 环梁与 STCC 柱之间局部范围的缝隙不影响框架的整体抗震性能；环梁与柱之间几乎无相对竖向滑移。采用 RC 环梁连接的 RC 梁-STCC 柱框架具有良好的抗震性能。

2005 年，周栋梁等通过有限元分析研究了环梁连接的转角刚度和环梁区域框架梁等效宽度以及它们的影响因素，图 2-8 所示为其有限元分析模型。研究结果表明，环梁宽度和框架梁宽度对转角刚度和等效宽度影响较大；考虑了环梁的宽度和环梁与 STCC 柱之间有相对转动的计算模型，与框架梁和 SCTT 柱为刚性连接的计算模型较为吻合；框架内力、位移计算以及两层两跨框架结构的静力试验和拟动力试验表明，环梁连接的钢管混凝土柱-RC 梁框架可以采用梁柱直接刚性连接的模型进行弹性分析。

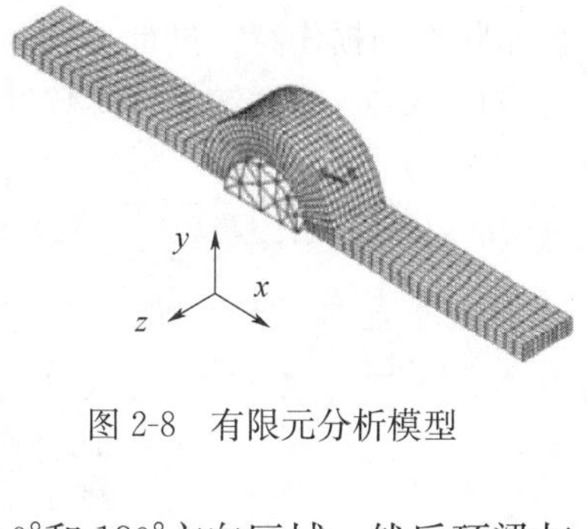

图 2-8　有限元分析模型

2007 年，孙丙友在总结其他学者的研究的基础上，利用 ANSYS 对钢管混凝土柱-钢筋混凝土环梁节点进行了三维建模分析，较为精确地分析节点区应力分布，弥补了试验中无法直观地了解各细部受力情况的缺陷，并将分析结果与试验结果进行了比较分析。研究结果表明：①钢管混凝土柱-钢筋混凝土环梁节点破坏始于框架梁与环梁接触处的钢筋屈服，混凝土开裂。②与环梁接触处的钢管中的应力最大，也最容易屈服，加载始末，最大应力都出现在这个区域。③结构破坏时抗剪环还未屈服，说明抗剪环的抗剪承载力和钢管与环梁的摩擦力足以承受钢管混凝土柱对钢筋混凝土环梁的剪力。④混凝土的开裂始于环梁 0°和 180°方向区域，然后环梁与框架梁接触处的混凝土开裂。大约在－25°与 25°处，是混凝土裂缝集中的地方，最后裂缝向环梁两边蔓延。⑤钢筋中的最大应力集中在环梁与框架梁的接触处，可以通过增加此处的钢筋用量来提高构件的性能。⑥环梁与钢管混凝土柱产生滑移，最大值为 4.5mm。⑦梁端的 F-θ（胡克定律）滞回曲线和骨架曲线在混凝土破坏之前与试验曲线吻合较好，体现了良好的抗震性能。⑧合理的三维有限元模拟，可以弥补试验观察的不足，揭示试验无法观测到的细节，是对节点内部的应力变化深入了解的有效方法。

2008年，代红军等进行了钢管混凝土柱-钢筋混凝土环梁节点的静载和低周反复荷载实验研究，分析了节点的破坏形态、延性和耗能能力等性能。试验结果表明，这种节点连接可靠，塑性铰易出现在框架梁和环梁交界处；滞回曲线较为饱满，具有良好的延性和耗能能力，通过合理设计，能够满足延性抗震设计的要求。

2008年，孙修礼以38层的南京体仁大厦工程为背景，分别对RC梁-钢管混凝土柱框架的新型劲性混凝土环梁节点和RC梁-钢加强环节点进行了低周反复荷载试验研究，包括边节点、角节点、中节点和悬臂节点，考察了节点的屈服荷载、极限荷载、节点刚度及耗能性能。试验结果表明，两种节点均具有足够的承载力和延性，转角变化很小，抗震性能优良；节点刚度很大，可以视为刚性节点。

2013年，王伟等对4个空间内柱节点进行了双向低周反复加载试验。试验研究参数为环梁纵筋量与框架梁纵筋量的比值以及环梁配箍量。试验结果表明，环梁节点依靠环-柱相互作用传递外荷载；环梁沿圆周方向呈现出包含拉、弯、剪、扭的组合受力特征；环梁纵筋和箍筋的配置量对节点抗震性能影响较大。经过合理设计的钢管混凝土柱-环梁节点具有良好的延性，适合地震区的工程应用。

2014年，刘洋在总结其他学者的研究的基础上，利用ABAQUS对环梁节点进行有限元数值模拟，了解受力机理、传力路径和破坏形态，探讨了该节点在单调荷载和低周往复荷载作用下框架梁截面尺寸、纵向钢筋配筋率以及混凝土强度等级等参数对节点受力性能的影响，研究结果表明，环梁节点具有较高的刚度和承载能力，较好的延性和耗能能力，设计时控制环梁与框架梁的刚度比，能控制塑性铰出现在节点区之外，符合抗震设计中“强连接弱构件”的设计要求。

2014年，冒婕依据实际工程，通过非线性有限元分析软件ABAQUS，模拟了钢管混凝土穿透式节点的模型。采用数值模拟方法，对节点施加了单调荷载，分析其极限承载力。并分别对倾斜柱和垂直柱施加低周反复荷载，分析了节点的受力机理、破坏特征、变形能力及滞回曲线的特征。结果表明：①柱倾斜角度较小时对节点的受力性能影响不大，倾斜柱与垂直柱的各项抗震性能相似；②节点的破坏是从框架梁和环梁接触处的混凝土开裂开始的，但最大应力位于钢管中截面；结构损坏时抗剪环还没有屈服，证明加强环的抗剪承载能力、钢管和环梁的摩擦力足够大，可以减小核心区对环梁的剪力影响；③在单调荷载作用下，节点框架梁位置对其承载能力影响较小，对称梁与斜梁的屈服荷载接近；④在低周反复荷载作用下，有限元模拟所得两种节点的滞回曲线较饱满，延性系数、黏滞阻尼系数均符合抗震规范。

2015年，吴强等对某建筑中设计采用的复杂钢管混凝土柱-环梁节点利用ANSYS软件建立精细化的有限元计算模型，进行了设计工况下的承载力分析、混凝土损伤分析、钢筋及混凝土的应力状态分析和参数分析等，部分试件参数和构件破坏形式如图2-9所示。计算结果表明，这种复杂钢管混凝土柱-环梁节点的极限承载力性能远高于设计水准，节点的安全裕度是足够的。同时对该形式节点的应力分布状态和损伤特征进行了分析，结果表明，该节点可以达到“强柱弱梁”和“强连接弱构件”的抗震设计要求。对关键设计参数进行了敏感性分析，为类似工程设计提供了参考。

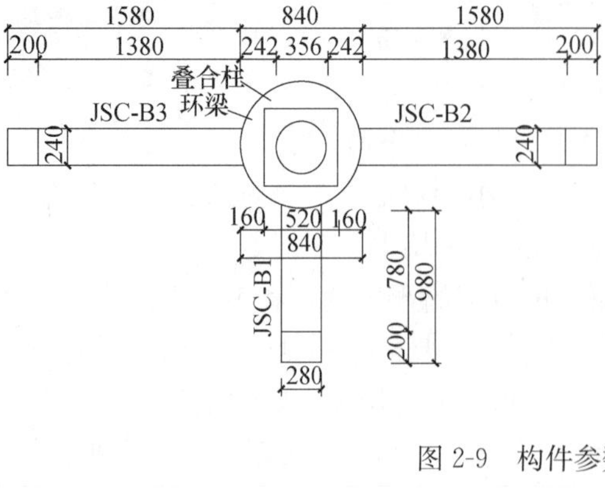

图2-9　构件参数及破坏形式

（3）施工工艺

1990 年，张华玉概述了秦皇岛港三期煤翻车机房工程的地下连续墙梁肋结构，施工中对其整体浇筑的大型钢筋混凝土环梁在约束条件下，按照有关裂缝控制理论进行施工控制。实践中逐步采取综合抗裂措施，最终使环梁裂缝得到了控制，从而取得了一些经验和教训。

2004 年，戎长军等介绍了一种新型钢管混凝土柱-环梁节点，将这种节点与现行钢管柱规程中的节点进行优缺点比较，并介绍了这种节点的各种构造与施工方法及工程应用情况。

2009 年，陈洪杰等概述了南通体育会展中心体育场环梁基础外圈直径 306m，内圈直径 261m，属于大体积混凝土，在施工期间，环境温度较高，风力较大，混凝土表面失水过快，容易产生裂缝的情况。为避免混凝土裂缝的产生，对混凝土施工提出了较高要求。通过采取设置后浇带、优化混凝土配合比、控制原材料质量等措施，保证环梁基础不产生裂缝。

2013 年，李庆通过概述柳州九洲大厦超高层建筑工程梁柱节点采用的钢管混凝土柱-RC 环梁节点形式，对钢管混凝土柱的安装就位、管内混凝土的浇筑、钢管柱的焊接、环梁钢筋笼的加工制作、环梁的吊装就位、环梁与钢管柱的间隙控制、环梁混凝土的浇筑和框架与环梁的锚固 8 个方面的施工质量控制措施的归纳和总结，提出了一系列针对超高层建筑中钢管混凝土柱-RC 环梁节点在施工过程中的质量控制要点。

2014 年，黄景忠以中航紫金广场工程为例，剖析了钢筋混凝土环梁的施工难点，并详细阐述了钢筋混凝土环梁的整个施工工艺流程，主要包括弧形模板的设计与加固、环形钢筋的加工与绑扎、混凝土浇筑与养护等施工技术方面的实践及探讨，如图 2-10 所示。同时在实施过程中该工程也运用了 BIM（建筑信息模型）技术模拟整个环梁的施工过程，最终达到了良好的施工效果。

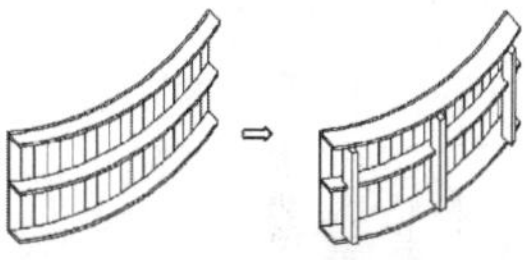

(a) 环梁环形模板优化图

(b) 支撑架的搭设及弧形模板

图 2-10　环梁环形模板优化图和支撑架的搭设及弧形模板

2014 年，刘海东等通过介绍华创国际广场工程 1 号塔楼地下室工程采用的新型环梁预拼装整体吊装技术，论述了环梁从施工前的深化设计到使用阶段的相应原理，部分预埋件示意图如图 2-11 所示，重点介绍了施工过程中一些注意事项和处理问题的经验方法，主要包括钢管柱外包环梁常规做法、预拼装环梁施工流程、新型施工工艺难点分析和主要技术措施等，并进行了预拼装环梁整体优势的论述。实际工程表明，应用该新型技术能够保证环梁成型质量，满足工期要求。

2014 年，李庆达以部分建筑造型为独特六边形，采用钢管混凝土柱-RC 环梁节点施工的北京融科智地联想园区工程为背景，在分析了混凝土环梁施工特点、难点和控制要点的基础上，介绍了一种新型混凝土环梁施工工艺，实现了环梁施工过程的精细化，并确保了环梁节点的施工质量。

2015 年，陈斌从劲性环梁的测量定位技术、型钢梁及其与钢筋连接安装要点、模板设计与安装和混凝土施工技术等方面，对劲性环梁核心施工技术进行了简要阐述。同年，李引胜等以延长石油科研中心项目工程为实际案例，详细介绍钢管混凝土柱大截面环梁施工工艺，在分析钢管混凝土柱-RC 环梁施工难点、重点的基础上介绍环梁节点施工过程中的施工方法和控制要点。同时在实施过程中运用了建筑信息模型（BIM）技术模拟整个环梁的施工过程，最终达到了良好的施工效果。

2016 年，郭金宏等以北京市奥体南区 OS—02 号地块超高层项目为实例，剖析了钢筋混凝土环梁的施工难点，并详细阐述了钢管混凝土柱与无梁楼盖连接节点的整个施工工艺流程，主要包括模板的设计与加固、环梁钢筋的加工与绑扎、混凝土浇筑与养护等施工技术方面的实践及探讨，其中部分环梁成型效果如图 2-12 所示。

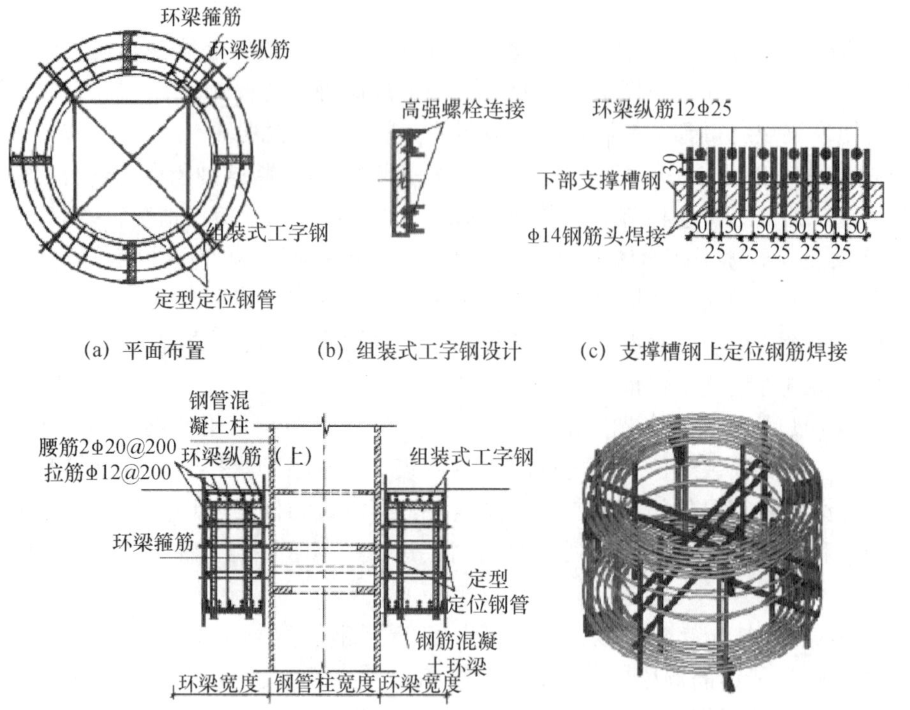

(a) 平面布置　(b) 组装式工字钢设计　(c) 支撑槽钢上定位钢筋焊接

(d) 环梁预埋件剖面安装前布置　(e) 3D效果

图 2-11　环梁预埋件示意图

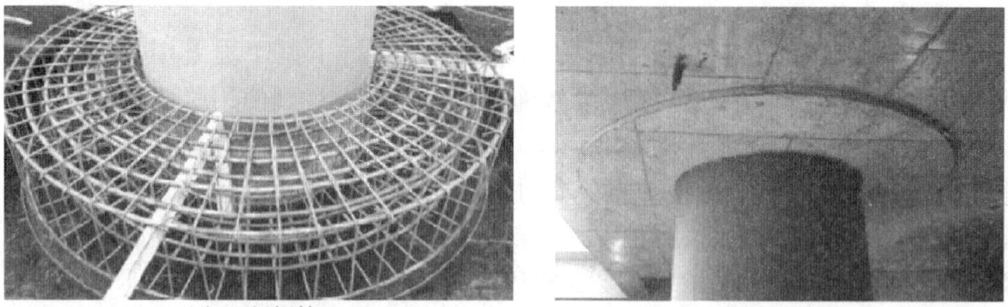

(a) 环梁钢筋　(b) 成形效果

图 2-12　环梁钢筋及混凝土浇筑成型效果

2.1.1.2　钢管混凝土柱-RC 环梁在项目中的应用与技术指标评价

文献对现行普通钢筋混凝土梁柱节点进行了各种性能研究，包括抗剪强度、抗震性能和动态受力机理等方面。可见，一般的钢筋混凝土梁柱节点应用十分广泛，对其进行研究的文献数量较多，也较为成熟。这种传统的钢筋混凝土梁柱节点具有设计理念明确、施工技术较为成熟、施工简便和具有一定的抗震安全性能等特点，广泛运用于一般建筑中。但对于超高层及部分高层建筑，梁柱节点的运用相对减少，主要是由于超高层及部分高层建筑高度增高，对柱的承载力具有很高的要求，如使用传统的钢筋混凝土柱，显然是很不经济的；且其需要节点能有效地传递框架梁端的剪力和弯矩，具有良好的变形能力和耗能能力，这对于传统的梁柱节点而言，可靠度与安全性能已不能充分保证。

为了满足这一类高层建筑的需要，提出了一种新型结构形式：钢管混凝土柱-RC 环梁。钢管高强混凝土柱具有满足轴压比限值、减少柱截面尺寸、增大建筑使用面积、提高结构延性等优点；并且通过合理设计，环梁节点能有效地传递框架梁端的剪力和弯矩，具有良好的变形能力和耗能能力，可以实现“强连接弱构件”的抗震概念设计。这种新型结构的运用，使得很多高层建筑问题得以解决。下面以广西九洲国际大厦项目工程为例，主要讨论该新型结构在项目中的应用，并对其技术指标进行简要评价。

（1）钢管混凝土柱-RC 环梁在项目中的运用

广西九洲国际大厦工程位于广西壮族自治区南宁市青秀区，地处东盟商务核心区。主体结构共分为三部分：商业裙房、五星级酒店、办公楼。结构体系为钢管混凝土柱＋钢筋混凝土核心筒结构体系，主要采用的节点为 RC 环梁连接的钢管混凝土柱-RC 梁框架（STCC 柱-RC 环梁节点），设计形式新颖、独特，在国内 300m 以上超高层中属于首次采用这种新的节点形式。

图 2-13 所示为采用 RC 环梁连接的 STCC 柱-RC 梁节点，主要是由钢管混凝土柱（STCC 柱）、钢筋混凝土环梁、钢筋混凝土框架梁和抗剪环构成。在钢管周圈贴焊一道或者两道钢筋作为抗剪环，通过抗剪环，环梁将框架梁端剪力传递至钢管；RC 环梁围绕钢管，与钢管紧密箍抱，将梁端弯矩传递至框架柱。中铁建设集团有限公司南宁分公司广西九洲国际大厦项目部经过现场实践证明，该项设计新颖独特的节点形式，环梁可工厂化加工然后整体吊装安装，在工程施工中具有较强的技术优势和施工便利性，围绕 RC 环梁节点处的施工工艺，形成了该工法。

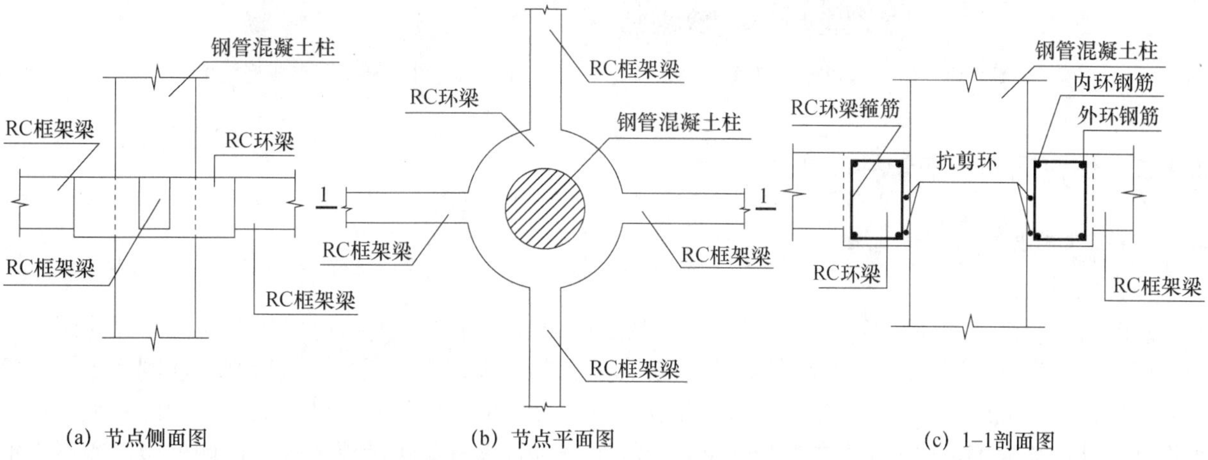

图 2-13　STCC 柱-RC 环梁连接节点

RC 环梁是近几年开发的一种 RC 梁和 STCC 柱的连接构件，具有如下优点：①RC 环梁作为一个独立构件，钢管内无加劲板，无穿心构件，不影响管内混凝土浇筑。②钢筋笼无方向性，可在地面工厂化加工，不占用工期，绑扎成型后整体吊装安装，高空就位方便。③此节点解决了钢筋混凝土楼盖和 STCC 柱的连接工艺，较钢结构外框架＋钢筋混凝土核心筒结构体系大大减少了工程造价。

（2）技术指标评价

该项目人员通过分析 RC 环梁固有特性和施工工艺，经过技术优化，对 RC 环梁成型采用工厂化、集中化、机械化的生产施工模式，把 RC 环梁钢筋施工作为一个单项，形成了一套完整的新型 RC 环梁节点钢筋施工工艺，达到工期、质量、成本多赢的目标，缩短了生产周期。九洲国际大厦工程项目的钢管混凝土柱-RC 环梁施工工艺有着独到之处，具体施工工艺流程介绍见第 3 章，该工法切实有效，为工程的顺利开展带来了诸多便利，具有很高的效益价值。

① 经济效益

该 RC 环梁施工工艺，简化了过程中的多项复杂工序，使得 RC 环梁成型得以流水线加工，推进了施工生产，且提高了施工质量，节约了管理费、人工费、机械费等成本。

RC 环梁连接节点较为新颖，提高了建筑空间的利用率，且美观。

RC 环梁连接的钢管混凝土柱-RC 梁框架节点与现行规程中各种钢管混凝土梁柱节点形式相比，环梁节点的钢板材用量比穿心式减少 23％，如果与用钢量更大的上下环板节点相比，减少幅度会更大。

经过钢筋优化下料后，RC 环梁钢筋废料率得以有效控制，节约了大批量钢筋。

② 社会效益

本工法解决了现行中钢管混凝土梁柱节点需穿心构件的难题，为超高层建筑采用性能良好的钢管混凝土柱形式提供了新的突破点，促进了行业技术进步。

本工法制作简单、步骤明确、施工难度较小、适用性强、安全可靠性好，有望在建筑领域内得到广泛推广和使用。部分 RC 环梁安装及节点成型效果如图 2-14 和图 2-15 所示。

图 2-14 RC 环梁安装成型效果

图 2-15 RC 环梁节点成型效果

2.1.2 外包混凝土钢管柱

2.1.2.1 外包混凝土研究进展

(1) 抗震性能

1995 年，李国强等通过对 3 个钢板外包混凝土剪力墙试件和 1 个纯钢板剪力墙板试件的模型试验，研究了在低周反复加载下钢板外包混凝土剪力墙板的破坏形态、延性、抗剪强度和刚度等。试验表明，钢板外包混凝土剪力墙与钢板剪力墙相比，具有良好的稳定性和延性，同时其刚度和强度也大大提高。其以普通钢板作为基本支撑板，钢板上、下分别与钢框架中的梁相连，两侧外包混凝土为钢板提供侧向约束，防止钢板过早屈曲失稳，同时混凝土还起到防火隔热的作用。

2009 年，王毅等针对内置芯柱与不设芯柱的两种钢管混凝土外包式柱脚试件进行了一定轴力下的低周水平反复加载试验，分析了钢管混凝土外包式柱脚节点的受力机理，并提出了估算外包式柱脚节点压弯极限承载力的计算方法。对采用两种构造形式的柱脚延性进行了比较分析，得到了芯柱构造可以提高柱脚抗震性能的结论。同年，徐永基等根据两个钢管混凝土柱外包式柱脚节点的单向低周反复载荷试验，验证了一种新型组合节点的刚接程度及其滞回性能，对该类节点的抗震设计方法及构造要求进行了探讨。该类新型组合节点为钢管混凝土柱外包式柱脚，是通过预埋于基础中的定位锚栓将柱脚底板与基础连接在一起，在基础顶面以上一定高度范围内的柱外表面设置抗剪栓钉，以厚度不小于 150mm、配置有纵向钢筋和箍筋的钢筋混凝土包裹，形成的钢与混凝土“组合”节点构件，其传力机制较为复杂，计算方法参照了《高层民用建筑钢结构技术规程》的有关规定进行，常应用于设防烈度为 6 度、7 度地区的多层建筑结构。

2015 年，林彦等提出了一种新型的方钢管混凝土柱与外包 U 形钢混凝土组合梁连接节点形式：隔板贯通部分钢筋贯穿式节点。设计了 3 个节点试件，对其进行低周反复荷载试验，利用 ANSYS 软件对低周反复荷载作用下的节点试件进行非线性有限元分析并与试验结果对比，部分试件破坏形态如图 2-16 所示。结果表明，有限元分析得到的节点破坏形态、应力分布、滞回曲线、骨架曲线与试验结果吻合较好。在此基础上，对发生梁端塑性铰破坏模式的节点滞回性能进行参数分析，研究楼板厚度、U 形钢壁厚、组合梁纵向受力钢筋配筋率、贯通隔板厚度以及轴压比对节点滞回性能的影响。研究结果表明，楼板厚度和 U 形钢壁厚对节点滞回性能有显著的影响，组合梁纵向受力钢筋配筋率对节点滞回性能影响较为显著，贯通隔板厚度和轴压比对节点滞回性能影响很小。

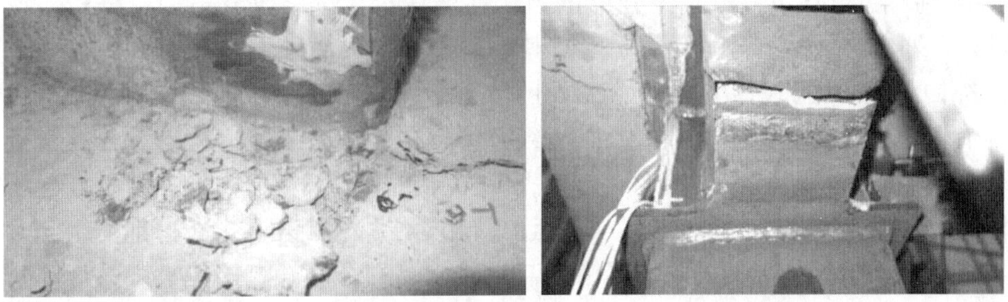

(a) 翼板混凝土压碎　　(b) 梁底板拉裂

图 2-16　部分试件破坏形态

（2）受力性能

1995 年，王小青等以弹塑性理论为依据，以有限元方法为手段，专门研究了万家寨电站坝段浅埋式压力钢管周围外包混凝土的一些问题，通过对比分析得出较为可靠的结论。

2007 年，龙凌利用通用有限元分析软件 ANSYS，提出建立外包混凝土加固钢筋混凝土结构的有限元模型的方法，并建立了有限元模型，对外包混凝土加固钢筋混凝土柱的力学性能进行数值仿真分析，对最大承载力等进行了计算机仿真研究。通过有限元分析，可以看到，计算机仿真结果和试验结果吻合得很好，能准确地反映出加固柱的力学性能，分析结果表明外包钢筋混凝土法加固柱的效果是非常有效的。

2007 年，王毅等以一个普通的钢管混凝土柱外包式柱脚试件的拟静力试验为基础，采用有限元方法作为辅助分析手段，对钢管混凝土外包式柱脚节点的刚性程度、延性、承载力和受力机理进行了分析和研究。然后基于试验和有限元结果就此类节点的性能和受力机理做出了一些结论和预测，并据此提出了一些工程建议。另外，他还提出了一种新的钢管混凝土柱外包式柱脚的构造形式，即在钢管内设置芯柱，并以此制作了一个试件进行试验，将其与普通的钢管混凝土柱外包式柱脚试件的试验结果进行对比，最终得出此种构造形式对钢管混凝土外包式柱脚节点各方面性能的影响。此外，他还对钢管混凝土外包式柱脚压弯极限承载力的计算方法做了一些初步探讨，提出了一些计算建议。

2009 年，陈联盟等详细推导了普通箍筋约束钢管混凝土核心柱和螺旋箍筋约束钢管混凝土核心柱两种外包混凝土截面类型钢管混凝土柱的极限承载力计算公式，为该钢管混凝土柱外包混凝土构件的进一步研究做了一定的基础性工作，同时，还对该类构件存在的若干问题，如核心柱在偏压极限承载力作用下的受力性能以及核心柱的节点处理方法等，进行了初步探讨。

同年，王毅等针对内置芯柱与不设芯柱的两种钢管混凝土外包式柱脚试件进行了一定轴力下的低周水平反复加载试验，部分试件试验破坏现象如图 2-17 所示，分析了钢管混凝土外包式柱脚节点的受力机理，并提出了估算外包式柱脚节点压弯极限承载力的计算方法。对采用两种构造形式的柱脚延性进行了比较分析，得到了芯柱构造可以提高柱脚抗震性能的结论。

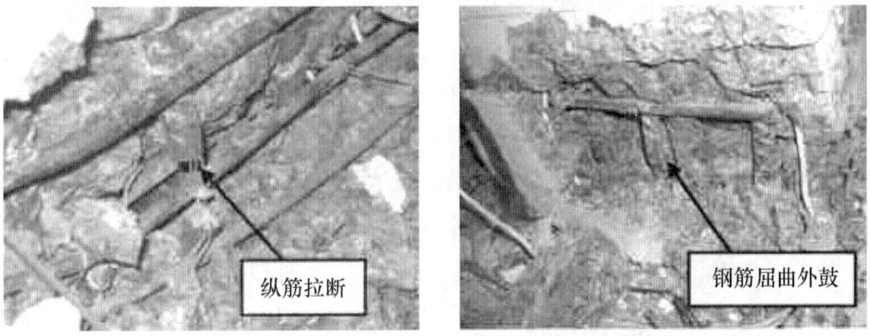

(a) 外包段底部受拉纵筋被拉断　　(b) 外包段底部受压纵筋屈曲并外鼓

图 2-17　部分试件破坏现象

2009年，祝刚对腹板外包混凝土组合梁的力学性能进行了试验研究与理论分析。主要研究了：①进行了9根腹板外包混凝土组合梁的试验，对其单调静载下的破坏形态进行研究，分析了组合梁跨中沿截面高度纵向应变和底部钢板与腹板应变发展情况、跨中弯矩-挠度曲线，对腹板外包混凝土组合梁的受力性能有基本的了解。②腹板外包混凝土组合梁近似地符合平截面假定，开孔钢板连接件起到较强的抗剪作用，整个试验过程中未出现因连接失效而导致梁的破坏。③本文分别推导了腹板外包混凝土组合梁的正截面抗弯承载力计算公式、刚度计算公式，并对配钢形式Ⅱ、Ⅲ的组合梁变形计算考虑了剪切变形的影响。按照推导的公式计算结果与试验结果吻合良好。抗剪承载力计算公式是通过试验数据在型钢混凝土梁抗剪承载力公式基础上修正得到的。其研究成果可供在实际工程中应用该新型组合梁构件时作为试验、理论依据和参考。

2010年，黑文豪选取大瑞铁路澜沧江特大桥拱顶截面构造内填外包钢管混凝土直杆短柱构件，运用有限元非线性分析及截面极限平衡状态的数值积分两种方法，分析计算了该构件的极限承载力，并就钢管初应力、钢管与混凝土之间的相对滑移等对其极限承载力的影响进行了探讨。主要进行了下列工作：①采用混凝土及钢材的应力-应变非线性本构模型，选取已有文献中的典型钢管混凝土试验构件借助大型有限元程序建立其数值分析模型，将计算结果与已有文献中的试验成果对比，验证了数值模型的建模方式和各参数选取的合理性，为内填外包钢管混凝土数值模型的建立提供了建模依据。②借助大型有限元程序建立了内填外包钢管混凝土短柱极限承载力的数值分析模型，依据外包混凝土、内填混凝土、钢管应力、应变等的时间历程分析，得出了该构件在承受背景工程拱顶实际内力工况下的极限承载力和构件安全系数。③推导“截面极限平衡状态的数值积分法”公式，采用FORTRAN语言编制了相应计算程序，并计算了该构件截面的极限承载力，将计算结果与有限元分析结果进行了对比和验证，校验了计算结果的可靠性。④考虑主拱劲性钢管骨架因施工过程产生的初应力，运用上述两种方法分别计算初应力对该构件极限承载力的影响。⑤为分析钢管与混凝土之间的相对滑移对构件极限承载力的影响，另自拟构件，建立了钢管与内填、外包混凝土之间无滑移及有滑移数值分析模型，通过对比分析，得出了一些有益的结论。⑥对文中背景工程的内填外包钢管混凝土构件承载力和安全性进行了评判，验证了设计的合理性。

2011年，盛兴旺等以大瑞铁路澜沧江特大桥主跨342m上承式劲性骨架钢筋混凝土拱桥为背景，选取拱顶截面构造直杆短柱构件，如图2-18所示。依据弹塑性力学原理，考虑材料非线性，建立内填外包钢管混凝土小偏心受压短柱构件的截面极限承载力数值迭代算法。运用该算法和ANSYS块体单元有限元法分析构件极限承载力。结果表明：内填外包钢管混凝土偏心受压构件的承载力由外包混凝土控制，内填混凝土的强度虽有一定的提高，但纯钢管混凝土的套箍效应未充分发挥；荷载不变时，构件极限承载力随偏心距增加（保持小偏心受压不变）呈下降趋势，但该结构抗弯矩变化的能力较强；桥拱顶截面极限荷载系数在3.0以上，远高于规范要求的2.0安全系数要求，表明该桥拱顶截面具有足够的安全性；两种算法的误差小于6%，截面极限承载力数值迭代算法的结果略小，但完全能满足工程的精度要求，得到了工程应用中完全可以采用截面承载力分析法计算该类构件的承载力的结论。

2014年，顾震对某钢管混凝土劲性骨架拱桥主桥拱圈外包混凝土进行了斜拉扣挂法连续浇筑的结构受力、变形的计算分析。通过对大桥无斜拉扣索连续浇筑外包混凝土的有限元分析表明，不加斜拉扣索进行外包混凝土连续浇筑，钢管混凝土劲性骨架的拱顶挠度产生较大反复，其中最大下挠37.9cm，最大上挠31cm；同时，劲性骨架的钢管和管内混凝土最大压应力分别达到422MPa、47.0MPa，管内混凝土最大拉应力达到11.2MPa。结构应力（尤其是管内混凝土应力）远远超过其容许范围，过大的反复变形也对结构极为不利。对斜拉扣挂法连续浇筑底板外包混凝土计算分析，对比3组斜拉扣索与4组斜拉扣索调控的效果，结果表明，在4组斜拉扣索调控下，拱顶始终无上挠，变形反复较小，最大下挠21.0cm；上下弦钢管、管内混凝土最大压应力分别为210MPa、8.2MPa，管内混凝土最大拉应力为1.04MPa。结构压应力、拉应力均在容许范围内，反复变形较小，斜拉扣挂法调控效果良好。

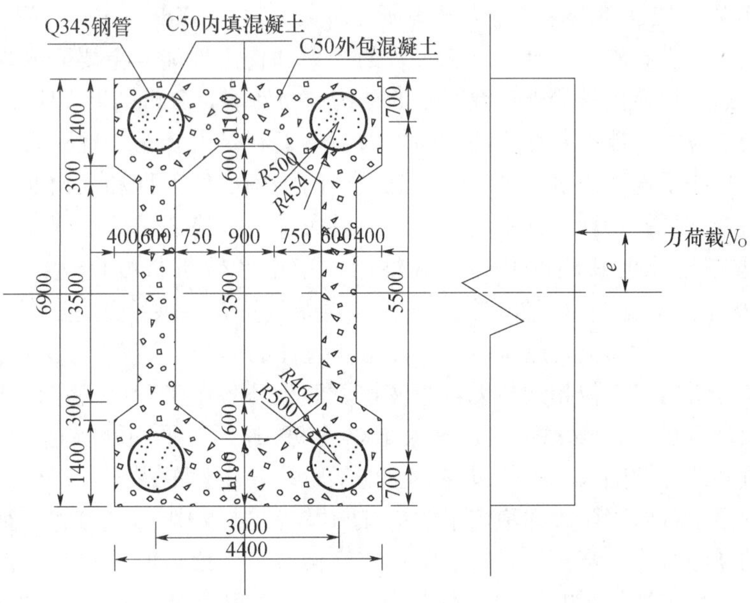

图 2-18　拱顶截面尺寸示意图

2015 年，胡夏闽等为了研究部分外包混凝土组合梁在正弯矩作用下的受力性能，考察钢梁腹部钢筋混凝土对组合梁承载力及刚度的影响，对 4 根简支梁试件进行了试验研究，其中包括 1 根普通钢-混凝土组合梁试件和 3 根钢梁腹板与腹部混凝土界面采用不同连接方式的部分外包组合梁试件。试验结果表明，钢梁腹板与腹部混凝土界面采用不同连接方式对部分外包组合梁的受弯承载力和刚度没有显著的影响；与普通钢-混凝土组合梁相比，由于钢梁腹部钢筋混凝土的贡献，部分外包组合梁的受弯承载力和抵抗变形的能力均有较大的提高；承载力极限状态时，部分外包组合梁中钢梁与腹部混凝土之间的相对滑移值较小，其滑移效应对组合梁截面受弯承载力的影响可以忽略不计。在试验研究的基础上，推导了部分外包组合梁塑性受弯承载力的计算公式，计算结果表明，简化塑性理论可以较准确地预测该类组合梁的受弯承载力。

2016 年，谭相培等为了研究外包混凝土加固轴心受压钢柱的正截面承载力，基于试验和已有文献探讨了不同的初始负载、不同外包混凝土强度和不同核心型钢强度对外包混凝土加固轴心受压钢柱承载力的影响，同时基于钢筋混凝土轴心受压构件的破坏模式对加固后构件的受压破坏全过程和构件裂缝出现及发展进行了描述，部分试件破坏形态如图 2-19 所示。最后采用系数修正法对已有的型钢混凝土正截面承载力的计算公式进行修正，从而得出外包混凝土加固轴心受压钢柱正截面承载力的计算公式，并通过试验结果与计算结果的分析比对验证公式的正确性。

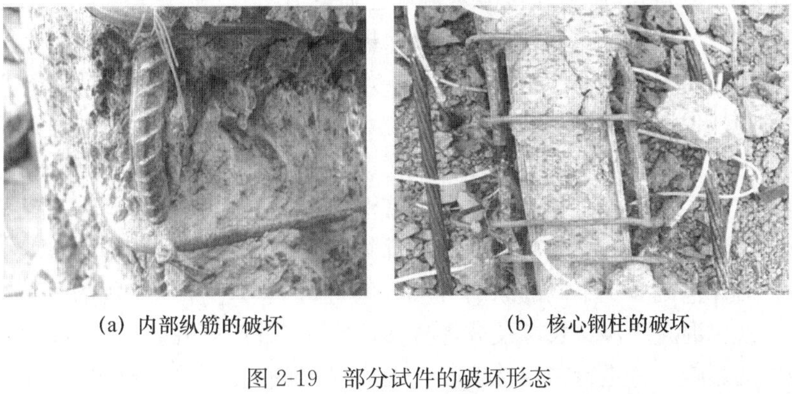

(a) 内部纵筋的破坏　　　　(b) 核心钢柱的破坏

图 2-19　部分试件的破坏形态

2016 年，魏港等以云桂铁路南盘江特大桥为研究对象，建立 Midas Civil 空间有限元模型，研究斜拉扣挂法分环连续浇筑主拱券外包混凝土施工过程的受力和稳定性能。主要研究内容和结论有：研究了采用四组斜拉扣索连续浇筑主拱券外包混凝土的结构受力性能，分析结果表明，各控制截面的挠度、钢管应力和管内混凝土应力均能控制在容许范围之内，最不利受力状态出现在第 1 环的下弦杆拱脚截面；对比分析四组斜拉扣索连续浇筑主拱券外包混凝土的结构的线弹性和几何非线性稳定性能，结果表明，各环稳定系数变化规律相同，其中底板环波动最大，最小稳定系数出现在环 1 段 19 施工阶段，满足规范要求；考虑初始几何缺陷的几何非线性后，稳定系数折减幅度达 5%～40%，平均折减 19.55%，结构出现极值点失稳，随着外包混凝的连续浇筑进行，主拱券受力逐渐均匀、合理，此时初始几何缺陷对结构整体刚度的影响也越来越小，几何非线性的影响不能忽略；将底板环沿半跨细分 76 小段连续浇筑，对比分析四组斜拉扣索与无索力调控下底板环各施工阶段稳定性能，结果表明斜拉扣索可以有效提高底板环各施工阶段稳定性，最大增幅达 99.13%，平均增幅达 47.73%，调载效果显著；探讨了横撑数量和几何缺陷大小对外包混凝土施工阶段稳定性的影响，得出以下结论：随着横撑数量的增加，外包混凝土各施工阶段的稳定系数均有所提高，在文中 38 道横撑下最为合理；初始几何缺陷作为不可避免的缺陷形式，当初始几何缺陷在容许偏差范围之内时，对稳定性的影响较小；当超出容许偏差范围时，对稳定性的影响较大，不能忽略，施工过程中应将误差控制在容许范围之内。

（3）施工工艺

2004 年，钟建国等探讨了钢管混凝土拱桥外包段混凝土施工顺序对成桥状态结构内力分布的影响，得到了在管内混凝土灌注前施工外包段对成桥的结构更为有利的结论，为同类桥型的施工提供了参考。

2005 年，樊金甲结合威坪大桥工程实例，介绍了劲性骨架钢管拱肋外包混凝土施工模板架设、混凝土浇筑的方法，主要包括施工的前期准备工作、施工设备的选取布置、混凝土模板的安装、外包混凝土的浇筑以及施工过程中质量控制要点等。

同年，张涛等结合重庆武隆乌江二桥的旧桥改造加固工程，对集束钢管混凝土拱券采用外包混凝土加固方法进行了探索，主要分析了加固过程中的拱券内力和变形趋势等，分析结果认为，采用外包混凝土方法对钢管混凝土拱券进行加固是可行的。

2008 年，王裕彪等结合公伯峡水电站引水压力钢管外包混凝土浇筑，对钢模台车在 1∶2.3 的斜坡道上应用的基本情况、工艺流程、作业规程、特点及在施工中应注意的问题进行了阐述。

2011 年，范碧琨等针对四川省雅安市经石棉至泸沽高速公路的腊八斤特大桥、黑石沟特大桥大跨连续刚构钢管混凝土组合高墩工程的钢管外包 C30 高抗裂混凝土的施工设计与要求，介绍了 C30 高抗裂钢管外包混凝土的施工工艺，主要包括浇筑方案、施工准备、外包混凝土振捣及二次振捣、拆模及养护等，并介绍了混凝土的施工质量控制，如图 2-20 所示。

2012 年，杨清岭等介绍了钢管柱外包清水混凝土柱施工工艺和操作要点，重点阐述了模板的制作、模板的安装和清水混凝土的浇筑、养护和成品保护。

同年，张富贵以建成的昭化嘉陵江特大桥为背景，应用大型有限元程序 Midas Civil 建立模型进行比较分析，并对此桥的外包混凝土施工方案进行研究，对其施工过程中进行监测研究。主要研究工作包括以下几个方面：①回顾了钢管混凝土劲性骨架混凝土拱桥的发展历史和施工方法，总结其研究现状以及存在的问题，介绍了桥梁施工控制现状和钢管混凝土的基本计算理论。②结构施工阶段的仿真分析。探讨结构单元类型的选择、需要考虑的结构计算主要因素。③多点均衡浇筑方案研究。在拱券分环一定的情况下，对外包混凝土不同的纵向分段方案进行应力、挠度变化的分析，并进行比较以确定最佳施工方案。④外包混凝土浇筑长度及分环方案研究。分析不同的外包混凝土浇筑长度及分环方案对骨架应力、挠度的影响，并进行稳定性比较，确定最佳的浇筑长度及分环方案。⑤外包混凝土监测研究。通过实测数据与计算数据进行对比分析，保证施工过程的安全。

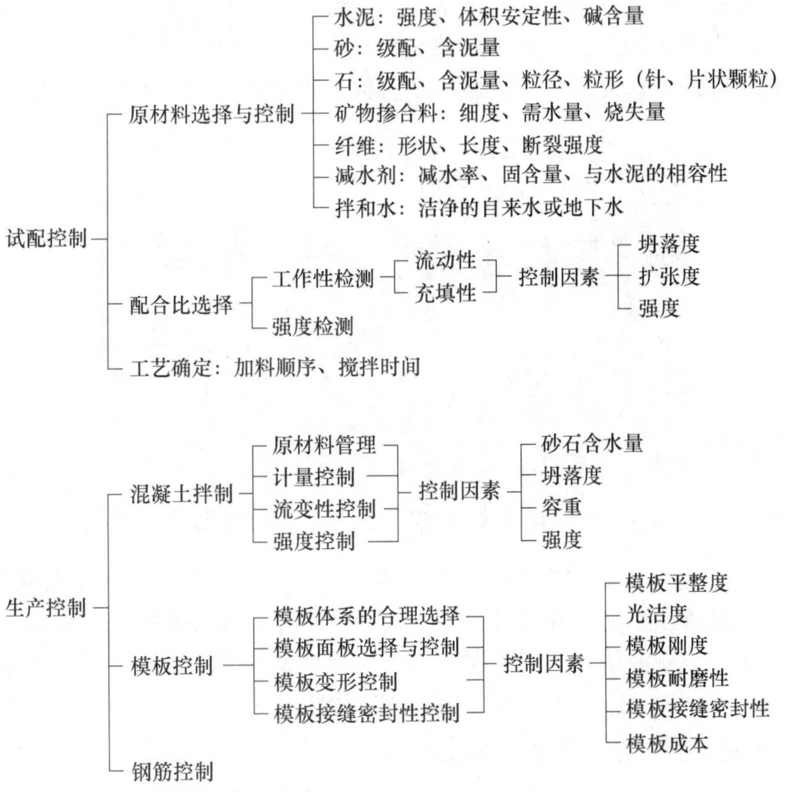

图 2-20　混凝土施工质量控制图

2013 年，楼允鹏结合腊八斤特大桥和黑石沟特大桥钢管叠合柱桥墩的施工实践，对钢管混凝土叠合柱的钢管外包混凝土做简要的探讨研究，主要分析了混凝土工程结构早期裂缝产生的原因，主要包括收缩变形、结构设计及受力荷载和施工因素等，同时还提出了工程中外包混凝土的技术性能要求、混凝土配合比设计及优化和施工所需注意的控制措施等。

2016 年，林小鹏对某钢管混凝土劲性骨架拱桥主桥拱券外包混凝土多工作面浇筑过程其结构受力与变形进行计算分析。主要研究内容与结论有：①通过分析无调载分环连续浇筑外包混凝土过程结构受力情况，结合影响线理论分析其变形与应力变化规律与最不利状态，为多工作面浇筑方法设计提供了依据。②分析 4 工作面浇筑、6 工作面浇筑和 8 工作面浇筑对主拱券线形与应力的调载效果，逐步对工作面划分进行优化，得到结论：根据影响线合理分配影响线正、负应力区域的工作面数量，使正负应力能有效相互平衡，才能达到最佳的调载效果；文中研究对象外包混凝土浇筑最优工作面划分为 6 工作面。③以控制变量方法比较 7 个不同的多工作面浇筑模型结构受力情况，总结纵向分段与工作面划分之间相互关系及其对施工控制效果的影响，得到结论：在变形控制方面，4 工作面浇筑有一定的优化效果，但不能满足线形控制要求；6 工作面、8 工作面及 10 工作面浇筑均对主拱券线形起到很好的控制效果，在拱顶最终挠度控制上，细分纵向段即纵向总段数越多其最终挠度越小。④在应力控制方面，在相同的工作面划分下，细分纵向分段可优化调载效果。结合工作面划分与纵向分段的分析研究得出下述结论，在设计多工作面浇筑方案时，应先结合影响线理论合理地划分工作面，再综合考施工控制、施工工期和经济等方面要求合理划分纵向段。

（4）耐久性研究

2010 年，杨接平等针对扩建段压力钢管进水口外包混凝土裂缝的检测结果，根据裂缝的长度、宽度和位置建立数值模型，通过有限元分析对裂缝产生的原因、稳定状态以及对结构安全性的影响进行了评价。

2015 年，丁庆军等结合昭化嘉陵江特大桥工程实践，如图 2-21 所示，利用平板开裂法研究了聚丙烯纤维、聚丙烯腈纤维和钢纤维混凝土的开裂性能。分析了减缩剂与膨胀剂对混凝土早期收缩的影响。

研究结果表明：增韧作用最明显的是钢纤维，早期抗裂性能最好的是聚丙烯腈纤维；膨胀剂在混凝土初凝后前 20h 并未减少混凝土的自收缩，而减缩剂明显减少混凝土自收缩。选用聚丙烯腈纤维与减缩剂双掺制备出了高抗裂性的外包混凝土，抗裂等级达到Ⅰ级，60d 总收缩率仅为 2.7×10^{-4}。

图 2-21　拱券外包混凝土施工完成全桥图

2015 年，刘畅等通过某在建大型水电站地下厂房引水隧洞下平段压力钢管-外包混凝土脱空质量缺陷实例，进行缺陷原因分析。重新审视了其混凝土浇筑及灌浆方案中的问题及缺陷，认为其压力钢管运输、衬砌混凝土浇筑、接触灌浆、检测手段均具有一定改进空间，并提出具体改进措施，也对压力钢管-外包混凝土的施工工艺、检测手段的未来发展方向提出了展望。

2.1.2.2　九洲国际大厦项目工程钢管柱外包混凝土概况

九洲国际大厦项目工程钢管柱外包混凝土分为 150mm 厚及 50mm 厚两种情况，本次方案为 50mm 厚外包混凝土施工方案。负一层、七层的分叉钢柱及六十二层至六十四层的斜钢柱经咨询设计院后采用防腐、防火涂料设计，此部分将在钢结构涂装方案内详述。当出现钢管变径情况时，按照较大直径钢管柱尺寸进行外包，如钢管柱直径由 1500mm 变径为 1450mm 时，同一楼层内整根均按照 1500mm 直径钢柱尺寸外包。

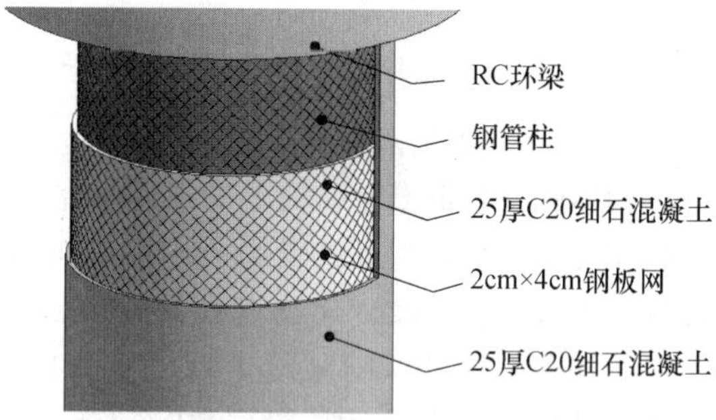

图 2-22　钢管柱外包混凝土做法三维模型图

50mm 厚钢管柱外包混凝土构造做法如图 2-22 所示，防火层做法如图 2-23 所示，1-1 剖面图如图 2-24 所示，各层 50mm 厚外包混凝土钢柱分布情况见表 2-1。

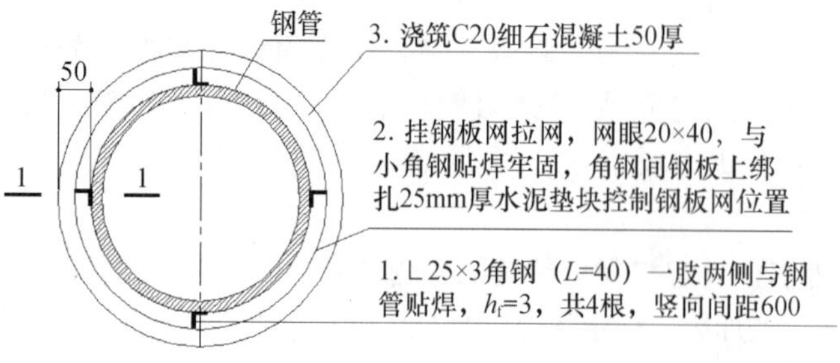

图 2-23　钢管柱防火层做法

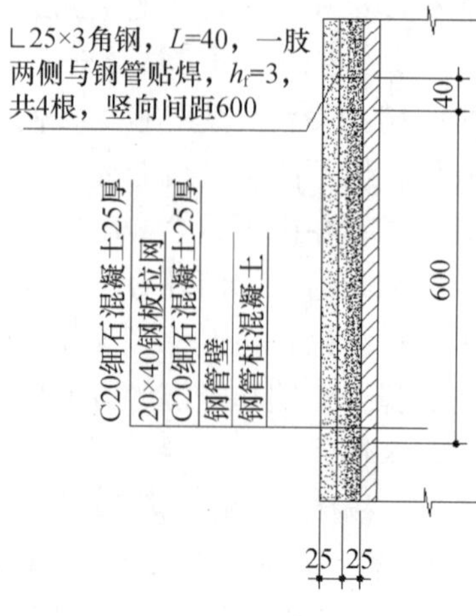

图 2-24　1-1 剖面图

表 2-1　50mm 厚外包混凝土钢柱分布情况

序号	楼层	钢柱数量	钢柱直径（mm）	层高（m）	序号	楼层	钢柱数量	钢柱直径（mm）	层高（m）
1	−6～−2 层	12	1500	3.5 5.5	9	22～26 层	16	1300	3.8
2	−1 层	11	1500	5.0			8	900	3.8
3	1～5 层	14	1500	5.0 5.5	10	27～30 层	16	1250	4.2
		4	1100	5.0 5.5			8	850	4.2
4	6 层	18	1450	5.6	11	31～34 层	16	1200	4.2
		4	1050	5.6			8	800	4.2
5	7 层	16	1450	3.8	12	35～39 层	16	1150	4.2
		4	1050	3.8	13	40～44 层	16	1100	4.2
6	8～10 层	16	1450	3.8 5.6	14	45～48 层	16	1050	4.2
		8	1050	3.8 5.6	15	49～53 层	16	1000	4.2 5.6
7	11～15 层	16	1400	3.8	16	54～57 层	16	950	4.2
		8	1000	3.8	17	58～61 层	16	900	4.2
8	16～21 层	16	1350	3.8	18	65 层	16	850	4.2
		8	950	3.8	19	66～71	16	800	4.2

2.1.2.3　钢管柱外包混凝土施工重难点分析

（1）模板体系选择、设计

该工程钢管柱外包混凝土表面无装修层，须达到清水混凝土面效果，因此必须选择一种合适的模板体系来满足质量要求。另外，本工程钢管柱数量多、直径及施工高度变化大，都无形中增加了模板设计的难度。

（2）混凝土浇筑输送系统

该工程钢管柱防火、防锈层外包混凝土厚度仅 5cm，模板上进料口与钢管柱间距离过小。如采用人工控制灌送将费工费时，无法保证在要求工期内完成施工任务，且施工过程中极易产生浪费；但采用混凝土输送泵管直接向模板内灌送混凝土，将会因混凝土输送过快却又下落过慢而造成泵管堵塞。因此，混凝土输送系统的改进和使用成为该工程施工的重难点之一。

（3）裂缝防治

钢管柱外包混凝土壳体，最大直径 1500mm，最小直径 800mm，曲率从 0.67 到 1.25 不等，根据柱壳体理论，该工程圆柱壳体与钢管柱结合紧密，实际上参与协同受力，再加上环境气温、湿度变化，混凝土收缩等原因，壳体内部会产生复杂应力，外包混凝土容易产生裂缝，影响钢结构的耐久性能。因此，钢管柱外包混凝土裂缝防治也是该工程质量保证的重难点之一。

（4）配合比问题

该工程塔楼外围钢管柱最大直径达 1.5m，其外部防火、防锈层混凝土厚度仅 5cm，钢管柱壁外 25mm 处设计要求挂设孔径 2cm×4cm 钢板网。为确保泵送的顺利及混凝土的浇筑质量，项目部联合实验室从外加剂、胶结材料和粗细骨料的选择、搭配和配合比的精心设计方面入手，充分考虑混凝土流动性、抗离析性和填充性等方面因素，实现了混凝土的高流态、自密实。

（5）泵送系统

该项目工程泵送系统由 HBT40.8.45ES 电动拖式混凝土泵＋A80 混凝土输送泵管出料口组成，其中出料口处的设计为施工难点。

① 钢管柱防火、防锈层混凝土厚度仅 5cm，进料口与钢管柱间距离过小，A80 混凝土输送泵管直接向模板内灌送混凝土将会因混凝土输送过快却又下落过慢而造成泵管堵塞，对此，需设计一构件对

输送管道内的混凝土进行分流，减小出料口处的混凝土输出量。

② 混凝土输送管道出料口处如采用人工控制灌送将费工费时，且极易产生浪费，故需设计一构件将混凝土出料口与木制圆柱模进行有效连接。

针对上述问题，项目部设计可移动式混凝土分流管道，实现了泵管内混凝土分流对称浇筑；设计可拆卸卡扣确保混凝土出料口与木制圆柱模间的有效快捷连接，如图 2-25 至图 2-30 所示。

图 2-25　自拌混凝土进料口处布置

图 2-26　可移动混凝土分流管道

图 2-27　可拆卸卡扣

图 2-28　可拆卸卡扣安装

图 2-29　可拆卸出料口

图 2-30　出料口与木制圆柱模连接

（6）污水处理系统

因电动拖式混凝土泵泵送高度限制，泵送层需随施工高度不断向上挪移，泵送层的不断上移对污水排放造成很大困难，对此，项目自行设计污水回收系统，可将污水经泵送层下一层的二级沉淀箱沉淀后通过水泵抽至泵送层循环利用，如图 2-31 至图 2-33 所示。

图 2-31　污水回收沟池

图 2-32　可移动污水沉淀箱

图 2-33　通过水泵对沉淀后水重新利用

2.1.3　内置钢管混凝土组合剪力墙

2.1.3.1　内置钢管混凝土组合剪力墙研究进展

（1）受力性能

2012 年，郝智海利用 ABAQUS 软件对钢管混凝土排柱剪力墙进行了有限元数值模拟计算，考虑轴压比、混凝土强度等级、高宽比对钢管混凝土排柱剪力墙受力性能的影响，并一一与普通钢筋混凝土剪力墙作比较。分析了各工况条件下钢管混凝土排柱剪力墙与普通混凝土剪力墙在单调荷载作用下的荷载-位移曲线，在循环荷载作用下的滞回性能。研究结果表明：在相同的含钢率下，钢管混凝土排柱剪力墙的承载能力比普通钢筋混凝土剪力墙大得多。轴压比对钢管混凝土排柱剪力墙的极限承载力影响不明显，随着轴压比的增大，延性先增大后降低。随着混凝土强度等级在一定范围内的提高，组合墙体的承载力提高。高宽比的减小，可以极大地提高高宽比为 2.0 时墙体的稳定性，进而提高其承载力。普通钢筋混凝土墙体一般从角部迅速破坏，钢管混凝土排柱剪力墙的破坏始于非约束区墙体，因此建议实际施工中应加强非约束区受力钢筋的作用。钢管混凝土排柱剪力墙的耗能能力大于钢筋混凝土剪力墙的耗能能力。由于混凝土是脆性材料，混凝土总是先于钢管屈服前破坏，虽然钢管不能充分地发挥其应有的作用，但是混凝土破碎后，依旧可以由钢管承担压力与水平作用力，有效地延缓了结构整体破坏的时间，所以应加强钢筋对混凝土的约束作用。

2012 年，蒋标通过对 20 个钢管高强混凝土剪力墙试件的轴心受压试验，分析了其轴心受压时的破坏形态和受力机理，探讨了管内外混凝土强度、钢管含钢率、纵筋配筋率、管间混凝土配箍率和高厚比等因素对钢管高强混凝土剪力墙轴心受压性能的影响，并提出了钢管高强混凝土剪力墙轴心受压承载力实用计算公式。参考其他文献和规程，建立了复合刚度的计算公式，分别计算钢管高强混凝土和外围钢筋混凝土的刚度，叠加得到钢管高强混凝土剪力墙的轴压复合刚度，并与试验结果比较。在钢管高强混凝土剪力墙轴心受压试验研究的基础上，利用非线性有限元分析软件 ABAQUS，建立剪力墙的力学模型并进行有限元仿真分析，将分析结果与试验结果进行对比，相互验证。

2012 年，蒋峰提出了连排钢管混凝土柱带钢板耗能键组合剪力墙，它是由钢管混凝土连排柱、柱间钢板耗能键、钢板耗能键外包钢筋混凝土条带三种不同耗能单元组合而成的分灾耗能剪力墙。基于试验，研究了该新型组合剪力墙的抗震性能，取得如下成果：①提出了连排钢管混凝土柱带钢板耗能键组合剪力墙，并完成了 7 个不同设计参数的该新型组合剪力墙模型的抗震性能试验研究，分析了各试件的承载力、刚度及其退化过程、滞回特性、延性和破坏特征等，揭示了其消能减震机理。②提出了分灾耗能单元的概念，将该新型组合剪力墙分为钢管混凝土边框-钢板连接键核心结构和混凝土条带分灾单元，拓展了剪力墙抗震设计概念。③建立了适于该新型组合剪力墙有限元分析的模型，进行了数值模拟，计算与实测结果符合较好。研究表明，该新型组合剪力墙可明显提高剪力墙的延性和耗能能力，并具有分灾耗能的良好机制，分灾耗能特点如下：在受力过程中，钢筋混凝土条带首先在开裂与闭合过程中消耗地震能量，起到分灾和延缓连排钢管混凝土柱-钢板耗能键核心结构的损伤与破坏的作用，具有良好的消能减震机制；连排钢管混凝土柱带钢板耗能键，其通过弯剪变形消耗地震能量，同时又与钢管及外包混凝土条带共同工作，协同耗能；钢管混凝土边柱起着较大的抗弯作用，钢管混凝上中柱在受力后期可分担较多的竖向轴力，有利于发挥墙体的延性。

2012 年，李青完成了 8 个钢管高强混凝土剪力墙试件在单调水平荷载下的压弯试验，变化的主要参数包括混凝土强度等级、轴压比、含钢率以及截面形式等。通过试验结果，研究了各试件的破坏形态、刚度、承载力、变形能力和耗能能力，提出了钢管高强混凝土剪力墙压弯承载力计算建议公式，并在试验的基础上，利用 ABAQUS 有限元软件对钢管高强混凝土剪力墙进行非线性分析，主要包括以下几方面的工作：①混凝土强度等级、轴压比、含钢率以及截面形式等。考察了在压弯作用下钢管高强混凝土剪力墙受力、变形、损伤、开裂、屈服、破坏的全过程和主要破坏形态。②分析了钢管高强混凝土剪力墙的初始刚度、开裂荷载、开裂位移、屈服荷载、屈服位移、极限荷载、极限位移、位移延性系数和耗能系数等关键性能参数。试验结果表明：剪力墙的破坏形态为弯曲破坏，底部钢管外混凝土压溃；与一般剪力墙相比，钢管高强混凝土剪力墙初始刚度大、承载能力高，破坏时承载力和刚度退化较慢、延性好，避免底部剪切滑移破坏，具有较好的抗震性能。③在钢管高强混凝土剪力墙试验研究的基础上，利用非线性有限元软件 ABAQUS 建立了剪力墙的力学模型，对试件进行了水平单调位移加载的数值模拟仿真分析，将模拟结果与试验结果进行了对比分析、相互验证。结果表明，模拟曲线与试验曲线能够较好地吻合。④根据试验及有限元分析结果，文中提出了钢管高强混凝土剪力墙压弯承载力计算建议公式，与试验结果吻合较好，并具有较大的安全储备，是合理、可靠的。

2013 年，方小丹等提出一种钢-混凝土组合剪力墙，即钢管高强混凝土剪力墙。通过 20 个钢管高强混凝土剪力墙试件的轴心受压试验，分析其破坏形态和受力机理，研究管内外混凝土强度、截面钢管混凝土含量、纵筋配筋率、管间混凝土体积配箍率和高厚比等因素对钢管高强混凝上剪力墙轴心受压性能的影响，部分试件几何尺寸及配筋和破坏形态如图 2-34 所示。试验结果表明，弹性工作阶段钢管高强混凝土与外围钢筋混凝土能够协同变形、共同工作；由于钢管对高强混凝土的有效约束，管内可以采用高达 C80～C100 的高强混凝土，相对于普通混凝土剪力墙具有更高的轴心受压承载力；钢管高强混凝土剪力墙的轴压承载力是钢管间钢筋混凝土与钢管高强混凝土轴压承载力之和，钢管套箍效应的发挥程度与管间混凝土的体积配箍率相关；剪力墙在管外混凝土破坏后，仍能发挥较高且稳定的残余承载力。在试验研究的基础上，利用非线性有限元分析软件 ABAQUS，建立剪力墙的力学模型并进行有限元仿真分析，并与试验结果进行对比。依据对试验结果的统计分析，提出了钢管高强混凝土剪力墙轴心受压承载力实用计算式，为实际工程应用提供了参考。

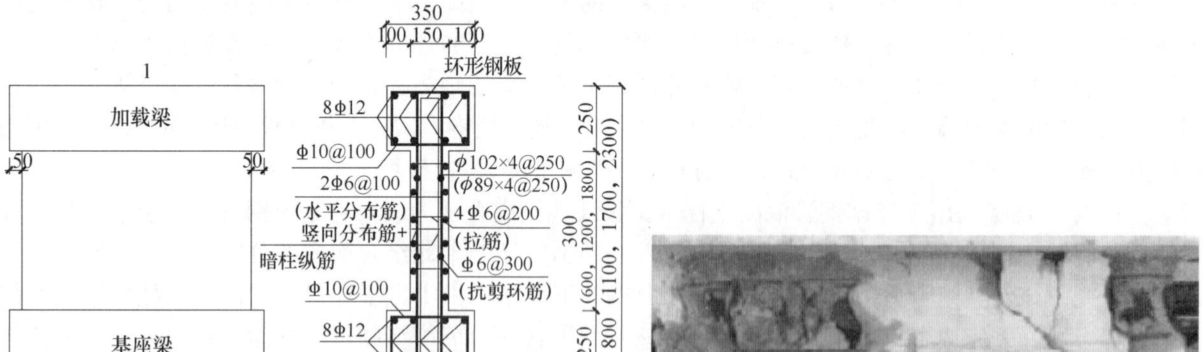

(a) 试件几何尺寸及配筋　　(b) 试件破坏形态

图 2-34　部分试件几何尺寸及配筋和破坏形态

2013 年，方小丹等为研究全截面配置钢管高强混凝土剪力墙的压弯性能，完成了 8 个钢管高强混凝土剪力墙试件在单调水平荷载作用下的压弯试验，研究各试件的破坏形态、刚度、承载力、变形能力和耗能能力，部分试件破坏形态如图 2-35 所示。试验结果表明：剪力墙的破坏形态为弯曲破坏；与一般剪力墙相比，钢管高强混凝土剪力墙初始刚度大、承载力高，破坏时承载力和刚度退化较慢、延性好，可避免底部剪切滑移破坏，具有较好的抗震性能；同时，利用 ABAQUS 有限元分析软件对钢管高强混凝土剪力墙进行非线性分析，对其受力机理作理论上的诠释；在试验和理论分析的基础上，提出了钢管高强混凝土剪力墙压弯承载力计算式，运用该计算式得出的计算结果与试验结果吻合较好。

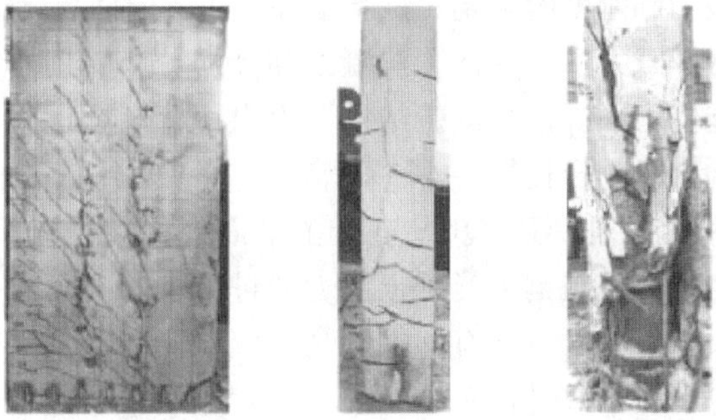

(a) 墙体正视图　　(b) 受拉区端部　　(c) 受压区端部

图 2-35　部分试件破坏形态

2014 年，张铁对钢管高性能混凝土剪力墙的受力性能和设计方法进行了研究分析。主要研究内容如下：①研究内置钢管高性能混凝土剪力墙抗震性能，对 1 个高性能混凝土剪力墙试件和 2 个内置钢管高性能混凝土剪力墙试件进行了低周反复水平加载试验；研究其在往复水平荷载作用下的破坏机理、滞回性能、变形能力以及耗能能力；为内置钢管高性能混凝土剪力墙的正截面受弯承载力计算及延性性能研究提供试验依据。②完成了钢管高性能混凝土剪力墙弹塑性分析。选用有限元软件 ABAQUS 建立了内置钢管高性能混凝土剪力墙的非线性有限元模型；考虑材料非线性，模拟钢管高性能混凝土剪力墙加载全过程受力性能；分析了影响内置钢管高性能混凝土剪力墙受力性能的主要因素，包括轴压比、剪跨比、钢管套箍率、钢管的钢材强度和混凝土强度。③提出钢管混凝土剪力墙屈服状态和承载力极限状态时截面的应力、应变分布，基于平截面假定并考虑钢管约束影响，分析剪力墙极限承载力，给出内置钢管高性能混凝土剪力墙的正截面受弯承载力计算公式。与试验数据的对比表明，文中建议公式的计算结果与试验结果较为符合。④通过内置钢管高性能混凝土剪力墙截面平衡条件和变形条件，提出截面屈服曲率与极限曲率的计算公式；基于曲率延性系数与位移延性系数的关系，确定了内置钢管高性能混凝土剪力墙的相应位移延性系数。对计算研究分析，得到钢管混凝土剪力墙轴压比、剪跨比、钢管套箍率与位移延性系数之间的关系。最后，提出不同轴压比及钢管套箍率情况下，钢管混凝土剪力墙位移延性系数的取值，可供钢管混凝土剪力墙变形能力评估时参考。⑤由钢管混凝土剪力墙截面屈服曲率及极限曲率推算结构的目标位移，得到钢管混凝土剪力墙极限位移角，提出了钢管混凝土剪力墙不同轴压比限值下，满足特定目标位移需求的钢管套箍率确定方法。

2015 年，祁佳睿等为研究不同洞口偏心率下钢管混凝土剪力墙结构的受力性能，在试验的基础上，利用大型有限元软件 ABAQUS，对 3 个开洞口面积相同，洞口偏心率为 0、0.3、0.6 的钢管混凝土剪力墙进行了非线性有限元分析。分析结果表明：洞口处于受压区时，随着偏心率的增加，其刚度和承载力都会有所下降；洞口处于受拉区，且偏心率较大时，小墙肢形成轴心受拉构件，结构易发生脱锚破坏；正向加载时，钢管混凝土剪力墙的延性会随着偏心率的增加而增加，反向加载时，会随着偏心率的增加而减小，正向加载时延性优于反向加载；钢管的存在，会产生抗剪销栓力，占总承载力的 10%～20%，在承载力计算中应予以考虑。

2016 年，方小丹等为研究钢管高强混凝土剪力墙的轴压承载力，进一步了解钢管间混凝土的体积配箍率对其轴压承载力和变形的影响，完成了18个钢管高强混凝土剪力墙试件的轴压试验，研究了试件轴心受压的破坏形态、受力机制、承载力及变形能力。试验结果表明：随着钢管间混凝土体积配箍率的提高，混凝上的受压极限应变提高，钢管对管中混凝土的套箍效应得到更好的发挥，使试件的承载力和变形能力相应提高。采用有限元软件ABAQUS对钢管高强混凝土剪力墙轴压性能进行非线性分析，结果与试验结果相符。根据对试验结果的统计分析和有限元分析的结果，提出了钢管高强混凝土剪力墙轴心受压承载力计算式，计算结果与试验结果吻合较好。同年，其通过对7个钢管高强混凝土剪力墙的受拉性能试验和有限元分析，研究了墙中钢管的直径和数量、竖向分布筋配筋率、墙身混凝土强度等参数对其受拉承载力和刚度的影响。试验结果表明：墙体混凝土强度对受拉刚度影响较大，对受拉承载力影响甚微；受拉承载力主要由钢管混凝土和竖向分布钢筋承担，剪力墙受拉屈服后具有很长的强化阶段，变形和耗能能力强。基于试验结果，提出钢管高强混凝土剪力墙轴心受拉承载力的计算公式，其计算结果与试验结果吻合良好。

2016年，彭启冬通过有限元软件ABAQUS进行了平面外稳定性分析以及T形截面压弯性能分析，并且建立“一”字形剪力墙模型与钢板混凝土剪力墙进行性能对比，以分析钢管混凝土剪力墙的实用性。主要工作和研究成果如下：①对已有的钢管高强混凝土剪力墙的轴压性能、轴拉性能、压弯性能、压剪性能、拉剪性能等计算公式进行总结，便于工程应用。②建立钢管、钢板及型钢混凝土剪力墙的有限元计算模型，选取有关计算参数，对已有的试验结果进行模拟分析。结果表明，有限元计算模型及计算参数的选取是合适的，计算结果是可信的。③建立2组剪跨比分别为2、1.1的T形截面钢管混凝土剪力墙模型，并对其进行单推模拟。同时建立1组大剪跨比T形截面钢管混凝土剪力墙模型，研究其压弯性能。分析结果表明，对于T形钢管高强混凝土，当腹板达到一定长度时，钢管混凝土的数量较多，能充分发挥墙体内力重分布作用，沿平行于腹板方向的正反向施加水平荷载下，两个方向水平承载力相差不大。④建立7组剪力墙模型，分别研究高厚比、初始偏心率对钢管混凝土剪力墙平面外稳定性的影响，以及对比不同截面形式剪力墙的平面外稳定性，结果表明，钢管高强混凝土剪力墙具有较好的平面外稳定性。⑤通过有限元软件ABAQUS建立5组在含钢率相近的“一”字形剪力墙模型，其中3组为不同截面布置形式的钢管混凝土剪力墙，其余两组分别为钢板混凝土剪力墙、型钢混凝土剪力墙，分析研究这三类剪力墙的压弯性能，分析结果显示，钢管高强混凝土剪力墙在高轴压比下的压弯性能优于钢板混凝土剪力墙及型钢混凝土剪力墙。

（2）抗震性能

2010年，钱稼茹等为研究约束边缘构件内配置圆钢管的钢管混凝土剪力墙的抗震性能，探讨钢管混凝土剪力墙的轴压比限值及其约束边缘构件的配箍要求，完成了6个剪跨比大于2.0的高轴压比钢管混凝土剪力墙试件和1个钢筋混凝土剪力墙试件的拟静力试验。试验结果表明：剪力墙的破坏形态为压弯破坏及底部混凝土压溃而丧失竖向承载能力，部分试件破坏形态如图2-36所示；钢管混凝土剪力墙的开裂水平力、名义屈服水平力、正截面受弯承载力和变形能力均比相同参数的钢筋混凝土剪力墙大；配置双钢管剪力墙的变形能力大于配置单钢管的剪力墙，约束边缘构件为端柱的剪力墙的变形能力大于约束边缘构件为暗柱的剪力墙；正截面受弯承载力试验值大于计算值。根据试验结果，提出了能够改善钢管混凝土剪力墙的设计方法的建议。

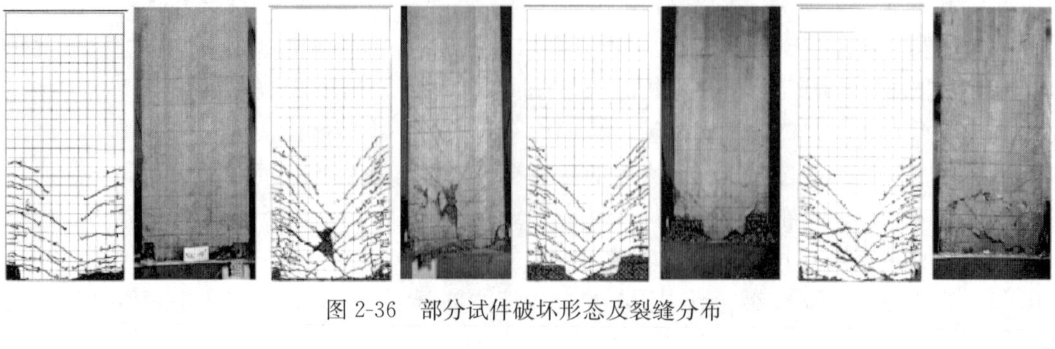

图2-36　部分试件破坏形态及裂缝分布

2010 年，徐利华以钢管混凝土排柱剪力墙这种新型的剪力墙结构为研究对象，对钢管混凝土排柱剪力墙框筒结构的整体抗震性能及单片钢管混凝土排柱剪力墙在水平往复荷载作用下的破坏情况进行分析，为钢管混凝土排柱剪力墙框筒这一新型结构体系在工程中的推广应用提供一定的参考。从以下几个方面展开研究并得出相关结论：①通过相关文献对钢管混凝土排柱剪力墙的力学性能特点进行分析总结，包括钢管与混凝土共同工作及钢管混凝土的动力学性能。②借鉴混凝土有限元理论，说明了钢管混凝土框筒排柱剪力墙结构的有限元分析方法和步骤。③对钢管混凝土框筒排柱剪力墙架构和普通钢筋混凝土剪力墙结构的模态分析、地震反应分析、两模型的单片剪力墙在地震效应下的破坏形式分析，对比得出动力响应规律。包括：应用有限元分析软件 ANSYS 对这两种不同的结构方案进行模态分析，比较两者的自振周期和振型特点；分别沿 X、Y 方向输入 8 度多遇地震标准加速度反应谱，分析计算两种结构方案在 X、Y 方向的地震响应，比较二者的楼层位移、层间位移、剪力和弯矩；输入相同的地震波，比较两种结构的单片剪力墙在同一地震波作用下的破坏模型及形态。④取两模型的单片剪力墙，研究在低周往返水平荷载作用下剪力墙的破坏形态及规律和延性发展情况。结论：在相同地震力作用下，内置圆形钢管混凝土排柱剪力墙框筒结构的抗震性能优于钢筋混凝土剪力墙结构；钢管混凝土排柱剪力墙的延性、耗能能力均优于钢筋混凝土剪力墙。

2012 年，李亚娥等采用有限元软件 ABAQUS 对内置钢管混凝土剪力墙在单调水平荷载及往复荷载下进行非线性分析，揭示影响墙体承载力的影响因素，为便于比较，做了一片与其含钢率相同的普通钢筋混凝土剪力墙，并对此做了对比论述。

2014 年，白亮等为改善高强混凝土剪力墙承载力高、刚度大，但变形能力较差的特点，在剪力墙边缘构件采用钢管约束形式代替普通箍筋，进行了钢管约束高强混凝土剪力墙低周反复加载试验，研究试件的破坏形态、破坏机理、延性、滞回特性、刚度退化及耗能性能。试验表明，通过约束边缘构件内设置钢管，试件水平承载力下降缓慢，在较大竖向压力作用下，试件仍可保持竖向承载能力，可明显提高高强混凝土剪力墙的变形能力；相同轴压比下，钢管约束高强混凝土剪力墙试件较普通配筋高强混凝土剪力墙试件，极限位移增大 27%，耗能值增加 81%。根据试验结果，建立了钢管约束高强混凝土剪力墙正截面承载力计算公式，计算简图如图 2-37 所示。提出了在高强混凝土剪力墙底部加强区采取钢管约束构件的形式，以提高高强混凝土剪力墙抗震性能的建议。

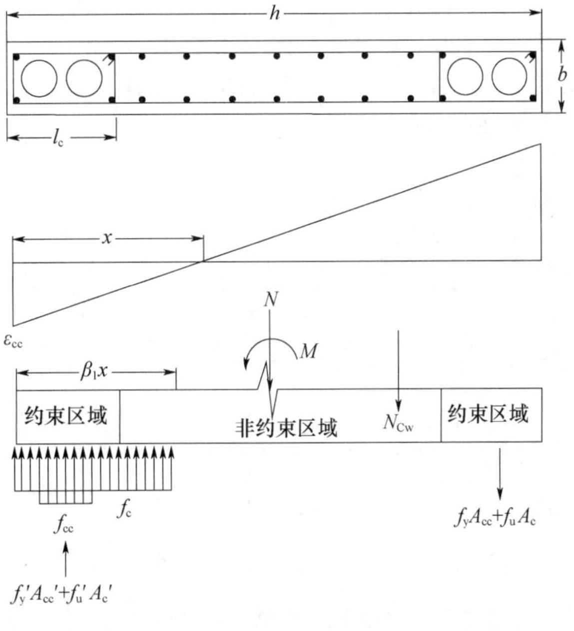

图 2-37　截面承载力极限状态计算简图

2014年，杨光等提出在普通钢筋混凝土剪力墙的边缘构件和截面中部配置多根钢管的新型钢管混凝土组合剪力墙形式，完成了2个新型钢管混凝土组合剪力墙试件和1个普通钢筋混凝土剪力墙试件在高轴压比下的低周反复加载试验，研究其破坏形态、承载力、变形能力、刚度、滞回耗能、应变分布等抗震性能。结果表明，试件的破坏形态为压弯破坏，钢管的加入减轻了墙底混凝土和钢筋的破坏程度，限制了剪切斜裂缝的发展；新型钢管混凝土组合剪力墙试件的承载力比普通钢筋混凝土剪力墙试件提高25%左右；峰值位移角为1/100～1/75，极限位移角达到1/50，极限变形能力比普通钢筋混凝土墙提高30%左右。新型钢管混凝土组合剪力墙试件的滞回曲线比较饱满，刚度和强度退化过程比较平缓。新型钢管混凝土组合剪力墙具有较好的抗震性能，其抗弯承载力可以按普通钢筋混凝土剪力墙进行计算，但将钢管等效为钢筋参与计算，结果过于保守，应适当考虑钢管对混凝土的约束作用。

2015年，方小丹等为研究钢管剪力墙的抗震性能，设计制作了两批共10个剪跨比为2.44的钢管高强混凝土剪力墙试件并进行拟静力试验，对比分析了各试件的承载力、延性、刚度及其退化过程、破坏形态、滞回特性及耗能能力。试验结果表明：钢管高强混凝土剪力墙试件初始刚度大、承载能力高，破坏过程中承载力和刚度退化较慢、延性好，低周反复荷载作用下的滞回曲线饱满，具有良好的抗震性能；即使在高轴压比下（设计轴压比为0.7），试件仍具有良好的延性与耗能能力，剪力墙压区端部的钢管可对高强混凝土提供有效约束，使其具有良好的变形能力。表明了钢管高强混凝土剪力墙能有效解决高强混凝土应用于剪力墙中的脆性问题。

2015年，陈建伟等设计制作了2片2层单跨缩尺比为1∶3的装配式钢管混凝土组合剪力墙，主要考虑墙体设置竖向拼缝对其抗震性能的影响，通过对试件进行低周反复荷载试验，分析了结构的破坏形态、变形性能、滞回曲线、刚度退化及耗能能力。结果表明：装配式钢管混凝土组合剪力墙的主要破坏形态为弯剪破坏，可以分为弹性、弹塑性和软化三阶段；墙体竖向拼缝处是由水平封闭U形筋与矩形箍筋环内插入纵筋进行连接，试验测得拼缝处的滑动位移均小于0.02mm，基本没有错动，说明该构造措施可行；竖向拼缝的存在对组合剪力墙整体受力性能、承载力以及耗能、延性、刚度等抗震性能没有明显影响，其构造措施满足墙体受力要求。

2015年，吕丛丛等采用大型有限元分析软件ABAQUS，选择合适的混凝土及钢材的本构模型，分别对不同轴压比下带钢板耗能键的钢管混凝土排柱剪力墙进行模拟，论文采用单调水平加载方式。通过对构件的变形形式和模拟数据进行分析，结果表明：组合墙体所受的竖向轴压力在一定范围内有利于提高其水平承载力；轴压比较小时，墙体水平承载力随轴压比增大而有所提高，但轴压比过大时，水平承载力又随之降低，轴压比在0.3～0.5之间时，墙体的水平承载力最大；轴压比越大，墙体的变形能力和延性就越差。如图2-38所示。

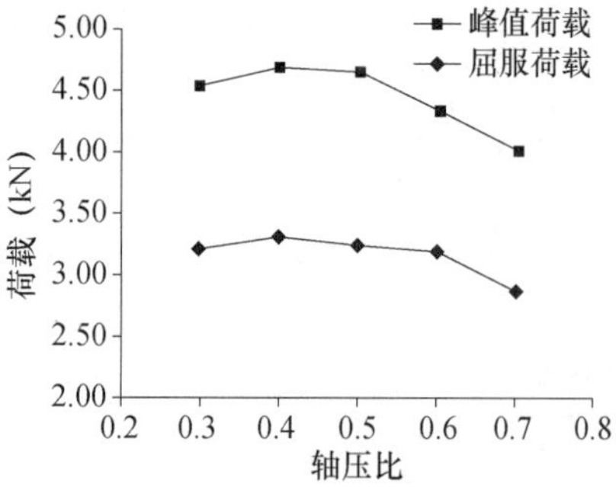

(a) 轴压比与荷载的关系

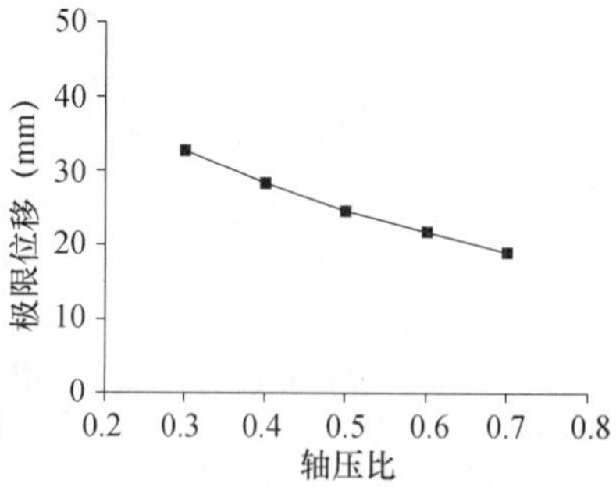

(b) 轴压比与极限位移的关系

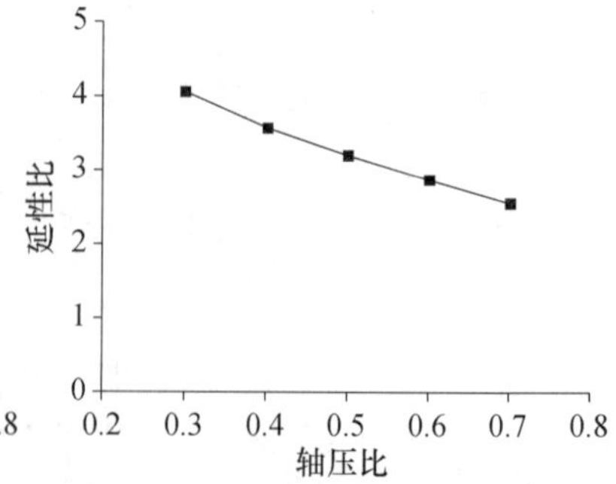

(c) 轴压比与延性比的关系

图2-38 轴压比与荷载、极限位移、延性比的关系

2015年，吕丛丛等采用大型有限元分析软件ABAQUS，分别对普通钢筋混凝土剪力墙和内置方钢管混凝土组合剪力墙在单调水平荷载、低周反复荷载作用下进行模拟。考虑了不同轴压

比、不同混凝土强度等级对墙体承载力的影响，根据得到的数据曲线，对影响因素进行对比分析。结果表明：混凝土强度等级的增加对提高剪力墙承载力的影响程度在一定范围内随着轴压比增大表现明显；内置方钢管混凝土组合剪力墙的屈服荷载和极限荷载较普通钢筋混凝土剪力墙均得到提高，且因钢管具有良好的塑性变形能力，其耗能能力显著增大，抗震性能优越。希望论文研究成果能为科学研究和工程应用提供参考。

2016 年，吕丛丛利用 ABAQUS 有限元软件，对组合剪力墙进行循环往复荷载下的数值模拟，研究的主要内容及取得成果如下：①在循环往复荷载作用下，建立带钢板耗能键的钢管混凝土排柱剪力墙的非线性有限元模型，对试件进行合理的网格划分，设置与试验对应的加载方式和边界条件。模型的建立过程中考虑了组合墙体不同构件材料的非线性、相互作用的复杂性、几何尺寸非线性，以及混凝土拉、压损伤因子和钢材包辛格效应。②通过对加载端往复荷载作用下的模型进行数值分析，讨论了 4 个典型试件的滞回曲线、骨架曲线、破坏形态、延性性能、刚度退化及耗能能力 6 项性能指标。与前人的试验结果进行对比分析，证明了有限元模型和分析方法的合理性与可靠性。③通过对模拟特征点的分析，得出试件受力各阶段的工作性能，表明该组合墙体具有良好的抗震屈服机制：外包混凝土首先开裂，钢板耗能键与外包的混凝土条带共同工作，使裂缝分布均匀且范围广；当外包的钢筋混凝土条带破坏后，耗能键先于钢管屈服，耗散大量的能量；钢板耗能键屈服后，钢管混凝土排柱与边框梁形成框架结构体系，可继续承受荷载。④基于验证的模型，建立 7 个不同参数系列的试件，分析轴压比、剪跨比、钢板耗能键布置间距、高厚比、跨高比、钢管的套箍率、材料的强度等级对组合墙体的影响，给出试件适当的参数取值，提出该组合墙体的抗震设计原则及构造措施的建议。

2016 年，赵作周等通过在约束边缘构件位置和截面中部设置多根钢管，形成了一组不同钢管布置形式的钢管高强混凝土组合剪力墙。通过对 8 片剪跨比为 2.08 的剪力墙试件在高轴压比（0.40～0.62）下的低周往复加载试验。研究其破坏形态、承载力、变形能力、滞回性能等。试验结果表明：试件的破坏形态为压弯作用下的受弯破坏，墙体根部混凝土压溃范围为整个试件宽度和 300～400mm 高度，钢管与混凝土之间没有出现明显的粘结滑移；在峰值荷载前，试件的截面应变分布基本符合平截面假定；与钢筋混凝土剪力墙相比，设置钢管后在轴向压力最大增加 19%的情况下，受弯承载力提高了 21%～43%，试件的屈服位移角达到 1/300，峰值荷载时位移角不低于 1/100，极限位移角达到 1/75，个别试件接近 1/40，变形能力提高了约 30%，试件的滞回性能明显改善，表明所设计的钢管高强混凝土剪力墙具有良好的抗震性能和抗倒塌能力。

2016 年，陈建伟等为研究洞口偏置装配式钢管混凝土组合剪力墙结构的抗震性能，对 3 片两层单跨缩尺比为 1∶3 的开洞剪力墙进行了拟静力试验。剪力墙的主要变化参数为洞口位置，洞口偏心率分别为 0、30%、60%，对比分析了剪力墙的承载能力、滞回性能、耗能性能及刚度退化等。研究结果表明：洞口偏置导致正负向加载时剪力墙的承载力、刚度、延性以及连梁受力不同；洞口偏心率为 0 和 30%的剪力墙，表现出较好的抗震性能，随着偏心率的增大，剪力墙的承载力、延性及耗能能力均显著降低，刚度退化快；当 2 个墙肢截面高度相差 3 倍以上时，含钢管混凝土暗柱的小墙肢会过早出现受拉破坏，为此应避免开边洞情况。

2016 年，范光召等提出了一种在高强混凝土剪力墙中部设置钢管混凝土柱的墙体并设计了 4 个矮墙试件，对不同钢管布置形式的分布钢管式高强混凝土低矮剪力墙的抗震性能进行试验研究。试验结果表明：在截面中均布钢管的矮墙可以有效地避免剪切脆性破坏，墙体变形能力与耗能能力有了极大的提高，提高了结构的抗倒塌能力；且边缘钢管能够较大地提高剪力墙的初始刚度。

2016 年，李亚娥等运用 ABAQUS 有限元软件对普通钢筋混凝土剪力墙和内置钢管混凝土组合剪力墙两种形式建立计算模型，进行了在高轴压比下的低周反复加载分析，研究其破坏形态、变形能力、滞回性能、应变分布等变形性能。通过对比分析，得出内置钢管混凝土组合剪力墙具有较好的变形性能、破坏延性和抗倒塌性能；通过比较分析试验数据，在轴压比相近的情况下，钢管混凝土组合剪力墙屈服位移角为 1/330～1/220，峰值位移角为 1/100～1/75，极限位移角达到了 1/50，极限变形能力提高了 25%。

2016 年，王鑫等出一种新型剪力墙——钢管混凝土带缝剪力墙。利用 ANSYS 对 6 片不同参数（轴压比大小、混凝土强度等级和竖缝数量）的钢管混凝土带缝剪力墙进行非线性有限元分析。通过建立与之相符的力学模型，分析钢管混凝土带缝剪力墙在水平荷载作用下应力-应变关系（图 2-39）、骨架曲线及刚度退化等方面的特点和规律；同时建立钢管混凝土剪力墙和 2 片带缝剪力墙模型，比较分析 3 种剪力墙的抗震性能。分析结果表明：钢管混凝土带缝剪力墙与普通钢管混凝土剪力墙相比具有更为优越的抗震性能，延性更大，屈强比更小，具有更好的变形能力和承载能力。

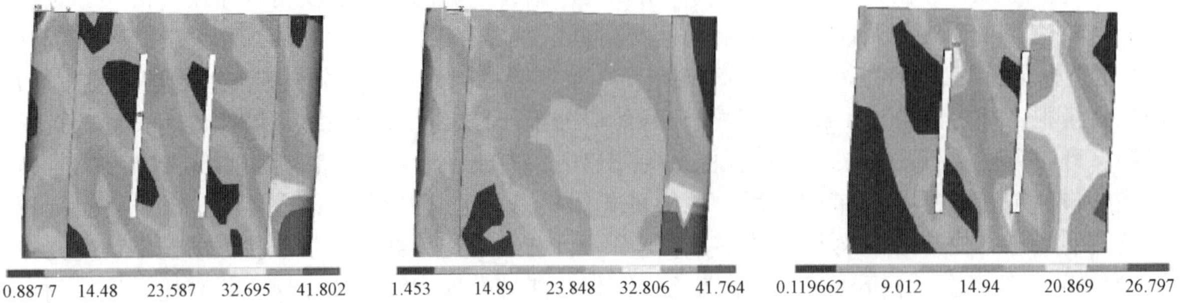

图 2-39 部分试件剪力墙 Mises 应力云图（MPa）

2.1.3.2 内置钢管混凝土组合剪力墙在项目中的运用概况

广西九洲国际大厦工程于负二层至九层核心筒 1000mm 厚剪力墙内设置了 68 根劲性钢管柱，钢管柱直径为 500mm，壁厚 10mm，在核心筒剪力墙内以 0.8m 至 1.4m 不等距布置，剪力墙及钢管柱内采用 C70 高强高性能混凝土进行填充。钢管柱的特殊设计，对钢柱安装、钢筋绑扎、模板安装、混凝土浇筑等都造成了巨大的困难，是广西南宁九洲国际大厦工程施工的最大难点之一，关键施工技术的攻克及质量把控成为施工管理的重点。其中，九洲国际大厦一层主体结构钢管剪力墙钢管柱布置如图 2-40 所示，BIM 效果如图 2-41 所示。

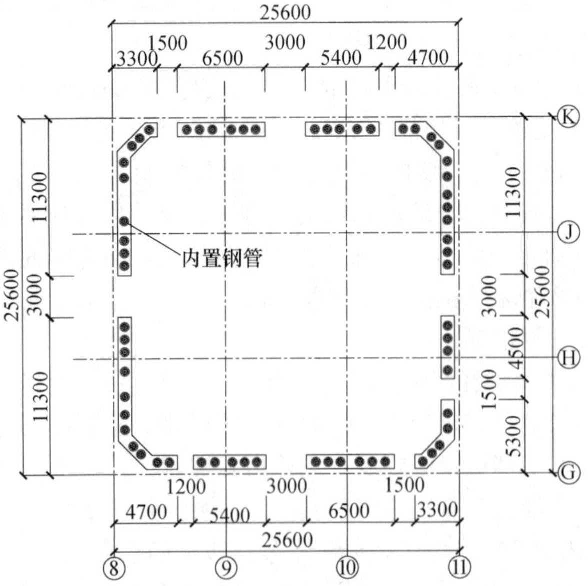

图 2-40 一层主体结构核心筒钢管剪力墙钢管柱布置图

图 2-41　内置钢管混凝土组合剪力墙 BIM 效果图

2.1.4　小结

钢管混凝土柱-RC 环梁结构、外包混凝土钢管柱和内置钢管混凝土组合剪力墙均在该超高层建筑中得到了运用，相关研究进展也较为充分，相关施工技术的流程在该工程中得以实践。该超高层建筑将多种具有代表性的建筑结构形式进行了结合，具有较高的创新性和实用性，可为其他类似超高层建筑提供借鉴。

2.2　结构的抗震性能

随着科技进步和经济的高速发展，高层结构越来越受欢迎，它的材料种类越来越多，结构形式开始多样化。各种结构的受力特征、抵抗水平荷载的抗震能力、层间侧移、加速度、速度和隔震性能等都存在着显著的差异。高层建筑在很大程度上节省了日益减少的土地面积，且更加有效地利用了建筑空间，带来了明显的社会经济效益，但高度越高，复杂结构也越来越多。根据《建筑工程抗震设防分类标准》（GB 50223—2008）第 3.0.2 条，该工程抗震设防类别属重点设防类（简称乙类），应按本地区设防烈度提高一度（7 度）采取抗震措施。因此对于该工程的抗震设计与分析是必不可少的。

2.2.1　超高超限结构抗震性能研究概况

2.2.1.1　超高超限结构的定义与判别

超高超限建筑结构是指超出现行有关技术标准所规定的适用高度、高宽比限值或体型规则性要求的高层建筑工程。特殊超限高层建筑工程是指体型特别复杂的建筑、规模巨大的特殊混合结构等。

超限工程审查范围的判定依据：①《超限高层建筑工程抗震设防专项审查技术要点》（建质〔2010〕109 号）（简称《要点》）；②《建筑抗震设计规范》（GB 50011—2010）（简称《抗规》）；③《高层建筑混凝土结构技术规程》（JGJ 3—2010）（简称《高规》）。具体工程可根据上述文件进行判定，地方规定另当别论。

2.2.1.2　超高超限结构抗震研究进展

（1）带转换层的高层建筑抗震性能研究

2006 年，琚月芳通过 PKPM 模块中的 SATWE 及 ANSYS 两种计算软件对厚板转换层的结构进行了分析研究。通过计算实例，调整转换层上下的刚度比，他得出刚度比的控制对厚板转换层结构的影响，并提出对转换层上下结构的弯剪刚度比和转换层上下相邻两层的侧移刚度比进行双项刚度比控制及对转换层上下层间位移角比及层间位移比的限制要求。研究了不同高位转换层对建筑结构的动力特性和地震作用基本行为的影响；考虑偶然偏心作用对厚板转换层结构的影响；梁的刚度对厚板转换层结构地震基本行为的影响；板的厚度对厚板转换层结构的抗震影响；通过有限元软件 ANSYS，建立了厚板转换层高层建筑结构的三维有限元模型，对结构进行了振型分解反应法和时程分析法的计算分析，得出转换层上下结构及转换层部位的具体应力分布图，如图 2-42 所示，传力途径清晰；通过时程分析得到厚板转换层结构的剪力分布不是从下往上逐渐减小的，而是从下往上中间某几层有增大的现象。经过分析，他认为若结构合理布置，计算参数合理选取，在 7 度设防烈度下完全可以采用厚板转换层结构。

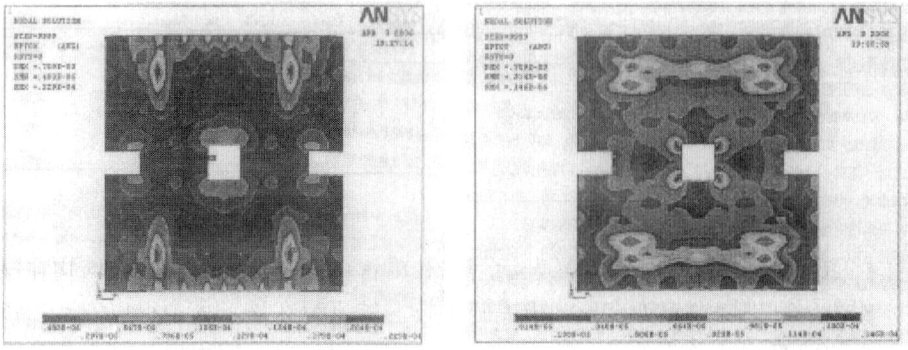

(a) 厚板的X向应力　　(b) 厚板的Y向应力

图 2-42　厚板的应力图

2006 年，钟和平根据带箱形转换层高层建筑结构的研究现状和工程应用情况，他探讨了其建模方式和分析方法，采用 SATWE 和 SAP2000 软件分析了转换层的位置、箱体高度和上下刚度比对结构的动力特性和地震反应的影响规律，结合实际工程探讨了箱形转换层抗震设计的若干问题，如图 2-43 所示，得出了以下主要结论：①随箱体位置的提高，结构扭转为主的第一自振周期与以平动为主的第一自振周期之比 T_t/T_1 的变化总体呈上升趋势；随箱体高度增大，T_t/T_1 呈下降的趋势；随结构抗扭刚度的减弱（扭转不规则结构），T_t/T_1 的增长量较大。②转换层上下刚度比对结构的动力特性影响，较转换层位置和箱体高度影响大。③用 SATWE 分析时，可将转换层与下层合为一层简化建模。转换层以上构件的内力计算结果，可以用于结构设计；转换层以下部位的剪力和弯矩值，应参考三维有限元分析结果进行调整。④根据工程情况不同，可将箱形转换层简化为普通肋梁墙模型、普通肋梁梁模型和组合梁的空腹桁架模型。⑤带箱形转换层结构的最大层间位移角随箱体刚度的增大总体呈下降的趋势。⑥结构的底层地震剪力随转换层位置上移和箱体刚度的增大有上升的趋势，最大总位移会随箱体高度的减小和上下刚度比的加大而增大。⑦明显不规则结构采用箱形转换层有可能加剧转换层部位以下构件的地震反应，加大的幅度比规则结构小。⑧箱形转换层整体性较好，对结构扭转刚度的贡献较大。其受力性能优于一般的梁式转换层，条件许可时选择箱形转换对结构整体受力更为有利。适当减小转换层以上抗侧力构件的刚度，有利于减小结构的地震反应。

(a) SAP2000建立的结构整体模型　　(b) 部分算例Y向的前三阶阵型（SAP2000）

图 2-43　SAP 建立的模型与振型

2008 年，余侃在已有研究的基础上，对梁式转换层高层建筑结构抗震性能相关问题展开了研究，主要做了以下几个方面的研究分析工作并得到以下主要结论：①对带转换层的高层建筑结构研究现状与研究成果进行了总结，从转换层结构工程实践及实验研究、转换层结构理论分析研究、现行规范对带转换层建筑结构的相关规定三个方面进行对带转换层的高层建筑结构的研究成果进行了归纳整理，比较了不同类型转换层结构的特点，指出了不同转换层的适用范围。②转换层的位置、转换层上下等效刚度比是影响转换层结构抗震性能的两个主要因素，等效刚度比对转换层结构传力途径有着重要的影响。他以部分框支剪力墙结构和带转换层筒体结构为研究对象，采用数值分析方法，分别设计了 30 个算例，综合研究了转换层位置、等效刚度比变化对转换层结构抗震性能的影响，以及对转换层结构传力途径的影响，并与相关研究结论进行对比分析，得到以下主要结论：一是转换层位置越高，结构的周期越大，结构的顶点位移和最大层间位移角越大，并且转换层上下层间位移角及内力突变越明显。等效侧向刚度比越大，转换层处的层间位移角越大，位移角曲线在转换层处存在明显的突变。二是相对于结构的总高度，存在某一特定的高度，当转换层位置低于此高度时，随着转换层位置的上移，转换层楼板传递的剪力逐渐增大，而当转换层的位置高于此高度时，随着转换层位置的上移，转换层楼板传递的剪力逐渐减小。③不同楼板计算假定对带转换层结构受力性能有一定影响，他建立了全弹性楼板、全刚性楼板以及仅转换层为弹性楼板三种计算模型，分析了不同楼板计算假定对带转换层结构动力特性、地震反应的影响，得到以下主要结论：在高层建筑转换层结构设计计算中，楼板应按弹性楼板计算。若想节约计算时间和计算量，转换层上至少要选取三层楼板设置为弹性板，这样可基本消除楼板过多约束对转换层上附近楼层框支剪力墙在剪力分配上的差异。④对于带转换层高层建筑结构在罕遇地震作用下结构动力特性及受力性能有待研究。他建立三榀高位转换层结构的计算模型，运用动力弹塑性计算程序 IDARC-2D 对其进行动力弹塑性分析，研究转换层结构随着位置的升高，对其结构抗震性能变化的影响。主要对结构在地震作用下位移、基底剪力-底层侧移滞回曲线、塑性铰分布及出现顺序三个方面进行研究，得到以下主要结论：一是随着转换层的上移，结构顶点位移逐渐增大，结构层间位移角突然变大，特别是转换层以下。二是随着转换层的上移，结构出铰数量逐渐增多，结构破坏越来越严重。

2008 年，周婷在国内外学者分析研究的基础上，进一步研究了地震作用下带钢桁架转换层的高层建筑结构的力学性能和弹性地震反应。她分析了单层和迭层钢桁架转换层的受力性能，然后介绍了带转换层建筑结构弹性动力分析的一般理论方法，并以一个实际工程为背景，采用 SAP2000 有限元软件，建立原结构的三维有限元分析模型，通过反应谱和时程分析，研究了设置钢桁架转换层建筑结构的动力特性和在地震作用下结构侧向变形和总剪力等性能，分析其多遇地震作用下的地震反应；接着对不同设置高度的钢桁架转换层动力特性和抗震性能进行分析，对比不同设置高度的钢桁架转换层结构的周期和振型、结构位移、层间位移和层间位移角、结构的剪力和层间剪力等方面的性能差异进行了研究。如图 2-44、图 2-45 所示。

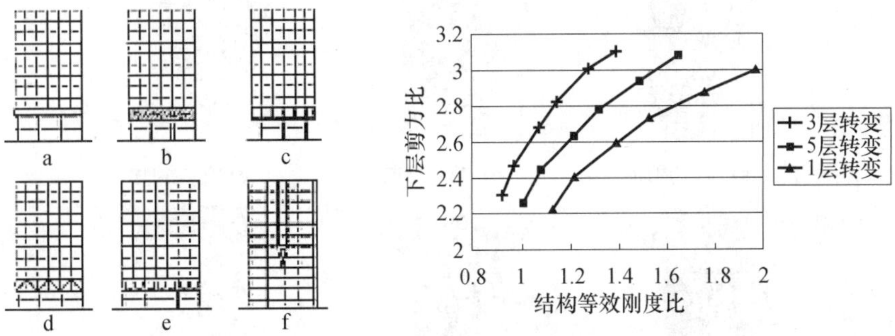

(a) 转换层的主要结构形式　　(b) 带转换层筒体结构等效刚度比与剪力比曲线

图 2-44　梁式转换层高层建筑主要分析图

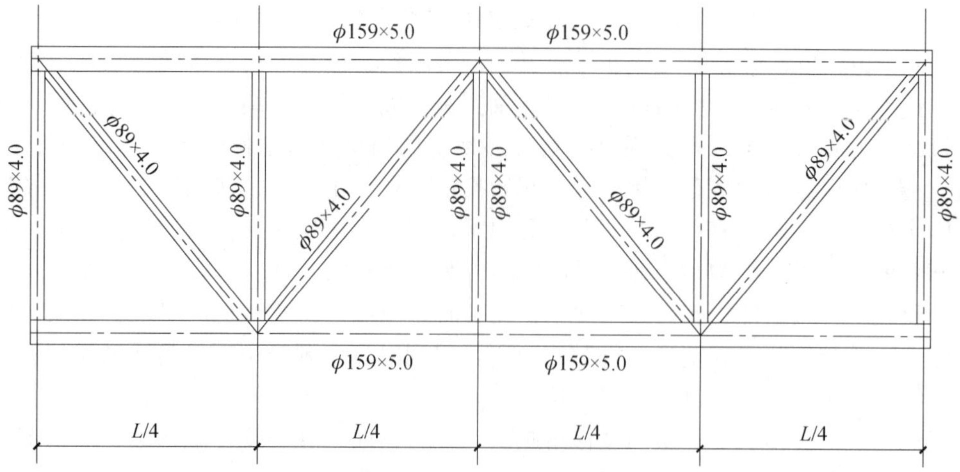

图 2-45　转换钢桁架详图

（2）剪力墙抗震性能研究

2003 年，叶艳霞对一拟建的复杂高层建筑结构，采用 1/20 比例的空间整体模型，进行了 26 种工况下的模拟地震振动台试验，观察了结构的破坏过程和地震反应，分析了结构及构件的抗震性能，如图 2-46 所示；建立了结构的精细空间模型，利用 SAP2000N 大型有限元分析程序对结构进行了弹性时程分析；通过有限元分析与试验结果的对比，对结构的抗震性能和抗震能力作出综合评价，认为该结构由于转换层上部去掉部分楼板，既可满足建筑设计的通风、采光等要求，又可达到协调结构转换层上下楼层抗侧刚度的效果，是一种较理想的有多道抗震防线的结构型式。为进一步研究这种复杂高层建筑结构的弹塑性性能，她在国内外现有研究的基础上，提出利用五弹簧杆元、三弹簧杆元及多竖线单元模型分别模拟空间柱、梁和剪力墙，推导了相应的刚度矩阵并给出了恢复力模型；结合试验研究和精细有限元分析的结论，提出线性和非线性单元相结合，刚性楼板假定和弹性楼板相结合的建模方法，较好地解决了空间结构弹塑性分析中占用计算机资源较多的问题；接力大型有限元分析程序——ANSYS，在上述建模思路的指导下建立了结构的空间非线性分析模型，进行了空间三维弹塑性时程分析。计算结果表明，采用的单元模型及建模方法是正确的，与试验和弹性精细分析的结果较接近。在上述研究的基础上，改变原型结构的有关参数，如连接构件的位置及刚度、转换层的位置、转换大梁的刚度、核芯筒的刚度、楼板开洞的大小等，分析了上述参数变化对结构的动力特性和抗震性能的影响，并对此类结构的设计提出了合理化建议。结合结构的实际应用，提出了空间并联超单元的简化计算思路，并给出了框支剪力墙及核芯筒体的简化处理方法。指出此方法实用性较强，不需进行大量的编程工作，仅需对现有结构计算程序进行少量修改；简化了结构建模和计算的进程和时间；与精细有限元分析结果相比具有相当的计算精度，可在实际工程中应用。

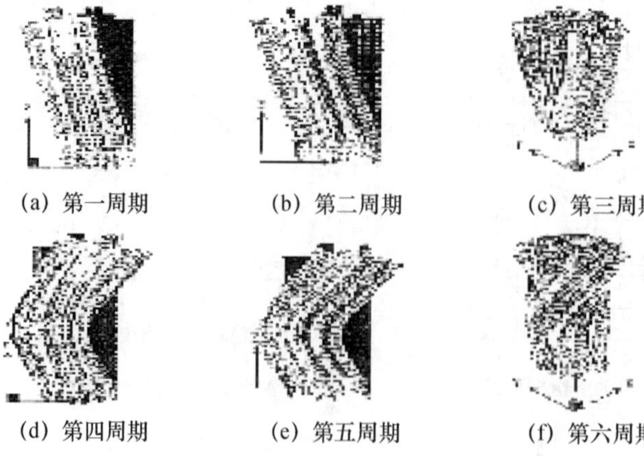

(a) 第一周期　(b) 第二周期　(c) 第三周期

(d) 第四周期　(e) 第五周期　(f) 第六周期

图 2-46　前六阶空间阵型图

2006 年，邓明科将基于性能的抗震设计理论应用于高性能混凝土剪力墙的抗震设计，并根据高性能混凝土剪力墙自身的受力特点，研究改善其抗震性能的有效措施和性能设计理论与方法。他的主要研究内容如下：①将建筑物的性能水平划分为使用良好、功能连续、功能中断、生命安全和防止倒塌五个水平，结合我国规范的设防水准，提出了基于性能的抗震设防目标；给出了剪力墙结构的性能水平、性能目标与延性需求之间的关系，以及对各个性能水平的设计考虑和性能目标选取的设计建议。②根据剪力墙结构的受力特点，从理论上分析了剪力墙结构的名义层间位移、有害层间位移、层间有害转角以及截面弯曲曲率之间的关系，给出了有害层间位移的实用计算公式和层间目标位移的确定方法。在此基础上，提出以有害层间位移作为剪力墙结构的性能指标，既能有效控制剪力墙结构在地震作用下的破坏程度，又能符合基于性能抗震设计的要求。③通过分析约束混凝土的破坏机理，分析相邻箍筋之间未受到直接约束作用的自由截面混凝土约束应力的变化情况，提出考虑纵筋侧向弯曲变形的混凝土约束应力分析方法和混凝土约束应力函数的求解步骤。算例分析表明，在设计中采用约束混凝土提高构件的变形能力时，控制箍筋最大间距和纵筋的最小直径，是保证约束箍筋的作用得以发挥的必要条件。④提出采用分段约束高强箍筋改善高性能混凝土剪力墙的延性，对按延性需求设计的 4 个高性能混凝土剪力墙试件进行拟静力试验，研究了轴压比、约束箍筋数量及范围对高性能混凝土剪力墙延性的影响；以层间位移角作为高性能混凝土剪力墙的性能指标，通过对试验现象和试件破坏状态的描述，给出不同性能水平对应的层间位移角量化值。⑤根据剪力墙截面的特点，分析了分段约束箍筋对高性能混凝土剪力墙截面延性的影响；推导了设置分段约束箍筋剪力墙截面屈服曲率和极限曲率的计算公式，并对其进行了数值计算。算例分析表明，约束箍筋的作用对剪力墙截面屈服曲率的影响较小，但对极限曲率的影响较大。⑥通过计算分段约束箍筋对剪力墙截面的约束作用，建立了高性能混凝土剪力墙截面的 λ_v-α-ε_{ccu} 关系（位移边界条件）；采用剪力墙截面曲率延性的简化公式，建立了剪力墙截面的 λ_v-ξ-μ_φ 关系（转角约束条件）；提出了剪力墙截面变形能力设计方法。⑦根据轴压比的一般概念，研究了高性能混凝土剪力墙轴压比限值与位移延性需求和约束箍筋数量之间的关系，并给出在基于性能的抗震设计中剪力墙轴压比限值的确定原则和设计建议。⑧根据我国规范的抗震设防水准，选取使用良好、功能中断和防止倒塌三个水平作为钢筋混凝土剪力墙结构的性能水平，并用层间侧移角限值予以量化，提出了钢筋混凝土剪力墙结构直接基于位移的抗震设计方法。

2008 年，赵惠臣针对我国北方内蒙古地区严寒高地震烈度区的高层住宅剪力墙结构设计方法进行研究。具体内容包括：①介绍我国高层建筑的发展及其结构形式，并着重针对严寒高地震烈度区高层建筑设计的特点进行分析。②详细介绍了严寒高地震烈度区高层建筑剪力墙结构的概念设计、结构计算分析和截面设计方法，并着重分析了高地震烈度区高层建筑的抗震设计。③选择内蒙古呼和浩特市的实际高层剪力墙结构进行设计、分析；所选工程结构具有建筑平面不规则及局部开有大门洞等复杂性，通过研究以期提高对复杂高层结构的认识并对其设计方法进行探讨。④对结构优化设计进行探讨。通过研究，他得到以下结论：①通过对高层建筑结构的发展及结构形式的分析，尤其是对严寒高地震烈度区的高层建筑分析，可以得出高层建筑采用剪力墙结构是合理的，剪力墙结构是较好的抗侧力结构形式。②通过分析可以得出高层建筑结构进行概念设计十分重要。概念设计要求建筑结构有合理的总体布局以及水平和竖向布置，对构件及材料性能也有相应要求；对于高地震烈度区要选择合理的结构选型、有效的抗震体系以及合适的构件形式。③对于外型上具有复杂性的高层建筑，在构件设计时要对整体计算结果的合理性进行分析判断，对个别超限的次要构件，可用改变截面或节点联结方式等方法进行处理。④对局部特殊部位，当其不影响整体结构性质时，可通过补充分析计算，进行局部处理，使其构件受力符合要求，从而满足设计要求。⑤优化设计是结构设计的重要内容，应贯穿设计各个阶段，最终达到优化结果。

2012 年，李志会利用通用有限元分析软件 SAP2000，通过数值建模研究了高位转换框支剪力墙高层建筑结构的抗震性能，为此类工程结构的设计和理论分析提供了一些实用性参考。其主要研究内容如下：①简单介绍了利用 SAP2000 数值建模相关原理及建立此类工程结构有限元模型具体实现方法，详细介绍钢管混凝土柱有限元建模的处理方法及其特点，尤其是约束混凝土本构关系的选取；将数值计算结果与模型结构振动台试验结果进行初步对比，验证了所建立有限元模型的合理性；②通过相关参数变化研究了结构的自振特性及弹性状态下抗震性能，所研究参数包括：转换层上下等效侧向刚度比、转换层设置高度、刚性楼板假定以及按照轴压承载力相等原则将钢管混凝土框支柱改成钢筋混凝土框支柱；③通过弹塑性时程分析研究最不利设计地震动作用下此类结构的抗震性能和破坏机理，并得出了相关的规律性结论。

（3）柱抗震性能研究

2007年，姜睿针对超高强混凝土、钢骨超高强混凝土框架柱抗震性能进行了如下几个方面的研究：①对超高强混凝土、钢纤维及新型高弹模PVA纤维超高强混凝土的配制技术进行了试验研究，并对其主要力学性能指标进行了分析：一是C100超高强混凝土的劈拉强度与抗压强度之比约为1/20，弹性模量比规范计算值大30％以上；二是当钢纤维体积含纤率为0.5％～1.5％时，钢纤维能够明显提高基体混凝土的抗压强度，提高幅度均在10％以上；显著提高劈拉强度，提高幅度为38.2％～91.9％；拉压比提高幅度为24.1％～73.5％；三是当PVA纤维含纤率为0.17％～0.5％时，PVA纤维对基体混凝土抗压强度的提高作用不明显，提高幅度仅为2.9％～8.2％；可显著提高劈拉强度，提高幅度为22％～46.7％；拉压比提高幅度为15.3％～35.6％。试验结果表明，钢纤维及PVA纤维对超高强混凝土具有显著的增强增韧作用。②通过低周反复荷载试验对超高强混凝土框架柱的抗震性能进行了研究。设计时考虑剪跨比、轴压比、配箍率主要因素对试件延性的影响。分析了柱的破坏形态和滞回曲线特性。根据试验结果，提出了满足一定延性要求的C100超高强混凝土框架柱轴压比限值和最小配箍特征值的建议值，该轴压比限值比现行规范GB 50010—2002规定的C80柱轴压比限值同比减小0.1；最小配箍特征值同比增加0.02～0.05。按试验结果偏下限，提出了超高强混凝土框架柱斜截面受剪承载力计算的建议公式。而现行规范GB 50010—2002柱斜截面受剪承载力计算公式偏于安全。③通过低周反复荷载试验对钢骨超高强混凝土框架柱的抗震性能进行了研究。设计时考虑剪跨比、轴压比、配箍率主要因素对试件延性的影响。分析了柱的破坏形态和滞回曲线特性。根据试验结果，提出了满足一定延性要求的C100钢骨超高强混凝土框架柱轴压比限值和最小配箍率的建议值，该轴压比限值比现行规程JGJ 138—2001规定的C60钢骨柱的轴压比限值同比减小0.15；在采用HRB400级钢筋的前提下，最小配箍率同比增加0.4％。提出了钢骨超高强混凝土框架柱斜截面受剪承载力计算的建议公式。并指出现行规程JGJ 138—2001钢骨柱斜截面受剪承载力计算公式偏于不安全。④通过试验对钢纤维及PVA超高强混凝土柱的抗震性能进行了研究。主要研究在较高轴压比情况下（轴压比超限），钢纤维及高弹模PVA纤维对延性的改善作用。分析了不同含纤率对破坏特征和滞回特性的影响。根据试验，提出了满足一定延性要求的含纤率；并提出了钢纤维、PVA纤维超高强混凝土组合柱斜截面受剪承载力计算的建议公式。⑤通过试验对钢骨钢纤维及PVA超高强混凝土柱的抗震性能进行了研究。主要研究在较高轴压比情况下（轴压比超限），钢纤维及高弹模PVA纤维对钢骨超高强混凝土框架柱延性的改善作用。分析了不同含纤率对破坏特征和滞回特性的影响。试验表明，采用添加钢纤维、PVA纤维来满足轴压比超限时必需延性的方法，从功效比及性价比上，均要远远优于单纯增加配箍率的方法。根据试验，提出了满足一定延性要求的含纤率；并提出了钢骨钢纤维、钢骨PVA纤维超高强混凝土组合柱斜截面受剪承载力计算的建议公式。

2009年，李文斌针对方钢管混凝土柱及方钢管混凝土组合结构，结合基于性能的抗震设计理论，进行了以下研究工作：①根据抗震性能各水平等级与骨架曲线各段相对应的理论，将方钢管混凝土柱各性能等级与其骨架曲线各段进行了对应，并在此基础上对方钢管混凝土柱试验数据进行了整理，在统计的基础上建立了方钢管混凝土结构抗震性能水准。②将直接基于位移的方法运用到方钢管混凝土柱抗震设计中，得到了一种基于位移的方钢管混凝土柱抗震设计方法。在方法中，屈服位移由结构几何尺寸来确定，不需要进行迭代；探讨了方钢管混凝土柱性能设计中的几个问题，主要包括：方钢管混凝土柱的滞回阻尼系数的确定方法；方钢管混凝土柱承载力计算方法；非线性设计位移反应谱的选取问题。③最后通过一个设计实例验证了之前提出的基于性能的方钢管混凝土柱抗震设计方法的可行性；在整理试验数据的基础上拟合了方钢管混凝土柱的损伤指数公式，然后指出了拟合公式和基于性能的抗震设计的关系，提出了方钢管混凝土柱基于性能的评估方法。

2014 年，兰琳对于高轴压比下型钢混凝土柱的抗震性能展开了系统的研究分析。她建立了 13 层型钢混凝土柱框架结构，研究了结构在高轴压比下的抗震性能，主要开展了以下几个方面的研究：①通过大型有限元分析软件 SAP2000 建立了结构分析模型，得到了各高轴压比下型钢混凝土柱框架结构的自振周期和振型特点，并判断其刚度情况。②采用反应谱方法和时程分析方法进行结构多遇地震下的地震反应计算，比较分析结构层位移、层间位移、层间剪力等情况。③利用 Push-Over 方法，计算得到结构基底剪力-顶点位移曲线。通过对比各模型基底剪力-顶点位移关系曲线，分析结构剪力承载力和变形能力随轴压比的变化情况，以及高轴压比对型钢混凝土框架柱抗震性能的影响。④对结构进行罕遇地震下的弹塑性分析，研究了在罕遇地震作用下轴压比超限型钢混凝土柱的延性和地震耗能能力。

（4）钢管混凝土柱-核心筒结构的抗震性能研究

2001 年，黄襄云、周福霖等人通过低周反复荷载试验及地震模拟振动台试验，对三种型式的钢管混凝土柱框架结构的梁柱节点（单梁节点、单双梁节点、双梁节点，如图 2-47～图 2-49 所示）的抗震性能进行了理论分析及试验研究，研究表明，三种节点均具有良好的抗震性能，其中尤以单梁节点为最佳。

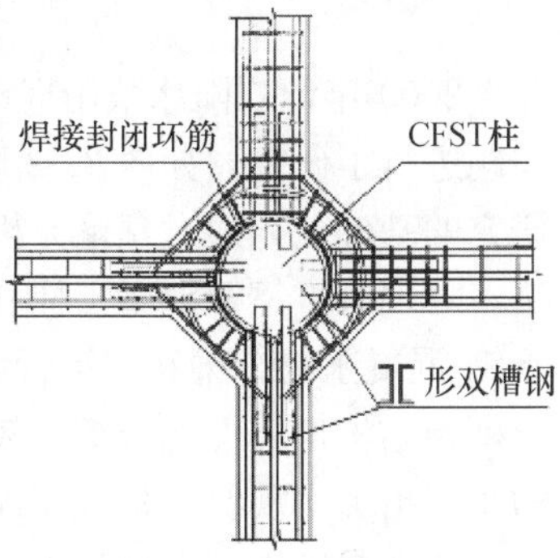

图 2-47　模型照片

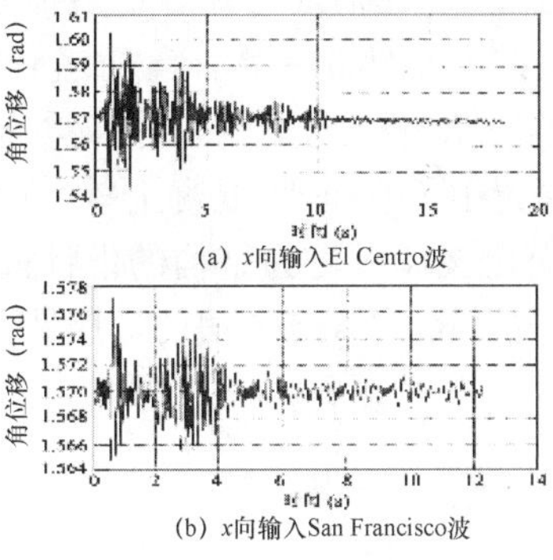

图 2-48　8 度大震下第二层节点角位移时程图

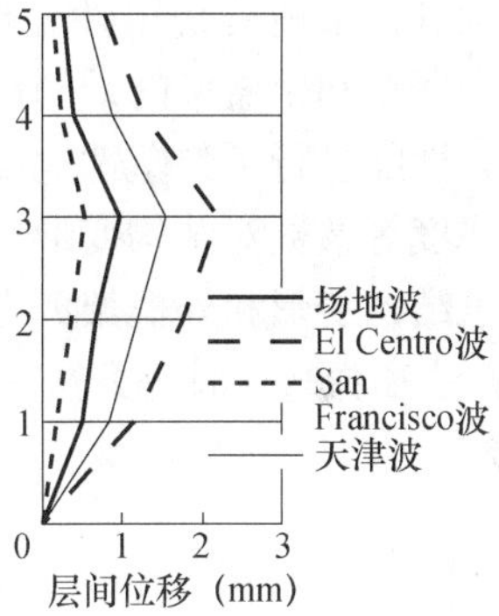

图 2-49　8 层中震 X 向层间位移包络图

2008 年，周振运用“钢管混凝土统一理论”，对钢管混凝土柱在框架核心筒结构体系（高层及超高层建筑结构）中的抗震性能作了进一步的探讨研究。他的研究内容包括以下三部分：①将钢筋混凝土柱用不同的等效方法等效成钢管混凝土柱，对等效后的钢筋混凝土柱在框架核心筒结构体系中在相同地震作用下表现出来的性能做评价分析。针对钢管混凝土柱在框架核心筒结构中的具体运用，分析此种结构满足何种条件，钢管混凝土才能发挥它的延性好和抗震性能优越的特性。②采用有限元分析软件 ETABS，依据有限元理论，把由钢管混凝土柱构成的框架核心筒结构与钢筋混凝土柱构成的框架核心筒结构建立两种计算模型，进行抗震性能的对比。首先，对两种结构模型进行模态分析，比较结构自振特性的变化；然后，采用振型分解反应谱方法对结构进行弹性分析，以及采用时程分析方法对结构进行弹塑性计算分析。结果证明了钢管混凝土在高层，甚至是超高层结构中其承载能力、变形特性、耗能能力等抗震性能方面的优点。③采用非线性静力弹塑性分析方法（Push-Over），对两种结构模型进行了单方向加载的结构受力分析和循环加载地震作用下的损伤性能分析。再一次证明了钢管混凝土柱在整体结构中有较好的抗震性能。如图 2-50～图 2-51 所示。

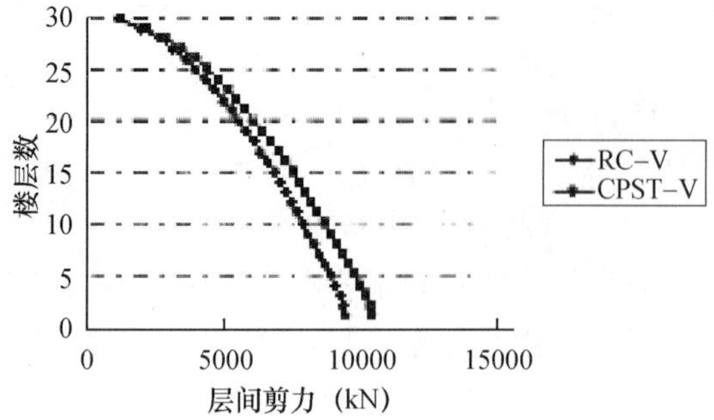

图 2-50　RC 模型与 CFST 模型 X 方向剪力比较曲线

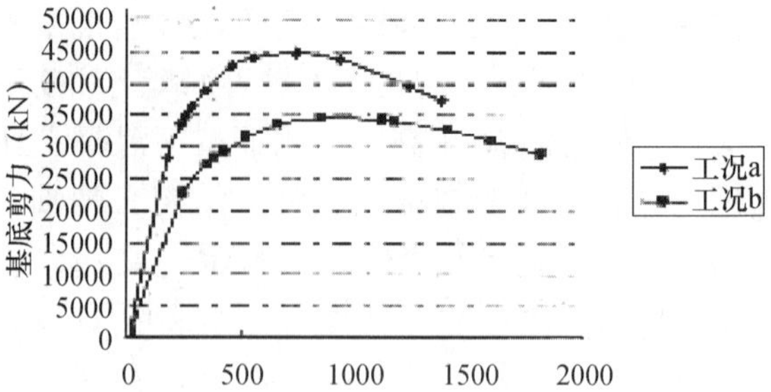

图 2-51　RC 模型底部剪力-顶点位移曲线

2009 年，刘阳冰采用理论分析和数值模拟方法，对钢-混凝土组合结构的抗震性能和地震易损性等问题进行了研究，如图 2-52 所示。主要工作和取得的成果有：①在已有方钢管混凝土构件试验和理论研究的基础上，通过理论分析和大量的参数分析，提出了一种方钢管混凝土柱塑性屈服面快速确定方法。对现有方钢管混凝土柱和钢-混凝土组合梁的三折线弯矩-曲率关系曲线进行了修正，提出了适用于钢-混凝土组合梁和方钢管混凝土柱弹塑性分析的四折线弯矩-曲率本构曲线。②进行了钢-混凝土组合框架结构抗震性能分析，较为系统地对比了五种不同类型框架结构的受力、变形性能以及破坏状态。初步提出了实现组合梁-方钢管混凝土柱框架结构“强柱弱梁”的设计公式，为组合框架结构的设计提供参考。③给出了一种基于性能的结构地震易损性分析方法。定义了结构整体和楼层的四个极限破坏状态，提出了基于结构极限破坏状态确定结构抗震性能水平限值的方法。对两个不同类型的钢-混凝土组合框架结构进行了地震易损性分析，对结构的易损性能进行评估。讨论了地震需求变异性的影响，研究了基于全概率和半概率的结构地震易损性分析方法的差异和转化关系。④对组合框架-混凝土核心筒结构的抗震性能进行了弹塑性地震反应分析和参数影响分析。研究了框架伸臂梁连接方式，梁柱截面、核心筒厚度等参数对结构变形和受力性能的影响，探讨了组合框架-混凝土核心筒结构的地震破坏模式，分析了结构变形和外框架剪力随地震作用增大的变化规律，可为结构的设计提供参考。对比了 Push-Over 方法和弹塑性时程方法计算结果的差别，讨论了 Push-Over 方法的适用性。

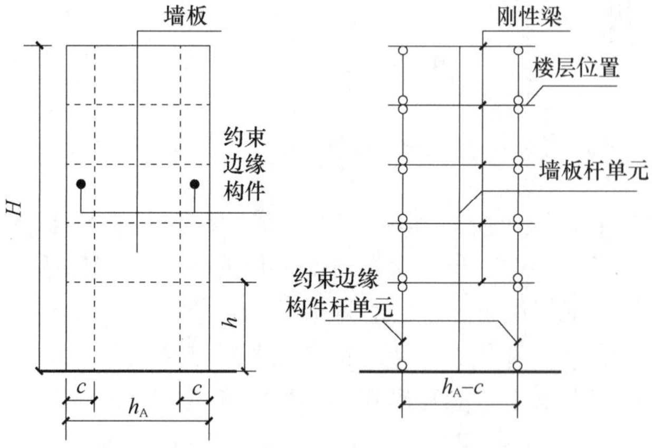

(a) 墙肢划分　　(b) 多竖杆模型

图 2-52　剪力墙的多竖杆模型

2010 年，潘东辉、尧国皇等人通过一超高层钢管混凝土框架-钢筋混凝土核心筒结构的抗震设计，给出了结构的抗震性能分析结果及薄弱环节的加强措施。抗震设计除采用常见的小震分析方法和指标外，还研究了中震下构件抗力与地震作用的关系，并与大震动力弹塑性时程分析的损伤情况进行比较。通过抗震设计发现，结构的层间位移角变化率反映弯曲型变形结构的竖向刚度变化，刚度急剧变化处的剪力墙在大震下易出现损伤；构件抗震富余承载力与地震效应之比揭示了结构的薄弱环节，钢管混凝土柱具有较高的富余抗力，而核心筒底部在拉弯内力下该比值偏低，大震下核心筒出现明显受拉损伤。

2012 年，任凤鸣将具有良好耗能机制和滞回性能的减震装置设置于钢管混凝土框架-核心筒结构中，形成钢管混凝土框架-核心筒减震结构体系，使结构具有更优良的抗震性能和更加合理的协同工作机制，同时又增加了结构体系的抗震防线，对钢管混凝土框架-核心筒减震结构体系的抗震性能进行了相关研究，主要内容包括：①设计制作了缩尺比例为 1∶4 的钢管混凝土框架和钢管混凝土减震框架及钢管混凝土框架-剪力墙结构和钢管混凝土框架-剪力墙减震结构等四种结构模型，对其进行了低周反复荷载作用下的抗震性能试验。结合试验数据，分析研究了模型结构的滞回性能、骨架曲线、刚度、强度、耗能指标和应变等性能，结构变形示意如图 2-53 所示，研究结果表明：钢管混凝土减震框架和钢管混凝土框架-剪力墙减震结构因设置防屈曲支撑改变了结构的受力性能和破坏模式、延缓了塑性铰的开展；与普通的钢管混凝土框架和钢管混凝土框架-剪力墙结构相比，通过设置耗能减震构件，增加了结构的抗震防线，增强了结构的抗震能力，有效地改善了钢管混凝土框架和钢管混凝土框架-剪力墙结构的抗震性能。②以上述低周反复荷载作用下的试验模型结构为对象，采用 ABAQUS 有限元分析软件进行了非线性数值仿真计算，分析了钢管混凝土减震框架和钢管混凝土框架-剪力墙减震结构的骨架曲线、钢管混凝土柱和剪力墙的应力、阻尼器的工作性能等方面，并对没有阻尼器的结构和减震结构进行了对比分析，研究了钢管混凝土减震框架和钢管混凝土框架-剪力墙减震结构的力学性能；通过改变阻尼器的初始刚度和屈服力，分析研究了耗能减震装置基本参数对钢管混凝土减震框架和钢管混凝土框架-剪力墙减震结构性能的影响。研究结果表明：设置防屈曲支撑，改善了钢管混凝土框架和钢管混凝土框架-剪力墙结构的受力性能；增大防屈曲支撑的初始刚度或屈服力，钢管混凝土减震框架和钢管混凝土框架-剪力墙减震结构的屈服荷载和极限荷载有所提高，防屈曲支撑的耗能总量、附加阻尼比也随之增大。③依托某钢管混凝土框架-核心筒减震结构实际工程，对设置了 23 个黏滞阻尼器的 1∶35缩尺模型进行了 El-Centro 波、Taft 波和人工波作用下的模拟地震振动台试验，通过 66 个试验工况对没有阻尼器和设置阻尼器的结构模型关键位置的加速度、位移和应变进行了对比分析，阻尼器分布如图 2-54 所示。对试验结果的分析表明：在多遇地震、设防烈度地震和罕遇地震作用下，钢管混凝土框架-核心筒减震结构的相对位移、加速度、层间位移角、扭转角和应变均有所降低；设置于该混合结构的黏滞阻尼器工作性能良好，起到了一定的耗能减震作用。④结合黏滞阻尼器和防屈曲耗能支撑的特点和规范中对钢管混凝土框架-核心筒结构层间位移角的限制要求，采用框架-剪力墙结构位移计算方法和反应谱理论，推导出了钢管混凝土框架-核心筒防屈曲支撑减震结构的支撑合理弹性刚度和钢管混凝土框架-核心筒黏滞阻尼器减震结构的合理阻尼系数计算公式，建立了该减震结构的简化设计方法，并采用该方法对典型平面布置的钢管混凝土框架-核心筒结构用 ETABS 分析软件进行了分析，验证了该种设计方法的可行性。

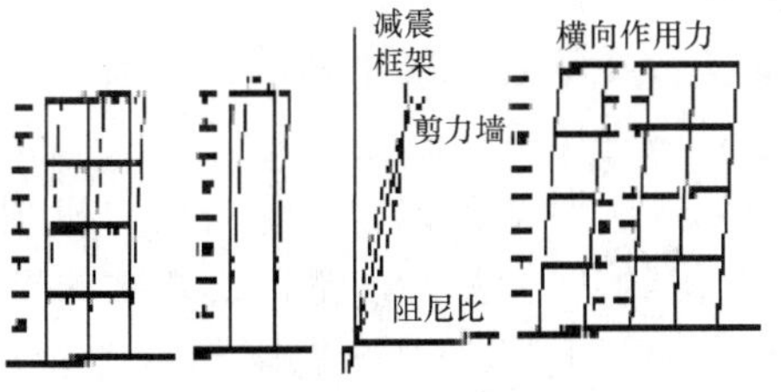

图 2-53　结构变形示意图

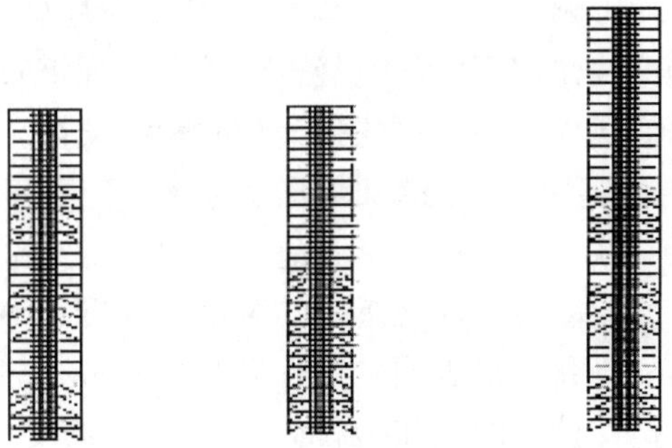

图 2-54　阻尼器布置图

2012 年，卢德辉基于“钢管混凝土统一理论”思想，主要研究了圆形和方形两种截面形式的空心钢管混凝土柱在较高轴压比情况下的抗震性能。具体完成了以下工作：①考虑空心率对套箍系数的影响，通过理论推导，提出空心钢管混凝土套箍修正系数 m。考虑到空心率及蒸汽养护对空心钢管混凝土核心混凝土强度的影响，提出混凝土抗压强度增强系数 k。利用修正系数 m 和增强系数 k 对《实、空心钢管混凝上结构设计规程》（CECS 254—2011）中实心、空心钢管混凝土轴压承载力计算公式进行修正，相关参数物理意义明确，且形式更为简洁统一，便于工程应用。利用修正系数 m 和增强系数 k 对已有的实心钢管混凝土核心混凝土应力-应变关系表达式进行修正，修正的钢管混凝土核心混凝土应力-应变关系表达式适用于实心和空心结构。②完成了 12 根以轴压比、空心率及截面形式为主要控制参数的空心钢管混凝土柱水平低周反复荷载试验，分析了构件的荷载-位移滞回曲线、能量耗散系数、强度退化系数、割线刚度、骨架曲线及位移延性系数等抗震性能。讨论了空心钢管混凝土应用于抗震设防建筑结构中的相关结构设计参数的限值，得到以下结论：一是方形空心钢管混凝土不适合应用于需要抗震设防的建筑结构当中；而圆形截面的空心钢管混凝土，对于不同空心率的构件，控制适当轴压比的限制，能够满足《实、空心钢管混凝土结构设计规程》（CECS 254—2011）中要求的结构分析参数限值。二是规程中建议的空心钢管混凝土柱设计轴压比限值过大，建议空心钢管混凝土设计轴压比不超过 0.6，此时构件具有较好的抗震性能。③建立了空心钢管混凝土柱的分布塑性纤维模型和三维塑性有限元模型，对比验证了纤维模型法计算结果、有限元法计算结果及试验结果，结果表明了文中建立的空心钢管混凝土数值力学模型的正确性。通过数值计算分析轴压比、空心率、长细比、混凝土强度、含钢率、钢材强度及截面形式对空心钢管混凝土柱骨架曲线的影响。④建立了圆形空心钢管混凝土柱骨架曲线三折线恢复力模型，通过与实验结果和数值计算结果的对比分析，应力分布如图 2-55～图 2-56 所示，表明该圆形空心钢管混凝土柱骨架曲线恢复力模型的可靠性，且其计算结果精度较高，为实际工程的空心钢管混凝土结构设计及分析提供参考。

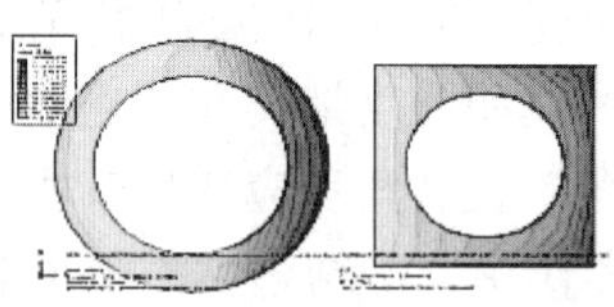

图 2-55　构件底部混凝土截面应力分布

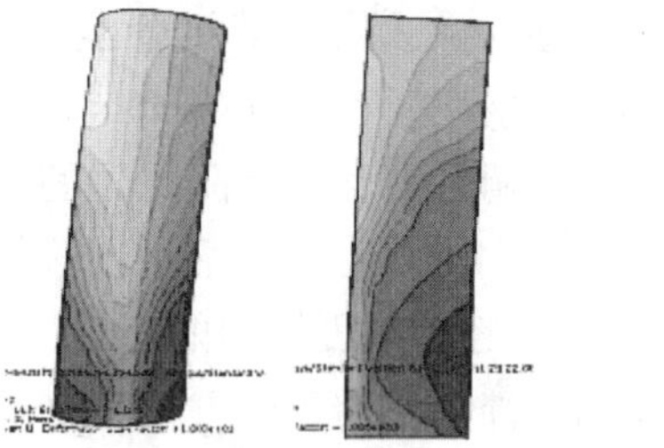

图 2-56　构件应力分布

2015 年，秦鹏通过试验研究以及有限元计算模拟与理论分析对 CFRP 约束钢管混凝土柱在低周反复荷载作用下的抗震性能及计算方法进行了较为系统的研究，完成了以下主要研究内容：①完成了 9 根大比例圆钢管混凝土柱的低周反复荷载试验，通过研究轴压比、径厚比及加载制度等参数对试验结果的影响，总结了影响钢管混凝土柱破坏形态、退化性能及约束效应的重要指标。研究表明，地震荷载作用下钢管混凝土柱通常出现钢管的局部屈曲破坏，即“象腿”破坏；而采用不同的地震序列加载程序会导致柱脚钢管的断裂破坏。钢管破坏形态的区别，影响了对核心混凝土的约束能力，导致核心混凝土的破坏形态存在一定程度的差异。②在钢管混凝土柱的试验研究基础上，进行了 7 根 CFRP 约束圆钢管混凝土柱的抗震试验。通过对试件破坏形态、滞回性能、骨架曲线、退化性能、耗能能力等性能指标的对比，分析了不同的约束方法对改善钢管混凝土受力机理及抗震性能的差异。研究结果表明，文中介绍的带缓冲垫层的双向约束方法能够提高碳纤维的整体约束效果，增大塑性铰区的工作范围，提高构件的变形性能。③采用 ABAQUS 有限元软件建立了 CFRP 约束钢管混凝土柱的精细化有限元模型，考虑了不同材料（钢管、核心混凝土和 CFRP）在往复荷载作用下的本构关系模型、材料与几何非线性，以及不同材料之间的接触关系。通过与已有试验的对比，验证了模型在模拟 CFRP 约束钢管混凝土柱抗震性能方面的适用性，能够应用于后续的力学性能分析。④结合文中试件和工程实际尺寸，建立了典型往复荷载作用下的 CFRP 约束钢管混凝土柱的精细化有限元模型。对其破坏形态、受力全过程曲线、材料应力分布（钢材、混凝土和 CFRP）以及不同材料的接触关系进行了分析。分析结果表明，相比于传统的钢管混凝土柱，碳纤维对钢管的附加约束在峰值点后效果明显，限制了钢管的局部屈曲，增大了对核心混凝土的约束作用。通过对约束区高度、缓冲垫层厚度等影响参数的讨论与分析，确定了缓冲垫层的加入能够改变钢管和核心混凝土的应力分布状态，使其具有较好的延性和耗能能力。同时为保证最佳的约束效果，建议约束区高度取为一倍钢管直径。选取了关键参数（包括轴压比、钢管径厚比、钢管与核心混凝土强度以及 CFRP 层数），进行了系统的参数分析，为后续的设计方法研究提供了理论依据。⑤提出了不同轴压比作用下 CFRP 约束对钢管混凝土柱承载力和延性的提高系数，并建议了其荷载-位移骨架曲线模型。以 CFRP 约束效应系数和轴压比为参数，建议了 CFRP 约束钢管混凝土柱的荷载-位移滞回曲线模型。以承载能力和延性为设计目标，给出了 CFRP 约束钢管混凝土柱的构造建议。

2.2.1.3　超高超限结构的抗震设计

1. 设计原则

要满足抗震设防目标大震不倒、中震可修、小震不坏三个水准的要求，按抗震设计两阶段进行设计，多遇地震下采用弹性反应谱法，罕遇地震下进行抗倒塌弹塑性变形验算。用多遇地震下弹性动力时程分析校核弹性反应谱法结果，粗略判断结构薄弱层。用弹塑性静力时程分析，判定结构构件塑性铰出现的顺序和分布，以及不同受力阶段变形发展情况，并获得弹塑性底部剪力（倾覆力矩）-顶点位移曲线、弹塑性楼层剪力-层间位移曲线。

2. 设计要点

（1）对于高度和高宽比超限，设计要点为：

① 应验算结构整体抗倾覆稳定性。

② 要验算底部竖向构件在最不利荷载组合下的轴压比。当轴压比满足不了要求且构件断面再增大有困难时，可采用钢或其他组合构件与钢筋混凝土共同组成的结构。

③ 要有足够的埋置深度。

④ 要控制顶点位移及层间侧移。当侧移满足不了要求时，可考虑利用建筑设备层和避难层空间，沿竖向设置若干层伸臂桁架或腰桁架。

⑤ 应考虑重力二阶效应，并进行风荷载作用下的舒适度验算。

（2）对于平面规则性超限（如楼板凹凸不规则，楼板之间连接较弱、局部不连续、板内开大洞，楼层最大弹性水平位移大于该楼层弹性水平位移平均值的 1.2 倍、结构扭转效应明显等），设计要点为：

① 应采用弹性楼盖模型，或按分块刚性楼板局部弹性板进行计算，并应考虑扭转耦联效应。

② 对楼板中应力集中部位（凸凹部位及洞口四角）和弱连接的楼板的配筋予以加强，凹口部位可增设部分拉梁或拉板。

③ 对结构扭转效应明显的超限高层建筑，应尽量使抗侧力构件在平面布置中对称、均匀，避免过大偏心，并应尽量加大外围竖向构件的抗侧刚度，弱化内部主体结构，尽量将抗侧力构件布置在外侧。

④ 当平面过于不规则，或楼板联系过弱，或当建筑物超长时（主体结构长度大于 60m），可通过设置变形缝将结构切成若干个子结构。

（3）对于竖向规则性超限（如：立面收进，连体建筑，立面开大洞，大底盘多塔楼，转换层结构等），设计要点为：

① 立面收进引起的超限，应确保结构位移沿竖向没有突变，并使结构扭转效应控制在合理范围内。收进部位竖向构件及楼板宜加强。立面收进若造成偏心，底部结构会因扭转而产生较大内力，因此，底部结构周边构件的配筋应加强。

② 连体建筑连接部位及其周边应采用弹性板计算，连接体与主体宜采用弱连接（如铰接），其质量应尽可能减轻，并应优先采用钢结构。连接体及与主体相邻的结构构件的抗震等级应提高一级采用。

③ 立面开大洞时着重加强洞口四角及洞边周边，避免在小震时洞角开裂。

④ 对于悬挑结构，设计时应考虑竖向地震作用。悬挑结构的上部结构质量较大，扭转惯性矩也大，若存在质量偏心，会造成严重的扭转效应，设计时应予避免。

⑤ 带转换层结构，应采取措施控制转换层上下等效刚度比，增大框支柱承担地震剪力的比率，提高框支层的延性及抗震能力。可通过减少上部各层刚度（如部分墙肢改用短肢墙），降低转换层上下等效刚度比。转换层越高，高振型影响越大，转换层上下层间位移角及内力突变也越明显，因此，应严格控制转换层的设置高度。

2.2.1.4 超高超限结构的抗震分析方法

（1）反应谱方法

《建筑抗震设计规范》规定，超高超限建筑结构可以采用振型分解反应谱法来进行抗震分析。反应谱法考虑了地震动特征和结构自身动力特性之间的关系，并将复杂的动力问题静力化。在振型组合时，当相邻振型的周期比为 0.85 时，耦联系数大约为 0.27，采用 SRSS 方法进行振型组合误差较小。但当结构各振型频率较接近时，SRSS 的计算会有较大误差，此时应采用 CQC 方法。

反应谱法实为一种拟静力方法，无法反映地震动时间性和结构非线性的影响，也无法找出薄弱部位。

（2）时程分析方法

《建筑抗震设计规范》规定，甲类建筑、特别不规则的建筑、高度超限的建筑，应采用时程分析法。

时程分析法，是一种依据材料及构件的性能对结构动力方程求解的方法。该法综合考虑了场地环境以及地震动频率、持时、振幅三要素的影响进行结构的非线性分析，是一种真正的动力分析方法。但是时程分析法需要输入实际或人工模拟地震波，而不同的地震波所引起的结构反应差别很大。因此在工程实际应用中，当无合适地震波时，较难保证结果的准确性。同时，该方法计算量大，因此一般作为反应谱法等其他简化分析方法的补充，以校核结构薄弱部位，分析能力损伤，避免大震倒塌等。

为了保证结构整体刚度和整体安全，需要对结构层间位移进行控制计算，弹塑性动力时程分析法是计算薄弱层变形的有效方法之一，它能比较准确而完整地得出结构在罕遇地震下的反应全过程，但计算分析工作繁琐，且计算结果受到所选用地震波以及构件恢复力和屈服模型的影响较大，在设计重要高层建筑结构采用该法时，要尽量使构件恢复力模型符合构件的实际特性。

（3）静力弹塑性分析方法

《建筑抗震设计规范》规定了对于特定的建筑结构需进行弹塑性变形分析。如今，静力弹塑性分析方法（Push-Over）已成为抗震性能分析的常用方法。

Push-Over 分析方法是将单调增加的水平荷载，通过一定模式施加在结构上，进行非线性静力分析。通用建立能力谱和需求谱曲线，以确定结构性能点，并对结构位移、构件变形等进行评价。在水平荷载施加的推覆过程中，注意塑性铰出现的顺序及状态，并在设计中采用局部加强措施，保证结构的弹塑性性能满足要求。

（4）增量动力分析方法

增量动力分析（IDA）方法是一种评价结构抗震性能的动力分析方法，近几年才逐渐被应用于工程实际。它是一种基于弹塑性时程分析结果的参数分析方法。IDA 方法是将地震动的加速度与一系列比例系数（scale factor）相乘，从而得出多组不同强度的地震动，然后在此地震动基础上，对结构进行非线性、动力时程分析。通过绘制地震动强度（ground motion intensity measure）曲线、结构性能参数（damage measure），进而得出在地震作用下结构破坏的全过程。

IDA 方法相比于 Push-Over，引入了增量动力概念，故也被称为“动力推覆方法”。

2.2.2　项目主体结构的抗震性能分析

2.2.2.1　结构抗侧力体系

结构抗侧力体系有两个部分：第一部分为四周横截面变化的钢管混凝土框架柱，钢管混凝土框架柱截面沿竖向由 1500mm 变化至 900mm，沿建筑周边均匀布置；第二部分为钢筋混凝土核心筒剪力墙结构，核心筒外墙的厚度为 1000mm。这两部分抗侧力体系以核心筒为主要抗侧力体系，外框架柱为次要的抗侧力体系，通过调整框架柱和核心筒连梁的截面尺寸来降低结构的整体刚度，让外框架结构作为二道防线的作用得以体现。

2.2.2.2　超限情况

根据《超限高层建筑工程抗震设防专项审查技术要点》(2010 年 9 月)，九洲国际大厦项目工程超限情况见表 2-2。

表 2-2　九洲国际大厦项目工程超限情况

超限项目	规范定义及要求	九洲国际大厦项目工程情况
超高	钢筋混凝土框架-核心筒结构在 6 度地震区的高度不应超过 210m	结构高度 301.6m>210m
竖向构件不连续	上下墙、柱、支撑不连续，含加强层、连体类	外框 4 个角柱采用钢管混凝土斜撑转换
扭转不规则	偶然偏心地震作用下，楼层最大水平位移不宜大于该层平均位移的 1.2 倍；不应大于平均位移的 1.4 倍	X 向：1.31 倍 Y 向：1.24 倍
其他不规则	局部的穿层柱、斜柱、夹层、个别构件错层或转换	二层、九层局部穿层柱 六十三层至六十五层斜柱（3 层斜柱，每侧共内收 3m，$B_1/B=86\%$）

2.2.2.3　抗震设防标准及抗震性能目标

九洲国际大厦项目工程属乙类建筑，根据《高层建筑混凝土结构技术规程》及《建筑抗震设计规范》，九洲国际大厦项目工程主要抗侧力构件的抗震等级见表 2-3。

表 2-3　九洲国际大厦项目工程主要抗侧力构件的抗震等级

抗侧力构件	抗震等级
核心筒剪力墙	一级
连梁	一级
外框钢管混凝土柱	一级
框架梁	一级

九洲国际大厦项目位于抗震设防低烈度区，风荷载也不大，竖向构件的断面尺寸大部分为结构的刚重比所控制，承载力有较高的安全储备。进一步的计算分析表明，各设防水准地震作用下的性能化目标满足表 2-4 的要求。

表 2-4　各设防水准地震作用下的性能化目标

抗侧力构件	多遇地震 性能水准 1	设防烈度地震 性能水准 2	罕遇地震 性能水准 3
核心筒剪力墙	按规范设计	弹性	不屈服
连梁	按规范设计	受剪承载力：弹性 抗弯承载力：不屈服	受剪不屈服
外框钢管混凝土柱	按规范设计	弹性	不屈服
框架梁	按规范设计	受剪承载力：弹性 抗弯承载力：不屈服	受剪不屈服
楼板	按规范设计	弹性	不屈服
节点	按规范设计	弹性	不屈服

注：1. 弹性——构件承载力设计值大于采用不计入风荷载效应的基本组合且不考虑地震作用效应调整的内力设计值；
不屈服——构件承载力标准值大于采用不计入风荷载效应的标准组合的内力标准值。
2. 中震内力采用弹性计算结果；大震内力采用等效弹性方法计算，考虑结构阻尼比增加 0.02，弹塑性分析校核计算结果。

2.2.2.4　结构计算结果分析

1. 小震弹性反应谱法

根据《高规》第 5.1.12 条规定，九洲国际大厦项目工程结构计算采用了 ETABS 和 SATWE 两套程序进行整体计算。首先确定其计算参数，具体见表 2-5。

表 2-5　计算参数

楼层层数	74 层
风荷载	根据《广西九洲国际大厦风洞试验报告》推荐 100 年等效风荷载
风作用方向	0°（X 方向）、90°（Y 方向）
地震作用	单向水平地震并考虑偶然偏心（±5%）、双向地震
地震作用计算	振型分解反应谱法、弹性时程分析、动力弹塑性分析
地震作用方向	X、Y
地震作用振型组合数	60
活荷载折减	按规范折减
自重调整系数	1.0
楼板假定	除斜撑转换楼层在核心筒外部采用弹性楼板外，均采用刚性楼板
结构阻尼比	0.05
重力二阶效应（P-Δ 效应）	由 SATWE 计算得结构在 X 方向：$2.7>EJ/\sum GH_2=1.60>1.4$； 在 Y 方向：$2.7>EJ/\sum GH_2=1.56>1.4$，应考虑
楼层水平地震剪力调整	考虑
楼层框架总剪力调整	考虑
周期折减系数	0.9
嵌固端	由于地下一层为局部地下结构，取地下一层为嵌固端（地下室侧向刚度远大于上部结构侧向刚度的 2 倍）

弹性反应谱法主要计算结果见表 2-6 和表 2-7。

表 2-6 ETABS 主要计算结果

自振周期（s）	$T_1=7.004$		$T_2=6.902$	$T_3=3.187$（T）
	$T_4=1.943$		$T_5=1.911$	$T_6=1.276$（T）
	$T_7=0.964$		$T_8=0.955$	$T_9=0.802$（T）
	注：括号中的 T 表示以扭转为主的模态，$T_t/T_1=0.46$			
方向			X	Y
风荷载作用	位移	最大层间位移角 Δ_u/h	1/1268（52 层）	1/1314（52 层）
	基底弯矩	M_0（kN·m）	3.208E+06	3.092E+06
	基底剪力	Q_0（kN）	1.780E+04	1.614E+04
地震作用	位移	最大层间位移角 Δ_u/h	1/1535（53 层）	1/1508（52 层）
	基底弯矩	M_0（kN·m）	2.299E+06	2.303E+06
	基底剪力	Q_0（kN）	1.637E+04	1.608E+04
	剪重比 Q_0/G（%）		0.6	0.6
总重力	G（D+0.5L）（kN）		2.78E+06	

表 2-7 SATWE 主要计算结果

自振周期（s）	$T_1=7.084$		$T_2=6.935$	$T_3=3.337$（T）
	$T_4=2.018$		$T_5=1.986$	$T_6=1.354$（T）
	$T_7=1.002$		$T_8=0.996$	$T_9=0.848$（T）
	注：括号中的 T 表示以扭转为主的模态，$T_t/T_1=0.47$			
方向			X	Y
风荷载作用	位移	最大层间位移角 Δ_u/h	1/1272（52 层）	1/1301（52 层）
	基底弯矩	M_0（kN·m）	3.035E+06	2.921E+06
	基底剪力	Q_0（kN）	1.78E+04	1.614E+04
地震作用	位移	最大层间位移角 Δ_u/h	1/1619（52 层）	1/1567（52 层）
	基底弯矩	M_0（kN·m）	2.21E+06	2.208E+06
	基底剪力	Q_0（kN）	1.699E+04	1.667E+04
	剪重比 Q_0/G（%）		0.61	0.60
总重力	G（D+0.5L）（kN）		2.79E+06	

根据 ETABS 与 SATWE 两个程序的计算结果，对其进行比较分析及超限检查，内容如下：

（1）两个程序的计算结果包括总质量、周期及振型、风荷载及地震荷载作用下的基底反力及侧向位移等均比较接近，没有出现原则性冲突或矛盾的结果。

（2）工程计算振型数为 60，振型质量参与系数为 $\sum U_x=98.3\%$，$\sum U_y=97.8\%$，均超过了规范规定的 90%的要求，满足规范要求。

前六振型的振型图如图 2-57 所示。

（3）该工程属扭转规则，第一、第二振型均为平动振型，扭转系数为 0.0，第三振型为扭转振型，扭转系数为 1.0，表明结构的质量与刚度分布对称、均匀，无扭转耦联效应。

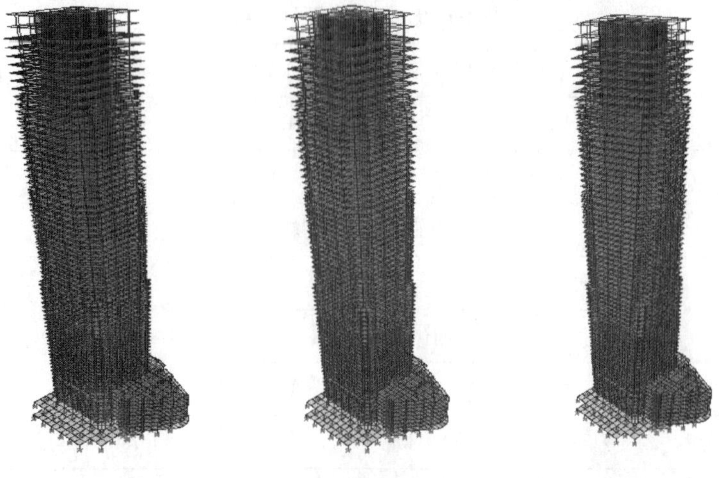

(a) 第一振型　(b) 第二振型　(c) 第三振型

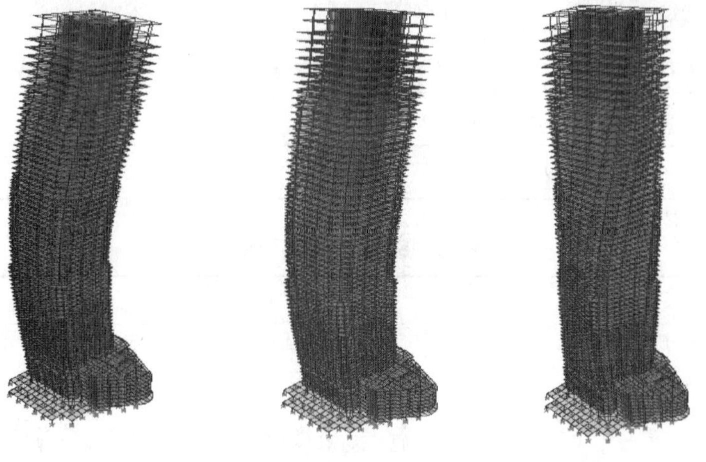

(d) 第四振型　(e) 第五振型　(f) 第六振型

图 2-57　前六振型的振型图

（4）根据规范及《超限高层建筑工程抗震设防专项审查技术要点》，九洲国际大厦项目工程结构规则性及超限判定见表 2-8。

表 2-8　九洲国际大厦项目工程结构规则及超限判定

判别项目	定义及要求	本工程情况	超限判定
扭转不规则	偶然偏心地震作用下，楼层最大水平位移不宜大于该层平均位移的 1.2 倍；不应大于平均位移的 1.4 倍	X 向：1.31 倍 Y 向：1.24 倍	是
偏心布置	偏心率大于 0.15 或相邻层质心相差大于相应边长的 15%	相邻层质心差值/相应边长的最大值为 14%，位于裙楼二层	否
凹凸不规则	$L/B\leqslant6$；$l/B_{max}\leqslant35\%$；$l/b\leqslant2.0$	无	否
组合平面	细腰形或角部重叠形	无	否
楼板不连续	凹入或开洞尺寸不宜大于楼面宽度的一半； 开洞面积不宜大于楼层面积的 30%； 楼板最小净宽度不宜小于 5m	无 （开洞面积/楼层面积最大值为 17%，位于裙楼九层）	否

续表

判别项目	定义及要求	本工程情况	超限判定
侧向刚度不规则	楼层侧向刚度不宜小于相邻上部楼层侧向刚度的 70%或其上相邻三层侧向刚度平均值的 80%	无	否
尺寸突变	竖向构件位置缩进大于 25%，或外挑大于 10%和 4m，多塔	无	否
竖向构件不连续	上下墙、柱、支撑不连续，含加强层、连体类	地下一层及七层采用斜撑转换角柱	是
楼层承载力突变	相邻层受剪承载力变化大于 80%	无	否
抗扭刚度弱	结构扭转为主的第一自振周期与平动为主的第一自振周期的比值不宜大于 0.85	$T_t/T_1=0.47$	否
高度	钢筋混凝土框架-核心筒结构在 6 度地震区的高度不应超过 210m	结构高度 301.6m	是
高宽比	6 度设防下 $H/B\leqslant 7$	$H/B=301.6/46.4=6.5$	否
层间位移角	高度 $H>250$m 的高层建筑，其楼层层间最大位移与层高之比 Δ_u/h 不宜大于 1/500	X 方向为 1/1268 Y 方向为 1/1314	否
其他不规则	局部的穿层柱、斜柱、夹层、个别构件错层或转换	二层、九层局部穿层柱六十三层至六十五层斜柱（3 层斜柱，每侧共内收 3m，$B_1/B=86\%$）	是

（5）该工程计算得到刚重比如下：X 方向为 $2.7>EJ/\sum GH_2=1.6>1.4$；Y 方向为 $2.7>EJ/\sum GH_2=1.56>1.4$，大于规范要求的稳定性下限 1.4 的要求，说明在侧向荷载作用下，重力荷载产生的 P-Δ 效应满足高层建筑结构的稳定性的要求，但刚重比值均小于 2.7，需考虑重力二阶效应的不利影响。

采用 SAP2000 对结构进行整体稳定分析，得到在荷载组合为 $1.2DL+1.4LL$ 作用下，结构第一屈曲模态特征值 $\lambda=10.9$，结果显示，结构整体稳定具有足够的安全度。前三阶屈曲模态如图 2-58 所示。

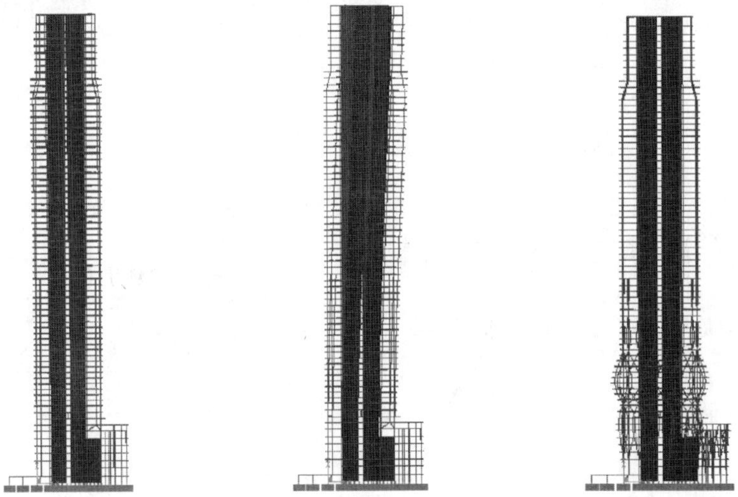

(a) 第1阶屈曲模态 λ=10.93　(b) 第2阶屈曲模态 λ=11.25　(c) 第3阶屈曲模态 λ=12.89

图 2-58　三种屈曲模态

水平地震及风作用下结构的层间位移角、楼层剪力、楼层弯矩、层刚度比、层受剪承载力比如图 2-59～图 2-67 所示。由图 2-62 可见框架各层地震剪力的最大值不小于结构底部总地震剪力的 10%；图 2-66 为框架在地震作用下所占的剪力比率图，由图可见除二层外（存在部分连层柱），框架在各层所占的剪力比率均大于 10%。

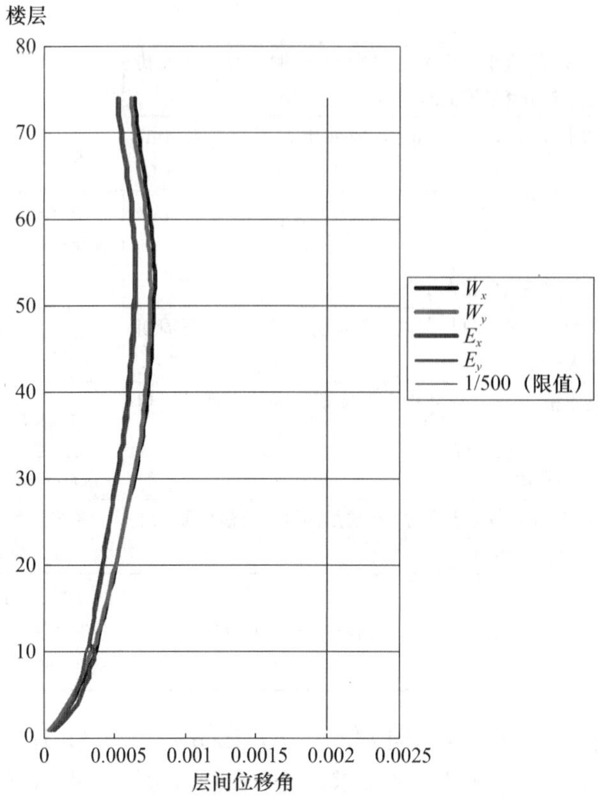

图 2-59　层间位移角曲线

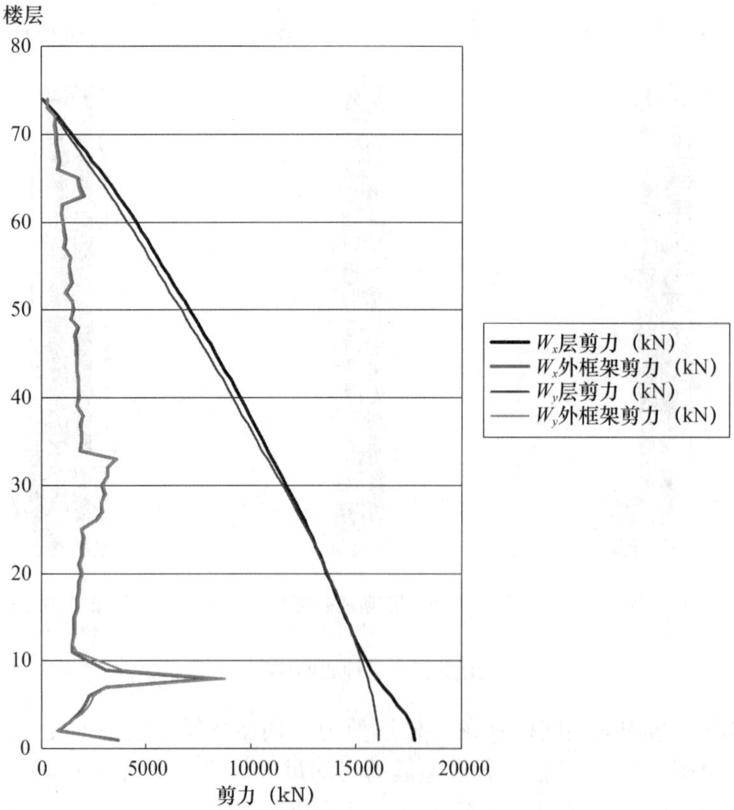

图 2-60　层剪力图（风荷载）

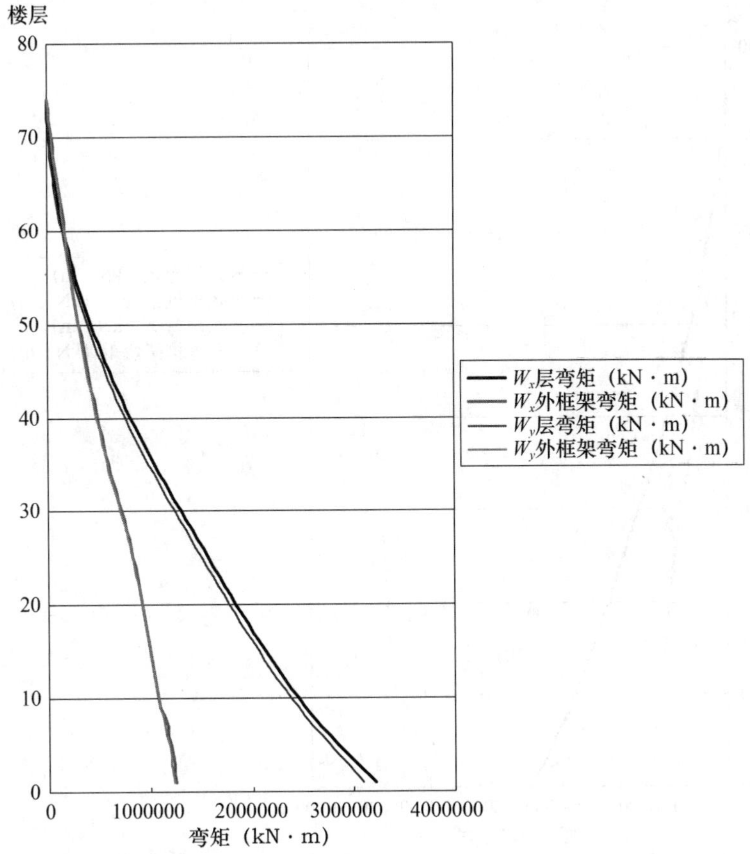

图 2-61 层弯矩图（风荷载）

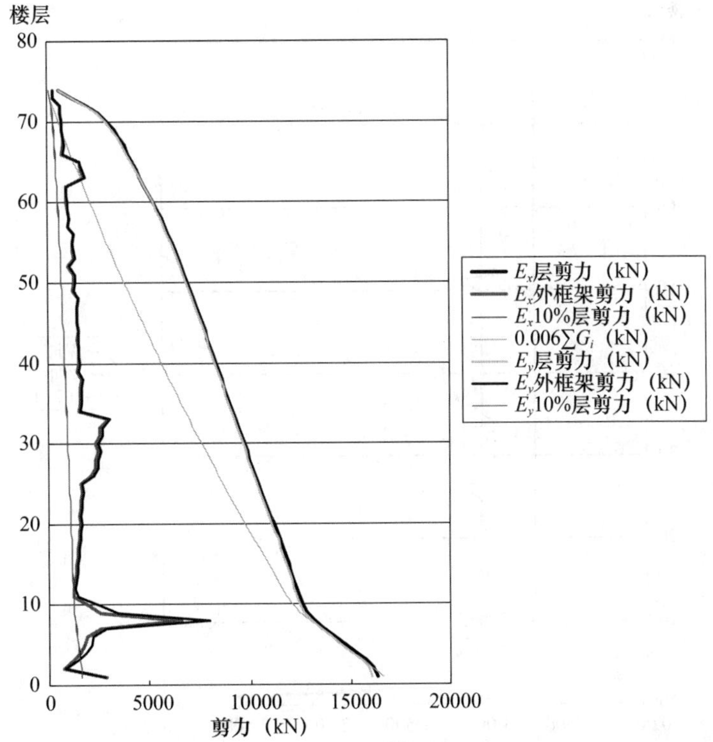

图 2-62 层剪力图（小震）

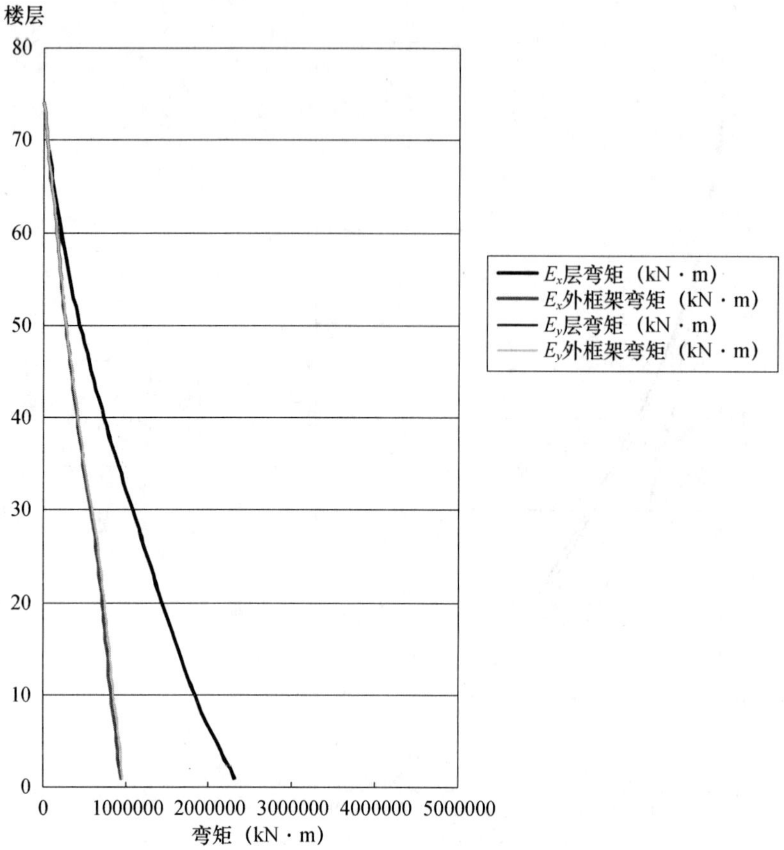

图 2-63　层弯矩图（小震）

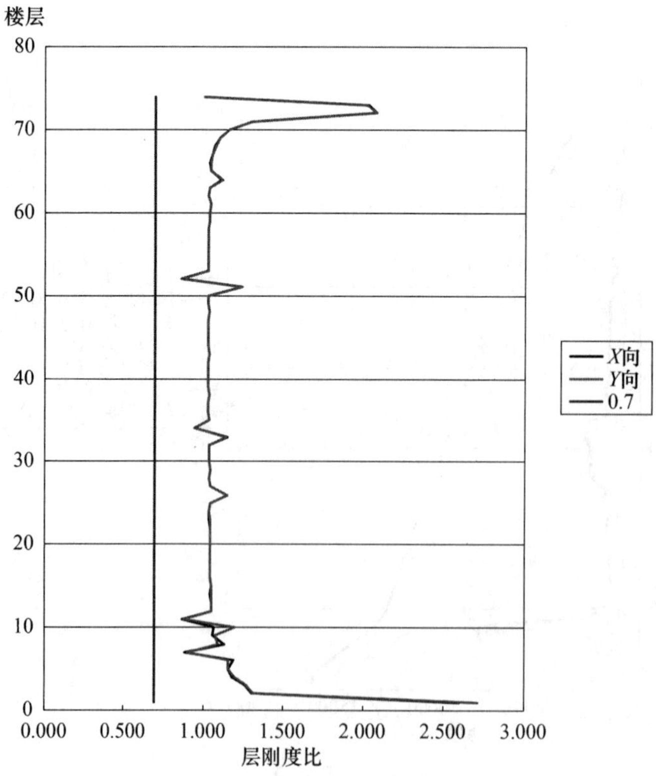

图 2-64　下层与上层刚度比

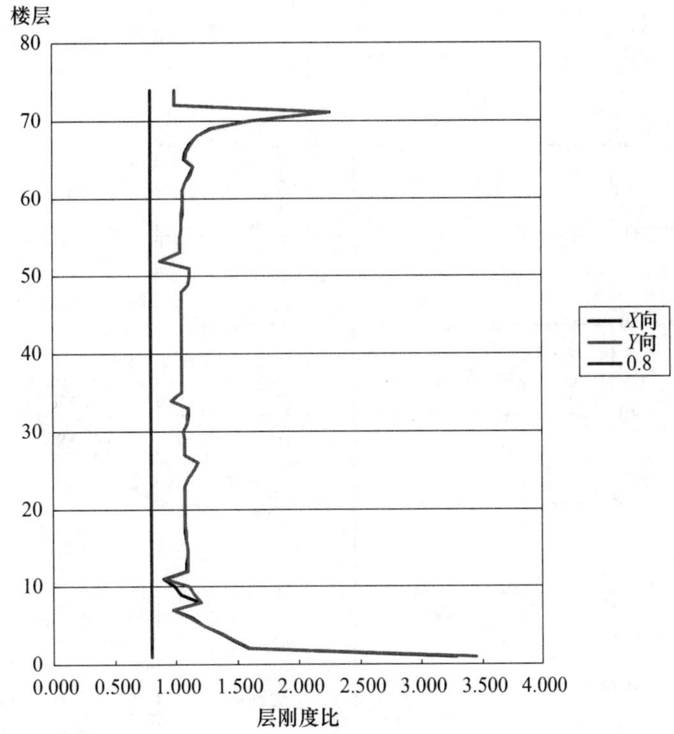

图 2-65　下层与上三层平均刚度比

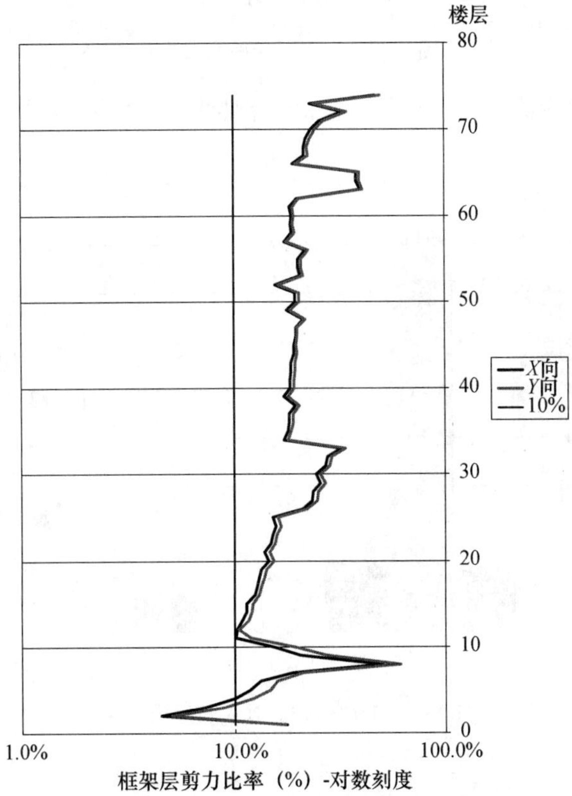

图 2-66　框架所占地震剪力比率

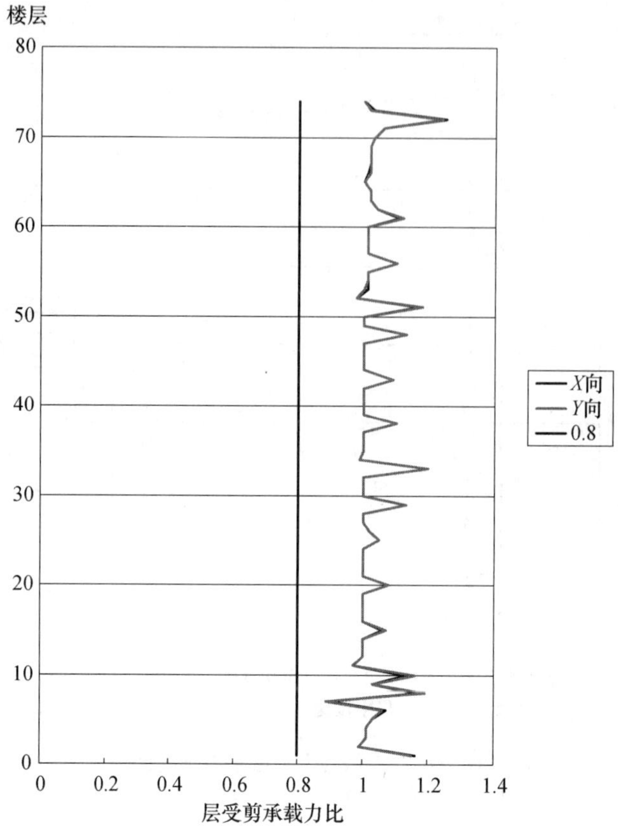

图 2-67　上下层受剪承载力比

各工况荷载下，七层钢管混凝土转换斜撑、典型钢管混凝土外框柱的轴力如图 2-68～图 2-69 所示。

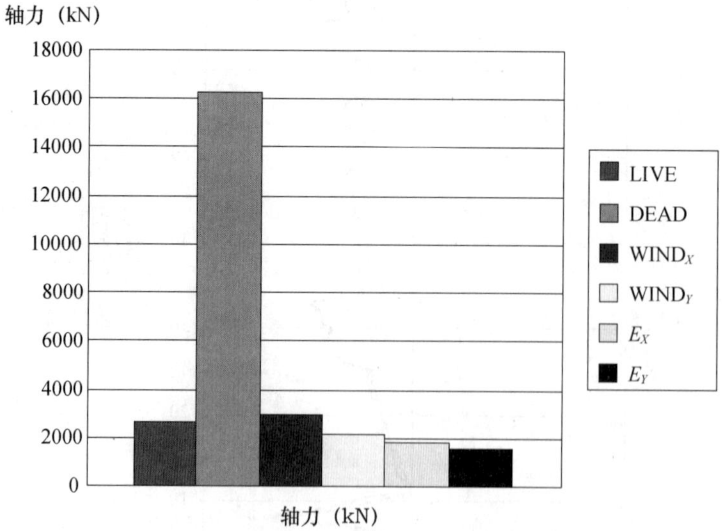

图 2-68　七层钢管混凝土斜撑轴力图

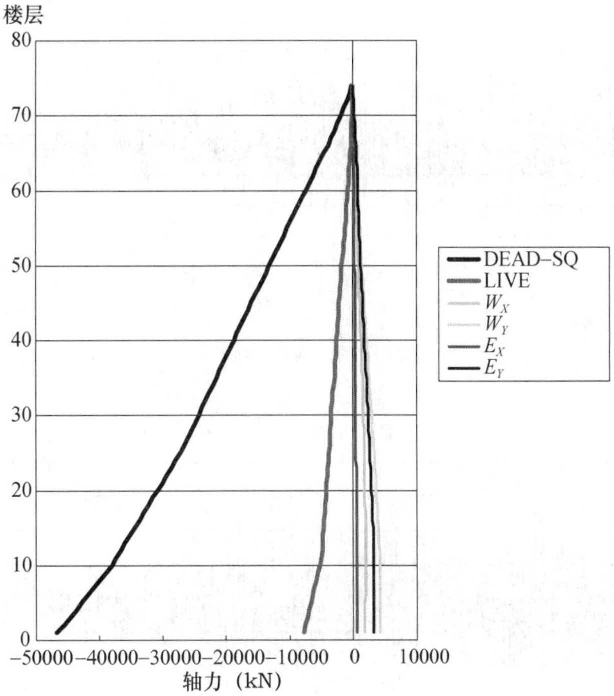

图 2-69　钢管混凝土外框柱轴力图（10 轴×F 轴）

2. 小震弹性时程分析

根据《高层建筑混凝土结构技术规程》第 1.3 条及《建筑抗震设计规范》第 1.2 条规定，九洲国际大厦项目工程采用弹性时程分析方法进行补充验算。按建筑场地类别和设计地震分组选用不少于两组的实际强震记录和一组人工模拟的加速度时程曲线，其平均地震影响系数曲线应与振型分解反应谱法所采用的地震影响系数曲线在统计意义上相符，其加速度时程的最大值按《建筑抗震设计规范》中的表 5.1.2-2 采用。弹性时程分析时，每条时程曲线计算所得结构底部剪力不应小于振型分解反应谱法计算结果的 65%，多条时程曲线计算所得结构底部剪力的平均值不应小于振型分解反应谱法计算结果的 80%。

九洲国际大厦项目工程采用了弹性时程分析法进行了计算，采用根据广西工程防震研究院提供的加速度时程曲线，如图 2-70～图 2-72 所示。

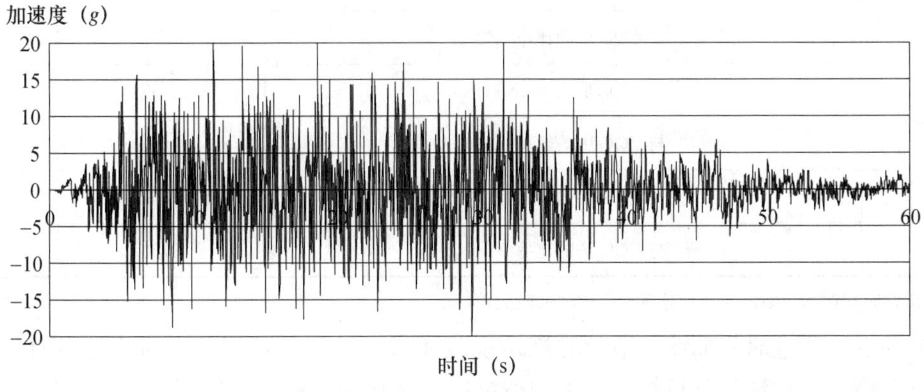

图 2-70　时程曲线 1

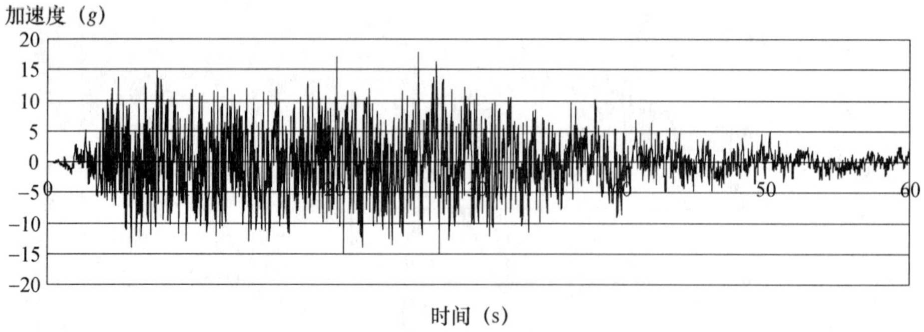

图 2-71　时程曲线 2

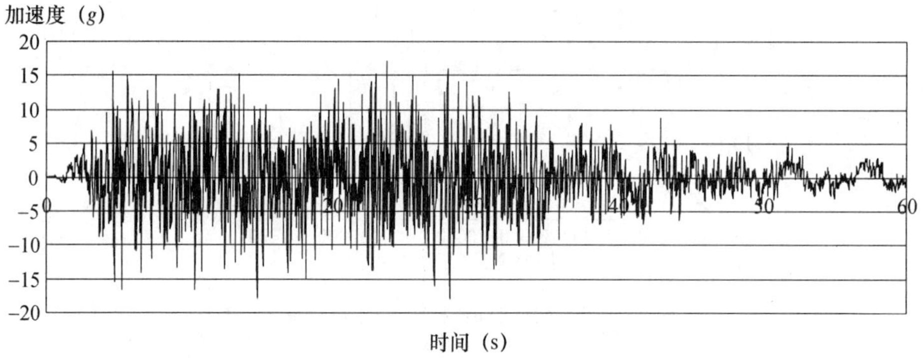

图 2-72　时程曲线 3

计算结果见表 2-9。

表 2-9　计算结果

计算方法	基底剪力	X 方向	Y 方向
CQC 法	基底剪力（kN）	16365	16076
时程曲线 1	基底剪力（kN）	12778	13003
	与 CQC 法的比率（%）	78%	81%
时程曲线 2	基底剪力（kN）	16710	16968
	与 CQC 法的比率（%）	102%	105%
时程曲线 3	基底剪力（kN）	15360	16757
	与 CQC 法的比率（%）	94%	104%
平均值	基底剪力（kN）	15360	15133
	与 CQC 法的比率（%）	91%	97%

注：计算结果取时程法的包络值和振型分解反应谱法的较大值。

计算结果显示，所选时程曲线合适，能满足规范要求。除局部楼层外，时程法的计算结果包络值基本小于振型分解反应谱法的计算结果。说明按反应谱法作为结构设计依据是安全合理的。

其结构位移及内力曲线如图 2-73～图 2-78 所示。

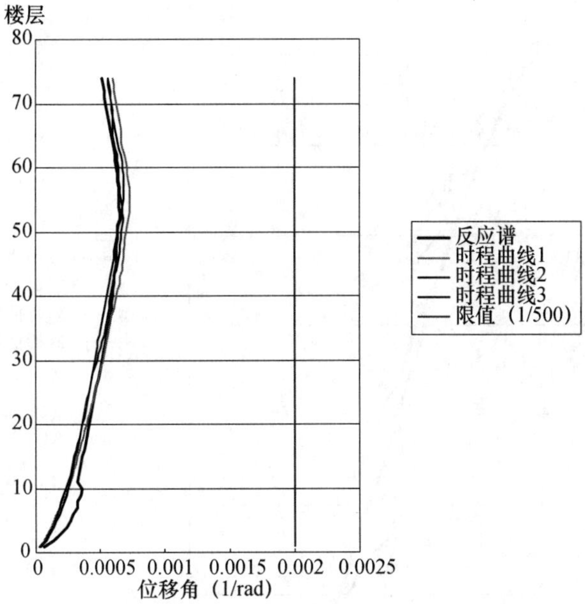

图 2-73　层间位移角曲线对比图（*X* 向）

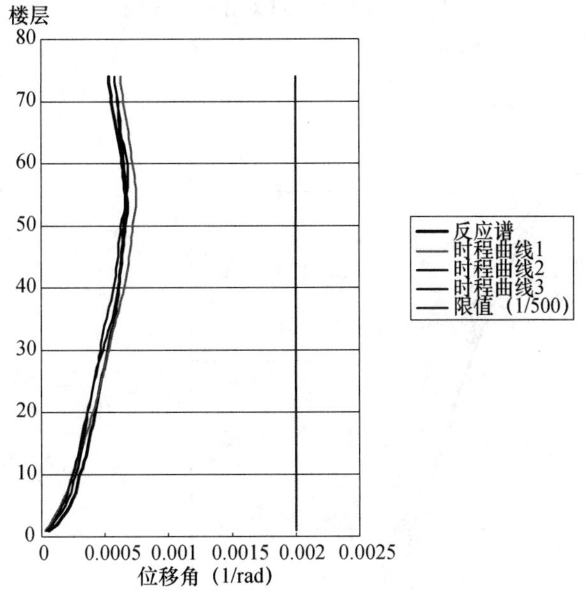

图 2-74　层间位移角曲线对比图（*Y* 向）

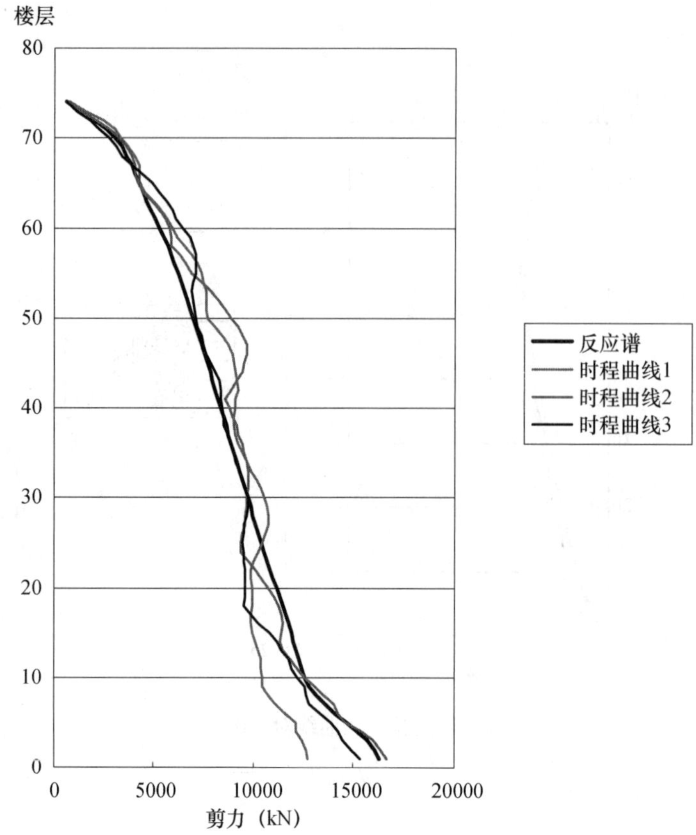

图 2-75　层剪力曲线对比图（*X* 向）

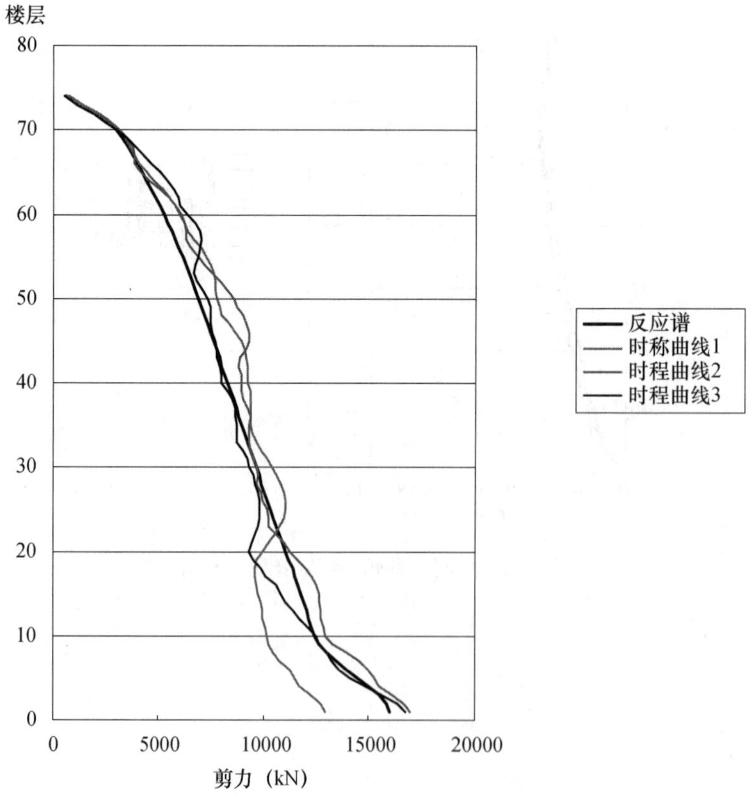

图 2-76　层剪力曲线对比图（*Y* 向）

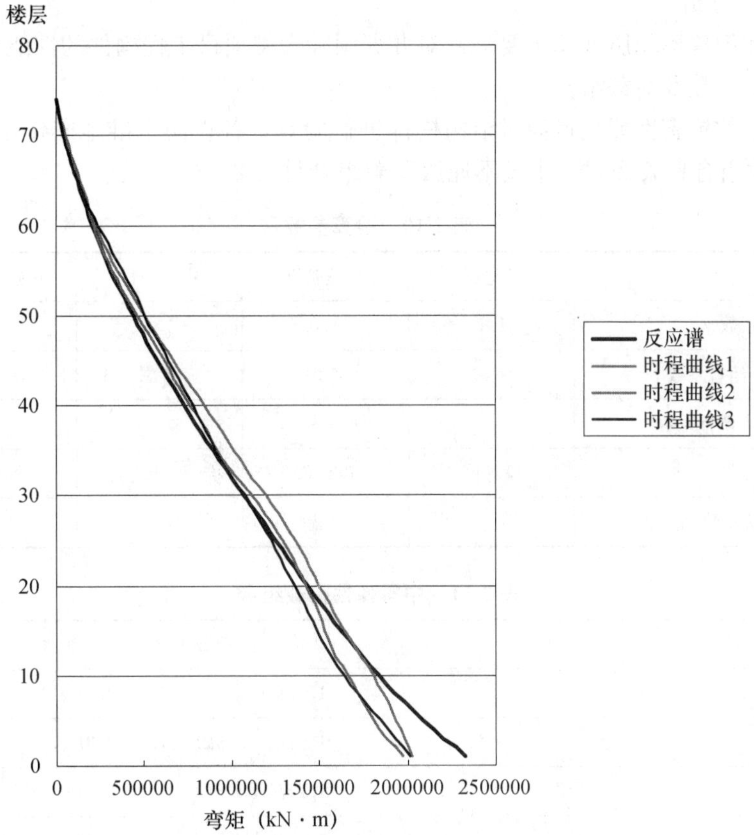

图 2-77　层弯矩曲线对比图（*X* 向）

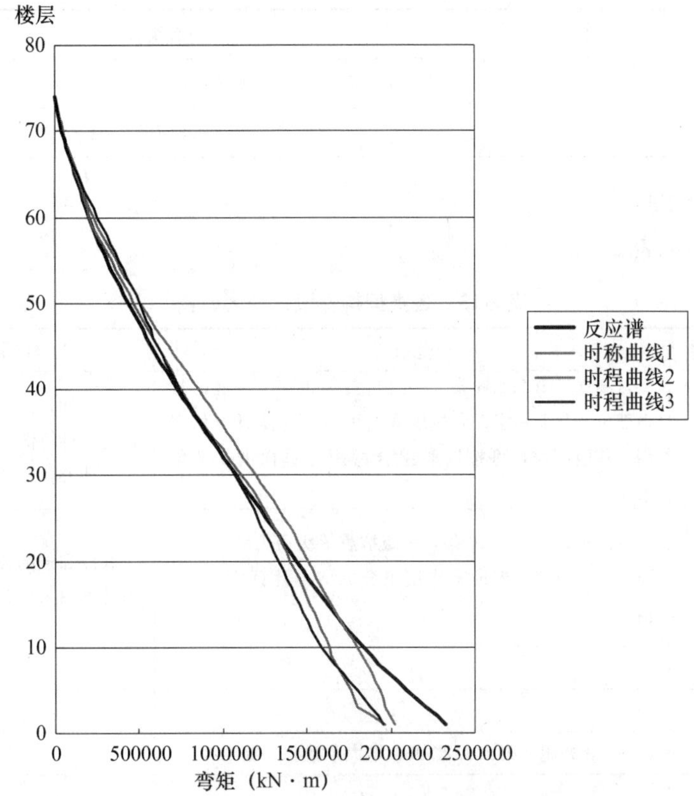

图 2-78　层弯矩曲线对比图（*Y* 向）

3. 中震反应谱法分析

中震弹性计算和中震不屈服计算主要是针对九洲国际大厦项目工程构件的性能日标进行量化计算。

(1) 验算原则、参数及荷载组合

该工程按照设定的抗震性能化目标对结构构件进行验算，各设防水准地震作用下的验算参数见表2-10。中震弹性荷载组合见表2-11。中震不屈服荷载组合见表2-12。

表 2-10 验算参数

参数	非地震	小震验算	中震弹性	中震不屈服	大震不屈服
结构重要性系数 γ_0	1.1	1.0	1.0	1.0	1.0
荷载分项系数、组合系数	考虑	考虑	考虑	—	—
按抗震等级的内力调整系数	—	考虑	—	—	—
材料强度	设计值	设计值	设计值	标准值	标准值
承载力抗震调整系数 γ_{re}	—	考虑	考虑	—	—

表 2-11 中震弹性荷载组合

工况	荷载组合
1	$1.2DL+0.6LL\pm1.3\times2.9E_X$
2	$1.0DL+0.5LL\pm1.3\times2.9E_X$
3	$1.2DL+0.6LL\pm1.3\times2.9E_Y$
4	$1.0DL+0.5LL\pm1.3\times2.9E_Y$

表 2-12 中震不屈服荷载组合

工况	荷载组合
1	$DL+0.5LL\pm2.9E_X$
2	$DL+0.5LL\pm2.9E_Y$

(2) 构件设计内力调整

构件设计内力调整见表2-13。

表 2-13 各类型构件设计内力调整

构件类型	内力类型	规范条文	九洲国际大厦项目工程情况
剪力墙	弯矩	《高规》第7.2.6条，一级抗震等级剪力墙底部加强部位及其上一层，应按墙底截面组合弯矩计算值采用；其他部位，可按墙肢组合弯矩计算值的1.2倍采用	底部加强部位及其上一层：墙底截面组合弯矩计算值； 其他部位：墙肢组合弯矩计算值×1.2
	剪力	《高规》第7.2.10条，一级抗震等级剪力墙底部加强部位，应按考虑地震作用组合的剪力计算值的1.6倍采用	底部加强部位：考虑地震作用组合的剪力计算值×1.6
	轴力	—	×1.0
连梁	弯矩	—	×1.0
	剪力	《高规》第7.2.22条，增大系数，一级1.3	×1.3
	轴力	—	×1.0

续表

构件类型	内力类型	规范条文	九洲国际项目工程情况
外框钢管混凝土柱	弯矩	《高规》第 6.2.1 条，增大系数，一级 1.4；《高规》第 6.2.4 条，角柱增大系数，一级 1.1； 《高规》第 8.1.4 条，当 $V_f < 0.20V_0$，$V_f = \min(0.20V_0, 1.5V_{fmax})$； 《高规》第 4.9.2 条，增大系数，1.2	按 $0.15V_0$、$1.5V_{fmax}$ 两者的较大值调整框架剪力、弯矩，再增大 $1.4\times1.1=1.54$ 倍
	剪力		
	轴力	—	×1.0
框架梁	弯矩	—	×1.0
	剪力	《高规》第 6.2.5 条，增大系数，一级 1.3	×1.3

（3）结构构件承载力验算

在中震下，计算结果显示关键构件（加强区剪力墙、框架柱）及结构竖向构件的正截面承载力、受剪承载力均满足中震弹性的要求；框架梁受弯受剪均满足中震不屈服的要求，少量连梁出现较轻微的抗弯屈服，但其受剪承载力满足中震不屈服的要求，属于局部延性损坏；在中震下能达到预期的性能指标且满足“中震可修”设防目标。

另外，我们还需验算七层钢管混凝土转换斜撑的承载力。转换斜撑的截面为 $D1100\text{mm}\times22\text{mm}$，混凝土强度等级 C60；小震作用、中震作用下，斜撑内力值见表 2-14。

表 2-14　斜撑内力标准值

内力或力矩	DL	LL	W_X	W_Y	E_X	E_Y
N（kN）	−16273	−2642	3011	2147	1818	1555
M_2（kN·m）	930	226	−114	−98	71	74
M_3（kN·m）	−2621	−346	300	223	177	171

非抗震或多遇地震作用下最不利组合内力或力矩设计值：$N=-28966\text{kN}$、$M_2=1648\text{kN}\cdot\text{m}$、$M_3=-3688\text{kN}\cdot\text{m}$，钢管混凝土柱承载力设计值 $N_u=39272\text{kN}$（考虑偏心和长细比影响承载力折减），$N_u/N=1.36$，承载力满足要求；中震作用下内力组合值 $N=-28203\text{kN}$、$M_2=1529\text{kN}\cdot\text{m}$、$M_3=-4043\text{kN}\cdot\text{m}$，钢管混凝土柱承载力设计值 $N_u=38052\text{kN}$（已考虑偏心和长细比影响承载力折减），$N_u/N=1.35$（考虑承载力抗震调整系数），可以满足中震弹性状态的要求。

4. 罕遇地震作用下的弹塑性分析

（1）分析目的

九洲国际大厦项目工程的第一振型所占剪力小于 64%，不适合进行静力弹塑性推覆分析（SHOVER 分析），故该工程仅进行动力弹塑性时程分析。通过弹塑性分析，可以了解结构在罕遇地震作用下的全过程反应，依据设定的性能化设计目标判断结构的抗震性能水准，论证该结构是否满足“大震不倒”的抗震设防要求。

主要内容包括：

① 通过弹塑性时程分析，可以得到结构整体反应的时间历程，包括基底剪力时程、基底倾覆力矩时程、顶点位移时程和楼层最大层间位移角包络，以及地震输入能量与能量耗散转化的情况，以了解结构的宏观反应规律。

② 通过弹塑性分析，可以得到主要抗侧力构件包括剪力墙、连梁、框架柱、框架梁、弹塑性反应特征，得到梁柱塑性铰的出现顺序、分布和发展程度，得到剪力墙抗弯抗剪的应力水平和损伤程度，以验证概念设计的正确性。

③ 根据结构弹塑性反应出现的情况和最终损伤的分布情况，检查结构是否存在薄弱环节或薄弱层，以对结构有目的地进行加强。

④ 根据《建筑抗震设计规范》，并参考 FEMA 基于性能的抗震设计的内容，判断结构和构件在大震下对应的性能目标水准，以验证结构是否实现“大震不倒”的设防目标。

(2) 分析软件及方法

该工程动力弹塑性时程分析采用 Computer and Structures 公司的三维非线性结构分析软件 Perform-3D，采用弹塑性时程分析方法，直接将在地面运动加速度的时程波数据输入结构模型，通过逐步积分方法，求得每一时刻结构的弹塑性反应，得到结构构件的内力和变形在地震作用下随时间变化的全过程。

(3) Perform-3D 模型的初始动力特性

以结构（1.0 恒载+0.5 活载）作为重力荷载代表值，并以此作为结构质量的来源。将重力荷载代表值首先加于结构上，再进行动力弹塑性时程分析。经计算，Perform-3D 模型的前几阶周期与 ETABS 计算结果基本吻合，见表 2-15。

表 2-15　Perform-3D 模型的前几阶周期与 ETABS 计算结果

振型		1	2	3	4	5	6
周期		7.425	7.322	3.849	2.151	2.137	1.513
振型质量	X	0.016	0.508	0.000	0.009	0.183	0.000
	Y	0.508	0.016	0.000	0.180	0.009	0.000

(4) 目标性能水准

根据美国联邦紧急事务管理署 FEMA 的相关规定，将结构或构件性能水准分为四个档次：①正常使用 Operational；②即可居住 Immediate Occupancy（IO）；③生命安全 Life Safety（LS）；④防止倒塌 Collapse Prevention（CP）。针对不同构件有不同指标来指示构件所处状态。如图 2-79 所示。

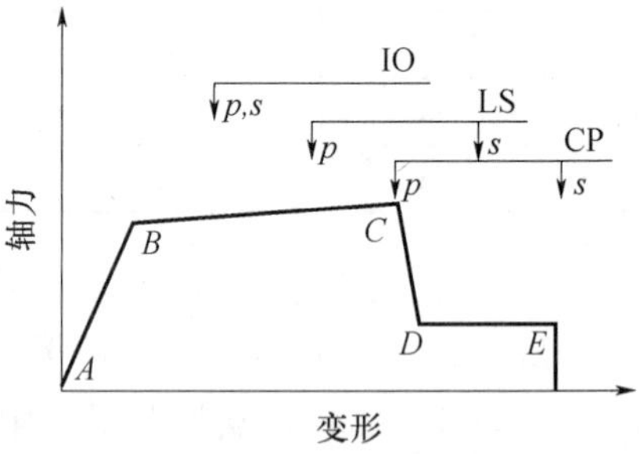

图 2-79　FEMA 建议的性能水准的划分

考虑到国内没有具体而明确的对于构件性能水准的定义，以 FEMA356 条款为参考，判断构件在大震作用下的性能水准，见表 2-16。

表 2-16　构件在大震作用下的性能水准

核心筒墙肢	压弯	底部加强区允许出现弹塑性变形，破坏程度轻微，IO
	拉弯	薄弱层和其他层允许出现弹塑性变形，破坏程度轻微，IO
	抗剪	不屈服，满足最小抗剪截面要求
核心筒连梁、框架梁		出现弯曲塑性铰耗能，破坏程度可修复并保证生命安全 θ_p<LS
外框柱		允许出现压-弯或拉-弯塑性铰，破坏程度轻微 θ_p<IO
斜撑		出现弯曲塑性铰耗能，破坏程度轻微 θ_p<IO
其他构件		允许出现弹塑性变形，破坏程度可修复并保证生命安全 θ_p<LS

(5) 地震波的选择及输入

采用广西工程防震研究院提供的 3 组地震波，如图 2-80 所示。地震波峰值加速度取 125g，按主方向：次方向=1：0.85 双向输入。

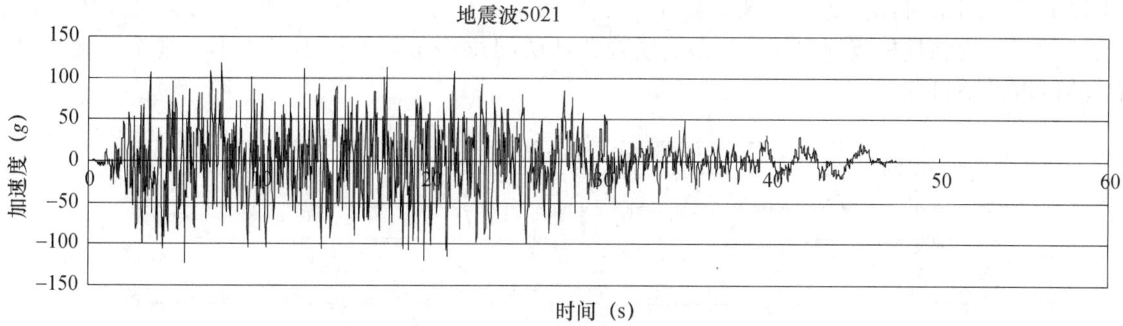

(a) 第一组地震波

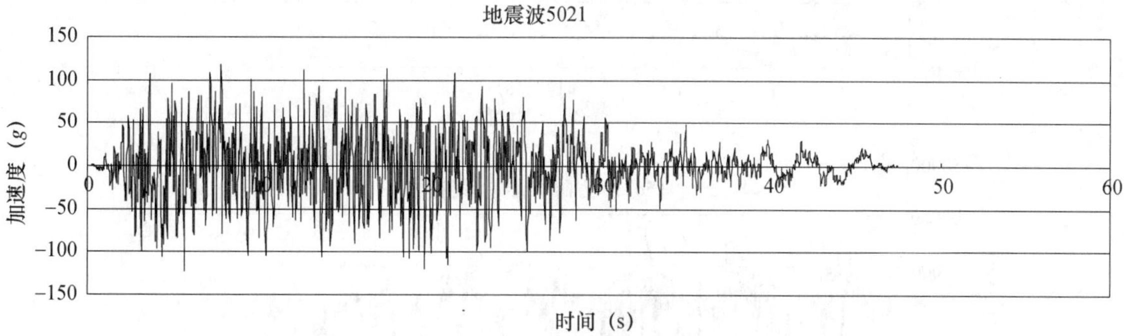

(b) 第二组地震波

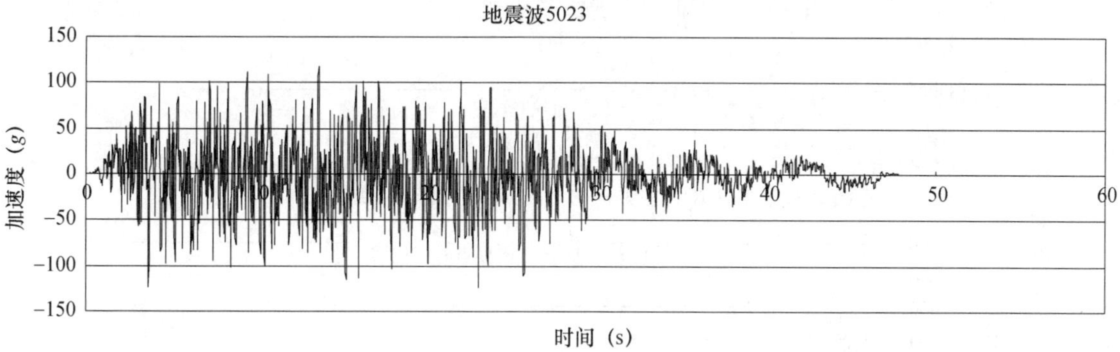

(c) 第三组地震波

图 2-80　罕遇地震弹塑性时程采用的地震波

（6）整体结构结果汇总及分析

结构在所选三条地震波下 X、Y 方向的顶点位移、基底总剪力、基底总倾覆弯矩时程如图 2-81～2-87 所示。

总体计算结果见表 2-17。

表 2-17　总体计算结果

项目		最大顶点位移（mm）	最大基底剪力（kN）	最大层间位移角
地震波 5021	X 向	896	107084	1/249
	Y 向	904	119214	1/247
地震波 5022	X 向	614	137086	1/289
	Y 向	647	165880	1/293
地震波 5023	X 向	715	105378	1/336
	Y 向	711	118189	1/322
平均值	X 向	741	116516	1/291
	Y 向	754	134428	1/287

由以上计算结果可以知道，大震作用下 X、Y 两个方向上的结构弹塑性最大层间位移角分别为 1/249、1/247，均满足规范规定的结构薄弱层弹塑性层间位移角限值均小于 1/100 规定，满足“大震不倒”的抗震设防目标。

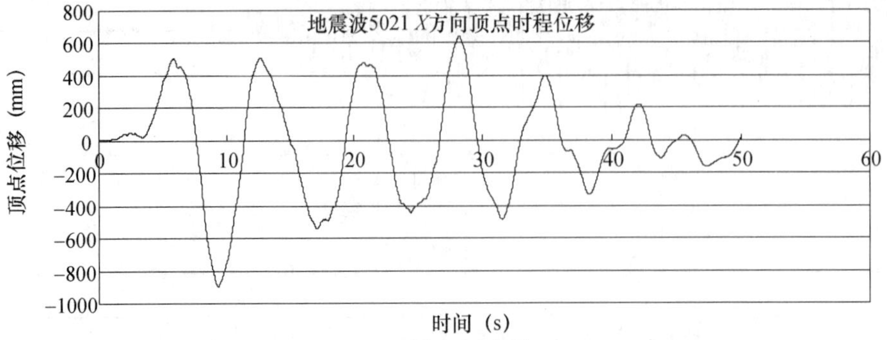

(a) 顶点位移

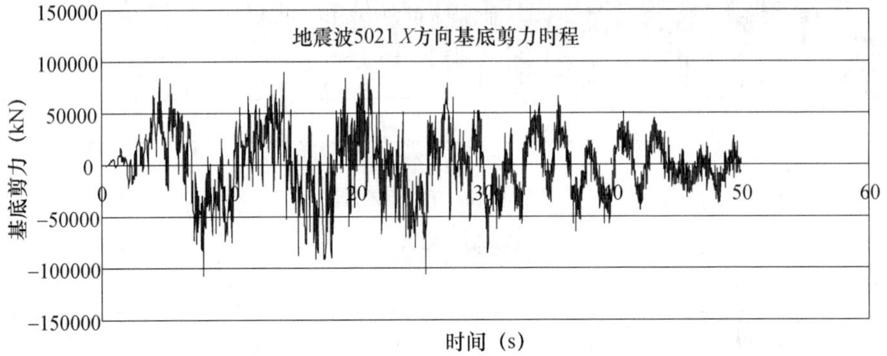

(b) 基底剪力

图 2-81　在以 X 为主方向的 5021 地震波作用下结构反应

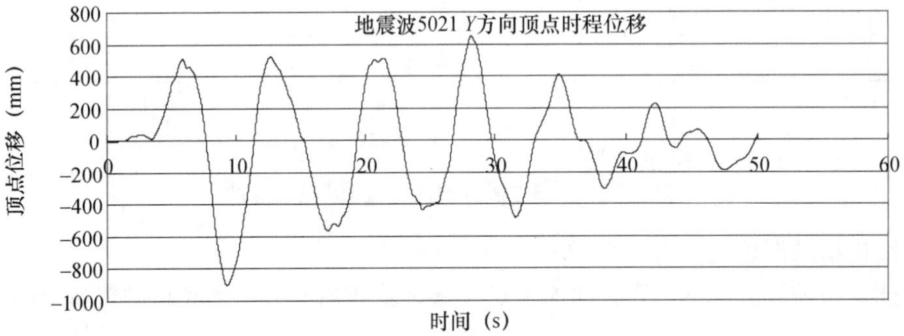

(a) 顶点位移

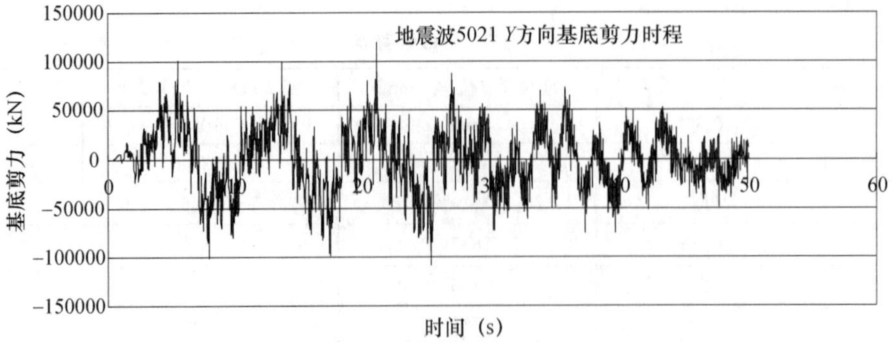

(b) 基底剪力

图 2-82　在以 Y 为主方向的 5021 地震波作用下结构反应

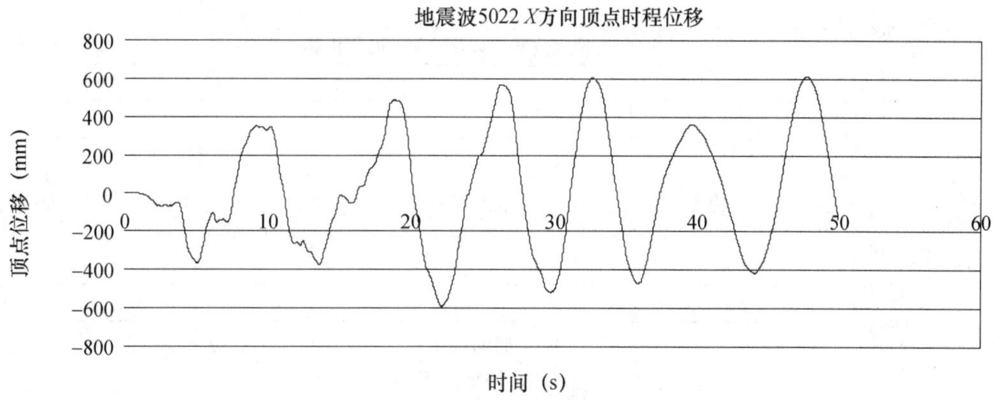

(a) 顶点位移

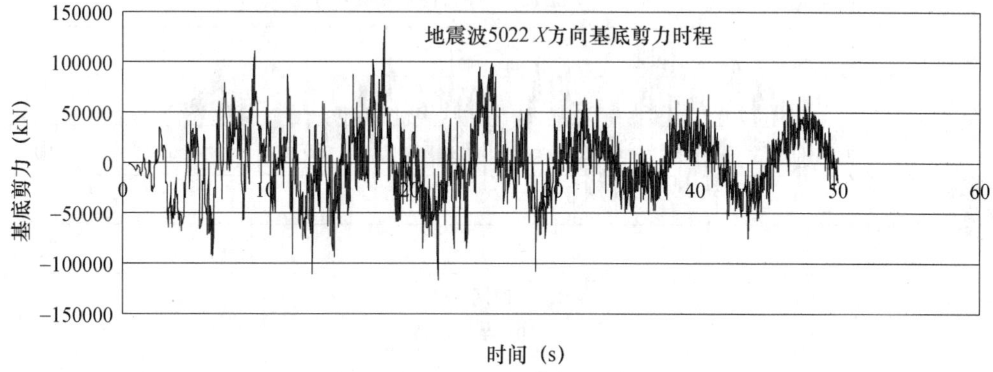

(b) 基底剪力

图 2-83　在以 X 为主方向的 5022 地震波作用下结构反应

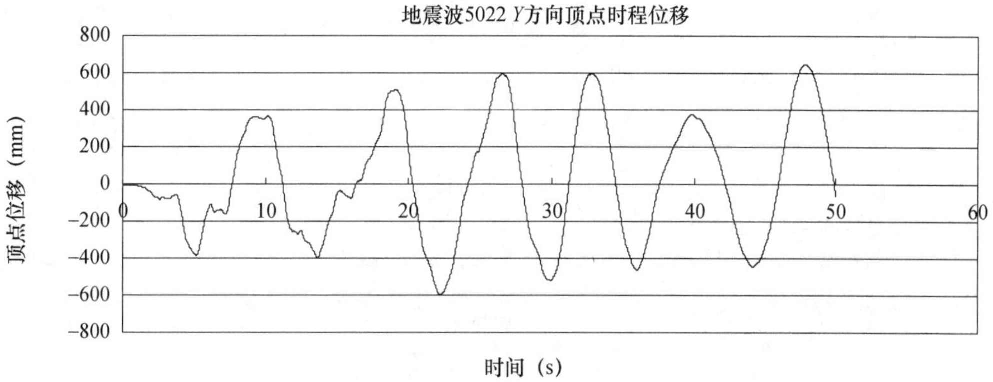

(a) 顶点位移

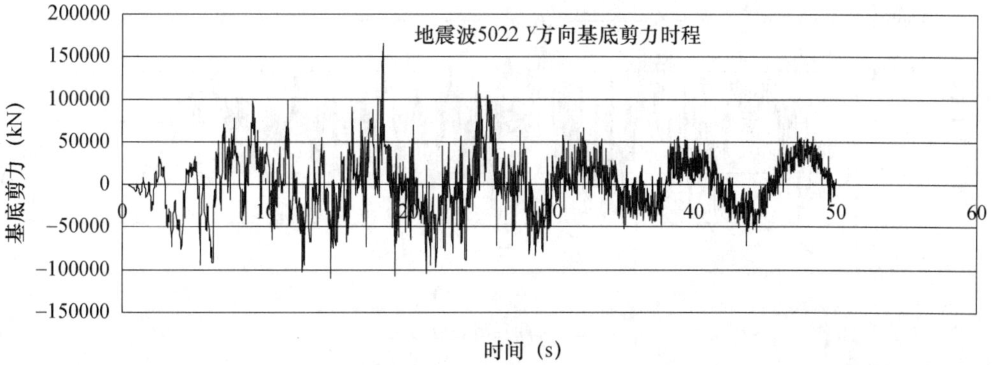

(b) 基底剪力

图 2-84　在以 Y 为主方向的 5022 地震波作用下结构反应

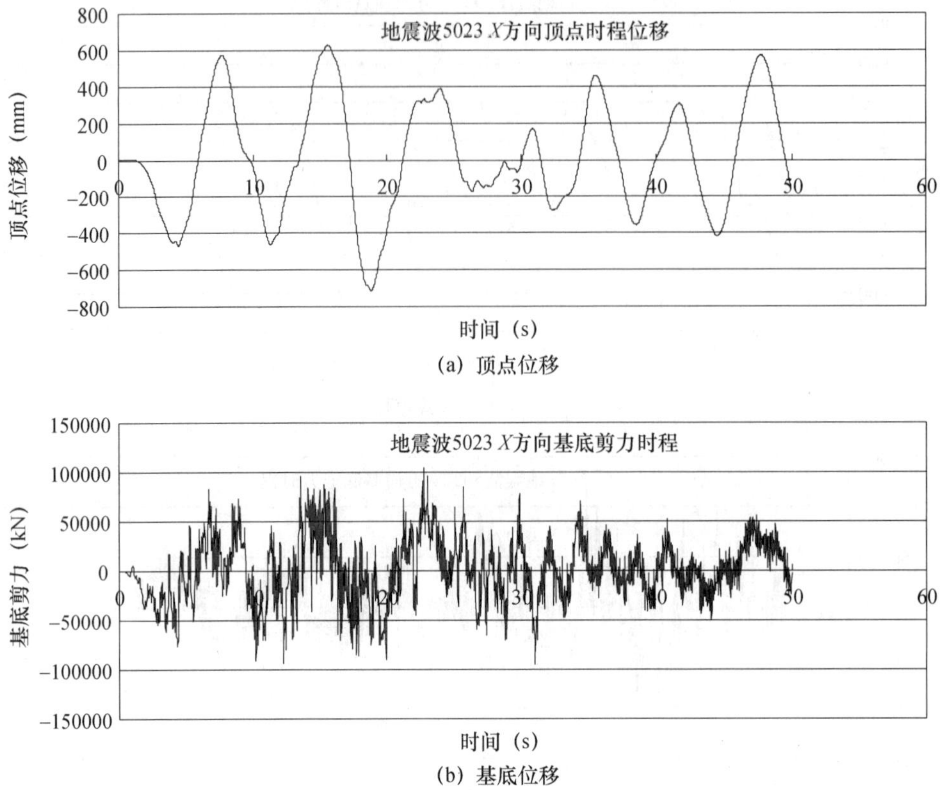

(a) 顶点位移

(b) 基底位移

图 2-85　在以 X 为主方向的 5023 地震波作用下结构反应

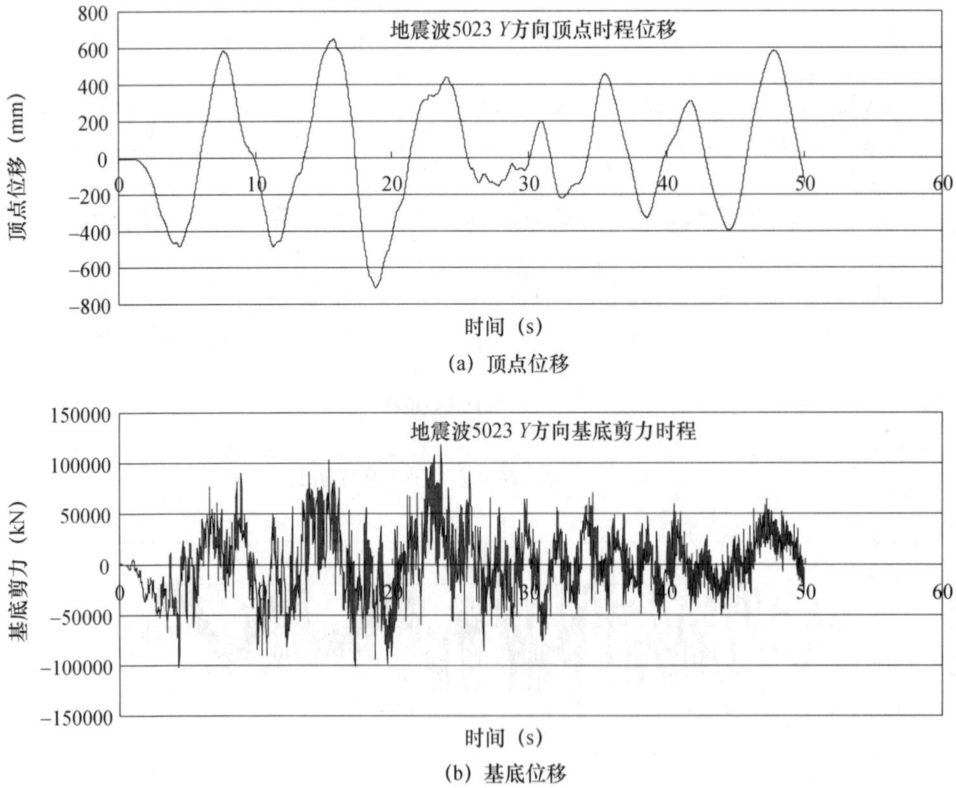

(a) 顶点位移

(b) 基底位移

图 2-86　在以 Y 为主方向的 5023 地震波作用下结构反应

结构在不同地震波下 X、Y 方向的最大层间位移角如图 2-87 所示。

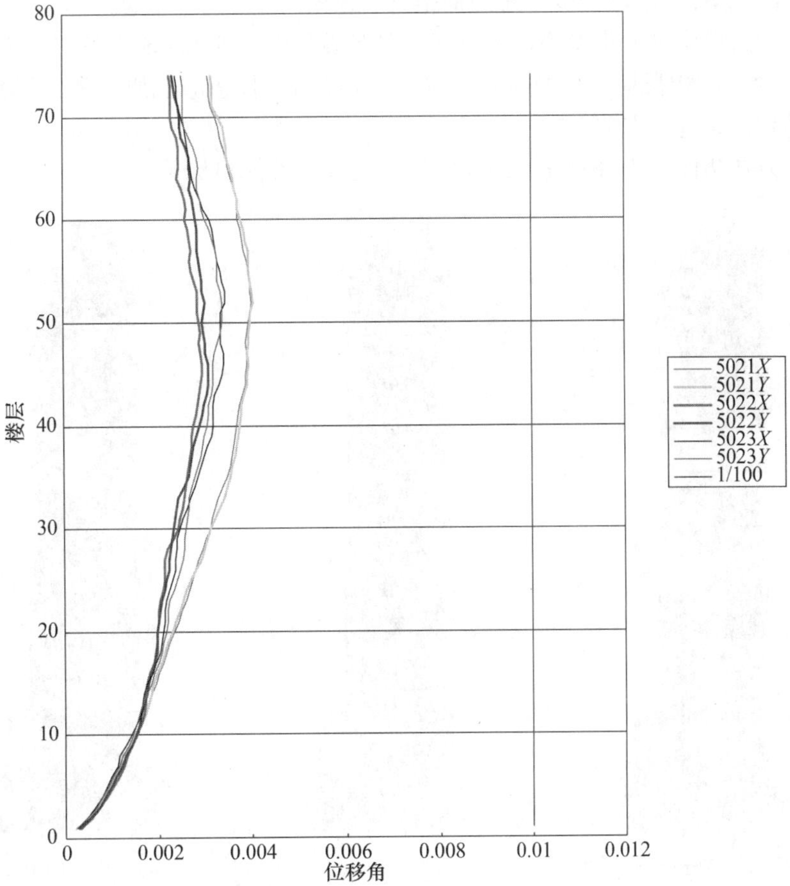

图 2-87　各时程波下最大层间位移角

（7）构件的结果汇总及分析

图 2-88～图 2-91 为结构在各条地震波下相对于 IO、LS、CP 状态的最终的损伤图。蓝色表示 0.4，绿色表示 0.6，棕色表示 0.8，红色表示 1.0，即到达相应状态（IO、LS、CP）的程度。从图中可以得到以下结论：

① 各地震波下的结构反应基本一致。

② 剪力墙没有超过 IO 状态，基本弹性。

③ 部分框架梁和大部分连梁达到 IO 状态，少量框架梁和连梁甚至达到 LS 状态，没有框架梁和连梁达到 CP 状态。可见框架梁和连梁为主要的耗能构件。

④ 除了裙楼的顶层柱达到 IO 状态外，其余的柱均没有达到 IO 状态。

⑤ 输入结构的地震能量一部分通过动能和应变能形式转换输出，一部分由结构自身消耗，包括阻尼耗能和滞回耗能，当结构仍处于弹性状态时，能量输出主要由动能、应变能和阻尼耗能组成，当出现滞回耗能后，表明结构已有部分构件进入塑性耗能状态，这时阻尼耗能也相应增大（结构进入弹塑性后阻尼比增大）。

从能量耗散图可以看到滞回耗能约占总量 20%，可认为结构在大震下基本处于较弱的非线性状态。而其中框架梁和连梁的耗能占到总滞回耗能的 90%，为主要的耗能构件，剪力墙的耗能占到总滞回耗能的 10%，为次要的耗能构件。

为了进一步揭示结构在地震作用下的反应，特别以结构在主要地震方向为 X 向的地震波 5022 作用下的损伤过程为例说明如下，如图 2-91 所示。

① 4.18s 时，框架梁和连梁出现第一批达到 IO 状态的塑性铰，并且裙楼的顶层柱也达到 IO 状态。

② 5.38s 时，出现第二批进入 IO 状态的框架梁和连梁。

③ 22.7s 时，梁的损伤进一步发展，有小部分框架梁和连梁进入 LS 状态。

④ 32.86s，此时是结构反应最大的时候，进入或超过 IO 状态的框架梁和连梁数目几乎已经达到最大，部分框架梁和连梁进入 LS 状态。

综上所述，动力弹塑性时程分析显示结构能够满足大震性能目标。

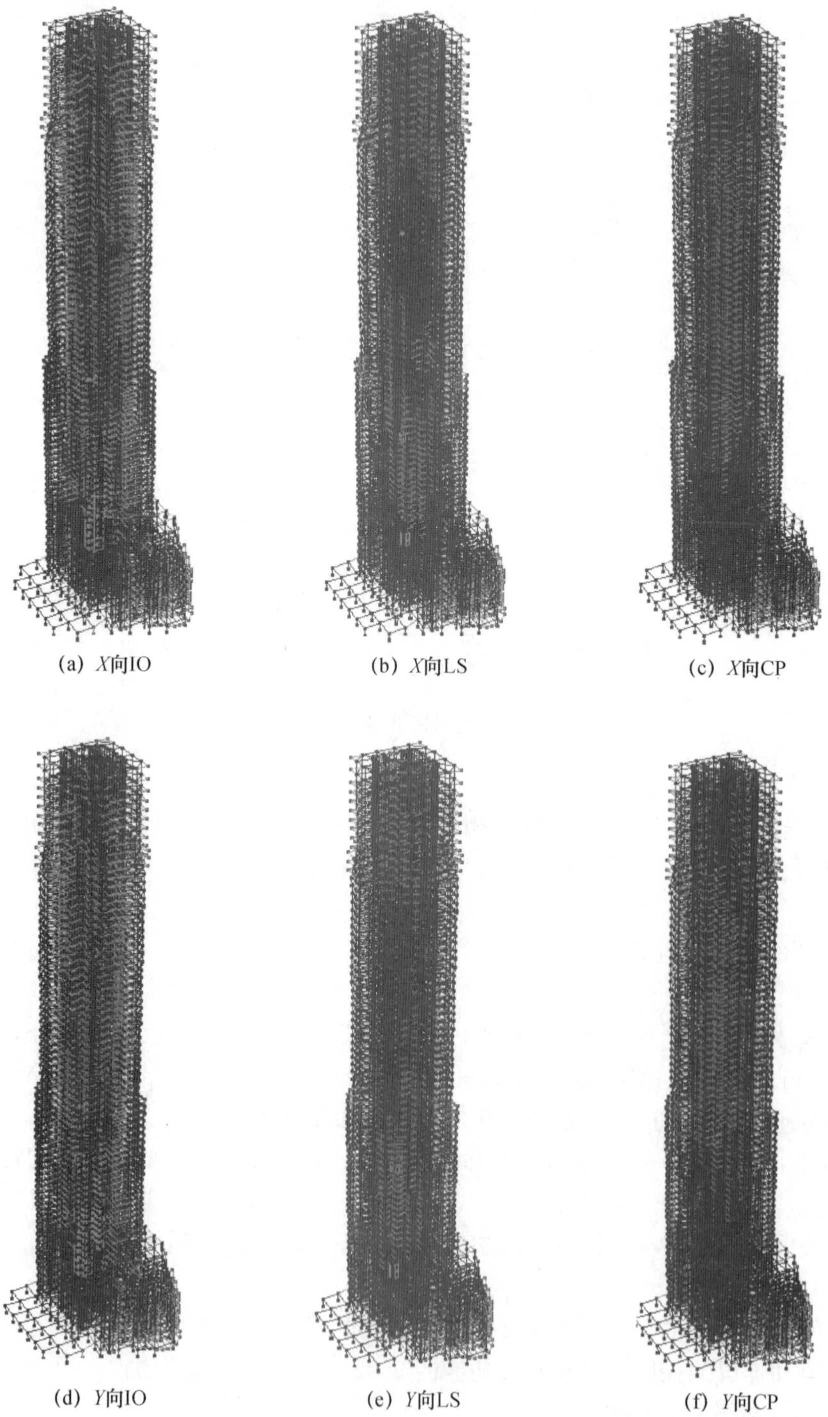

(a) X向IO　(b) X向LS　(c) X向CP

(d) Y向IO　(e) Y向LS　(f) Y向CP

图 2-88　地震波 5021 下 X、Y 向最终状态图

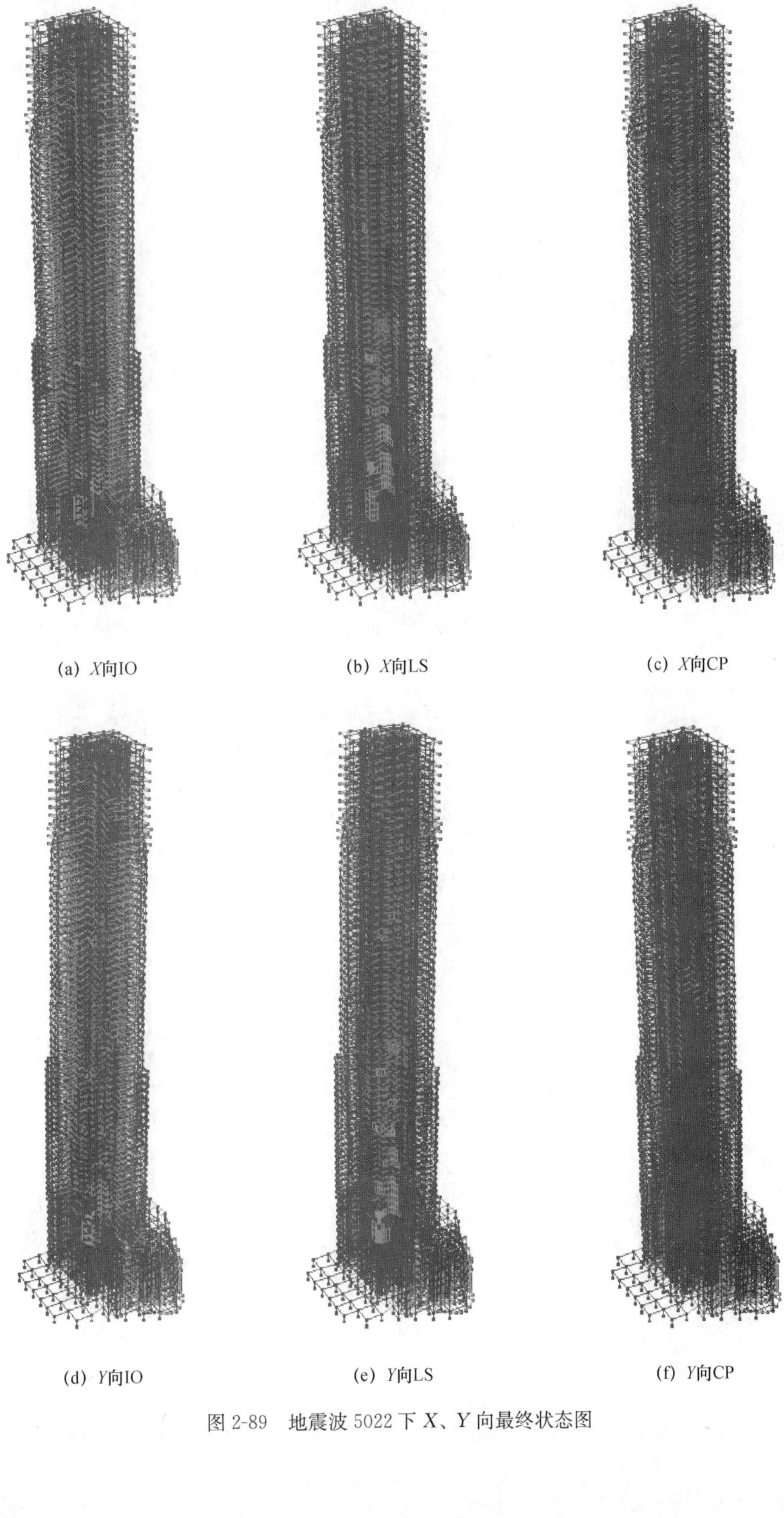

(a) *X*向IO　(b) *X*向LS　(c) *X*向CP

(d) *Y*向IO　(e) *Y*向LS　(f) *Y*向CP

图 2-89　地震波 5022 下 *X*、*Y* 向最终状态图

(a) X向IO

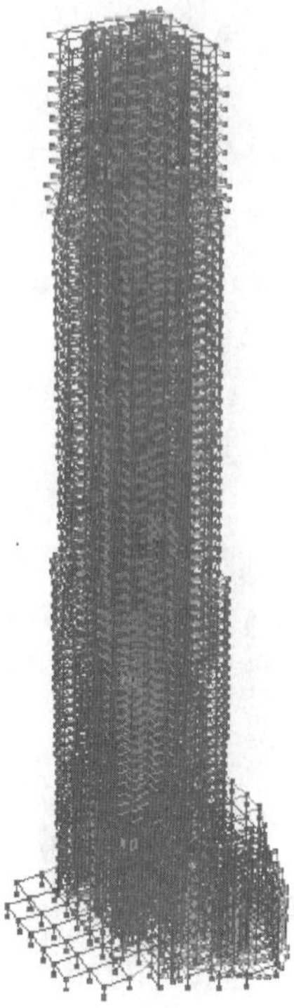

(b) X向LS

(c) X向CP

(d) Y向IO

(e) Y向LS

(f) Y向CP

图 2-90　地震波 5023 下 X、Y 向最终状态图

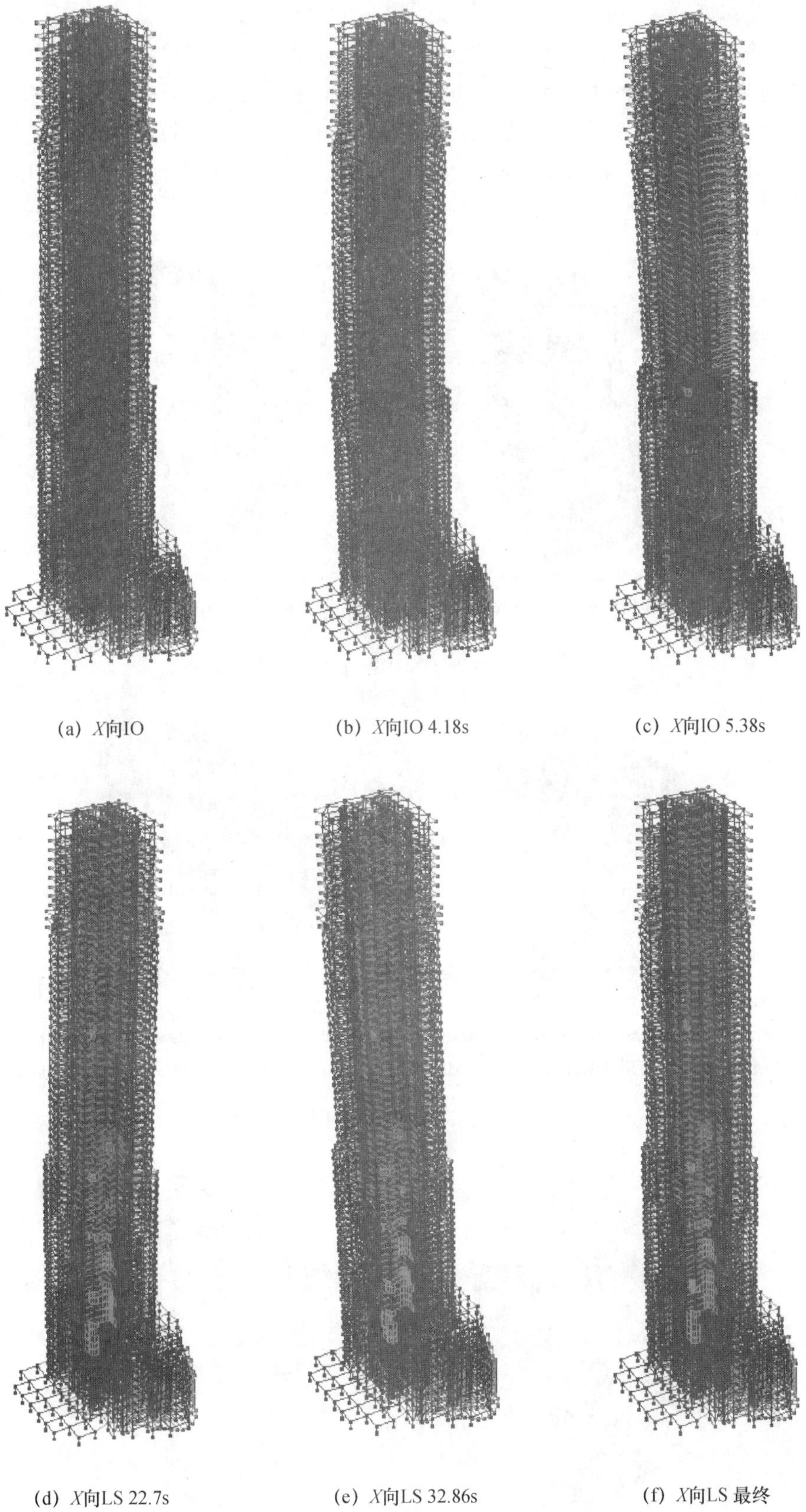

图 2-91　地震波 5022 下 X 方向的结构损伤过程

2.2.2.5 楼板应力分析

楼板是保证钢筋混凝土核心筒与外围框架变形协调及共同受力并发挥结构整体空间性能的重要构件。标准层核心筒与框架之间的楼板无开洞，连续性较好，在水平作用下受力均较小；二层局部凹进，九层局部楼板开洞及七层、八层斜撑转换处楼板受力相对较大，因此，该部分楼层楼板加厚至150mm，其他楼层板厚一般为110mm，混凝土强度等级C30。经计算，水平地震作用下的楼板应力如图2-92～图2-95所示。

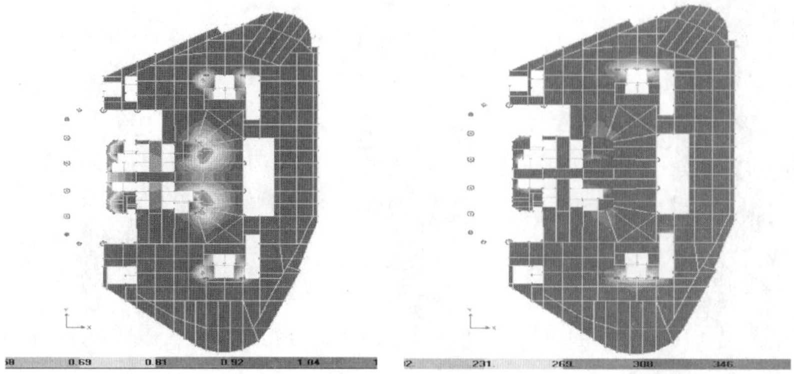

(a) 二层X向小震作用下的楼板应力S22 (MPa) (b) 二层X向小震作用下的楼板剪应力S12 (kPa)

图 2-92 二层小震作用下楼板的应力

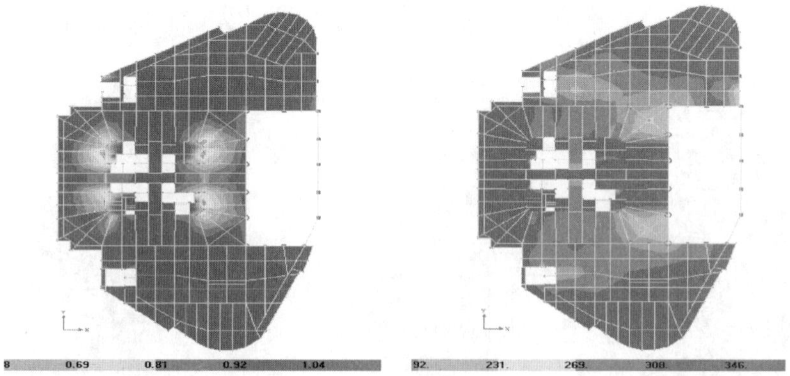

(a) 七层X向小震作用下的楼板应力S22 (MPa) (b) 七层X向小震作用下的楼板剪应力S12 (kPa)

图 2-93 七层小震作用下楼板的应力

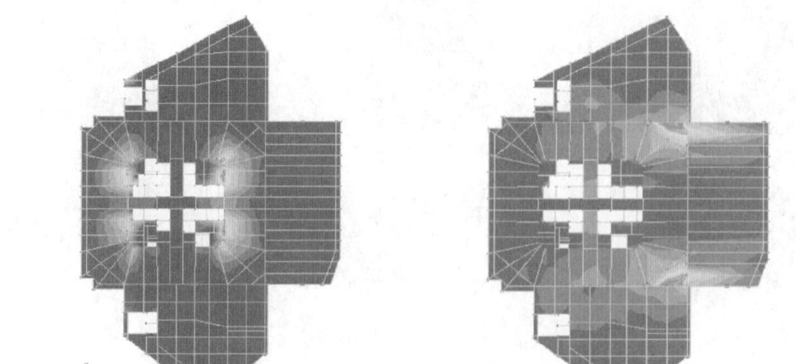

(a) 八层X向小震作用下的楼板应力S22 (MPa) (b) 八层X向小震作用下的楼板剪应力S12 (kPa)

图 2-94 八层小震作用下楼板的应力

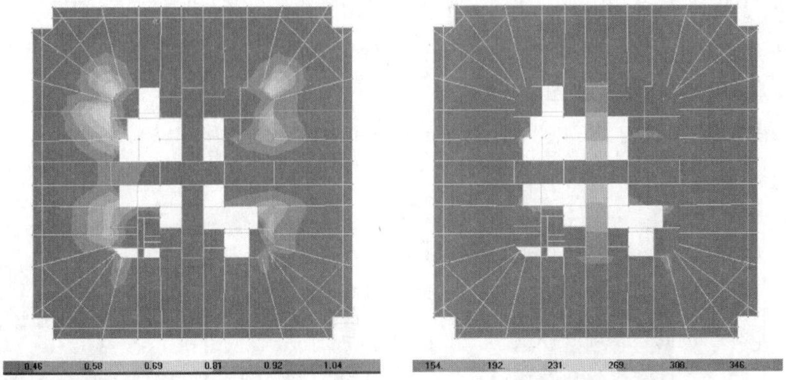

(a) 标准层X向小震作用下的楼板应力S22（MPa）(b) 标准层X向小震作用下的楼板剪应力S12（kPa）

图 2-95　标准层小震作用下楼板的应力

从楼板应力图可以看出，小震作用下，大部分区域楼板的拉应力不超过 1.0MPa，小于混凝土抗拉强度设计值 1.43/0.85＝1.68MPa，剪应力设计值小于 0.7×1.43/0.85＝1.18（MPa）。

综上所述，通过增大板厚及加大配筋等构造措施，楼板能够满足小震、中震弹性和大震不屈服的性能目标。

2.2.2.6　斜撑-柱转换结构节点分析

可靠的节点力学性能是整体结构安全、构件能充分发挥作用的保证，因此需要对节点进行进一步的分析，保证节点的承载力及刚度满足要求。针对九洲国际大厦项目工程的实际情况，先选取七层斜柱的上下两个节点进行有限元分析。该工程采用铸钢节点，材料为低合金铸钢 GS20Mn5，设计强度为 235MPa。

（1）上节点

图 2-96 为上节点实体有限元模型，节点区域杆件规格为（构件位置如图 2-96 所示）：左斜柱为 ϕ（800～1100）mm×100mm，右斜柱为 ϕ1100mm×100mm，上柱 ϕ900～1100mm×100mm。铸钢材质采用 GS20Mn5，经调质处理；屈服强度为 300MPa，设计强度为 235MPa；铸钢管内浇筑混凝土，强度等级为 C60。

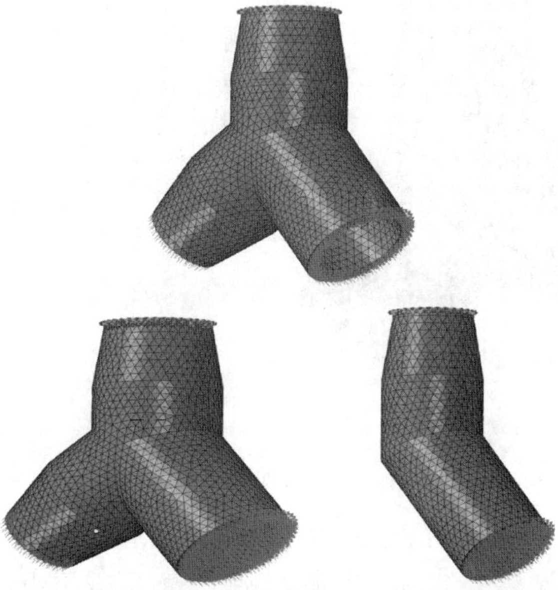

(a) 铸钢部分　　　　(b) 混凝土部分

图 2-96　上节点计算模型网格划分示意

在整体计算模型中提取最大包络内力。本节点各杆件的内力分别为：左斜柱轴力为 20085kN（压力）；右斜柱轴力为 28966kN（压力），弯矩 M_2 为 1648kN·m，弯矩 M_3 为 −3688kN·m。

在分析模型中，仅在上柱顶施加固端约束。

图 2-97 给出在最大包络内力下的上节点 von Mises 应力云图。

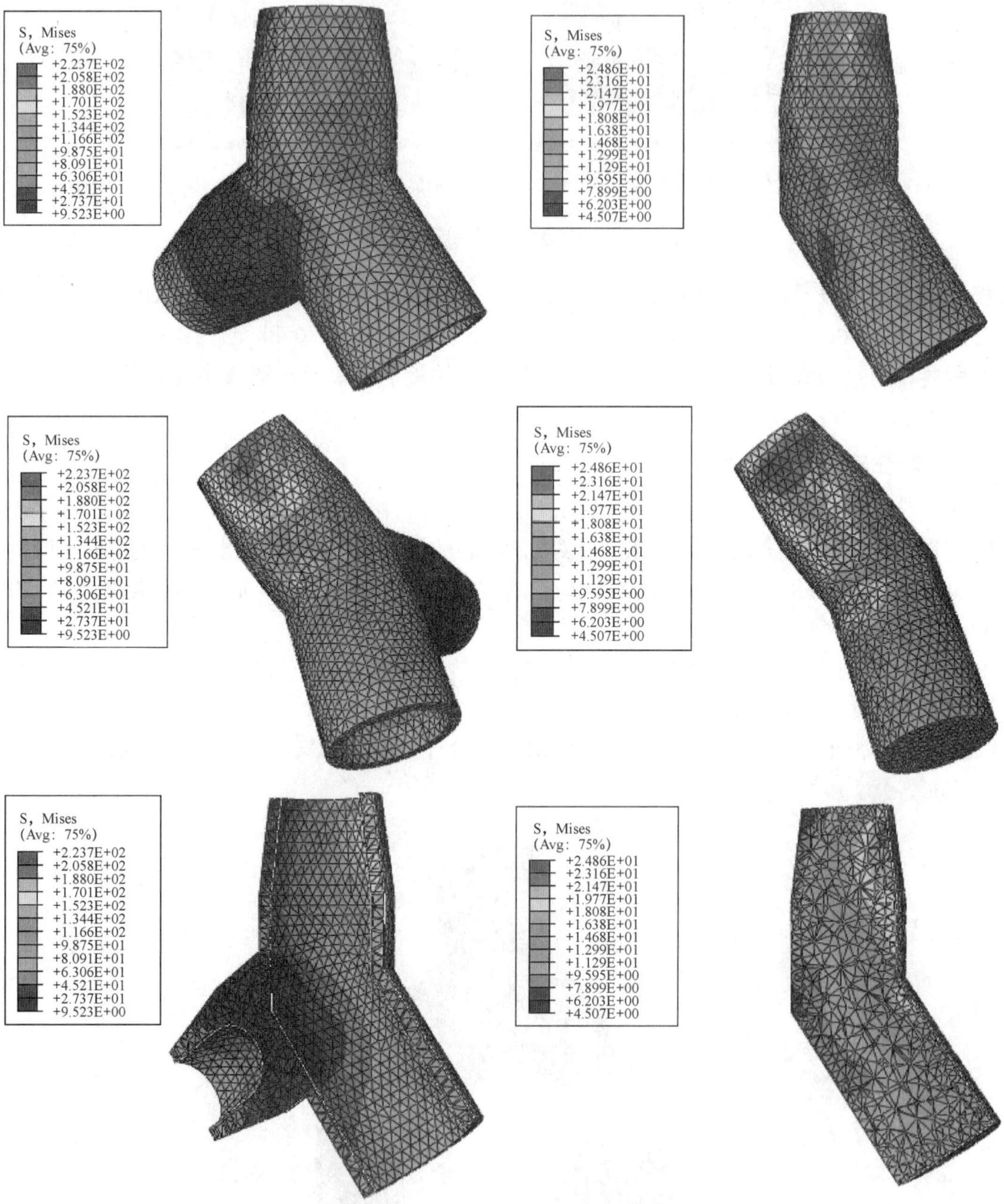

(a) 铸钢部分应力云图　　(b) 混凝土部分应力云图

图 2-97　最大包络内力下上节点 von Mises 应力云图（MPa）

上节点的铸钢部分在最大包络内力下的最大应力为 223.7MPa，未超出设计强度 235MPa。混凝土部分的最大应力为 24.86MPa（受压），未超出混凝土强度设计值 27.5MPa。

图 2-98 所示为上节点在最大包络内力下的最大变形，与右斜柱杆件连接的管口变形最大，为 3.298mm，考虑到节点的右斜柱连接管长度 1400mm，管口最大变形/管长=1/424，转角约 0.135°。

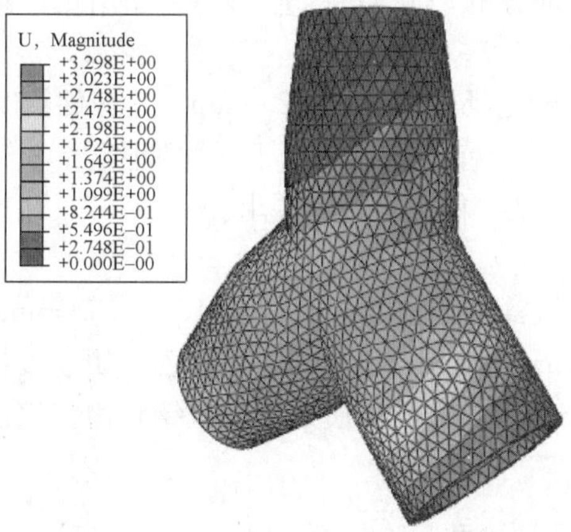

(a) 铸钢部分位移云图

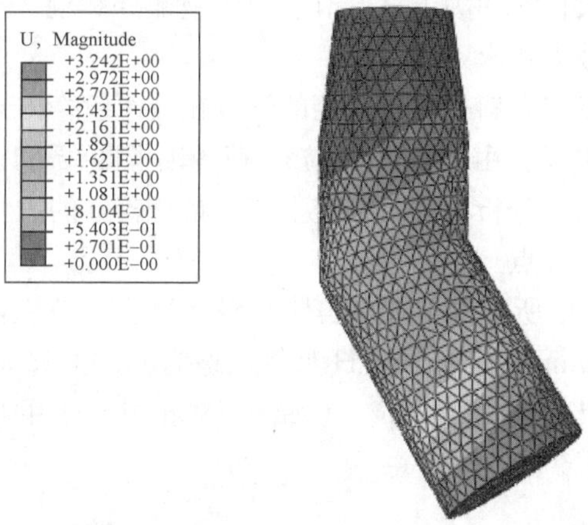

(b) 混凝土部分位移云图

图 2-98　上节点位移云图（mm）

图 2-99 为上节点中的指定参考点的荷载-位移因子曲线，参考点选择了位移最大的右斜柱管口，由图可看出在最大包络内力下，上节点承载力可满足要求，且中震作用下仍处于弹性阶段。

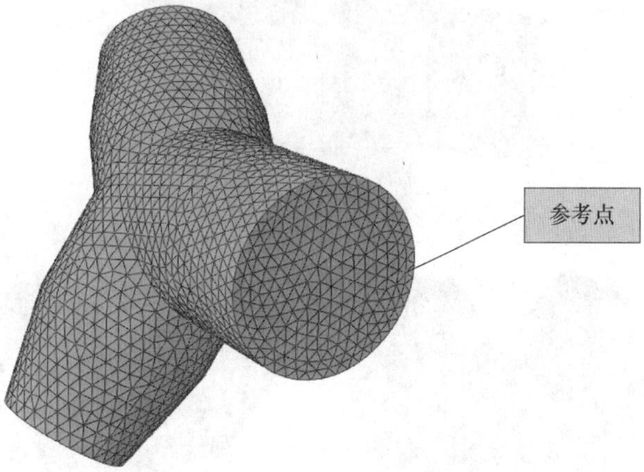

(a) 参考点

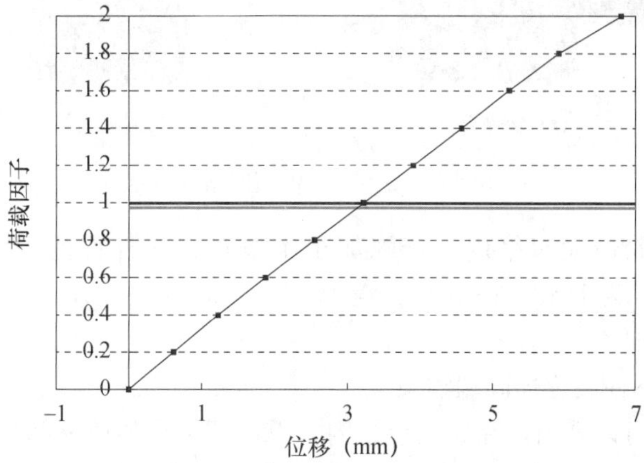

(b) 位移-荷载因子曲线

图 2-99　上节点参考点的位移-荷载因子曲线

注：图中荷载因子为所施加的荷载与最大包络内力的比值。对应于荷载因子为 1 的为最大包络内力，中震弹性组合对应于荷载因子 0.97。

在最大包络内力下，上节点的铸钢部分和混凝土部分的 von Mises 应力均未超出设计强度，上节点满足承载力要求。

上节点与右斜柱杆件连接的管口在最大包络内力下变形最大，为 3.298mm，是杆件长度的 1/424，转角约 0.135°。由图 2-99 的位移-荷载因子曲线可以看出，节点中震仍处于弹性阶段。

通过以上分析，可以判定上节点具有较好的力学性能，能满足设计要求。

(2) 下节点

图 2-100 所示为下节点实体有限元模型，节点区域杆件规格为：斜柱 ϕ1100～1500mm×100mm、下柱 ϕ1500mm×150mm，H 型钢规格为 H800×500mm×50mm×50mm，另设置一块连接板与楼面钢梁连接，其规格为 50mm×800mm。铸钢材质采用 GS20Mn5，经调质处理。铸钢管内浇筑混凝土，强度等级为 C60。

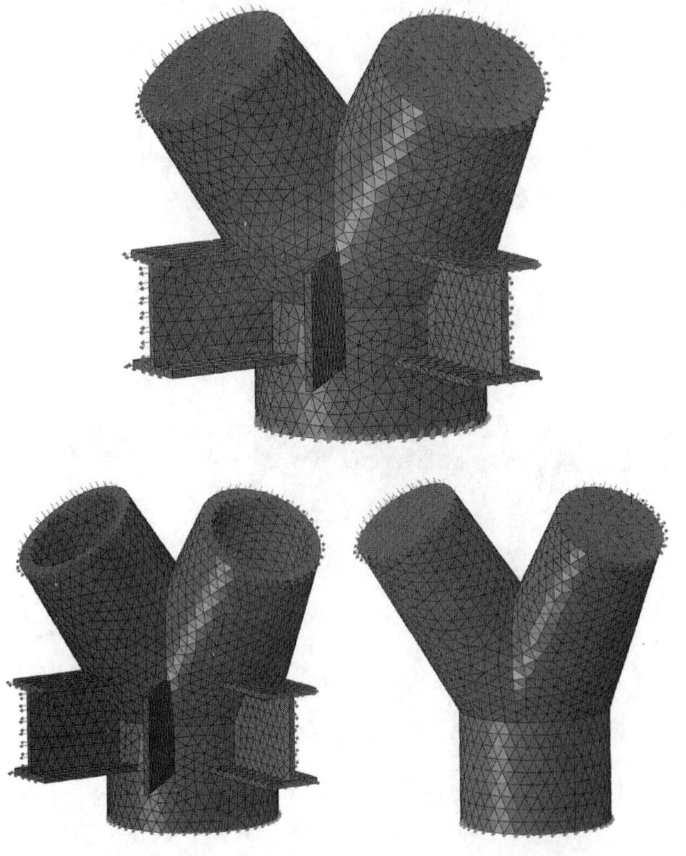

(a) 铸钢部分　　　　(b) 混凝土部分

图 2-100　下节点计算模型网格划分示意

在整体计算模型中提取最大包络内力，施加于本节点。各杆件的内力分别为：斜柱的轴力为 28966kN（压力），弯矩 M_2 为 1648kN·m，弯矩 M_3 为 −3688kN·m，H 型钢构件的轴力为 16836kN（拉力）。

在分析模型中，仅在下柱底施加固端约束。

由图 2-101～图 2-102 可以看出，在最大包络内力下，下节点的铸钢部分除 H 型钢上下翼缘与钢管相贯连接的局部区域因应力集中，Mises 应力超出铸钢材料设计强度，最大值为 311.3MPa，超过屈服强度 300MPa，不过此处制作时可以采用浇铸倒角的方法消除应力集中。其余区域的 Mises 应力均未超出设计强度 235MPa。

混凝土部分，应力均未超出 C60 的设计强度 27.5MPa。

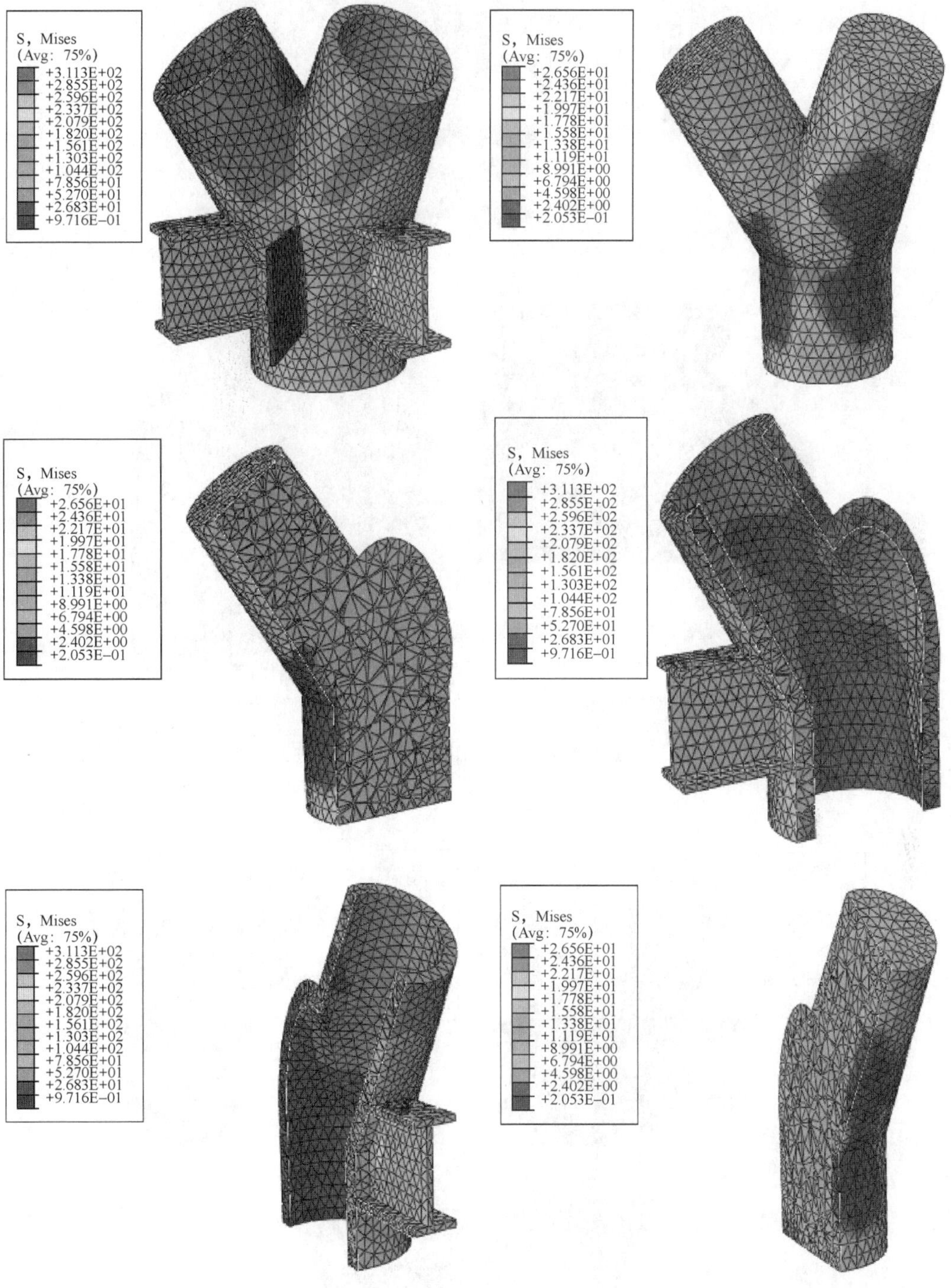

(a) 铸钢部分应力云图　　(b) 混凝土部分应力云图

图 2-101　最大包络内力下下节点 von Mises 应力云图（MPa）

从图 2-103 的位移云图可以看出，下节点斜柱端部和水平 H 型钢拉梁端部位移最大，达到 1.381mm。由图 2-104 的位移-荷载因子曲线可以看出，在最大包络内力下，节点承载力可满足要求，且中震作用下仍处于弹性阶段。通过以上分析，可以判定下节点具有很好的力学性能。

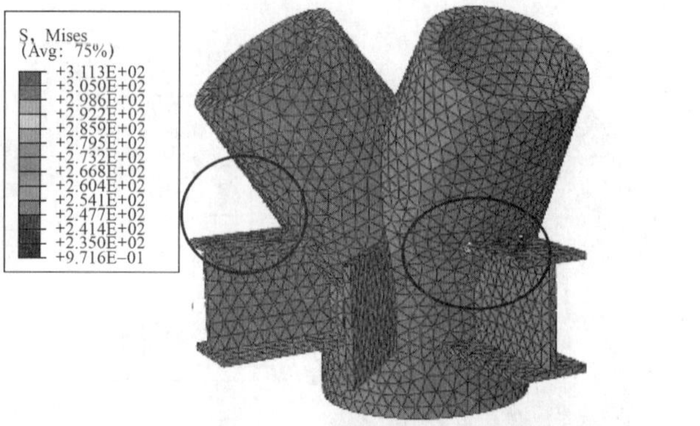

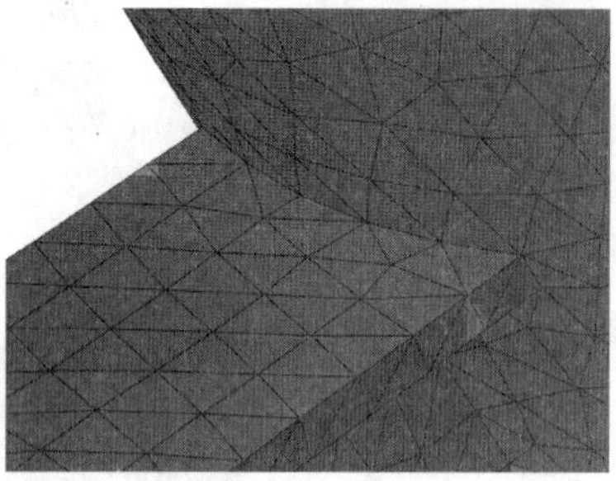

(a) 铸钢部分位移云图

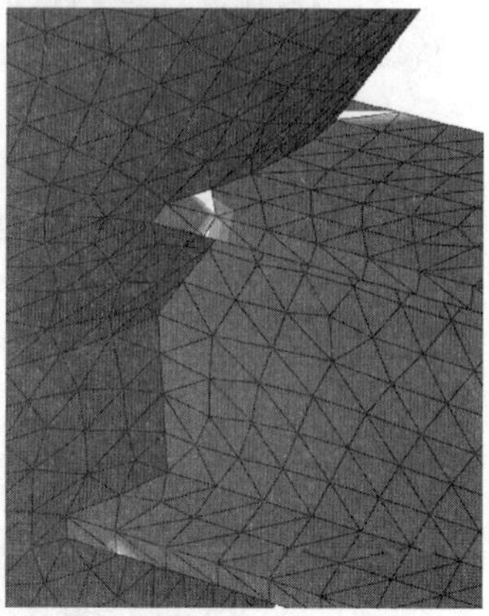

(b) 混凝土部分位移云图

图 2-102　下节点铸钢部分 von Mises 应力超过 235MPa 的区域

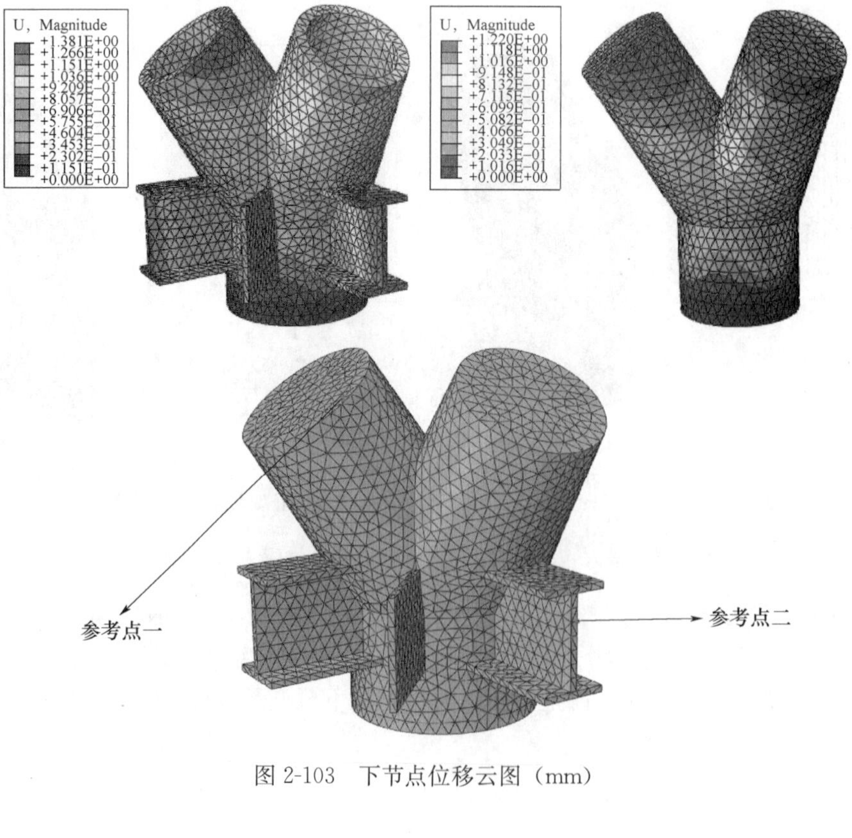

图 2-103　下节点位移云图（mm）

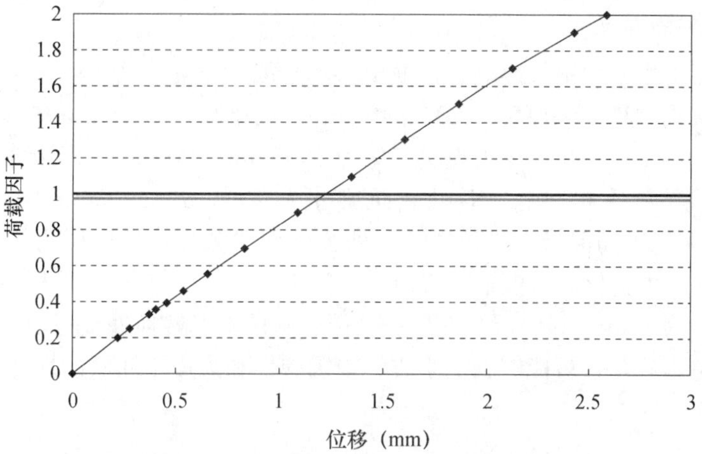

(a) 参考点一的位移-荷载因子曲线

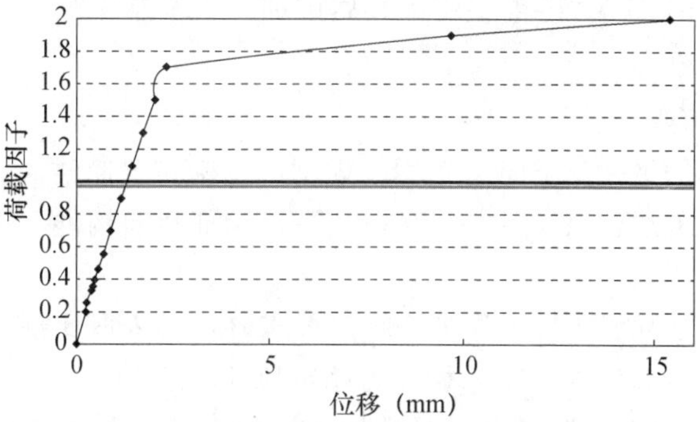

(b) 参考点二的位移-荷载因子曲线

图 2-104　下节点参考点的位移-荷载因子曲线

注：图中荷载因子为所施加的荷载与最大包络内力的比值。对应于荷载因子为 1 的为最大包络内力，中震弹性组合对应于荷载因子 0.97。

2.2.3　九洲国际大厦项目所采用的抗（减）震与耗能技术

2.2.3.1　结构用料

钢筋：HRB400。

钢材：Q345GJ、Q345B。

混凝土强度等级见表 2-18。

表 2-18　混凝土强度等级

层次	核心筒剪力墙	楼盖	钢管混凝土外框柱
－5～7	C70	C30	C60
8～15	C65	C30	C60
16～25	C60	C30	C60
26～33	C55	C30	C60
34～42	C50	C30	C60
43～51	C45	C30	C60
52～61	C40	C30	C60
62～顶	C35	C30	C60

注：转换斜撑楼层楼板混凝土强度等级为 C40。

2.2.3.2 结构主要构件断面尺寸

九洲国际大厦项目工程采用钢管混凝土柱框架-钢筋混凝土核心筒结构。核心筒外围剪力墙厚度为300～1000mm，核心筒内部剪力墙厚度为200～400mm，连梁高度800mm，宽度同墙厚；钢管混凝土柱截面尺寸一般为ϕ1500mm×32mm，沿高度变化为ϕ900mm×14mm；七层钢管混凝土斜撑截面尺寸为ϕ1100mm×22mm，与斜撑相连上、下梁截面尺寸为700mm×1000mm，内置H800×500mm×50mm×50mm型钢；采用钢筋混凝土梁板楼盖，外围框架梁截面：酒店层为400mm×700mm，办公区为400mm×1000mm，垂直核心筒框架梁截面一般为400mm×700mm；楼板厚度一般为110mm，核心筒内部楼板厚度一般为150mm；二层、九层及七层、八层斜撑转换处楼板加厚至150mm。通过增大板厚及加大配筋等构造措施，楼板能够满足小震、中震弹性和大震不屈服的性能目标。

2.2.3.3 配筋率

剪力墙加强部位竖向分布筋的配筋率在0.8%～1.0%之间，配筋最大为25@150（四排），暗柱的配筋率为1.2%～2.5%，钢筋直径为25～32mm；底部加强区剪力墙采用截面ϕ400mm×10mm、间距1000mm的钢管替代部分钢筋。

2.2.3.4 针对超限的加强措施

九洲国际大厦项目工程的平面及竖向尺寸均较规则，结构布置简洁，传力路线明确、直接，理论计算的各项指标均能满足规范的要求。但由于存在超高、局部竖向构件不连续等超限情况，还应采取以下加强措施：

（1）高强混凝土核心筒。除满足抗震等级一级的要求外，还采取比规范要求更为严格的措施，控制剪力墙轴压比以保证大震时的延性。该工程剪力墙轴压比均不大于0.5；适当提高底部加强区剪力墙竖向分布筋配筋率至0.8%～1.0%，由于底部加强区剪力墙混凝土强度等级为C70，拟采用截面ϕ400mm×10mm、间距1000mm的钢管替代部分钢筋以提高核心筒延性。计算结果表明，核心筒可满足大震不屈服的性能目标。

（2）加强钢管混凝土外框柱及转换斜撑。提高钢管混凝土柱的承载力安全度。经计算，钢管混凝土柱均能满足中震弹性的要求，且弹塑性分析表明，在罕遇地震作用下仍能保持不屈服。

（3）加强转换斜撑所在楼层及核心筒楼板。楼板加厚至140mm，采用双层双向配筋，适当提高楼板配筋率，保证水平力在外框架与混凝土核心筒之间的可靠传递，提高结构整体性。

2.2.4 小结

本节主要叙述了三大方面的内容。首先是超高超限结构抗震设计和分析方法，包括超高超限结构的定义与判别、超高超限结构的抗震研究进展、超高超限结构的抗震设计、超高超限结构的抗震分析方法。然后介绍了九洲国际大厦项目主体结构的抗震性能分析，包括工程的结构抗侧力体系、超限情况、抗震设防标准及抗震性能目标，从小震、中震和罕遇地震三个方面着重分析了结构的计算结果，以及楼板应力和斜撑-柱转换结构节点的分析。分析结果显示，工程所采用的结构形式满足“小震不坏，中震可修，大震不倒”的三水准要求；通过增大板厚及加大配筋等构造措施，楼板能够满足小震、中震弹性和大震不屈服的性能目标；可以判定出斜撑-柱转换结构上、下节点都具有较好的力学性能，能满足设计要求。最后从结构用料、结构主要构件断面尺寸、配筋率以及对于超限的加强措施四个方面介绍了九洲国际大厦项目所采用的抗（减）震与耗能技术。

第3章　超高层建筑RC环梁与新型组合剪力墙应用技术

3.1　组合结构施工技术

3.1.1　钢管混凝土柱RC环梁施工技术

3.1.1.1　工艺原理

通过分析RC环梁固有特性和施工工艺，经过技术优化，对RC环梁成型采用工厂化、集中化、机械化的生产施工模式，把RC环梁钢筋施工作为一个单项，形成了一套完整的新型RC环梁节点钢筋施工工艺，达到工期、质量、成本多赢的目标，缩短了生产周期。

3.1.1.2　施工工艺流程及操作要点

1. 施工工艺流程

施工工艺流程如图3-1所示。

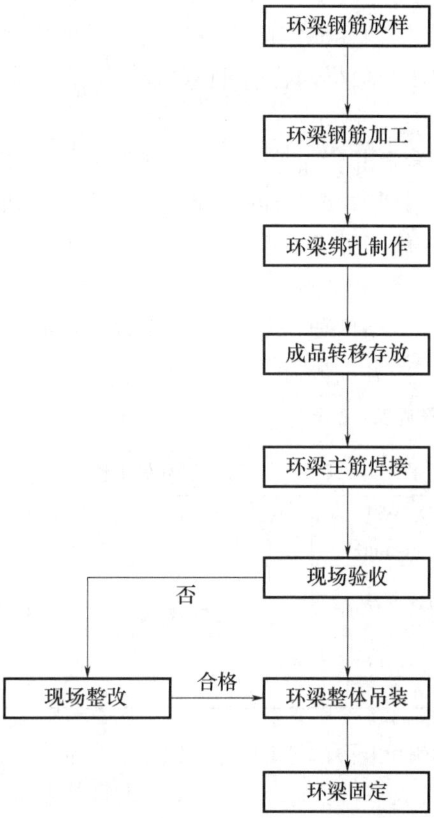

图3-1　RC环梁总体施工工艺流程

2. 操作要点

（1）环梁钢筋放样

以广西九洲国际大厦项目工程为例，环梁节点的设计构造详图如图3-2所示。

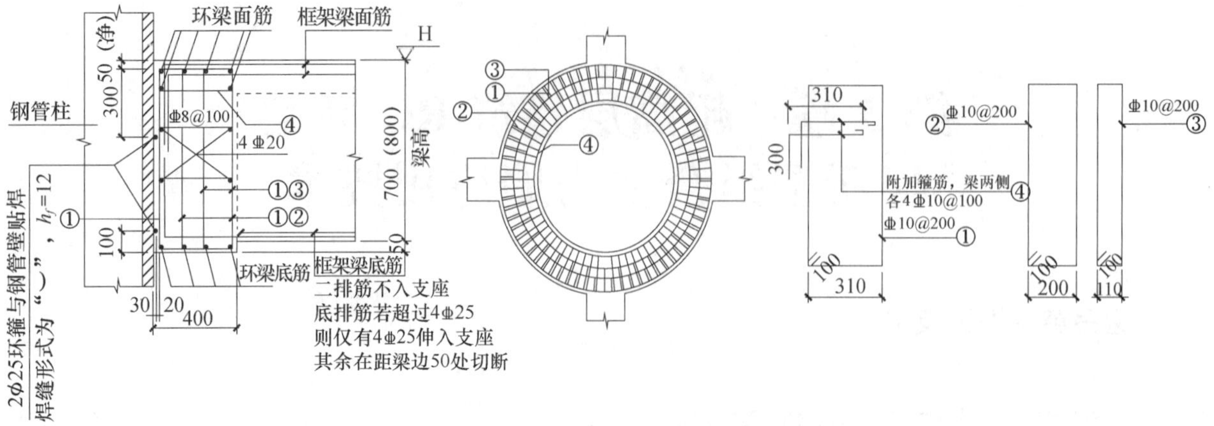

钢管混凝土柱环梁　　　　环梁箍筋平面位置示意

图 3-2　环梁节点构造详图

环梁箍筋有 4 种大小不同的规格，其中④号箍筋仅在框架梁两侧分布，其他所有箍筋弯勾均在环梁底部。环梁的底、面、腰筋按设计要求均要求搭接焊，焊接长度单面焊 10d（d 为钢筋直径），双面焊 5d。环梁最内一圈的箍筋距钢管混凝土柱身的净距应保证在 45mm 左右。

环梁主筋：环梁的环筋放样要按照不同的直径编号，在电脑上精确地画出每种环筋的摆放位置，用计算机计算出每种环筋所需下料钢筋的理论长度，再由技术人员根据理论长度计算下料长度，放样需注明是按照环筋的内径还是外径或是钢筋的中间直径进行放样，避免后期加工出现错误。

环梁箍筋：经与设计院沟通及广西九洲国际大厦项目工程的实际应用，环梁箍筋弯钩最终确定为 90°，放样时需标明弯钩 90°，避免影响后期环梁钢筋的绑扎成型。

工艺样板：本着“技术先行、样板引路”的方针，在工厂化批量加工环梁时，项目部制作了环梁绑扎成型样板，以此检验钢筋翻样、加工、绑扎效果，后期按照此样板大批量加工施工所用环梁，样板如图 3-3 所示。

图 3-3　RC 环梁绑扎成型样板

（2）环梁钢筋加工

弯弧机：环梁钢筋对弯弧机加工精度要求较高，要求加工制作的环梁主筋的椭圆度≤0.3%d。以广西九洲国际大厦项目工程为例，先后使用过两种型号的弯弧机，参数详见表 3-1。

表 3-1　弯弧机参数对比

项目 / 型号	生产厂家	送料速度 (m/min)	最小弯弧直径 (mm)	外形尺寸 (mm)	电机功率 (kW)	成品钢筋椭圆度
GWH14-32 型	章丘同益	20～25	300	800×850×900	4	＞0.3%d
GWH32D 型	成都固特	15	300	700×800×950	3	＜0.3%d

经过对比，GWH32D 型弯弧机能够满足加工精度要求，降低了成品环梁与钢管柱的偏心概率。

钢筋下料：环梁钢筋下料规格众多，长短不一，容易出现尾料难以再利用的现象，为避免造成钢筋浪费，应结合下料尺寸及市场定尺钢筋尺寸，采购 12m 及 9m 定尺钢筋作为环梁钢筋下料使用，通过优化下料来减少钢筋的浪费。

加工制作：环梁主筋需由特定的 2～3 名工人进行加工，同直径的主筋在大量加工时需先进行试弯，待其椭圆度及直径达到要求后方可按此尺寸进行批量加工。2～3 层钢筋量可以进行提前加工，减少来回调整弯弧机的弯曲半径，提高钢筋的加工精度。

(3) 环梁绑扎制作

操作架：为提高环梁绑扎效率及方便工人绑扎，现场环梁绑扎制作采用专用环梁绑扎操作架，操作架主要由一个双“十字”架体组成，主要材料为 ϕ48mm 钢管，钢管间采用十字扣件连接固定。同时，在架体双“十字”相交处预留四根可活动的支撑杆（可用直径较大的钢筋），支撑杆长度需可延伸至 U 形托处且未伸出“十字”钢管。根据现场不同尺寸的环梁，可制作多个大小不一样的架体，用于绑扎不同直径的环梁。操作架现场实际照片如图 3-4 所示，简图如图 3-5 所示。

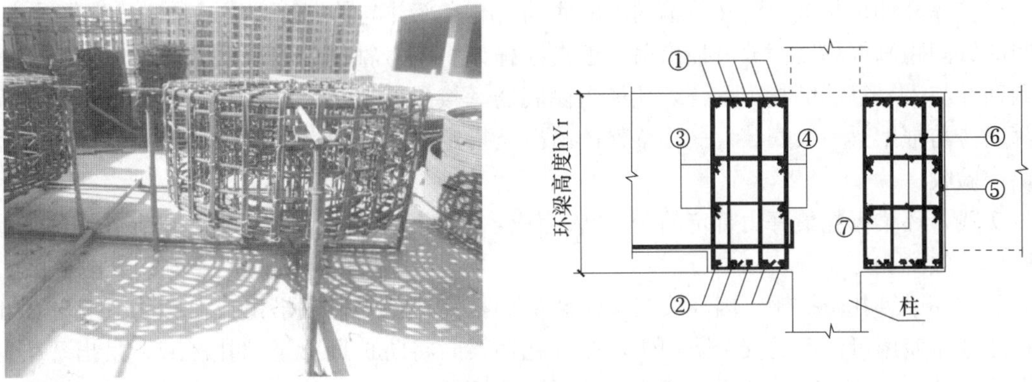

图 3-4 环梁绑扎操作架现场照片及大样图

绑扎顺序：在现场实践中总结出了一套环梁钢筋绑扎的施工顺序，大大降低了环梁钢筋绑扎的难度，提高了环梁钢筋绑扎的效率与质量，加快了施工进度。

环梁绑扎原则：箍筋先小箍后大箍，环筋先大环后小环，最后放拉钩。

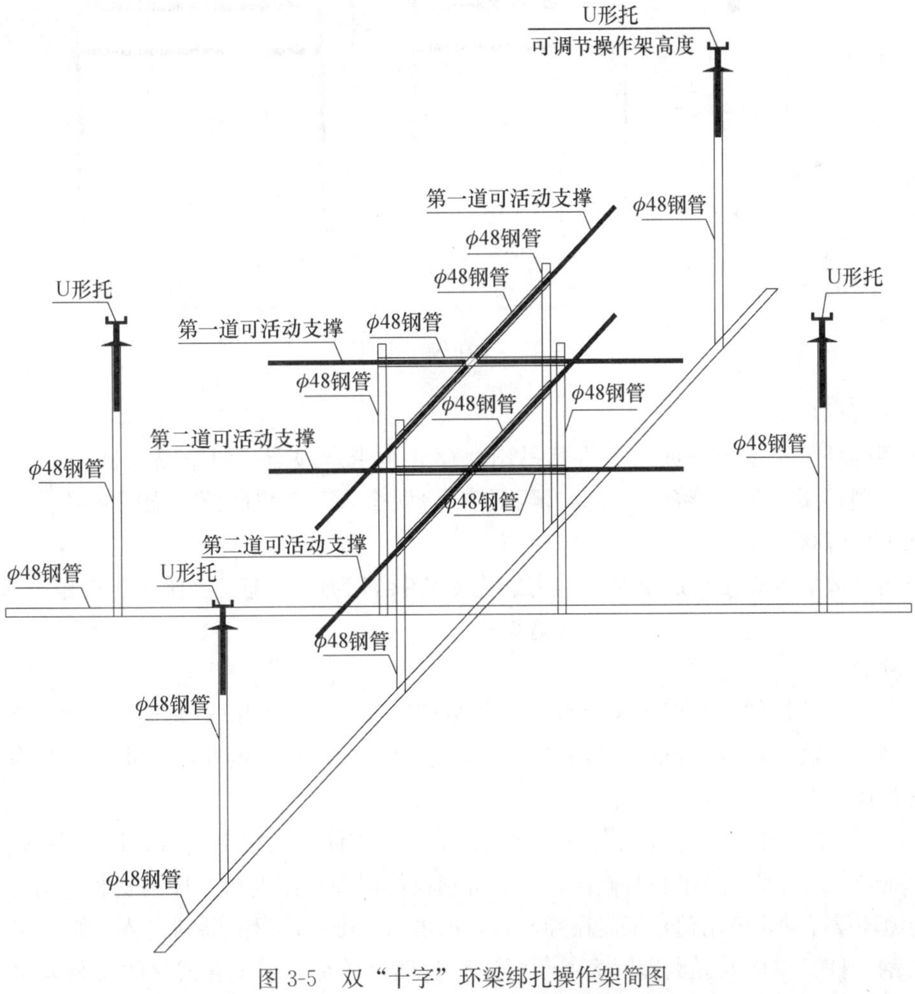

图 3-5 双“十字”环梁绑扎操作架简图

操作顺序：按照环梁大小摆放操作架，布置好各部分的位置→将第二道支撑杆伸出→除面筋外，将环梁底筋及腰筋放在伸出的第二道支撑杆上→将第一道支撑杆伸出至U形托顶部→将环梁面筋放上第一道支撑杆→将③号箍筋从上往下穿，然后按照图纸间距画好刻度摆放→调整第二道支撑杆伸出长度，将最外侧环梁底筋及腰筋放置在③号箍筋底部→按照图纸设计要求，将第一道最外侧腰筋提起至规定位置并与③号箍筋绑扎牢固→依次将最外侧第二道（第三道……）腰筋提起并与③号箍筋绑扎牢固→将最外侧底筋与③号箍筋绑扎牢固→将②号箍筋从上往下穿，然后按照图纸间距画好刻度摆放→调整第二道支撑杆伸出长度，将②号箍筋内的底筋落至底部并与其绑扎牢固→将①号箍筋从上往下穿，然后按照图纸间距画好刻度摆放→抽出第二道支撑杆，将①号箍筋内的底筋及腰筋落至底部→依次提起内侧腰筋并与①号箍筋绑扎牢固→绑扎最内侧底筋→按设计要求绑扎拉钩→对环梁做局部调整（④号附加箍筋待与框架梁一块安装）→环梁整体吊出至指定场地存放→环梁钢筋焊接→固定定型环形混凝土垫块→验收。

经过实践，环梁绑扎最好由特定的2～3人完成，避免因人员变动造成对环梁绑扎操作的生疏，降低绑扎质量及效率。

可移动式环梁绑扎防护棚，因环梁在操作架上绑扎完成后需使用塔吊或吊车将其整体吊出，因此环梁绑扎区域需使用可活动的安全防护棚，在绑扎环梁时将防护棚移至绑扎区域，吊出环梁时将防护棚推离绑扎区域，既做到有效的安全防护，又不影响环梁吊出。可移动式防护棚需根据环梁大小进行设计，满足防护棚全覆盖环梁绑扎区域，根据九洲国际大厦项目工程实际情况，可移动式防护棚设计尺寸为4000mm×3500mm×3500（高）mm，防护棚设计图如图3-6所示。

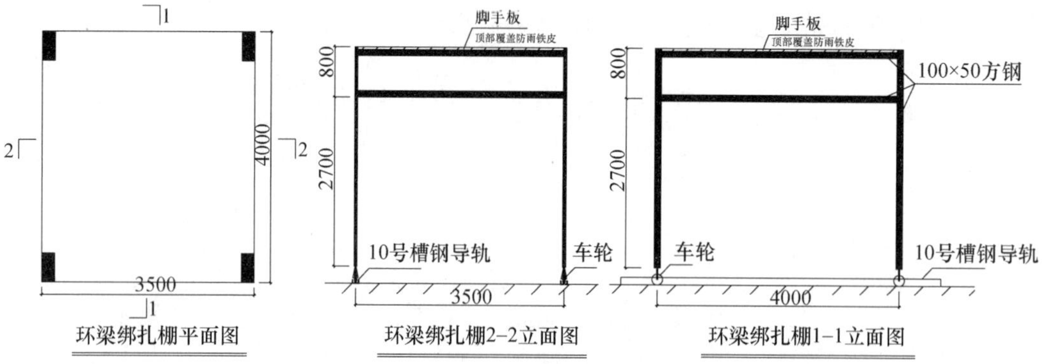

图3-6　防护棚设计图

（4）成品转移存放

将绑扎成型的环梁通过塔吊或吊车将其吊出，存放至指定地点，便于腾出操作架绑扎其他环梁。为节约场地，成型环梁可两个堆叠在一起，但不能超过两个，避免将底部环梁压变形。

（5）环梁主筋焊接

在环梁吊出存放后，焊工可逐个对环梁主筋进行焊接，为便于施工，在满足规范要求下，焊缝主要以单面焊为主，焊缝须饱满，焊后及时敲落焊渣。

（6）现场验收

环梁作为一个单独构件，在绑扎成型后，提前组织业主、监理单位对其进行验收，减少了后期施工时的验收工序，验收主要内容包括：钢筋型号、数量及间距，环梁内外径尺寸，焊缝等。

（7）环梁整体吊装

现场环梁底模支设完毕后即可进行钢筋笼吊装，吊装时需使用四根钢丝绳对称穿在钢筋笼两侧扣到面筋上，保证环梁吊运时平稳，吊装时候注意不要碰到物体以免环梁变形。环梁安装时指定2～3名工人进行搀扶，避免环梁晃动，塔吊信号工需在旁及时指挥塔吊，确保环梁的顺利安装，如图3-7所示。

针对分叉钢管柱，以广西九洲国际大厦项目工程为例，总结出了一套成熟的安装方法。

施工步骤：在分叉钢管柱安装前，将成型环梁安装至伸出板面的钢管柱上→吊装分叉钢管柱→焊接钢管柱完毕后，将环梁提起，用钢筋棍将环梁与钢管柱焊接固定，防止环梁下落→环梁模板安装→钢板固定钢筋棍→环梁就位。

全过程需要使用塔吊配合。分叉柱处 RC 环梁安装成型效果如图 3-8 所示。

图 3-7　环梁整体吊装安装

图 3-8　分叉钢柱处 RC 环梁安装图

（8）环梁固定

经过实践发现，环梁安装完毕后，在绑扎框架梁时容易导致环梁的变形，致使环梁出现偏心等现象。通过实践发现，使用短钢筋棍将环梁与钢管柱焊接连接固定能够有效解决环梁变形的问题，起到了固定环梁的作用。如图 3-9 所示。

图 3-9　环梁与钢管柱连接固定

3. 劳动力组织

劳动力组织见表 3-2。

表 3-2 劳动力组织

序号	工种	人数
1	钢筋放样人	1
2	后台加工制作人	8
3	钢筋绑扎人员	5
4	信号工	2
5	焊工	2
6	环梁安装人员	3

3.1.1.3 材料与设备

1. 材料

（1）主材

直径 25mm、22mm、20mm、12mm、10mm 钢筋，20 号绑扎丝、支架采用直径 A48mm，壁厚t=3.5mm 的 Q235 钢管，E50 焊条型（J506）。

（2）辅助材料：100mm×50mm 厚 2mm 方筒，脚手板、蓝色瓦楞铁皮、10 号槽钢、小独轮等。

绑扎工具：绑扎钩、撬棍、小铁锤。

钢筋原材选购：当前钢筋原材市场上供应的均为带“E”的抗震钢筋，在使用抗震钢筋加工环梁主筋及腰筋时，同种规格不同的钢厂生产的钢筋因其化学元素含量不一致，导致部分钢厂生产的抗震钢筋在加工时无法形成一个闭合的圆，造成环梁难以绑扎，成型质量偏低。广西九洲国际大厦项目工程钢筋主要采用首钢、柳钢、桂万钢等钢厂生产的钢筋，经过对多家钢厂的钢筋原材加工对比及在工程中的实际应用，发现由柳州钢铁股份有限公司生产的钢筋均能满足加工需求。以 12m 长的 HRB400E25 钢筋为例，首钢、柳钢、桂万钢的化学元素含量对比分别见表 3-3、表 3-4、表 3-5。

表 3-3 柳钢 C25 化学元素含量表

化学成分（%）								物理性能					
C	Si	Mn	P	S	Nb	V	Ceq	屈服强度 Y.P ReL	抗拉强度 T.S Rm	伸长率 el. A	弯曲		
								N/mm²	N/mm²	%	d 180°		
0.23	0.45	1.33	0.023	0.020	0.002	0.031	0.47	450 460	595 600	28.0 27.0	4a	合格	合格

表 3-4 桂万钢 C25 化学元素含量表

化学成分（%）								物理性能					
C	Si	Mn	P	S	Ni	Cr	Ceq	屈服强度 ReL	抗拉强度 Rm	伸长率 el. A	弯曲		
								N/mm²	N/mm²	%	d 180°		
0.24	0.37	1.34	0.027	0.018	0.047	0.055	0.47	455 460	590 595	23.0 23.0	4a	合格	合格

表 3-5　首钢 C25 化学元素含量表

化学成分（%）							物理性能			
C	Si	Mn	P	S	V	Ceq	屈服强度 ReL	抗拉强度 Rm	伸长率 el. A	弯曲
							N/mm²	N/mm²	%	180°
0.25	0.35	1.16	0.027	0.028	0.012	0.448	430 435	590 590	23.0 23.0	完好

2. 主要设备

主要设备见表 3-6。

表 3-6　现场主要机具设备

序号	机具设备名称	规格型号	数量	用途
1	塔式起重机	QTC6055/JCD260	1/1 台	垂直运输
2	直流焊机	ZX7-315-2DS	2 台	焊接钢筋
3	弯曲机	40 型	2 台	制作弯钩及箍筋
4	切断机	40 型	1 台	切割钢筋
5	弯弧机	GWH32D 型	1 台	制作环梁主筋

3.1.1.4　质量控制

（1）焊接的环筋接头钢筋应采用上下搭接焊，焊接长度需满足规范要求，且环筋在绑扎中尽量避免接头处在同一断面，以便环梁箍筋绑扎及混凝土浇筑。

（2）制作好的钢筋环梁应放置平整，并在环梁四面绑扎附加的“X”形剪刀筋，以避免环梁在塔吊吊装过程中发生变形。

（3）框架梁与环梁交接处钢筋密集，由于钢筋笼已经定型，框架梁的两排钢筋在穿插锚入环梁内时较为困难，施工时必须先将框架梁底一排筋穿入框架梁，再绑扎其他部位钢筋，梁口处附加箍筋先不绑扎，待梁筋穿插完毕后再调整和绑扎。

（4）施工中应仔细复核环梁标高，确保抗剪环的位置正确，调整环梁与抗剪环的净距保证在25mm 左右缝隙，以便混凝土骨料填满缝隙，确保混凝土与钢管柱壁及抗剪环之间存在接触面。

（5）因南方雨水较多且空气湿润，对工厂化加工绑扎成型的环梁需进行有效的成品保护，在环梁底部垫上方木或工字钢等，防止雨水浸泡，环梁需采用彩条布覆盖，预防下雨造成环梁钢筋锈蚀。

（6）环梁箍筋排布时需要按照设计图纸要求进行画档线布置，箍筋间距均匀，绑扎牢固，所有扎丝需朝向内侧。

（7）环梁安装就位后，若出现环梁歪扭、偏心等现象，需用撬棍等工具将其纠正，确保环梁与钢管柱同心。

3.1.1.5　安全措施

（1）应对施工操作人员进行安全教育和安全技术交底。

（2）施工现场的临时用电应遵循《施工现场临时用电安全技术规程》的有关规定。

（3）进场的施工机械设备应完好、整洁，保证具有良好的运转状态，满足《建筑机械使用安全技术规程》的有关安全规定，机械操作手必须持证上岗。

（4）工程施工时严格遵循《建设工程安全生产管理条例》等法律法规及上级主管部门颁布的各项

有关安全文件规定。

（5）高空施工，当风速达到10m/s时，吊装工作要停止，当风速达到15m/s时，应停止所有施工作业。

（6）在模板拆除时应在施工区域内设置警示带，严禁人员经过，并对楼层的临边进行封堵，防止坠物。

（7）贯彻执行“安全第一，预防为主”的方针，根据国家有关规定、条例，结合现场实际和工程的具体特点，组成专职安全员和班组兼职安全员及工地安全用电负责人参加的安全生产管理小组，落实安全生产责任制，明确各级人员的职责，抓好安全生产。

（8）对经常使用的钢丝绳等吊具要定期检查及更换，抽拔过程中要有专职安全员在场指挥作业。

（9）焊工、信号工等需持证上岗。

（10）环梁吊装时吊钩必须拧紧，避免吊钩松动出现环梁脱落事故发生。对处于边缘处的钢管柱，在环梁安装时需注意脚底与边缘距离，保持操作人员与边缘有足够距离，避免操作人员摔落。

3.1.1.6 环保措施

（1）根据国家有关法律法规、规章和制度，按照国家环保有关要求编制专门的施工方案，合理布置现场，施工场地做到整洁文明。

（2）项目部设立环保机构，施工过程中严格遵守环境保护的法律、法规，加强环境、文明、卫生、安全的施工管理。同时项目部已经申报了全国建筑工程绿色示范工地。

（3）严格执行《建筑施工场界噪声限值》标准，施工中采用低噪声的工序，大量焊接所产生的光污染，应采取相应措施进行防护，发现超标及时进行整改。

（4）加强环保教育，宣传有关环保政策，强化职工的环保意识，使保护环境成为参建职工的自觉行为。

3.1.1.7 效益分析

1. 经济效益

（1）经过长时间的实践总结，归纳出了一套完整的RC环梁施工工艺，简化了过程中的多项复杂工序，使得RC环梁成型得以采用流水线加工，推进了施工生产，且提高了施工质量，节约了管理费、人工费、机械费等成本。

（2）RC环梁连接节点较为新颖，提高了建筑空间的利用率，且美观。

（3）RC环梁连接的钢管混凝土柱-RC梁框架节点与现行规程中各种钢管混凝土梁柱节点形式相比，环梁节点的钢板材用量比穿心式减少23%，如果与用钢量更大的上下环板节点相比，减少幅度会更大。

（4）经过钢筋优化下料后，RC环梁钢筋废料率得以有效控制，节约了大批量钢筋。

2. 社会效益

（1）工法解决了实际工程中钢管混凝土梁柱节点需穿心构件的难题，为超高层建筑采用性能良好的钢管混凝土柱形式提供了新的突破点，促进了行业技术进步。

（2）本工法制作简单、步骤明确、施工难度较小、适用性强、安全可靠性好，有望在领域内得到广泛推广及使用。

3.1.2 钢管混凝土剪力墙施工技术

本节简要介绍混凝土剪力墙的现场施工工艺。

1. 施工流程

九洲国际大厦项目工程内置钢管剪力墙施工工艺流程为：剪力墙钢管柱安装→钢管剪力墙钢筋绑扎→钢管剪力墙模板安装→钢管剪力墙混凝土浇筑及养护。施工流程图如图3-10所示。以下按照施工流程对施工工艺进行较为简要的介绍。

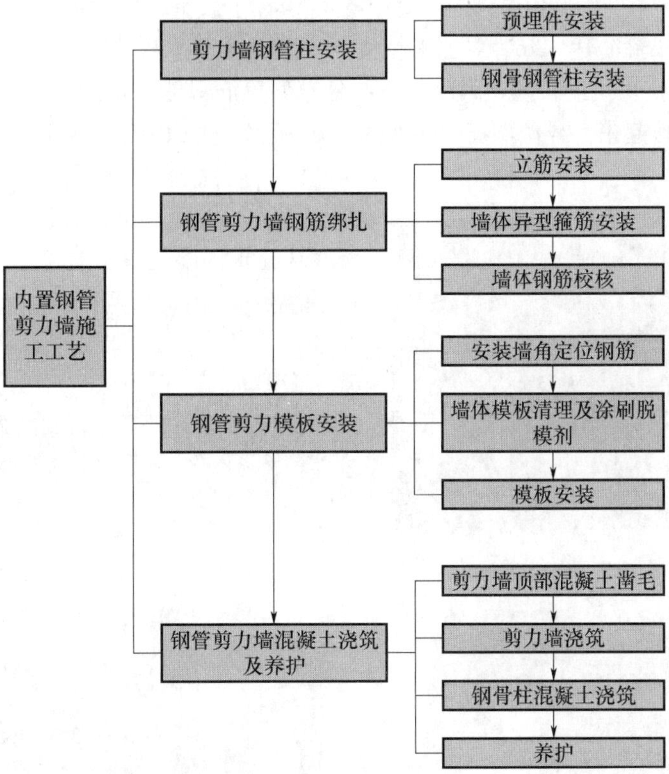

图 3-10　内置钢管混凝土组合剪力墙施工流程图

（1）钢管柱安装

预埋件安装：预埋件由钢结构厂家直接加工制作完成，在埋件安装层墙体钢筋绑扎完毕、混凝土浇筑前进行预埋件安装。安装前，测量人员对埋件位置进行放线定位，然后逐个安装预埋件。在安装固定后，用全站仪对初步安装埋件进行精准定位，控制偏差在 10mm 以内。在精度符合工程要求后，预埋件与墙体钢筋进行点焊固定处理，以避免混凝土浇筑时破坏埋件，其中预埋件安装如图 3-11 所示。

图 3-11　剪力墙钢骨柱预埋件安装

钢管柱安装：根据现场施工条件，钢管柱制作成 2～3 层一节柱，以达到节约成本和时间，减少钢管柱水平焊缝数量，保证施工质量的目的。工程实际采用的是 2 层一节柱设计，最长一节钢管柱为 11.78m。在吊装前，在钢管柱顶内部挂上爬梯及拉绳，将塔吊钢丝绳挂在挂钩上，使钢管柱吊装就位。钢管柱在与埋件相接后，通过点焊将其稍做固定，然后通过之前悬挂的拉绳对钢管柱进行校核，过程中使用全站仪及其他测量工具进行定位及垂直度调整。调整到位后，将钢管柱与埋件焊接牢固，最后通过爬梯上至柱顶将钢丝绳摘取，完成安装工作，安装过程如图 3-12 所示，剪力墙中钢管与墙体的位置关系（局部）示意图如图 3-13 所示。

（2）钢筋绑扎

立筋安装：钢管柱剪力墙内设置了大量的混凝土暗柱，墙体钢筋绑扎时先将柱子立筋安装到位，因钢管柱的影响，操作空间极其狭小，柱子箍筋只能从钢筋顶部通过滑落方式逐步将箍筋绑扎到位。这一过程中，将安排 3 组人员进行配合绑扎工作，一组在顶部将箍筋放落，一组在中部将卡住的箍筋敲落，最后一组在底部逐一将箍筋按照设计要求进行固定，如图 3-14 和图 3-15 所示。

墙体异型箍筋安装：按照设计图纸要求，墙体外部设计了大量的异型封闭箍筋，每层平均有 70 种不同型号尺寸的箍筋，最长箍筋达 42m，对加工精度、安装技术要求极高。因墙体周长较长，异型箍筋总长超过了市场上的 12m 定尺钢筋长度，因此，该部分异型箍筋只能通过加工成零散的构件，然后通过焊接的形式将异型箍筋连接起来。异型箍筋样式如图 3-16 所示，剪力墙钢筋绑扎如图 3-17 和图 3-18 所示。

图 3-12　剪力墙钢骨柱安装过程

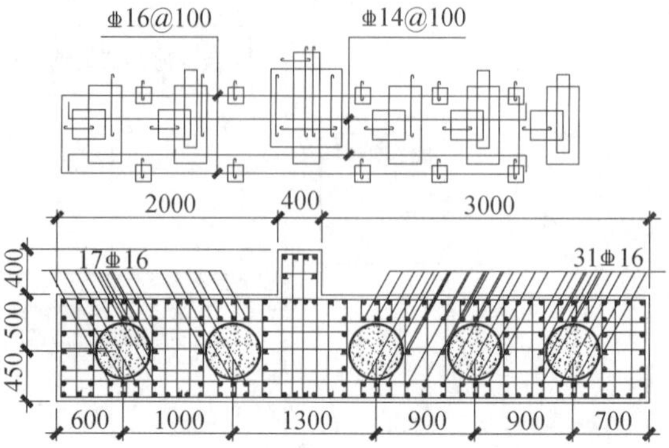

图 3-13　剪力墙内置钢管柱局部

图 3-14　钢管柱内小箍筋绑扎

图 3-15　核心筒内 1m 异型剪力墙钢筋安装

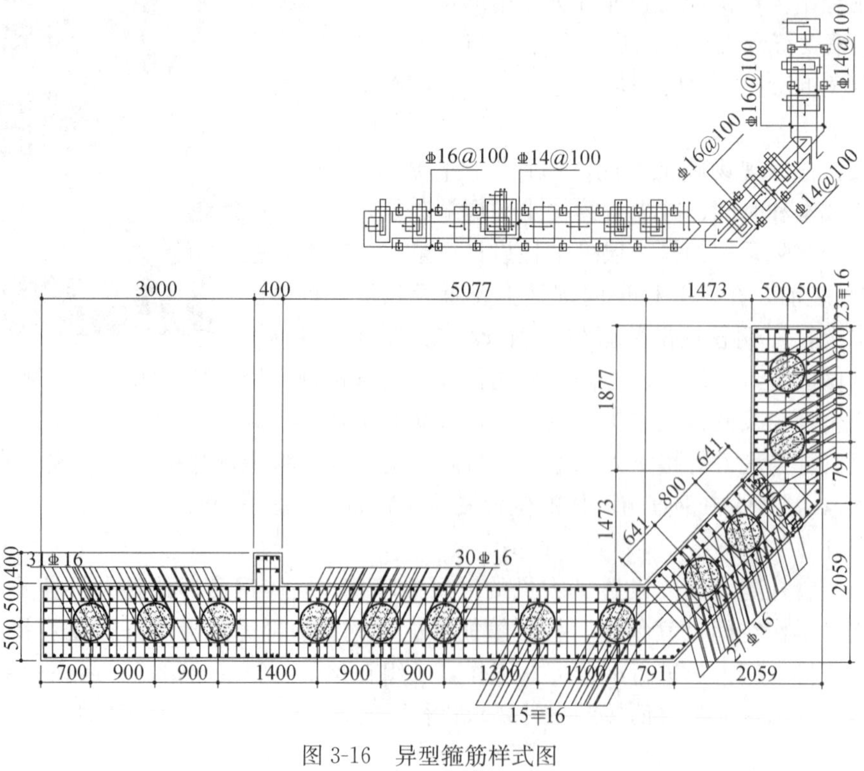

图 3-16　异型箍筋样式图

图 3-17　剪力墙钢筋绑扎

图 3-18　密集加劲钢柱剪力墙钢筋绑扎

墙体钢筋校核：因钢管柱的影响，钢管剪力墙钢筋容易跑位，且难以进行调整，需经过多次验证。在墙体钢筋绑扎完成后，用槽钢或者背楞等工具对偏位的墙体钢筋进行加固校核。首先将 2～3 根通丝螺杆焊接在不同的钢管柱上，并确保其位于同一直线上，然后将背楞（或槽钢）穿过螺杆，将其强力拧紧，促使墙体钢筋校核到位，如图 3-19 所示。钢筋绑扎成型效果如图 3-20 所示。

图 3-19　钢管剪力墙钢筋校核

图 3-20　钢管剪力墙绑扎成型效果

（3）模板安装

安装墙脚定位钢筋：为确保模板安装准确无误，在安装墙体模板前，在墙脚下按照设计要求进行墙边线放线，然后每隔 200mm 左右钻孔打入短钢筋棍，用于墙底模板的定位。

墙体模板清理及涂刷脱模剂：该工程使用的是全铝合金模板体系，在墙体模板安装前，需对模板进行清理，将其表面的混凝土及其他杂质清除干净，并用滚筒均匀涂刷专用脱模剂，便于后期拆模。

模板安装：受剪力墙内钢骨柱的影响，墙体模板安装时所用的穿墙螺杆需避开钢骨柱。安装时先将模板靠在墙上，然后对准位置用钻机在模板上打孔，以确保孔眼避开钢骨柱，使得穿墙螺杆能够顺利穿过墙体，将各个剪力墙加固到位，如图 3-21 所示。对较高楼层，模板侧面加设两道斜撑，以避免混凝土浇筑时造成模板倾斜。

图 3-21　钢管剪力墙模板安装

（4）混凝土浇筑及养护

内置钢管混凝土组合剪力墙的混凝土浇筑时分为剪力墙混凝土浇筑及钢管柱内部混凝土浇筑两方面，浇筑施工流程如下：

① 剪力墙顶部混凝土凿毛：在混凝土浇筑前，对原剪力墙混凝土面进行剔凿处理，剔凿深度为 30～50mm，且需保持纹路基本一致。同时钢管柱混凝土表面也需进行

凿毛处理，以利于新旧混凝土连接牢固。

② 剪力墙浇筑：按照工程设计要求，钢管剪力墙内浇筑 C70 强度等级混凝土，在没有钢管柱的楼层，仅对墙体进行混凝土浇筑施工。在浇筑时，严格控制混凝土的坍落度，保证其流动性，同时，严格按照每 500mm 一道进行分层浇筑，并在过程中加强振捣，保证剪力墙内混凝土振捣到位，以避免因钢管剪力墙内钢筋密集、墙内空隙狭小等原因导致的蜂窝、孔洞等质量缺陷的产生。成型效果如图 3-22 所示。

③ 钢骨柱混凝土浇筑：工程钢管柱为二层一浇，施工时与剪力墙一起浇筑。由于钢骨柱高度较高，浇筑时需严格进行分层浇筑，不能一次性将钢管柱混凝土浇灌满，否则会导致柱内混凝土难以振捣密实。在钢骨柱混凝土顶部预留出 200～300mm 的空间，用于后期蓄水养护。

④ 养护：在墙体模板拆除后，对剪力墙进行养护，由于 C70 混凝土强度等级高，散热量大，混凝土表面水分蒸发快，为达到更好的养护效果，采取在剪力墙上挂麻袋片或者旧棉被的方式进行剪力墙的长期湿水养护，如图 3-23 所示。钢骨柱内养护水面的高度为 100～150mm，并保持长期有水，在混凝土浇筑前将柱内积水清理干净即可。

图 3-22　钢管剪力墙混凝土成型效果

图 3-23　钢管剪力墙混凝土湿水养护照片

2. 效益分析

九洲国际大厦项目工程核心筒墙体采用的内置钢管混凝土组合剪力墙比一般传统钢筋混凝土剪力墙具有更好的抗侧能力和抗震性能，同时也满足了超高层建筑的空间布局和使用要求。基于该项目的实际情况，使用内置钢管混凝土组合剪力墙结构形式更为经济、合理，主要原因如下：

（1）选用内置钢管混凝土组合剪力墙结构更节省钢材，经济指标较高。

（2）九洲国际大厦项目工程施工场地狭小，内置钢管混凝土剪力墙的使用采用了大量工厂预制钢构件，提高了施工效率，降低了场地限制对施工带来的不利影响。

（3）通过该项目总结了一套适用于内置钢管混凝土组合剪力墙的施工工艺流程，可为此类结构在超高层建筑的施工提供借鉴。

3. 总结

（1）与传统的钢筋混凝土剪力墙相比，内置钢管混凝土剪力墙具有承载力高、抗侧刚度大和抗震性能好等优点；同时，采用内置钢管混凝土剪力墙可以实现构件的产业化生产，降低对施工场地的要求，提高了施工效率。结合工程实践可见，内置钢管混凝土组合剪力墙在高层和超高层建筑中具有广阔的应用前景。

（2）根据九洲国际大厦项目的建设施工可知，内置钢管混凝土剪力墙的施工组织容易实现，该工程所采取的施工工艺可为大体量内置钢管混凝土组合剪力墙的施工提供参考和借鉴。

（3）目前对内置钢管混凝土组合剪力墙的受力机理、抗震性能等性能开展的试验和理论研究并不系统，有待进一步研究；同时，规范中也缺少针对性的条款，应结合工程应用实践对规范进行完善。

3.1.3　钢管柱外包混凝土施工技术

3.1.3.1　施工方案

1. 施工工艺流程

施工工艺流程如图 3-24 所示。

（1）施工准备

项目部技术人员对工人进行技术交底培训，明确施工工艺流程及质量标准。

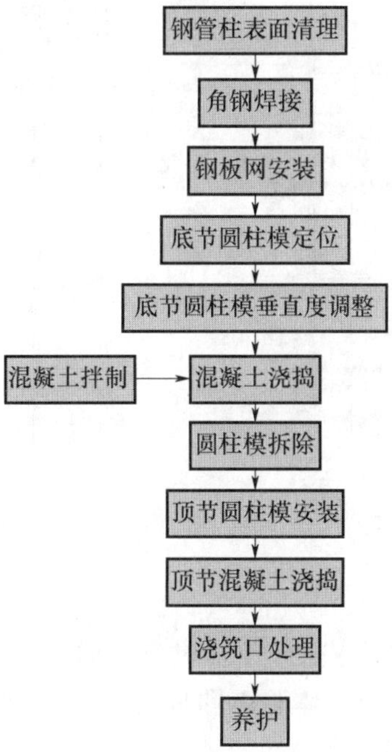

图 3-24　施工工艺流程图

（2）操作架搭设

地下室及主楼与裙房有交接区域每颗钢柱周圈均需搭设双排操作架，架体跨距 1.2m，排距 0.6m，步距 1.5m，架体四周加设竖向剪刀撑，架体距钢柱边缘最近距离为 40cm，操作层需满铺木脚手板，操作层底部满挂安全平网，防护栏杆满挂安全立网，如图 3-25 与图 3-26 所示。

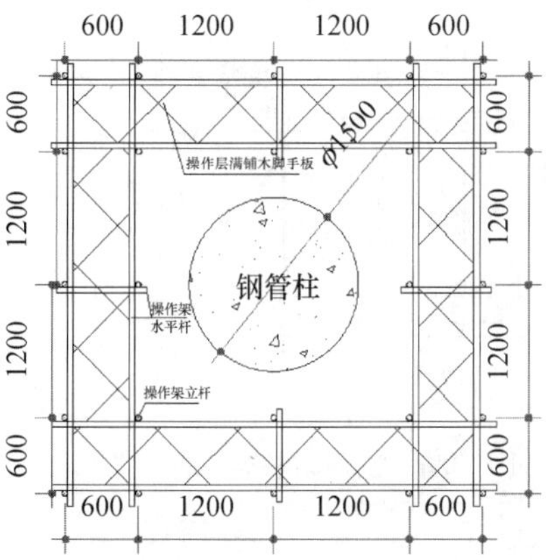

图 3-25　操作架平面图

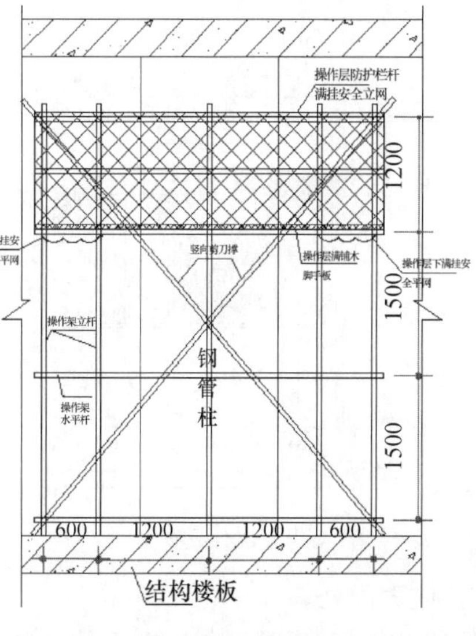

图 3-26　操作架立面图

首层至三层一区西段钢管柱高度为 14.65m，八层至十层一区西段钢管柱高度 7.55m，对该处钢管柱操作架需进行加固，现在操作层下部已施工钢管柱上采取抱箍的方式进行加固，如图 3-27 与图 3-28 所示。抱箍采取隔一抱一的方式，另沿操作架四周需自下而上设置连续剪刀撑，剪刀撑与水平面夹角为 45°～60°之间（具体做法见详图）。

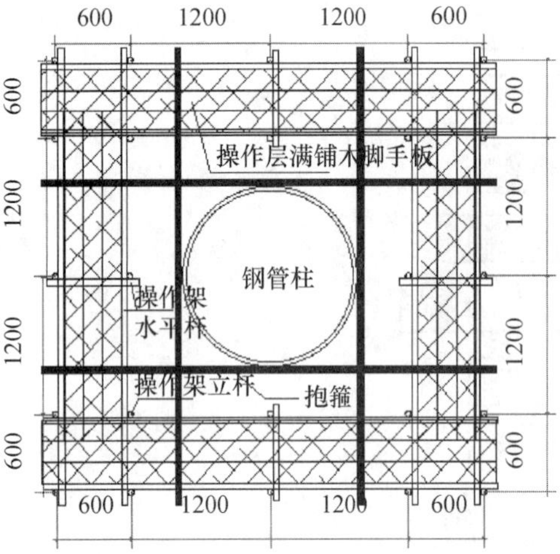

图 3-27　超高操作架平面图

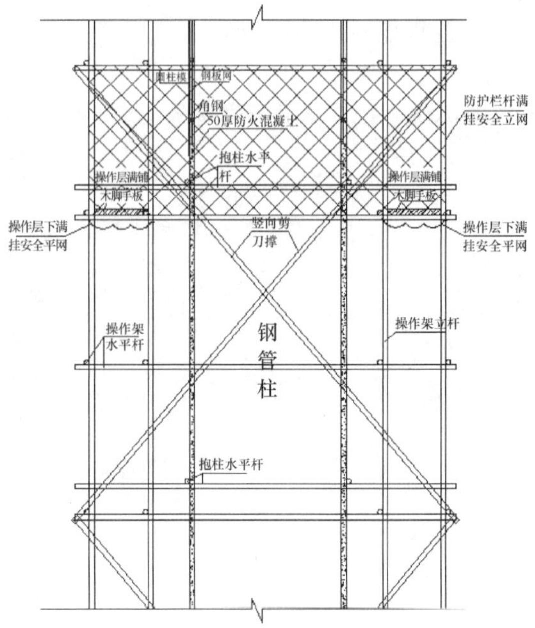

图 3-28　超高操作架立面图

塔楼上临边钢管柱外包混凝土施工用操作架搭设方式如下：除悬空侧外其他三侧搭设双排操作架，架体跨距 1.2m，排距 0.6m，步距 1.5m，架体四周加设竖向剪刀撑，架体距钢柱边缘最近距离为 40cm，操作层满铺木脚手板，操作层底部满挂安全平网，防护栏杆满挂安全立网，操作架施工部位以下每步均需与钢管柱进行抱箍；悬空侧搭设单排防护架体，并与其他三侧双排操作架连接为整体，防护架体与钢管柱间距为 40cm，从底部至顶部满挂安全立网，详细搭设方式如图 3-29 与图 3-30 所示。

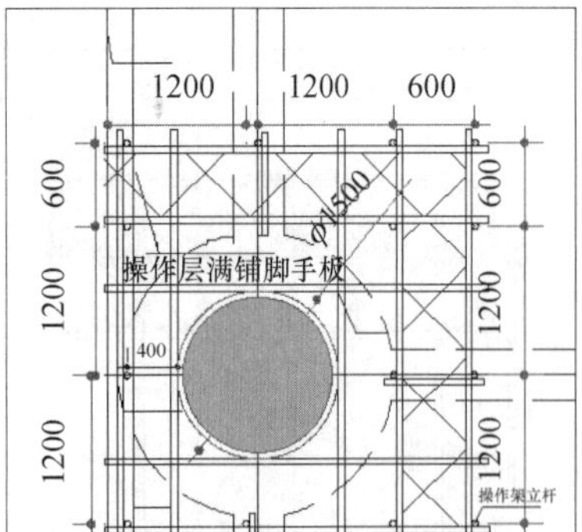

图 3-29　操作防护架平面图

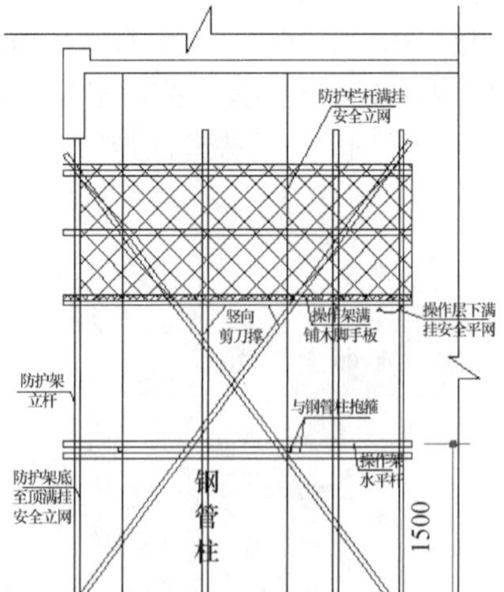

图 3-30　操作防护架立面图

（3）钢管柱表面处理

使用竹扫把扫除钢管混凝土柱表面的杂物，并使用安装钢丝刷的角磨机清除钢管柱表面锈迹、混凝土流浆，其中局部粘结牢固的混凝土流浆仅清除其表面浮尘即可。

（4）角钢焊接

在钢管表面焊接 40mm 长 L25mm×3mm 角钢用于钢板网固定。角钢沿钢柱周长四等分布置，竖向间距 600mm，全高布置，角钢一肢两侧与钢管贴焊，焊脚尺寸 h_f=3mm，焊接完成后将焊缝处的焊渣清理干净。

（5）钢板网安装

钢板网宽度分为 1.5m 和 2m 两种，单卷长度 30m。现场根据实际需用尺寸进行裁剪，裁剪长度计算如下：（钢管柱直径 D+50mm）×π+100mm 搭接长度；裁剪宽度计算方法如下：外包混凝土高度 H−钢板网宽度 h+100mm 搭接长度。裁剪完成后将钢板网从一个方向沿钢管柱进行包裹，搭接处使用 20 号铁丝以钢板网孔宽为间距进行绑扎。然后使用铁钳在钢板网上按照 500mm 间距剪开缺口用于布置水泥垫块，使用 20 号铁丝将钢板网与水泥垫块绑扎牢固，恢复钢板网的缺口，效果如图 3-31 所示。垫块主要起到控制钢板网位置的作用。

（6）圆柱模定位

根据钢管柱防火层厚度及单块圆柱模宽度在楼板上确定 8 个定位点，在每个点的位置上钻孔插入 ϕ6mm 钢筋头，每根定位钢筋的长度为 80mm，钢筋头伸出板面约 30mm 长，如图 3-32 所示，利用钢筋头定位圆柱模内侧控制防火保护层的厚度。

图 3-31　钢板网安装

图 3-32　圆柱模定位

（7）圆柱模安装

依据定位钢筋位置先行摆放一块圆柱模，圆柱模拼缝处避开定位钢筋，然后从左至右逐块拼装，使各块圆柱模凹凸企口交合，将钢带包箍圆柱模中部，一人检查防止圆柱模凹凸企口脱离，另一人紧固钢带柱箍两端接口螺栓将其固定牢固。再逐条安装钢带柱箍，柱箍第一道距地 150mm，向上间距为 500mm/道。其中，为防止圆柱模上下两节水平拼缝位置出现侧移或漏浆现象，需在水平拼缝位置处加设一道钢带柱箍进行加强，效果如图 3-33 所示。安装过程中时刻注意确保圆柱模凹凸企口拼接严密。

图 3-33　圆柱模安装加固

（8）圆柱模垂直度调整

将线坠托板插于圆柱模顶部与钢柱间隙内，放下并稳定线坠，使用刻度尺上、中、下三点检查圆柱模板的垂直度。刻度尺摆放需确保其与圆柱模接触点垂直，测量过程中须避免吊线和线坠碰触外物。当垂直度存在偏差时，通过在圆柱模底部采取垫垫块的方式进行调整，调整完毕后在圆柱模上口与钢管柱间塞入木楔，防止模板偏移，圆柱模底端与楼板间缝隙使用水泥砂浆封堵，防止漏浆。固定方式如图 3-34 所示。

（9）混凝土拌和

采用滚筒式搅拌机，根据C20细石混凝土配合比要求，使用磅秤称出各原材料用量，按照石子、水泥、砂、水、外加剂的顺序向搅拌机内加入原材料，搅拌均匀，搅拌时间不小于90s。在首盘搅拌时适当将水泥、砂用量加大。图3-35为混凝土现场搅拌图。

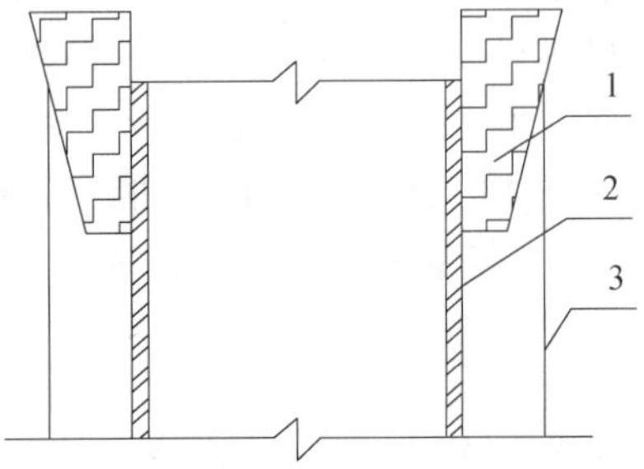

图3-34　圆柱模顶部固定示意图

1—木楔；2—钢管柱；3—圆柱模板

图3-35　混凝土拌和

（10）混凝土浇捣

将拌制完成的混凝土通过搅拌机反转倒入电动拖式混凝土泵进料口内，通过混凝土泵送系统将其从两侧对称泵送至圆柱模内，每层浇筑高度为300～500mm。使用附着式振捣器紧贴圆柱模振捣至无明显气泡冒出，辅以外侧橡胶锤敲击保证浇捣密实，如图3-36与图3-37所示。在每楼层混凝土浇筑过程中，随机取样、制作并留置一组标养试块。

图3-36　平板振捣器振捣

图3-37　辅以橡胶锤敲击

（11）圆柱模拆除

混凝土浇捣完成后，根据现场情况在约12h左右进行圆柱模拆除，拆模时按照从上到下，先柱箍再模板的顺序进行。拆除过程两侧对称同时进行，防止柱箍拆除后模板自行松动掉落。柱箍拆除后如模板未松动，使用橡胶锤轻敲圆柱模外侧，待其松动后人工搬运至地面。圆柱模拆除后及时清理柱箍及模板内壁残留的砂浆等杂物，涂刷脱模剂，分类摆放整齐，严禁堆压。拆除过程中如发现有粘模情况，立即停止拆除施工，并将已拆除部分进行恢复。

（12）浇筑口处理

圆柱模拆除后，顺着混凝土浇筑高度位置处弹水平线，然后使用角磨机沿弹线进行切割，切割深度15mm左右。切割完成后使用凿子将施工缝处的混凝土浮浆凿除至露出坚硬石子，并用水冲干净。使用C20干硬性混凝土将浇筑口及钢管柱顶部未充满混凝土处根据钢管柱弧度分层进行修补，最后面层使用抹子压实赶光，如图3-38所示。

(13) 养护

拆模后在 3h 内将钢管柱外包混凝土表面均匀喷涂养护剂，并缠裹塑料薄膜进行养护，效果如图 3-39 所示，养护时间不小于 14d。

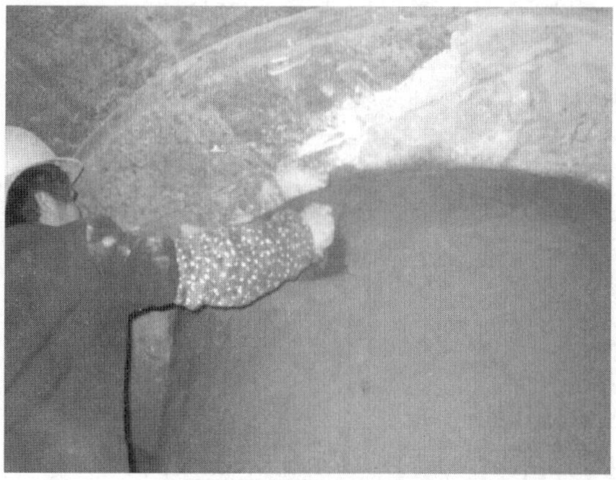

图 3-38　浇筑口封堵

图 3-39　混凝土表面满覆塑料薄膜

2. 机械、材料吊转

电动混凝土拖泵、圆柱模、架子钢管等机械及材料的吊转通过使用塔吊和每层安装的悬挑式卸料平台完成。悬挑式卸料平台尺寸为 3.5m×5.6m，如图 3-40 所示。主梁使用 22a 号工字钢，悬挑长度为 5.9m；次梁使用 18 号工字钢，钢丝绳使用 6mm×19mm×22mm 规格，钢丝绳通过结构梁上通丝螺杆套管孔与结构梁进行拉结。

图 3-40　电动混凝土拖泵吊运

具体做法如图 3-41 与图 3-42 所示，地下室材料、机械等周转通过汽车坡道使用车辆进行运输。

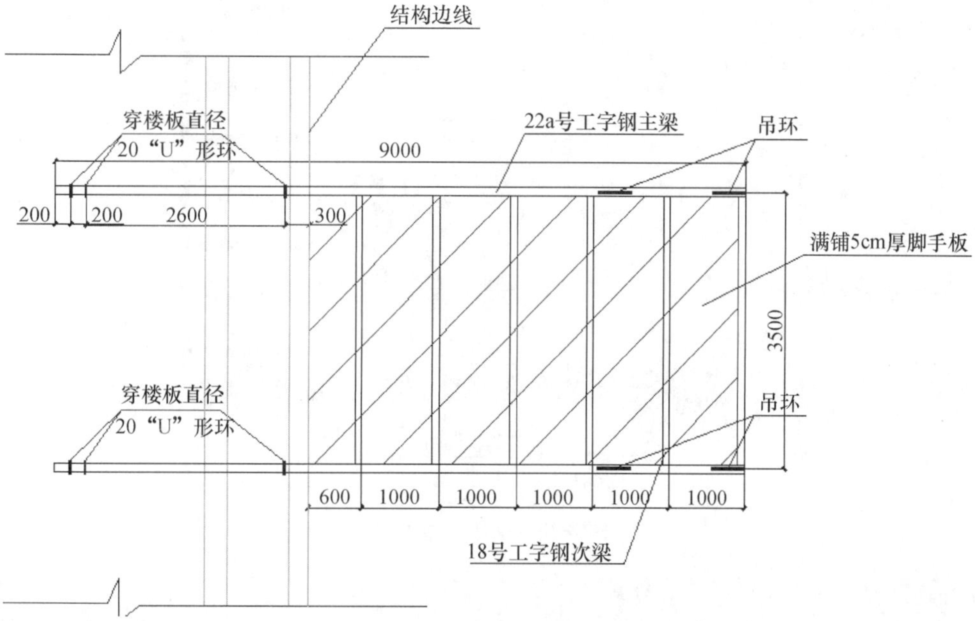

图 3-41　卸料平台平面图

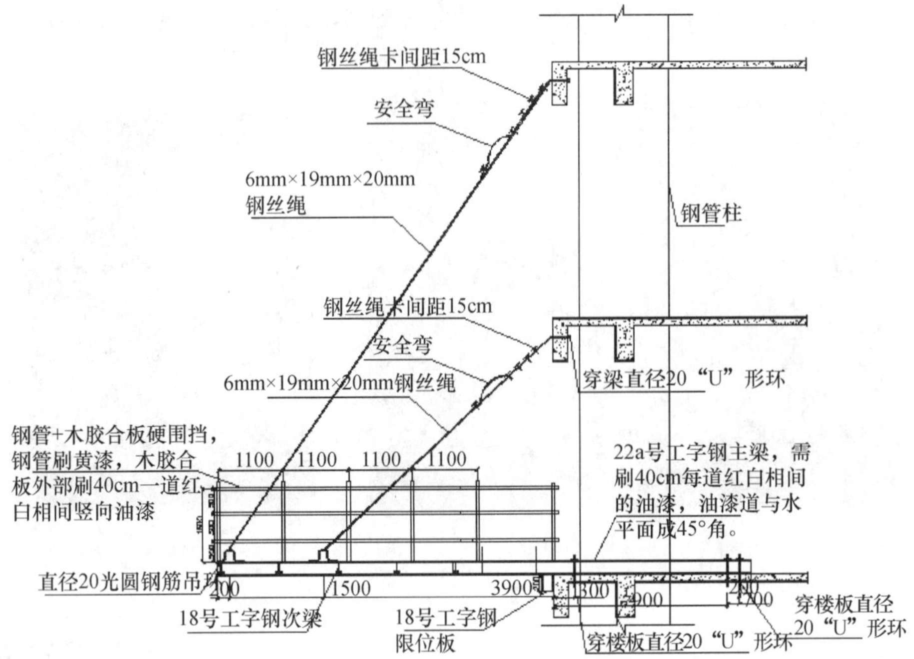

图 3-42　卸料平台立面图

3. 泵送层布设

泵送层布设示意如图 3-43 所示，泵机和混凝土搅拌机布设在泵送层，泵管通过 9—10/K 轴区域内的加压井预留洞竖向布设，为了平衡垂直管道混凝土产生的反压，地面需铺设一定长度的水平管道，泵管在每层使用管箍对其进行固定。在泵的出口端水平管和水平转垂直处各安装一套液压截止阀，阻止垂直管道内混凝土回流，便于设备保养、维修与水洗，泵管每浇筑一次需进行一次洗管。

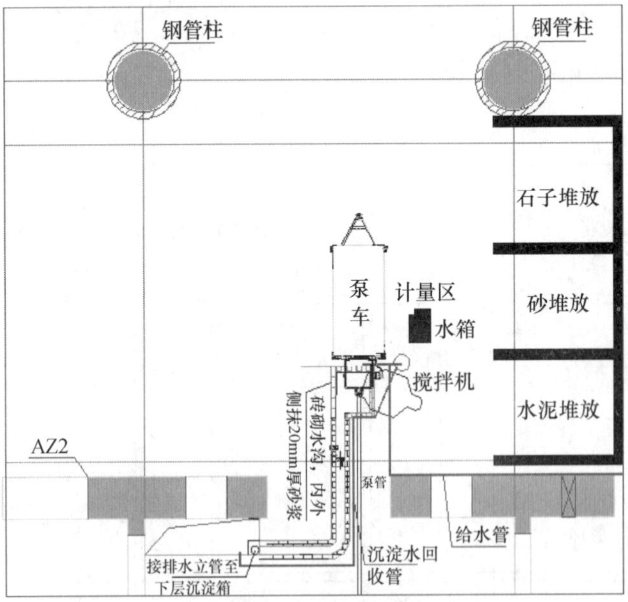

图 3-43　泵送区布置图

4. 排污措施

排污示意图如图 3-44 所示，混凝土泵管采用从上向下水洗，水洗产生的废水及废弃混凝土都排到泵送层的砖砌排污沟里。排污沟向下接 ϕ150mm 的 PVC 排污管，污水通过排污管排到下一层废水沉淀箱内，沉渣清理到料斗中运输至到地面垃圾池，沉淀后水用污水泵抽至泵送层搅拌机用水箱内循环使用，做法图如图 3-45 所示。排污沟用砌体砌筑 120mm 厚侧壁，排污沟净宽为 20cm，高 20cm，其内侧壁及底部需用砂浆抹灰 20mm 厚，底部向排水口找坡 1%。

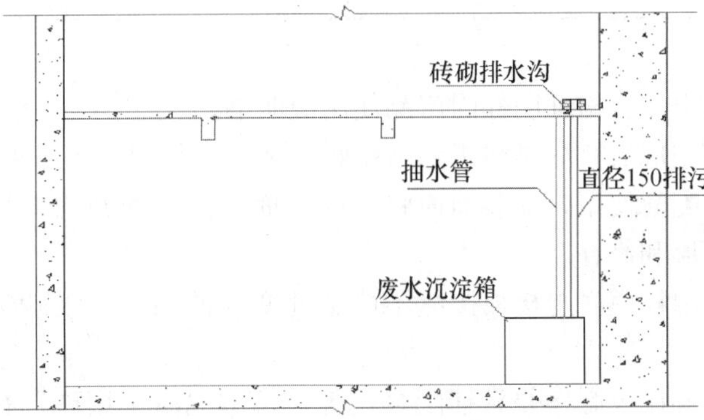

图 3-44　排污示意图

图 3-45　泵送区排污做法图

3.1.3.2　质量要求

1. 质量控制依据

防火层质量控制应严格按《混凝土结构工程施工质量验收规范》《建筑钢结构防火技术规范》和《建筑装饰装修工程质量验收规范》等相关要求执行。

2. 防火层施工质量应符合表 3-7 和表 3-8 的要求。

表 3-7　主控项目

序号	项目	控制标准	检查方法
1	基层	钢结构表面无可见的油脂、污垢等附着物	观察
2	原材料	符合设计要求和国家现行标准规定	检查产品合格证明、进场复验报告、配合比试配报告
3	厚度	－4mm，＋5mm	钻孔、尺量
4	强度	符合设计要求	检查混凝土试块检测报告

表 3-8　一般项目

序号	项目	标准	检查方法
1	表面质量	颜色均匀一致，没有明显色差，无漏浆，无油迹及锈斑	距离构件表面 3m 观察
2	外观质量缺陷	不超过《混凝土结构工程施工质量验收规范》（GB 50204—2002）（2011 年版）表 8.1.1 中的一般缺陷要求，如属于严重缺陷，按照《广西九洲国际大厦工程混凝土缺陷处理方案》中相关条款内容进行修补	尺量、刻度放大器

续表

序号	项目	标准	检查方法
3	拼缝高低差	不大于 2mm	2m 靠尺，塞尺
4	垂直度	允许偏差±4mm	线坠、钢卷尺

3. 质量保证措施

（1）圆柱模板成品应有出厂合格证明并附产品使用说明书。

（2）钢管混凝土柱安装完成后宜尽早组织隐蔽验收，及时进行混凝土防火保护层施工。

（3）同规格的圆柱模应配套使用，安装前应将其内表面清理干净并均匀涂刷脱模剂。对变形及损坏的圆柱模和配件应及时整形和修补。

（4）为防止漏浆，应在圆柱模底与楼板接缝不严密处塞入低强度等级砂浆，圆柱模拼缝之间的凹凸企口要求拼接严密。

（5）现场实验室出具配合比单制作并悬挂配合比牌，每罐混凝土用砂、石、水泥均需严格按照配合比牌要求，使用磅秤进行称量，外加剂用量使用台秤进行控制，各种原材料计量偏差不得超过表 3-9 的要求。

表 3-9　各种原材料计量的允许偏差（按质量计,%）

原材料种类	计量允许偏差	原材料种类	计量允许偏差
胶凝材料	±2	拌和用水	±1
粗细骨料	±3	外加剂	±1

4. 裂缝防治措施

（1）钢结构的表面基层处理，要做到干净、无杂物附着。

（2）注意薄壳混凝土浇筑的连续振捣密实，防止结构疏松。

（3）加强混凝土浇筑后的保水养护，防止失水收缩产生裂缝。

（4）严格按照要求控制混凝土水灰比。

3.1.3.3　成品保护要求

（1）安装圆柱模时不得撞击已安装好的钢板网，防止钢板网脱落。

（2）浇捣混凝土及安拆操作架时不得撞击已安装好的圆柱模，保护模板的牢固和严密。

（3）不得任意拆改模板的连接件及螺栓，以保证模板的外形尺寸准确。

（4）混凝土浇筑、振捣时，要保护好已焊接的角钢及钢板网。

（5）保护好预留洞口、预埋件及水电预埋管、盒等。

（6）模板拆除时需确保混凝土表面不被损坏。

3.2　实际应用

RC 环梁是近几年开发的一种 RC 梁和 STCC 柱的连接构件，钢管内无加劲板，无穿心构件，不影响管内混凝土浇筑，可在地面工厂化加工，不占用工期，绑扎成型后整体吊装安装，高空就位方便。解决了钢筋混凝土楼盖和 STCC 柱的连接工艺，较钢结构外框架＋钢筋混凝土核心筒结构体系大大减少了工程造价。

外包混凝土能够提高钢构件的耐久性能和可靠性，具有较好的经济实用性；同时工程设计的一套外包混凝土的施工工法，保证了施工质量，提高了施工效率。

钢管混凝土剪力墙的施工组织容易实现，传统施工工艺可以得到较好的应用。同时，采用钢管混凝土剪力墙可以实现钢构件的产业化生产，降低对施工场地的要求。该工程所采取的施工工艺流程有效可行。

第 4 章　结构变形监测

4.1　主体结构徐变监测

4.1.1　结构徐变研究和应用现状

4.1.1.1　钢管混凝土徐变基础理论

钢管混凝土的徐变特性是由混凝土的徐变特性与核心混凝土和钢管之间的应力重分布相互作用的结果。由于混凝土的徐变机理非常复杂，影响因素众多且程度各异，不少学者就此提出过的黏弹性理论、渗出理论以及黏性流动理论等各种理论及假设还没有哪一种被普遍接受。也因为混凝土徐变过程的复杂性和不定性，以及引起的材料的非线性特性，使得所有关于混凝土徐变分析理论都不是既简单又精确的，而其相应的数学模型也存在着一定的分歧和不确定性。应用于普通混凝土徐变研究的理论有：老化理论、先天理论、继效流动理论、弹性老化理论、按龄期调整的有效模量法等。对常用的钢管混凝土构件，在弹性工作阶段的最大载荷约为极限荷载的 70％～80％，对大多数实际工程来说，使用荷载一般为极限荷载的 50％～60％。因此，一般只对弹性工作范围内的钢管混凝土徐变特性进行分析。在外荷载作用下，钢管和混凝土都处于多轴应力状态，自然需要采用多轴应力状态下的混凝土徐变理论来描述钢管混凝土构件中核心混凝土的徐变。而继效流动理论由于能够较为全面地描述混凝土的构成、机理及混凝土在多轴应力状态下徐变的特点，能够细致分析混凝土徐变的组成因素，非常适用于计算处于卸载状态的混凝土的徐变，从而较多地被用于钢管混凝土相应徐变问题的计算。值得一提的是，叠加原理是继效流动理论的基础，那么该理论自然只适用于弹性工作阶段范围，以保证求解的精确可靠。现有的关于钢管混凝土徐变的计算大多是基于 2 种材料粘结良好、满足变形协调条件及平截面假定的基础上，进行公式推导并编程迭代计算。事实上，这样一系列工作很繁琐，但相比而言在精度上就有了一定的保证。一般说来，低应力时钢管混凝土的徐变与素混凝土的徐变呈线性关系，高应力时呈非线性关系。随着应力增大，由弹性向塑性阶段过渡，变形不断增加，钢管内的附加应力逐渐减小，但不管是在低应力还是在高应力状态下，徐变对钢管混凝土的强度承载力均无影响。

4.1.1.2　钢管混凝土徐变研究现状

对混凝土的徐变已经进行了几十年的试验和研究，早期大多是通过做试验得到大量的试验数据，然后对数据进行一系列的回归分析，构造函数得到拟合的徐变参数。但是自从美国西北大学建立了实验数据库，随着数据的逐渐完善，通过比较发现这种预测模型有时候误差会达到 20％以上。

1967 年，Furlong 最早进行了钢管混凝土收缩徐变试验，接着 1991 年 Nakai 以及 1994 年 Terry 等人都进行了类似的试验，表明在连续加载情况下，构件承载力比在试验过程中由于观察应变和挠度的变化而间歇加载的情况高出近 10％。

我国于 20 世纪 50 年代末开始进行钢管混凝土组合结构的研究，主要集中在内填充型钢管混凝土结构。目前，我国在钢管混凝土组合结构力学性能和设计方法、施工技术、耐火性能等方面展开了比较系统的研究工作，取得了巨大成就，其构件性能、理论研究和实际应用在国际上处于领先地位。

（1）不同受力情况下钢管混凝土的徐变研究状况

哈尔滨建筑大学的钟善桐、齐加连在理论上创立了“统一理论”。在此基础上通过本构关系调整按组合模量的变化来分析钢管混凝土徐变对钢管混凝土构件稳定的影响，并在1978年、1983—1984年进行了两次大规模的圆钢管混凝土轴压构件和压弯构件的徐变试验，与理论计算吻合良好，并确定了很多特征参数。

20世纪90年代中期，重庆交通学院的刘忠、顾安邦、范立础等建立了Dirichlet级数退化核的改进形式的徐变函数表达式，取得了一系列重要成果。而且他们还完成了钢管混凝土轴心和偏心收缩徐变模拟实验，通过试验的检验，发现理论公式更符合工程实际，如图4-1所示。

20世纪90年代末期，北京交通大学的王元丰、韩冰对钢管混凝土的收缩徐变进行了一系列的理论研究，包括轴心受压、小偏心、大偏心受压构件以及受弯构件收缩徐变的研究，从理论上推导出了各种受力形势下的徐变公式，并与试验数据进行对比，发现符合良好。如图4-2所示。

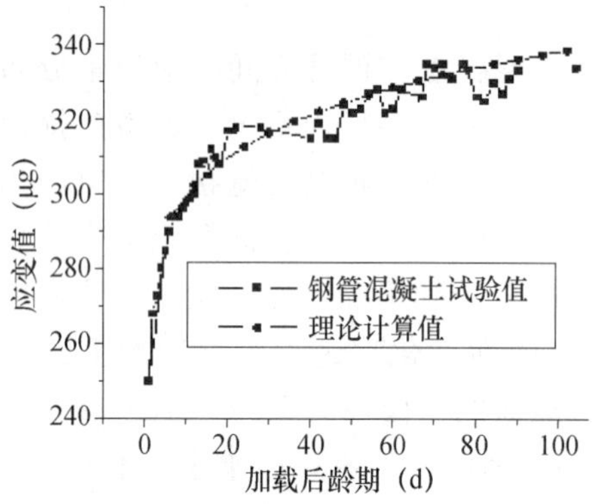

图4-1　钢管核心混凝土徐变与理论计算对比

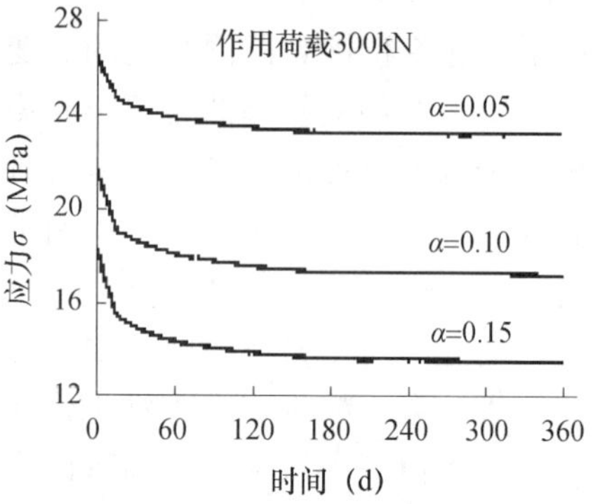

图4-2　轴压下核心混凝土应力随时间变化曲线

2002年，谢肖礼、秦荣考虑竖向构件轴力变化、混凝土弹性模量变化及收缩徐变使钢筋混凝土截面应力重分布引起混凝土截面应力的变化，利用混凝土徐变中值系数和混凝土弹性模量中值系数，推导出高层建筑竖向承重构件的应变计算公式，通过分析施工过程收缩徐变的变形特点及其对水平构件的影响，建立了高层建筑结构收缩徐变竖向变形计算公式。

2011年，冯伟、查晓雄考虑到在高层和超高层建筑中采用钢管混凝土结构能够充分利用空钢管所具有的强度和刚度，并能较好地解决混凝土硬化时间较长与施工速度之间的矛盾。但他们也发现在结构施工过程中，构件所受长期荷载随施工过程逐渐增加，徐变持续发展，混凝土卸载、内力重新分布，导致构件稳定承载力降低。所以他们运用Dirichlet级数建立了管内混凝土徐变模型，并应用非线性有限元软件ABAQUS对钢管混凝土轴压构件徐变以及承载力进行了有限元计算，较好地模拟了钢管混凝土轴压构件的徐变过程。他们回归分析了钢管混凝土的徐变性质，并认为可以用初应力的方法粗略估计徐变构件对承载力的影响。

（2）大跨度钢管混凝土拱桥的徐变研究状况

2002年，广西大学的谢肖礼对钢管混凝土桁拱考虑节点局部变形的分析方法进行了较深入的研究，论述了采用QR分解法分析钢管混凝土拱桥的实施步骤，导出了在短期荷载作用下钢管混凝土拱桥任意形状截面内力分配及钢管和混凝土各自应力的半解析表达式，所得结果与有限元结果很吻合。在分析节点的变形和应力时，可采用按拱桥中心所得内力和位移作为节点端部的外力和位移边界条件，所得结果与子结构法结果吻合较好，满足工程精度要求。其次，他论述了钢管混凝土构件的收缩徐变特征，并与钢筋混凝土的收缩徐变作了比较，导出了钢管混凝土拱桥徐变分析的微分方程，并由此分析确定计算时应考虑徐变对拱轴线变形的影响。最后，采用混凝土老化理论、变形协调、中值理论及平衡条件，并考虑混凝土的弹性后效及受四周约束作用的徐变特性，他导出了钢管混凝土拱桥徐变收缩引起的截面应力重分布的表达式。该公式计算简单，方便工程技术人员应用。他还分析了万县长江大桥模型试验，所得结果与试验结果吻合较好，同时指出了影响该桥型应力的主要因素是施工过程中产生的初应力、收缩徐变产生的截面应力重分布，提出了一些应注意的工程技术问题和今后努力的方向。还利用他提出的计算公式对广西南宁永和大桥的徐变影响进行了分析，得出了徐变对截面应力重分布的影响量值，研究表明，徐变导致钢管应力明显增大 40%～50%，这应引起工程界的重视。

2006 年，湖南大学的姚宏旭、陈政清在长期的室内试验的基础上，对素混凝土和钢管混凝土做了收缩和徐变的对比试验，得出钢管混凝土的收缩徐变规律，对试验数据进行了拟合，对钢管混凝土的收缩和徐变系数进行了分析和比较，从而为钢管混凝土的徐变计算模式提供参考，同时通过引入合理的假定，并结合由“龄期调整有效模量法”导出的混凝土徐变本构关系，推导出了钢管核心混凝土考虑徐变影响后的等效弹性模量计算公式，并以此为基础采用通用结构分析程序 ANSYS 对成桥后钢管和混凝土的应力重分布进行了计算（图 4-3）。

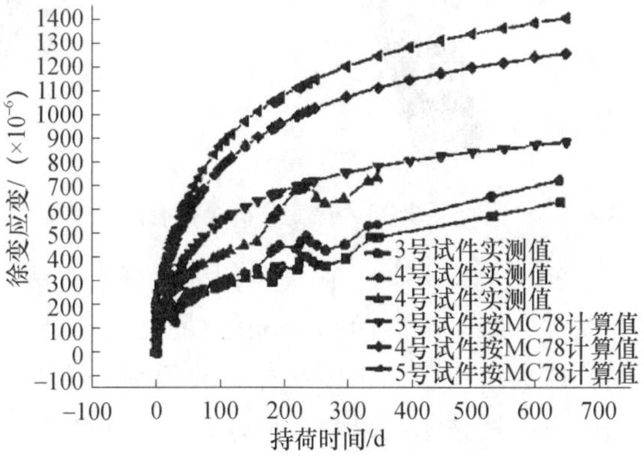

图 4-3　徐变应变实测值与按 MC78 规范计算值

2006 年，周耀、王元丰推导了钢管混凝土轴心受压构件的徐变计算方法，建立了丫髻沙大桥有限元模型，经实际测量值与已有研究成果对比表明，建立的有限元模型能够反映实际结构的动力和静力特性。基于继效流动理论和钢管混凝土统一理论，他们计算分析了徐变对丫髻沙大桥自振频率和动力响应的影响，结果表明徐变对桥自振频率和动力响应影响较大，特别是在徐变发生的早期阶段，并且得出徐变会使得钢管应力增大，钢管内混凝土应力减小，钢管混凝土拱桥地震反应增大，1/4 跨截面地震反应比主拱拱肋跨中截面的地震反应变化更大。

2007 年，张智成提出在合理的假设前提下，采用“龄期调整的有效模量法”得到的混凝土徐变方程式，推导出钢管核心混凝土的换算弹性模量计算公式，该公式能综合考虑混凝土的徐变影响和钢-混凝土之间的相互作用，将其应用到钢管混凝土拱桥的徐变分析中，极大简化了徐变分析过程。并基于通用有限元软件 ANSYS，应用此方法对一座 308m 跨的钢管混凝土拱桥进行了徐变分析，如图 4-4 所示，通过比较，证明了该方法不仅可行，而且具有较高的计算精度。

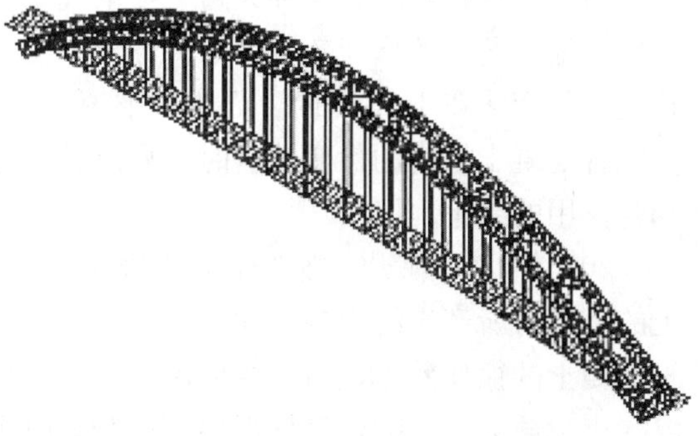

图 4-4　徐变分析全桥有限元模型

2011 年，李生勇、李凤芹、陈宝春基于龄期调整有效模量法推导出了钢管混凝土轴心受压构件徐变系数公式，并采用该公式对钢管混凝土轴心受压构件进行了徐变分析。由徐变预测结果与试验数据比较得到：在 CEB-FIP78、CEB-FIP90 及 ACI 209R 等 3 种典型徐变系数模式中，ACI 209R 模式较其他两种徐变系数模式更为合理。当今徐变对大跨钢管混凝土拱肋截面应力重分布及拱肋位移的影响不容忽视。他们采用 ACI 209R 徐变系数模式对 1 座跨径 380m 的大跨钢管混凝土铁路拱桥进行了徐变分析，如图 4-5 与图 4-6 所示，并与 CEB-FIP78 模式计算结果进行比较，针对目前缺乏钢管混凝土徐变实测资料的状况，他们发现采用 ACI 209R 徐变模式进行钢管混凝土拱桥的徐变分析是可行的。

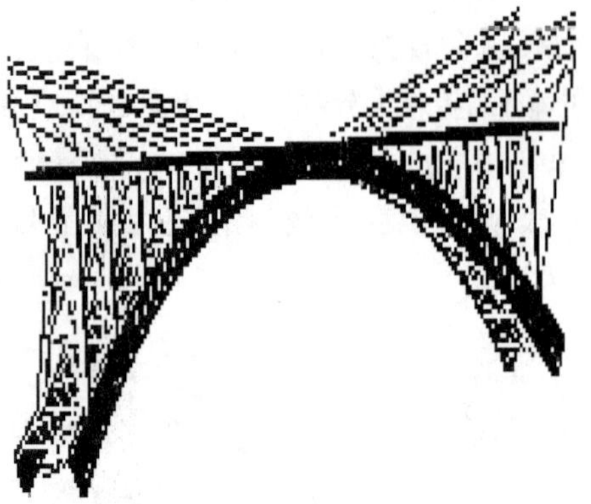

图 4-5　徐变分析全桥有限元模型

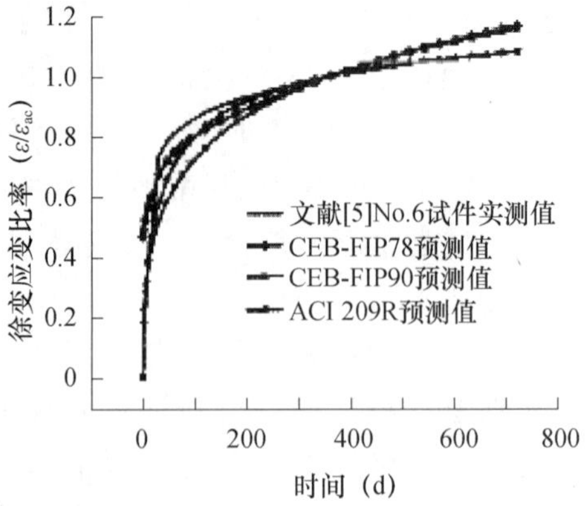

图 4-6　徐变应变率与时间的关系

2012 年，马坤、向天宇用随机分析方法对大跨度钢管混凝土劲性骨架拱桥的长期收缩徐变行为展开研究。基于响应面的 Monte Carlo 法引入收缩徐变效应的随机分析，对北盘江特大桥的长期变形和结构应力进行了基于概率意义的预测。结果显示，基于响应面的 Monte Carlo 法数值分析结果与拉丁超立方抽样技术结果吻合良好，验证了该方法的正确性。研究结果表明，收缩徐变效应的随机性不可忽略，若采用确定性分析结果，不能给出具有概率保证意义的分析结果。在响应面函数的基础上，他们定义了一种新的随机变量敏感性指标。分析结果显示，位移变化对收缩徐变模型的不确定性和环境湿度随机性较为敏感。徐变模型不确定性和混凝土弹性模量随机性是影响时变应力的重要随机变量，同时荷载大小的随机性同样不能忽略。

2013 年，武文杰、王元丰、马伊硕为研究大跨度钢管混凝土拱桥的徐变行为，基于混凝土徐变的 B3 模型，他们采用结构徐变效应分析的龄期调整有效模量法，建立了结构徐变的有限元分析模型，如图 4-7 所示。在此基础上，基于协同转动法考虑大跨度结构的几何非线性；利用生死单元技术模拟拱桥的分阶段施工过程；最后结合某大跨度中承式钢管混凝土拱桥，分析了考虑几何非线性和施工过程的徐变效应。数值分析表明：考虑这两个因素后拱肋挠度、钢管应力的变化在 10%以内，而拱肋混凝土应力的变化可达 50%；在分析大跨度钢管混凝土拱桥的徐变效应时，得出必须考虑几何非线性及施工过程与徐变耦合作用的结论。

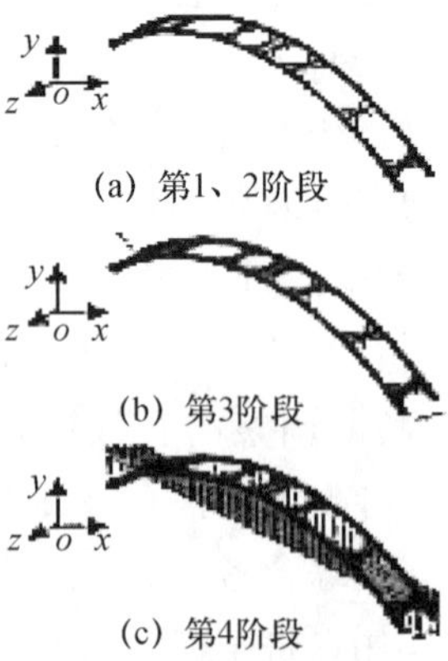

图 4-7　不同阶段丫髻沙大桥有限元模型

2015 年，卢伟升、杨为华为了研究长期荷载作用下的徐变对桥梁钢管混凝土的承载力所产生的影响，他们采用了弹性老化理论和继效流动理论计算了钢管混凝土的徐变效应，通过数值模拟研究了徐变效应下不同的物理参数对钢管混凝土承载力的影响，最终得出了徐变效应下混凝土极限承载力的影响系数的变化规律：在相同含钢率条件下，随着长细比在一定的范围内的增大，钢管混凝土的影响系数开始先小幅增大，但整体上呈减小的趋势，且减小的速率逐渐变快；在相同长细比的条件下，含钢率的增大导致影响系数的增大；在相同钢材型号的条件下，随着长细比在一定范围内的增大，钢管混凝土的影响系数先缓慢地增大，达到一定程度后逐渐趋于稳定；在相同长细比的条件下，不同的钢材型号对钢管混凝土承载力的影响差别不大。

（3）温度作用下钢管混凝土结构的徐变研究现状

2007 年，王元丰、刘可为在温度作用下混凝土徐变微预应力固结理论模型的数值微分解法基础上，采用四十多条试验曲线与 B3 模型计算曲线进行拟合计算加权系数，建立了考虑温度效应的混凝土徐变计算方法。将上述模型应用于钢管混凝土徐变的计算，在充分考虑温度作用下核心混凝土的徐变特点的基础上，建立了温度作用下钢管混凝土轴心受压构件的徐变计算模型，并且将此模型计算结果与常温下的钢管混凝土轴心受压构件试验数据进行对比，证明此模型的建立符合实际情况。

2008年，王元丰、陈晨基于B3模型，将考虑温度效应的微预应力法的混凝土徐变计算模型运用到钢管混凝土偏心受压构件的徐变计算中，结合钢管混凝土大小偏心受压构件的受力特点，建立了温度作用下考虑紧箍力的钢管混凝土偏心受压构件的徐变计算模型，并将该模型在程序上予以实现，编写出易于计算的温度作用下钢管混凝土大小偏心受压构件的徐变计算VB程序。将此模型计算结果与常温下的钢管混凝土偏心受压构件试验数据进行对比，证明此模型的建立符合实际情况，是合理可行的。

2009年，王元丰、邓思溢基于微预应力固结理论，建立了考虑温度作用的钢管混凝土结构的徐变计算方法，并对实际的钢管混凝土拱桥结构（丫髻沙大桥）的徐变效应进行了分析。一方面，通过将计算结果与实测结果对比，验证了模型和参数选取的正确性；另一方面，通过比较考虑温度变化和不考虑温度变化两种情况阐述了在徐变分析中考虑温度作用必要性。

（4）膨胀剂掺量对钢管混凝土徐变性能的研究现状

1994年，王湛分析了已有的普通混凝土及普通钢管混凝土的徐变结果，进行了部分钢管膨胀混凝土的徐变试验，得到了钢管膨胀混凝土的徐变特征，如图4-8所示，并得出了如下结论：钢管膨胀混凝土的徐变性能与普通钢管混凝土相近，但其稳定时间要相对提前；徐变不会影响钢管膨胀混凝土的强度承载力；在弹性段，徐变不会给稳定带来影响，但由于徐变的产生会使钢管膨胀混凝土的弹性段缩短，从而影响弹塑性失稳。

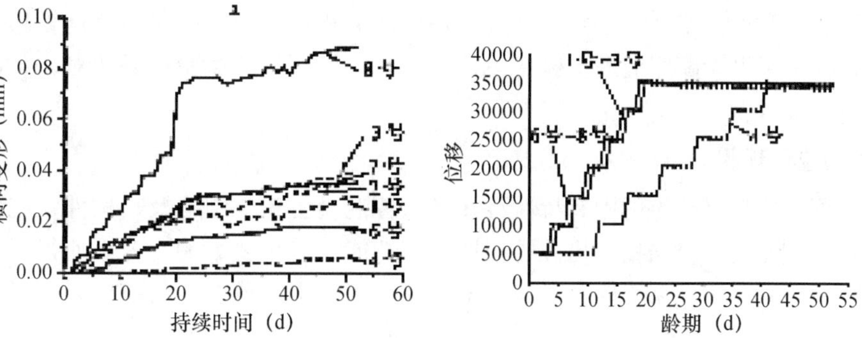

图4-8　钢管膨胀混凝土曲线图

2011年，王海洋、查晓雄、黄毫春、王晓冬认为实际施工中钢管混凝土的分层施工，以及为弥补收缩而使用的膨胀剂产生的徐变对钢管混凝土的性能影响不容忽视。所以在考虑钢管混凝土分阶段施工的基础上，他们分级施加徐变恒载。试验研究了膨胀剂掺量以及恒载加载间隔对钢管混凝土极限承载力与徐变纵向变形的影响，同时还对钢管再生混凝土结构的相应问题进行研究。根据图4-9，他们分析得出：膨胀剂的使用对普通钢管混凝土的极限承载力有提高作用，膨胀剂掺量增大时，徐变变形也有所增大。恒载施加间隔较大时，钢管混凝土的徐变变形幅值显著减小，而其对钢管混凝土的极限强度影响相对却不明显。相比之下，膨胀剂对钢管再生混凝土的徐变变形影响更大，变形成比例增大，而对极限承载力的影响却较小。

2014—2015年，张戎令、王起才等人对掺入膨胀剂的钢管混凝土进行了研究，他们以膨胀剂掺量（质量比）为4%、8%、12%配制钢管核心混凝土，进行了三种掺量下的钢管混凝土徐变试验研究。试验结果表明：膨胀剂掺量为12%时，徐变应变最小，8%次之，4%最大，即徐变应变随着膨胀剂掺量的增加而减小。同时为了阐明膨胀剂对钢管混凝土徐变作用的内在机理，他们应用扫描电镜二次电子成像观测及孔结构测试仪进行微观结构分析，分别进行了三硫型硫铝酸钙形貌、气泡数目、气泡弦长、硬化混凝土空气含量观测等。结果表明：膨胀剂反应生成三硫型硫铝酸钙，填充在混凝土结构的空穴和缝隙中，完全填充或减小混凝土中的大气泡或小气泡，起到补偿收缩的作用。

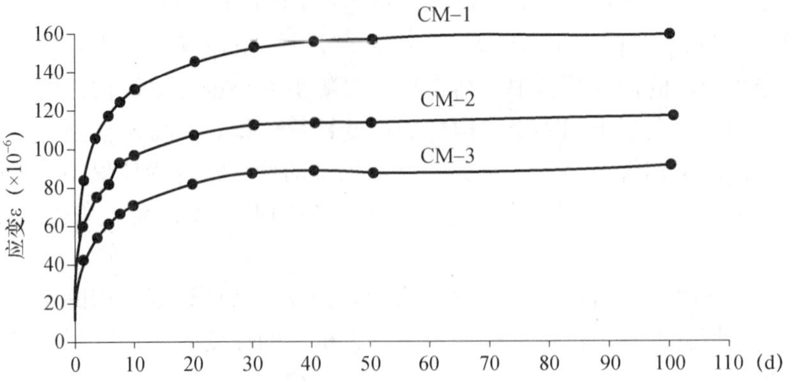

图 4-9　徐变恒载与龄期曲线

2015 年，曹国辉、胡佳星、张锴、何敏在室内环境中，对 8 个混凝土圆柱体试件进行长达八百余天的收缩徐变测试，对比了混凝土、钢管混凝土、钢管膨胀混凝土圆柱体的收缩徐变时程规律，得到了钢管膨胀混凝土收缩徐变特性。试验结果表明：钢管膨胀混凝土徐变变形在 100d 内变化较大，100d 后基本处于平稳状态，与未添加膨胀剂钢管混凝土徐变系数时变规律基本一致。在合理假设钢管混凝土徐变机理前提下，依据继效流动理论和多轴应力下徐变理论，提出了钢管混凝土徐变系数终值估算方法；钢管膨胀混凝土徐变模型中的徐变系数终值由可恢复的滞后弹性变形、不可恢复的初始急变塑性变形和不可恢复的黏性流变变形三部分函数分别求极值相加所得，同时结合钢管膨胀混凝土实测徐变的时变规律，提出了钢管膨胀混凝土徐变系数简化计算模型，与试验结果相对比，该模型计算式简洁，预测结果较为准确。

4.1.1.3　徐变的应用现状

长期徐变收缩效应是混凝土的固有特性，并伴随着混凝土建筑结构及其构件自施工生成直至长期使用寿命内不断发展变化，对结构及构件的长期工作性能有着重要影响。这也使得很多的研究人员一直在从事这方面的研究，多年来也取得了丰富的研究成果。很多成熟的研究成果已经应用在了工程实践当中，帮助我们顺利地建成很多工程项目，同时也取得了很多的经济技术效益。

（1）混凝土徐变在高层建筑方面的应用

目前对于高层建筑的结构分析和设计方面的研究较多，而关于施工过程对结构构件内力和变形的影响，则研究得相对较少。通常对于建筑结构的分析是建立在整个模型建好之后，然后再施加荷载来进行分析的，但是高层建筑结构是逐层施工的，其竖向刚度和竖向荷载也是随着施工过程逐层形成的。由于混凝土材料的徐变特性，混凝土柱和剪力墙组成的核心筒在整个施工建造过程中会发生很大的竖向变形，但通常在结构设计和分析的时候，往往忽略施工的顺序、混凝土筒体领先的层数和混凝土的徐变对结构构件内力和变形的影响，这样就造成了结构构件的竖向变形偏大和结构构件的内力与实际不符。同时，高层建筑结构中各部分混凝土的徐变特性不相同，受荷时间也不相同，导致高层建筑结构的徐变效应问题非常复杂，所以对高层建筑结构进行考虑混凝土徐变的施工过程模拟分析十分有必要。基于朱伯芳的混凝土徐变理论计算公式，对高层建筑结构进行考虑混凝土徐变的施工模拟分析，计算结果表明，考虑混凝土徐变的施工过程与不考虑混凝土徐变的施工过程得到的竖向变形结果差距很大。因此，工程设计人员在设计高层建筑结构时，应重视施工过程和混凝土徐变对竖向变形的影响。根据得到的影响效应，设计出更合理的建筑结构，作出更具体的施工调整，尽量使建造出的高层建筑更合理、更安全。

（2）徐变在桥梁方面的应用

根据混凝土的徐变理论，以及该理论在桥梁预拱度设置中的应用，借助桥梁博士和博 GQIS 软件对预拱度进行计算，结果表明：合理地利用徐变理论，能较好地解决桥梁施工中的预拱度设置难题。

4.1.2　主体结构徐变监测

广西九洲国际大厦工程项目施工单位从 2014 年 5 月 23 日（结构完成 10 层的浇筑时）开始对结构的主要竖向构件应变进行监测，截至 2016 年 4 月 1 日结构封顶，共完成结构应变监测 91 次。

4.1.2.1　监测布点数量及位置

本试验主要针对钢管混凝土柱和钢筋混凝土核心筒剪力墙进行徐变观测，徐变监测点每隔 3 层楼布置 1 层。根据《混凝土结构试验方法标准》第 6.2.2 条规定：对轴心受力构件，应在构件量测截面两侧或四侧沿轴线方向相对布置测点，每个截面不应少于 2 个。本工程徐变试验监测对象为钢管混凝土柱和钢筋混凝土核心筒剪力墙，按照轴心受力考虑，在每个构件截面相对位置布置测点，如图 4-10 所示。

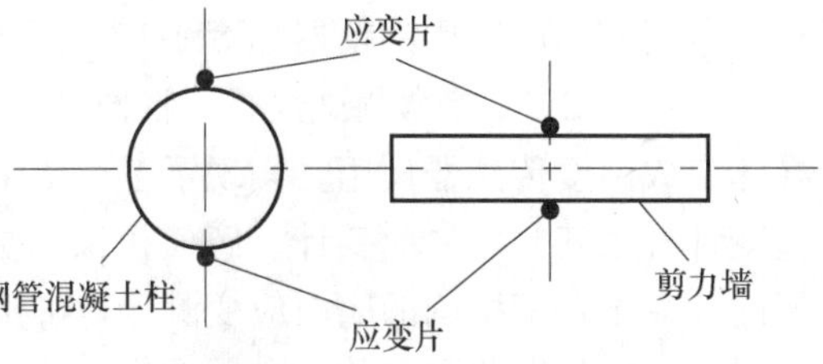

图 4-10　构件截面上应变片位置图

在同一层楼中，钢筋混凝土核心筒剪力墙监测 12 个构件截面（测点 X-1～X-12，X 表示楼层号），钢管混凝土柱监测 8 个构件截面（测点 X-13～X-20，X 表示楼层号），共计 20 个截面（测点 X-1～X-20，X 表示楼层号），每个截面布设 2 个应变计，在楼内方向的用字母“N”表示，在楼外方向的用字母“W”表示。具体位置如图 4-11 所示。

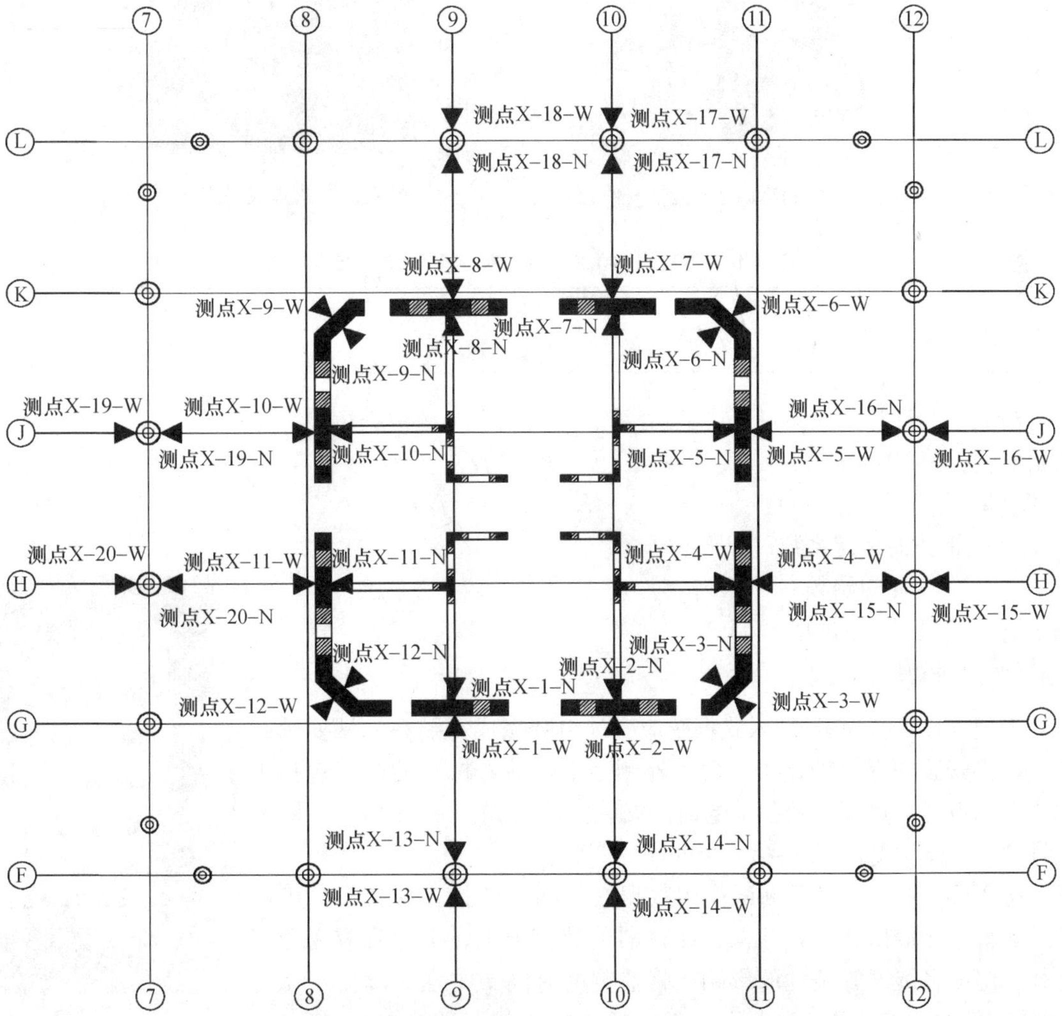

图 4-11　监测点平面位置图

根据设计要求，地下室测点布置在负 6 层、负 3 层，地上楼层测点布置在 1 层、4 层、7 层、10 层、13 层、16 层、19 层、22 层、25 层、28 层、31 层、34 层、37 层、40 层、43 层、46 层、49 层、52 层、55 层、58 层、61 层、64 层、67 层、70 层，共布设 26 层，构件监测断面为 520 个，每个断面 2 个应变计，共 1040 个测点。

4.1.2.2 监测设备

本次监测所采用的仪器如图 4-12、图 4-13 所示。

YKMS-2101 综合测试仪是一种便携式检测仪，配合各种振弦传感器、电感调频类位移传感器、半导体集成温度传感器使用，实现了多种传感器一表测量。YKYB-1140X 弦式数码应变计是一种表贴式应变计，由安装座、应变计、感应探头组成，适用于桥梁、建筑、铁路、交通、水电、大坝等工程领域的混凝土及钢结构的应力应变测量，可重复利用。将安装座焊接在钢结构上或锚固在混凝土结构表面时，适应长期监测和数据自动采集；安装前已对仪器进行率定，确保数据的准确性。其主要技术参数见表 4-1。

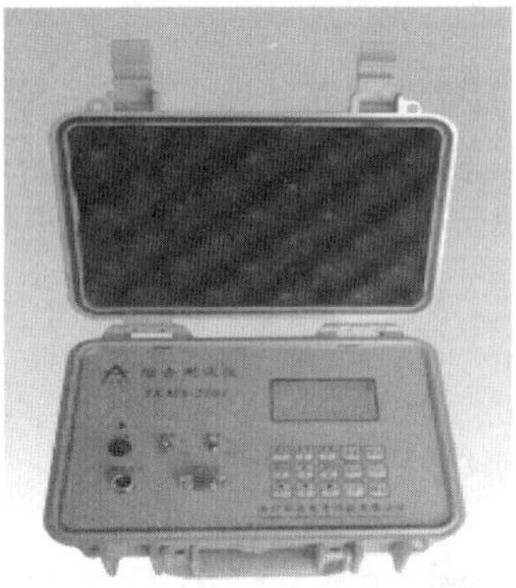

图 4-12　YKMS-2101 综合测试仪

图 4-13　弦式数码应变计

表 4-1　YKYB-1140 X 弦式数码应变计主要技术参数

型号	测量范围	灵敏度	工作温度	有效标距
YKYB-1140	±1500με	1με	−25～85℃	140mm

应变与频率的计算公式为：

初始应变：
$$\varepsilon = K_0 \times f_0 \tag{4-1}$$

应变增量：
$$\Delta\varepsilon = K_0 \times (f_1 - f_0) \tag{4-2}$$

式中　K_0——钢弦的标定系数；

f_0——应变计初始频率（Hz）；

f_1——应变计当前频率（Hz）。

4.1.2.3 监测过程

（1）先把 YKYB-1140X 埋入式振弦应变计组装完成并贴在设计要求的预定位置，再安装外部保护盒子，盒子外侧贴上标签，标签的内容包括工程名称、监测点号、负责人及联系电话，安装完成后如图 4-14 所示。图中测点编号“28-5W”代表 28 层第 5 个外侧的应变计。

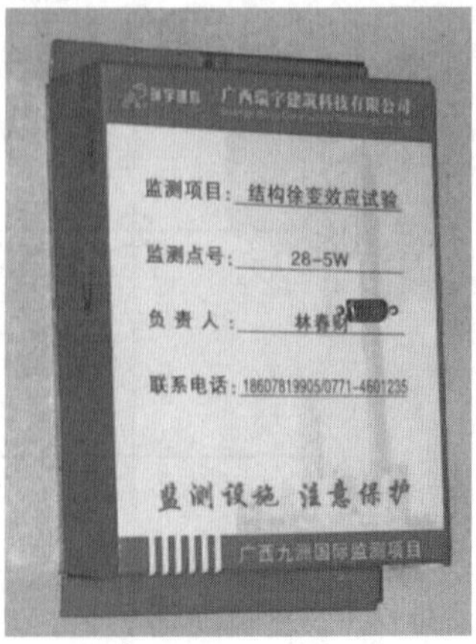

图 4-14　应变计测点图片

（2）将 YKMS-2101 综合测试仪用数据线与测点的接口对接后，可以在仪器的屏幕上读取出数据，并保存在仪器的储存卡里。考虑到应变受到外部荷载、温度、湿度等条件的影响，将监测的时间集中在 11 时至 14 时（监测楼层较低的测点）和 17 时至 19 时（监测楼层较高的测点），将受到的外部荷载、温度、湿度影响尽量控制到最低。

(3) 监测时该工程才施工至地上 71 层，并于 2016 年 1 月初封顶。完成了负 6 层、负 3 层、1 层、4 层、7 层、10 层、13 层、16 层、19 层、22 层、25 层、28 层、31 层、34 层、37 层、40 层、43 层、46 层、49 层、52 层、55 层、58 层、61 层、64 层、67 层、70 层的监测点安装和监测工作。监测频率为每周读取 1 次，每个月 4 次，徐变监测中间报告按月编写，共 22 期。根据方案要求“主体施工完成后每隔 1 个月监测一次，跟踪监测 3 个月”，于 2016 年 4 月 1 日完成最后一次监测工作。

4.1.2.4　监测结果

根据本工程现场施工工况记录，截至 2016 年 4 月 1 日，得到本工程各测试层钢管混凝土柱和钢筋混凝土核心筒剪力墙监测点测试值。根据监测到的应变数据，做出结构的应变时程曲线。

根据监测数据，可知监测结果如下：

负 6 层应变监测共完成 91 次，应变累计范围为－537με～－181με，较上次变化范围为－32με～2με，其中应变最大点为－6-2N 点，最大值为－537με，较上次变化－5με。

负 3 层应变监测共完成 91 次，应变累计范围为－649με～－61με，较上次变化范围为－28με～6με，其中应变最大点为－3-3N 点，最大值为－649με，较上次变化－12με。

1 层应变监测共完成 91 次，应变累计范围为－644με～－130με，较上次变化范围为－13με～10με，其中应变最大点为 1-16N 点，最大值为－644με，较上次变化 1με。

4 层应变监测共完成 91 次，应变累计范围为－495με～－163με，较上次变化范围为－14με～19με，其中应变最大点为 4-16N 点，最大值为－495με，较上次变化－4με。

7 层应变监测共完成 88 次，应变累计范围为－515με～－74με，较上次变化范围为－28με～7με，其中应变最大点为 7-16W 点，最大值为－515με，较上次变化 2με。

10 层应变监测共完成 84 次，应变累计范围为－524με～－113με，较上次变化范围为－20με～10με，其中应变最大点为 10-15N 点，最大值为－524με，较上次变化－16με。

13 层应变监测共完成 83 次，应变累计范围为－599με～－166με，较上次变化范围为－10με～14με，其中应变最大点为 13-8W 点，最大值为－599με，较上次变化 7με。

16 层应变监测共完成 78 次，应变累计范围为－496με～－36με，较上次变化范围为 19με～-15με，其中应变最大点为 16-13N 点，最大值为－496με，较上次变化－5με。

19 层应变监测共完成 72 次，应变累计范围为－499με～－95με，较上次变化范围为－10με～8με，其中应变最大点为 19-11W 点，最大值为－499με，较上次变化 1με。

22 层应变监测共完成 63 次，应变累计范围为－669με～－142με，较上次变化范围为－15με～8με，其中应变最大点为 22-19N 点，最大值为－669με，较上次变化－1με。

25 层应变监测共完成 58 次，应变累计范围为－597με～－115με，较上次变化范围为－8με～17με，其中应变最大点为 25-7W 点，最大值为－297με，较上次变化 2με。

28 层应变监测共完成 49 次，应变累计范围为－468με～－23με，较上次变化范围为－15με～14με，其中应变最大点为 28-19W 点，最大值为－468με，较上次变化－12με。

31 层应变监测共完成 46 次，应变累计范围为－576με～63με，较上次变化范围为－28με～13με，其中应变最大点为 31-13N 点，最大值为－576με，较上次变化－1με。

34 层应变监测共完成 40 次，应变累计范围为－448με～－40με，较上次变化范围为－24με～16με，其中应变最大点为 34-18N 点，最大值为－448με，较上次变化－2με。

37 层应变监测共完成 38 次，应变累计范围为－479με～－82με，较上次变化范围为－33με～14με，其中应变最大点为 37-18W 点，最大值为－479με，较上次变化－3με。

40 层应变监测共完成 38 次，应变累计范围为－407με～－17με，较上次变化范围为－30με～14με，其中应变最大点为 40-14W 点，最大值为－407με，较上次变化－4με。

43 层应变监测共完成 34 次，应变累计范围为－444με～－66με，较上次变化范围为－39με～16με，其中应变最大点为43-20W点，最大值为$-415\mu\varepsilon$，较上次变化$-4\mu\varepsilon$。

46层应变监测共完成33次，应变累计范围为$-348\mu\varepsilon\sim-31\mu\varepsilon$，较上次变化范围为$-32\mu\varepsilon\sim10\mu\varepsilon$，其中应变最大点为46-13N点，最大值为$-348\mu\varepsilon$，较上次变化$-16\mu\varepsilon$。

49层应变监测共完成30次，应变累计范围为$-398\mu\varepsilon\sim37\mu\varepsilon$，较上次变化范围为$-23\mu\varepsilon\sim14\mu\varepsilon$，其中应变最大点为49-13W点，最大值为$-398\mu\varepsilon$，较上次变化$3\mu\varepsilon$。

52层应变监测共完成26次，应变累计范围为$-382\mu\varepsilon\sim-54\mu\varepsilon$，较上次变化范围为$-21\mu\varepsilon\sim11\mu\varepsilon$，其中应变最大点为52-17W点，最大值为$-382\mu\varepsilon$，较上次变化$-1\mu\varepsilon$。

55层应变监测共完成24次，应变累计范围为$-287\mu\varepsilon\sim-25\mu\varepsilon$，较上次变化范围为$-26\mu\varepsilon\sim14\mu\varepsilon$，其中应变最大点为55-19W点，最大值为$-287\mu\varepsilon$，较上次变化$-4\mu\varepsilon$。

58层应变监测共完成20次，应变累计范围为$-269\mu\varepsilon\sim-2\mu\varepsilon$，较上次变化范围为$-24\mu\varepsilon\sim11\mu\varepsilon$，其中应变最大点为58-20W点，最大值为$-269\mu\varepsilon$，较上次变化$-3\mu\varepsilon$。

61层应变监测共完成18次，应变累计范围为$-341\mu\varepsilon\sim-3\mu\varepsilon$，较上次变化范围为$-43\mu\varepsilon\sim9\mu\varepsilon$，其中应变最大点为61-1N点，最大值为$-341\mu\varepsilon$，较上次变化$-7\mu\varepsilon$。

64层应变监测共完成14次，应变累计变化范围为$-235\mu\varepsilon\sim-33\mu\varepsilon$，较上次变化范围为$-33\mu\varepsilon\sim11\mu\varepsilon$，其中应变最大点为64-20N点，最大值为$-235\mu\varepsilon$，较上次变化$-5\mu\varepsilon$。

67层应变监测共完成13次，应变累计变化范围为$-332\mu\varepsilon\sim77\mu\varepsilon$，较上次变化范围为$-79\mu\varepsilon\sim12\mu\varepsilon$，其中应变最大点为67-19W点，最大值为$-332\mu\varepsilon$，较上次变化$-9\mu\varepsilon$。

70层应变监测共完成10次，应变累计变化范围为$-360\mu\varepsilon\sim78\mu\varepsilon$，较上次变化范围为$-46\mu\varepsilon\sim12\mu\varepsilon$，其中应变最大点为70-19W点，最大值为$-360\mu\varepsilon$，较上次变化$-11\mu\varepsilon$。

4.1.2.5 数据分析

（1）监测数据

九洲国际大厦楼层已经封顶，首次监测时间从2014年5月23日进行，最后一次监测为2016年4月1日。

对比最后两次的数据监测情况（分别监测于2016年3月23日与2016年4月1日）；相对较低楼层（负6层～34层），绝大部分测点的数据变化范围为$-32\mu\varepsilon\sim19\mu\varepsilon$；相对较高楼层（37层～70层），除了个别测点的数据变化比较大，其余测点的数据变化范围为$-46\mu\varepsilon\sim16\mu\varepsilon$。

综上，测点的变化值较小，墙体结构没有出现突然大变形的情况。

（2）理论计算

《混凝土结构设计规范》（GB 50010—2010）中规定，正截面混凝土极限压应变计算公式为：

$$\varepsilon_{cu}=0.0033-(f_{cu,k}-50)\times10^{-5} \tag{4-3}$$

式中 ε_{cu}——正截面混凝土极限压应变，当处于非均匀受压且公式计算的值大于0.0033时，取为0.0033。

根据计算，计算值取为$\varepsilon_{cu}=0.0033$。所有的测点中应变最大点为22-19N点，最大值为$-669\mu\varepsilon$，$669\mu\varepsilon=0.000669<0.0033$。

因此，监测数据满足《混凝土结构设计规范》（GB 50010—2010）要求。

（3）数据总体的趋势

每个测点开始测量的最初4个月变化范围为$-200\mu\varepsilon\sim-150\mu\varepsilon$，数据变化的幅度较大；在每年9月底和10月初期间，数据变化的趋势逐渐平缓；次年3月份数据变化幅度开始逐渐增大。

分析原因：

① 最初变化幅度大，符合徐变和混凝土干缩原理规律。

② 每年9月至次年2月，数据变化呈现平缓状态，究其原因，期间天气逐渐变冷，温度低，湿度高，因此徐变量和混凝土干缩量较小。

③ 至3月份之后，相对较低楼层数据变化幅度开始变大，究其原因，九洲国际大厦楼层较高，上

部荷载大，其徐变量相应地会比普通的建筑物大，因此徐变量依然在增加，因此在 3 月份气温逐渐升高的同时也将带动徐变量的增长速度。

(4) 在监测数据曲线图分析

某些楼层个别测点的数据曲线是和总体趋势不一样，表现为飘在总体趋势曲线之上。从图中发现，测点大多是集中在相关楼层的 6N 点、1N 点、2N 点、7N 点。经分析，由于施工及其他原因，测点被破坏而导致无法进行数据监测。

被破坏的测点于 2014 年 9 月 26 日进行统一修补安装。这些测点的数据从 2014 年 9 月 26 日才开始进行监测，因此数据表现为飘在总体趋势曲线之上。

4.1.3　小结

本节主要是通过以下几个方向介绍了国内对徐变的研究状况：不同受力情况下钢管混凝土的徐变研究状况；大跨度钢管混凝土拱桥的徐变研究状况；温度作用下钢管混凝土结构的徐变研究现状；膨胀剂掺量对钢管混凝土徐变性能影响的研究现状。根据广大学者长期对于混凝土徐变的研究结论，关于混凝土徐变的研究成果可以广泛应用于高层建筑和桥梁的建造中，已经取得了很多的经济技术效益。

九洲国际大厦工程的徐变监测，包括监测布点的数量和位置、监测设备以及整个的检测过程，根据近两年的监测所得到的数据，可以得到每一个楼层的应变变化范围以及发生最大应变值的位置。通过分析数据，可以得出以下结论：测点的变化值较小，墙体结构没有出现突然大变形的情况；经过验算可知，监测数据满足《混凝土结构设计规范》(GB 50010—2010) 的要求。

4.2　徐变对结构的内力与变形分析

混凝土徐变是混凝土材料的固有特性，混凝土随着作用在其上的压力时间的持续，将持续发生徐变变形。结构竖向构件在重力荷载作用下一般都处于长期受压状态，特别是高层建筑结构，其重力荷载随施工逐层增加，大部分竖向构件承受一部分压应力时，混凝土龄期还不到 28d。而且高层建筑结构对抗侧刚度和抗侧能力及延性有一定的要求，相应地要求部分主要竖向构件在重力荷载作用下压应力水平低于其他竖向构件的压应力水平，因此，对九洲国际工程建筑结构来说，将使得筒体和其他竖向构件间的累计徐变变形差异增大。所以，框架-筒体结构更应重视混凝土徐变影响。混凝土受压产生徐变变形，通常同时伴随着混凝土收缩变形。高层建筑竖向构件混凝土受压竖向徐变变形与其混凝土收缩变形同向，从而加大了竖向构件后期变形。混凝土收缩变形的量级一般接近或略大于混凝土徐变变形，其变形规律十分接近混凝土徐变变形。叠加上混凝土收缩变形，将使整个高层建筑结构竖向构件后期非荷载作用直接引起的塑性变形变大，塑性变形有时甚至会超过直接荷载引起的弹性变形。但是钢管混凝土柱与钢筋混凝土核心筒之间的竖向变形长度是不一样的，两者之间的竖向变形差异使连系柱与核心筒的水平构件产生附加内力，同时也导致竖向构件内力重分布。因此，对于该建筑结构的变形及内力分析应考虑收缩徐变的影响。

4.2.1　内力分析方法

针对九洲国际大厦工程竖向构件变形差引起的构件受力状态变化，采用数值模拟的方法对其进行分析。进行数值模拟分析前，首先考虑该工程的施工工序，然后应用分析软件进行内力分析。

4.2.1.1　一般模拟施工方法

大多数的施工模拟采用分层刚度分层加载的模型，代号为模拟施工 3，如图 4-15 所示，这种方式假定每个楼层加载时，它下面的楼层已经施工完毕，由于已经在楼层平面处找平，该层加载时下部没有变形，下面各层的受力变形不会影响到本层及以上各层，因此避免了一次性加载常见的梁受力异常的现象（如中柱处的梁负弯矩很小甚至为正等）。这种加载模式下，该层的受力和位移变形主要由该层及其以上各层的受力和刚度决定。

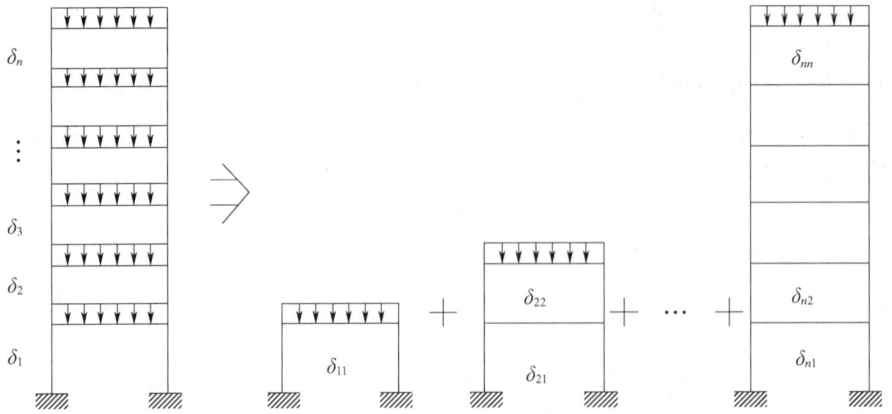

图 4-15　模拟施工 3 的模型和加载模式

此种施工模拟方法考虑施工找平和分层加载，相对一次加载的计算模型更符合实际情况。但是提供的施工次序只限于一种，因此难以应对常见的结构加载次序。

4.2.1.2　仿真施工模拟的基本方法

为了考虑实际施工次序和混凝土收缩徐变的影响，本书采用的施工模拟方法为正装分析法（又称前进分析法）。正装分析法是指按照结构实际的施工顺序依次拼装结构构件，考虑施工中各种因素的影响（包括结构自重、施工荷载、混凝土收缩徐变等），施加相应的边界条件，从而较好地跟踪模拟施工过程中结构的受力和变形状态，并分析施工过程中结构应力和变形。正装分析法可以考虑材料非线性（混凝土强度随时间的变化）、几何非线性、混凝土的收缩徐变等因素的影响，因此模拟精度和计算精度高。

4.2.1.3　有限元分析软件

九洲国际工程的施工仿真分析采用通用有限元软件 7.80 版本的 Midas/Gen 的施工阶段分析模块。Midas/Gen 是以 Windows 为开发平台的结构分析和优化设计系统，且其窗口操作模式简单方便。近年来，Midas/Gen 被广泛应用于高层住宅、大型办公楼及商场、陆地和海上工业建筑的结构分析设计中，在工程应用中已经通过了 4500 多个大中型工程项目的检验。

计算模型为一整体模型，按照施工步骤将结构构件、支座约束、荷载工况划分为组，按照施工步骤、工期进度进行施工阶段定义，程序按照控制数据进行分析。在分析某一施工步骤时，程序将会冻结该施工步骤后期的所有构件及后期需要加载的荷载工况，仅允许该步骤之前完成的构件参与运算，例如，第一步骤的计算模型，程序冻结了该步骤之后的所有构件，仅显示第一步骤完成的构件（首层），参与运算的也只有首层构件，计算完成显示计算结果时，同样按照每一步骤完成情况进行显示。计算过程采用考虑时间依从效果（累加模型）的方式进行分析，得到每一阶段完成状态下的结构内力和变形，在下一阶段程序会根据新的变形对模型进行调整，从而可以真实地模拟施工的动态过程。

4.2.2　钢管混凝土柱与核心筒的变形差异值

由分析软件可模拟计算出每层钢管混凝土柱与核心筒的变形差异值（柱位移-墙位移）如下：

4.2.2.1　钢管混凝土柱 1 与核心筒墙 1 的变形差异值

由图 4-16 可知，结构封顶时钢管混凝土柱 1 与核心筒墙 1 的竖向变形差异最大值位于 42 层，差异值为 6.6mm；施工完成时竖向变形差异最大值位于 48 层，差异值为 15.3mm；结构封顶 2 年后竖向变形差异最大值也位于 48 层，差异值为 14.7mm。

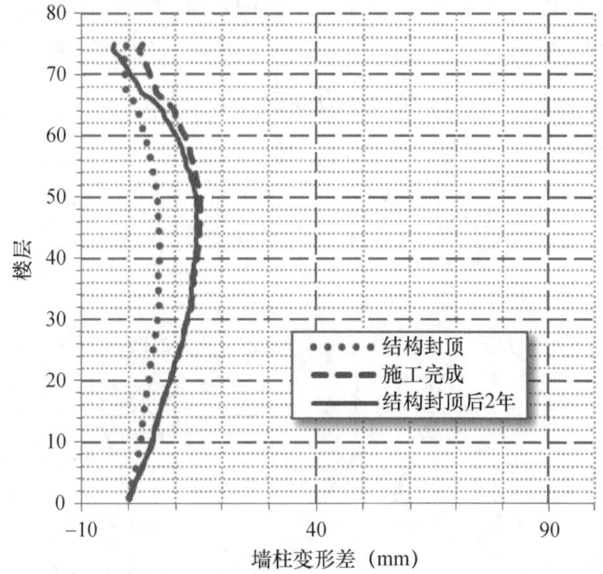

图 4-16　钢管混凝土柱 1 与核心筒墙 1 竖向变形差异值

4.2.2.2　钢管混凝土柱 2 与核心筒墙 2 的变形差异值

由图 4-17 可知，钢管混凝土边柱与钢管混凝土角柱的变形差异值最大值在三个阶段中均位于 34 层。结构封顶时差异值为 15.5mm；施工完成时差异值为 25.9mm；结构封顶 2 年后差异值为 29.6mm。

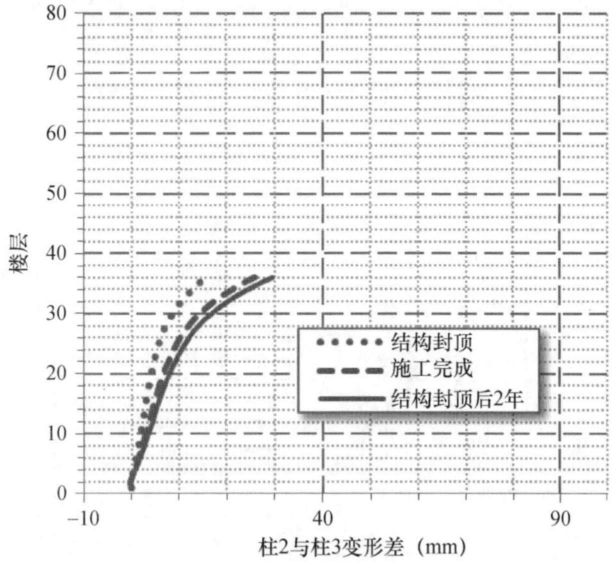

图 4-17　钢管混凝土柱 2 与钢管混凝土柱 3 的变形差异值

由此可看出，钢管混凝土边柱与钢管混凝土角柱由于高度不同，竖向位移差异较大，由于施工找平的影响，边柱与角柱竖向变形差异值的最大值位于角柱顶部。结构封顶后两年变形差异较施工完成时增大，原因是边柱所受轴力较大，徐变变形较大，导致边柱与角柱的竖向变形差异在徐变作用下持续增大。

4.2.3　竖向构件内力

钢管混凝土柱与钢筋混凝土核心筒之间的竖向变形差异会使连系柱与核心筒的水平构件产生附加内力，同时也导致竖向构件内力重分布。长期荷载作用下，混凝土的收缩及徐变性能，导致竖向构件产生竖向变形，使竖向构件间的变形差异发生改变，从而也导致结构的变形与内力随时间而变。

4.2.3.1 钢管混凝土柱的内力

塔楼范围内的所有钢管混凝土柱各阶段的轴力如图 4-18 所示。

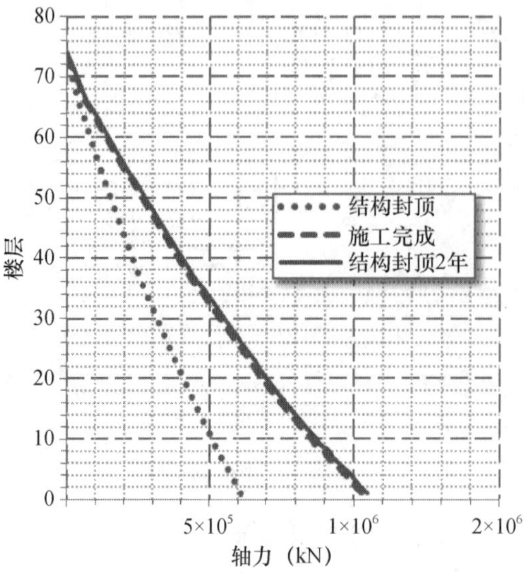

图 4-18 钢管混凝土柱各阶段的轴力

施工完成时，塔楼范围内的所有钢管混凝土柱底部的轴力总和为 1026521kN；结构封顶 2 年时为 1047377kN。结构封顶 2 年时的柱轴力比施工完成时大 20856kN，约增加 2.0%。

4.2.3.2 钢筋混凝土核心筒的内力

塔楼范围内所有钢筋混凝土核心筒各阶段的轴力如图 4-19 所示。

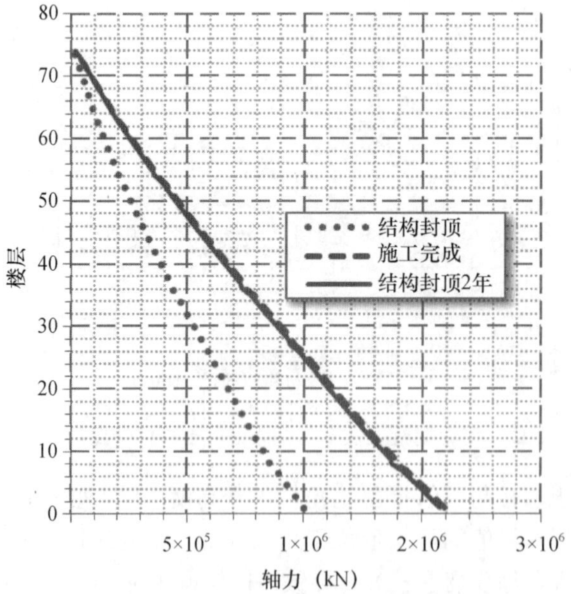

图 4-19 钢筋混凝土核心筒墙各阶段的轴力

施工完成时，塔楼范围内的所有钢筋混凝土核心筒底部的轴力总和为 1593511kN；结构封顶 2 年时为 1573860kN。结构封顶 2 年时的核心筒轴力比施工完成时小 19601kN，约减少 1.2%。

4.2.3.3　竖向构件内力计算结果分析

由以上数据可看出，徐变导致的结构竖向变形差异，使竖向构件内力重分布，钢管混凝土柱的收缩徐变效应较小，而核心筒的收缩徐变效应大。钢管混凝土柱轴力随着结构变形差的减小而增大，核心筒轴力随着结构变形差的减小而减小，但变化量不大。在徐变收缩效应下，钢管混凝土柱轴力的增大量与核心筒轴力的减小量相等。

4.2.4　连系钢管混凝土柱与核心筒的钢筋混凝土框架梁的内力

4.2.4.1　钢筋混凝土框架梁 1 的柱边梁端弯矩

施工模拟 3 与仿真施工模拟各阶段，在各楼层中，联系钢管混凝土柱 1 与核心筒墙 1 的钢筋混凝土框架梁（梁 1），在柱边的梁端弯矩如图 4-20 所示。

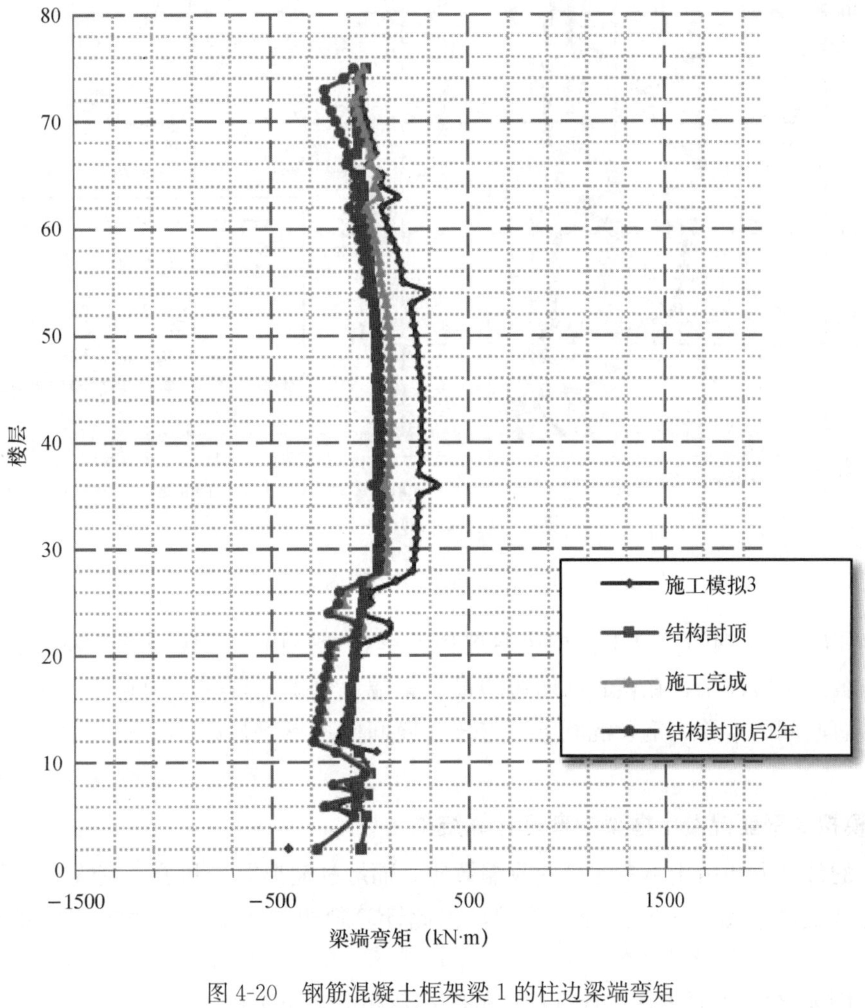

图 4-20　钢筋混凝土框架梁 1 的柱边梁端弯矩

从图 4-21 可以看出，钢筋混凝土框架梁在柱边的梁端弯矩由于墙柱变形差异而沿高度向右偏移（正弯矩增大）。各施工阶段中，在柱边的最大梁端正弯矩出现在结构封顶后刚刚施加长期恒活荷载的时候，随着时间的推移，钢管混凝土柱与核心筒间的变形差异减小，柱边梁端正弯矩逐渐减小，柱边梁端负弯矩逐渐增大。

4.2.4.2　钢筋混凝土框架梁 1 墙边梁端弯矩

施工模拟 3 与仿真施工模拟各阶段，在各楼层中，连系钢管混凝土柱 1 与核心筒墙 1 的钢筋混凝土框架梁，在墙边的梁端弯矩如图 4-21 所示。

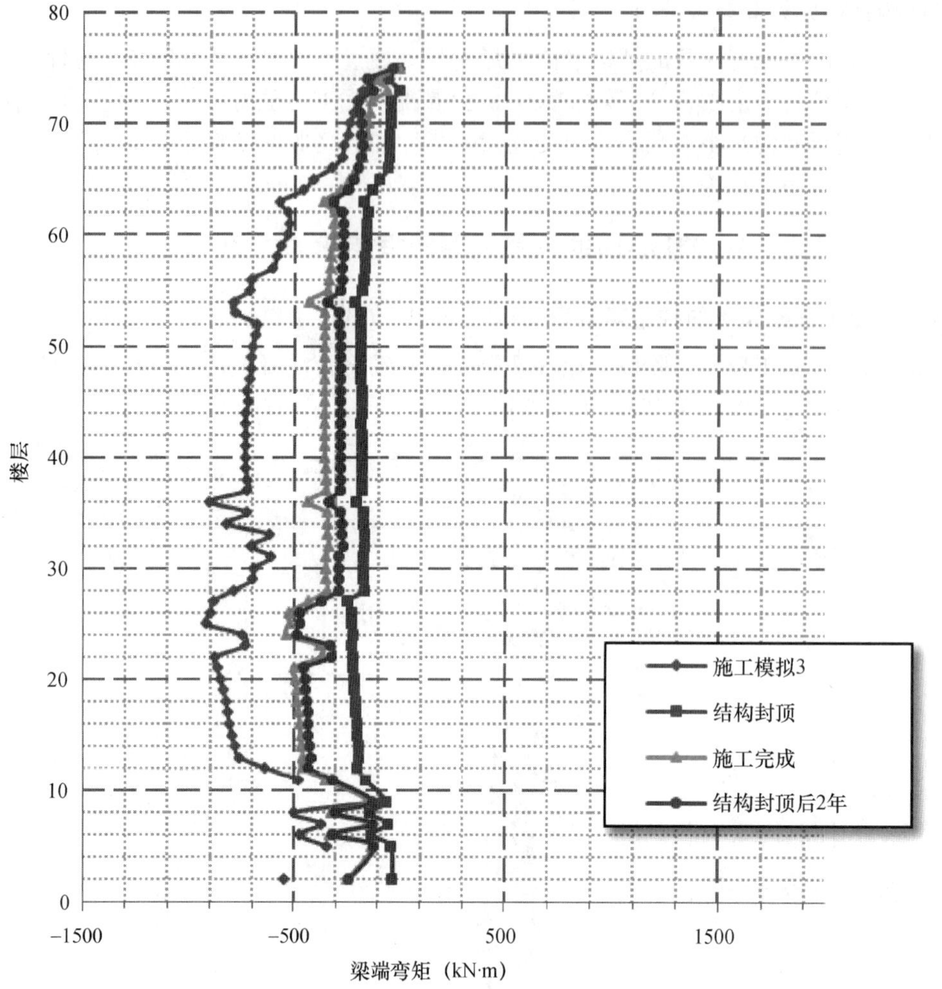

图 4-21　钢筋混凝土框架梁 1 的墙边梁端弯矩

从图 4-21 可以看出，钢筋混凝土框架梁在墙边的梁端弯矩由于墙柱变形差异而沿高度向左偏移（负弯矩增大），各施工阶段中，在核心筒墙边的最大梁端负弯矩出现在结构封顶后刚刚施加长期恒活荷载的时候。随着时间的推移，钢管混凝土柱与核心筒间的变形差异减小，核心筒墙边梁端负弯矩逐渐减小。

4.2.4.3　施工模拟 3 钢筋混凝土框架梁弯矩计算结果

施工模拟 3 的计算方法由于不考虑徐变收缩效应，而墙柱变形差异随着徐变收缩变形增大而减小，因此会在很大程度上高估墙柱之间的变形差异，由此计算得出的由墙柱变形差引致的梁弯矩绝对值偏大。

从图 4-21、图 4-22 可以看出，在计算柱边的梁端弯矩时，施工模拟 3 计算得出的中部楼层正弯矩偏大，而对于下部楼层及上部楼层梁端负弯矩计算值偏小较多，在计算墙边的梁端弯矩时，施工模拟 3 计算得出的负弯矩偏大。

4.2.5　连系钢管混凝土边柱与钢管混凝土角柱的框架梁的内力

4.2.5.1　钢筋混凝土框架梁 3 柱 2 端梁端弯矩

施工模拟 3 与仿真施工模拟各阶段，在各楼层中，连系钢管混凝土柱 2 与核钢管混凝土柱 3 的钢筋混凝土框架梁 3，在柱 2 端的梁端弯矩如图 4-22 所示。

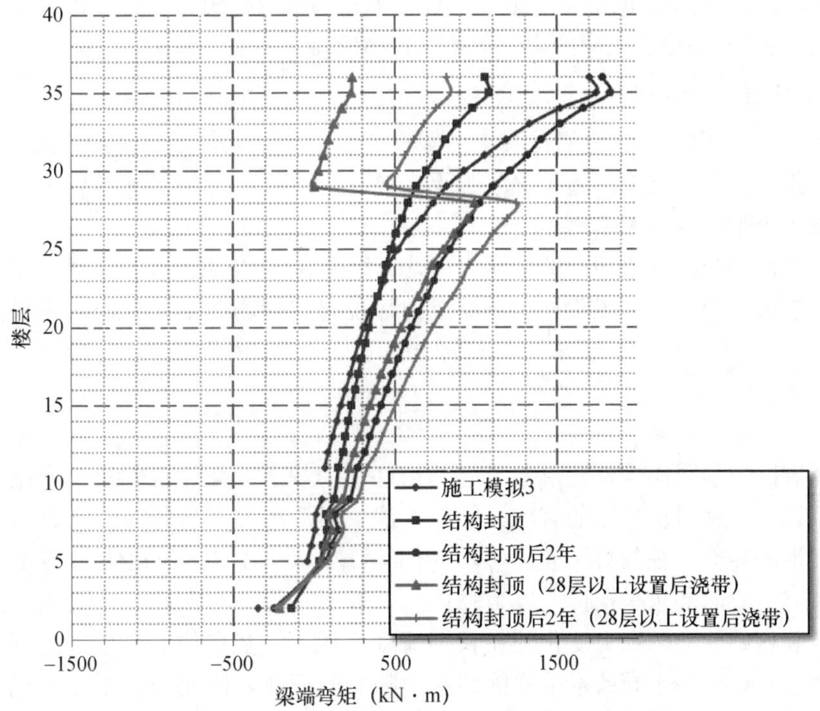

图 4-22　钢筋混凝土框架梁 3 的柱 2 端梁端弯矩

从图 4-23 可以看出，钢筋混凝土框架梁 3 在柱 2 端的梁端弯矩由于墙柱变形差异增大而沿高度向右偏移（正弯矩增大），并在徐变效应的影响下正弯矩持续增大。

4.2.5.2　钢筋混凝土框架梁 3 柱 3 端梁端弯矩

施工模拟 3 与仿真施工模拟各阶段，在各楼层中，连系钢管混凝土柱 2 与核钢管混凝土柱 3 的钢筋混凝土框架梁 3，在柱 3 端的梁端弯矩如图 4-23 所示。

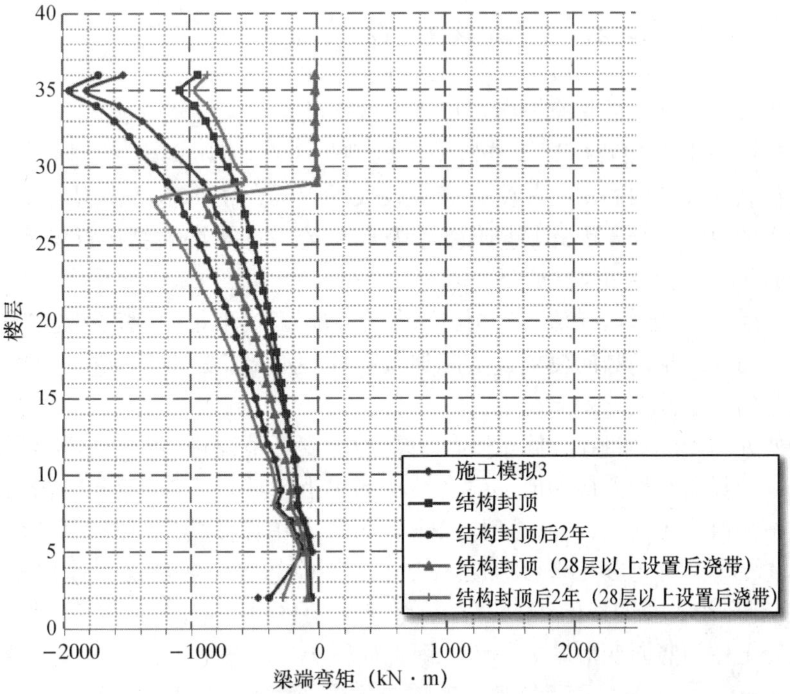

图 4-23　钢筋混凝土框架梁 3 的柱 3 端梁端弯矩

从图 4-24 可以看出，钢筋混凝土框架梁 3 在柱 3 端的梁端弯矩由于墙柱变形差异增大而沿高度向左偏移（负弯矩增大），并在徐变效应的影响下负弯矩持续增大。

4.2.5.3 钢筋混凝土框架梁 3 内力分析结论

从图 4-23、图 4-24 可以看出，钢筋混凝土框架梁 3 由于两端竖向变形差异较大，导致产生较大的正负弯矩。施工模拟 3 由于不准确的施工次序与不考虑徐变收缩，低估了柱与柱之间的变形差异，因此低估了钢筋混凝土框架梁 3 的梁端弯矩。

考虑了实际施工次序与徐变收缩后的梁端弯矩计算结果在 31 层以上超出了该梁的设计承重力。为了控制变形导致的较大弯矩，在施工阶段应对靠近顶部位置的钢筋混凝土框架梁 3 设置后浇带以释放梁端弯矩。

4.2.6 小结

为了了解九洲国际工程竖向构件变形差引起的构件受力状态变化，首先对比介绍了几种数值模拟施工方法的优缺点以及该项目所采用的有限元分析方法，然后由分析软件模拟计算出每层的钢管混凝土柱与核心筒的变形差异值（柱位移一墙位移）。由于钢管混凝土柱与钢筋混凝土核心筒之间的竖向变形差异会使连系柱与核心筒的水平构件产生附加内力，同时也导致竖向构件内力重分布，因此之后介绍了钢管混凝土柱和核心筒墙的轴力变化。在长期荷载作用下，竖向构件产生竖向变形，使竖向构件间的变形差异发生改变，从而也导致水平构件的内力随时间而变，因此介绍了连系钢管混凝土柱与核心筒的钢筋混凝土框架梁的内力和连系钢管混凝土边柱与钢管混凝土角柱的框架梁的内力变化。

最后得出以下结论：考虑混凝土的收缩徐变特性后，钢管混凝土柱与核心筒的变形差异并不明显，结构的受力合理；由施工仿真分析可知，结构构件承载力可满足各施工阶段受力的要求；通过对各施工阶段的仿真分析可知，竖向构件的竖向变形量能够有一个准确的预估，可以为以后类似的工程施工提供参考。

4.3 基于九洲国际大厦项目的徐变基本假设

根据 CEB—FIP901 和《公路钢筋混凝土及预应力混凝土桥涵设计规范》（JTG 3362—2018）关于混凝土收缩徐变的有关规定，考虑实际施工加载顺序、混凝土收缩徐变，并结合对广西九洲国际项目在各施工阶段的受力及变形情况的仿真分析，可得出以下结论：

（1）结构设计中的一次性加载模型，结构一次成型、一次加载，会过大地计算结构的竖向变形，尤其在高楼层处，使结构设计内力与实际受力产生较大的差异；仿真施工模拟可考虑施工找平、实际的施工次序及混凝土的收缩徐变，因此其竖向变形及结构受力计算结果更接近实际情况，对评估结构的合理性及安全性有重要的指导意义。

（2）施工阶段的受力及变形情况仿真分析，必须考虑施工找平，即把正在施工的楼层调整到设计标高，补偿本层和之前已产生的竖向变形、实际加载顺序、混凝土的收缩徐变特性等因素，才能得到与工程实践一致的竖向变形及变形差异结果。

（3）通过对广西九洲国际项目在各施工阶段的受力及变形情况进行仿真分析可知，超高层结构竖向构件的竖向变形量和竖向变形差最大值发生在结构的中上部楼层。该工程结构封顶两年后，钢管混凝土柱的竖向变形最大值位于 58 层，变形值为 95.7mm，其中徐变变形约占总变形的 41.2%，收缩变形约占总变形的 5.4%，收缩变形几乎可忽略不计；核心筒的竖向变形最大值位于 62 层，变形值为 82.2mm，其中徐变变形约占总变形的 46.5%，收缩变形约占总变形的 12.8%，收缩变形几乎可忽略不计；外框钢管混凝土柱间竖向变形基本一致；钢管混凝土柱与核心筒间竖向变形差异最大值位于 48 层，差异值为 14.7mm。

（4）该工程选用钢筋混凝土框架-核心筒结构，外框柱为钢管混凝土柱，钢管混凝土柱的承载力高，其弹性变形大，由于钢管混凝土内混凝土的环境与外界隔绝，钢管混凝土柱的收缩徐变效应较小，而核心筒的收缩徐变效应大，因此，考虑了混凝土的收缩徐变特性后，钢管混凝土柱与核心筒的变形差异并不明显，结构的受力合理。

（5）目前，国内超高层建筑结构一般采用混合结构，并采用型钢梁-钢筋混凝土板楼盖，在各施工阶段，可通过两端先铰接后刚接来减少竖向构件间变形差异对楼面梁受力的影响。广西九洲国际项目在考虑安全性、合理性、经济性的前提下，选用钢筋混凝土框架-核心筒结构和钢筋混凝土楼盖，在各个施工阶段，由于边界条件、受荷情况不同，变形差异引起的连系钢管混凝土柱与核心筒间框架梁附加内力也不同，通过施工仿真分析，可知结构构件承载力可满足各施工阶段受力的要求。

（6）通过施工仿真分析，对各施工阶段竖向构件的竖向变形量有较准确的预估，计算结果显示，建筑物结构施工期间，楼层层高的变化量约为±3mm，钢管混凝土柱的钢管无须预留施工变形余量，实际层高对比设计层高的变化量在考虑两年的徐变收缩变形的情况下约为±3mm，对建筑物的室内装修、幕墙施工、设备的安装均没有明显的影响。

第 5 章　超高层建筑大吨位内爬动臂塔吊施工

随着我国经济的快速发展，城市建设用地越发紧张，促使超高层建筑大量兴建。超高层建筑工程体量大、工期紧、管理难度大、涉及专业繁多，针对超高层各分项工程的施工工艺也不断创新。随着建筑高度的不断增加、建筑形式的限制以及塔吊本身因素的影响，基础固定＋附着的形式已不能满足施工需要，塔吊随结构爬升的工艺特点很好地解决了这个问题。内爬式塔吊是一种安装在建筑物内部的塔机，通过附着于主体结构上的爬升装置随施工进程逐步向上爬升，其一般应用于施工高度超高的建筑工程，塔机的爬升在高空悬空进行，安全风险大、技术要求高，同时需与各作业工序相互协调配合。内爬式塔吊的爬升工艺在广西九洲国际工程得到了成功应用，充分体现了内爬式塔吊的优势，加快了施工进度，节约了垂直运输成本。

5.1　超高层建筑内爬式塔吊施工技术

伴随着国家经济的高速发展，超高层建筑如雨后春笋般在神州大地拔地而起。垂直运输在建筑施工中的地位和作用也越来越重要，塔式起重机（也称为塔吊）作为垂直运输体系的最重要组成部分，也越来越受到参建各方的重视。塔吊费用一般为结构造价的 8％左右，在九洲国际工程中约为 7.5％。

5.1.1　工程概况

广西九洲国际工程位于南宁市琅东新区东盟商贸核心区，中新路 9 号。其西、南侧为华润开发在建项目，东侧紧邻中新路，北侧为华润用地，如图 5-1 所示。

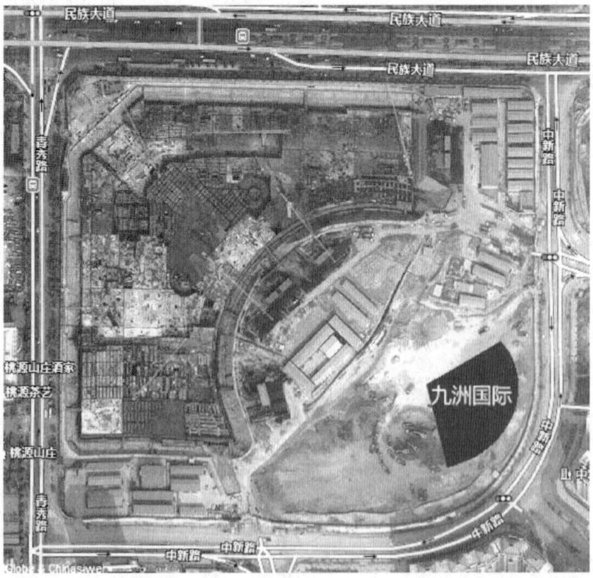

图 5-1　九洲国际项目地理位置图

广西九洲国际工程为钢管混凝土柱＋钢筋混凝土核心筒组合结构，项目总用地面积为 11515.86m²，地形呈三角形，东侧长 139.8m，北侧长 140.8m，南侧长 123.6m，裙房 100.6m×99m，主楼 45m×45m，核心筒 25m×25m。该工程总建筑面积为 214388.77m²，地上 71 层，地下 6 层，地下室深度为 24.1m，地上建筑高度为 317.6m，是一座集商业、酒店、办公等功能于一体的超高层建筑。

5.1.2　内爬式塔吊的工法特点及工艺原理

内爬式塔吊即塔吊位于结构内部，充分利用塔吊的高度，很少占用结构外部空间，爬升高度不受限制，塔身较短，造价较低，适用于超高层建筑工程（框架核心筒结构等）。超高层建筑内爬式塔吊爬升的工艺原理包括组合过程、安装初始和塔吊内爬等工程。

（1）组合过程：主梁和横梁连接后，安装支架等部件。在框架的每个角上都安装有支架，支架 3 和支架 4 是塔机爬升时用来导向塔身的，如图 5-2 所示。

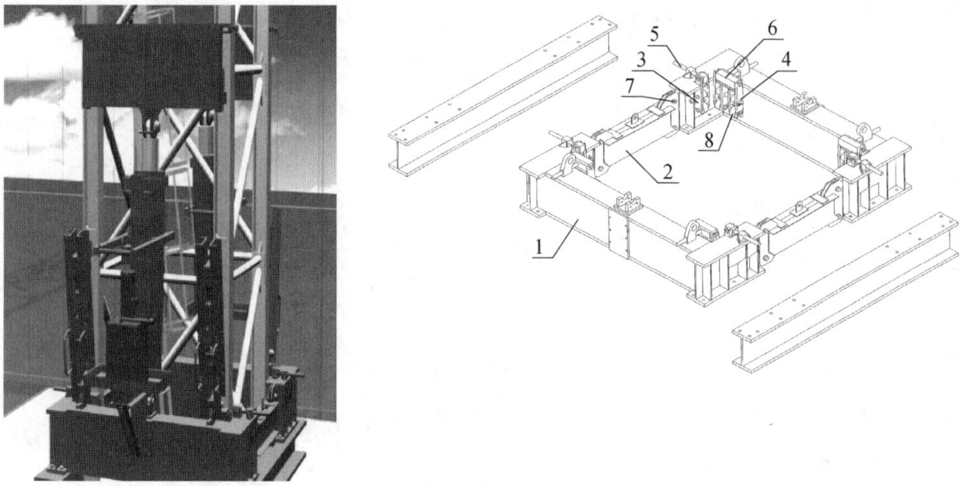

(a) 内爬式塔吊实物图　　(b) 内爬式塔吊结构图

图 5-2　内爬式塔吊组成

1—主梁；2—横梁；3—支架；4—支架；5—可调支架；6—可调支架；7—销轴；8—滑轮

（2）安装初始：钢梁与建筑物预埋件连接后，内爬框安装在钢梁上，采用螺栓连接。

（3）塔吊内爬：

第一步爬升准备。第二步爬升配平。第三步顶升。找好平衡后，继续伸出活塞杆，转动顶升架 3 离开塔身，使下一个顶升耳通过，当油缸走到最大行程时，将顶升支架 3 转回到靠近标准节上，缩回活塞杆，降下塔身，直至顶升支架 3 上的顶升块 2 接触标准节上的顶升耳。缩回活塞杆，操纵连接梁 5，使顶升横梁 4 离开标准节顶升耳，落到下一个顶升耳内，开始下一个行程，如图 5-3 所示。

第四步，当塔身最下端顶升到内爬框 A 时，为了进行新的爬升，应先安装框架 C，将框架 C 调整为爬升状态，并逐步将顶升横梁和顶升支架分别移至上一个内爬框 B 上，如图 5-4 所示。注意，塔吊进行工作状态时，顶升支架要支承塔吊。

第五步，为了进行新的爬升，应先安装框架 C，将框架 C 调整为爬升状态准备工作。拆掉原框架 A 上的顶升横梁、油缸、液压装置及所有爬升附件，将这些装置重新装在框架 B 上，借助油缸，使顶升横梁支承在顶升耳上。按照第四步重复操作，待塔吊底部脱离框架后，拆掉爬升框架 A，移至框架 C 之上，以待下一个爬升过程，如图 5-5 所示。注意，当使用油缸推动时，一定要使所有滑轮接触到标准节上。

第六步，待爬升过程结束，在进入工作状态前必须按图 5-6 所示安装好支承梁 1 和支承梁 2。

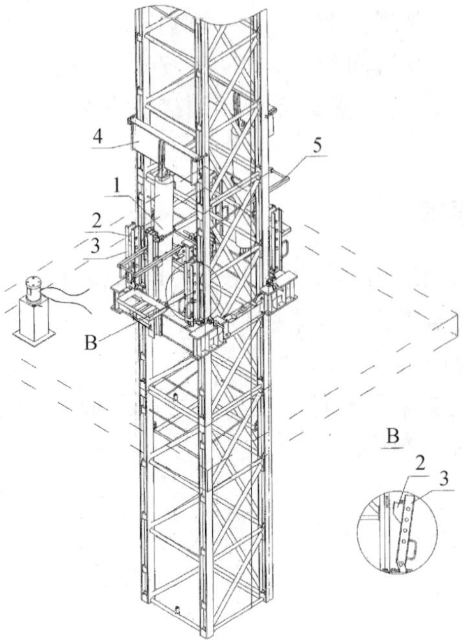

图 5-3　塔吊内爬第三步

1—内爬框架；2—液压油缸；3—液压装置；4—顶升横梁；5—操作连接梁

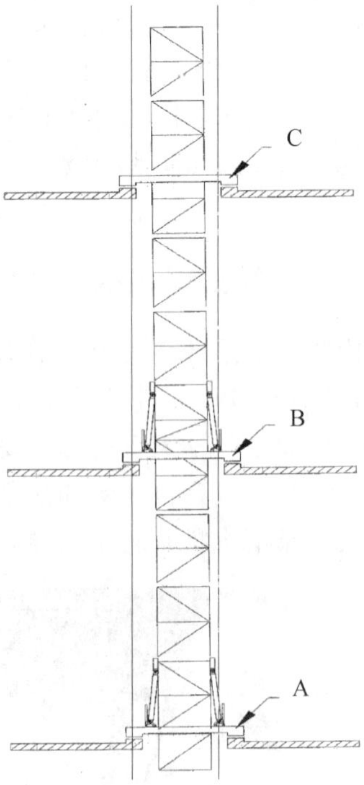

图 5-4　塔吊内爬第四步

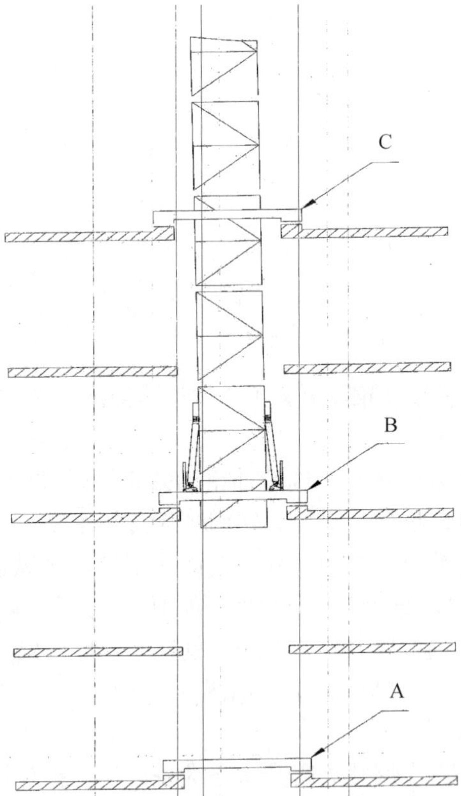

图 5-5　塔吊内爬第五步

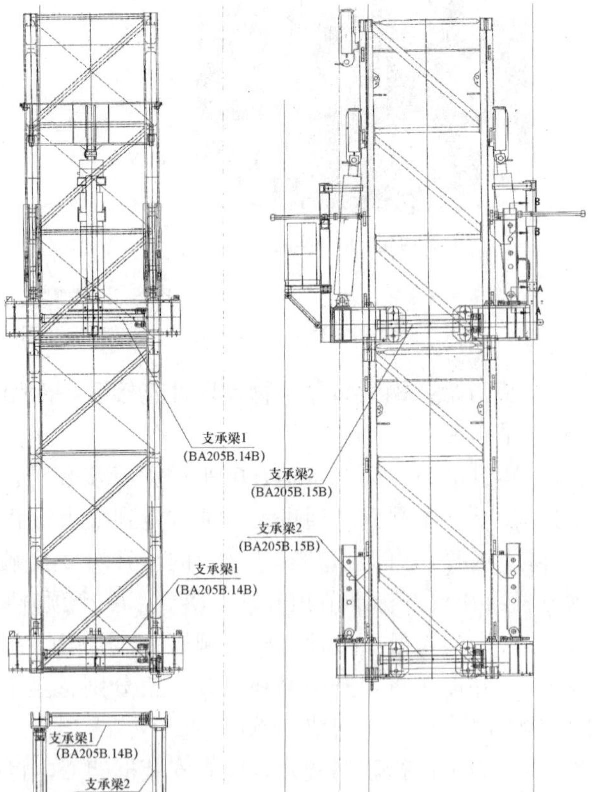

图 5-6　塔吊内爬第六步

5.1.3　塔吊选型和定位

塔吊的选型和定位是一个相互关联的问题，同时又与建筑结构形式有关，选型一般应遵循以下原则：以满足钢结构吊装为基础，最大起重量宜按钢构件最大重量选择，如有极少量重量特大的构件，考虑塔吊使用的经济性可将构件拆分吊装，从而选择起重量相对较小的塔吊；塔吊应覆盖整个施工区域，包括建筑本体、加工场地、施工道路等，不宜出现盲区；应考虑所有塔吊的相互安装、拆卸关系；塔吊的吊速应满足施工吊次需要；塔吊由基础固定转为内爬或外挂的，需在初始安装时考虑后期爬升问题；塔吊布置在结构内部时，结合建筑结构设计图纸，塔吊位置尽量不与梁和竖向构件冲突。

塔吊的安装形式一般分为基础固定式、内爬式和外挂式三种形式，超高层建筑中一般使用后两种形式较多。九洲国际工程主楼塔吊安装形式采用内爬式。塔吊布置分三个阶段，即基础和地下室阶段、裙房阶段、主楼三个施工阶段。

地下室施工阶段主要包括人工挖孔桩、抗浮锚杆、基础底板、钢柱吊装和地下室结构工程，为加快施工进度布置 4 台塔吊分别负责各施工分区的材料运输。其中由于四区远离材料周转场地且不靠近道路，材料先由 3 号塔吊吊至 4 号塔吊覆盖区域，再由 4 号塔吊吊至施工部位，如图 5-7 所示。一区钢柱质量超过 5.5t 的由 3 号塔吊吊运至 1 号塔起重范围内，再由 1 号塔吊进行吊装，质量小于 5.5t 的钢柱由 1 号塔吊直接吊装。

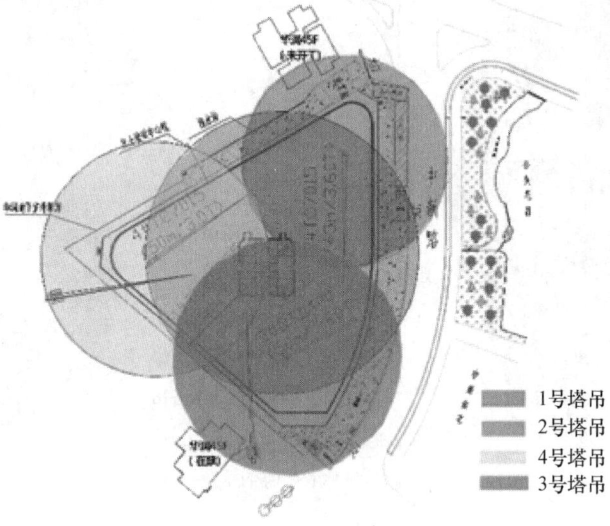

(a) 地下室施工分区图

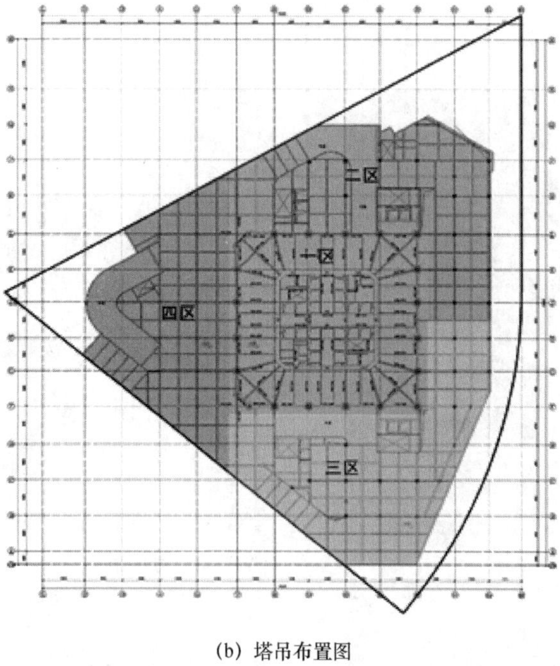

(b) 塔吊布置图

图 5-7　地下室施工分区图和塔吊布置图（地下室为负六层至负一层）

裙房施工阶段主要包括裙房结构和钢柱吊装工程，由于四区在地下室工程完毕后结束，本施工阶段布置 3 台塔吊负责各施工分区的材料运输，如图 5-8 所示。其中一区钢柱质量超过 5.5t 的由 3 号塔吊吊运至 1 号塔吊起重范围内，再由 1 号塔吊进行吊装，质量小于 5.5t 的钢柱由 1 号塔吊直接吊装。同时四区作为主要材料堆放场地。

主楼施工阶段主要包括主楼结构和钢柱吊装工程，由于二区、三区在裙房工程完毕后结束，本阶段布置 2 台塔吊负责材料运输，其中 5 号塔吊为新增塔吊，1 号和 5 号塔吊距离较近所以均采用动臂式，如图 5-9 所示。

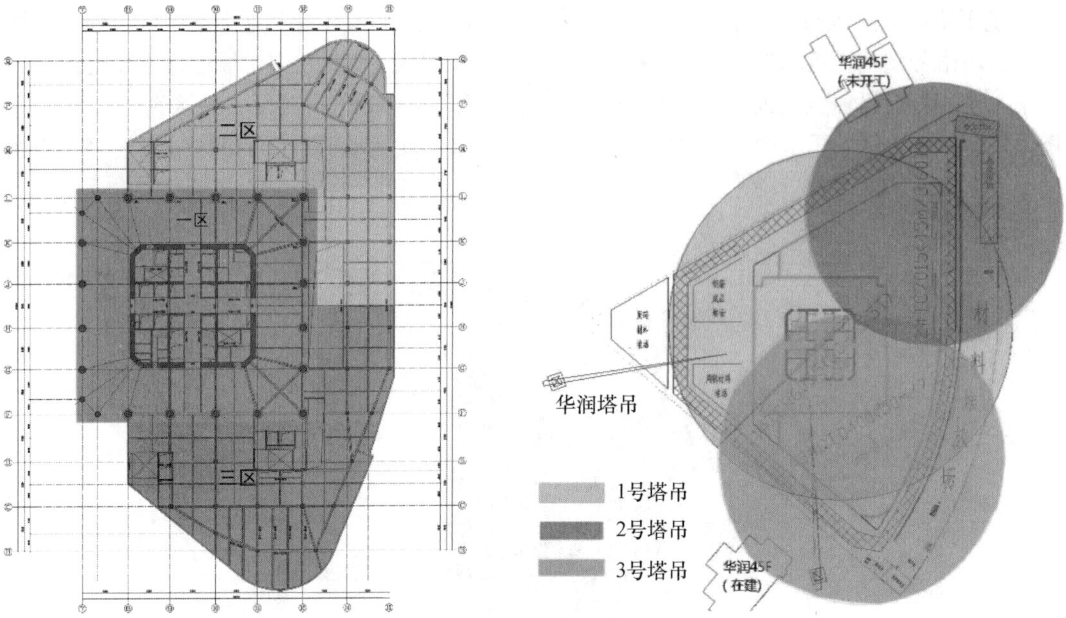

图 5-8　裙房施工分区图（裙房为一层至九层）

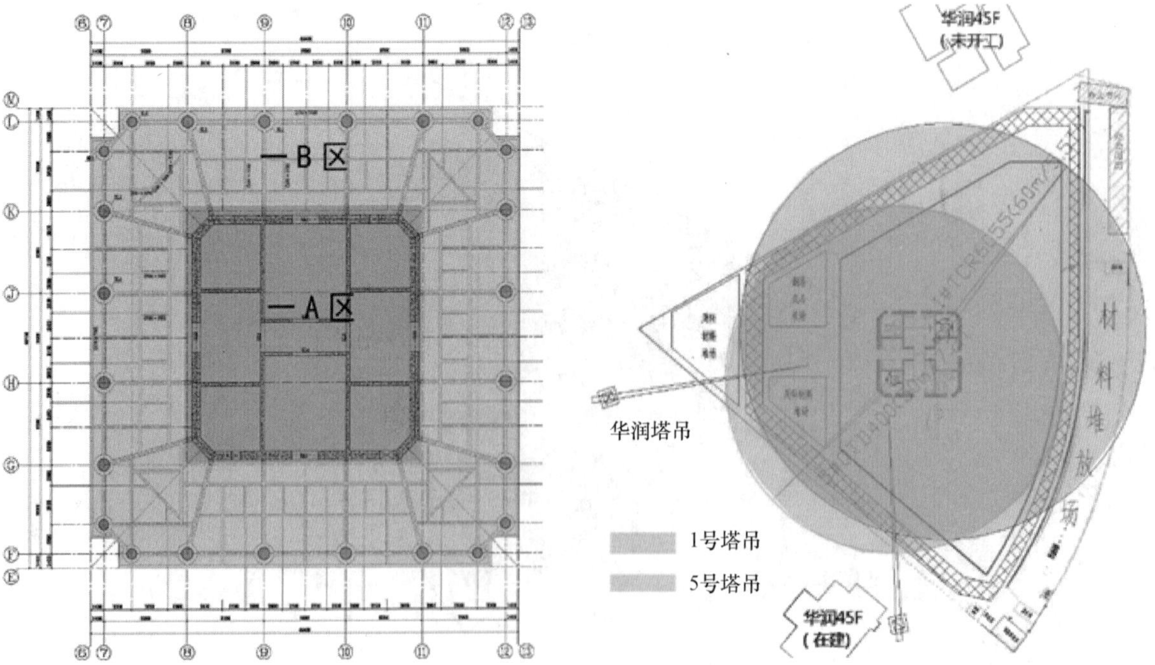

图 5-9　主楼施工分区图（主楼为 10 层至 71 层）

根据各台塔吊所负责的施工区域的吊重、吊次、吊距分析，按表 5-1 选用各台塔吊均能满足施工需要。

表 5-1　塔吊型号一览表

塔吊编号	1	2	3	4	5
塔吊型号	TCR6055-32	TC7015-10E	QTD400	TC7015-10E	QTD400
塔身截面	2.5m×2.5m	2m×2m	2m×2m	2m×2m	2.0m×2.0m
安装臂长	60m	45m	50m	50m	50m
最大起重量	32t	10t	20t	10t	20t
臂端起重量	5.5t	3.6t	7.2t	3t	7.2t
最大自由高度	47.7m	60m	42.79m	60m	42.79m
提升速度	0～40m/min（5t）	0～40m/min（5t）	0～62.1m/min（5t）	0～40m/min（3t）	0～62.1m/min（5t）

塔吊安装顺序：首先安装 1 号塔吊，其次安装 2 号、3 号、4 号塔吊，最后安装 5 号塔吊。1 号塔吊采用 120t 汽车吊至基坑底部辅以 50t 汽车吊进行安装，其余各台塔吊利用已安装好的 1 号塔吊辅以 50t 吊车进行安装。如图 5-10～图 5-14 所示。

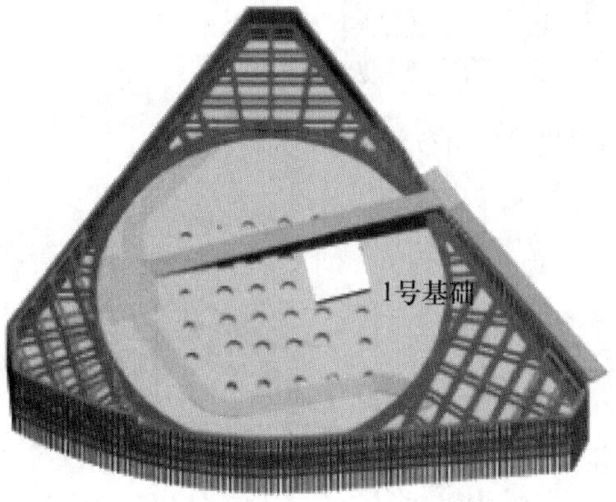

图 5-10　1 号塔吊安装坡道图

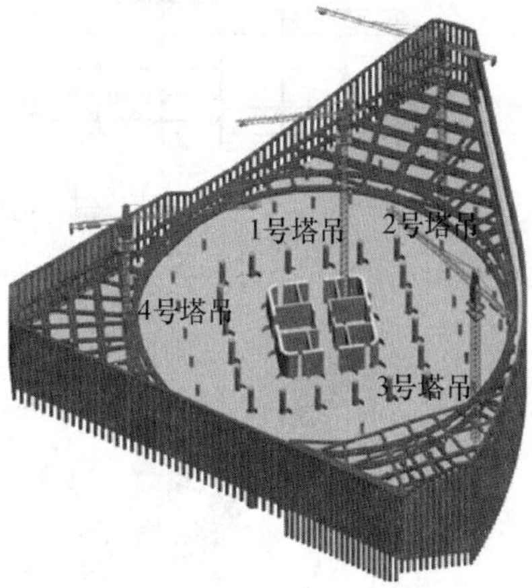

图 5-11　塔吊安装立体图

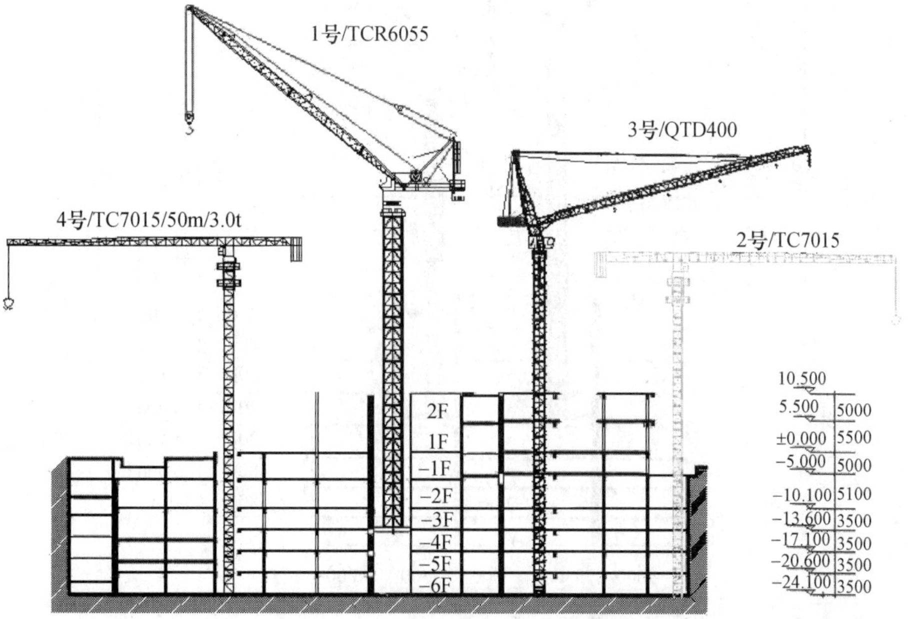

图 5-12　地下施工阶段塔吊立面布置图

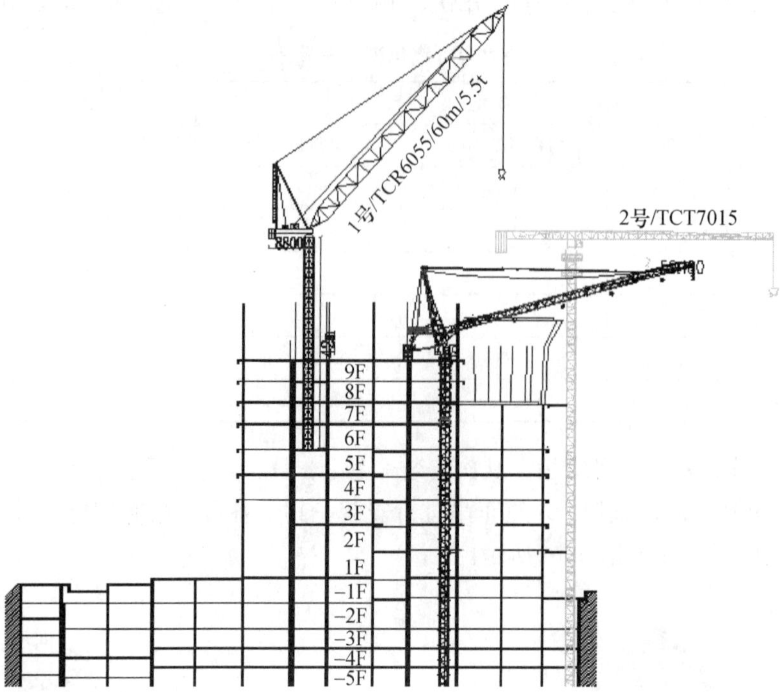

图 5-13　裙房施工阶段塔吊立面布置图

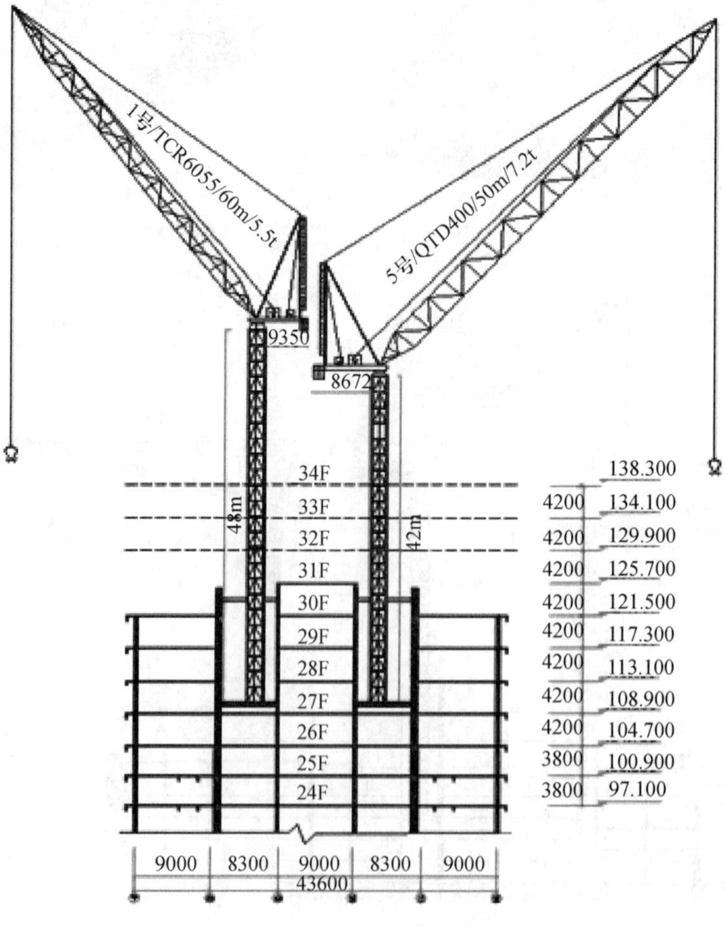

图 5-14　主楼施工阶段塔吊立面布置图

5.1.4　塔吊的基础设计

TCR6055-32 型塔吊的基础荷载如图 5-15 所示。基础最不利荷载见表 5-2。

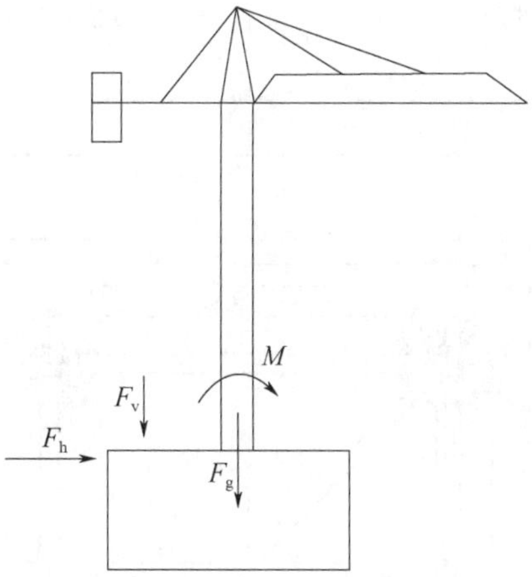

图 5-15　TCR6055-32 型塔吊基础荷载示意图

表 5-2　基础最不利载荷

水平力 F_h（kN）	垂直力 F_v（kN）	弯矩 M（kN・m）	基础重力 F_g（kN）
176.6	1733.5	7235.6	2672

基础下的土质应坚固夯实，混凝土强度等级不得低于 C35，地耐力不小于 0.21MPa；混凝土基础的长×宽为 7500mm×7500mm，厚度为 1900mm。基础配筋图如图 5-16 所示，基础配筋表见表 5-3。预埋支腿位置图如图 5-17 所示。

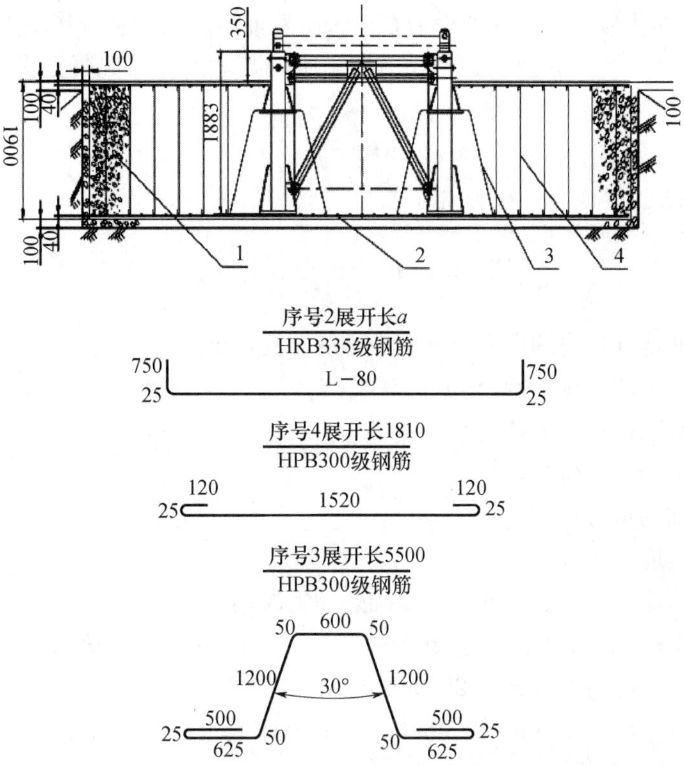

图 5-16　基础配筋图

表 5-3 基础配筋表

配筋钢筋	级别	直径（mm）	数量	长度（mm）
上层筋	HRB335	32	纵横向各 45 根	8970
下层筋	HRB335	32	纵横向各 45 根	8970
架立筋	HPB300	12	双向隔 1 拉 1	1810
锚固筋	HPB300	25	8	5500

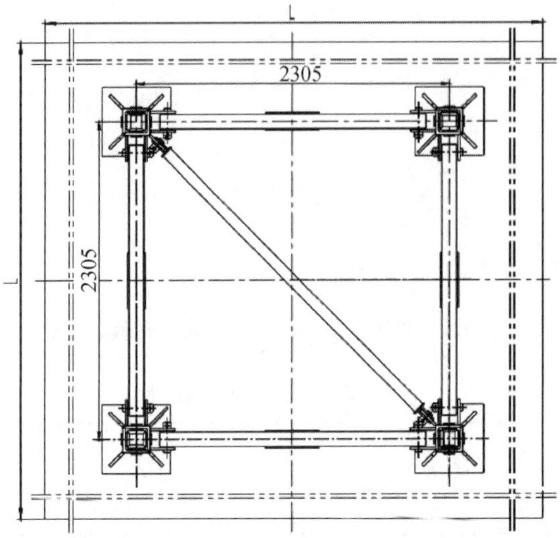

图 5-17 预埋支腿位置图

根据现场情况，查该项目《岩土工程勘察报告》勘探点平面位置图、施工平面布置图，塔吊安装位置对应土层为泥质粉砂岩，承载力特性值为 1000kPa。通过对塔吊和基础的要求及基础的受力情况分析。塔吊属于钢铁庞然大物，塔吊在架设后，至未附着前所产生的各种作用力均直接作用在基础上，即由塔吊产生的各种荷载，完全是由基础予以平衡。所以要对固定式混凝土塔吊抗倾翻稳定性进行计算，按式（5-1）验算。

$$e=\frac{M+F_h h}{F_v+F_g}\leqslant\frac{b}{4} \tag{5-1}$$

地面压应力按式（5-2）验算：

$$P_B=\frac{F_v+F_g}{bL}\leqslant [P_b] \tag{5-2}$$

式中 e——偏心距，即地面反力的合力至基础中心的距离，m；

M——作用在基础上的弯矩，kN·m；

F_v——作用在基础上的垂直荷载，N；

F_h——作用在基础的水平荷载，N；

F_g——混凝土基础的重力，N；

P_B——地面计算压应力，Pa；

$[P_B]$——地面许用压应力，由实地勘探和基础处理情况确定。

按塔吊最不利情况验算已知条件：弯矩 $M=7235.6$kN·m，水平荷载 $F_h=176.6$kN，塔吊重量 $F_v=1733.5$kN，混凝土基础的重力 $F_g=2672$kN。

基础尺寸拟定为 $a\times b\times h=7.5\text{m}\times 7.5\text{m}\times 1.9\text{m}$；基础底土层承载力 $[P_B]=1000$kPa

（1）塔吊抗倾翻稳定性计算。

求：偏心距 e

解：$e=\frac{M+F_h \cdot h}{F_v+F_g}=\frac{7235.6+176.6\times 1.9}{1733.5+2672}=1.72$（m）

$\frac{b}{4}=\frac{7.5}{4}=1.88$（m）

结果 1.72m<1.88m

所以 $e\leqslant\frac{b}{4}$，抗倾翻稳定性满足要求。

（2）地面压应力验算。

$P_B=\frac{F_v+F_g}{bL}=\frac{1733.5\times 10^3+2672\times 10^3}{7.5\times 7.5}=78.3$（kPa）

$P_B\leqslant[P_B]=1000$kPa

又当偏心距 $e>\frac{b}{6}$时，应满足 $p_{kmax}=\frac{2(F_k+G_k)}{3la}\leqslant 1.2f_a$

$p_{kmax}=\frac{2(F_k+G_k)}{3la}=\frac{2\times(1733.5+2672)}{3\times 7.5\times(3.75-1.72)}=192.9$（kPa）<1200kPa

结论：地基承载力满足该型塔吊对地面压应力要求，经以上验算，塔吊基础抗倾覆能力、地基承载力均满足要求。

5.1.5　内爬承重梁的强度验算

TCR6055 内爬承重梁的建筑物荷载见表 5-4，示意图如图 5-18 所示。

表 5-4　TCR6055 内爬承重梁的建筑物荷载

机型	支座反力					
	工作			非工作		
	P（kg）	R_1（kg）	R_2（kg）	P（kg）	R_1（kg）	R_2（kg）
TCR6055	227000	49795	54344	207000	53460	73966

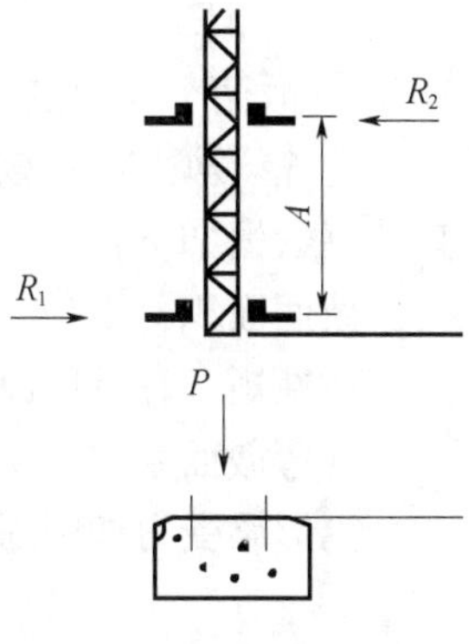

图 5-18　TCR6055 内爬承重梁的建筑物荷载示意图

（1）材料许用应力。

该塔吊内爬箱形梁（图 5-19）所选用的材料均为 Q345B，拉伸、压缩、弯曲许用应力值 $[\sigma]=257$MPa；弹性模量 $E=2.06\times 10^{11}$N/m^2；塔吊动载系数 $\varphi=1.4$。

（2）箱形梁基本数据及计算过程。

① 箱形梁 CD：该箱形梁截面采用 350mm×650mm，上下缘板厚度为 30mm，侧板厚度为 14mm，其计算数据如下：

截面面积：$A=0.03752$m^2；

惯性矩：$I_x=2.978\times 10^{-3}$m^4；

抗弯截面系数：$W_x=9.16\times 10^{-3}$m^3。

箱形梁 CD 受力如图 5-20 所示。

其中：

$F_1=F_2=R_a=R_b=P\times 1.4/4=794.5$kN

该箱形梁所受最大弯矩：

$M_{max}=F_{1a}=794.5\times 0.985=782.58$（kN·m）

则其最大弯曲应力：

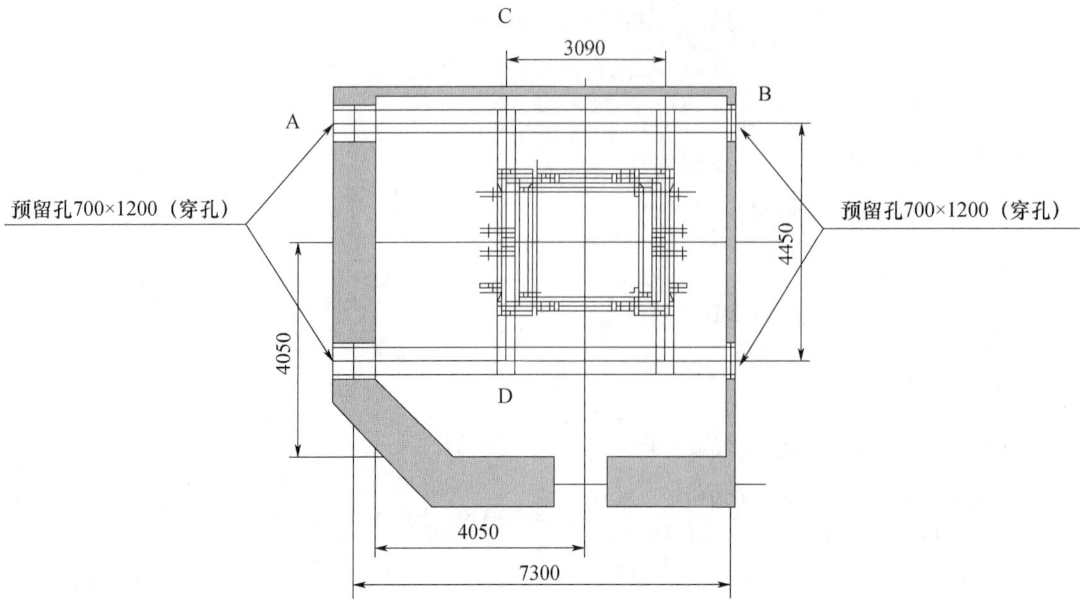

图 5-19　箱形梁示意图

$$\sigma=\frac{M}{W_x}=\frac{782.58}{9.16\times10^{-3}}=85.43\times10^6(\mathrm{N/m^2})$$

最大剪切应力：

$S=30\times350\times310+14\times295\times147.5\times2=4473350$（$\mathrm{mm^3}$），则危险断面处合应力为 $\sigma_{合}=170.63\times10^6\mathrm{N/m^2}<257\mathrm{MPa}$，所以该箱形梁安全。

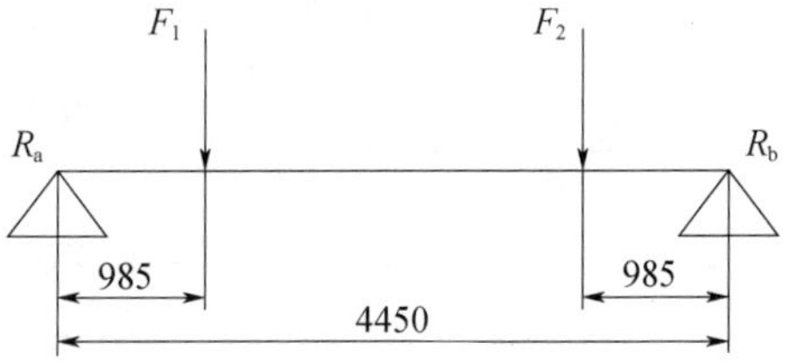

图 5-20　箱形梁 CD 受力图

$$\tau=\frac{FS}{I_xt_w}=\frac{794.5\times10^3\times0.00447335}{2.978\times10^{-3}\times0.014}=85.2\times10^6\ (\mathrm{N/m^2})$$

梁在 F_1、F_2 的作用下挠度为

$f_1=\frac{Pal^2}{24EI}(3-4a^2)=\frac{794.5\times10^3\times0.985\times4.45^2}{24\times2.06\times10^{11}\times2.978\times10^{-3}}\times(3-4\times0.985^2)=0.93$（mm）$<l/600=7.4\mathrm{mm}$ 故两个受力点的挠度差值在塔吊爬升允许范围内。

② 箱形梁 AB：该箱形梁截面采用 450mm×980mm，上下缘板厚度为 40mm，侧板厚度为 25mm，其计算数据如下：

截面面积：$A=0.081\mathrm{m^2}$；

惯性矩：$I_x=1.1\times10^{-2}\mathrm{m^4}$；

抗弯截面系数：$W_x=2.244\times10^{-2}\mathrm{m^3}$。

箱形梁受力如图 5-21 所示。

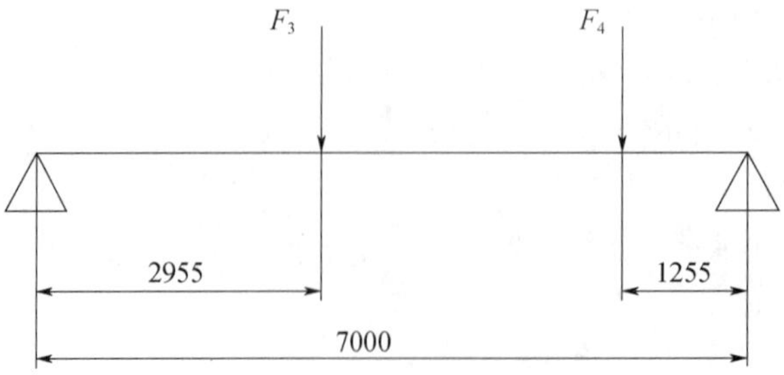

图 5-21　箱形梁 AB 受力图

其中：

$F_3=F_4=R_a=794.5\text{kN}$

该箱形梁所受最大弯矩：

$M_{max}=1801\text{kN}\cdot\text{m}$

则其最大弯曲应力：

$$\sigma=\frac{M}{W_x}=\frac{1801}{2.244\times10^{-2}}=80.258\times10^6\ (\text{N/m}^2)$$

最大剪切应力：

$S=40\times400\times490+25\times450\times225\times2=0.0129\ (\text{m}^3)$，则危险断面处合应力为 $\sigma_{合}=117.53\times10^6\text{N/m}^2<257\text{MPa}$，所以该箱形梁安全。

$$\tau=\frac{FS}{I_x t_w}=\frac{794.5\times10^3\times0.0129}{1.1\times10^{-2}\times0.025}=37.27\times10^6\ (\text{N/m}^2)$$

梁在 F_1 的作用下挠度为

$$f_1=\frac{Pa}{6EIl}[(2a+c)l^2-4a^2l+2a^3-a^2c-c^3]$$

$$=\frac{794500\times2.955}{6\times2.06\times10^{11}\times1.1\times10^{-2}\times7.3}[(2\times2.955+1.255)\times7.3^2$$

$$-4\times2.955^2\times7.3+2\times2.955^3-2.955^2\times1.255-1.255^3]$$

$$=3.9\ (\text{mm})<l/600=12\text{mm}$$

梁在 F_2 的作用下挠度为

$$f_1=\frac{Pc}{6EIl}[(2c+a)l^2-4c^2l+2c^3-c^2a-a^3]$$

$$=\frac{794500\times1.255}{6\times2.06\times10^{11}\times1.1\times10^{-2}\times7.3}[(2\times1.255+2.955)\times7.3^2$$

$$-4\times1.255^2\times7.3+2\times1.255^3-1.255^2\times1.955-2.955^3]$$

$$=2.29\ (\text{mm})<l/600=12\text{mm}$$

故两个受力点的挠度差值均在塔吊爬升允许范围内。

5.1.6　内爬式塔吊井洞内悬挂式自爬升施工平台

目前，钢筋混凝土核心筒＋钢管混凝土框架柱结构形式的超高层建筑多采用内爬式塔吊施工，内爬式塔吊一般设置在钢筋混凝土核心筒内，塔吊下部对应的楼板需甩下二次施工，这导致该部位自上而下形成井洞。由于内爬式塔吊顶升钢梁需轮换向上倒用，工人拆卸钢梁没有施工平台，在楼层较低时可采用钢管扣件搭设施工平台，楼层逐渐升高后搭设施工平台难度大，耗费大量的人力、物力。

为了克服上述内爬式塔吊井洞内施工平台搭设方式的不足，九洲国际项目发明了一种内爬式塔吊井洞内悬挂式自爬升施工钢平台，其结构简单实用，可直接与内爬式塔吊的塔身连接，在施工过程中随塔吊向上爬升，在平台上作业安全可靠，缩短塔吊内爬的准备时间，提高塔吊内爬施工效率。其技术方案是：提供一种内爬式塔吊井洞内悬挂式钢平台，包括平台钢板、主次龙骨型钢、吊环、合页、翻板、倒链及钢丝绳。其特征在于：所述主次龙骨型钢均采用 50mm×100mm×3mm 方钢，焊接成比井洞净空每侧缩小 500mm 的支撑骨架，平台钢板采用 1.5mm 厚花纹钢板，焊接在支撑骨架上，形成平台主体；在所述主次龙骨型钢对应塔身四角位置分别焊接一个采用 100mm×100mm×10mm 钢板制作的吊环，四根直径 22mm 的钢丝绳上端与塔身底部连接固定，下端与所述平台上的四个吊环分别连接，将平台悬挂在塔吊下；同时对应每根钢丝绳安装一条 6m 长倒链，上端与钢丝绳上打好的绳扣连接，下端与所述平台上的四个吊环连接，在 6m 高度范围内可起到自行调节的作用；平台周边主龙骨上焊接合页，翻板通过合页与平台主体连接，在平台提升时将翻板收回，以免与剪力墙或塔吊牛腿发生碰撞。

本发明所涉及的塔吊井洞内悬挂式自爬升施工平台，结构简单、易操作，随塔吊内爬实现自爬升，为塔吊承重钢梁及牛腿的安装、拆除提供了安全可靠的平台，满足超高层建筑内爬式塔吊井洞内施工要求。内爬式塔吊井洞内悬挂式自爬升施工平台如图 5-22 至图 5-24 所示。

施工方案如下：周边主龙骨 2 和次龙骨 1、次龙骨 4、主龙骨 3 焊接成平台支撑骨架，花纹钢板 9 焊接在平台支撑骨架上成为平台主体，翻板 7 通过合页 8 焊接在周边主龙骨 2 上，在平台提升过程中可向内翻折，避免碰撞核心筒剪力墙 6 或牛腿 13。吊环 5 焊接在主龙骨 3 上，钢丝绳 11 上端固定在塔身 15 上，下端固定在吊环 5 上，将平台主体悬挂在塔吊下，钢丝绳 11 平时不直接悬挂平台受力，在倒链 10 失效时起保险绳的作用；倒链 10 上端固定在钢丝绳扣 12 上，下端固定在吊环 5 上，起到平时悬挂平台受力作用。施工人员站在平台上，可以实现安装或拆除牛腿 13、承重梁 14，并在一定高度范围内通过倒链 10 调节平台高度。

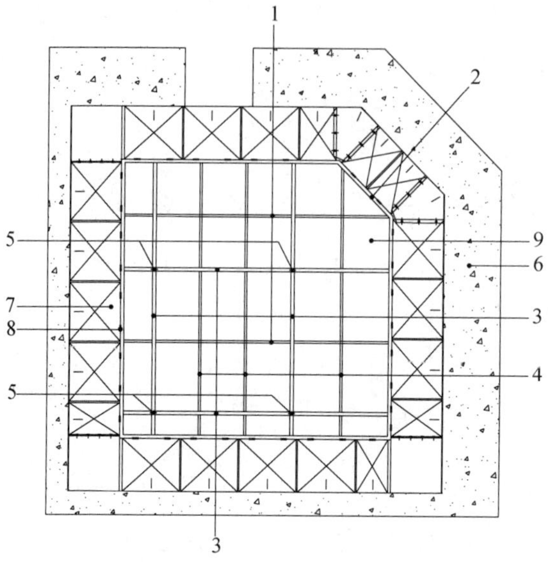

图 5-22　平面俯视图

1—次龙骨；2—周边主龙骨；3—主龙骨；4—次龙骨；5—吊环；6—核心筒剪力墙；7—翻板；8—合页；9—花纹钢板

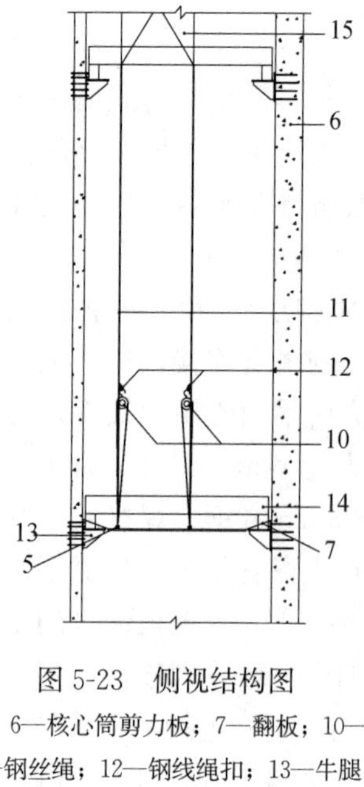

图 5-23　侧视结构图

5—吊环；6—核心筒剪力板；7—翻板；10—倒链；11—钢丝绳；12—钢线绳扣；13—牛腿；14—承重梁；15—塔身

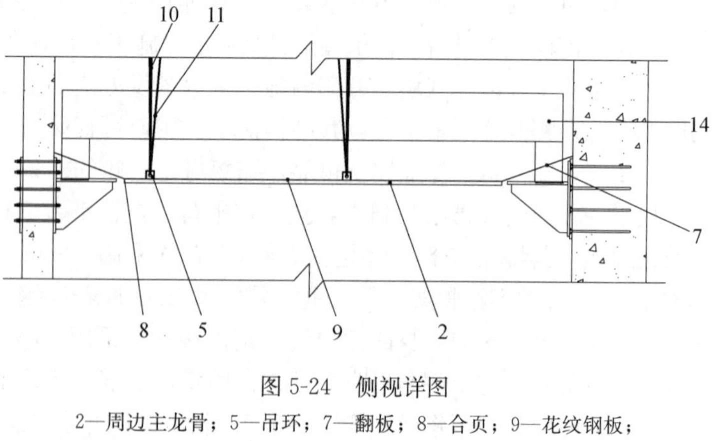

图 5-24　侧视详图

2—周边主龙骨；5—吊环；7—翻板；8—合页；9—花纹钢板；10—倒链；11—钢丝绳；14—承重梁

5.1.7　塔吊爬升

塔吊爬升分为内爬和外挂两种。内爬式塔吊即塔吊位于结够内部，充分利用塔吊的高度，很少占用结构外部空间，爬升高度不受限制，塔身较短，造价较低。其缺点：结构需要加强，爬升需要与施工进度协调，塔吊穿过的水平结构需二次施工。塔吊内爬流程如图 5-25 所示。

外挂式塔吊即塔吊位于结构外部，外挂式塔吊利用高度不如内爬式塔吊，对结构要求更高，造价也较高。其优点：爬升与结构施工交叉较少，不需穿过结构水平构件。

超高层建筑主楼一般为框架核心筒结构，面积一般在 2000m² 左右，九洲国际工程主楼施工选用两台内爬式动臂塔吊。内爬式塔吊的支撑构件可为竖向构件（剪力墙），也可为水平构件（楼面梁），选择以水平构件作为塔吊支撑，与结构施工交叉较少，造价更低，但对水平结构承载力要求较高。无论采取哪种方式，结构设计时一般未考虑塔吊荷载，故均需咨询设计，并对原结构进行局部加强。该工程因受结构形式限制，采用核心筒剪力墙作为塔吊支撑构件，墙体抗压承载力一般均能满足要求，往往是墙体承受不平衡弯矩后抗弯承载力不满足要求。该工程结构加强方案如图 5-26 所示。

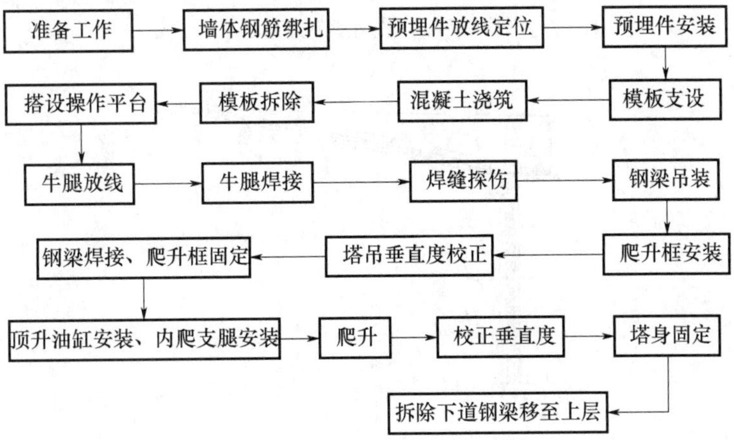

图 5-25　塔吊内爬流程

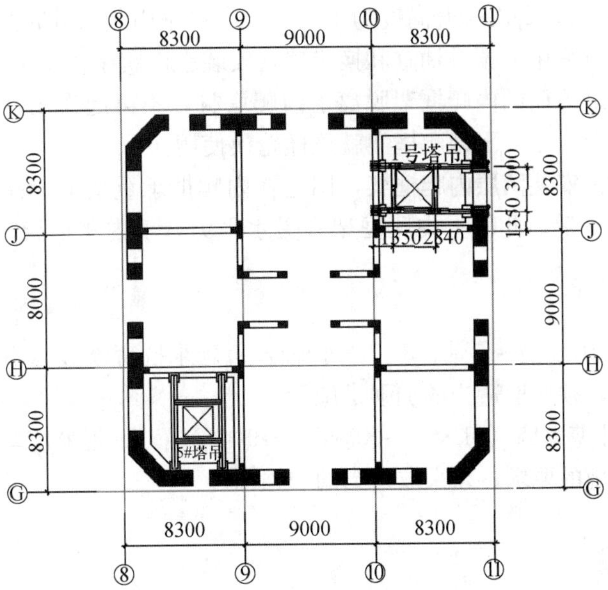

图 5-26　内爬塔吊布置图

（1）荷载传递

塔吊内爬以及工作时产生的荷载，通过承重钢梁传递到钢牛腿，承重钢梁与钢牛腿焊缝连接，然后通过钢牛腿再传递到墙体，其连接示意如图 5-27 所示。

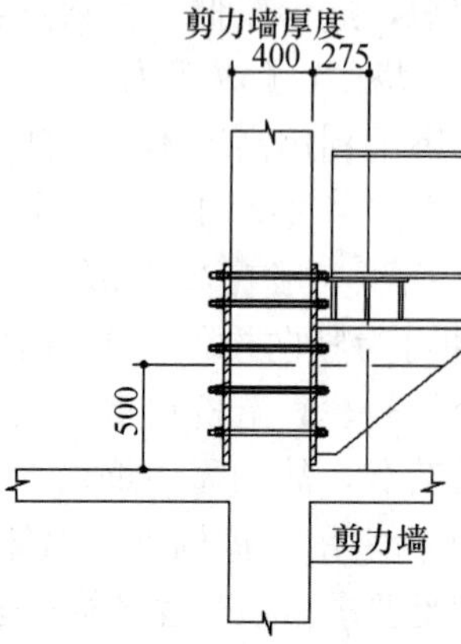

图 5-27　塔吊连接节点示意图

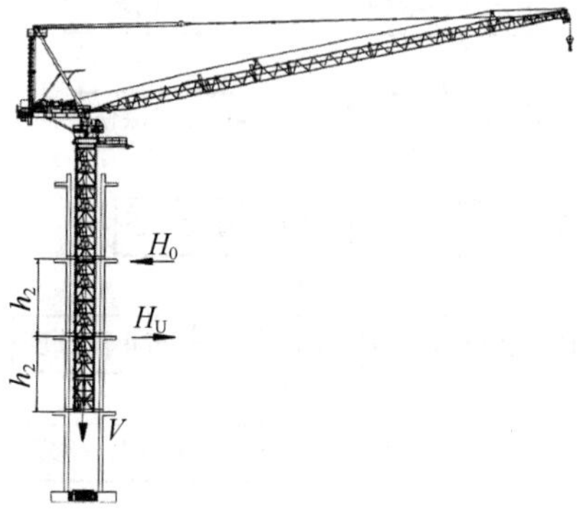

图 5-28　塔吊对建筑物荷载示意图

（2）爬升工况和荷载

塔吊每 3～4 层爬升一次，每次爬升高度为 15～18m。塔吊内爬顶升时必须是上、中、下内爬框三层都安装好。在塔吊爬升过程中，顶升油缸和换步装置安装在内爬中框架上。

当塔吊爬升一次后，最下面的内爬框架脱离了内爬塔身，不再起作用，因此要把它拆下并安装到最上面，就成了上框架。上、中、下内爬框架就这样轮换使用。

内爬式塔吊工作时，只安装两层内爬框架，固定在内爬框承重梁上，并将内爬基节伸缩梁搁置在下内爬框架上，承受整机重量，此时上内爬框架只受水平力，下内爬框架不仅受水平力还受垂直力，如图 5-28 所示。

（3）计算结果分析

① 核心筒内剪力墙（10×Ⓙ～Ⓚ轴、8～9×Ⓗ轴）每延米抗弯承载力不能满足传递塔吊承重梁反力产生不平衡弯矩的要求，须采取适当的加强措施。

② 36 层以上核心筒外剪力墙（11×Ⓙ～Ⓚ轴、8～9×Ⓖ轴）每延米抗弯承载力不能满足传递塔吊承重梁反力产生不平衡弯矩的要求，须采取适当的加强措施。

（4）结构加强措施

结构加强措施见表 5-5。

表 5-5　结构加强措施

楼层	剪力墙厚度（mm）	混凝土强度等级	原设计竖向分布筋或代换竖向分布筋	新增竖向分布筋	加强后竖向抗弯承载力 M_x（kN·m/m）	原设计水平分布筋或代换水平分布筋	新增水平分布筋	加强后水平向抗弯承载力 M_y（kN·m/m）
2、5、9	400	C70	16@200（原）	20@200	320	14@200（原）	22@200	330
13	400	C65	16@200（原）	20@200	318	14@200（原）	22@200	330
17	350	C65	14@200（原） 16@200（代）	20@200	272	12@200（原）14@200（代）	22@200	282
21、25、29	350	C60	14@200（原） 16@200（代）	20@200	271	12@200（原）14@200（代）	22@200	280
33、37	300	C55	12@200（原） 16@200（代）	22@200	250	10@200（原）16@200（代）	22@200	250
41	300	C50	12@200（原） 16@200（代）	22@200	248	10@200（原）16@200（代）	22@200	248
45、49	250	C50	12@200（原） 22@200（代）	22@200	247	10@200（原）22@200（代）	22@200	247
53、57	250	C45 代换为 C50	12@200（原） 22@200（代）	22@200	247	10@200（原）22@200（代）	22@200	247
61、65	200 代换为 250	C40 代换为 C50	12@200（原） 22@200（代）	22@200	247	10@200（原）22@200（代）	22@200	247
69、设备层	200 代换为 250	C35 代换为 C50	12@200（原） 22@200（代）	22@200	247	10@200（原）22@200（代）	22@200	247

5.1.8 小结

垂直运输是超高层施工的生命线，垂直运输机械宜留有适当余地，否则会产生大量窝工，对工期和成本均会产生较大影响；建筑高度在 300m 以上时不宜再使用基础固定式塔吊，一般情况下地基承载力已不能满足要求；主楼面积为 2000m^2 左右的超高层建筑，内爬仅能安装两台塔吊，如外框架为钢结构且吊装量较大时，两台塔吊已不能满足施工需求，应考虑塔吊外挂增加塔吊数量，一般最多可安装 4 台；如在结构设计阶段能考虑塔吊荷载，可节省后期咨询设计结构加强方案的大笔费用；钢梁支撑在剪力墙上时，采用在墙上预留洞口的方式，可使结构受力简单合理，并可省掉埋件、牛腿等费用，但钢梁倒运时存在钢梁不易从墙上取下的问题，如能在钢梁两端增加伸缩装置并能满足承载要求，使用效果最好；在一定范围内，塔吊的单次爬升高度可通过加强塔节的方式加大，以减少爬升次数。

5.2 内爬式塔吊承载力分析及改良措施

塔吊是建筑施工必不可少的重要设备，随着超高层建筑的兴起，动臂塔吊更是得到了广泛的应用。然而，国内外塔吊事故屡屡发生，其中塔吊顶升作业过程中的安全问题备受业内人士关注。对于内爬式塔吊，在内爬以及工作时产生的荷载，通过承重梁传递到牛腿，再由牛腿传递到墙体，因此，保证附着处墙体的安全对于塔吊的施工安全性具有重要意义。以广西九洲国际项目为例，运用 ETABS 软件对该框筒结构按照实际施工情况建模及整体分析，进行核心筒剪力墙的承载力验算。采取加固措施，使墙体满足施工期间传递塔吊承重梁反力的要求，从而保证塔吊施工期间的安全。

5.2.1 设计概况

广西九洲国际大厦位于南宁琅东新区，主体结构采用框架-核心筒形式，总建筑面积约 21.43 万 m^2，地上最高 71 层，建筑物总高度 318m。现场使用 1 号和 5 号两座内爬式动臂塔吊进行吊装，两塔吊形式类似，均布置在核心筒内（图 5-29），且与核心筒剪力墙的连接节点相同（图 5-30）。

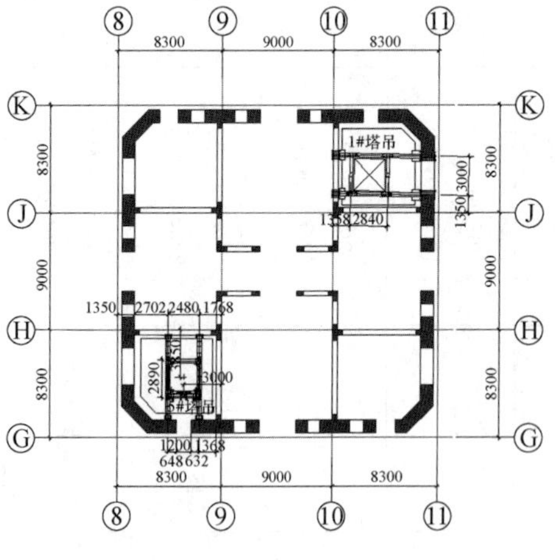

图 5-29　塔吊平面布置图

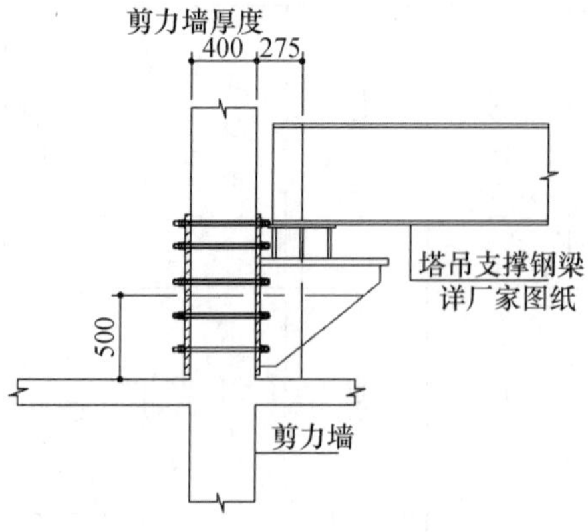

图 5-30　塔吊与墙体连接方式

5.2.2 承载力验算

由于 1 号塔吊的载荷大于 5 号塔吊载荷，选择 1 号塔吊的最不利工况进行核心筒剪力墙施工阶段承载力复核。1 号塔吊最不利受力状态时，钢牛腿处受竖向力 $F_v=1075$kN 以及水平力 $F_h=440$kN（该水平方向力为水平范围内 360°旋转最大值，垂直力与水平力均已考虑动力系数）。

（1）剪力墙抗冲切验算

对于抗冲切能力，偏于安全地按照不配置箍筋和弯曲钢筋的板来考虑核心筒剪力墙的抗冲切能力。1 号塔吊和 5 号塔吊的最不利状态时，剪力墙受面外的水平荷载均为 F_h=440kN，根据《混凝土结构设计规范》，由于剪力墙面内外均采用预埋件，剪力墙受面外的拉或压水平荷载，其临界截面周长相等，因此，剪力墙均可满足冲切承载力的要求。

（2）墙体传递牛腿节点弯矩承载力计算

牛腿节点上的竖向反力及水平反力均会产生一个弯矩作用在墙体上，需进行墙体弯矩承载力计算。借助 ETABS 有限元软件，按工程实际施工情况建立墙体牛腿节点模型进行弯矩承载力分析。核心筒剪力墙按壳单元模拟，钢牛腿按杆件模拟。根据 ETABS 分析结果，塔吊承重钢梁反力在核心筒剪力墙产生的弯矩见表 5-6。由表 5-6 看出，每延米核心筒剪力墙产生的最大竖向弯矩为 240kN·m/m；最大水平弯矩为 250kN·m/m。

表 5-6　核心筒剪力墙每延米产生的弯矩

受力工况	竖向弯矩（kN·m/m）	水平弯矩（kN·m/m）
竖向反力	115	140
水平反力（拉）	140	130
竖向反力＋水平反力（拉）	240	250
竖向反力＋水平反力（压）	140	125

核心筒剪力墙抗弯承载力按矩形截面受弯构件进行计算，《混凝土结构设计规范》规定：各层核心筒剪力墙按不同厚度、配筋及混凝土强度等级进行计算。所得结果见表 5-7、表 5-8。

表 5-7　核心筒内剪力墙（10×Ⓙ～Ⓚ轴、8～9×Ⓗ轴）每延米抗弯承载力

楼层	剪力墙厚度（mm）	混凝土强度等级	竖向分布筋	竖向抗弯承载力 M_x（kN·m/m）	水平分布筋	水平抗弯承载力 M_y（kN·m/m）
−2～11	400	C70	16@200	128	14@200	98.5
12～15	400	C65	16@200	128	14@200	98.5
16～20	350	C65	14@200	84.6	12@200	62.3
21～30	350	C60	14@200	84.5	12@200	62.3
31～40	300	C55	12@200	52	10@200	36.4
41～44	300	C50	12@200	52	10@200	36.4
45～49	250	C50	12@200	41.8	10@200	29.3
50～57	250	C45	12@200	41.7	10@200	29.3
58～65	200	C40	12@200	31.5	10@200	22.1
66 层以上	200	C35	12@200	31.3	10@200	22.0

表 5-8　核心筒外剪力墙（11×Ⓙ～Ⓚ轴、8～9×Ⓖ轴）每延米抗弯承载力

楼层	剪力墙厚度（mm）	混凝土强度等级	竖向分布筋	竖向抗弯承载力 M_x（kN·m/m）	水平分布筋	水平抗弯承载力 M_y（kN·m/m）
−2～5	1000	C70	28@150	1394.3	16@100	686.1
6～10	950	C70	28@150	1319.8	16@100	649.9
11～15	900	C65	20@200	480.5	18@200	389.5
16～21	850	C65	20@200	452.2	18@200	366.7
22～26	800	C60	20@200	423.6	18@200	343.5
27～30	750	C60	20@200	395.3	16@200	254.5

续表

楼层	剪力墙厚度（mm）	混凝土强度等级	竖向分布筋	竖向抗弯承载力 M_x（kN・m/m）	水平分布筋	水平抗弯承载力 M_y（kN・m/m）
31～35	700	C55	18@200	297.6	16@200	236.2
36～39	650	C55	18@200	274.7	16@200	218.1
40～44	600	C50	16@200	199.8	14@200	153.5
45～48	550	C50	16@200	181.7	14@200	139.7
49～53	500	C45	14@200	125.6	14@200	125.6
54～61	400	C40	14@200	97.8	12@200	72.1
62层以上	300	C35	12@200	51.6	12@200	51.6

由图5-31～图5-32中的抗弯承载力与最大弯矩对比可看出：①核心筒内剪力墙（10×Ⓙ～Ⓚ轴、8～9×Ⓗ轴）每延米抗弯承载力不能满足传递塔吊承重梁反力产生不平衡弯矩的要求，须采取适当的加强措施。②30层以上核心筒外剪力墙（11×Ⓙ～Ⓚ轴、8～9×Ⓖ轴）每延米抗弯承载力不能满足传递塔吊承重梁反力产生不平衡弯矩的要求，须采取适当的加强措施。

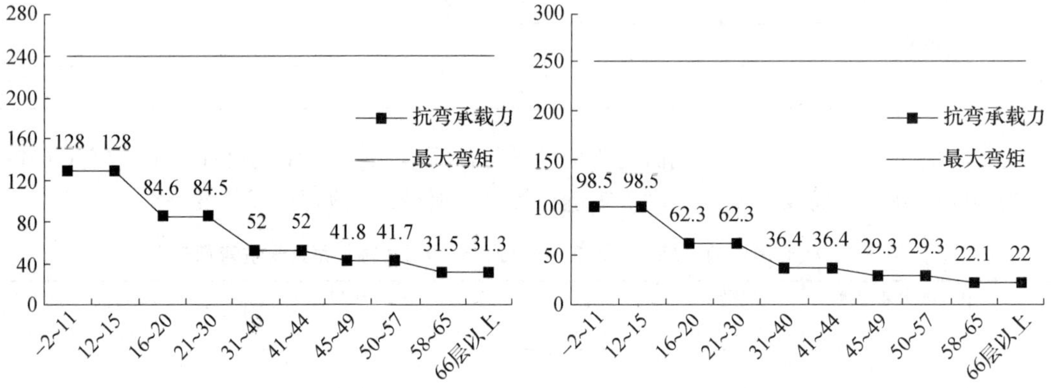

图5-31 核心筒内剪力墙（10×Ⓙ～Ⓚ轴、8～9×Ⓗ轴）竖向及水平向抗弯承载力分布图

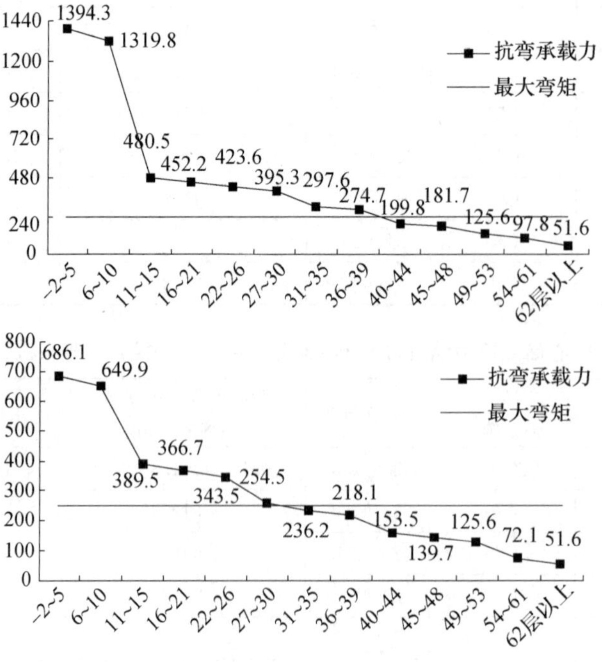

图5-32 核心筒外剪力墙（11×Ⓙ～Ⓚ轴、8～9×Ⓖ轴）竖向及水平向抗弯承载力分布图

5.2.3　局部处理措施

针对九洲国际工程的特点，考虑到施工工期及安全经济等因素，核心筒剪力墙为满足传递塔吊承重梁反力产生不平衡弯矩的要求，做如下局部处理：

（1）由于－2 层核心筒剪力墙已施工完毕，可在 1 号塔吊承重梁下设置钢架，支撑于底板，以承担塔吊产生的竖向反力，而塔吊产生的水平反力仍由剪力墙承担，做法如图 5-33 所示。

（2）核心筒剪力墙有承重梁楼层的加强措施见表 5-9～表 5-12。

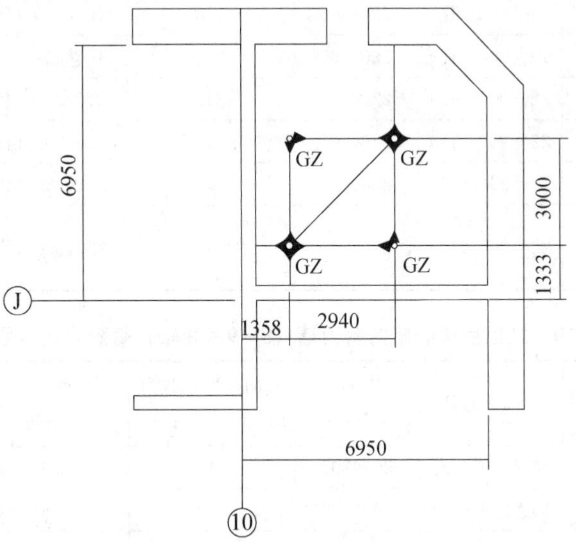

说明：
1.钢材为Q235B，GZ截面为ϕ299×10钢管，其余未标明构件为ϕ68×4钢管。
2.承重钢梁支座须在新加钢架与塔吊安装完毕，且变形稳定后才连接。
3.GZ定位须与塔吊对应支点重合。

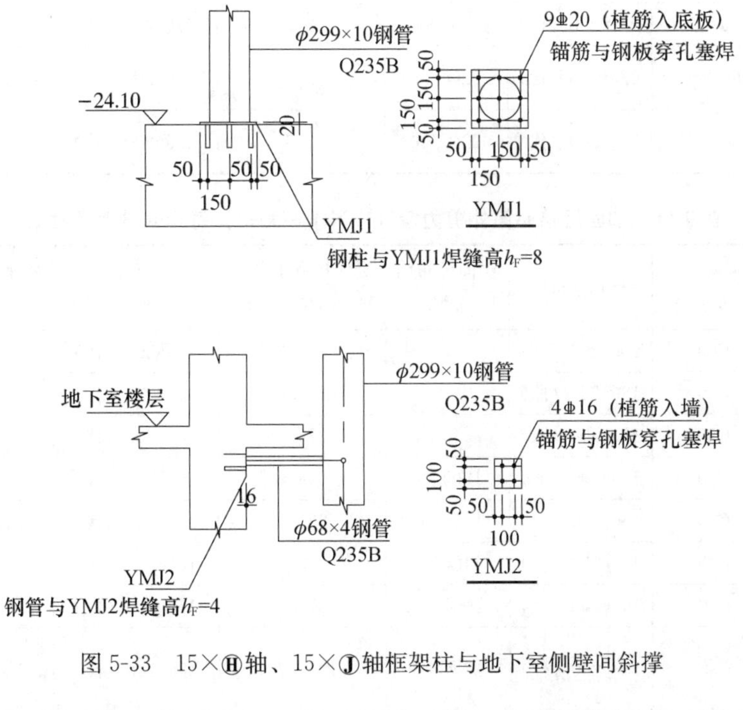

图 5-33　15×Ⓗ轴、15×Ⓙ轴框架柱与地下室侧壁间斜撑

表 5-9 加固后核心筒内剪力墙（10×Ⓙ～Ⓚ轴）每延米抗弯承载力

楼层	剪力墙厚度（mm）	混凝土强度等级	竖向分布筋	竖向分布筋（新增）	竖向抗弯承载力 M_x（kN·m/m）	水平分布筋	水平分布筋（新增）	水平抗弯承载力 M_y（kN·m/m）
2、5、9	400	C70	16@200（原）	20@200	320	14@200（原）	22@200	330
13	400	C65	16@200（原）	20@200	318	14@200（原）	22@200	330
17	350	C65	16@200（代）	20@200	272	14@200（代）	22@200	282
21、25、29	350	C60	16@200（代）	20@200	271	14@200（代）	22@200	280
33、37	300	C55	16@200（代）	22@200	250	16@200（代）	22@200	250
41	300	C50	16@200（代）	22@200	248	16@200（代）	22@200	248
45、49	250	C50	22@200（代）	22@200	247	22@200（代）	22@200	247
53、57	250	C50（代）	22@200（代）	22@200	247	22@200（代）	22@200	247
61、65	250（代）	C50（代）	22@200（代）	22@200	247	22@200（代）	22@200	247
69、设备层	250（代）	C50（代）	22@200（代）	22@200	247	22@200（代）	22@200	247

表 5-10 加固后核心筒内剪力墙（8～9×Ⓗ轴）每延米抗弯承载力

楼层	剪力墙厚度（mm）	混凝土强度等级	竖向分布筋	竖向分布筋（新增）	竖向抗弯承载力 M_x（kN·m/m）	水平分布筋	水平分布筋（新增）	水平抗弯承载力 M_y（kN·m/m）
12	400	C65	16@200（原）	20@200	318	14@200（原）	22@200	330
16、20	350	C65	16@200（代）	20@200	272	14@200（代）	22@200	282
24、28	350	C60	16@200（代）	20@200	271	14@200（代）	22@200	280
31、34、37、40	300	C55	16@200（代）	22@200	250	16@200（代）	22@200	250
43	300	C50	16@200（代）	22@200	248	16@200（代）	22@200	248
46、49	250	C50	22@200（代）	22@200	247	22@200（代）	22@200	247
52	250	C50（代）	22@200（代）	22@200	247	22@200（代）	22@200	247
58、61、64	250（代）	C50（代）	22@200（代）	22@200	247	22@200（代）	22@200	247
67、70、设备层	250（代）	C50（代）	22@200（代）	22@200	247	22@200（代）	22@200	247

表 5-11 加固后核心筒外剪力墙（11×Ⓙ～Ⓚ轴）每延米抗弯承载力

楼层	剪力墙厚度（mm）	混凝土强度等级	竖向分布筋	竖向分布筋（新增）	竖向抗弯承载力 M_x（kN·m/m）	水平分布筋	水平分布筋（新增）	水平抗弯承载力 M_y（kN·m/m）
29	750	C60	20@200（原）	—	395.3	18@200（代）	—	320.7
33	700	C55	18@200（原）	—	297.6	18@200（代）	—	297.6
37	650	C55	18@200（原）	—	274.7	18@200（代）	—	274.7
41	600	C50	16@200（原）	12@200	308.6	16@200（代）	12@200	308.6
45	550	C50	16@200（原）	12@200	280.5	16@200（代）	12@200	280.5
49、53	500	C45	16@200（代）	14@200	283.5	16@200（代）	14@200	283.5
57、61	400	C40	16@200（代）	20@200	311.2	16@200（代）	20@200	311.2
65、69、设备层	300	C35	18@200（代）	22@200	257.7	18@200（代）	22@200	257.7

表 5-12　加固后核心筒外剪力墙（8～9×Ⓖ轴）每延米抗弯承载力

楼层	剪力墙厚度（mm）	混凝土强度等级	竖向分布筋	竖向分布筋（新增）	竖向抗弯承载力 M_x（kN·m/m）	水平分布筋	水平分布筋（新增）	水平抗弯承载力 M_y（kN·m/m）
28	750	C60	20@200（原）	—	395.3	18@200（代）	—	320.7
31、34	700	C55	18@200（原）	—	297.6	18@200（代）	—	297.6
37	650	C55	18@200（原）	—	274.7	18@200（代）	—	274.7
40、43	600	C50	16@200（原）	12@200	308.6	16@200（代）	12@200	308.6
46	550	C50	16@200（原）	12@200	280.5	16@200（代）	12@200	280.5
49、52	500	C45	16@200（代）	14@200	283.5	16@200（代）	14@200	283.5
58、61	400	C40	16@200（代）	20@200	311.2	16@200（代）	20@200	311.2
64、67、70、设备层	300	C35	18@200（代）	22@200	257.7	18@200（代）	22@200	257.7

从图 5-34～图 5-37 中抗弯承载力与最大弯矩对比可看出：采取上述加强措施后，核心筒剪力墙承载力可以满足施工期间传递塔吊承重梁反力的要求，保证了塔吊顶升作业的安全。

以上表中，钢筋（原）表示原设计钢筋，钢筋（代）表示代换后钢筋，代换钢筋、剪力墙厚度、混凝土强度等级均用于图 5-38 中阴影填充范围。

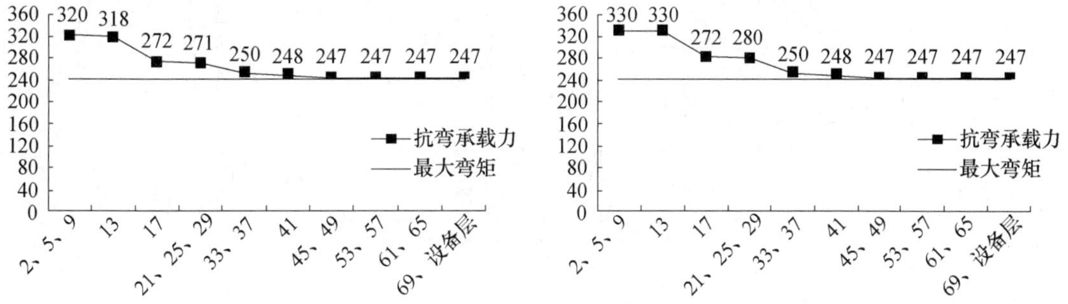

图 5-34　加固后核心筒内剪力墙（10×Ⓙ～Ⓚ轴）竖向及水平向抗弯承载力分布图

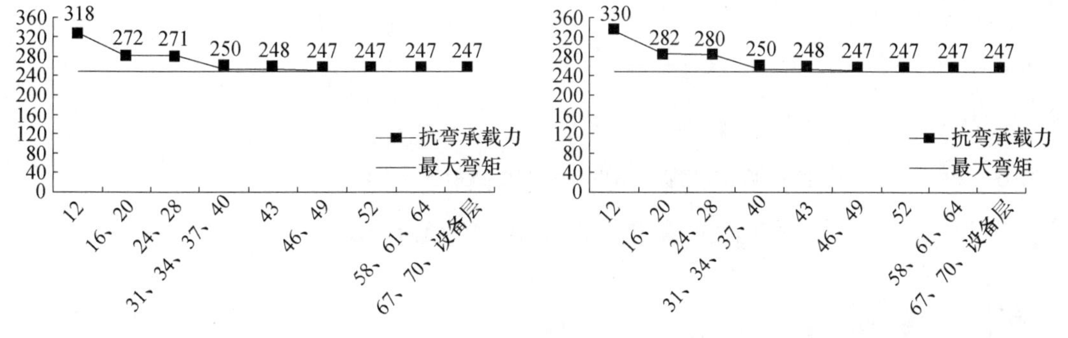

图 5-35　加固后核心筒内剪力墙（8～9×Ⓗ轴）竖向及水平向抗弯承载力分布图

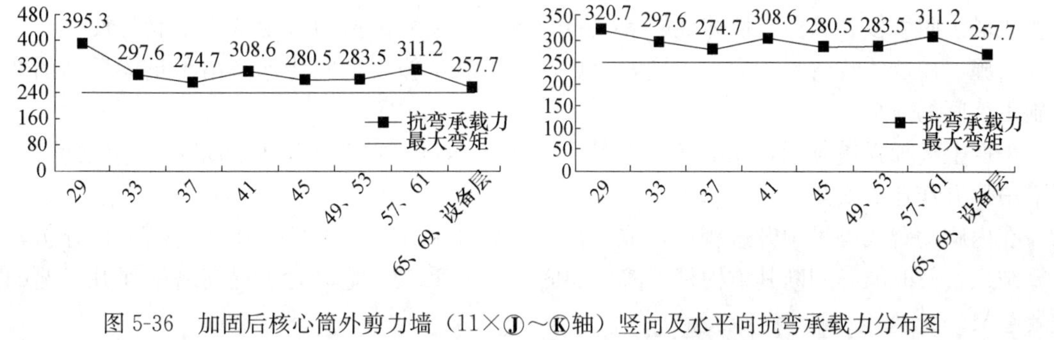

图 5-36　加固后核心筒外剪力墙（11×Ⓙ～Ⓚ轴）竖向及水平向抗弯承载力分布图

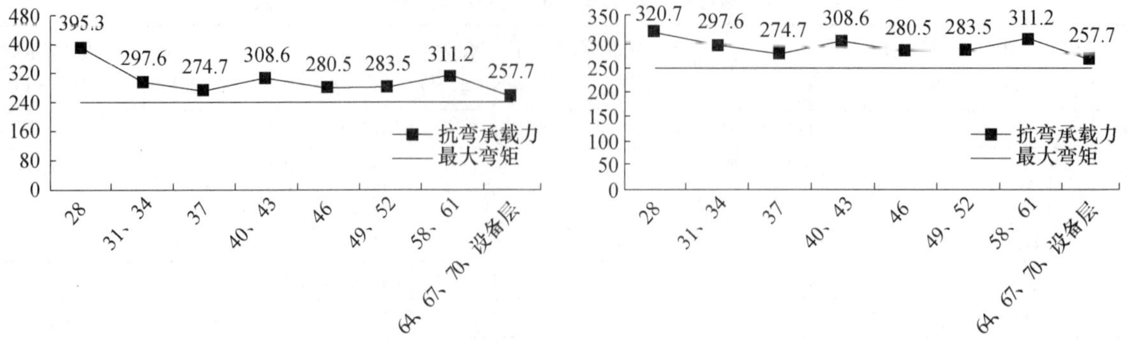

图 5-37　加固后核心筒外剪力墙（8～9×Ⓖ轴）竖向及水平向抗弯承载力分布图

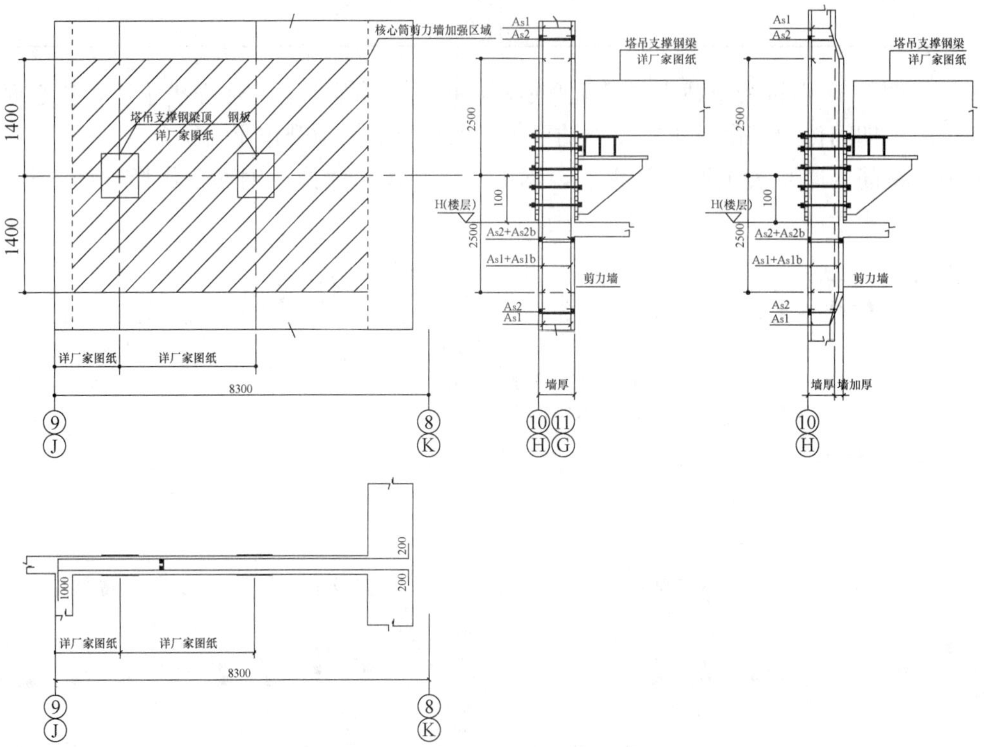

注：图中As1、As2为原剪力墙分布钢筋，As1b、As2b为加强钢筋。

图 5-38　核心筒剪力墙加强钢筋示意图

5.2.4　结论

以广西九洲国际项目为例，借助 ETABS 软件对该框筒结构按照实际施工情况建模及整体分析，进行内爬式塔吊附着核心筒剪力墙体处的承载力验算，发现局部剪力墙承载力不满足设计要求，通过采取加固措施，使墙体抗弯承载力大于最大弯矩，从而满足施工期间传递塔吊承重梁反力的要求，保证塔吊施工期间的安全。

（1）采取上述加强措施后，核心筒剪力墙承载力可以满足施工期间传递塔吊承重梁反力的要求，保证了塔吊顶升作业的安全。

（2）在内爬动臂式塔吊顶升过程中，取其最不利状态并结合 ETABS 软件建模进行分析，能准确得出计算结果，及时准确判断其结构是否需要加固，从而采取措施，对于提高塔吊顶升工况的安全性具有重要意义。

第 6 章　超高层建筑大吨位内爬动臂塔吊高空拆塔技术

6.1　前言

大吨位动臂塔吊各构件重量大，全程作业需在高空进行，作业面狭小，而且作业面的承受荷载能力有限，拆塔吊具设备的悬着受限，如何拆除拆塔设备也是一个问题，根据广西九洲国际工程大吨位动臂塔吊高空拆除工艺，总结出一项相关工法，为其他工程内爬式塔吊的拆除提供参考。

6.2　工程概况

九洲国际工程位于南宁市东盟商务区中新路九号，东侧紧邻城市道路中新路，其他三侧均有在建工程，其建筑实体和施工用塔吊均与该工程距离较近，如图 6-1 所示。

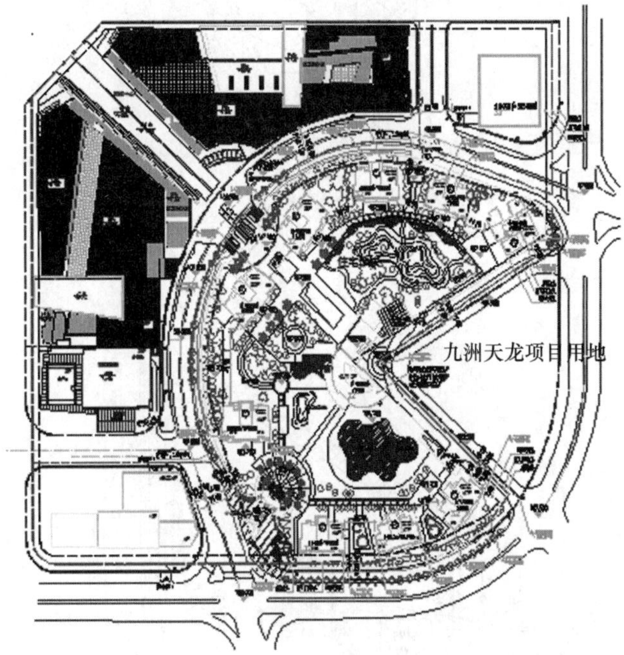

图 6-1　周边环境图

根据施工需要，当地下室施工完毕时需拆除现场的 4 号塔吊。4 号塔吊 TCT7015-10E 为固定支腿式平头塔，位于核心筒外西侧裙房内；当裙房施工完毕时需拆除 2 号、3 号塔吊，2 号塔吊为 TC7015-10E 固定支腿式平头塔吊，位于核心筒外东北角裙房外；3 号塔吊 QTD400 为固定支脚式动臂式塔吊，位于核心筒外东南角的裙房内。1 号塔吊与 4 号塔吊中心间距 55.6m。1 号塔吊与 2 号塔吊中心间距 47.7m。1 号塔吊与 3 号塔吊中心间距 44.8m。其中，2 号 TC7015-10E、3 号 QTD400、4 号 TC7015-10E 塔吊的拆除都用 1 号塔吊 TCR6055-32 进行拆除，辅以 50t 汽车吊装车。2 号、4 号塔吊拆除完毕后直接运出现场，3 号塔吊拆除完毕后安装在核心筒内即 5 号塔吊。工程主体现在施工完成，需拆除现场的1号和5号塔吊。1号塔吊TCR6055和5号塔吊QTD400均为内爬式塔吊，位于核心筒内。两塔塔吊中心间距20m。其中5号塔吊臂根铰点距离建筑最高点26.6m，1号塔吊臂根铰点距离建筑最高点17.6m。即5号塔吊高于1号塔吊。主体建筑西侧空地（地下室顶面面积1600m^2）作为塔吊拆卸时各部件的摆放及装运场地，须保证吊装车辆通行。1号塔吊起重臂长60m，平衡臂长9.3m。塔吊身由1节内爬基节、6节标准节组成。5号塔吊起重臂长50m，平衡臂长9m。塔身由1节内爬基节、一节7.5m基节，10节标准节组成。

拆卸场地：1号、5号塔吊最后需要在楼顶拆卸，楼顶部位应保证平整无杂物；同时占用现场西侧地下室顶板作为周转场地，各施工节点塔吊平面布置如图6-2～图6-4所示。

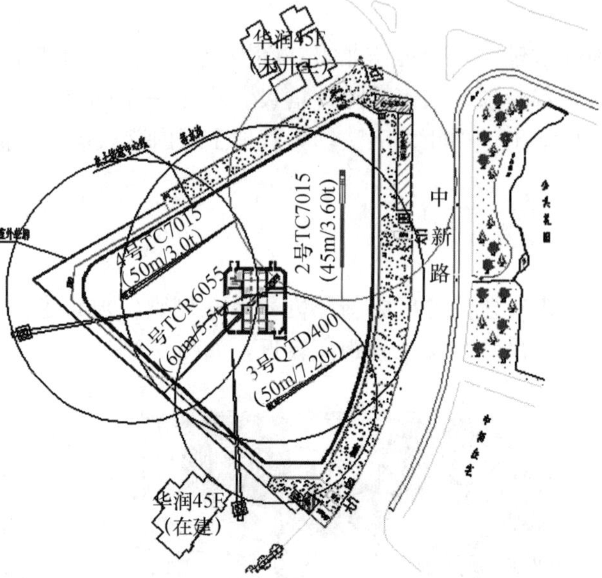

图6-2　地下室完成后现场塔吊布置平面图

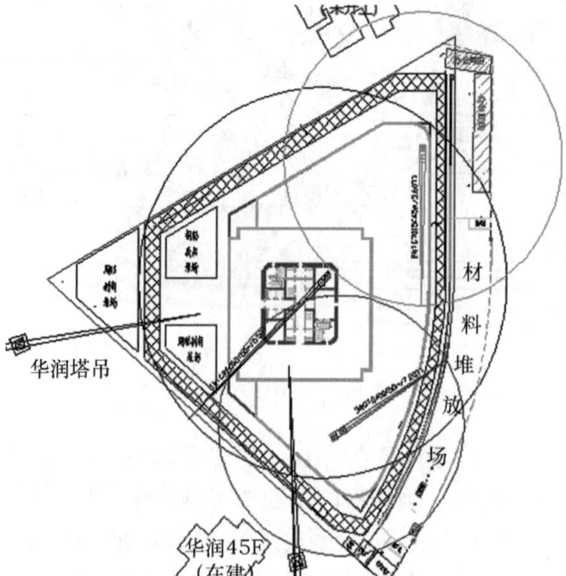

图6-3　裙房完成后现场塔吊布置平面图

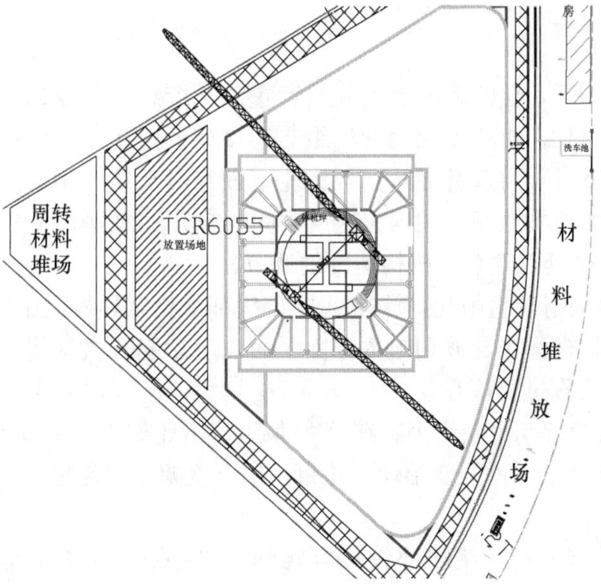

图 6-4　主楼完成后施工现场塔吊布置平面图

交通状况：施工现场处于南宁市东盟商务区繁华地段，交通压力比较大，故运输车辆尽量安排在夜间进场，要求运输车辆按照塔吊实际拆卸情况，合理安排，减少塔吊构件在现场的存放时间。

6.3　施工工艺流程及操作要点

6.3.1　塔吊拆卸流程

塔吊拆卸流程图如图 6-5 所示。

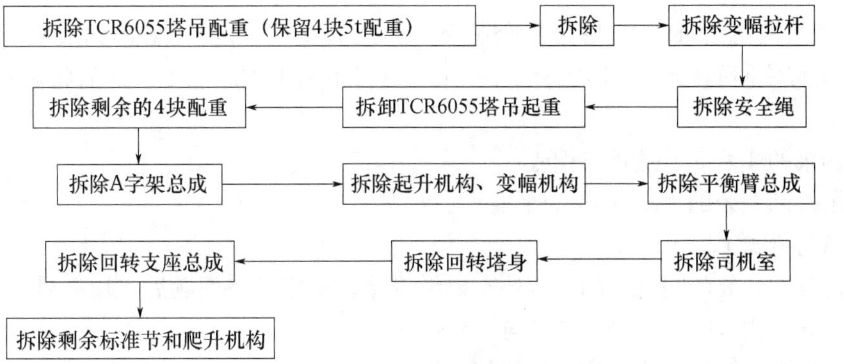

图 6-5　塔吊拆卸流程

6.3.2　操作要点

（1）降塔身标准节（如有附着应相应拆除）。

（2）拆下平衡臂配重（留 4 块 5.0t 的配重）

TCR6055 平衡臂转向 5 号塔吊，由 5 号塔吊拆卸配重。按安装配重的相反顺序，将各块配重依次卸下，仅留下 4 块 5.0t 的配重块。

（3）拆卸吊钩

TCR6055 塔吊为 1 倍率使用，直接将吊钩放至地面，敲下起升钢丝绳与吊钩的连接销轴，回收起升钢丝绳即完成吊钩拆卸。

（4）拆卸变幅拉杆

① 将起重臂缓慢放至10°，让安装绳承受起重臂重量，继续启动变幅机构直至变幅拉杆水平放到起重臂上平面，停止变幅机构。拆去变幅动滑轮组与连接架的连接销轴。按安装变幅拉杆的方法把起升绳拉至起重臂第一个支架处，将起升绳从支架滑轮下面穿过反绕，用卸扣和钢丝绳将起升绳端部与变幅动滑轮组连接好。变幅机构收绳（用四挡速度）同时起升机构放绳（用一挡速度），将变幅动滑轮组牵引到A字架上部滑轮架处（注意两机构速度的调节）。

② 用5号塔吊将变幅动滑轮组吊起，放在A字架头部滑轮架耳板上用挡板挡住，装好M20螺栓，拧紧。用5号塔吊将起升钢丝绳吊起放到起重臂上平面，启动起升机构将起升钢丝绳全部收到起升卷筒，同时应对钢丝绳全长认真进行检查。

③ 将变幅钢丝绳退出变幅动滑轮组固定在A字架上部滑轮架上。将变幅动滑轮组用钢丝绳挂在5号塔吊吊钩上，拆去M20螺栓，松开变幅动滑轮组，吊下变幅动滑轮组。

（5）拆卸安全绳。

① 用5号塔吊将起重臂吊起，绕根部铰接点转到20°左右（吊点位置同吊装起重臂时的吊装位置），此时安全绳不受力。

② 将变幅钢丝绳绕A字架上部滑轮后用用钢丝绳将变幅绳端部与安全绳端部连接好，拆除安装绳与A字架的连接销轴。

③ 启动变幅机构放绳，将安全绳放到起重臂上平面。用同样方法放下另一根安全绳。

④ 启动变幅机构将变幅钢丝绳全部收到变幅卷筒，同时应对钢丝绳全长认真进行检查。

（6）拆卸起重臂总成（19.511t）。

TCR6055塔吊60m起重臂臂节组成为：臂节Ⅰ（1920kg）、臂节Ⅱ（2300kg）、臂节Ⅲ（2700kg）、臂节Ⅳ（2080kg）、臂节Ⅴ（2080kg）、臂节Ⅵ（2080kg）、臂节Ⅶ（3200kg）。

① 将TCR6055塔吊转至有利于其起重臂拆除的方向，用5号塔吊先将TCR6055的最前端2节臂节（臂节Ⅵ重2080kg、臂节Ⅶ重3200kg，总重5.28t）拆除，5号塔吊距离其重心约为43m，可吊重约为8.2t。

② 用5号塔吊吊住TCR6055塔吊剩余起重臂，然后将TCR6055塔吊的安全绳拆掉及把起重臂（11.08t）和平衡臂之间的销轴取掉，整体把剩余起重臂吊到主楼屋顶上，然后将起重臂解体吊下（避免碰到建筑物）。

（7）拆卸剩余的4块5.0t的平衡重。

用5号塔吊拆卸剩余的4块5.0t的平衡重。

（8）拆卸A字架总成（9.25t）。

拆卸前，检查与相邻的组件之间是否还有电缆连接。确定没有问题后，用5号塔吊拆卸。

（9）拆卸起升机构（9.8t）和变幅机构（6.45t）。

用5号塔吊依次拆卸起升机构和变幅机构。

（10）拆卸平衡臂总成（12.64t）。

通过平衡臂上的四个安装吊耳吊起平衡臂，使平衡臂撑杆处于放松状态，利用倒链拆下平衡臂撑杆与上支座的连接销轴。然后拆掉平衡臂与回转塔身的连接销轴，将平衡臂放下离地面1.5m左右高度，拆去平衡臂撑杆后将平衡臂放至地面。

（11）拆卸回转塔身（1.9t）和司机室。

用5号塔吊拆卸回转塔身和司机室。

（12）拆卸回转支承总成（15.8t）

拆除回转总成时，分2次吊装。回转总成包含下支座、回转支撑、上支座、回转机构共四部分。上支座和回转支撑及下支座之间用164套10.9级的M30高强度螺栓连接。拆除时，首先需要拆卸此

164 套 10.9 级的高强度螺栓，将上支座及下支座分开后，分两批吊装至地面。

(13) 拆卸标准节、加强节、内爬框架（最重 8.5t）。

依次拆除标准节、内爬基节、内爬框架。

(14) 所有拆卸后的部件在建筑的西侧空地进行装运。至此，1 号塔吊 TCR6055 拆卸完毕。

塔吊拆卸顺序示意图如图 6-6 所示（图中数字，表示上文中施工步骤所在位置）。塔吊拆卸平面如图 6-7 所示。

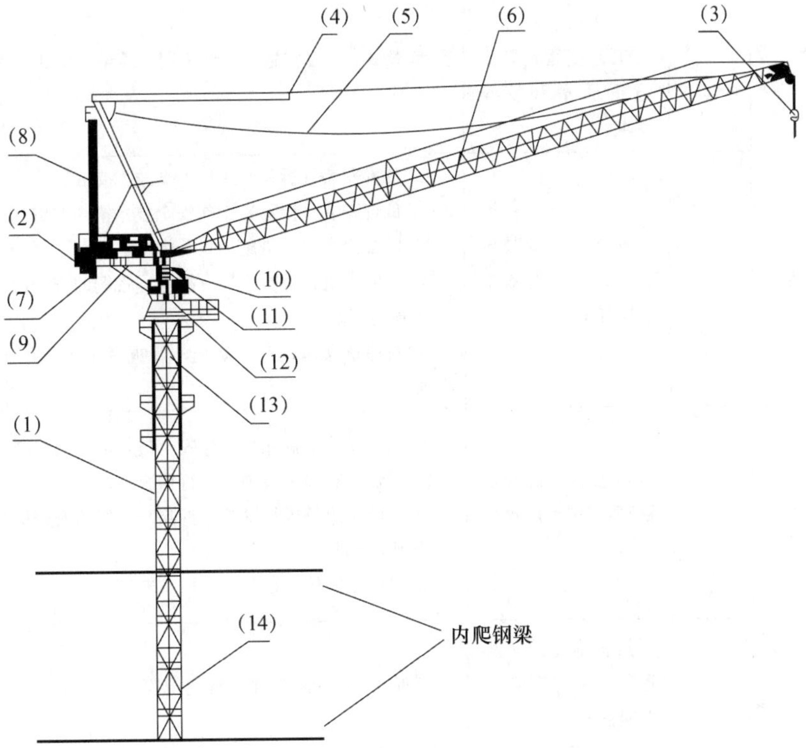

图 6-6　塔吊拆卸顺序示意图

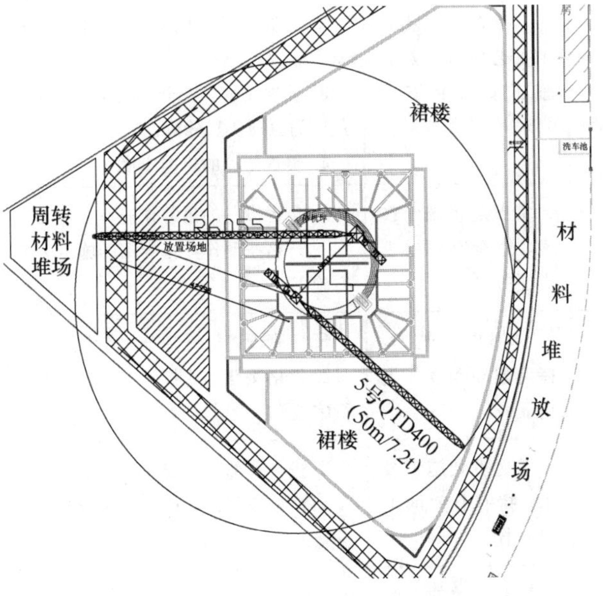

图 6-7　1 号 TCR6055 塔吊拆卸平面

6.3.3 劳动力组织

劳动力组织见表 6-1。

表 6-1 劳动力组织

序号	职务	数量	资质	职责
1	项目负责人	1	具有施工组织能力、熟悉本专业施工工艺流程，熟悉施工质量和安全要求	负责整个项目实施，保证工期、质量安全处于受控状态
2	技术负责人	1	熟悉本专业技术管理，持有有效的上岗证书	1. 负责安装（拆除）工作安全技术交底； 2. 负责安装（拆除）工作安全技术措施的编制和安全施工的监督； 3. 监督检查施工措施的执行情况； 4. 协助班组长进行安装（拆除）现场的安全检查，及时解决施工过程中出现的问题； 5. 对违章操作，有权制止，严重者可令其停工，并及时向有关领导汇报
3	安全负责人	2	熟悉本专业安全管理，持有有效的上岗证书	1. 负责安装（拆除）工作安全技术措施的编制和安全施工的监督； 2. 监督检查施工措施的执行情况； 3. 协助班组长进行安装（拆除）现场的安全检查，及时解决施工过程中出现的问题； 4. 对违章操作有权制止，严重者可令其停工，并及时向有关领导汇报
4	现场工长	1	熟悉本专业工程管理，持有有效的上岗证书	负责现场的统一安排和现场指挥
5	拆卸负责人	1	具有施工组织能力、熟悉本专业施工工艺流程，熟悉施工质量和安全要求	1. 负责组织安排施工人力，物力。严格按照作业指导书的施工工艺要求，质量要求和安全环境要求进行施工。全面负责质量、安全工作； 2. 负责安装（拆除）前的安全设施的检查与落实，对危险的地点设置安全监护人； 3. 发生质量、安全事故立即上报，同时组织本班组职工按照“四不放过”的原则认真分析； 4. 负责每天的班前交底
6	塔吊司机	2	掌握起重施工技术，持有有效的上岗证书	1. 负责设备的吊装作业； 2. 严格按照作业指导书的施工工艺要求、质量要求和安全环境要求进行施工
7	电工	1	掌握电气技术，持有建委颁发的上岗证书	1. 负责设备电气部分的作业； 2. 严格按照作业指导书的施工工艺要求、质量要求和安全环境要求进行施工
8	拆装工	5	掌握拆装施工技术，持有有效的上岗证书	1. 进行各部件的安装（拆除）； 2. 严格按照作业指导书的施工工艺要求、质量要求和安全环境要求进行施工
9	信号工	3	持有有效的上岗证书，熟悉本专业操作规程	负责安装（拆除）过程中的指挥信号

6.4　材料与设备

地下式结构施工完毕后，用 1 号 TCR6055 塔吊拆卸 4 号 TC7015-10E 塔吊。此时，两台中心距 55.6m，1 号 TCR6055 额定起重量 6.0t，最重构件回转总成 5.3t，工况满足使用要求。地面处配合 50t 汽车吊装车。

裙房结构施工完毕后，由 1 号 TCR6055 塔吊拆卸 3 号 QTD400，此时，两台中心距 44.8m，1 号 TCR6055 额定起重量 9.17t，最重构件回转上支撑架 7.0t，满足使用要求。地面处配合 50t 汽车吊装车。

3 号塔吊拆除完毕后，用 1 号塔吊拆卸 2 号 TC7015-10E 塔吊。此时，两台中心距 47.7m，1 号 TCR6055 额定起重量 8.07t，最重构件回转总成 5.3t，经复核吊重和工况满足使用要求。地面处配合 50t 汽车吊装车。

主楼完工后 1 号 TCR6055 塔吊由 5 号塔吊 QTD400 拆卸，此时，两台中心距 19.937m，5 号 QTD400 额定起重量 20t，最重构件回转承台 15.8t，经复核满足使用要求。地面处配合 50t 汽车吊装车。

5 号 QTD400 塔吊由 WQ10 屋面吊拆卸，WQ10 屋面吊安装由 QTD400 塔吊完成。WQ10 屋面吊额定起重量 10t，最重构件回转支撑上支撑架 9.0t，经复核吊重和工况满足使用要求。地面处配合 50t 汽车吊装车。

WQ10 屋面吊由 WQ2 屋面吊拆除，WQ2 屋面吊由 WQ10 屋面吊安装。WQ2 屋面吊额定起重量为 2t，WQ10 所有部件重量均在 2t 以内，所以满足使用要求。地面处配合 25t 汽车吊装车。

WQ2 屋面吊由人工拆除，最大重量 0.39t，然后用现场施工升降机运输至地面。地面处配合 25t 汽车吊装车。

6.5　质量控制措施

（1）拆卸施工方案应审批通过，已进行施工技术及安全交底。

（2）负责塔吊拆卸各项工作的人员到位。

（3）作业区域清理干净，填垫平整，无妨碍吊装作业的障碍物。

（4）对起重机各部件和安全防护装置进行检查，工作性能良好。

（5）准备好作业所需卡索具、工机具，并检查合格后方准投入使用。

（6）运输道路应平整通畅，不得乱堆乱放，随意堵塞交通要道。

（7）现场安全文明施工条件满足安装要求。

（8）施工电源引设到位，满足施工要求。

6.6　安全控制措施

（1）塔吊拆卸是高空作业，必须按公司规程《塔式起重机安全技术规程》进行作业。

（2）塔吊司机、塔吊拆装人员以及塔吊指挥人员都必须持有有效的特殊工种操作证。所有施工人员不得做超出操作证允许作业范围的作业。

（3）所有现场操作人员必须熟悉同类型塔吊的安装和拆除程序和规范。

（4）作业前都必须对设备进行检查，塔吊的各项安全限位必须齐全可靠，检查钢丝绳、吊索具、安全带等确保完好无损。

（5）上岗前对上岗人员进行安全教育，戴好安全帽，系好安全带，严禁酒后操作，保证安全生产。

（6）对拆装人员要定期体检，凡患高血压、心脏病、贫血病、癫痫病以及其他不适于高空作业的疾病，不得从事高空作业。因临时需要而从事10m以上高空作业的人，作业前要进行体检。

（7）进入施工现场，必须遵守施工现场各项安全规定。

（8）拆卸过程必须执行安全操作规程，严禁违章作业，严禁违章指挥。

（9）明确分工，各负其责，信号清晰，专人指挥。

（10）高处作业时，禁止用投掷的方法传递工具、零件，防止发生高空坠落、物体打击事故。

（11）施工现场严禁吸烟。

（12）非电工禁止触动电气设备，防止触电。

（13）非司机禁止触动操纵手柄、按钮等，防止发生机械伤害。

（14）采用其他起重设备拆卸塔吊时，严禁超载吊装。

（15）五级风以上严禁塔吊拆卸作业。

（16）塔吊拆卸完毕，按照有关现场管理规定，清洁工作场所，妥善处置废弃物。

6.7 环保措施

（1）操作人员持证上岗，进入现场必戴安全帽，坚持文明施工，遵纪守法，预防污染，按设备性能正确使用设备，降低噪声。

（2）进入施工现场的拆装作业人员，严格遵守现场卫生及环保制度，不乱扔生产及生活废弃物，做到活完场清。

（3）拆装过程严格执行工艺规程及拆装方案，保证拆除质量。

（4）环境与职业健康安全保证措施。

（5）严格贯彻施工单位《环境、职业健康安全管理体系》的要求。

（6）进入施工现场的车辆，要减速慢行，降低扬尘。

（7）拆装作业过程尽量降低施工噪声，避免噪声扰民。

（8）拆装人员严格遵守现场环境保护制度，不乱扔废弃物，做到活完地清。

（9）拆装作业过程中，专职安全员管理到位，现场监督执行拆装方案情况，保证安全生产。

（10）执行项目部及施工现场环境与职业健康安全管理的有关规定。

第7章　高大模板支撑体系设计

7.1　高大模板支撑体系的一般概念

《建设工程高大模板支撑系统施工安全监督管理导则》规定：超过一定规模的危险性较大的分部分项工程范围为：搭设高度超过8m及以上；搭设跨度超过18m及以上，施工总荷载15kN/m^{2}及以上；集中线荷载20kN/m及以上。

在《危险性较大的分部分项工程安全管理办法》中规定，符合下列条件之一属于高大模板支撑体系：

（1）工具式模板工程：包括滑模、爬模、飞模工程。

（2）混凝土模板支撑工程：搭设高度8m及以上；搭设跨度18m及以上；施工总荷载15kN/m^{2}及以上；集中线荷载20kN/m及以上。

（3）承重支撑体系：用于钢结构安装等满堂支撑体系，承受单点集中荷载700kg以上。

广西壮族自治区地方标准《建筑施工模板及作业平台钢管支架构造安全技术规范》（DB45/T 618—2009）（以下简称DB45/T 618—2009）中的第3.1.1条规定，符合以下条件之一者为高大模板或高大作业平台：

（1）支撑体系高度达到或超过8m。

（2）结构跨度达到或超过18m。

（3）按《建筑施工模板安全技术规范》进行荷载组合之后的施工面荷载达到或超过15kN/m^2。

（4）按《建筑施工模板安全技术规范》进行荷载组合之后的施工线荷载达到或超过20kN/m。

（5）按《建筑施工模板安全技术规范》进行荷载组合之后的施工单点集中荷载达到或超过7kN的作业平台。

7.2　高大模板支撑体系的环境类别

九洲国际工程高支模有以下几个部位：大截面梁、高度超高部分、跨度超大部位。

7.2.1　大截面梁

部位一：地下一层结构平面图，KL4（Ⓒ轴/⑫轴～⑭轴）截面尺寸为800mm×1300mm，两侧板厚220mm，支撑层层高为5.1m。

集中线荷载：

$S=b(G_{1k}+G_{2k}+G_{3k}+Q_{2k})=0.8\times(0.9+24\times1.3+1.5\times1.3+2)=28.84\ (kN/m)\geqslant20kN/m$

部位二：地下二层结构平面图，KL14、YKL1（Ⓒ轴/⑫轴～1/⑭轴）截面尺寸为800mm×1200mm，两侧板厚150mm，支撑高度为3.5m。

集中线荷载：

$S=b(G_{1k}+G_{2k}+G_{3k}+Q_{2k})=0.8\times(0.9+24\times1.2+1.5\times1.2+2)=26.8\ (kN/m)\geqslant20kN/m$

部位三：地下一层结构平面图，KL55（Ⓚ轴～Ⓜ轴/⑤轴）截面尺寸为900mm×800mm、900mm×1900mm，两侧板厚280mm，支撑高度为5.1m。

集中线荷载（900mm×800mm）：

$S_1=b(G_{1k}+G_{2k}+G_{3k}+Q_{2k})=0.9\times(0.9+24\times0.8+1.5\times0.8+2)=20.97$（kN/m）＞20kN/m

集中线荷载（900mm×1900mm）：

$S_2=b(G_{1k}+G_{2k}+G_{3k}+Q_{2k})=0.9\times(0.9+24\times1.9+1.5\times1.9+2)=46.21$（kN/m）＞20kN/m

部位四：地下一层结构平面图，KL83（Ⓟ轴～Ⓢ轴/⑮轴）截面尺寸为 500mm×2300mm，两侧板厚 220mm，支撑高度为 5.1m。

集中线荷载：

$S=b(G_{1k}+G_{2k}+G_{3k}+Q_{2k})=0.5\times(0.9+24\times2.3+1.5\times2.3+2)=30.78$（kN/m）≥20kN/m

部位五：地下一层结构平面图，KL25（3）（⑮轴～⑯轴/Ⓖ轴）截面尺寸为 400mm×2300mm，支撑高度为 5.1m。

集中线荷载：

$S=b(G_{1k}+G_{2k}+G_{3k}+Q_{2k})=0.4\times(0.9+24\times2.3+1.5\times2.3+2)=24.62$（kN/m）≥20kN/m

部位六：地下一层结构平面图，－2 层层高为 5.1m，KL82（6）（⑮轴/Ⓖ～Ⓟ轴）截面尺寸为：400mm×2900mm，两侧板厚 220mm，支撑高度为 5.1m。

集中线荷载：

$S=b(G_{1k}+G_{2k}+G_{3k}+Q_{2k})=0.4\times(0.9+24\times2.9+1.5\times2.9+2)=30.74$（kN/m）≥20kN/m

根据《危险性较大的分部分项工程安全管理办法》，以上六处模板工程属超过一定规模的危险性较大的分部分项工程范围，条文规定：施工单位应当组织专家对专项方案进行论证。施工单位应当根据论证报告修改完善专项方案，并经施工单位技术负责人、项目总监理工程师、建设单位项目负责人签字后，方可组织实施。

7.2.2 高度超高部分

部位一：裙楼四层，标高 15.500m 处（Ⓚ轴～Ⓖ轴交⑫轴～⑭轴）。板中有一个 1m 宽后浇带。板厚为 120mm。本标高层梁截面有 400mm×700mm、250mm×600mm。梁按照最大截面 400mm×700mm 考虑。本标高层梁支模高度：15.5－0.7（梁高采取偏安全考虑）＝14.8（m）。板模支设高度为：15.5－0.12＝15.38（m）。如图 7-1 所示。

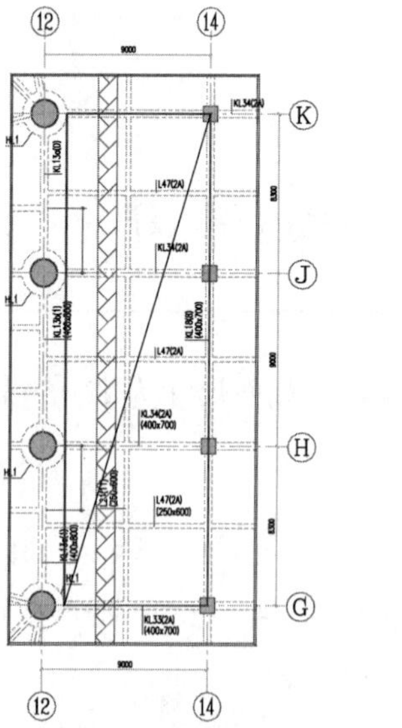

高支模区域4层结构平面图　标高15.5m

图 7-1　裙楼 4 层，标高 15.500m 处（Ⓚ轴～Ⓖ轴交⑫轴～⑭轴）

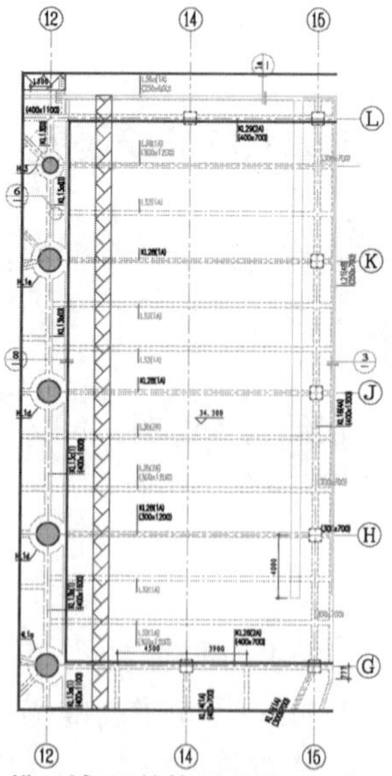

高支模区域8层结构平面图　标高：34.7m

图 7-2　裙楼 8 层，标高 34.700m 处（Ⓛ轴～Ⓖ轴交⑫轴～⑮轴）

部位二：裙楼 8 层，标高 34.700m 处（Ⓛ轴～Ⓖ轴交⑫轴～⑮轴）。板中有一个 1m 宽后浇带。板厚为 120mm。本标高层梁截面有：300mm×1200mm、250mm×700mm、400mm×1300mm、400mm×700mm。梁截面采取最大截面 400mm×1300mm 考虑，本标高层支模支模高度：34.7－25.5－1.2（梁高采取偏安全考虑）＝8.0（m）。板模支设高度为 34.7－25.5－0.22＝8.98（m）。如图 7-2 所示。

部位三：地上 5 层，标高 20.500m 处（⑫轴～⑭轴/Ⓛ轴～Ⓜ轴）。板厚 120mm。板中有一个 1m 宽后浇带。本层梁截面有：400mm×700mm、250mm×700mm、250mm×600mm。梁截面按最大截面 400mm×700mm 考虑，支模高度按照：20.5－0.7（梁高采取偏安全考虑）＝19.8（m）。板模支设高度 20.5－0.12＝20.38（m）。如图 7-3 所示。

部位四：首层 PD3，标高±0.000 处（Ⓕ轴～Ⓓ轴/⑦轴～⑨轴）。板厚 250mm。本层梁截面有：200mm×800mm、200mm×720mm、300mm×600mm。梁截面按最大截面 200mm×800mm 考虑，支模高度按照：10.1－0.8（梁高采取偏安全考虑）＝9.3（m）。板模支设高度 10.1－0.25＝9.85（m）。如图 7-4 所示。

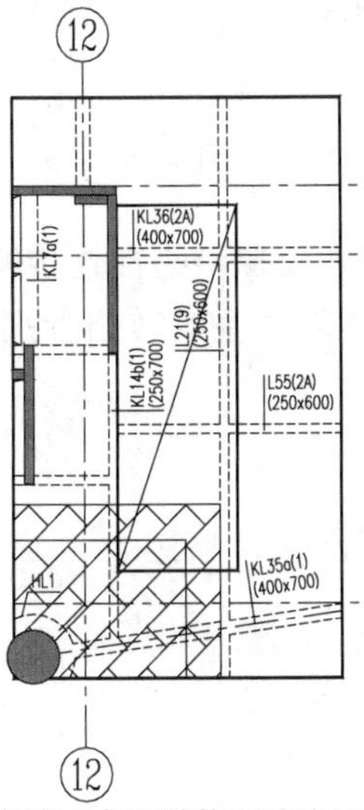

高支模区域5层结构平面图 标高：20.5m

图 7-3　20.500m 处（⑫轴～⑭轴/Ⓛ轴～Ⓜ轴）平面图

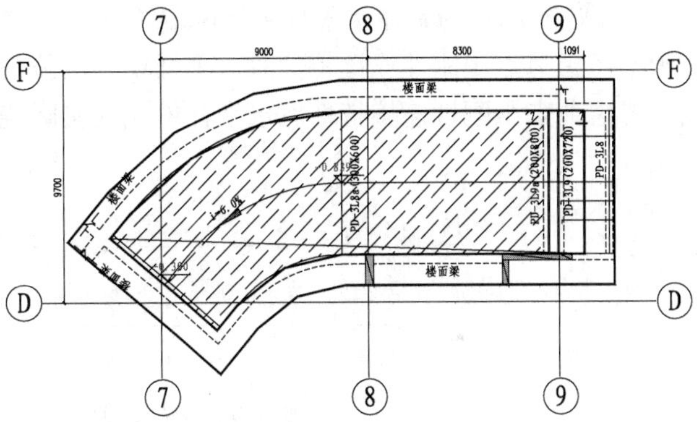

高支模区域-2~首层PD3结构平面图　标高：-2.1~-0.3m

图 7-4　－2.1m～－0.3mPD3（⑦轴～⑨轴/Ⓕ轴～Ⓓ轴）平面图

注：以上梁板模板支设高度为计算书中计算高度未包含模板厚度，采取偏安全考虑。

7.2.3　跨度超大部位

首层大跨度梁。KL30a（500mm×2300mm）Ⓜ轴～Ⓛ轴交④轴～⑦轴，净跨度 20.5m。如图 7-5 所示。首层此部位高度为：5.0－2.0＋1.1＝4.1（m）。支模高度为 4.1－2.3＝1.8（m）。

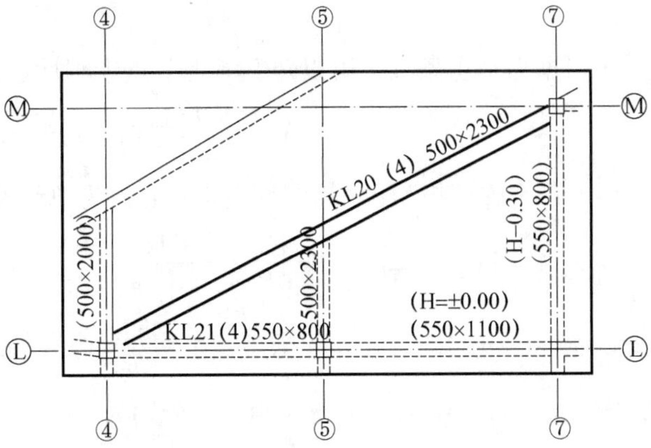

高支模区域首层结构平面图　梁截面：500mm×2300mm

图 7-5　KL30a Ⓜ轴～Ⓛ轴交④轴～⑦轴

7.3　节点的半刚性连接与二阶效应分析

高大模板支撑体系在大空间、大跨度结构的施工过程中得到广泛使用，但由于高大模板支撑体系属于临时承载体系，传力路径和计算模型复杂，而且影响因素较多，往往发生整体性坍塌，造成巨大的人员伤亡和财产损失。因此，针对高大模板支撑体系的受力特点，围绕高大模板支撑体系的分析模型开展研究，对于高大模板支撑体系的设计与安全评估具有重要意义。

高大模板支撑体系具有两大特点：一方面，高大模板支撑体系是由立杆和水平杆通过扣件连接而成，其节点具有一定的转动能力，表现出典型的半刚性连接特性。节点半刚性连接的受力性能介于刚接与铰接之间，既能够承受一定的弯矩，又具备一定的转动能力，这是区别于节点刚接与铰接最显著的特点；另一方面，高大模板支撑体系的立杆单元主要承受轴力、弯矩和剪力的作用，当支撑体系发生侧移或者立杆本身存在初弯曲等初始缺陷时，就会增大立杆的 P-Δ 效应和 P-δ 效应；同时，高大模板支撑体系的水平杆会产生一定的挠度，导致水平杆产生 P-δ 效应。上述 P-Δ 效应和 P-δ 效应统称为二阶效应。因此，在高大模板支撑体系的内力与位移分析中，水平杆单元需要考虑节点半刚性连接特性和二阶效应的影响，而立杆单元需要考虑二阶效应的影响。

鉴于此，本节首先推导了考虑节点半刚性连接特性与二阶效应的水平杆单元的刚度矩阵，然后推导了考虑二阶效应的立杆单元的刚度矩阵，在此基础上建立高大模板支撑体系的分析模型，进而定量分析了节点半刚性与二阶效应对高大模板支撑体系的内力与位移的影响规律。

7.3.1 高大模板支撑体系的分析模型

(1) 考虑节点半刚性与二阶效应的水平杆单元。

如图 7-6 所示，通常在水平杆单元两端添加一个零长度的转动弹簧来模拟半刚性连接特性。图中，虚线为不考虑节点半刚性连接特性时水平杆单元的挠度曲线，A 端与 B 端产生的转角分别为 θ_A 和 θ_B；实线为考虑节点半刚性连接特性后水平杆单元的实际挠度曲线。

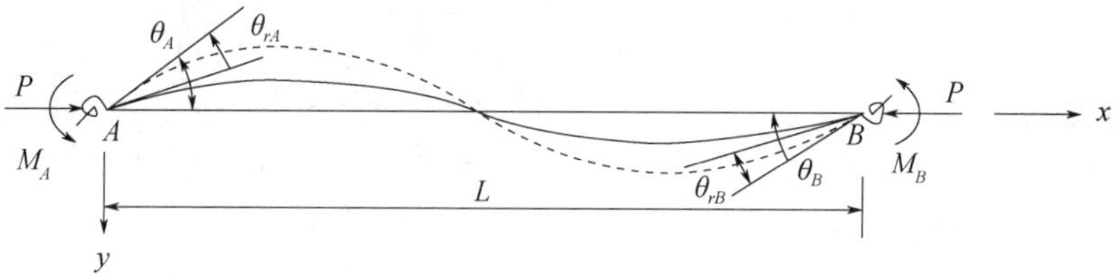

图 7-6　考虑半刚性连接特性的水平杆单元

在弯矩（M_A、M_B）和轴力（P）的共同作用下，由于节点半刚性连接特性允许水平杆单元在弯矩作用下发生一定的转动，将分别引起水平杆 A 端与 B 端产生相对转角 θ_{rA} 和 θ_{rB}。如果利用 R_{kiA} 和 R_{kiB} 分别表示水平杆 A 端与 B 端的初始转动刚度以表征转动弹簧的转动能力，则水平杆单元两端的相对转角可以表示为

$$\theta_{rA}=\frac{M_A}{R_{kiA}};\ \theta_{rB}=\frac{M_B}{R_{kiB}} \tag{7-1}$$

根据力平衡条件，可以建立考虑节点半刚性连接特性影响的水平杆单元的转角位移方程为

$$M_A=\frac{EI}{L}(s_{ii}^*\theta_A+s_{ij}^*\theta_B);\ M_B=\frac{EI}{L}(s_{ji}^*\theta_A+s_{jj}^*\theta_B) \tag{7-2}$$

式中，E 为弹性模量；I 为截面惯性矩；L 为单元长度；s_{ii}^*、s_{ij}^*、s_{ji}^* 和 s_{jj}^* 分别为

$$s_{ii}^*=\frac{1}{R^*}\left(s_{ii}+\frac{EIs_{ii}^2}{LR_{kiB}}-\frac{EIs_{ij}^2}{LR_{kiB}}\right);\ s_{jj}^*=\frac{1}{R^*}\left(s_{ii}+\frac{EIs_{ii}^2}{LR_{kiA}}-\frac{EIs_{ij}^2}{LR_{kiA}}\right);\ s_{ij}^*=s_{ji}^*=\frac{s_{ij}}{R^*} \tag{7-3}$$

$$R^*=\left(1+\frac{EIs_{ii}}{LR_{kiA}}\right)\left(1+\frac{EIs_{jj}}{LR_{kiB}}\right)-\left(\frac{EI}{L}\right)^2\frac{s_{ij}^2}{R_{kiA}R_{kiB}} \tag{7-4}$$

式中，s_{ii}、s_{ij}、s_{jj} 和 s_{ji} 为稳定函数，分别为

$$s_{ii}=s_{jj}=\frac{kL\sin kL-(kL)^2\cos kL}{2-2\cos kL-kL\sin kL};\ s_{ij}=s_{ji}=\frac{(kL)^2-kL\sin kL}{2-2\cos kL-kL\sin kL} \tag{7-5}$$

式中，$k=\sqrt{P/EI}$。

当考虑节点半刚性连接特性的杆件存在侧移时，则需要建立考虑半刚性连接特性与二阶效应的梁

柱单元，如图 7-7 所示。

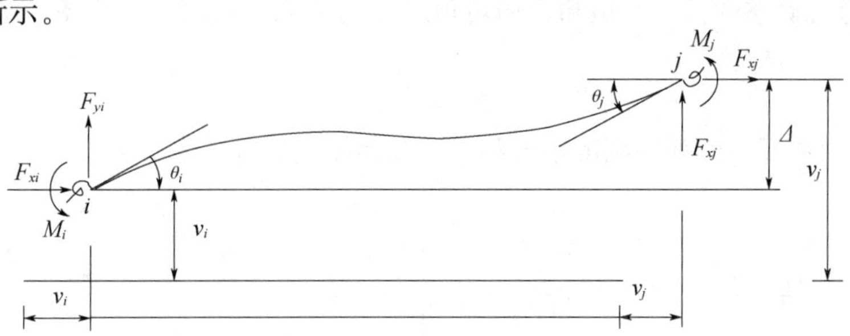

图 7-7　考虑半刚性连接特性与二阶效应的梁柱单元

根据杆端内力（F_{xi}、F_{yi}、M_i、F_{xj}、F_{yj}、M_j）与杆端节点力（P、M_A 和 M_B）之间的关系，可以建立同时考虑节点半刚性连接特性与二阶效应的梁柱单元的刚度矩阵 $\boldsymbol{K}^*$：

$$\boldsymbol{K}^* = \boldsymbol{K}_0^* + \boldsymbol{K}_\sigma^* \tag{7-6}$$

式中，$\boldsymbol{K}_0^*$ 和 $\boldsymbol{K}_\sigma^*$ 分别为一阶刚度矩阵和几何刚度矩阵，分别定义为

$$\boldsymbol{K}_0^* = \frac{EI}{L}\begin{bmatrix} K_{01} & 0 & 0 & -K_{01} & 0 & 0 \\ & K_{02} & K_{03} & 0 & -K_{02} & K_{04} \\ & & K_{05} & 0 & -K_{03} & K_{06} \\ & 对 & & K_{01} & 0 & 0 \\ & & 称 & & K_{02} & -K_{04} \\ & & & & & K_{07} \end{bmatrix};\ \boldsymbol{K}_\sigma^* = \frac{P}{L}\begin{bmatrix} 0 & 0 & 0 & 0 & 0 & 0 \\ & K_{\sigma1} & K_{\sigma2} & 0 & -K_{\sigma1} & K_{\sigma3} \\ & & K_{\sigma4} & 0 & -K_{\sigma2} & K_{\sigma5} \\ & 对 & & 0 & 0 & 0 \\ & & 称 & & K_{\sigma1} & -K_{\sigma3} \\ & & & & & K_{\sigma6} \end{bmatrix} \tag{7-7}$$

式中：

$$K_{01} = \frac{A}{I};\ K_{02} = \frac{12}{R^* L^2}\left(1 + \frac{EI}{LR_{kiA}} + \frac{EI}{LR_{kiB}}\right);\ K_{03} = \frac{1}{R^* L}\left(6 + \frac{12EI}{LR_{kiB}}\right) \tag{7-8}$$

$$K_{04} = \frac{1}{R^* L}\left(6 + \frac{12EI}{LR_{kiA}}\right);\ K_{05} = \frac{1}{R^*}\left(4 + \frac{12EI}{LR_{kiB}}\right);\ K_{06} = \frac{2}{R^*};\ K_{07} = \frac{1}{R^*}\left(4 + \frac{12EI}{LR_{kiA}}\right) \tag{7-9}$$

$$K_{\sigma1} = \frac{1}{R^*}\left[\frac{1}{5} + R^* + \frac{6}{5}\left(\frac{EI}{LR_{kiA}} + \frac{EI}{LR_{kiB}}\right) + \frac{PL^2}{60EI}\left(\frac{EI}{LR_{kiA}} + \frac{EI}{LR_{kiB}}\right)\right] \tag{7-10}$$

$$K_{\sigma2} = \frac{L}{R^*}\left(\frac{1}{10} + \frac{6EI}{5LR_{kiB}} + \frac{PL^2}{60LR_{kiB}}\right);\ K_{\sigma3} = \frac{L}{R^*}\left(\frac{1}{10} + \frac{6EI}{5LR_{kiA}} + \frac{PL^2}{60LR_{kiA}}\right) \tag{7-11}$$

$$K_{\sigma4} = \frac{L^2}{R^*}\left(\frac{2}{15} + \frac{6EI}{5LR_{kiB}} + \frac{PL^2}{60LR_{kiB}}\right);\ K_{\sigma5} = -\frac{L^2}{30R^*};\ K_{\sigma6} = \frac{L^2}{R^*}\left(\frac{2}{15} + \frac{6EI}{5LR_{kiA}} + \frac{PL^2}{60LR_{kiA}}\right) \tag{7-12}$$

（2）考虑二阶效应的立杆单元。

立杆是高大模板支撑体系的主要竖向承载构件，承受轴力、弯矩和剪力的共同作用。在各种荷载作用以及立杆初弯曲（或初始缺陷）的影响下，会使立杆轴线与轴力之间发生偏移，造成二阶效应，主要包括：由轴力作用于立杆单元的一阶挠度（δ）上所产生的 P-δ 效应和轴力作用于立杆单元两端的相对侧向位移（Δ）上所产生的 P-Δ 效应。高大模板支撑体系立杆单元的二阶效应同样可以利用梁柱法进行弹性分析，如图 7-8 所示。

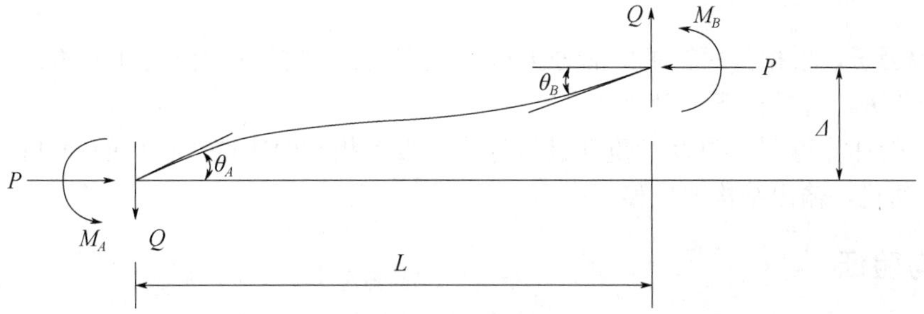

图 7-8　考虑二阶效应的立杆单元

根据梁柱单元考虑侧移的杆端弯矩和杆端转角之间的关系，可以建立考虑二阶效应的梁柱单元的刚度矩阵 $\boldsymbol{k}$：

$$\boldsymbol{k}=\boldsymbol{k}_0+\boldsymbol{k}_\sigma \tag{7-13}$$

式中，$\boldsymbol{k}_0$ 和 $\boldsymbol{k}_\sigma$ 分别为单元一阶弹性刚度矩阵和单元几何刚度矩阵，定义为

$$\boldsymbol{k}_0=\frac{EI}{L}\begin{bmatrix}\frac{A}{I} & 0 & 0 & -\frac{A}{I} & 0 & 0\\ & \frac{12}{L^2} & \frac{6}{L} & 0 & -\frac{12}{L^2} & \frac{6}{L}\\ & & 4 & 0 & -\frac{6}{L} & 2\\ & 对 & & \frac{A}{I} & 0 & 0\\ & & 称 & & \frac{12}{L^2} & -\frac{6}{L}\\ & & & & & 4\end{bmatrix};\quad \boldsymbol{k}_\sigma=\begin{bmatrix}0 & 0 & 0 & 0 & 0 & 0\\ & \frac{6P}{5L} & \frac{P}{10} & 0 & -\frac{6P}{5L} & \frac{P}{10}\\ & & \frac{2PL}{15} & 0 & -\frac{P}{10} & -\frac{PL}{30}\\ & 对 & & 0 & 0 & 0\\ & & 称 & & \frac{6P}{5L} & -\frac{P}{10}\\ & & & & & \frac{2PL}{15}\end{bmatrix} \tag{7-14}$$

进一步地，可以将单元几何刚度矩阵 $\boldsymbol{k}_\sigma$ 分解成 $\boldsymbol{k}_{p1}$ 和 $\boldsymbol{k}_{p2}$ 两部分：

$$\boldsymbol{k}_\sigma=\boldsymbol{k}_{p1}+\boldsymbol{k}_{p2} \tag{7-15}$$

式中，$\boldsymbol{k}_{p1}$ 为考虑 P-δ 效应的刚度矩阵，$\boldsymbol{k}_{p2}$ 为考虑 P-Δ 效应的刚度矩阵，分别定义为

$$\boldsymbol{k}_{p1}=\begin{bmatrix}0 & 0 & 0 & 0 & 0 & 0\\ & \frac{P}{5L} & \frac{P}{10} & 0 & -\frac{P}{5L} & \frac{P}{10}\\ & & \frac{2PL}{15} & 0 & -\frac{P}{10} & -\frac{PL}{30}\\ & 对 & & 0 & 0 & 0\\ & & 称 & & \frac{P}{5L} & -\frac{P}{10}\\ & & & & & \frac{2PL}{15}\end{bmatrix};\quad \boldsymbol{k}_{p2}=\begin{bmatrix}0 & 0 & 0 & 0 & 0 & 0\\ & \frac{P}{L} & 0 & 0 & -\frac{P}{L} & 0\\ & & 0 & 0 & 0 & 0\\ & 对 & & 0 & 0 & 0\\ & & 称 & & \frac{P}{L} & 0\\ & & & & & 0\end{bmatrix} \tag{7-16}$$

（3）高大模板支撑体系的位移与内力分析。

根据高大模板支撑体系的受力特性，立杆单元需要考虑二阶效应，而水平杆单元需要考虑节点半刚性与二阶效应。分别利用前述建立的考虑节点半刚性与二阶效应的水平杆单元以及考虑二阶效应的立杆单元，可以建立高大模板支撑体系的分析模型。按照集成的方法，可以组合成高大模板支撑体系的整体刚度矩阵 $\boldsymbol{K}$，进而建立高大模板支撑体系的有限元控制方程：

$$\boldsymbol{K}\boldsymbol{d}=\boldsymbol{F} \tag{7-17}$$

其中，$\boldsymbol{K}$ 为整体刚度矩阵，$\boldsymbol{d}$ 为节点位移列阵，$\boldsymbol{F}$ 为节点荷载列阵。

在对高大模板支撑体系进行位移与内力分析时，由于几何刚度矩阵 $\boldsymbol{K}_\sigma$ 是轴力 P 的函数，而轴力 P 是事先未知的，因此需要通过迭代的方式求解，主要步骤如下：

① 首次迭代时，求解结构整体刚度矩阵 $\boldsymbol{K}$ 时不计入二阶效应，按照一阶弹性分析的步骤求出各杆件的轴力 P。

② 引入松弛因子，根据前两轮求出的轴力 P 来更新结构中的几何刚度矩阵 $\boldsymbol{K}_\sigma$，然后组集成新的结构整体刚度矩阵 $\boldsymbol{K}$，再进行下一轮计算。

③ 根据上一轮计算得到的轴力 P 重新进行计算，直到相邻两次迭代计算的杆件内力的最大误差满足误差限时停止迭代，输出结构的位移与内力。

7.3.2 分析与验证

某高大模板支撑体系的计算模型如图 7-9～图 7-10 所示。其中，立杆与水平杆采用 ϕ48mm×

3.5mm 规格的钢管，弹性模量 $E=2.06\times10^{8}$kPa，立杆与水平杆之间通过扣件连接，为半刚性连接，其初始转动刚度为 85.96kN · m/rad，立杆间距为 1.2m，水平杆步距为 1.5m，底部扫地杆高度为 0.2m，立杆伸出扫天杆长度为 0.2m，边界条件处理为铰接，所受的荷载 $P=100$kN。分别针对以下四个模型分析高大模板支撑体系的内力与位移：①梁柱节点处理为刚接，杆件不考虑二阶效应，记作模型 A；②梁柱节点处理为半刚接，杆件不考虑二阶效应，记作模型 B；③梁柱节点处理为刚接，杆件考虑二阶效应，记作模型 C；④梁柱节点处理为半刚接，杆件考虑二阶效应，记作模型 D。

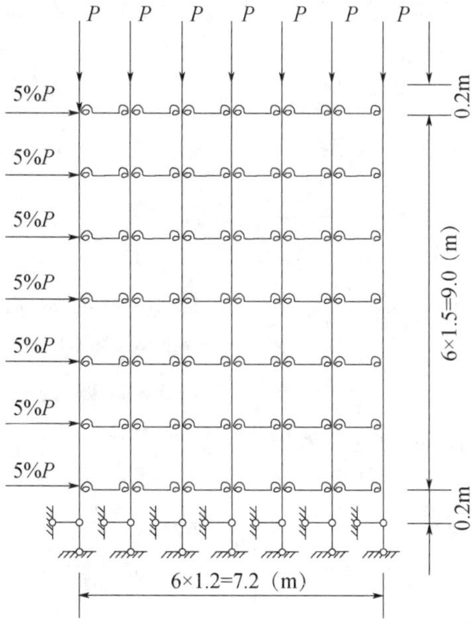

图 7-9　荷载与几何条件

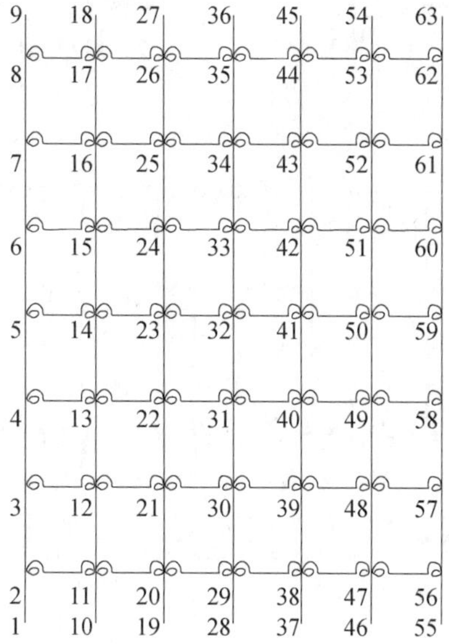

图 7-10　节点编号

由图 7-11 可知，与节点半刚性连接特性相比，二阶效应对高大模板支撑体系的轴力影响更加显著；对于一阶弹性分析，节点半刚性连接特性对高大模板支撑体系的轴力影响较小；与一阶弹性分析相比，节点半刚性连接特性对高大模板支撑体系的二阶弹性分析结果影响更加显著。由图 7-12 可知，与节点半刚性连接特性相比，二阶效应对高大模板支撑体系的剪力影响更加显著，甚至导致部分构件的剪力变号；节点半刚性连接特性和二阶效应的耦合作用，进一步加剧了对高大模板支撑体系剪力分布的影响。由图 7-13 可知，对于一阶弹性分析，节点半刚性连接特性对高大模板支撑体系的弯矩影响较小；二阶效应对高大模板支撑体系的弯矩影响更加显著，甚至导致部分构件的弯矩变号；节点半刚性连接特性和二阶效应的耦合作用，进一步加剧了高大模板支撑体系的弯矩分布，主要原因在于受二阶效应的影响，轴力 P 通过杆件的挠度（δ）与侧移（Δ）产生附加弯矩，而附加弯矩导致杆件变形的增大，促使结构不断发生内力重分布，从而出现结构承载状态的改变。

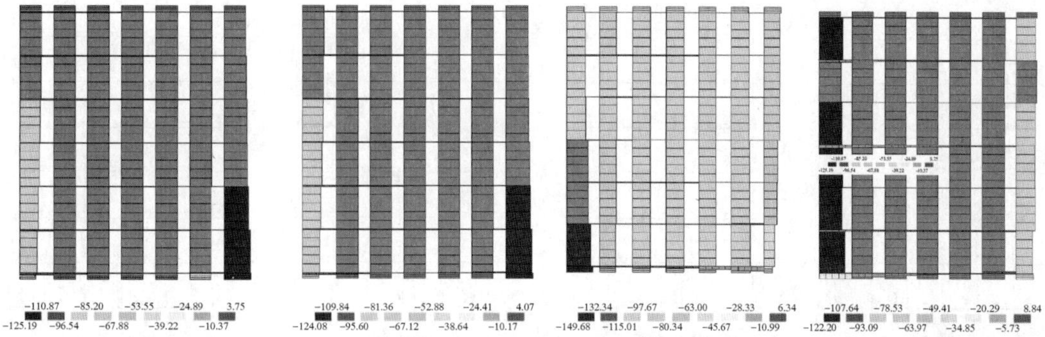

(a) 模型A　(b) 模型B　(c) 模型C　(d) 模型D

图 7-11　四种模型的轴力图（kN）

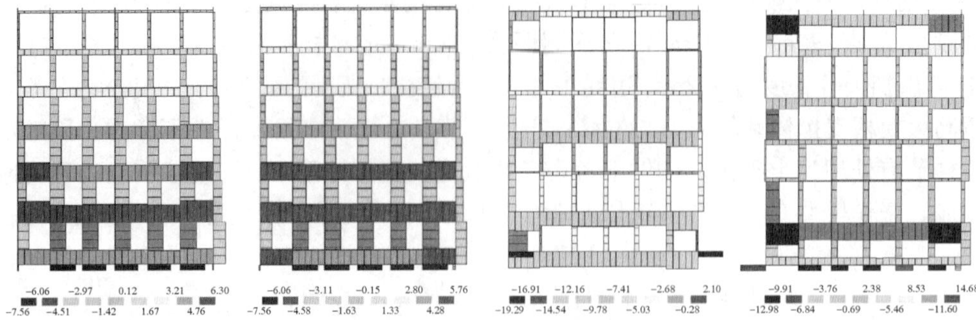

(a) 模型A (b) 模型B (c) 模型C (d) 模型D

图 7-12 四种模型的剪力图（kN）

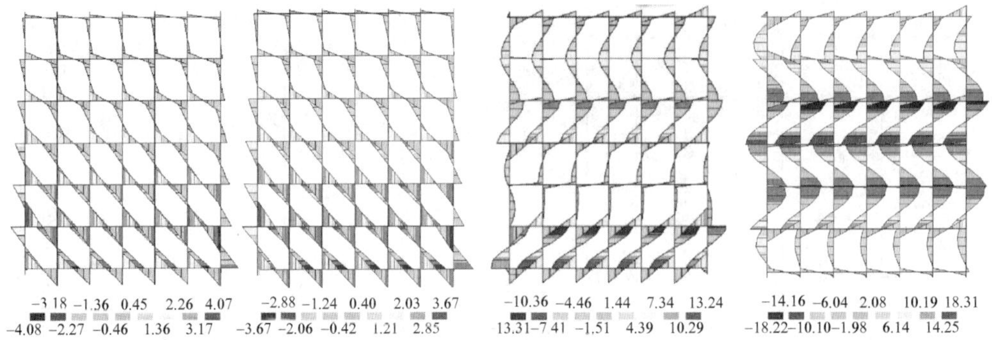

(a) 模型A (b) 模型B (c) 模型C (d) 模型D

图 7-13 四种模型的弯矩图（kN·m）

节点半刚性连接特性与二阶效应对高大模板支撑体系变形的影响如图 7-14 所示。由图 7-14 可知，当不考虑节点半刚性连接特性和二阶效应时（模型 A），各节点的侧移值随着层高的增加而逐渐增大；当只考虑节点半刚性连接特性时（模型 B），各节点的侧移值比不考虑节点半刚性连接特性时（模型 A）大 1.7 倍以上，并随着层高的增加而逐渐增大，原因在于节点的半刚性连接特性降低了梁柱节点的约束，使得节点的侧移增大；当只考虑二阶效应时（模型 C），各节点的侧移方向均发生变化。这是因为二阶效应改变了结构的受力状态，导致高大模板支撑体系的节对点侧移方向发生改变；同时，一阶弹性分析的节点侧移由水平荷载主导，两者方向相同，而二阶弹性分析的节点侧移由轴力与水平荷载共同影响，轴力的压弯作用所产生的节点侧移与水平荷载产生的节点侧移方向相反，两者叠加后导致局部节点侧移的绝对值变小。总体而言，对于所考虑的高大模板支撑体系，轴力的压弯作用起主导作用；当同时考虑节点半刚性连接特性和二阶效应时（模型 D），位移不仅发生方向的改变，还发生鼓曲变形的现象，说明节点半刚性连接特性与二阶效应的耦合作用对高大模板支撑体系的节点侧移具有显著影响。

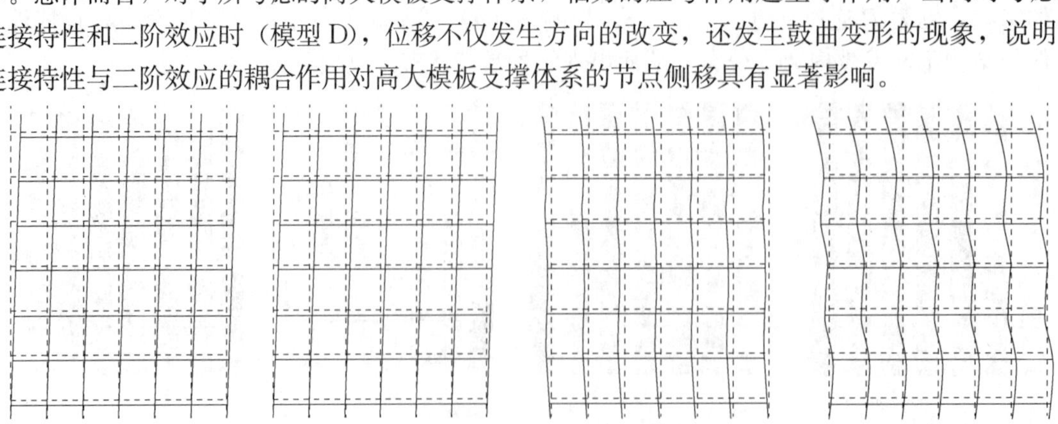

(a) 模型A (b) 模型B (c) 模型C (d) 模型D

图 7-14 四种模型的变形图

7.3.3 结论

综合考虑节点半刚性与二阶效应的影响，建立了高大模板支撑体系的分析模型，进而定量分析了节点半刚性与二阶效应对高大模板支撑体系的内力与位移的影响规律。根据分析结果，可以得出以下结论：

(1) 与节点半刚性连接特性相比，二阶效应对高大模板支撑体系的轴力影响更加显著；与一阶弹性分析相比，节点半刚性连接特性对高大模板支撑体系的二阶弹性分析结果影响显著；与节点半刚性连接特性相比，二阶效应对高大模板支撑体系的剪力和弯矩影响更加显著，甚至导致部分构件的剪力和弯矩变号；节点半刚性连接特性和二阶效应的耦合作用，对高大模板支撑体系的剪力和弯矩分布影响显著。

(2) 如果不考虑节点半刚性连接特性，往往会低估高大模板支撑体系的节点侧移，进而低估高大模板支撑体系的 P-Δ 效应；如果不考虑二阶效应的影响，就难以正确分析支撑体系的真实变形状态，导致严重低估高大模板支撑体系的节点侧移，构成潜在危险；节点半刚性连接特性与二阶效应的耦合作用对支撑体系的节点侧移具有显著影响。

7.4 稳定承载力计算原理

高大模板支撑体系属于临时承载体系，传力路径和计算模型复杂，而且影响因素较多，一旦其稳定性得不到保障，往往发生整体性坍塌事故，造成巨大的人员伤亡和财产损失。高大模板支撑体系的倒塌事故通常是由于支撑体系发生了较大的变形，引起高大模板支撑体系的整体失稳造成的。高大模板支撑体系的稳定承载力分析方法主要有解析法与数值法。其中，解析法主要包括静力法与能量法。静力法根据几何条件、平衡条件以及物理条件，通过建立平衡微分方程，进而求解结构的稳定承载力，主要用于求解线弹性屈曲问题；能量法通过能量守恒原理，建立计算稳定承载力的基本方程，从而推导出稳定承载力的数学表达式，主要应用在压弯构件、受弯构件、板壳结构及轴心受压构件的稳定承载力分析中。数值法主要包括有限差分法、有限元法、加权参数法和数值积分法等，其中应用最广的是有限元法。稳定承载力分析的有限元法主要有特征值屈曲分析法和非线性屈曲分析法。特征值屈曲分析适用于理想线弹性结构，不考虑结构的初始缺陷、几何非线性和材料非线性等因素对稳定承载力的影响，从而导致计算得到的临界荷载高于实际值，但采用线性屈曲分析可以预测临界荷载的上限，而且计算方便。非线性屈曲分析考虑结构的几何非线性、材料非线性、初始缺陷和残余应力等因素的影响，该方法在变形后的构形上建立平衡条件，通过逐步增加外荷载增量，直至切线刚度矩阵趋于奇异，能够跟踪结构的荷载-位移曲线，从而得到比较精确的稳定承载力，但是计算比较复杂。

需要说明的是，高大模板支撑体系是由立杆和水平杆通过扣件连接而成的，其节点具有一定的转动能力，表现出典型的半刚性连接特性；同时，高大模板支撑体系的立杆单元主要承受轴力、弯矩和剪力的作用，当支撑体系发生侧移或者立杆本身存在初弯曲等初始缺陷时，就会产生显著的二阶效应。Peng 等提出的基于节点半刚性的弯矩-转角关系曲线，对门式钢管脚手架进行了非线性屈曲分析，确定了门式钢管脚手架的稳定承载力；敖鸿斐等通过对双排扣件式脚手架进行稳定承载力分析，并讨论了脚手架的步距、跨距、架宽和连墙件的设置等搭设参数对稳定承载力的影响，发现扣件的半刚性连接特性与立杆单元的二阶效应对支撑体系的稳定承载力具有显著的影响；胡长明等通过高大模板支撑体系的加载实验，对影响支撑体系稳定承载力的构造措施进行了分析。陈志华等在有限元分析的基础上，提出了基于部分侧移单杆稳定理论的模板支架简化模型，并给出了无支撑扣件式模板支架的理论承载力简化计算公式；谢楠等开展了扣件式模板支架试验，采用吊装钢渣加载的方式模拟混凝土浇筑过程，对混凝土浇筑期高大模板支撑体系的稳定承载力进行了分析。由此可见，在高大模板支撑体系的稳定承载力分析中，水平杆单元需要考虑节点半刚性连接特性及二阶效应的影响，而立杆单元需要考虑二阶效应的影响，但是目前还缺乏综合考虑上述受力特性的高大模板支撑体系的稳定承载力分析方法。

鉴于此，本节综合考虑节点半刚性连接特性与二阶效应的影响，结合高大模板支撑体系的受力特点，建立了高大模板支撑体系的稳定刚度方程，进而基于特征值屈曲分析法对高大模板支撑体系进行了稳定承载力分析，并定量分析了节点半刚性的初始转动刚度和剪刀撑对高大模板支撑体系稳定承载力的影响规律。

7.4.1 高大模板支撑体系的稳定承载力分析

（1）特征值屈曲分析。

根据高大模板支撑体系和特征值屈曲分析法的特点，做出以下基本假定：①支撑体系在失稳前各杆件只受轴力作用且无弯曲变形；②不考虑杆件的轴向变形；③节点的半刚性连接不考虑其非线性，计算时取其初始转动刚度进行计算；④各立杆顶部承受相同的轴向压力 P。

在线性屈曲的条件下，高大模板支撑体系在屈曲前处于稳定平衡的状态，根据小变形假定，在高大模板支撑体系未变形前的位形上建立坐标系，利用静力平衡与变形协调关系进行特征值屈曲分析，从而可以建立高大模板支撑体系的稳定承载力分析控制方程：

$$(\boldsymbol{K}-\boldsymbol{P}\boldsymbol{K}_{\sigma})\boldsymbol{d}=\boldsymbol{F} \tag{7-18}$$

其中，$\boldsymbol{K}$ 为整体一阶刚度矩阵，$\boldsymbol{K}_{\sigma}$ 为整体几何刚度矩阵，$\boldsymbol{d}$ 为节点位移列阵，$\boldsymbol{F}$ 为节点荷载列阵，$\boldsymbol{P}$ 为轴力列阵。当高大模板支撑体系失稳时，出现新的平衡位置，总位移列阵 $\boldsymbol{d}$ 是非零解，所以判断高大模板支撑体系失稳的准则为

$$|\boldsymbol{K}-\boldsymbol{P}\boldsymbol{K}_{\sigma}|=0 \tag{7-19}$$

式（7-19）称为高大模板支撑体系的稳定方程，通过求解 $\boldsymbol{P}$ 的最小值可以得到高大模板支撑体系的稳定承载力 P_{cr}。对于稳定方程式（7-19）而言，可以将其转换成求解最小特征值问题来求得稳定承载力 P_{cr}，具体做法如下：①假设初始荷载为 $\boldsymbol{P}_0$（$\boldsymbol{P}_0=1$），在此荷载作用下，各杆件的单元几何刚度矩阵为 $\boldsymbol{P}_0\boldsymbol{k}_{\sigma}$；②当结构失稳时，令 $\boldsymbol{P}=\lambda\boldsymbol{P}_0$，此时结构的稳定刚度方程转化为求特征值方程 $|\boldsymbol{K}-\lambda\cdot\boldsymbol{P}_0\boldsymbol{K}_{\sigma}|=0$ 的最小特征值 λ；③采用逆迭代法求解最小特征值 λ，则高大模板支撑体系的稳定承载力 $\boldsymbol{P}_{cr}=\lambda$。

（2）考虑节点半刚性与二阶效应的梁柱单元。

为了求解高大模板支撑体系的稳定方程，需要确定高大模板支撑体系的单元刚度矩阵。根据高大模板支撑体系的受力特性，立杆单元需要考虑二阶效应，而水平杆单元需要考虑节点半刚性与二阶效应。对于考虑节点半刚性连接特性与二阶效应的水平杆单元，其单元刚度矩阵 $\boldsymbol{K}^*$ 为

$$\boldsymbol{K}^*=\boldsymbol{K}_0^*+\boldsymbol{K}_{\sigma}^* \tag{7-20}$$

式中，$\boldsymbol{K}_0^*$ 和 $\boldsymbol{K}_{\sigma}^*$ 分别为一阶刚度矩阵和几何刚度矩阵，定义为

式中：

$$\boldsymbol{K}_0^*=\frac{EI}{L}\begin{bmatrix} K_{01} & 0 & 0 & -K_{01} & 0 & 0 \\ & K_{02} & K_{03} & 0 & -K_{02} & K_{04} \\ & & K_{05} & 0 & -K_{03} & K_{06} \\ & \text{对} & & K_{01} & 0 & 0 \\ & & \text{称} & & K_{02} & -K_{04} \\ & & & & & K_{07} \end{bmatrix};\ \boldsymbol{K}_{\sigma}^*=\frac{P}{L}\begin{bmatrix} 0 & 0 & 0 & 0 & 0 & 0 \\ & K_{\sigma1} & K_{\sigma2} & 0 & -K_{\sigma1} & K_{\sigma3} \\ & & K_{\sigma4} & 0 & -K_{\sigma2} & K_{\sigma5} \\ & \text{对} & & 0 & 0 & 0 \\ & & \text{称} & & K_{\sigma1} & -K_{\sigma3} \\ & & & & & K_{\sigma6} \end{bmatrix} \tag{7-21}$$

$$K_{01}=\frac{A}{I};\ K_{02}=\frac{12}{R^*L^2}\left(1+\frac{EI}{LR_{kiA}}+\frac{EI}{LR_{kiB}}\right);\ K_{03}=\frac{1}{R^*L}\left(6+\frac{12EI}{LR_{kiB}}\right) \tag{7-22}$$

$$K_{04}=\frac{1}{R^{*}L}\left(6+\frac{12EI}{LR_{kiA}}\right);\ K_{05}=\frac{1}{R^{*}}\left(4+\frac{12EI}{LR_{kiB}}\right);\ K_{06}=\frac{2}{R^{*}};\ K_{07}=\frac{1}{R^{*}}\left(4+\frac{12EI}{LR_{kiA}}\right) \tag{7-23}$$

$$K_{\sigma1}=\frac{1}{R^{*}}\left[\frac{1}{5}+R^{*}+\frac{6}{5}\left(\frac{EI}{LR_{kiA}}+\frac{EI}{LR_{kiB}}\right)+\frac{PL^{2}}{60EI}\left(\frac{EI}{LR_{kiA}}+\frac{EI}{LR_{kiB}}\right)\right] \tag{7-24}$$

$$K_{\sigma2}=\frac{L}{R^{*}}\left(\frac{1}{10}+\frac{6EI}{5LR_{kiB}}+\frac{PL^{2}}{60LR_{kiB}}\right);\ K_{\sigma3}=\frac{L}{R^{*}}\left(\frac{1}{10}+\frac{6EI}{5LR_{kiA}}+\frac{PL^{2}}{60LR_{kiA}}\right) \tag{7-25}$$

$$K_{\sigma4}=\frac{L^{2}}{R^{*}}\left(\frac{2}{15}+\frac{6EI}{5LR_{kiB}}+\frac{PL^{2}}{60LR_{kiB}}\right);\ K_{\sigma5}=-\frac{L^{2}}{30R^{*}};\ K_{\sigma6}=\frac{L^{2}}{R^{*}}\left(\frac{2}{15}+\frac{6EI}{5LR_{kiA}}+\frac{PL^{2}}{60LR_{kiA}}\right) \tag{7-26}$$

式中，E 为弹性模量；I 为截面惯性矩；A 为截面的面积；L 为单元的长度；R_{kiA}、R_{kiB} 分别为水平杆单元节点两端的初始转动刚度；P 为轴力，受拉为正。

根据梁柱单元考虑侧移的杆端弯矩和杆端转角之间的关系，可以建立考虑二阶效应的梁柱单元的刚度矩阵 $\boldsymbol{k}$：

$$\boldsymbol{k}=\boldsymbol{k}_0+\boldsymbol{k}_\sigma \tag{7-27}$$

式中，$\boldsymbol{k}_0$ 和 $\boldsymbol{k}_\sigma$ 分别为单元一阶弹性刚度矩阵和单元几何刚度矩阵，定义为

$$\boldsymbol{k}_0=\frac{EI}{L}\begin{bmatrix}\frac{A}{I} & 0 & 0 & -\frac{A}{I} & 0 & 0\\ & \frac{12}{L^2} & \frac{6}{L} & 0 & -\frac{12}{L^2} & \frac{6}{L}\\ & & 4 & 0 & -\frac{6}{L} & 2\\ & \text{对} & & \frac{A}{I} & 0 & 0\\ & & \text{称} & & \frac{12}{L^2} & -\frac{6}{L}\\ & & & & & 4\end{bmatrix};\ \boldsymbol{k}_\sigma=\begin{bmatrix}0 & 0 & 0 & 0 & 0 & 0\\ & \frac{6P}{5L} & \frac{P}{10} & 0 & -\frac{6P}{5L} & \frac{P}{10}\\ & & \frac{2PL}{15} & 0 & -\frac{P}{10} & -\frac{PL}{30}\\ & \text{对} & & 0 & 0 & 0\\ & & \text{称} & & \frac{6P}{5L} & -\frac{P}{10}\\ & & & & & \frac{2PL}{15}\end{bmatrix} \tag{7-28}$$

根据高大模板支撑体系的受力特性，水平杆单元需要考虑节点半刚性与二阶效应，其单元刚度矩阵可以根据式（7-20）确定，立杆单元需要考虑二阶效应，其单元刚度矩阵可以根据式（7-27）确定。按照集成的方法，可以组合成高大模板支撑体系的整体刚度矩阵 $\boldsymbol{K}$，进而可以根据式（7-19）定义的高大模板支撑体系的稳定方程，求解高大模板支撑体系的稳定承载力 P_{cr}。根据上述分析理论，可以编制高大模板支撑体系的稳定承载力分析程序，其计算流程图如图 7-15 所示。其中，IE 为单元循环变量，NE 为总单元数，P_{cr} 为高大模板支撑体系的稳定承载力。

7.4.2 分析与验证

某高大模板支撑体系的分析模型如图 7-16 所示。其中，立杆和水平杆单元均采用 ϕ48mm×3.5mm 规格的钢管，弹性模量 $E=2.06\times10^8$kPa，立杆与水平杆之间通过扣件连接，为半刚性连接，其初始转动刚度取 85.96kN·m/rad，立杆间距为 1.2m，水平杆步距为 1.5m，底部扫地杆高度为 0.2m，顶层立杆伸出扫天杆长度为 0.2m，边界条件处理为铰接。利用本节方法对高大模板支撑体系进行稳定承载力分析。为了验证本节方法的正确性，选用大型商用有限元软件 ANSYS 中的特征值屈曲分析（Eigen Bucking）模块进行对比验证。在 ANSYS 分析中，采用 BEAM3 单元模拟高大模板支撑体系的水平杆和立杆单元，BEAM3 单元支持预应力开关的特性；采用零长度弹簧单元 COMBIN14 模拟节点的半刚性连接特性。需要说明的是，本节方法建立的立杆单元的刚度矩阵与 ANSYS 是一致的；但是本节方法建立的水平杆单元的一阶刚度矩阵 $\boldsymbol{k}$ 与几何刚度矩阵 $\boldsymbol{k}_\sigma$ 均考虑了初始转动刚度 R 的影响，而 ANSYS 中的水平杆单元的一阶刚度矩阵 $\boldsymbol{k}$ 与几何刚度矩阵 $\boldsymbol{k}_\sigma$ 均没有考虑初始转动刚度 R 的影响。

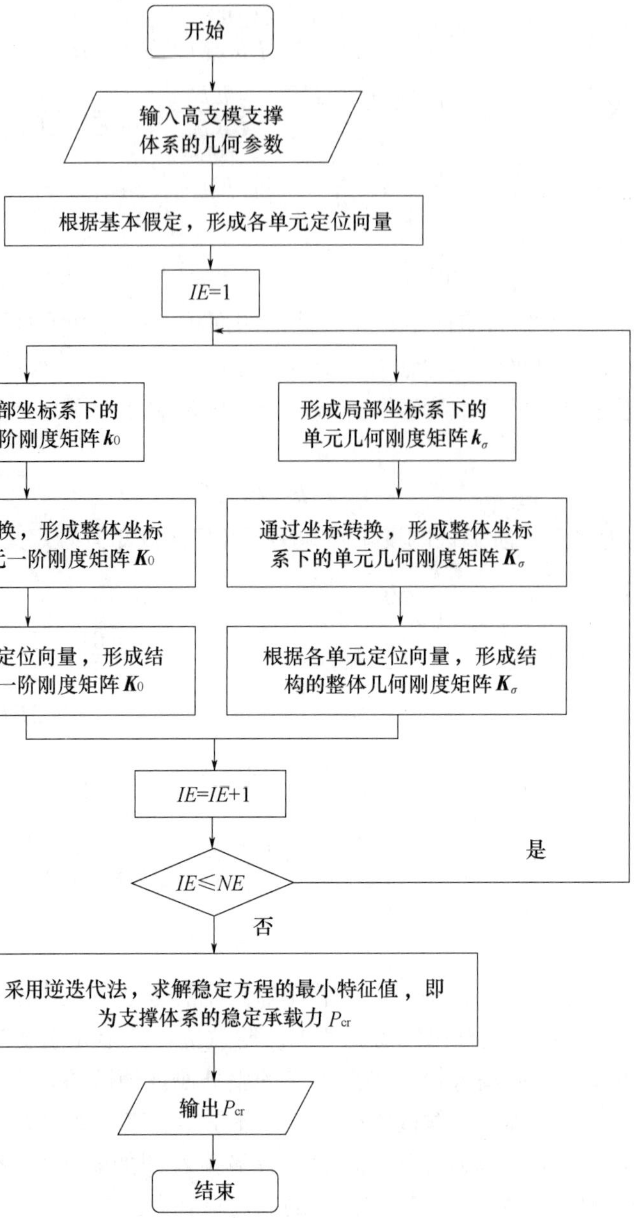

图 7-15　稳定承载力分析的流程图

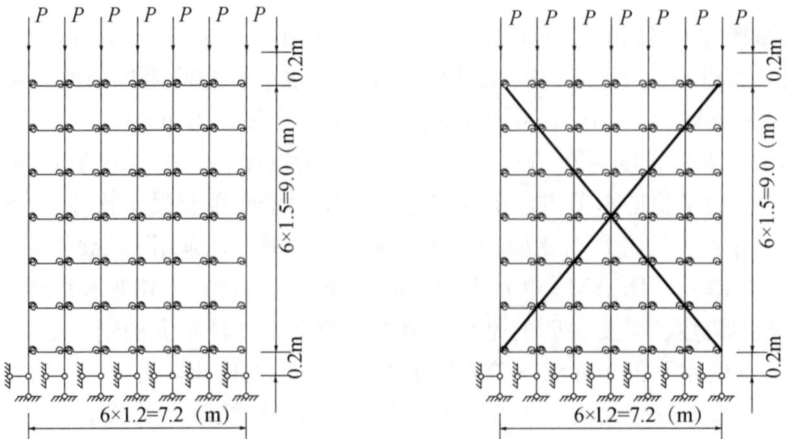

(a) 无剪刀撑　　(b) 有剪刀撑

图 7-16　高大模板支撑体系的几何尺寸与荷载

对于有剪刀撑和无剪刀撑的高大模板支撑体系，由本节方法和 ANSYS 所确定的稳定承载力的计算结果见表 7-1。由表 7-1 可知，本节方法与 ANSYS 的计算结果比较吻合，说明本节方法具有较高的计算精度，可以用于高大模板支撑体系的稳定承载力分析；有剪刀撑情况下的稳定承载力可以达到无剪刀撑情况下稳定承载力的 4.2 倍以上，说明设置剪刀撑可以显著提高高大模板支撑体系的稳定承载力。

表 7-1　稳定承载力的对比

计算方法	有剪刀撑 P_{cr1}	相对误差	无剪刀撑 P_{cr2}	相对误差	P_{cr1}/P_{cr2}
本节方法	174.46kN	0.76%	40.76kN	0.42%	4.28
ANSYS	173.14kN		40.59kN		4.27

下面进一步分析节点半刚性的初始转动刚度对高大模板支撑体系稳定承载力的影响。当节点半刚性的初始转动刚度 R 从 10kN・m/rad 变化到 350kN・m/rad 时，本节方法和 ANSYS 计算结果的对比分析见表 7-2，曲线图如图 7-17 所示。由表 7-2 可知，随着节点半刚性的初始转动刚度 R 的增加，高大模板支撑体系的稳定承载力逐渐增大；当节点半刚性的初始转动刚度 R 在 10～100kN・m/rad 范围内变化时，稳定承载力的变化幅度较大，随后变化幅度逐渐减小，说明在 10～100kN・m/rad 范围内增加节点半刚性的初始转动刚度，可以大幅提高高大模板支撑体系的稳定承载力。

表 7-2　初始转动刚度对稳定承载力的影响

初始转动刚度 (kN・m/rad)	10	50	100	150	200	250	300	350	刚接
本节方法（kN）	10.59	32.05	43.05	48.60	51.94	54.17	55.77	56.96	65.34
ANSYS（kN）	10.58	31.95	42.86	48.35	51.65	53.86	55.43	56.61	64.85
相对误差（%）	0.09	0.31	0.44	0.52	0.56	0.58	0.61	0.62	0.76

《建筑施工扣件式钢管脚手架安全技术规范》规定扣件的拧紧力矩 T 应该在 40～60kN・m 范围内取值。有文献基于扣件的原型试验数据，建立了节点半刚性的初始转动刚度与扣件的拧紧力矩之间的转换关系：

$$R=-868.16+978.23\left(1+\frac{1}{T}\right)^{-1} \tag{7-29}$$

式中，R 是节点半刚性的初始转动刚度，T 是扣件的扭紧力矩。

通过式（7-29）可以求出规范中规定的扣件拧紧力矩所对应的初始转动刚度 R 为 86.21～94.03kN・m/rad。从表 7-2 中可以看出，当初始转动刚度 R 在 86.21～94.03kN・m/rad 范围内时，高大模板支撑体系的稳定承载力在 41.73～42.11kN 范围内变化，说明拧紧力矩在此范围内的稳定承载力趋于稳定。若拧紧力矩达不到规范要求，例如 $T=$ 20kN・m（$R=$63.48kN・m/rad），此时支撑体系的稳定承载力为 36.28kN，比规定的最小拧紧力矩所对应的稳定承载力小了 5.45kN。由此可见，通过规定拧紧力矩的大小，可以控制扣件的初始转动刚度 R，进而保证高大模板支撑体系的稳定承载力。

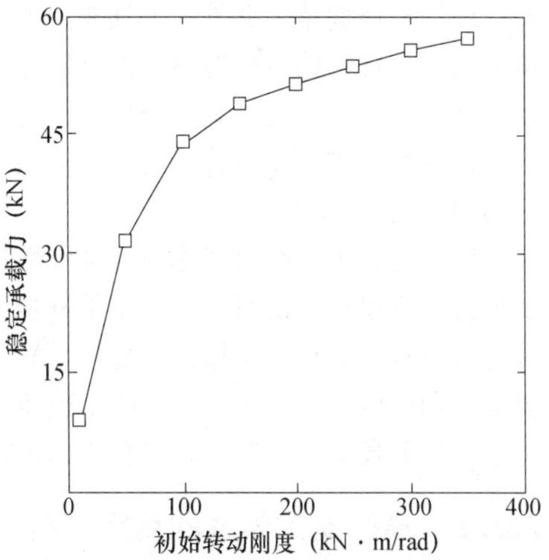

图 7-17　初始转动刚度对稳定承载力的影响

7.4.3　结论

根据高大模板支撑体系的受力特点，基于特征值屈曲分析，本节对高大模板支撑体系的稳定承载力进行了分析，并定量分析了描述节点半刚性连接特性的初始转动刚度和剪刀撑对高大模板支撑体系稳定承载力的影响规律。分析结果表明：

（1）本节方法与 ANSYS 的计算结果吻合较好，说明本节方法和 ANSYS 虽然在单元刚度矩阵上的处理方式不同（前者基于考虑节点半刚性与二阶效应的梁柱单元，后者采用零长度弹簧单元与梁单元相结合模拟），但两者的计算精度可以得到相互验证。

（2）对于所考虑的高大模板支撑体系，当节点处理成刚接时，会高估高大模板支撑体系的稳定承载力；当节点半刚性的初始转动刚度在 $R\leqslant 100\text{kN}\cdot\text{m/rad}$ 范围内变化时，对高大模板支撑体系的稳定承载力具有显著影响。通过规定拧紧力矩的大小，可以控制扣件的初始转动刚度，进而控制高大模板支撑体系的稳定承载力。

（3）对于所考虑的高大模板支撑体系，有剪刀撑情况下的稳定承载力可以达到无剪刀撑情况下的稳定承载力的 4.2 倍以上，说明设置剪刀撑可以显著提高高大模板支撑体系的稳定承载力。

7.5 高大模板支撑体系的深化及改进

为了保证高大模板支撑体系的安全性，通常需要对剪刀撑、扫地杆高度、立杆伸出扫天杆长度、水平杆步距以及立杆间距等构造措施进行限定。如何同时兼顾施工的安全性与经济性，选择合理的构造措施和搭设条件，对于保证高大模板支撑体系的安全性尤其重要。

目前，扣件式钢管脚手架的国家标准主要有《建筑施工扣件式钢管脚手架安全技术规范》（JGJ 130—2011）（以下简称 JGJ 130—2011）和《建筑施工模板安全技术规程》（JGJ 162—2008）。在遵守国家标准的前提下，浙江、北京、广西等地还根据本地区的实际情况编制了符合本地区的地方标准和规范，以实现安全性和经济性。需要说明的是，上述规范或标准所进行的稳定计算是基于单根立杆的稳定性计算的，而高大模板支撑体系是由立杆、水平杆通过扣件连接形成的系统，各杆件之间相互约束，而且受节点半刚性连接特性的影响，利用单根立杆的稳定验算近似作为支撑体系的整体稳定验算的合理性有待商榷。此外，上述规范或标准针对剪刀撑、扫地杆高度、立杆伸出扫天杆长度、水平杆步距以及立杆间距等构造措施的规定主要基于工程经验和定性分析，缺乏定量的分析，难以兼顾高大模板支撑体系的安全性和经济性。因此，有必要根据高大模板支撑体系的受力特点，建立其稳定承载力分析模型，进而定量分析各种构造措施对高大模板支撑体系稳定承载力的影响规律，为各种构造措施的规定提供科学依据。

鉴于此，本节综合考虑节点半刚性连接特性与二阶效应的影响，建立了高大模板支撑体系的稳定承载力分析模型，定量分析了水平杆步距、立杆间距、扫地杆高度、立杆伸出扫天杆长度及剪刀撑等构造措施对高大模板支撑体系稳定承载力的影响，对国家标准《建筑施工扣件式钢管脚手架安全技术规范》和广西地方标准《建筑施工模板及作业平台钢管支架构造安全技术规范》中的相关构造措施进行了分析和校准，并基于定量分析结果，给出了各种构造措施的合理建议。

7.5.1 模板支撑体系的稳定承载力分析模型

（1）特征值屈曲分析。

在线性屈曲的条件下，高大模板支撑体系在屈曲前处于稳定平衡的状态，根据小变形假定，在高大模板支撑体系未变形前的位形上建立坐标系，利用静力平衡与变形协调关系进行特征值屈曲分析，从而可以建立高大模板支撑体系稳定承载力分析的控制方程：

$$(\boldsymbol{K}-\boldsymbol{P}\boldsymbol{K}_{\sigma})\boldsymbol{d}=\boldsymbol{F} \tag{7-30}$$

其中，$\boldsymbol{K}$ 为整体一阶刚度矩阵；$\boldsymbol{K}_{\sigma}$ 为整体几何刚度矩阵；$\boldsymbol{d}$ 为节点位移列阵；$\boldsymbol{F}$ 为节点荷载列阵；$\boldsymbol{P}$ 为轴力列阵。当高大模板支撑体系失稳时，总位移列阵 $\boldsymbol{d}$ 是非零解，所以判断高大模板支撑体系失稳的准则为

$$|\boldsymbol{K}-\boldsymbol{P}\boldsymbol{K}_{\sigma}|=0 \tag{7-31}$$

式（7-31）称为高大模板支撑体系的稳定方程，通过求解 $\boldsymbol{P}$ 的最小值可以得到高大模板支撑体系的稳定承载力 P_{cr}。对于稳定方程式（7-31）而言，可以将其转换成求解最小特征值问题来求得稳定承载力 P_{cr}，具体做法如下：①假设初始荷载为 $\boldsymbol{P}_0$（$\boldsymbol{P}_0=1$），在此荷载作用下，各杆件的单元几何刚度矩阵为 $\boldsymbol{P}_0\boldsymbol{k}_\sigma$；②当结构失稳时，令 $\boldsymbol{P}=\lambda\boldsymbol{P}_0$，此时结构的稳定刚度方程转化为求特征值方程 $|\boldsymbol{K}-\lambda\cdot\boldsymbol{P}_0\boldsymbol{K}_\sigma|=0$ 的最小特征值 λ；③采用逆迭代法求解最小特征值 λ，则结构的稳定承载力 $P_{cr}=\lambda$。

（2）考虑节点半刚性与二阶效应的水平杆单元。

为了求解高大模板支撑体系的特征值方程，需要确定高大模板支撑体系的单元刚度矩阵。根据高大模板支撑体系的受力特性，立杆单元需要考虑二阶效应，而水平杆单元需要考虑节点半刚性与二阶效应。对于考虑节点半刚性连接特性与二阶效应的水平杆单元，对应的梁柱单元刚度矩阵 $\boldsymbol{K}^*$ 为

$$\boldsymbol{K}^*=\boldsymbol{K}_0^*+\boldsymbol{K}_\sigma^* \tag{7-32}$$

式中，$\boldsymbol{K}_0^*$ 和 $\boldsymbol{K}_\sigma^*$ 分别为一阶刚度矩阵与几何刚度矩阵，分别定义为

$$\boldsymbol{K}_0^*=\frac{EI}{L}\begin{bmatrix} K_{01} & 0 & 0 & -K_{01} & 0 & 0 \\ & K_{02} & K_{03} & 0 & -K_{02} & K_{04} \\ & & K_{05} & 0 & -K_{03} & K_{06} \\ & \text{对} & & K_{01} & 0 & 0 \\ & & \text{称} & & K_{02} & -K_{04} \\ & & & & & K_{07} \end{bmatrix};\ \boldsymbol{K}_\sigma^*=\frac{P}{L}\begin{bmatrix} 0 & 0 & 0 & 0 & 0 & 0 \\ & K_{\sigma1} & K_{\sigma2} & 0 & -K_{\sigma1} & K_{\sigma3} \\ & & K_{\sigma4} & 0 & -K_{\sigma2} & K_{\sigma5} \\ & \text{对} & & 0 & 0 & 0 \\ & & \text{称} & & K_{\sigma1} & -K_{\sigma3} \\ & & & & & K_{\sigma6} \end{bmatrix} \tag{7-33}$$

式中：

$$K_{01}=\frac{A}{I};\ K_{02}=\frac{12}{R^*L^2}\left(1+\frac{EI}{LR_{kiA}}+\frac{EI}{LR_{kiB}}\right);\ K_{03}=\frac{1}{R^*L}\left(6+\frac{12EI}{LR_{kiB}}\right) \tag{7-34}$$

$$K_{04}=\frac{1}{R^*L}\left(6+\frac{12EI}{LR_{kiA}}\right);\ K_{05}=\frac{1}{R^*}\left(4+\frac{12EI}{LR_{kiB}}\right);\ K_{06}=\frac{2}{R^*};\ K_{07}=\frac{1}{R^*}\left(4+\frac{12EI}{LR_{kiA}}\right) \tag{7-35}$$

$$K_{\sigma1}=\frac{1}{R^*}\left[\frac{1}{5}+R^*+\frac{6}{5}\left(\frac{EI}{LR_{kiA}}+\frac{EI}{LR_{kiB}}\right)+\frac{PL^2}{60EI}\left(\frac{EI}{LR_{kiA}}+\frac{EI}{LR_{kiB}}\right)\right] \tag{7-36}$$

$$K_{\sigma2}=\frac{L}{R^*}\left(\frac{1}{10}+\frac{6EI}{5LR_{kiB}}+\frac{PL^2}{60LR_{kiB}}\right);\ K_{\sigma3}=\frac{L}{R^*}\left(\frac{1}{10}+\frac{6EI}{5LR_{kiA}}+\frac{PL^2}{60LR_{kiA}}\right) \tag{7-37}$$

$$K_{\sigma4}=\frac{L^2}{R^*}\left(\frac{2}{15}+\frac{6EI}{5LR_{kiB}}+\frac{PL^2}{60LR_{kiB}}\right);\ K_{\sigma5}=-\frac{L^2}{30R^*};\ K_{\sigma6}=\frac{L^2}{R^*}\left(\frac{2}{15}+\frac{6EI}{5LR_{kiA}}+\frac{PL^2}{60LR_{kiA}}\right) \tag{7-38}$$

式中，E 为弹性模量；I 为截面惯性矩；A 为截面的面积；L 为单元的长度；R_{kiA}、R_{kiB} 分别为水平杆单元节点两端的初始转动刚度；P 为 $P_0=1$ 情况下各杆件的轴力，且受拉时为正值。

（3）考虑二阶效应的立杆单元。

根据梁柱单元考虑侧移的杆端弯矩和杆端转角之间的关系，可以建立考虑二阶效应的梁柱单元的刚度矩阵 $\boldsymbol{k}$：

$$\boldsymbol{k}=\boldsymbol{k}_0+\boldsymbol{k}_\sigma \tag{7-39}$$

式中，$\boldsymbol{k}_0$ 和 $\boldsymbol{k}_\sigma$ 分别为单元一阶弹性刚度矩阵和单元几何刚度矩阵，分别定义为

$$\boldsymbol{k}_0=\frac{EI}{L}\begin{bmatrix} \frac{A}{I} & 0 & 0 & -\frac{A}{I} & 0 & 0 \\ & \frac{12}{L^2} & \frac{6}{L} & 0 & -\frac{12}{L^2} & \frac{6}{L} \\ & & 4 & 0 & -\frac{6}{L} & 2 \\ & \text{对} & & \frac{A}{I} & 0 & 0 \\ & & \text{称} & & \frac{12}{L^2} & -\frac{6}{L} \\ & & & & & 4 \end{bmatrix};\ \boldsymbol{k}_\sigma=\begin{bmatrix} 0 & 0 & 0 & 0 & 0 & 0 \\ & \frac{6P}{5L} & \frac{P}{10} & 0 & -\frac{6P}{5L} & \frac{P}{10} \\ & & \frac{2PL}{15} & 0 & -\frac{P}{10} & -\frac{PL}{30} \\ & \text{对} & & 0 & 0 & 0 \\ & & \text{称} & & \frac{6P}{5L} & -\frac{P}{10} \\ & & & & & \frac{2PL}{15} \end{bmatrix} \tag{7-40}$$

（4）剪刀撑单元。

剪刀撑单元在高大模板支撑体系中属于构造措施，其主要作用是约束支撑体系的侧移。剪刀撑通过旋转扣件与立杆单元相连接，且旋转扣件的中心与主节点的距离通常不超过 150mm，其抗扭刚度几乎为零。因此，在分析高大模板支撑体系的稳定承载力时，可以将其简化为拉压杆单元进行分析，并且为了保证支撑体系的完整性，使剪刀撑与立杆的交接处通过主节点。基于以上假定，可以确定剪刀撑单元对应的一阶刚度矩阵 $\boldsymbol{k}_0$ 与几何刚度矩阵 $\boldsymbol{k}_\sigma$ 分别为

$$\boldsymbol{k}_0=\begin{bmatrix}\frac{EA}{L} & 0 & 0 & -\frac{EA}{L} & 0 & 0\\ & 0 & 0 & 0 & 0 & 0\\ & & 0 & 0 & 0 & 0\\ & \text{sym.} & & \frac{EA}{L} & 0 & 0\\ & & & & 0 & 0\\ & & & & & 0\end{bmatrix};\ \boldsymbol{k}_\sigma=\begin{bmatrix}0 & 0 & 0 & 0 & 0 & 0\\ & \frac{P}{L} & 0 & 0 & -\frac{P}{L} & 0\\ & & 0 & 0 & 0 & 0\\ & \text{sym.} & & 0 & 0 & 0\\ & & & & \frac{P}{L} & 0\\ & & & & & 0\end{bmatrix} \tag{7-41}$$

7.5.2 构造措施分析

（1）剪刀撑的影响。

剪刀撑的作用是将各杆件连接成一个整体，通过各杆件之间的相互约束作用，有效地限制各杆件的侧移，增大高大模板支撑体系的稳定承载力。根据广西地方标准的“几何不变体系”理论，建立一个 12 步 12 跨的高大模板支撑体系计算模型，定量分析剪刀撑的设置密度对高大模板支撑体系稳定承载力的影响，如图 7-18 所示，其中扫地杆高度 $h_1=0.2$m，立杆伸出扫天杆长度 $a=0.2$m，其他构造措施取值见表 7-3。

表 7-3　剪刀撑的设置形式对稳定承载力的影响

斜撑与地面夹角	立杆间距（m）	水平杆步距（m）	无剪刀撑	有剪刀撑		
				3×3	4×4	6×6
45°	1.2	1.2	56.48kN	233.87kN	230.88kN	227.76kN

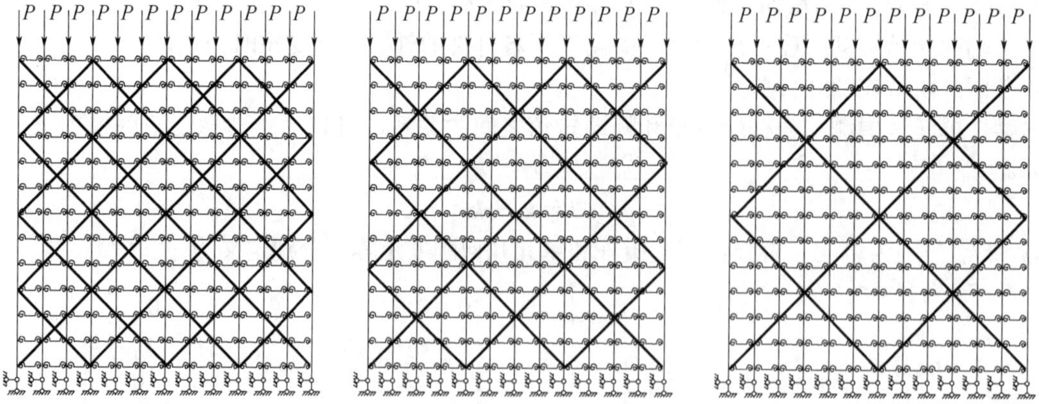

图 7-18　剪刀撑的不同布置方式

由表 7-3 可知，有剪刀撑情况下的稳定承载力可以达到没有剪刀撑情况下的稳定承载力 4 倍以上，主要原因在于高大模板支撑体系通过剪刀撑形成了“几何不变体系”，有效地约束了支撑体系的侧移，并且剪刀撑的设置增大了支撑体系的整体刚度，进而提高了高大模板支撑体系的稳定承载力；剪刀撑设置为 4 步 4 跨（4×4）的稳定承载力比 3 步 3 跨（3×3）的稳定承载力下降了 1.18%；剪刀撑设置

为 6 步 6 跨（6×6）的稳定承载力比 3 步 3 跨（3×3）的稳定承载力下降了 2.50%。根据定量分析结果可知，剪刀撑设置密度对稳定承载力的影响不显著，剪刀撑跨越 5～7 根立杆时其稳定承载力最大的降低幅度仅为 2.50%，因此建议剪刀撑设置的方式宜按照跨越 5～7 根立杆搭设。上述定量分析结果，验证了国家规范和广西地方标准中关于剪刀撑设置的合理性。

（2）扫地杆高度的影响。

扫地杆是搭设在支撑体系最底层的水平杆。国家标准《建筑施工扣件式钢管脚手架安全技术规范》第 6.3.2 条规定：脚手架必须设置纵向、横向扫地杆。纵向扫地杆应采用直角扣件固定在距底座上皮不大于 200mm 处的立杆上。横向扫地杆应采用直角扣件固定在紧靠纵向扫地杆下方的立杆上。广西地方标准《建筑施工模板及作业平台钢管支架构造安全技术规范》第 4.3.1 条规定：封顶杆应贴近模板底，扫地杆位于支承面以上≤200mm 处。由此可见，国家标准和广西地方标准均要求扫地杆高度不应超过 200mm。为了研究扫地杆高度对高大模板支撑体系稳定承载力的影响规律，下面根据广西地方标准的相关要求，采用图 7-19 所示的计算模型，定量分析扫地杆的高度对支撑体系稳定承载力的影响规律。当扫地杆高度 h_1 从 0.1m 到 1.0m 以 0.1m 的间距变化时，对于两种不同的边界约束条件，高大模板支撑体系稳定承载力的计算结果见表 7-4。

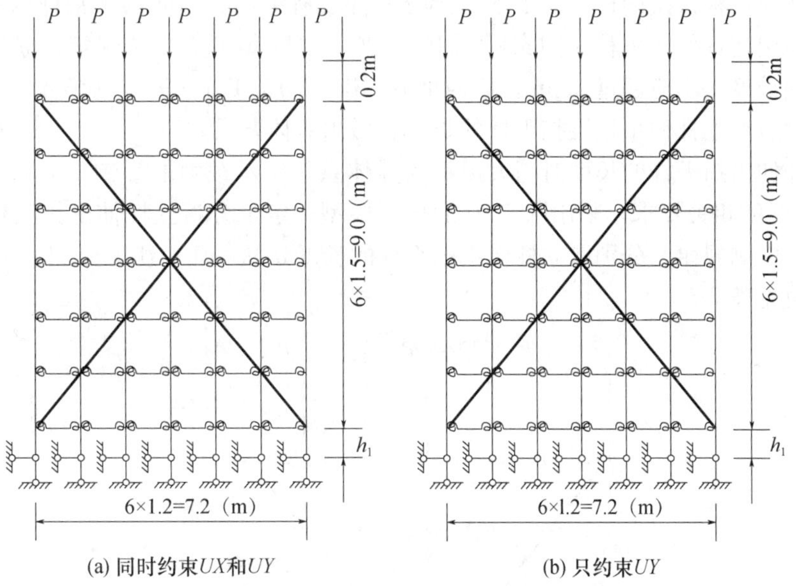

图 7-19　不同约束条件的高大模板支撑体系

表 7-4　不同扫地杆高度下的稳定承载力

扫地杆高度（m）	伸出杆长度（m）	立杆间距（m）	水平杆步距（m）	稳定承载力 P_{cr}（kN）	
				同时约束 UX 和 UY	只约束 UY
0.1	0.2	1.2	1.5	174.64	174.18
0.2	0.2	1.2	1.5	174.46	170.47
0.3	0.2	1.2	1.5	174.20	142.70
0.4	0.2	1.2	1.5	160.32	113.52
0.5	0.2	1.2	1.5	125.16	90.08
0.6	0.2	1.2	1.5	98.25	72.37
0.7	0.2	1.2	1.5	78.48	59.10
0.8	0.2	1.2	1.5	63.86	49.04
0.9	0.2	1.2	1.5	52.87	41.28
1.0	0.2	1.2	1.5	44.43	35.20

由表 7-4 可知，随着扫地杆高度的增加，高大模板支撑体系的稳定承载力呈下降趋势。当扫地杆高度达到 1.0m 时，高大模板支撑体系的稳定承载力比扫地杆高度为 0.1m 时下降了 74%，说明扫地杆设置的高度对高大模板支撑体系的稳定承载力的影响显著；当同时约束 *UX* 和 *UY* 方向［图 7-19（a）］时，高大模板支撑体系的稳定承载力在扫地杆高度达到 0.3m 之后，出现明显的下降趋势；当只约束 *UY* 方向［图 7-19（b）］时，高大模板支撑体系的稳定承载力在扫地杆高度达到 0.2m 之后就开始出现明显的下降趋势；当扫地杆高度 $h_1 \leqslant 0.2$m 时，两种不同约束条件下的稳定承载力基本一致，最大偏差仅为 2.6%；当扫地杆高度 $h_1 > 0.2$m 时，同时约束 *UX* 和 *UY* 方向高大模板支撑体系的稳定承载力比只约束 *UY* 方向的稳定承载力大 22%以上，最大可达到 42%。其根本原因在于，当扫地杆高度 $h_1 \leqslant 0.2$m 时，扫地杆在一定程度上约束了立杆底部的平动，使立杆底部的约束形式接近于固定铰形式（同时约束 *UX* 和 *UY*）。

根据上述定量分析结果，兼顾施工的可操作性，建议扫地杆的设置高度不宜超过 0.2m。上述定量分析结果，验证了国家标准和广西地方标准中关于扫地杆设置高度的合理性。

（3）立杆伸出扫天杆长度的影响。

在模板支撑体系中，不可避免地会出现立杆伸出顶层扫天杆的情况，这部分立杆属于下端固定，上端通过可调顶托与模板铰接的杆件。由于这部分杆件没有纵向、横向的水平杆约束其侧移，若伸出长度过大，很容易引起杆件的失稳。国家标准 JGJ 130—2011 第 6.9.1 条规定，立杆伸出顶层水平杆中心线至支撑点的长度 *a* 不应超过 0.5m。广西地方标准 DB45/T 618—2009 第 4.3.1 条要求封顶杆应贴近模板底，并没有对立杆伸出顶层扫天杆的长度 *a* 做出具体要求。

为了分析立杆伸出扫天杆的长度对高大模板支撑体系稳定承载力的影响，下面根据广西地方标准 DB45/T 618—2009 的相关要求，采用图 7-20 的分析模型，定量分析立杆伸出扫天杆的长度 *a* 对支撑体系稳定承载力的影响规律。分别取立杆伸出扫天杆的长度 *a* 从 0.1m 到 1.0m 以间距 0.1m 变化，相关构造措施的取值见表 7-5。

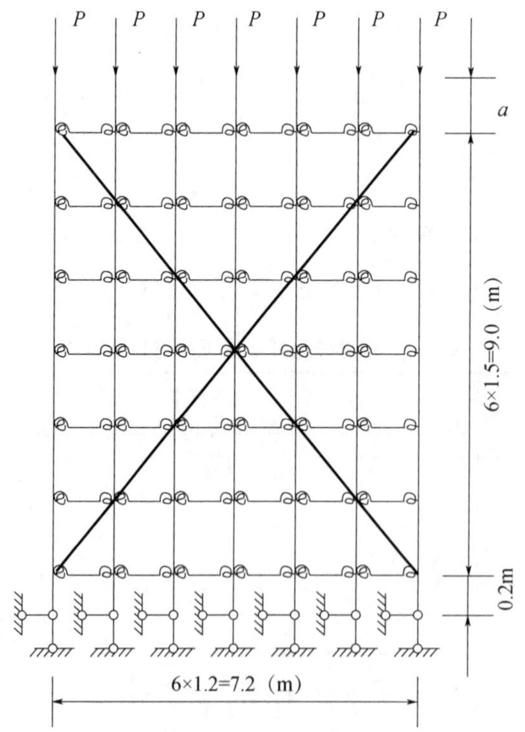

(a) 不同的立杆伸出扫天杆长度

图 7-20　不同立杆伸出扫天杆长度的高大模板支撑体系

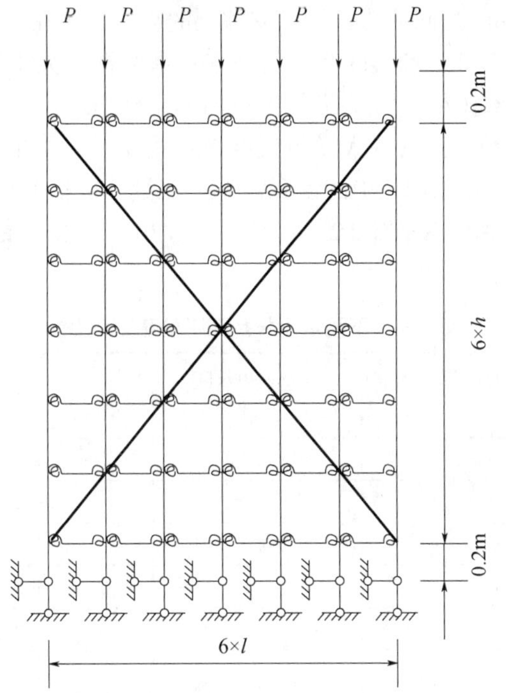

(b) 不同的水平杆步距和立杆间距

图 7-20　不同立杆伸出扫天杆长度的高大模板支撑体系（续）

表 7-5　立杆伸出扫天杆长度对稳定承载力的影响

立杆伸出扫天杆长度（m）	扫地杆高度（m）	立杆间距（m）	水平杆步距（m）	稳定承载力 P_{cr}（kN）
0.1	0.2	1.2	1.5	187.04
0.2	0.2	1.2	1.5	172.81
0.3	0.2	1.2	1.5	149.11
0.4	0.2	1.2	1.5	120.97
0.5	0.2	1.2	1.5	97.02
0.6	0.2	1.2	1.5	78.39
0.7	0.2	1.2	1.5	64.18
0.8	0.2	1.2	1.5	53.32
0.9	0.2	1.2	1.5	44.89
1.0	0.2	1.2	1.5	38.27

由表 7-5 可知，随着立杆伸出长度 a 的逐渐增大，高大模板支撑体系的稳定承载力呈快速下降趋势。当 a=0.2m 时，高大模板支撑体系的稳定承载力较 a=0.1m 时下降了 7.3%，但仍保持在 170kN 以上。当 a=0.5m 时，高大模板支撑体系的稳定承载力较 a=0.1m 时下降了将近 50%，稳定承载力下降到 97kN 左右，说明国家标准 JGJ 130—2011 规定 a 的取值不超过 0.5m 偏于危险。

根据上述定量分析结果可知，国家标准 JGJ 130—2011 中的 a 值偏于危险，而广西地方标准 DB45/T 618—2009 对 a 的取值没有具体的定义，建议立杆伸出扫天杆的长度不宜超过 0.2m。

(4) 水平杆步距和立杆间距的影响。

在高大模板支撑体系中，相邻两根水平杆单元之间的距离称为水平杆步距 h，相邻两根立杆之间的距离称为立杆间距 l。合理选择水平杆步距 h 与立杆间距 l，既能够节省材料，又具有足够承载能力，对高大模板支撑体系的稳定承载力具有重要意义。国家标准 JGJ 130—2011 第 6.9.1 条规定：满堂支撑架的水平杆步距在 0.6～1.8m 之间取值，满堂支撑架的立杆间距在 0.4～1.2m 之间取值。广西地方标准 DB45/T 618—2009 的第 5.3.2 和第 5.3.3 条规定：水平杆最大步距 $h \leqslant 1.5$m；高大模板支架的立杆最大间距为 $l_a \leqslant 1.2$m，$l_b \leqslant 1.2$m（l_a为沿支架纵向的立杆间距，l_b为沿支架横向的立杆间距）。

为了分析水平杆步距与立杆间距对高大模板支撑体系稳定承载力的影响，下面根据广西地方标准 DB45/T 618—2009 的相关要求，采用图中的计算模型，定量分析水平杆步距 h 与立杆间距 l 对支撑体系稳定承载力的影响规律。分别取水平杆步距 h=1.2～1.9m，立杆间距 l=0.9～1.6m 进行分析，相关构造措施的取值见表 7-6 和表 7-7。

表 7-6　不同水平杆步距下的稳定承载力

水平杆步距（m）	扫地杆高度（m）	立杆伸出长度（m）	立杆间距（m）	稳定承载力 P_{cr}（kN）
1.2	0.2	0.2	1.2	231.12
1.3	0.2	0.2	1.2	209.53
1.4	0.2	0.2	1.2	190.81
1.5	0.2	0.2	1.2	174.46
1.6	0.2	0.2	1.2	159.72
1.7	0.2	0.2	1.2	146.70
1.8	0.2	0.2	1.2	135.12
1.9	0.2	0.2	1.2	124.76

表 7-7　不同立杆间距下的稳定承载力

立杆间距（m）	扫地杆高度（m）	立杆伸出长度（m）	水平杆步距（m）	稳定承载力 P_{cr}（kN）
0.9	0.2	0.2	1.5	189.75
1.0	0.2	0.2	1.5	184.22
1.1	0.2	0.2	1.5	179.35
1.2	0.2	0.2	1.5	174.46
1.3	0.2	0.2	1.5	170.00
1.4	0.2	0.2	1.5	165.93
1.5	0.2	0.2	1.5	162.23
1.6	0.2	0.2	1.5	158.86

由表 7-6 和表 7-7 可知：①随着水平杆步距的增加，支撑体系的稳定承载力呈迅速下降趋势。水平杆步距每增加 0.1m，高大模板支撑体系的稳定承载力下降 8%～10%；当水平杆步距 h=1.9m 时，其稳定承载力比 h=1.2m 时降低了 83%，说明水平杆步距对稳定承载力的影响显著；②随着立杆间距的增加，高大模板支撑体系的稳定承载力呈下降趋势。立杆间距每增加 0.1m，高大模板支撑体系的稳定承载力降低的幅度为 2%～3%；当立杆间距 l=1.6m 时，其稳定承载力比 l=0.9m 时降低了 20%，说明立杆间距对稳定承载力具有一定的影响；③随着水平杆步距 h、立杆间距 l 的增加，水平杆步距对稳定承载力的影响更为明显，在搭设高大模板支撑体系过程中尤其要注意选择合理的水平杆步距；④国家标准 JGJ 130—2011 规定水平杆步距的最大取值范围为 1.8m。由表 7-6 可知，当水平杆步距 h=1.8m 时，高大模板支撑体系的稳定承载力比 h=1.5m 时降低了 28.6%，下降到 130kN 左右，水平杆步距 h 的取值偏于危险。而广西地方标准 DB45/T 618—2009 中规定水平杆步距不宜超过 1.5m，当 h=1.5m时，高大模板支撑体系的稳定承载力在 170kN 左右，取值相对合理；⑤国家标准 JGJ 130—2011 规定立杆间距的取值范围为 0.4～1.2m，广西地方标准 DB45/T 618—2009 规定立杆最大间距 $l \leqslant$

1.2m。当 $l=1.2$m 时，高大模板支撑体系的稳定承载力比 $l=0.9$m 时降低了 8.5%，维持在 170kN 左右；国家标准给出了立杆间距的最小值为 $l=0.4$m，从分析结果看，随着立杆间距的减小，并没有显著提高支撑体系的稳定承载力，而且立杆间距过小不利于施工，所以对立杆间距控制在 1.2m 左右为宜。内力计算流程图如图 7-21 所示。

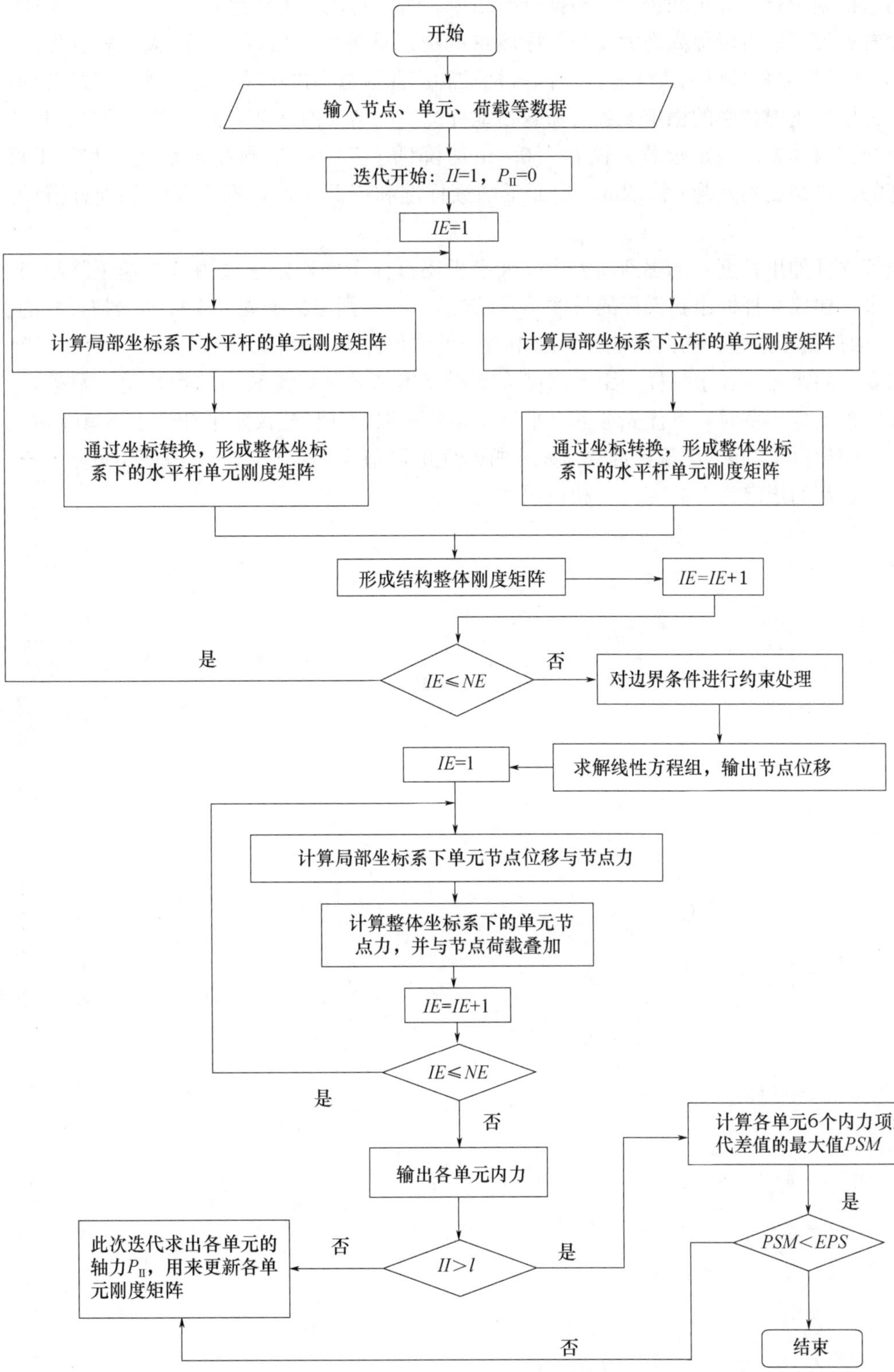

图 7-21　内力计算流程图

7.5.3 结论

综合考虑节点半刚性连接特性与二阶效应的影响，建立了高大模板支撑体系的稳定承载力分析模型，定量分析了各种构造措施对高大模板支撑体系稳定承载力的影响，并对国家标准和广西地方标准中的相关构造措施进行了分析和校准。根据分析结果，可以得出以下结论：

（1）设置剪刀撑后可以提高高大模板支撑体系的稳定承载力 4 倍以上；高大模板支撑体系的剪刀撑宜按跨越 5～7 根立杆搭设为宜。验证了国家标准和广西地方标准中关于剪刀撑设置的合理性。

（2）高大模板支撑体系的稳定承载力随着扫地杆高度的增大而逐渐降低，当扫地杆高度 $h_1=1.0\text{m}$ 时，高大模板支撑体系的稳定承载力较 $h_1=0.1\text{m}$ 时降低了 74%。兼顾稳定承载力和施工可操作性，建议扫地杆的搭设高度不宜超过 0.2m。验证了国家标准和广西地方标准中关于扫地杆搭设高度的合理性。

（3）随着立杆伸出长度 a 的逐渐增大，高大模板支撑体系的稳定承载力呈快速下降趋势。根据定量分析的结果，建议立杆伸出扫天杆的长度不宜超过 0.2m。国家标准规定立杆伸出扫天杆的长度 a 不超过 0.5m，取值偏于危险，而广西地方标准中对 a 的取值并没有具体的规定。

（4）与立杆间距相比，水平杆步距 h 对高大模板支撑体系稳定承载力的影响更为显著，所以建议在搭设高大模板支撑体系时，宜优先考虑水平杆步距的选取，并且建议水平杆步距不宜超过 1.5m，立杆间距取值不应超过 1.2m。国家标准规定水平杆步距的限值为 $h\leqslant 1.8\text{m}$，取值偏于危险，而广西地方标准对水平杆步距的规定为 $h\leqslant 1.5\text{m}$，相对更为合理。

第8章 特殊环境下C70级高强高性能混凝土配制技术

8.1 概述

根据广西九洲国际项目混凝土技术要求，甄选优质原材料，制定实验方案，组织人员进行试配工作，总体思路如下：

（1）控制混凝土水化热在要求范围内，在强度满足要求的前提下，优化强度等级为C70、C65混凝土和易性以满足泵送施工要求。

（2）优化强度等级为C60混凝土配合比，重点解决318m垂直高度混凝土超高层泵送性能和自收缩问题，缩小钢管柱的钢板与混凝土的间隙，保证密实性及强度。

（3）优化超高层泵送系统配合比，确保混凝土和易性满足泵送施工318m高度技术要求。

8.2 高强高性能混凝土配合比研究

8.2.1 研发背景及目的

广西九洲国际工程混凝土最高强度等级为泵送C70，此前广西区内生产供应强度等级为C65及以上混凝土尚无先例，这无疑是个高挑战性课题，项目技术人员加紧联系原材料，进行选材及试配，经过一个多月努力，从采用P·O42.5水泥到P·Ⅱ52.5R水泥、低浓型到高浓型减水剂、改变减水剂配比等一系列试配工作后，初步设定表8-1所列实验室配合比，并成功应用于该项目地下室剪力墙。

表8-1 强度等级为C70、C65的泵送混凝土配合比

项目	配合比（kg/m³）								减水剂掺量
	P·Ⅱ52.5R水泥	S95矿粉	Ⅱ级粉煤灰	碎石机制砂	钦州砂	5～25mm石子	减水剂	水	
C70	434	101	81	402	300	930	12.32	155	2.00%
C65	430	101	58	443	300	920	11.19	155	1.90%

8.2.2 研发过程中出现的技术难点

由于生产原材料有波动、外加剂采用高浓型高性能减水剂、胶凝材料总用量较多等原因，导致该混凝土在供应过程中出现如下问题：

（1）采用高浓型减水剂＋保坍成分时，混凝土2～4h之后离析；或混凝土出厂时和易性良好，到达工地现场时出现离析现象，针对此现象采取除去减水剂保坍成分的措施，效果明显好转，但坍落度经时损失较大。

（2）由于混凝土胶凝材料用量大，导致黏度大，泵送困难，易造成堵管，给生产带来不利影响。

（3）配合比采用Ⅱ级粉煤灰，由于其颜色较黑、质轻，会上浮到混凝土拌合物表面，并影响混凝土外观。

(4) 由于砂石原材料波动，如泥块含量、含泥量、粒径等因素波动的影响，对混凝土工作性能影响较敏感，容易造成混凝土和易性不良或坍落度经时损失较大等严重问题，提高了生产控制的难度。

综上所述，强度等级为 C70、C65 混凝土的黏度大、坍损大及和易性可控难度大是最主要问题。针对这些问题，在原配比基础上通过改变原材料及掺入量等做法，对混凝土不断优化，找出其变化规律以便更好指导生产，同时，为今后生产 C70、C65 及以上强度等级高强高性能混凝土储备技术及经验，以便形成更为完善的生产系统配合比。

8.2.3 试验原材料

1. 水泥

水泥为华润水泥（南宁）有限公司生产的红水河牌 P·Ⅱ52.5R 水泥，其物理、力学性能检测见表 8-2。

表 8-2 P·Ⅱ52.5R 水泥物理性能检测表

水泥编号	标准稠度（%）	初凝时间（min）	终凝时间（min）	净浆流动度（mm）	胶砂 3d 强度（MPa）	胶砂 28d 强度（MPa）
G049	26.2	146	210	300	30.2	61.5

2. 矿粉及粉煤灰

矿粉采用广西源盛 S95 级矿粉，粉煤灰为六景Ⅱ级粉煤灰，各检测内容及结果见表 8-3。

表 8-3 矿粉、煤灰检测结果

砂种类	累计筛余（%）						细度模数	*MB* 值	含泥量（%）
	4.75mm	2.36mm	1.18mm	0.60mm	0.30mm	0.15mm			
外购机制砂	0	26	49	66	86	962	3.2	0.5	4.7
钦州天然砂	2	13	23	29	72	97	2.3	—	1.5

3. 砂子

砂子采用混合砂：外购碎石机制砂＋钦州天然砂，检测内容及结果见表 8-4。

表 8-4 砂子检测内容及结果

砂种类	累计筛余（%）						细度模数	*MB* 值	含泥量（%）
	4.75mm	2.36mm	1.18mm	0.60mm	0.30mm	0.15mm			
外购机制砂	0	26	49	66	86	962	3.2	0.5	4.7
钦州天然砂	2	13	23	29	72	97	2.3	—	1.5

4. 石子

石子采用南宁本地 5～25mm 规格碎石，检测内容及结果见表 8-5。

表 8-5 石子检测内容及结果

累计筛余（%）						含泥量（%）	压碎值指标（%）
19.0mm	16.0mm	9.5mm	4.75mm	2.36mm	底盘		
8	36	68	95	99	100	0.5	11.5

5. 减水剂

减水剂采用红墙高浓型减水剂，其常规性检测结果见表 8-6。

表 8-6　外加剂基础检测结果

外加剂	密度（g/cm^3）	pH	净浆流动度（mm）	含固量（%）
红墙高浓型外加剂	1.052	5.5	300	19.7

6. 其他原材料

试配使用的硅粉由工地提供、CTF 增效剂由三骏公司提供。

8.2.4　试验方法及结果判断

为了寻找出配合比的变化与混凝土黏度、坍落度损失的关联，进而能更好地控制和指导生产，本次试验主要从改变水胶比、矿物掺合料的掺入量、钦州天然砂的掺入搭配比例，从使用增效剂、硅粉着手，找出其对混凝土工作性能的影响规律。

同时考虑到每天的试验环境、试验操作人的变动等因素，每次重复做基准样的试验，倒坍落度筒排空时间（倒坍时间）检测两次，取两次数据的平均值为试验结果，以增加试验对比性，减少试验误差。

1. 不同水胶比验证

保持单方用水量、减水剂掺量不变，对比水胶比从－0.01～＋0.02 变化情况，找出变化规律，重点关注提高水胶比且降低胶凝材料用量时，混凝土的和易性及强度是否能仍然满足要求，黏度是否得到改善，具体配合比及检测结果见表 8-7、表 8-8。

从混凝土工作性能分析：排除一个无规律的 C65＋0.01 水胶比试验样，可以看出，水胶比在±0.01 变化时，混凝土机口坍落扩展度有增大也有减少，原因是水胶比增加时，外加剂绝对用量减少，并不一定能提高其流动性；而水胶比增加 0.02 时，C65、C70 的流动性均有增加，后者更明显；而 2h 后，由于受外加剂绝对用量及水胶比的影响，各试样的坍落度损失相当；C65、C70 混凝土倒坍落度筒排空时间在水胶比±0.01 时变化不明显，水胶比＋0.02 后，倒坍落度筒排空时间稍有降低，但试验结果仍不明显。

凝结时间：C70 基准样和＋0.02 水胶比样的凝结时间相当。

强度：混凝土强度数据采集 28d 强度结果判定，如图 8-1 所示。

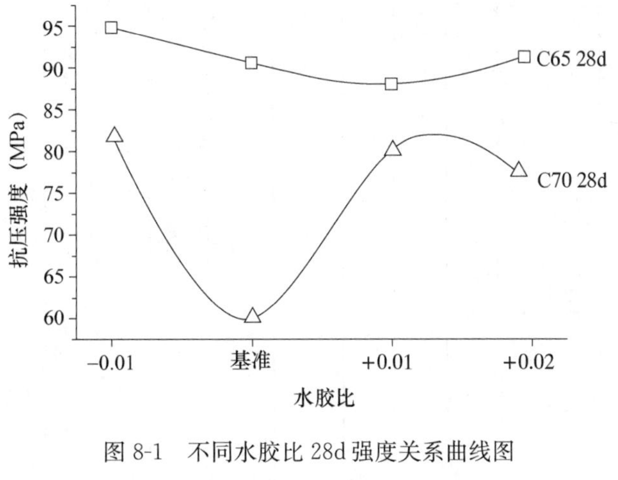

图 8-1　不同水胶比 28d 强度关系曲线图

从图中可以看出，C70 强度值比 C65 低；各水胶比－0.01 时，强度值最大，C65 水胶比降低时，强度仍能满足要求，且＋0.02 时强度比基准值高，而 C70 基准强度很低，应属试验误差。

表 8-7　混凝土水胶比对比试配

混凝土强度等级	水胶比	原材料用量(kg/m³)								W/B
		水泥	矿粉	粉煤灰	碎石机制砂	钦州天然砂	碎石(5～25mm 规格)	减水剂	水	
C65	−0.01	447	105	60	429	291	920	11.63	155	0.27
	C65 基准	430	101	58	443	300	920	11.19	155	0.28
	+0.01	415	97	56	456	308	920	10.79	155	0.29
	+0.02	400	94	54	467	317	920	10.41	155	0.30
C70	−0.01	451	105	84	388	290	930	12.8	155	0.26
	C70 基准	434	101	81	402	300	930	12.32	155	0.27
	+0.01	416	97	78	416	311	930	11.82	155	0.28
	+0.02	399	93	72	430	320	930	11.28	155	0.29

表 8-8　不同水胶比试验工作性能检测结果

混凝土强度等级	水胶比	W/B	机口				凝结时间(h：min)		2h			3h		抗压强度(MPa)	
			坍落度(mm)	扩展度(mm×mm)	倒坍时间(s)	体积密度(kg/m³)	初凝	终凝	坍落度(mm)	扩展度(mm×mm)	倒坍排空时间(s)	坍落度(mm)	扩展度(mm×mm)	7d	28d
C65	−0.01	0.27	240	660×660	15.2	2450	—	—	245	560×560	15	200	340×340	58.5	94.8
	C65 基准	0.28	250	620×660	16.2	2420	—	—	245	550×560	10	205	370×330	47.2	90.6
	+0.01	0.29	240	500×510	16.8	2440	—	—	210	300×310	17.8	85	无	44.2	88.1.
	+0.02	0.3	250	620×670	12	2410	—	—	235	540×550	16	180	280×300	52.9	91.6
C70	−0.01	0.26	240	560×580	15.2	2430	—	—	230	450×440	27	60	无	37	82.4
	C70 基准	0.27	255	620×640	13.9	2430	10:22	12:50	235	500×470	12.2	70	无	44	60
	+0.01	0.28	245	600×620	14.8	2390	—	—	220	420×400	25	15	无	—	80
	+0.02	0.29	240	670×720	13.9	2420	10:45	13:28	220	450×460	31.8	90	无	41.6	76.2

2. 不同矿物掺合料掺量验证

众所周知，矿粉、粉煤灰对混凝土的和易性有很大的影响，因此试验使用不同矿物掺合料掺入量对混凝土的影响。保持该水胶比、砂率不变，通过改变水泥、煤灰、矿粉的掺量，找出混凝土和易性随着胶材比例的变化规律，找出最佳掺量，使混凝土和易性达到更佳的效果，试验及结果判断见表 8-9、表 8-10。

表 8-9　不同掺合料掺入量配合比对比试验

粉煤灰掺量	矿粉掺量	水泥 (kg/m³)	矿粉 (kg/m³)	粉煤灰 (kg/m³)	机制砂 (kg/m³)	钦州砂 (kg/m³)	12 石 (kg/m³)	水 (kg/m³)	外加剂 (kg/m³)	外加剂掺量
C65 基准		430	101	58	443	300	920	155	11.19	1.90%
基准	+5%	401	130	58	443	300	920	155	11.19	1.90%
基准	+10%	372	159	58	443	300	920	155	11.19	1.90%
基准	+15%	343	188	58	443	300	920	155	11.19	1.90%
5%	+5%	372	130	87	443	300	920	155	11.19	1.90%
5%	+10%	343	159	87	443	300	920	155	11.19	1.90%
C70 基准		434	101	81	402	300	930	155	12.32	2.00%
基准	+5%	403	132	81	402	300	930	155	12.32	2.00%
基准	+10%	373	162	81	402	300	930	155	12.32	2.00%
基准	+15%	342	193	81	402	300	930	155	12.32	2.00%
5%	+5%	373	132	111	402	300	930	155	12.32	2.00%
5%	+10%	343	162	111	402	300	930	155	12.32	2.00%

表 8-10　不同矿物掺合料掺入量对混凝土的影响

混凝土强度等级	粉煤灰掺量	矿粉掺量	机口				2h			3h		抗压强度（MPa）	
			坍落度 (mm)	扩展度 (mm×mm)	倒坍排空时间 (s)	体积密度 (kg/m³)	坍落度 (mm)	扩展度 (mm×mm)	倒坍排空时间 (s)	坍落度 (mm)	扩展度 (mm×mm)	7d	28d
C65	C65 基准		250	680×690	9.5	2450	240	510×500	5.4	200	300×310	68.6	78.6
	基准	+5%	250	580×520	10.1	2440	210	350×350	13.8	95	—	61.3	80.2
	基准	+10%	245	630×570	7.7	2450	230	370×410	11.1	130	—	65.4	80.5
	基准	+15%	265	730×700	8	2420	240	430×440	6.3	145	300×300	66.5	76
	+5%	+5%	260	620×640	7.6	2430	215	390×390	10.2	120	—	65.5	83.9
	+5%	+10%	245	600×600	7.1	2420	180	300×300	16.2	90	—	63.6	83.9
C70	C70 基准		260	570×570	8.2	2430	245	510×540	8	220	410×430	67.1	79.6
	基准	+5%	250	620×640	6.8	2440	245	500×520	6.1	220	370×350	71.4	81.6
	基准	+10%	250	590×590	7.5	2440	240	520×530	10.2	200	300×320	67.4	82.2
	基准	+15%	230	710×730	7.3	2420	250	620×640	6.6	220	430×440	60.7	78.1
	+5%	+5%	265	730×730	7.4	2450	245	550×560	7.6	220	430×440	61.8	78.5
	+5%	+10%	270	680×710	6.8	2440	245	520×530	7.1	225	380×380	62.9	80.7

从混凝土坍落度、扩展度方面分析，机口混凝土坍落度、扩展度无明显规律，与水泥、矿粉、粉煤灰三者的需水量有关，扩展度损失方面，基准样有损失较小的趋势，可能与矿粉、粉煤灰对减水剂的吸附作用有关。不同强度等级、不同掺合料强度与倒坍时间关系如图 8-2 所示。

从图中看出，不同掺合料对混凝土强度和初始机口倒坍落度筒排空时间有影响，除 C65+5%矿粉试验样以外，其他试验样在改变矿物掺合料比例后均在很小程度上缩短了倒坍落度筒排空时间，C65 样+10%矿粉+5%粉煤灰机口倒坍落度筒排空时间最短，但 2h 后不如基准样；C70+15%矿粉、C70+10%

矿粉＋5％粉煤灰倒坍落度筒排空时间最短；C65样7d强度基准样最高，C70除＋5％矿粉的试验样外，也有同样趋势，原因是部分水泥被取代，强度降低；而从28d强度来看，当粉煤灰采用基准样掺量时，随着矿粉掺量不断增加，28d强度先增加后降低，在基准样的基础上＋10％矿粉时强度最大，＋15％时强度开始下降，C65和C70显示出的规律均一样；当粉煤灰掺量均采用＋5％时，试验强度同样也随矿粉掺量增加而增加，最大值也在＋10％的范围内，因此，矿粉在一定范围内能提高后期强度。

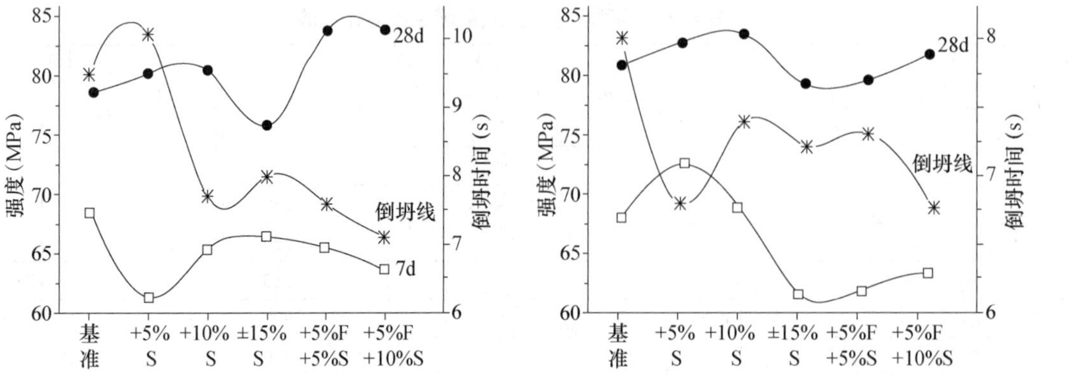

(a) C65混凝土不同掺合料强度及倒坍时间关系　(b) C70混凝土不同掺合料强度及倒坍时间关系

图8-2　不同强度等级、不同掺合料强度及倒坍时间关系

从试配结果上判断，配合比矿粉掺量应在基准样基础上＋10％为最佳掺量；而粉煤灰掺量从基准样到＋5％变化时，C65的28d强度有所增加，但C70强度下降，原因是C70原配合比中粉煤灰掺量较大所致，这与粉煤灰的填充效应及活性有关。

综合考虑倒坍落度筒排空时间及强度，C65在基准样基础上＋5％煤灰＋10％矿粉取代水泥时，混凝土倒坍落度筒排空时间最短、强度最高；C70因强度变化不大，取倒坍落度筒排空时间最短为最佳值，即＋5％矿粉取代水泥时为最佳。

3. 砂的颗粒级配对混凝土工作性能的影响

砂的颗粒级配对混凝土工作性能有着重要的影响，结合碎石机制砂和天然砂粒型、细度模数等特点，对两种砂进行不同比例的混合，用0kg/m³、100kg/m³、200kg/m³、300kg/m³、400kg/m³天然砂分别取代碎石机制砂，其他条件不发生改变，检测相应混合砂的细度模数，找出相应规律，确立搭配掺入最佳比例。见表8-11，表8-12。

表8-11　天然砂搭配掺入比例配合比试验

混凝土强度等级	原材料用量（kg/m³）								减水剂掺量
	钦州天然砂	水泥	矿粉	粉煤灰	碎石机制砂	碎石（5～25mm规格）	减水剂	水	
C65	0	430	101	58	743	920	11.19	155	1.90%
	100	430	101	58	643	920	11.19	155	1.90%
	200	430	101	58	543	920	11.19	155	1.90%
	300（基准）	430	101	58	443	920	11.19	155	1.90%
	400	430	101	58	343	920	11.19	155	1.90%
C70	0	434	101	81	702	930	12.94	155	2.10%
	100	434	101	81	602	930	12.94	155	2.10%
	200	434	101	81	502	930	12.94	155	2.10%
	300（基准）	434	101	81	402	930	12.94	155	2.10%
	400	434	101	81	302	930	12.94	155	2.10%

表 8-12　天然砂搭配掺入比例对配合比试验工作性能影响

混凝土强度等级	天然砂用量（kg/m³）	机口				2h			3h		抗压强度（MPa）	
		坍落度（mm）	扩展度（mm）	倒坍时间（s）	体积密度（kg/m³）	坍落度（mm）	扩展度（mm）	倒坍时间（s）	坍落度（mm）	扩展度（mm）	7d	28d
C65	0	200	620×670	10.7	2430	210	320×330	—	65	—	61.7	80.3
	100	235	500×500	10.4	2450	100	—	—	75	—	70.8	79.6
	200	235	500×520	9.5	2450	85	—	—	30	—	67.5	85.6
	300（基准）	235	530×540	7.9	2440	125	—	—	25	—	69.3	83.7
	400	240	460×460	9	2430	75	—	—	25	—	72.5	79.4
C70	0	240	620×630	8.6	2440	215	400×410	21.3	125	—	68.3	73.7
	100	245	700×740	7.4	2440	240	440×490	11.7	215	350×390	66.4	78.3
	200	250	700×720	6.8	2430	225	450×450	13.2	145	—	67.5	82.8
	300（基准）	260	570×600	10.2	2450	175	310×330	—	55	—	72.6	84.8
	400	225	560×570	9.4	2440	215	330×320	—	60	—	72.1	77.9

从试配上看，在未加天然砂情况下，试验样出机时“堆芯”现象较严重，随着天然砂的加入，“堆芯”不同程度变平缓，说明混凝土骨料整体级配良好，但当天然砂掺入量超过一定值后，混凝土的和易性反而变差；因此，随着天然砂掺入量不断取代机制砂的量，混凝土的和易性存在最佳值，C65 混凝土最佳天然砂用量为 200kg/m³，C70 为 300kg/m³，此时试验对最佳样的砂做了分析，结果如图 8-3 所示。从图 8-3 中看出，随着天然砂量的增加，混合砂细度模数不断降低，而 C65、C70 混凝土最佳天然砂用量分别为 200kg/m³、300kg/m³，对应混合砂的细度模数为 2.7 和 2.9，说明配制此强度等级混凝土的砂子较为理想的细度模数为 2.7～2.9；此时混凝土整体处于较为紧密的堆积状态，若过大或过小均影响混凝土的和易性；同时，C70 混凝土比 C65 混凝土天然砂用量最佳值大的原因可能是前者砂率较低（C70、C65 混凝土的砂率分别为 43%、45%），石子偏多，需要更多的细骨料包裹石子方能达到紧密堆积的效果；扩展度方面，更换粉煤灰以后，坍落度损失较严重；同时，随着天然砂用量的增加，扩展度损失也有增加的趋势。

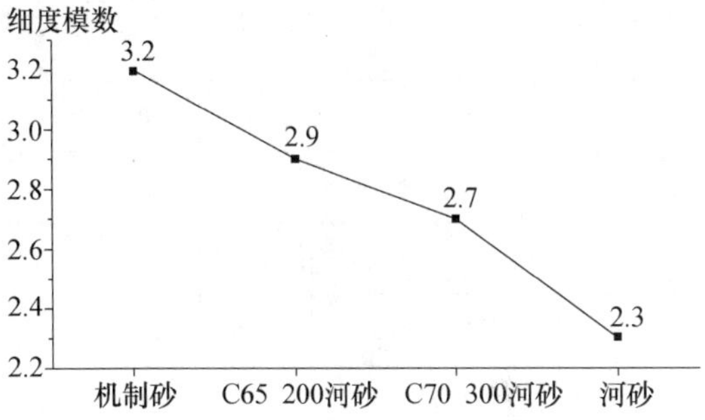

图 8-3　天然砂不同搭配掺入比例对混合砂细度模数影响

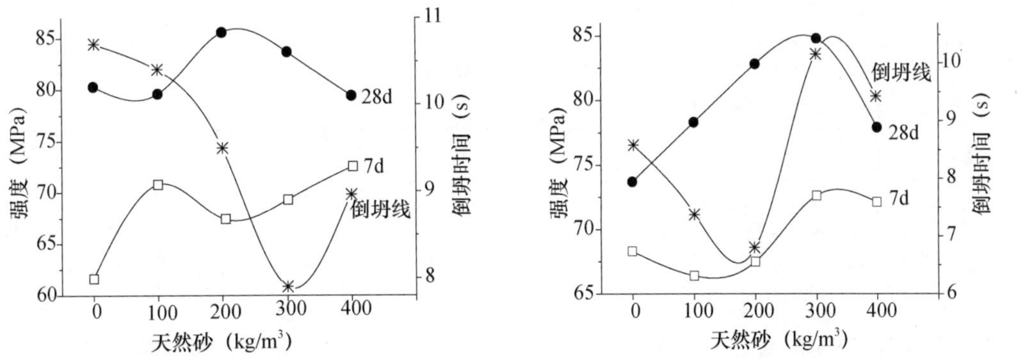

(a) C65混凝土及倒坍时间关系曲线　　(b) C70混凝土及倒坍时间关系曲线

图 8-4　不同强度及倒坍时间关系曲线

从图 8-4 中看出，C65、C70 混凝土倒坍时间随天然砂掺量的增加先降低后增加，有最低点，C65 混凝土在天然砂用量为 300kg/m³时倒坍时间（基准样）最短，C70 混凝土天然砂用量为 200kg/m³时为最短，在坍落度“堆芯”最平缓的天然砂用量点附近，但不是当时点；7d 强度无明显规律，28d 强度趋势明显，随着天然砂用量不断增加，强度先增加后减少，存在最高点，C65、C70 混凝土在最高强度时，天然砂用量分别为 200kg/m³、300kg/m³，与测坍落度时“堆芯”最平缓的天然砂用量点相吻合，说明该点属混凝土较紧密堆积点，强度最高。

综上所述，从倒坍时间、强度、坍落度情况分析，C65、C70 混凝土强度在 200～300kg/m³时变化不大，因此，考虑以倒坍时间最短为最佳点，则 C65 混凝土最佳天然砂用量为 300kg/m³，C70 混凝土最佳天然砂用量为 200kg/m³。

4. 掺入增效剂效果判断

混凝土掺入增效剂可以提高水泥的分散程度，促进水泥的水化进程，改变混凝土微观结构，达到相同强度等级时可减少水泥用量，在一定程度上可降低混凝土的黏度。首先，通过试验寻找出最佳增效剂掺入量，试验直接采用厂家推荐掺量 0.6%（占胶材总量的百分比），水胶比按照 0.02、0.03 递增，保持单方用水量不变，降低胶凝材料用量进行试验。试验配合比、结果见表 8-13。

表 8-13　掺入增效剂混凝土配合比试验

混凝土强度等级	水胶比	增效剂掺量	配合比（kg/m³）									外加剂掺量
			水泥	矿粉	粉煤灰	碎石机制砂	钦州天然砂	碎石（5～25mm 规格）	增效剂	水	外加剂	
C65	基准	0	430	101	58	443	300	920	0	155	11.78	2.00%
	+0.02	0.60%	400	94	54	485	300	920	3.288	155	10.96	2.00%
	+0.03	0.60%	386	91	52	503	300	920	3.174	155	10.58	2.00%
C70	基准	0	434	101	81	402	300	930	0	155	12.94	2.10%
	+0.02	0.60%	402	94	75	447	300	930	3.426	155	11.99	2.10%
	+0.03	0.60%	388	90	72	468	300	930	3.3	155	11.55	2.10%

从表 8-14 混凝土的坍落度及扩展度可以看出，添加增效剂后，机口扩展度略微有提高，说明增效剂能改善混凝土的分散性，坍落度经时损失也比基准样小。

表 8-14　水胶比按照 0.02、0.03 递增，混凝土掺入 0.6%增效剂对工作性及强度的影响

混凝土强度等级	水胶比	增效剂	机口				2h		3h		抗压强度（MPa）	
			坍落度（mm）	扩展度（mm×mm）	倒坍排空时间（s）	体积密度（kg/m³）	坍落度（mm）	扩展度（mm×mm）	坍落度（mm）	扩展度（mm×mm）	21d	28d
C65	基准	0	235	510×520	9.5	2430	115	—	35	—	90.2	89.9
	+0.02	0.6%	230	530×550	8.2	2430	165	280×280	100	—	78.9	86.5
	+0.03	0.6%	215	560×570	6.5	2420	195	310×310	75	—	79.2	79.9
C70	基准	0	250	590×600	8.3	2460	215	360×360	90	—	78.5	81.2
	+0.02	0.6%	250	610×640	7.0	2430	220	370×370	110	—	73.7	80
	+0.03	0.6%	245	630×640	5.0	2450	230	380×390	135	—	73.4	78.8

从倒坍时间方面上看（图 8-5），随着水胶比的增加，倒坍时间不断降低，说明添加增效剂减少水胶比的方式在一定程度上能够降低混凝土的黏度；从强度上分析，C65 混凝土强度比 C70 混凝土高；随水胶比不断提高，尽管添加增效剂，但混凝土强度有不断降低的趋势；从配合比方面分析，C65 混凝土增加 0.02 水胶比时，降低胶凝材料总量为 7%，共计 41kg/m³，28d 强度比基准样降低 3.4MPa，为 86.5MPa，强度百分比 133%，强度仍满足设计要求；而水胶比+0.03 时，强度下降 10MPa，降幅太大；同理，C70 水胶比增加 0.02 时，28d 强度与基准样相当，但增加 0.03 水胶比时，强度百分比仅为 113%，相对偏低。总之，混凝土添增效剂时，应该综合考虑水胶比增加 0.02 时为最佳值。

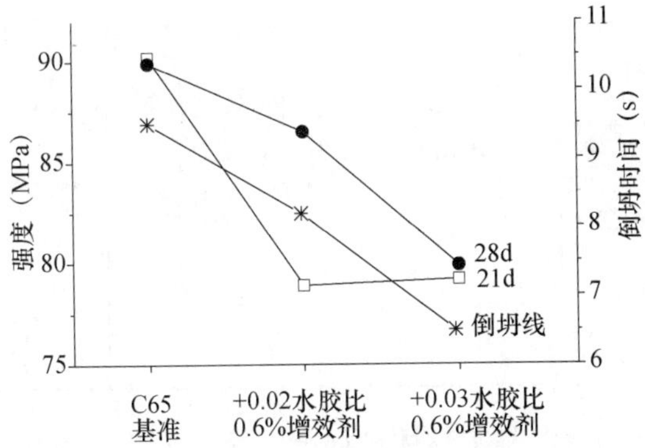

(a) C65添加增效剂强度及倒坍时间

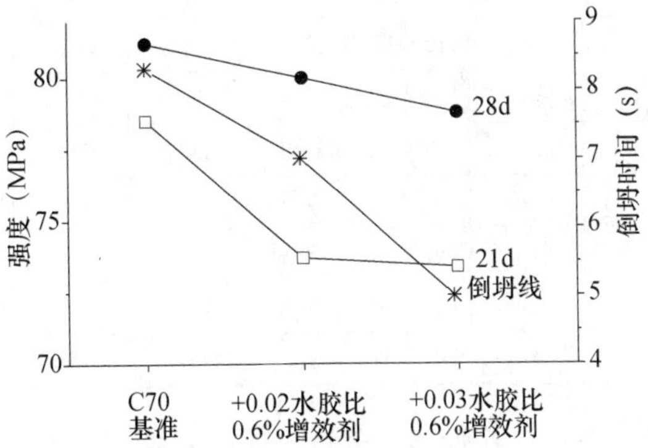

(b) C65添加增效剂强度及倒坍时间

图 8-5　C65、C70 添加增效剂强度及倒坍时间

5. 掺入硅灰效果判断

使用的硅灰应符合现行国家标准《高强高性能混凝土用矿物外加剂》的规定。硅灰含 85%以上的 SiO_2、比表面积≥15000m²/kg，需水量比≤125%，28d 活性指数≥85%，属于非晶态不定性结构，是一种高活性火山灰质材料，且硅灰极细，可充分填充混凝土中的微孔及全面改善混凝土的性能。本试验硅灰采用内掺法，以质量比 0、2%、4%、6%、8%递增取代胶凝材料，其他配合比设计参数保持不变，具体见表 8-15；对混凝土工作性及强度的影响见表 8-16。

表 8-15　掺入硅灰对比试验配合比

混凝土强度等级	硅灰掺量	配合比（kg/m³）									减水剂掺量
		水泥	矿粉	粉煤灰	硅灰	碎石机制砂	钦州天然砂	碎石（5～25mm 规格）	水	减水剂	
C65	0%	430	101	58	0	443	300	920	155	12.07	2.05%
	2%	421	99	57	12	443	300	920	155	12.07	2.05%
	4%	412	97	56	24	443	300	920	155	12.07	2.05%
	6%	402	95	55	35	443	300	920	155	12.03	2.05%
	8%	393	93	54	47	443	300	920	155	12.03	2.05%
C70	0%	434	101	81	0	402	300	930	155	12.32	2.10%
	2%	426	99	79	12	402	300	930	155	12.32	2.10%
	4%	416	97	78	25	402	300	930	155	12.32	2.10%
	6%	408	95	76	37	402	300	930	155	12.32	2.10%
	8%	400	93	74	49	402	300	930	155	12.32	2.10%

表 8-16　掺入硅灰对混凝土工作性及强度的影响

混凝土强度等级	硅灰掺量	机口				2h		3h				抗压强度（MPa）	
		坍落度（mm）	扩展度（mm×mm）	倒坍时间（s）	体积密度（kg/m³）	坍落度（mm）	扩展度（mm×mm）	倒坍时间（s）	坍落度（mm）	扩展度（mm×mm）	倒坍时间（s）	14d	28d
C65	0	235	540×550	8.4	2440	75	—	2h 坍落度损失比较大，故 2h 倒坍时间未做，3h 未留样				79.7	74.1
	2%	225	510×530	8.2	2440	100	—					83.0	74.3
	4%	215	420×400	7.8	2430	70	—					77.5	88.8
	6%	225	460×470	5.3	2420	130	—					85.5	81.8
	8%	215	480×510	2.4	2400	170	—					80.4	84.8
C70	0%	240	560×610	11.3	2430	105	—					79.1	84.1
	2%	240	610×640	5.6	2440	120	—					71.4	82.2
	4%	230	560×540	5.5	2450	135	—					79.1	85.2
	6%	230	550×570	5.1	2430	175	—					76.2	83.8
	8%	240	560×560	3.7	2390	180	300×300					75.2	84.5

从混凝土工作性能上分析，随硅灰掺入量不断增加，混凝土整体扩展度有缓慢下降的趋势，因粉煤灰问题，坍落度经时损失较大。

从图 8-6 中看出，随硅灰掺入量不断增加，混凝土初始倒坍时间不断降低，黏度不断下降，且下降幅度 C65、C70 混凝土有所不同，C65 混凝土在掺量 0～4%时下降缓慢，到 6%～8%下降速度较快，降黏效果较明显，最低倒坍时间为 2.4s；而 C70 混凝土在加入 2%硅灰时，混凝土黏度下降效果明显，2%～8%掺量时变化较缓慢，最低倒坍时间为 3.7s，说明加入硅灰对混凝土的降黏有显著效果；从强度上分析，C65 中 14d、28d 试验结果无明显规律，且出现不少 14d 强度比 28d 强度高的情况，强度数据无代表性；取 C70 强度进行分析，随着硅灰掺入量不断提高，混凝土 28d 强度先降低后提高，再降低再提高，最高值在 4%硅灰的掺量时为 85.2MPa，最低值在掺量为 2%时的 82.2MPa，强度来回波动的原因可能是厂家提供的硅灰活性较低，与Ⅰ级粉煤灰相当，在一定程度上可能取代水泥时强度变低。总体上看，当配合比采用低活性硅灰时，混凝土强度增强效果不明显，只有采用高活性（28d 活性指数≥85%）硅灰时，高强混凝土的工作性及强度才有进一步的突破。

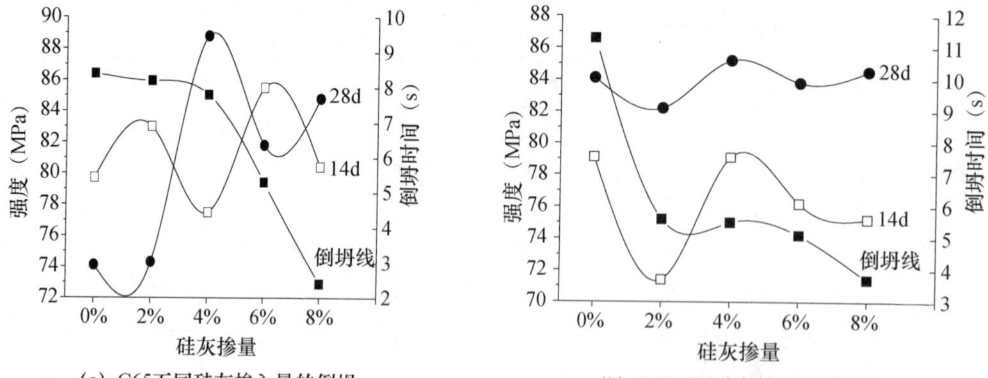

（a）C65不同硅灰掺入量的倒坍时间及强度关系曲线　（b）C70不同硅灰掺入量的倒坍时间及强度关系曲线

图 8-6　不同强度、不同硅灰掺入量的倒坍时间及强度关系曲线

6. 试验总结

通过改变配合比中水胶比、胶凝材料、细骨料、外加剂等一系列的试验验证后，找出了一些高强

混凝土的工作性能变化规律，对降低混凝土黏度、提高混凝土强度提出了较理想的优化方案，并得到以下结论：

（1）C65高强混凝土在添加增效剂的基础上可＋0.02水胶比；矿粉、粉煤灰最佳掺量为在基准样基础上＋5%煤灰＋10%矿粉等量取代水泥，即矿粉掺量为27.1%、煤灰掺量为14.8%；最佳天然砂用量为200kg/m^3；添加6%～8%硅灰时，倒坍时间明显降低，最低为2.4s。

（2）C70高强混凝土在添加增效剂的基础上可＋0.02水胶比；矿粉、粉煤灰最佳掺量为在基准样基础上＋5%矿粉等量取代水泥，即矿粉掺量为21.4%、煤灰掺量为13.1%；最佳天然砂用量为300kg/m^3；添加2%硅粉时，倒坍时间明显降低，添加8%硅灰时，黏度最低，倒坍时间最低为3.7s。

（3）不同粉煤灰对混凝土坍落度经时损失影响较大，对于高强混凝土，生产上应严格控制粉煤灰的使用情况，以免造成质量事故。

（4）通过合理调整胶凝材料、混合砂搭配掺入比例，添加增效剂等对高强混凝土降黏稍有效果，但不明显，只有添加硅灰时方能显著降低混凝土的黏度（且应采用较高活性的硅灰），若为了控制配合比成本时，可采用较低活性硅灰；若生产更高强度等级混凝土时，应采用高活性硅灰。

（5）原配合比中，C65混凝土强度比C70混凝土高，据生产统计也出现同样的情况，说明胶凝材料并非越多越好，该C70高强混凝土配合比设计中仍存在很大的优化空间。

8.3 高强高性能混凝土泵送配合比优化

8.3.1 配合比优化内容

基于C60混凝土需要实施垂直高度318m超高层泵送，应综合考虑矿物掺合料、粗骨料、细骨料、外加剂复掺及其在饱和掺量下对工作性、强度的影响及变化规律。在优选原材料的基础上，利用试验设计方案进行配合比优化，探讨混凝土中矿物掺合料的最佳掺量和经济合理性。

8.3.2 目标

通过探究C60混凝土实施垂直高度318m超高层泵送的技术指标和工作性，以解决混凝土黏性过大和自收缩为中心，并保证强度和密实性。

8.3.3 技术路线

配合比使用矿物掺合料＋外加剂（红墙CSP-11A中浓型聚羧酸高效减水剂＋增效剂）复掺，主要作用是改变混凝土微观结构，降低黏性、水化热值，减少自收缩，提高体积稳定性、抗离析性能及抗酸碱腐蚀能力，增强耐久性和密实性；利用矿物掺合料及两种外加剂的减水和促强作用，使混凝土拌合物和易性及其强度、填充性指标均达到理想水平，保证混凝土工作性能满足垂直高度318m超高层泵送施工的要求。

8.3.4 原材料选择和试验方法

1. 水泥

配制C60超高层泵送混凝土使用水泥应优选碱含量及铝酸三钙含量小、标准稠度用水量较少的水泥，但由于区域性材料供货受限缘故，配合比所用水泥为华润水泥（上思）有限公司生产的红水河牌P·O 42.5水泥，其物理性能检测符合符合现行国家标准《通用硅酸盐水泥》的规定，试验数据见表8-17。

表 8-17　水泥检测内容及结果

生产厂家	统计项目	品种	强度等级	安定性	净浆流动度（mm）	比表面积（m^2/kg）	标准稠度（%）	凝结时间（min）		3d 抗折强度（MPa）	28d 抗折强度（MPa）	3d 抗压强度（MPa）	28d 抗压强度（MPa）
								初凝	终凝				
华润水泥（上思）有限公司	平均值	P·O	42.5	合格	240	360	26.5	140	220	5.8	8.8	31.8	54.8
	最大值						27.3	152	235	6.3	9.5	34.2	58.3
	最小值						26.1	131	183	5.5	7.8	28.6	49.2
	样本数						15	15	15	15	15	15	15

2. 粉煤灰

配制 C60 超高层泵送混凝土使用的粉煤灰对混凝土各项技术性能均会产生较大影响，添加适量的粉煤灰，能减少混凝土的收缩，提高体积稳定性和耐久性，降低坍落度经时损失，利用其细微颗粒填充水泥和细骨料的间隙，减少每立方米用水量，阻塞泌水间隙，改善泌水性，增加抗渗性能，增大粉体相对密度和浆体体积，改变黏性，同时还应该考虑其对混凝土抗压强度的影响规律。配合比所用粉煤灰为防城港蓝岛牌Ⅱ级磨细灰，物理性能检测符合现行国家标准《用于水泥和混凝土中的粉煤灰》的规定，试验数据见表 8-18。

表 8-18　粉煤灰检测内容及结果

产地	统计项目	细度（%）	需水量比（%）	烧失量（%）	7d 活性（%）	28d 活性（%）
防城港	平均值	15.9	100	3.6	55	65
	最大值	21.5	101	5.7	62	70
	最小值	9.5	99	2.3	49	58
	样本数	12	12	12	12	12

3. 矿粉

配制 C60 超高层泵送混凝土使用矿粉能够有效地提高混凝土新拌合物的工作性兼有增强作用，延长凝结时间，若掺入量较多时将加快混凝土泌水速度，总泌水量相应加大，结果会导致混凝土出现泌水、沉底，早期塑性收缩、开裂，泵管堵塞等和易性不良现象，由此说明，矿粉掺入量应在配合比优化过程中确定。配合比所用矿粉为防城港 S95 级矿粉，物理性能检测符合现行国家标准《用于水泥、砂浆和混凝土中的粒化高炉矿渣粉》的规定，试验数据见表 8-19。

表 8-19　矿粉检测内容及结果

产地	统计项目	流动度比（%）	需水量比（%）	烧失量（%）	活性指数	
					7d（%）	28d（%）
防城港	平均值	15.9	100	3.6	55	65
	最大值	21.5	101	5.7	62	70
	最小值	9.5	99	2.3	49	58
	样本数	12	12	12	12	12

4. 砂子

通过考察日常生产使用三种砂（鼎兴碎石机制砂、上角山碎石机制砂、钦州天然砂）的来源及生产工艺，确立配制 C60 超高层泵送混凝土配合比使用砂；根据砂的颗粒级配累计筛余可以直接反映合理性，按照紧密堆积原则可知孔隙率小的细骨料配制混凝土时需要较少的胶凝材料；压碎指标是控制机制砂质量的重要指标，间接反映了坚固性的强弱、扁平状颗粒的多少及母岩强度；机制砂的表面粗糙度小，说明砂的表面较光滑，粒型较圆，反之会增加拌合物流动的阻力，减少扩展度和流展时间；亚甲蓝 MB 值主要与机制砂中的含泥量有关，泥粉本身没有活性，使拌合物吸收大量水分，产生一定的膨胀导致拌合物和易性变差，经过水化反应硬化后膨胀的泥粉失水而自收缩，在混凝土中留下空洞，降低耐久性及强度。配合比所用砂为混合砂，即碎石机制砂＋天然砂，按照国家标准《建筑用砂》第 6.1 条规定，颗粒级配以搭配后级配区在中砂Ⅱ区范围为依据，可根据实际生产使用情况进行调整搭配比例，试验数据见表 8-20～表 8-22。

碎石机制砂、天然砂、混合砂的颗粒级配曲线如图 8-7～图 8-9 所示。

表 8-20　碎石机制砂检测内容及结果

砂样名称	累计筛余（%）								24h 吸水率（%）	紧密堆积密度（kg/m^3）	松散堆积密度（kg/m^3）	表观密度（kg/m^3）	紧密堆积孔隙率（%）	单级最大压碎值（%）	细度模数	亚甲蓝 *MB* 值（g/kg）	泥块含量（%）
	9.50 mm	4.75 mm	2.36 mm	1.18 mm	0.60 mm	0.30 mm	0.15 mm	盘底									
鼎兴	0	0	15	38	62	82	92	100	1.0	1860	1610	2700	31	21	2.9	0.5	9
上角山	0	0	18	37	55	68	77	100	—	1890	1650	2730	31	24	2.8	0.4	21

表 8-21　钦州天然砂检测内容及结果

砂样名称	累计筛余（%）								24h 吸水率（%）	紧密堆积密度（kg/m^3）	松散堆积密度（kg/m^3）	表观密度（kg/m^3）	紧密堆积孔隙率（%）	氯离子（%）	细度模数	含泥量（%）	泥块含量（%）
	9.50 mm	4.75 mm	2.36 mm	1.18 mm	0.60 mm	0.30 mm	0.15 mm	盘底									
钦州	0	2	7	15	31	66	95	100	1.3	1670	1480	2650	37	0.02	2.1	2.0	0.5

表 8-22　混合砂检测内容及结果

砂样名称	累计筛余（%）								24h 吸水率（%）	紧密堆积密度（kg/m^3）	松散堆积密度（kg/m^3）	表观密度（kg/m^3）	紧密堆积孔隙率（%）	单级最大压碎值（%）	细度模数	亚甲蓝 *MB* 值（g/kg）	泥块含量（%）
	9.50 mm	4.75 mm	2.36 mm	1.18 mm	0.60 mm	0.30 mm	0.15 mm	盘底									
钦州	0	2	15	35	60	76	89	100	1.0	1760	1560	2680	34	18	2.8	0.5	8

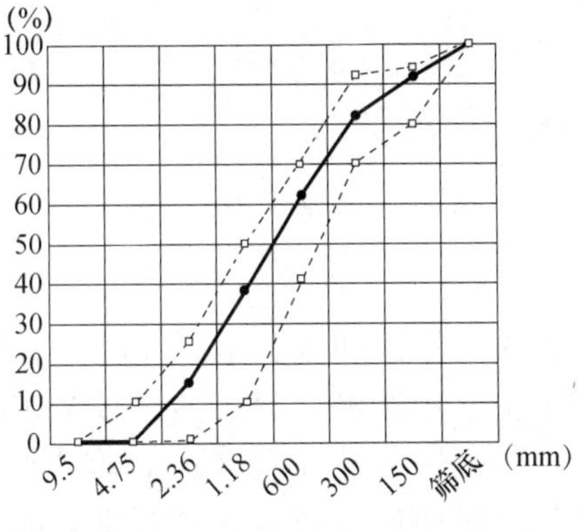

图 8-7　碎石机制砂颗粒级配曲线

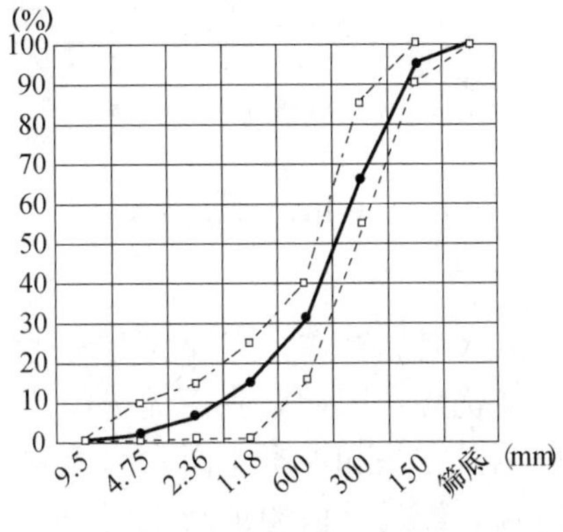

图 8-8　天然砂颗粒级配曲线

5. 石子

广西九洲国际工程为超高层建筑，竖向结构较为紧密，除了遵循颗粒级配应符合国家标准《建设用碎石、卵石》（GB/T 14685—2011）第 6.1 条表 1 中连续粒级、单粒粒级的规定之外，又因为超高层泵送压力大而易出现分层、离析现象，粗骨料最大公称粒径与管径（125mm）之比应小于 1∶5（最大粗骨料公称粒径≤25mm），经过对石子的颗粒级配筛分测试得知，目前生产使用的上角山碎石（5～20mm）颗粒级配不合理，16.0mm 单粒粒级颗粒以上较少，9.5mm 单粒粒级颗粒以下占比较多，必然对混凝土单方用水量和工作性产生影响。粗骨料不仅对混凝土的和易性、

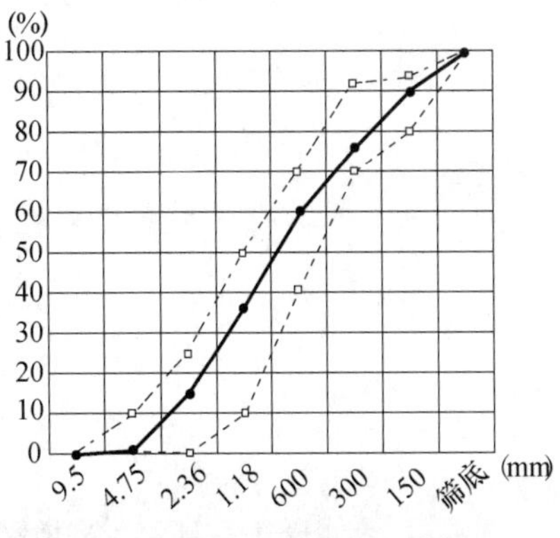

图 8-9　混合砂颗粒级配曲线

抗离析性和流动性有影响，还对整体均匀性和紧密堆积程度有影响。为了获得粗骨料最优级配，搭配不同单粒粒级的石子，改变两种石子(5～20mm规格）和（5～26.5mm规格）的颗粒级配比例，通过试验筛分优选，达到石子连续级配（5～25mm规格）的目的；根据不同施工阶段、楼层高度、混凝土强度等级、环境温度变化等因素，结合配合比调整降低生产使用砂率，减少骨料用量对混凝土塑性收缩、自收缩的影响，达到保证强度和工作性的目的。石子检测内容及结果见表8-23。上角山碎石、优选碎石的颗粒级配曲线如图8-10、图8-11所示。

表8-23 石子检测内容及结果

石子种类	累计筛余（%）						24h吸水率（%）	表观密度（kg/m³）	针片状含量（%）	泥块含量（%）	含泥量（%）	压碎指标（%）	紧密堆积密度（kg/m³）
	26.5mm	19.0mm	16.0mm	9.5mm	4.75mm	2.36mm							
上角山碎石5～20mm	0	0	5	83	99	100	0.3	2700	4	0.1	0.3	13	1550
优选碎石5～25mm	0	7	12	72	99	100	0.3	2720	4	0.1	0.3	11	1580

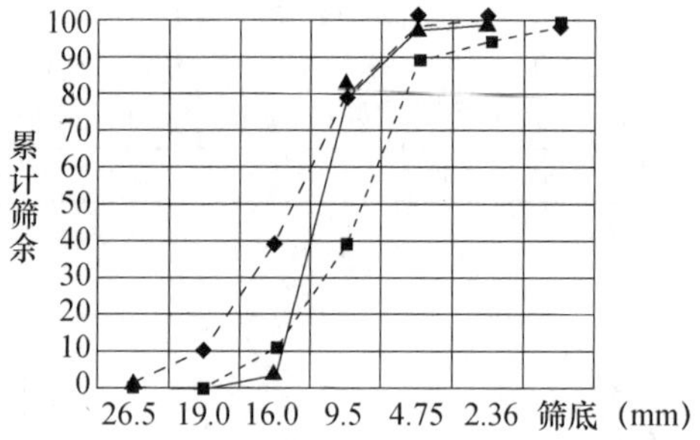

图8-10 上角山碎石颗粒级配曲线　　图8-11 优选碎石颗粒级配曲线

6. 外加剂

聚羧酸高效减水剂能够在一定程度上改变混凝土的工作性和自收缩，尤其是在配制高性能混凝土时表现出性能优势，因此，我们优选红墙CSP-11A（中浓型）聚羧酸高效减水剂。采用净浆流动度流出时间测试方法和混凝土减水率检测方法，对比聚羧酸高效减水剂的减水率与水泥、矿物掺合料的适应性，经过试验验证减水剂+增效剂与水泥和矿物掺合料具有良好的适应性。如图8-12所示。

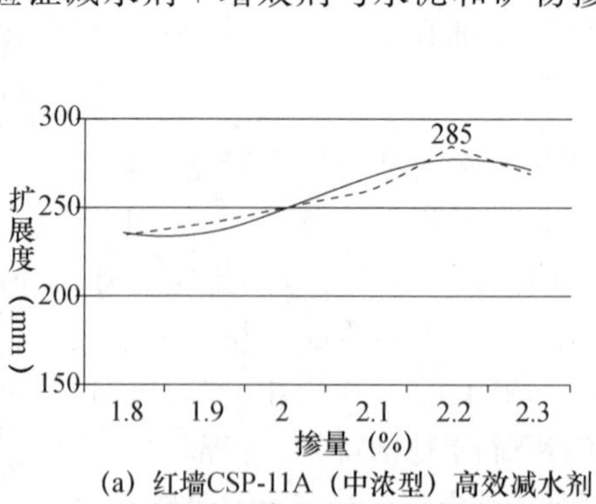

(a) 红墙CSP-11A（中浓型）高效减水剂掺量与1h水泥净浆扩展度影响曲线

图8-12 HX-T608增效剂+红墙CSP-11A（中浓型）高效减水剂掺量与1h水泥净浆

8.3.5　C60 超高层泵送混凝土配合比优化

此前，生产供应的 C60 高强混凝土因水泥、矿物掺合料与减水剂适应性不好，生产使用两种碎石机制砂，且配合比胶凝材料总量多，水化热值高，黏度较大，每立方米用水量高，生产砂率大，体积稳定性和抗离析能力差，使混凝土 7d、28d 强度保证率偏低，自收缩变形大。为此，制定试配方案，对现有 C60 泵送混凝土配合比（表 8-24）进行掺入增效剂试验，以降低混凝土的胶凝材料总量，改善工作性能及强度，同时可节约成本。

表 8-24　原 C60 泵送混凝土配合比

项目	C60 混凝土配合比原材料清单（kg/m^3）								减水剂掺量
	P·O42.5 水泥	S95 矿粉	Ⅱ级粉煤灰	碎石机制砂	钦州天然砂	碎石 5～25mm	减水剂	水	
原 C60 混凝土配合比	395	110	70	675	0	980	13.23	165	2.30%

（1）不同水胶比、矿物掺合料掺量验证。

保持混凝土基准配合比单方用水量，通过改变水胶比、水泥、矿粉的掺量并掺入增效剂和钦州天然砂，按国家标准《混凝土外加剂》和行业标准《水泥与减水剂相容性试验方法》中规定，优化减水剂工作性，按国家标准《高强混凝土应用技术规程》附录 A 中的规定，采用倒置坍落度筒排空试验方法验证工作性能，考察掺入增效剂及钦州天然砂后混凝土黏度是否得到改善，强度能否满足要求，使混凝土和易性达到最佳，具体配合比及检测结果见表 8-25～表 8-27。

表 8-25　C60 强度等级泵送混凝土掺入增效剂对比试验

强度等级	水胶比	增效剂掺量	配合比原材料清单（kg/m^3）									减水剂掺量
			水泥	矿粉	粉煤灰	碎石机制砂	钦州天然砂	碎石 5～25mm	水	减水剂	增效剂	
C60	基准（0.285）	0	395	138	50	440	130	1080	155	12.22	0	2.00%
	+0.02（0.305）	0.6%	365	130	50	485	130	1065	155	10.90	3.20	1.90%
	原配合比（0.308）	0	395	110	70	675	0	980	165	13.23	0	1.30%

表 8-26　掺入增效剂后对比基准、原配合比的工作性及强度的影响

强度等级	水胶比	增效剂掺量（%）	减水剂掺量（%）	机口			2h			抗压强度（MPa）	
				坍落度（mm）	扩展度（mm×mm）	坍落度筒排空时间（s）	坍落度（mm）	扩展度（mm×mm）	坍落度筒排空时间（s）	7d	28d
C60	基准（0.285）	0	2.10	235	650×640	9.2	210	560×580	15.6	60.3	71.3
	+0.02（0.305）	0.6	1.90	245	685×690	8.5	220	610×620	13.3	61.5	71.8
	原配合比（0.308）	0	2.30	220	620×610	12.3	195	530×520	21.5	52.6	65.3

（2）以 C60 泵送混凝土为试验对象，保持水胶比不变，在保证和易性不变的前提下，试验不同掺量增效剂对强度的提高幅度，确定增效剂的最佳掺量，结果见表 8-27。

表 8-27　增效剂不同掺入量对混凝土工作性及强度的影响

强度等级	增效剂掺量（%）	水胶比	砂率（%）	减水剂掺量（%）	水（kg）	水泥（kg）	矿粉（kg）	煤灰（kg）	砂（kg）	碎石（kg）
C60	0	0.035	37	1.90	155	365	130	50	615	1065
	0.6	0.035	37	1.90	155	365	130	50	615	1065
	0.7	0.035	37	1.90	155	365	130	50	615	1065
	0.8	0.035	37	0.90	155	365	130	50	615	1065

强度等级	减水剂（kg）	增效剂（kg）	机口坍落扩展度（mm×mm）	和易性	1h 后坍落扩展度（mm×mm）	2h 后坍落扩展度（mm×mm）	7d 强度	28d 强度
C60	10.9	0	230 670×650	较好	215↓ 630×620	200↓ 580×560	58.3	68.8
	10.9	3.27	245 685×690	较好	225↓ 650×660	215↓ 620×610	61.5	71.8
	10.9	3.81	240 690×690	较好	230↓ 660×640	220↓ 620×620	63.7	73.2
	10.9	4.36	255 720×720	较好	235↓ 670×660	210↓ 630×620	65.6	75.3

（3）从机口状态看，C60 泵送混凝土掺入增效剂后，随着掺量的提高，新拌合物散开性较好，7d、28d 强度变化趋势如图 8-13 所示。

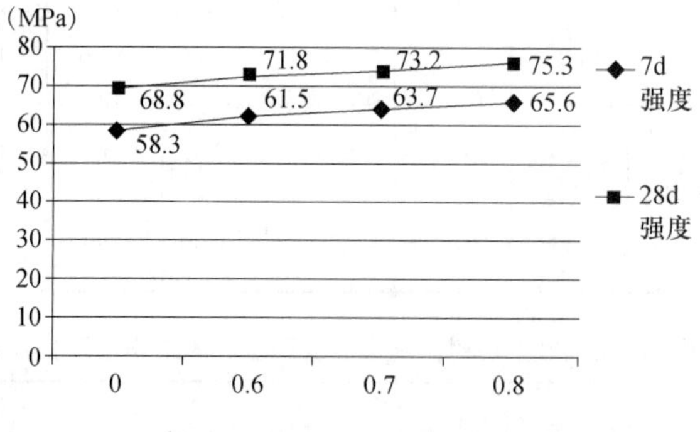

图 8-13　增效剂掺量与强度关系曲线

（4）经济性对比。

原材料到厂价格见表 8-28，成本对比分析见表 8-29。

表 8-28　10 月份原材料到厂价格（元/吨）

时间	上思水泥 P·O42.5	防城港 S95 级矿粉	防城港 Ⅱ级粉煤灰	扶绥鼎兴碎石机制砂	钦州天然砂	南宁碎石（5～25mm 规格）	红墙 SCP-11A 减水剂	株洲宏信 HX-T608 增效剂
10 月	200	185	175	55	58	54	1610	1750

表 8-29　C60 泵送混凝土成本对比分析表

项目	水胶比	减水剂掺量（%）	增效剂掺量（%）	28d 强度（MPa）	配合比原材料清单（kg/m³）									10 月		理想配比
					P·O 42.5 水泥	S95 级矿粉	Ⅱ级粉煤灰	鼎兴碎石机制砂	钦州天然砂	碎石 5～25mm	减水剂	增效剂	水	配合比成本（元/吨）	与原配比相比节约（元/吨）	
原配比	0.308	2.30	0	65.3	395	110	70	675	0	980	13.2	0	165	222.9	—	—
基准配比	0.285	2.00	0	71.3	395	130	50	440	130	1080	12.1	0	155	221.3	1.60	—
掺入增效剂配比（水胶比＋0.02）	0.305	1.90	0.6	71.8	365	130	50	485	130	1065	10.9	3.2	155	220.7	2.27	√
掺入增效剂配比（水胶比＋0.02）	0.305	1.90	0.7	73.2	365	130	50	485	130	1065	10.9	3.8	155	221.7	1.22	—
掺入增效剂配比（水胶比＋0.02）比（水胶比＋0.02）	0.305	1.90	0.8	75.3	365	130	50	485	130	1065	10.9	4.4	155	222.8	0.17	—

经济性分析判断如下：

C60 泵送混凝土只有在水胶比＋0.02 增效剂掺量 0.6%时才能节约较大成本，而从强度上分析，在水胶比＋0.02 增效剂掺量 0.6%时强度虽然不比在增效剂掺量 0.7%、0.8%时高，但以 C60 混凝土在水胶比＋0.02 的强度 71.8MPa 比较符合满足试验设计强度的要求，因此 C60 泵送混凝土选择水胶比＋0.02 增效剂掺量 0.6%时的配合比为理想配合比。如图 8-14 所示。

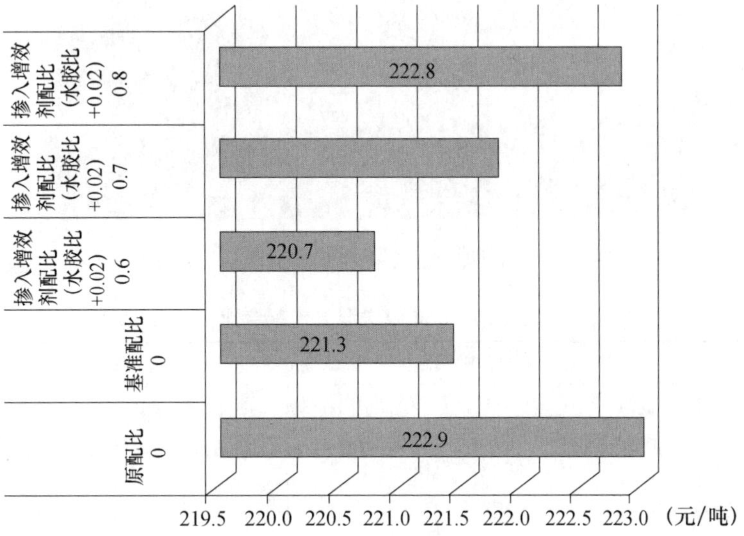

图 8-14　C60 泵送混凝土成本分析图

试验判断如下：

可以看出，添加增效剂后，机口扩展度比基准配比有所提高，2h 扩展度损失比基准样少，倒坍时间也比基准样小，说明增效剂能改善高强混凝土的分散性，掺入钦州天然砂后降低了黏度及砂率，在水胶比和浆骨比一定的条件下，砂率的变动主要是影响混凝土的工作性和变形性质，对硬化后的强度也会有所影响；在一定范围内，砂率稍小的，强度略高，弹性模量稍大，开裂敏感性较低，拌合物黏聚性减弱，增加了流动性。同时，混凝土强度取决于石子压碎指标和浆体-石子界面的黏结强度，超高层高强泵送混凝土属于高流态混凝土（坍落度大于240mm，扩展度600mm以上），石子在混凝土中呈悬浮状态，石子对混凝土强度的作用随浆骨比的增大而减小。当水胶比一定时，砂石用量和粒径影响混凝土中界面过渡区的厚度和数量，因此对混凝土的工作性及强度均有影响。采取骨料连续级配，即不同尺寸颗粒合理搭配的比例，目的是降低骨料比表面积和混凝土空隙率，使单方混凝土拌合物需水量最小，可同时满足混凝土坍落度经时损失最低、超高层泵送施工性和强度等技术指标需求。各混凝土试样的机口扩展度测试如图8-15～图8-17所示。结果见表8-30。

图8-15　C60泵送混凝土基准配合比机口扩展度

图8-16　掺入增效剂后C60泵送混凝土机口扩展度

图8-17　C60泵送混凝土原配合比机口扩展度

表8-30　C60泵送混凝土配合比

项目	C60混凝土配合比原材料清单（kg/m³）									减水剂掺量（%）	增效剂掺量（%）
	上思水泥P·O 42.5	防城港S95矿粉	防城港Ⅱ级粉煤灰	鼎兴碎石机制砂	钦州天然砂	南宁碎石5～25mm	红墙CSP-11A减水剂	株洲宏信HX-T608增效剂	水		
优化后C60配合比	365	130	50	485	130	1065	10.9	3.27	155	1.90	0.6

（5）试验总结。

① C60泵送混凝土配合比符合现行行业标准《普通混凝土配合比设计规程》的规定，并满足设

计和施工要求，配制强度按 $f_{cu,0} \geqslant 1.15 f_{cu,k}$确定，水胶比为 0.305，矿物掺合料掺量为 35%，砂率为 37%，胶凝材料用量为 545kg/m³。在胶凝材料使用方面，采用胶砂强度高于 50MPa 的 P·O42.5 水泥配制 C60 混凝土的技术经济合理性较好，可实现强度等级中等水平的配制目的；矿粉使用比原配比提高 5%掺量，目的是通过矿粉的填充效应、空隙溶液化学效应有效地增加混凝土基体的密实度和水泥浆体与骨料之间的黏结强度，改善混凝土中硬化水泥浆体与骨料的界面性能，对硬化水泥浆体和混凝土微结构、力学性能、耐久性产生积极影响；利用Ⅱ级粉煤灰的玻璃微珠效应，提高混凝土的坍落度、扩展度，缩短混凝土的倒坍时间，同时使参与早期水化反应的水泥相应减少，水化热降低，混凝土温升平稳，维持胶凝材料体系平衡，降低混凝土的自收缩值。

② 细骨料使用方面，采用掺入钦州天然砂细度模数为 1.8～2.2 的Ⅲ区细砂配制高强混凝土，有利于工作性能和经济性的优化，现行国家标准《建设用砂》和行业标准《人工砂混凝土应用技术规程》包括了对天然砂和混合砂的规定，含泥量和泥块含量会影响混凝土的强度和耐久性，高强混凝土的强度对此尤为敏感。同时高强混凝土胶凝材料用量多，控制鼎兴碎石机制砂的石粉含量，可减少混凝土中的粉体总量。降低砂率，有利于提高混凝土流动性和控制收缩等不利影响。规定碎石机制砂的压碎指标值便于颗粒强度控制，对实现高强混凝土的强度要求是十分重要的。

③ 粗骨料使用方面，根据现行国家标准《建设用碎石、卵石》第 6.1 条表 1 中连续粒级、单粒粒级的规定，使用连续级配堆积相对比较紧密，空隙率比较小，有利于提高混凝土工作性能和节约胶凝材料用量。通过试验表明，有效控制粗骨料的针状、片状含量和级配优化后最大公称粒径为 25mm 是比较合理的，既有利于提高强度、控制收缩，也有利于施工性能，对混凝土的泵送性能影响也明显降低。

④ 外加剂使用方面，采用减水率不小于 25%的聚羧酸系高效减水剂配制 C60 强度等级混凝土均具有良好的表现，根据现行国家标准《混凝土外加剂》、《混凝土外加剂应用技术规范》和行业标准《聚羧酸系高性能减水剂》中的规定，按质量要求检验强制性指标和部分推荐性指标，经过试验验证减水剂＋增效剂与水泥和矿物掺合料具有良好的适应性，同时满足混凝土的工作性能及强度要求。

⑤ 混凝土拌合物性能符合现行行业标准《高强混凝土应用技术规程》中表 5.1.1 给出的技术范围内，针对 C60 泵送混凝土拌合物黏度较大问题，倒坍时间指标的设置，有利于将拌合物黏度控制在可顺利泵送施工的水平，并且使大高程泵送的泵压不至于过高，能较好地满足广西九洲国际 318m 高度泵送施工和硬化混凝土的各方面性能需求。

8.4 常用混凝土超高泵送配合比优化

8.4.1 配合比优化内容

针对广西九洲国际工程供应各强度等级混凝土需要实施不同垂直高度超高层泵送任务，综合考虑日常使用原材料性能、品质的变化情况对混凝土施工性、强度及施工环境变化的影响，结合之前研发 C70、C65 泵送混凝土及优化 C60 泵送混凝土配合比的做法，通过试验验证对现行 ERP 生产环境系统超高层泵送混凝土配合比做了调整和更改，不但满足泵送施工性能及强度要求，而且具备经济合理性。

8.4.2 目标

通过优化 C50、C45、C40、C35 超高层泵送混凝土配合比，使配合比符合实施垂直高度 318m 超高层泵送的各项技术指标和泵送施工性能，以解决混凝土大高程泵送的泵压过高的问题为中心，并保证密实性和强度。

8.4.3 技术路线和试验方法

技术路线和试验方法与C60泵送混凝土配合比优化做法差异不大，由此可以推论出C50、C45、C40、C35超高层泵送混凝土配合比，具体见表8-31。

表8-31 C50、C45、C40、C35超高层泵送混凝土配合比

项目	水胶比	混凝土配合比原材料清单（kg/m³）									减水剂掺量（%）	增效剂掺量（%）
		上思水泥P·O 42.5	防城港S95矿粉	防城港Ⅱ级粉煤灰	鼎兴碎石机制砂	钦州天然砂	南宁碎石5～25mm	红墙CSP-11A减水剂	株洲宏信HX-T608增效剂	水		
C50配合比	0.346	337	98	70	541	150	1020	9.1	3.0	163	1.80	0.60
C45配合比	0.376	306	89	81	548	180	1005	8.3	2.6	168	1.75	0.55
C40配合比	0.413	265	77	88	605	180	990	7.3	2.3	168	1.70	0.55
C35配合比	0.446	233	67	100	623	200	975	6.6	2.0	170	1.65	0.50

8.5 混凝土施工质量控制方法

8.5.1 运输

九洲国际工程高性能混凝土输送方式、设备和输送能力，应与混凝土的生产及浇筑计划、浇筑能力、工程类型和大小、工地的地貌等项目相适应，保证混凝土运输的质量。

运输混凝土应选择平坦的道路，应尽量减少混凝土的运输时间和运转次数，从搅拌机卸出到浇筑完毕的延续时间以不影响混凝土的各项性能为限，且不应超过混凝土的初凝时间。从搅拌机卸出到浇筑完毕的延续时间不宜超过表8-32的规定。

表8-32 从搅拌机卸出到浇筑完毕的延续时间

混凝土强度等级	延续时间（min）	
	气温≤25℃	气温>25℃
≤C30	120	90
>C30	90	60

在运输混凝土的过程中，应保证混凝土匀质性，运到浇筑地点时不应产生分层离析现象，不应漏浆，运至浇筑地点应具有要求的坍落度和含气量等工作性能，并保证混凝土在初凝前能有充分的时间进行浇筑。当运至现场的混凝土发生离析时，应在浇筑前对混凝土进行二次搅拌，但不得再次加水。

夏季运输混凝土过程中，应对运输设备采取隔热措施，防止局部混凝土温度升高。应采取适当措施防止水分进入运输容器或蒸发，严禁在运输过程中向混凝土内加水。

混凝土运输过程中宜以2～4r/min的转速搅拌，当罐车到达浇筑现场时，应使罐车高速旋转20～30s，再将混凝土拌合物喂入泵车受料斗或混凝土料斗。混凝土运输完毕后，应及时清理混凝土搅拌运输车。

采用混凝土泵输送混凝土时，还应注意如下事项：

（1）为确保泵机安全，应严格执行支泵操作规程，根据泵机自重、现场地质条件、基深和基坑支

护情况选择泵车支放位置。

(2) 在满足泵送工艺要求的前提下，泵送混凝土的坍落度应尽量小，以免混凝土在振捣过程中产生离析和泌水。当浇筑高层结构时，尤应控制拌合物的坍落度，并且使用串筒浇筑；一般情况下，泵送下料口应能移动；当泵送下料口固定时，固定的间距不宜大于 3m。

(3) 泵送输送管起始水平管段长度不应小于 15m，总长度控制为 150～200m。除出口处可采用软管外，输送管的其他部位均不得采用软管。输送管应用支架、吊具等加以固定，不应与模板和钢筋接触。高温环境下，宜用湿罩布、湿草袋等遮盖混凝土输送管，避免阳光照射；低温环境下，应用保温材料包裹。

(4) 向下泵送混凝土时，管路与垂线的夹角不宜小于 12°，以防止混入空气引起管路阻塞。

(5) 混凝土一般宜在搅拌后 60min 内泵送完毕，且在 1/2 初凝时间前入泵，并在初凝前浇筑完毕。由于南宁市长期处于交通拥堵和气候炎热的情况，当遇高温天气时，应采取特殊措施防止混凝土坍落度损失过大。

(6) 因各种原因导致停泵时间超过 15min，应每隔 4～5min 开泵一次，使泵机进行正转和反转两个方向的运动，同时开动料斗搅拌器，防止斗中混凝土离析。如停泵时间超过 45min，应将管中混凝土清除，并用压力水或其他方法冲洗管内残留的混凝土。

(7) 泵前应检查管卡是否紧固。胶圈必须垫好，防止漏气、漏浆；采用清水润管，水路通畅后，开始泵送水泥浆或与混凝土同等级的水泥砂浆，先排除的稀砂浆千万不可排入混凝土结构。

(8) 开始泵送混凝土时速度宜慢，待混凝土送出管端，再逐渐加速，转入正常泵送。

8.5.2　浇筑

浇筑混凝土前，应进行现场试浇筑，针对工程特点、施工环境条件与施工条件事先设计浇筑方案，明确结构分段分块的间隔浇筑顺序和钢筋的混凝土保护层厚度的控制措施，做到尽量减少后浇带或连接缝。根据结构截面尺寸大小研究确定必要的降温防裂措施，并确定测量混凝土芯部最高温度的方案。

所有浇筑机具均应在浇筑前进行检查和试运行，同时配有专职技工，随时检修。

在混凝土施工阶段应及时掌握天气的变化情况，以保证混凝土连续浇筑的顺利进行，确保混凝土质量。

浇筑混凝土前，应仔细检查钢筋保护层垫块的位置、数量及其紧固程度，并指定专人做重复性检查，以提高钢筋保护层厚度尺寸的质量保证率。构件侧面和底面的垫块至少应为 4 个/m^2，绑扎垫块和钢筋的铁丝头不得伸入保护层。

保护层垫块的尺寸应保证钢筋混凝土保护层厚度的准确性，其形状（宜为 I 形或锥形）应有利于钢筋的定位，不得使用砂浆垫块。当采用细石混凝土垫块时，其抗腐蚀能力和抗压强度应高于构件本体混凝土，且水胶比不大于 0.4。当采用塑料垫块时，塑料的耐酸碱和抗老化性能良好、抗压强度不低于 50MPa。

浇筑混凝土前，应对模板及其支架进行检查，确保标高、位置尺寸正确，其偏差值应符合现行国家标准的相关规定，强度、刚度、稳定性及严密性满足要求。对模板的缝隙和空洞应进行封堵，并确保不漏浆。模板中的垃圾、泥土和钢筋上的油污应加以清除；木模板应浇水润湿，但不允许留有积水。

在浇筑工序中，应控制混凝土的均匀性和密实性。混凝土若在浇筑前有离析现象，必须重新拌和后才能浇筑。

混凝土入模前，应测定混凝土的温度、坍落度和含气量等工作性能；只有拌合物性能符合设计或配合比要求的混凝土方可入模浇筑。

当设计无要求时，混凝土的入模温度宜控制为 5～30℃。

塑性混凝土的入模坍落度应按工艺设计的规定值进行控制，控制偏差为±20mm。

当设计无具体要求时，含气量应满足 2.0%～5.0%的要求。

浇筑时，混凝土的自由倾落高度应遵循具体的要求：对于素混凝土或少筋混凝土，由料斗进行浇筑时，不应超过2m；对于竖向结构，浇筑混凝土的高度不应超过3m；对于配筋较密或不便捣实的结构，不应超过60cm，否则应通过采用滑槽、串筒、漏斗等器具辅助输送混凝土，以防止产生离析。

浇筑竖向结构混凝土前，应先在底部浇入50～100mm厚与混凝土成分相同的水泥砂浆，以避免产生蜂窝麻面现象。

浇筑混凝土时，应观察模板、支架、钢筋、预埋件和预留孔洞的情况，当发现有变形、移位时，应立即停止浇筑，并应在已浇筑的混凝土凝结前修整完好。

为保证混凝土的整体性，浇筑工作应连续进行。当由于技术或施工组织原因必须间歇时，其间歇时间应小于前层混凝土的初凝时间或能重塑的时间，一般不得超过90min。当允许间歇时间已超过时，应按浇筑中断处理，同时留置施工缝，并做记录。施工缝的平面应与结构的轴线相垂直，施工缝处应埋入适量的接楼片石、钢筋或型钢，并使其体积露出前层混凝土外一半左右，混凝土应分层进行浇筑，不得随意留置施工缝。

施工缝位置应在混凝土浇筑之前确定，应符合设计和施工技术方案的要求，并宜留置在结构受剪力较小且便于施工的部位。

在混凝土施工缝处接续浇筑新混凝土时，应凿除处理层混凝土表面的水泥砂浆和松弱层，凿除时，处理层混凝土须达到一定的强度。用水冲洗凿除时，须达到0.5MPa；人工凿除时，须达到2.5MPa；用风动机凿毛时，须达到10MPa。经凿毛处理的混凝土表面应用水冲洗干净，但不得有积水。在浇筑新混凝土前，对垂直施工缝宜在旧混凝土表面刷上一层水泥净浆，对水平施工缝宜在旧混凝土面上铺一层厚10～20mm、水胶比比混凝土略小的1：2水泥砂浆，或铺上一层厚约30cm的混凝土，其粗骨料应比新浇筑混凝土减少10%。

对于混凝土结构或钢筋稀疏的钢筋混凝土结构，应在施工缝处补插锚固钢筋。钢筋直径不小于16mm，间距不大于20mm。有抗水渗透要求的混凝土结构，施工缝宜做成凹形、凸形或设置止水带。施工缝为斜面时，旧混凝土应浇筑或凿成台阶状。施工缝处理后，须待处理层达到1.2MPa后才能继续浇筑混凝土。钢筋混凝土的处理层混凝土强度不得低于2.5MPa。

浇筑混凝土时，应及时测定混凝土温度以及环境气温、相对湿度、风速等参数，并根据环境参数变化及时调整养护方式。在炎热气候条件下，混凝土入模时的温度不宜超过30℃，应避免模板和新浇混凝土受阳光直射，控制混凝土入模前模板和钢筋的温度以及附近的局部气温不超过40℃。宜尽可能安排在傍晚浇筑而避开炎热的白天，也不宜在早上浇筑以免气温升到最高时加剧混凝土内部温升。在相对湿度较小、风速较大的环境条件下，可采取场地洒水、喷雾、挡风等措施，或在此时避免浇筑有较大暴露面积的构件。此外，新浇混凝土与邻接的已硬化混凝土或岩土介质间的温差不得大于15℃。

泵送混凝土的一次摊铺厚度不宜大于600mm。浇筑竖向结构的混凝土前，底部应先浇入50～100mm厚的水泥砂浆（水灰比略小于混凝土）。混凝土的浇筑层厚度应满足表8-33的规定。

表8-33　混凝土的浇筑层厚度

振捣方法		浇筑层厚度（cm）
插入式振动		振捣器作用部分长度的1.25倍
表面振动	无筋或配筋稀疏的结构	25
	配筋较密的结构	15
附着式振动		30

注：表列规定可根据结构物和振动器型号等情况适当调整。

为了保证混凝土振捣的密实性，混凝土应分层浇筑。

在新浇筑完成的下层混凝土上再浇筑新混凝土时，应在下层混凝土初凝或能重塑前浇筑完成上层混凝土。上下层同时浇筑时，上层与下层前后浇筑距离应保持1.5m以上。在倾斜面上浇筑混凝土时，应从低处开始逐层扩展升高，保持水平分层。在浇筑混凝土过程中或浇筑完成时，如混凝土表面泌水较多，须在不扰动已浇筑混凝土的条件下，采取措施将水排除。

8.5.3　振捣

可采用插入式高频振动棒、附着式平板振捣器、表面平板振捣器等振捣设备振捣混凝土。振捣时应避免碰撞模板、钢筋及其他预埋部件。

应按事先规定的工艺路线和方式振捣混凝土，应在混凝土浇筑过程中及时将浇筑的混凝土均匀振捣密实，不得随意加密振点或漏振。

采用插入式高频振动棒振捣混凝土时，要使振动棒自然地垂直沉入混凝土中，振动时，应将振动棒上下抽动，以保证上下部分的混凝土振捣均匀。振动棒应比避免碰撞钢筋、模板、芯管、吊环和预埋件等。振动棒各插点的间距应均匀，插点间距一般不要超过振动棒有效作用半径的1.5倍，振动棒与模板的距离不应大于其有效作用半径的50%，且插入下层混凝土内的深度宜为50～100mm，与侧模应保持50～100mm的距离。各插点振动时间一般为20～30s，使用高频振动棒时，不应少于10s。振动棒插入混凝土后，应上下移动变换位置，幅度为5～10cm，以利于排出混凝土中的空气，振捣密实。当振捣完毕需变换振捣棒在混凝土拌合物中的水平位置，应边振捣边竖向缓慢提起振捣棒，然后再将振捣棒移至新的位置，不得将振动棒放在拌合物内平拖，也不得用振动棒驱赶下料口处堆积的混凝土拌合物。

当振捣截面较小而钢筋较密的柱、梁及墙等构件时，一般采用附着式平板振捣器。在一个构件上需安装几台附着式平板振捣器时，它们的间距一般为1～1.5m，且振捣频率必须一致。若安装在构件两侧，其相对应的位置必须错开，使振捣均匀。附着式平板振捣器的振捣作用深度约为250mm。如构件较厚，需要在构件两侧安装振动器同时进行振捣。混凝土入模后即可开动振动器，混凝土浇筑高度应高于振动器安装部位，当钢筋较密时和构件断面较深、较窄时，也可以采取边浇筑边振捣的方法。

表面平板振捣器适用于捣实平面面积较大而厚度较小的混凝土结构构件，每一振点的振捣延续时间宜为25～40s，在一个位置振捣到混凝土不再下沉、表面出浆时，即可移至下一位置。移动时应成排依次振捣前进，移动速度一般为2～3m/min。前后位置和排间相互搭接应为3～5cm。当振捣倾斜混凝土表面时，应由低处逐渐向高处移动。平板振捣器的有效作用深度，在无筋及单筋平板中约为200mm，在双筋平板中约为120mm，且振捣时不应使上次钢筋移位。

在振捣混凝土过程中，应加强检查模板支撑的稳定性和接缝的密合情况，以防漏浆。混凝土浇筑完成后，应仔细将混凝土暴露面压实抹平，抹面时严禁洒水。

8.5.4　现场施工质量控制

（1）钢管混凝土柱包括塔楼部分的外框架柱以及核心筒剪力墙内的钢管混凝土柱。外框架柱自－6层贯穿至顶层，管径及壁厚逐渐减小，其中分别在－1层和地上7层进行两次钢管柱变换，通过斜撑分别将4根钢管柱变换为8根小直径钢管柱，同时在35层随结构造型设计将钢管柱减少为16根，并在62～64层通过斜撑统一内缩2.4m；核心筒剪力墙钢管混凝土柱分别自－2层和－1层开始生根，至11层楼板。钢管混凝土柱内混凝土设计强度为C60，核心筒剪力墙钢管混凝土柱混凝土设计强度为C70。外框架钢管柱单根单次浇筑最大方量为10.16m^3，最小方量为2.11m^3，单根单次最大浇筑高度11.3m，最小浇筑高度3.25m；为保证振捣质量，浇筑混凝土时每次厚度为50cm，并立即进行振捣，则单根单次钢柱最多需浇筑24次，最少需要6次浇筑完成；在当层楼板浇筑混凝土时一起用塔吊配合布料机浇筑。剪力墙内钢管柱单根单次浇筑最小方量为1.13m^3，最大方量为2.12m^3，单根单次最大浇筑高度11.78m，最小浇筑高度6.28m，均使用塔吊辅助布料机浇筑。

（2）钢管柱内混凝土强度等级为C60，浇筑混凝土下料高度不能大于2m，为确保混凝土的各项性能不受到影响，施工时特别制作一个能加长串筒，根据钢管柱的长度自由加长，使混凝土下料高度不大于2m。钢管柱混凝土每次浇筑完以后距离焊缝位置至少50cm，避免焊接钢柱时造成混凝土受热爆裂。

(3) 在钢管柱混凝土浇筑前，对钢管柱内杂物和积水清理干净，然后再安放串筒，为使混凝土各项性能不受影响，避免产生冷缝，混凝土施工浇筑时采用分层、分段浇筑的方式，每层均控制在50cm左右，每浇筑50cm振捣一次，振捣密度不大于30cm，振捣上层混凝土时，将振捣棒插入下层混凝土10cm，插入方式为“快插慢拔”。

施工图如图8-18～图8-20所示。

图8-18　成型钢管柱R-C环梁效果

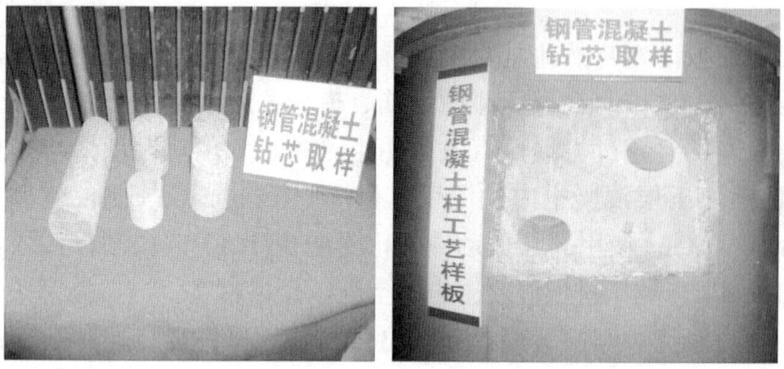

图8-19　钢管混凝土钻芯取样

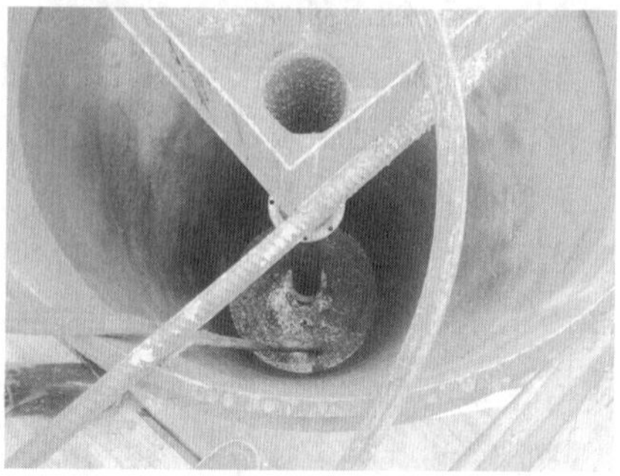

图8-20　钢管柱施工串筒安放、浇筑、振捣

8.6　混凝土养护质量控制方法

8.6.1　养护

混凝土振捣完成后，应尽量减少暴露时间，并用塑料薄膜紧密覆盖混凝土暴露面（塑料薄膜与混凝土表面之间不得留有空隙），防止表面水分蒸发。

暴露面保护层混凝土初凝前后，应卷起塑料薄膜，用抹子搓压表面至少两遍，使之平整后再次覆盖，此时应注意覆盖物不要直接接触混凝土表面，直至混凝土终凝为止。

应尽量延迟混凝土的拆模时间，混凝土带模养护期间，应采取带模包裹、浇水或喷淋洒水等措施进行保湿、潮湿养护。

去除表面覆盖物或拆模后，应对混凝土采用蓄水、浇水或覆盖洒水等措施进行潮湿养护，也可在混凝土表面处于潮湿状态时，迅速采用麻布、草帘等材料将暴露面混凝土覆盖或包裹，再用塑料布或帆布等将麻布、草帘等保湿材料包覆完好。包覆期间，包覆物应完好无损，彼此搭接完整，内表面应具有凝结水珠。有条件的地段应尽量延长混凝土的包覆养护时间。

九洲国际工程用高性能混凝土采用的胶凝材料中均掺有矿物掺合料，混凝土终凝后的持续保湿养护时间应满足表8-34的要求。

表8-34　混凝土湿养护的最低期限

水胶比	大气潮湿（$RH\geqslant 50\%$），无风，无阳光直射		大气干燥（$RH<50\%$），有风，或阳光直射	
	日平均气温 T（℃）	潮湿养护期限（d）	日平均气温 T（℃）	潮湿养护期限（d）
≥0.45	$5\leqslant T<10$	20	$5\leqslant T<10$	28
	$10\leqslant T<20$	14	$10\leqslant T<20$	21
≤0.45	$5\leqslant T<10$	14	$5\leqslant T<10$	21
	$10\leqslant T<20$	10	$10\leqslant T<20$	14
	$20\leqslant T$	7	$20\leqslant T$	10

当混凝土拆模后可能与流动水接触时，应在混凝土与流动的地表水或地下水接触前采取有效保温保湿养护措施进行养护，养护时间应比表 8-34 规定的时间有所延长（至少 14d），且混凝土的强度应达到 75%以上的设计强度，养护结束后及时回填。

采用大掺量粉煤灰及磨细矿粉的结构构件，在完成规定的养护期限后，如条件许可，在上述养护措施基础上仍应适当延长潮湿养护时间。

混凝土养护期间应注意采取保温措施，防止混凝土表面温度受环境因素影响（如曝晒、气温骤降等）而发生剧烈变化。养护期间混凝土的芯部与表层、表层与环境之间的温差不宜超过 15℃，直至混凝土强度达到设计要求为止。

大体积混凝土施工前应制定严格的养护方案，控制混凝土内外温差满足设计要求。当设计无要求时，大体积混凝土内外温差不宜超过 20℃。

在任意养护时间，若淋洒于混凝土表面的养护水温度低于混凝土表面温度时，两者间的温差不得大于 15℃。

混凝土养护期间，应对有代表性的结构进行温度监控，定时测定混凝土芯部温度、表层温度以及环境气温、相对湿度、风速等参数，并根据混凝土温度和环境参数的变化情况及时调整养护制度，严格控制混凝土的内外温差满足要求。

混凝土养护期间，施工和监理单位应各自对混凝土的养护过程作详细的记录，并建立严格的岗位责任制。

8.6.2　拆模

混凝土拆模时的强度应符合设计要求。当设计未提出要求时，应符合下列规定：

侧模应在混凝土强度达到 2.5MPa 以上，且其表面及棱角不因拆模而受损时，方可拆除。

底模应在混凝土强度符合表 8-35 的规定后，方可拆除。

芯模或预留孔洞的内模应在混凝土强度能保证构件和孔洞表面不发生塌陷和裂缝时，方可拆除。

表 8-35　拆除底模时所需混凝土强度

结构类型	结构跨度（m）	达到混凝土设计强度的百分率（%）
板、拱	≤2	50
	2～8	75
	>8	100
梁	≤8	75
	>8	100
悬臂梁（板）	≤2	75
	>2	100

混凝土拆模的时间应以不影响混凝土质量为前提，不得为了加快模板周转，提前拆模。混凝土的拆模时间除需考虑拆模时的混凝土强度外，还应考虑到拆模时的混凝土温度（由水泥水化热引起）不能过高，以免混凝土接触空气时降温过快而开裂，更不能在此时浇凉水养护。混凝土内部开始降温以前以及混凝土内部温度最高时不得拆模。

拆模时，芯部混凝土与表层混凝土之间的温差、表层混凝土与环境之间的温差均不应大于 15℃（构件截面较为复杂时，内外侧混凝土之间的温差也不应大于 15℃）。大风或气温急剧变化时不宜拆模。

在炎热和大风干燥季节，应采取有效措施防止混凝土在拆模过程中开裂，如采取逐段拆模、边拆边盖、边拆边浇水或边拆边喷涂养护剂的拆模工艺。

拆模宜按立模顺序逆向进行，不得损伤混凝土，并减少模板破损。当模板与混凝土脱离后，方可拆卸、吊运模板。

拆模后的混凝土结构应在混凝土达到100%的设计强度后，方可承受全部设计荷载。

当拆除拱架、拱券及跨度大于8m梁式结构的模板或特殊设计的模板时，应按设计要求的程序及措施进行。拆除临时埋设于混凝土中的木塞和其他预埋部件时，不得损伤混凝土。

8.7 技术创新

在广西九洲国际工程建设中，各种先进的施工工艺、高性能混凝土应用其中，如塔楼的钢筋混凝土核心筒、组合钢管柱、RC环梁等浇筑混凝土，采用超高压泵输送方式，强度等级分别达到C70、C65、C60、C55、C50、C45、C40，垂直高度分别到达水平标高51.7m、85.9m、318m、168.3m、206.1m、244.5m、274.2m；楼板混凝土强度等级C35，垂直高度到达318m。其中，C70泵送高强混凝土在广西南宁市为首次使用，C60钢管泵送高强混凝土超高压泵输送318m也是广西区域内首创（在华润混凝土内也是史无前例），且核心筒剪力墙截面最小尺寸为1m，属于大体积混凝土，需控制混凝土水化热值，解决318m垂直高度混凝土超高层泵送性能和自收缩问题，缩小钢管柱的钢板与混凝土的间隙，保证密实性及强度。

8.8 经济效益

据统计，混凝土强度等级从C30提高到C60，受压构件及受弯构件分别可节约30%~40%和10%~20%的混凝土，能够减少构件占用面积，提高使用面积。同时，高强混凝土的密实性、抗渗性、抗冻性、抗震性等都比普通混凝土优异，混凝土寿命也明显提高，后期可节约修补、保养等费用，经济效益和社会效益十分显著。

8.8.1 小结

工程实践证明，通过对混凝土配合比的设计、研发与优化，确立了水胶比，矿物掺合料掺量，外加剂与水泥、掺合料适应性调试，粗、细骨料的最佳优选方案等技术路线，利用南宁市本地原材料配制出C70高强混凝土实施泵送施工的技术路线是可行的，同时依此路线可配制出满足实施垂直高度318m超高压、超高层泵送施工要求的C60钢管泵送高强混凝土。

工程实例技术应用证明，该C60钢管泵送高强混凝土具有很好的施工性能，强度及其他技术指标均满足设计技术需求。为广西地区其他超高层建筑项目提供了理论基础和应用模板，其技术应用成果具有推广意义，在超高层泵送施工领域中应用前景广泛，积累了宝贵经验。

第9章　特殊环境下C70高强高性能混凝土泵送技术

9.1　九洲国际大厦工程概况

9.1.1　地理位置

广西九洲国际工程位于南宁市琅东新区东盟商贸核心区，中新路9号。西、南侧为华润开发在建项目，东侧紧邻中新路，北侧为华润用地（图9-1）。

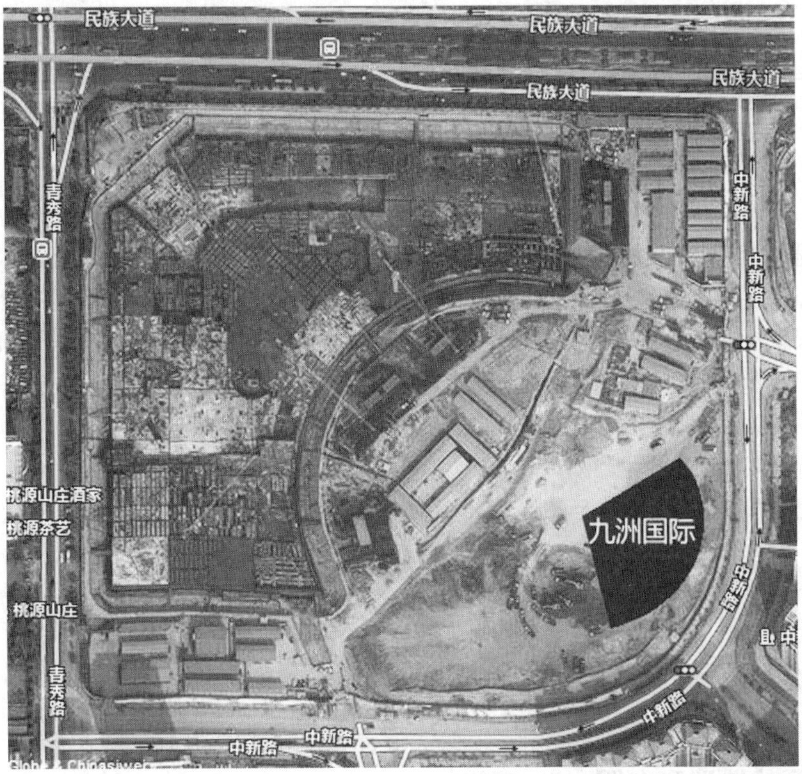

图9-1　广西九洲国际工程地理位置平面图

9.1.2　总体工程概况

广西九洲国际工程为钢管混凝土柱框架-钢筋混凝土核心筒混合结构，基础形式为筏板＋人工挖孔桩＋抗浮锚杆。项目总用地面积为11515.86m²，总建筑面积为214388.77m²，地上建筑面积162008.49m²，地下建筑面积52380.28m²，地上71层，地下6层，檐高301.6m，地上总高度317.6m，地下室高度24.1m，基坑深度26.6m。该工程是一座集商业、酒店、办公、娱乐等功能为一体的综合性超高层建筑。建筑设计使用年限为50年，结构安全等级一级，基础设计等级甲级，工程设防类别乙类，－2层及以上抗震等级一级，－2层以下抗震等级三级，抗震设防烈度6度，地下室防水等级一级，耐火等级一级。

9.1.3 泵送混凝土概况

九洲国际工程为钢管混凝土柱框架-钢筋混凝土核心筒混合结构，混凝土施工是该工程的关键所在。高压泵管自首层楼板开始布置，至71层楼板结束。期间泵送混凝土类别主要为高强混凝土、普通混凝土两类，各构件混凝土强度等级见表9-1。

表9-1 各构件混凝土强度等级

序号	构件部位	混凝土类别	强度等级
1	66层至顶层剪力墙及连梁、除特殊说明外的楼盖构件	普通混凝土	C35
2	59～65层剪力墙及连梁	普通混凝土	C40
3	50～58层剪力墙及连梁	普通混凝土	C45
4	41～49层剪力墙及连梁	普通混凝土	C50
5	32～40层剪力墙及连梁	普通混凝土	C55
6	21～31层剪力墙及连梁、塔楼以外地下室及裙房剪力墙、柱、各层钢柱	高强混凝土	C60
7	12～20层剪力墙及连梁	高强混凝土	C65
8	首层至11层剪力墙及连梁	高强混凝土	C70

9.2 编制依据

九洲国际工程高强高性能混凝土泵送施工方案设计，泵送混凝土的运输、泵送、浇筑及施工安全与环境保护应符合《混凝土泵送施工技术规程》的相关规定；九洲国际工程高强高性能混凝土泵送相关技术应符合国家现行标准《混凝土外加剂》、《混凝土外加剂应用技术规范》和《预拌混凝土》、《混凝土结构工程施工质量验收规范》、《混凝土强度检验评定标准》的相关规定。

九洲国际工程高强高性能混凝土泵送施工方案的编制参考《广西九洲国际结构专业施工图》和《广西九洲国际工程施工组织设计》。

九洲国际工程高强高性能混凝土泵送施工的实施过程符合《中华人民共和国建筑法》（主席令1997年第91号）、《中华人民共和国安全生产法》（主席令2002年第70号）和《中华人民共和国环境保护法》（主席令1989年第22号）等相关法律法规。

9.3 泵送设备选型及场地布置方式

9.3.1 混凝土泵的选型和布置

（1）混凝土泵的选型，应根据混凝土工程特点、要求的最大输送距离、最大输出量及混凝土浇筑计划确定。

（2）混凝土输送管的水平换算长度，可按表9-2换算。

表9-2 混凝土输送管的水平换算长度表

类别	单位	规格	水平换算长度（m）
向上垂直管	每米	100mm	3
		125mm	4
		150mm	5

续表

类别	单位	规格	水平换算长度（m）
锥形管	每根	175→150mm	4
		150→125mm	8
		125→100mm	16
90°弯管	每根	R=0.5m	12
		R=1.0m	9
软管	每根	5～8m	20

注：1. R 为曲率半径；
2. 弯管的弯曲角度小于 90°时，需将表列数值乘以该角度与 90°的比值；
3. 向下垂直管，其水平换算长度等于其自身长度；
4. 斜向配管时，根据其水平及垂直投影长度，分别按水平、垂直配管计算。

（3）混凝土泵的最大水平输送距离，根据混凝土泵的最大出口压力、配管情况、混凝土性能指标和输出量，按《混凝土泵送施工技术规程》附表 B 中的相关公式计算。

（4）混凝土泵的泵送能力，根据具体施工情况可按下列方法之一进行验算，同时应符合产品说明中的有关规定：①按表 9-2 计算的配管整体水平换算长度，确定的最大水平泵送距离；②按《混凝土泵送施工技术规程》中附表 B 换算的总压力损失，应小于混凝土泵正常工作时的最大出口压力。

（5）混凝土泵设置处，应场地平整坚实，道路畅通，供料方便，距离浇筑地点近，便于配管，接近排水设施和供水、供电方便。在混凝土泵的作业范围内，不得有障碍物。

（6）混凝土泵转移运输时的安全要求，应符合产品说明及有关标准的规定。

9.3.2　配管设计

（1）混凝土输送管，应根据工程和施工场地特点、混凝土浇筑应按先远后近的原则进行配管。宜缩短管线长度，少用弯管和软管。输送管的铺设应保证安全施工，便于清洗管道、排除故障和装拆维修。

（2）在同一条管线中，应采用相同管径的混凝土输送管；同时采用新、旧管段时，应将新管布置在泵送压力较大处；管线宜布置得横平竖直。应绘制布管简图，列出各种管件、管连接环、弯管等的规格和数量，提出备件清单。

（3）混凝土输送管应根据粗骨料最大粒径、混凝土泵型号、混凝土输出量和输送距离以及输送难易程度等进行选择。输送管应具有与泵送条件相适应的强度。应使用无龟裂、无凹凸损伤和无弯折的管段。输送管的接头应严密，有足够强度，并能快速装拆。

（4）垂直向上配管时，地面水平管长度不宜小于垂直管长度的 1/4，且不宜小于 15m；或遵守产品说明书中的规定。在混凝土泵机 V 形管出料口 3～6m 处的输送管根部应设置截止阀，以防混凝土拌合物反流。

（5）泵送施工地下结构物时，地上水平管轴线应与 V 形管出料口轴线垂直。

（6）倾斜向下配管时，应在斜管上端设排气阀；当高差大于 20m 时，应在斜管下端设 5 倍高差长度的水平管；如条件限制，可增加弯管或环形管，满足 5 倍高差长度要求。

（7）混凝土输送管的固定，不得直接支承在钢筋、模板及预埋件上，并应符合下列规定：

① 水平管宜每隔一定距离用钢管支架、台垫固定，以便于排除堵管、装拆和清洗管道。

② 垂直管宜用预埋件固定在墙和柱或楼板顶留孔处。在每层楼板预留孔处均应固定。

③ 垂直管下端的弯管，不应作为上部管道的支撑点。宜设钢支撑承受垂直管重量。

④ 当垂直管固定在脚手架上时，根据需要可对脚手架进行加固。

⑤ 管道接头卡箍处不得漏浆。

（8）严寒季节施工，宜用保温材料包裹混凝土输送管，防止管内混凝土受冻，并保证混凝土的入模温度。

(9) 应定期检查管道，特别是弯管等部位的磨损情况，以防爆管。

9.3.3 配置布料设备的要求

(1) 应根据工程结构特点、施工工艺、布料要求和配管情况等，选择布料设备。

(2) 应根据结构平面尺寸、配管情况和布料杆长度，布置布料设备，且其应能覆盖整个结构平面，并能均匀、迅速地进行布料。

(3) 布料设备应安设牢固和稳定。

9.3.4 九洲国际工程混凝土泵送设备选择

根据施工经验及多项参数对比，经多种产品对比及理论计算校核后，选用超高压混凝土输送泵HBT90CH-2128D一台和高压混凝土输送泵HBT80C-1818D一台，其技术参数见表9-3和表9-4。

表9-3 超高压混凝土输送泵HBT90CH-2128D技术参数

序号	项　目	单位	技术参数
1	整机质量	kg	11500
2	外形尺寸	mm	7350×2272×2750
3	理论混凝土输送量	m^3/h	95（低压）/70（高压）
4	理论混凝土输送压力	MPa	19（低压）/28（高压）
5	输送缸直径×行程	mm	ϕ200×2100
6	柴油机功率	kW	186×2台
7	上料高度	mm	1420
8	料斗容积	m	0.7

表9-4 超高压混凝土输送泵HBT80C-1818D技术参数

序号	项　目	单位	技术参数
1	整机质量	kg	7300
2	外形尺寸	mm	7430×2075×2630
3	理论混凝土输送量	m^3/h	85（低压）/80（高压）
4	理论混凝土输送压力	MPa	10（低压）/18（高压）
5	输送缸直径×行程	mm	ϕ200×1800
6	上料高度	mm	1420
7	料斗容积	m	0.7

9.3.5 九洲国际工程混凝土泵送管道的选择与布置

(1) 超高压耐磨输送管用于水平布管和垂直主管路，壁厚为9mm，采用耐磨合金钢，通径ϕ125mm，可承载压力在35MPa以上。管道连接方式为管卡连接，拆卸方便。每条管道长390m（水平管长70m，竖直管长318m），两条管道总长780m，管道清单见表9-5。

表9-5 390m管道清单

序号	名　称	每套管路数量
1	直管125A×3000	115
2	直管125A×2000	10
3	直管125A×1000	10

续表

序号	名　称	每套管路数量
4	弯管 125A90R1000	12
5	弯管 125A45R1000	2
6	弯管 125A30R1000	2
7	弯管 125A15R1000	2
8	管道支撑装置	250 套

（2）普通高压输送管用于楼面浇筑，方便运输、安装、拆卸，壁厚 6mm，通径 ϕ125mm。每条管道长 150m，管道总长 300m，管道清单见表 9-6。

表 9-6　150m 管道清单

序号	名　称	每套管路数量
1	直管 125A×3000	40
2	直管 125A×2000	10
3	直管 125A×1000	10
4	弯管 125A90R500	4
5	弯管 125A90R1000	3
6	弯管 125A45R1000	3
7	弯管 125A15R500	2
8	弯管 125A15R1000	2
9	根部软管 125A×3000	1

（3）选择 125A 超高压液压截止阀和液压泵站，清单见表 9-7。

表 9-7　截止阀

序号	名　称	每套管路数量
1	插管 90CH2135D. 1. 15	3
2	插管液压站 90CH2150D. 1. 15. 8	3

（4）泵机摆放位置要便于搅拌车进退，减少换车时间，提高效率，同时要考虑周边环境，以减少噪声对外界的影响；备用泵管路须预先铺设好并可以快速连接到主管路，以备应急。为了平衡垂直管道混凝土产生的反压，地面水平管道铺设长度为建筑主体高度的 1/5～1/4，需注意，洗管时务必保证管道清洗干净。在泵的出口端水平管和水平转垂直处各安装一套液压截止阀，阻止垂直管道内混凝土回流，便于设备保养、维修与水洗。输送管布置要求沿地面和墙面铺设，并全程做可靠固定。输送管在垂直管道部分设置缓冲弯，分别在楼层 150m、170m 处设置两个缓冲弯管。九洲国际工程混凝土泵送垂直管布置图如图 9-2 所示。

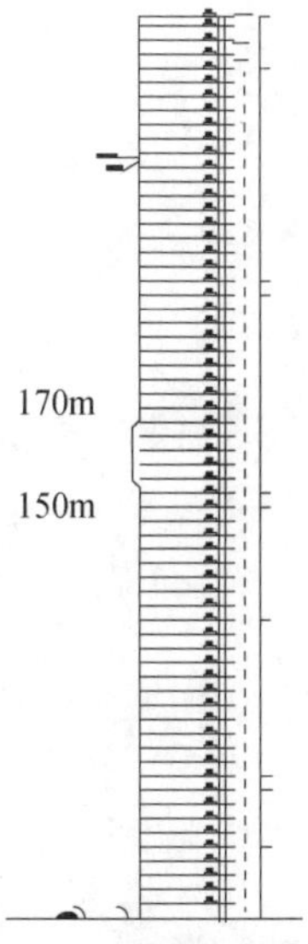

图 9-2　九洲国际工程混凝土泵送垂直管布置图

（5）当混凝土泵送高度过大时，竖向泵管内的混凝土会对首层水平转垂直弯管造成很大冲击荷载，且会给混凝土泵较大的反压力，影响设备使用寿命，因此需设置缓冲弯，现场缓冲弯管设置如图 9-3 所示。

（6）九洲国际工程现场共布置 2 条水平管道，分别经由一区 1 段及一区 2 段首层楼面垂直向上布置立管；每条地面水平管道铺设长度达 65m。

图 9-3　现场缓冲弯管设置参考图

9.3.6　九洲国际工程混凝土泵送管道安装与固定

高压泵管的固定对超高层泵送的效果及安全起重要的作用，高压泵管与普通泵管安装、固定区别巨大，其固定需单独制作泵管支架及底座，水平和垂直输送管布置均要求沿地面和墙面铺设，并全程做可靠固定。分布于每层楼的立管还需搭设竖向脚手架操作台，以方便堵管的时候拆接管。

（1）泵管预埋件。

在输送管线对应的地面和墙面上采用预埋的方式将约 300mm×300mm、厚度为 16mm 的 Q235 高强度钢板（插焊 4 根直径 20mm 铆筋，长 300mm）预埋于混凝土支座和墙面。

铺设管道时将输送管固定装置配焊到预埋钢板上以固定输送管。对于已施工完成的部位若需固定混凝土泵管，可用化学螺栓或植筋方式将钢板预埋件固定到墙面，预埋件及垂直固定方式如图 9-4 所示。

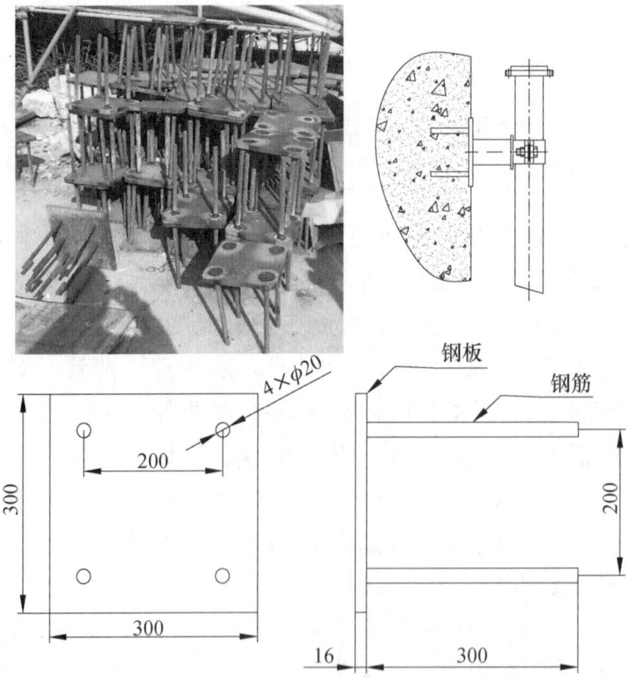

图 9-4　预埋件及垂直固定方式示意图

（2）水平输送管的安装与固定

每根标准 3m 输送管、90°弯管在距连接处 0.5m 处用 2 个输送管固定装置牢固固定（在水泥墩中或地面预埋高强度钢板，输送管固定装置焊接于钢板上），防止管道因振动而松脱。其他较短的输送管采用一个输送管固定装置牢固固定。水平直管和水平弯管的固定方式如图 9-5 和图 9-6 所示。

图 9-5　水平直管固定方式示意图

图 9-6　水平弯管固定方式示意图

在混凝土墩对应位置预留钢筋（ϕ18 插筋、ϕ14@200 箍筋），或后期植筋，用于防止混凝土墩的滑移。不同型号混凝土墩（435mm 高）的预留钢筋方式如图 9-7 所示。

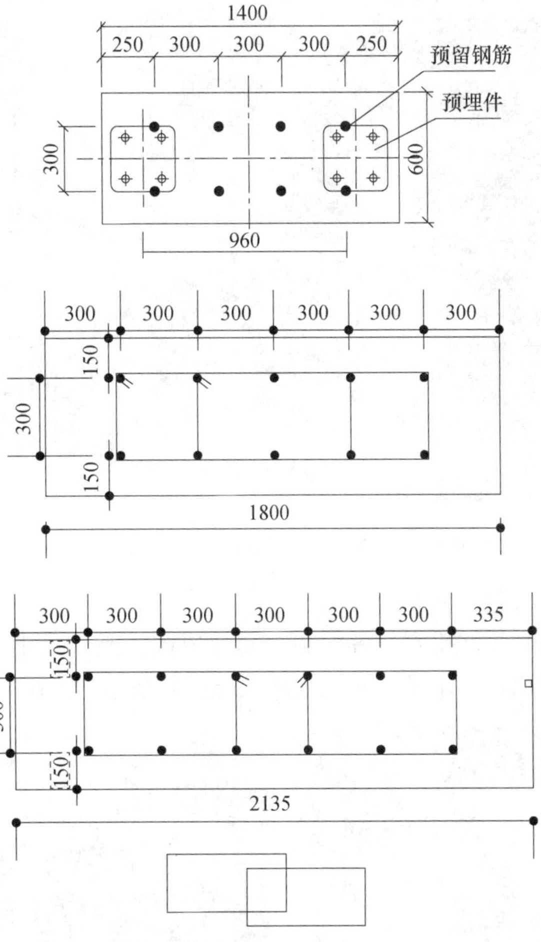

图 9-7　混凝土墩预留钢筋

（3）垂直管道的安装与固定。

输送管沿墙面爬升，在墙壁对应位置处预埋高强度钢板，混凝土管固定装置焊接在钢板上。每根 3m 管、90°弯管用 2 个混凝土管固定装置牢固固定。竖直管道固定及预埋件固定于墙面示意图如图 9-8 和图 9-9 所示。

图 9-8　竖直管道固定示意图

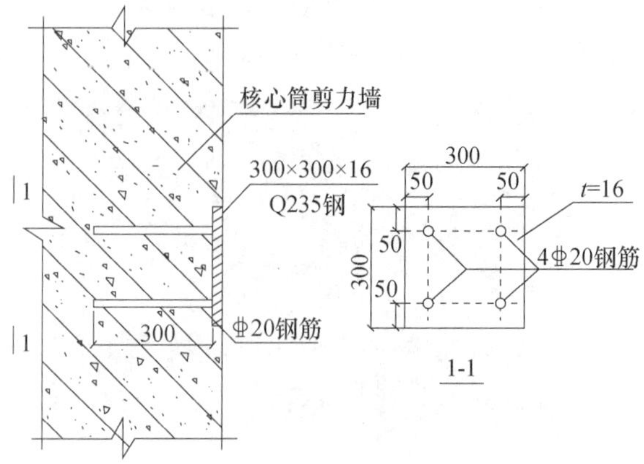

图 9-9　预埋件固定于墙面示意图

（4）水平转垂直处弯管的固定。

用三个以上输送管固定装置固定牢固，也可采用水泥墩支撑，如图 9-10 所示。

图 9-10　水平转垂直处的弯管固定示意图

（5）液压截止阀的安装。

在泵的出口端水平管和水平转垂直处各安装一套液压截止阀，阻止垂直管道内混凝土回流，便于设备保养、维修与水洗。泵出口处水平管安装液压截止阀与泵站示意图如图 9-11 所示。

图 9-11　泵出口处水平管安装液压截止阀与泵站示意图

9.4　泵送阻力对水平输送距离的影响

根据九洲国际工程的实际情况，依据《混凝土泵送施工技术规程》对泵送混凝土至 300m 高度所需压力验算，根据下式进行：

$$P_{max}=\Delta P_H L/10^6+P_f$$

$$L_{max}=(P_e-P_f)/\Delta P_H\times 10^6$$

式中　P_{max}——混凝土最大泵送阻力（MPa）；

L——混凝土输送管路系统的累计水平换算距离（m）；

L_{max}——混凝土泵的最大水平输送距离（m）；

P_e——混凝土泵额定工作压力（MPa）；

P_f——混凝土泵送系统附件及泵体内部压力损失（MPa）；

ΔP_H——每 1m 水平管的压力损失（Pa/m）。可按下式计算：

$$\Delta P_H=2/r\left[K_1+K_2(1+t_2/t_1)V_2\right]a_2$$

式中　r——混凝土输送管的半径（m）；

K_1——黏着系数，$300-S_1$（Pa）；

K_2——速度系数，$400-S_1$（Pa·s/m）；

S_1——混凝土坍落度（mm），260mm；

t_2/t_1——分配阀的切换时间与活塞推压混凝土时间之比，这里取 0.30；

V——混凝土在输送管内的平均流速（m/s）；当排量为 $40m^3/h$ 时，即 $\frac{40\times 3600}{3.14\times(0.125/2)^2}=$ 11. 74m/s；

a_2——径向压力与轴向压力之比，普通混凝土取 0.90。

则：

$$\Delta P_H=2/(0.125/2)\times[60+160\times(1+0.3)\times 0.906]\times 0.9$$
$$=7155Pa/m=0.01MPa/m$$

泵管水平换算长度与压力损失计算结果见表 9-8。

表 9-8　泵管水平换算长度与压力损失计算结果

管件名称	水平输送距离	垂直输送距离	90°弯管	胶管 5m	管路截止阀	启动内耗	合计
实际用量	150m	300m	8 个	1 个	60 个	1 次	—
水平换算长度（m）	150	1200	12	5	—	—	1367
理论压力（MPa）	1.5	12	0.12	0.20	6.0	1.0	—

经换算水平长度计算，混凝土泵送所需最大水平输送距离为 150m，最大垂直距离为 300m，弯管水平换算长度为 12m，换算水平管总长度为 1367m，混凝土泵送系统附件及泵体内部压力损失 P_f 为 7.0MPa 则 $L_{max}=(22-7)/0.01=1500$（m）＞1367m，满足要求。

压力损失计算，$P_{max}=(0.01\times 1367)+7.0=20.67$（MPa），小于混凝土泵额定工作压力 22MPa，方案可行。

9.5 高强高性能混凝土泵送

9.5.1 技术要求

模板的设计和保护应符合下列规定：设计模板时，必须根据泵送混凝土对模板侧压力大的特点，确保模板和支架有足够的强度、刚度和稳定性；布料设备不得碰撞或直接搁置在模板上，手动布料杆下的模板和支架应加固。

钢筋骨架的保护应符合下列规定：手动布料杆应设钢支架架空，不得直接支承在钢筋骨架上；板的水平钢筋骨架（网），应设置足够的钢筋撑脚或马凳筋。钢筋骨架重要节点宜采取加固措施；浇筑混凝土时，钢筋骨架一旦变形或移位，应及时纠正。

混凝土泵送施工时，应规定联络信号和配备通信设备，可采用有线或无线通信设备等进行混凝土泵和搅拌站与浇筑地点之间的通信联络。寒冷地区冬期进行混凝土泵送施工时，应采取适当的保温措施。混凝土泵送施工现场，应有统一指挥和调度，以保证顺利施工。

9.5.2 混凝土的泵送

混凝土泵的安全使用及操作，应严格执行使用说明书和其他有关规定。同时，应根据使用说明书制定专门操作要点。混凝土泵的操作人员必须经过专门培训合格后，方可上岗独立操作。

泵送混凝土时，混凝土泵的支腿应完全伸出，并插好安全销。混凝土泵与输送管连通后，应按所用混凝土泵使用说明书的规定进行全面检查，符合要求后方能开机进行空运转。混凝土泵启动后，应先泵送适量水以湿润混凝土泵的料斗、活塞及输送管的内壁等直接与混凝土接触部位。

经泵送水检查，确认混凝土泵和输送管中无异物后，应采用下列方法之一润滑混凝土泵和输送管内壁：泵送水泥浆；泵送 1：2 水泥砂浆；泵送与混凝土内除粗骨料外的其他成分相同配合比的水泥砂浆。润滑用的水泥浆或水泥砂浆应分散布料，不得集中浇筑在同一处。

开始泵送时，混凝土泵应处于慢速、匀速并随时可反泵的状态。泵送速度应先慢后快，逐步加速。同时，应观察混凝土泵的压力和各系统的工作情况，待各系统运转顺利后，方可以正常速度进行泵送。混凝土泵送应连续进行。如必须中断时，其中断时间不得超过混凝土从搅拌至浇筑完毕所允许的延续时间。

泵送混凝土时，活塞应保持最大行程运转；如输送管内吸入了空气，应立即反泵吸出混凝土至料斗中重新搅拌，排出空气后再泵送；泵送混凝土时，水箱或活塞清洗室中应经常保护充满水。

在混凝土泵送过程中，若需接长 3m 以上（含 3m）的输送管时，仍应预先用水和水泥浆或水泥砂浆，进行湿润和润滑管道内壁；不得把拆下的输送管内的混凝土撒落在未浇筑的地方。

当混凝土泵出现压力升高且不稳定、油温升高、输送管明显振动等现象而泵送困难时，不得强行泵送，并应立即查明原因，采取措施排除。可先用木槌敲击输送管弯管、锥形管等部位，并进行慢速泵送或反泵，防止堵塞。

当输送管被堵塞时，应采取下列方法排除：重复进行反泵和正泵，逐步吸出混凝土至料斗中，重新搅拌后泵送；用木槌敲击等方法，查明堵塞部位，将混凝土击松后，重复进行反泵和正泵，排除堵塞；当上述两种方法无效时，应在混凝土卸压后，拆除堵塞部位的输送管，排出混凝土堵塞物后，方可接管。重新泵送前，应先排除管内空气后，方可拧紧接头。

在混凝土泵送过程中，有计划中断时，应在预先确定的中断浇筑部位，停止泵送；且中断时间不宜超过 1h。当混凝土泵送出现非堵塞性中断时，应采取下列措施：混凝土泵卸料清洗后重新泵送，有配管输送混凝土时，可进行慢速间歇泵送；固定式混凝土泵，可利用混凝土搅拌料，进行慢速间歇泵送；或利用料斗内的料，进行间歇反泵和正泵；慢速间歇泵送时，应每隔 4～5min 进行四个行程的正泵、反泵。

向下泵送混凝土时，应先把输送管上气阀打开，待输送管下段混凝土有了一定压力时，方可关闭气阀。混凝土泵送即将结束前，应正确计算尚需用的混凝土数量，并应及时告知混凝土搅拌处。泵送过程中，废弃的和泵送终止时多余的混凝土，应按预先确定的处理方法和场所，及时进行妥善处理。

泵送完毕时，应将混凝土泵和输送管清洗干净。排除堵塞，重新泵送或清洗混凝土泵时，布料设备的出口应朝安全方向，以防堵塞物或废浆高速飞出伤人。

9.5.3　泵送混凝土的浇筑

应根据工程结构特点、平面形状和几何尺寸、混凝土供应和泵送设备能力、劳动力和管理能力，以及周围场地大小等条件，预先划分好混凝土浇筑区域。混凝土的浇筑应符合国家现行标准《混凝土结构施工质量验收规范》（GB 50204—2015）的有关规定。

混凝土的浇筑顺序，应符合下列规定：当采用输送管输送混凝土时，应由远而近浇筑；同一区域的混凝土，应按先竖向结构后水平结构的顺序，分层连续浇筑；当不允许留施工缝时，区域之间、上下层之间的混凝土浇筑间歇时间，不得超过混凝土初凝时间；当下层混凝土初凝后，浇筑上层混凝土时，应先按留施工缝的规定处理。

混凝土的布料方法，应符合下列规定：在浇筑竖向结构混凝土时，布料设备的出口离模板内侧面不应小于 50mm，且不得向模板内侧面直冲布料，也不得直冲钢筋骨架；浇筑水平结构混凝土时，不得在同一处连续布料，应在 2～3m 范围内水平移动布料，且宜垂直于模板布料。

混凝土浇筑分层厚度，宜为 300～500mm。当水平结构的混凝土浇筑厚度超过 500mm 时，可按 1∶6～1∶10坡度分层浇筑，且上层混凝土，应超前覆盖下层混凝土 500mm 以上。振捣泵送混凝土时，振动棒移动间距宜为 300～400mm 之间，振捣时间宜为 15～30s，且隔 20～30min 后，进行第二次复振。

对于有预留洞、预埋件和钢筋太密的部位，应预先制定技术措施，采用细骨料以确保顺利布料和振捣密实。在浇筑混凝土时，应经常观察，当发现混凝土有不密实等现象，应立即采取措施予以纠正。水平结构的混凝土表面，应适时用木抹子磨平搓毛两遍以上，以防止产生收缩裂缝。

9.5.4　管道的清洗

（1）管道的水洗

九洲国际工程采用三一重工提供的混凝土活塞、自动补偿磨损间隙的专利眼镜板、切割环及管路的良好密封性的水洗技术，直接用混凝土泵泵送水洗，使现场能够做到泵送多高，水洗多高。

水洗的准备工作有：①在泵旁边建一个水池或配置两个水箱（容积约 $9m^3$），接两个 3″（DN10mm）的水管到其旁边，做水洗之循环利用，如图 9-12 所示。②制作两个料斗（容积约 2～$3m^3$），用于承接废料，如图 9-13 所示。

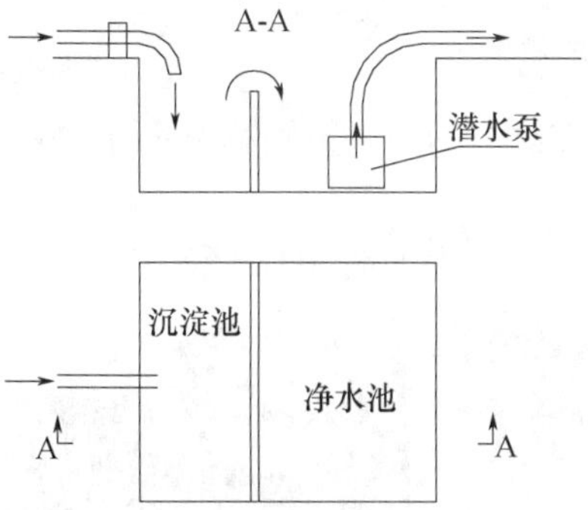

图 9-12　水洗水池示意图

图 9-13　楼顶设废料斗

水洗原理与方法为：①150m 以下高度时，采用图 9-14（a）所示的用海绵塞的水洗方法。②150m 以上高度时，采用图 9-14（b）所示的不用海绵塞的水洗方法。因为，如果仍用海绵塞，由于海绵塞不能完全对高压水密封，渗过海绵塞的高压水形成小激流，流速比海绵塞快，从而冲走混凝土的砂浆，使海绵塞前的石子越积越多，当水流推力不足以克服石料自重和阻力时，就会发生堵管。而采用图 9-14（b）所示水洗方法，用混凝土泵先直接泵一料斗砂浆再泵水清洗，且不用海绵塞，其原理几乎与泵送混凝土的原理完全一样，不会出现石子越积越多的现象，从而实现泵送多高，水洗多高。

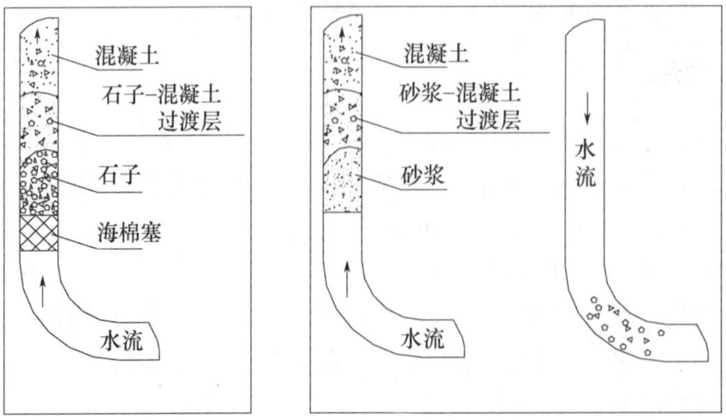

(a) 用海绵塞　　(b) 不用海绵塞

图 9-14　水洗原理示意图

水洗程序如图 9-15 所示。按图 9-15 的程序，若一次反冲未将管道内的砂浆冲洗干净时，则关闭液压截止阀，从楼层顶部向管道内注水，注满后再次打开液压截止阀反冲，直至水平管内清洗干净为止。

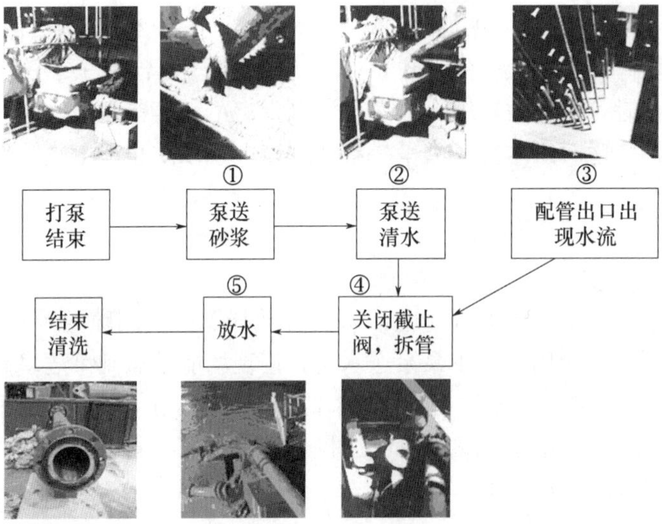

图 9-15　水洗程序示意图

水洗过程中应注意以下事项：①确认眼镜板及切割环密封良好；②确保砂浆的质量；③确保有足够流量的水源；④操作中不能随意停止。

在上海环球金融中心 492m 的混凝土泵送中，其现场水洗过程如图 9-16 所示。

(a) 第一次反洗放出砂浆　　(b) 第二次反洗放出清水　　(c) 现场情况

图 9-16　上海环球金融中心混凝土泵送现场水洗过程

当泵机眼镜板、切割环出现一定磨损后，可以泵送混凝土，但直接泵水洗管时泄压严重，这时需进行残料回收作业。

水洗过程中泵送完砂浆后，停止泵送，关闭垂直管一楼处的截止阀截止泵管，拆卸水平管道中的一根管道后，接好回收管道，再打开截止阀导通泵管，利用垂直管中混凝土的自重将垂直泵管里的残料回放出至预定回收处，然后用水从顶部向下冲洗管道。

经计算，九洲国际工程每次高压泵送混凝土约造成 5m³ 混凝土、8m³ 清水的浪费。

(2) 管道的气洗＋水洗（广西九洲国际工程采用）。

管道的气洗是将泵送管道内混凝土从上往下清洗，从布料杆臂架末端充高压气体，先利用约 0.8MPa 的气压推动海绵球，2 个 ϕ175mm 的海绵球用于隔断压缩空气与混凝土，通过压缩空气推动海绵球，直到海绵球将管道内混凝土全部推出至搅拌车或混凝土料斗内重复利用，清洗完成后再进行第二轮清洗，第二轮清洗仅塞入一个球即可。气洗时臂架末端布置情况如图 9-17 所示。

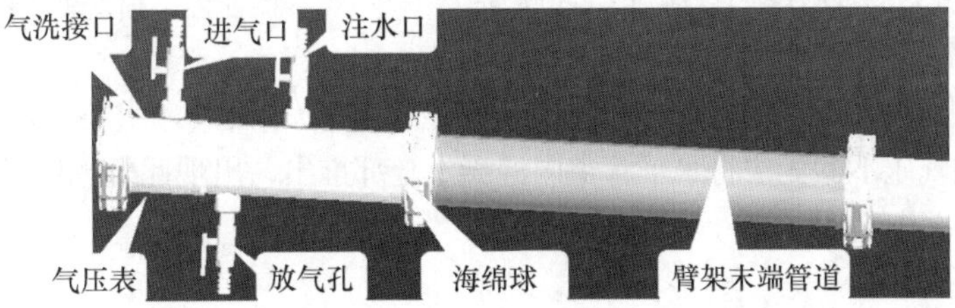

图 9-17　气洗时臂架末端布置

管道气洗总体布置如图 9-18 所示。回收架及气洗接头细部情况如图 9-19 所示。

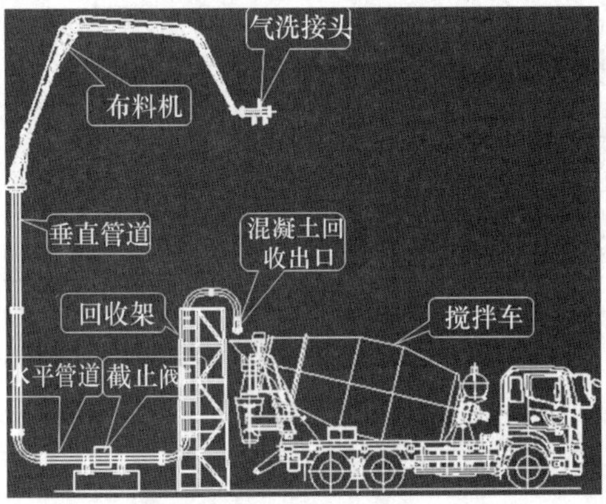

图 9-18　管道气洗总体布置图

图 9-19　气洗接头

气洗需在顶层设置空压机以提供气洗所需的高压空气，九洲国际工程预使用的空压机如图 9-20 所示，其最大出口压力为 1MPa，排气量为 6m³/min。

图 9-20　空压机

图 9-21　截止阀关闭

管道气洗的施工流程：①泵送结束，关闭截止阀，拆底层泵出口弯管连接至回收架，出料口做好防护，塞4个泡过水的 ϕ175mm 海绵球到气洗接头内，拆布料杆末端胶管接上气洗接头，连接好气管；②打开空压机充气，打开截止阀，管道内混凝土从上往下落回搅拌车；③观察回收架出料口混凝土流动情况，海绵球被冲出时，底层负责人通知顶层负责人关闭空压机；④进行第二轮清洗；⑤全部清洗结束后管道复原。相关过程如图 9-21～图 9-22 所示。

图 9-22　顶部泵管口接气洗接头

管道气洗作业注意事项：①管道的密封性，在铺设管道时，管接头密封件必须装配到位，连接需牢固，避免在气洗时漏气，减小压力；②底层出料口安装防护帆布，防止混凝土向四周喷射；③因压缩空气爆破力较大，出料口附近 10m 内不得站人。

值得注意的是，如气压不够无法将水平管道内混凝土全部推出，出现此类现象时，应从顶层注水，依靠水压将其推出，完成本次作业。

9.6　高强高性能混凝土可泵性检测

广西九洲国际大厦工程使用上述研制的 C60 混凝土配合比进行现场试验验证，验证出厂、入泵、出泵混凝土拌合物相关性能，并取成型试件进行不同龄期抗压强度试验。

（1）超高泵送混凝土出厂初始状态控制原则及相关试验

① 主要调整依据：现场泵车压力与不同楼层高度之间的关系。

② C60 超高层泵送混凝土（泵送高度 300m）出厂性能检测结果见表 9-9。

表 9-9　C60 超高层泵送混凝土出厂检测结果

和易性	坍落度（mm）	扩展度（mm）	倒筒时间（s）	U 形箱上升高度（mm）	30MPa 压泌水率（%）
好	265	720	4.8	330	0

（2）超高泵送混凝土入泵及出泵控制原则及相关试验

① 紧密结合依据。混凝土入泵口和出泵口坍落度、扩展度指标，必要时参考倒坍时间、30MPa 压力泌水率、含气量变化、气温与混凝土拌合物温度。

② C60 超高层泵送混凝土入泵、出泵性能检测结果见表 9-10～表 9-12。

表 9-10　C60 超高层泵送混凝土入泵、出泵检测结果

泵送高度（m）	入泵		出泵		泵送损失	
	扩展度（mm）	坍落度（mm）	扩展度（mm）	坍落度（mm）	扩展度（mm）	坍落度（mm）
170.5	690	250	685	250	5	0
221.5	690	255	680	245	10	10
269.5	700	260	680	245	20	15
300.0	695	260	670	235	25	25

表 9-11　C60 超高层泵送混凝土（泵送高度 300m）入泵、出泵检测结果

取样部位	坍落度（mm）	扩展度（mm）	倒筒时间（s）	U 形箱上升高度（mm）	30MPa 压力泌水率（%）	含气量（%）	拌合物温度（℃）	气温（℃）
入泵	260	695	5.5	330	0	3.5	33.0	26.7
出泵	235	670	6.1	320	0	1.6	37.9	29.5
泵送损失	25	25	增加 0.6	10	0	2.9	—	—

表 9-12　C60 超高层泵送混凝土（泵送高度 300m）抗压强度结果

取样部位	抗压强度（MPa）		
	3d	7d	28d
出厂	43.2	61.6	83.1
入泵	42.5	60.2	82.7
出泵	41.9	60.3	80.8

由以上结果可见，使用缓释型减水剂的超高层泵送混凝土各项指标均在可接受范围内，硬化后试件的抗压强度在出泵时比出厂、入泵时略有降低，但均可满足 C60 混凝土强度设计要求。

9.7　高强高性能混凝土泵送质量控制

高强泵送混凝土的质量控制，实际上是可泵性及强度的控制。也就是从原材料的质量、配合比设计、泵送工艺到成型后强度的系统管理。

（1）对原材料的进场要严格把关，混凝土原材料应按相应标准的规定按批进行试验检测，经检验合格后，方可使用，不合格的材料一律清出场外。

（2）泵送混凝土原材料应妥善保管、存放，确保使用质量，且应符合现行国家标准《预拌混凝土》和《混凝土结构工程施工质量验收规范》的有关规定。原材料的储备量，应满足混凝土泵送要求。

（3）搅拌站要准确计量，严格按照配合比施工，由于掺加了外加剂。搅拌时间不得少于 1.5min。泵送混凝土原材料的计量允许偏差，应符合现行国家标准《预拌混凝土》的有关规定。

（4）泵送混凝土的生产质量，应按现行国家标准《混凝土强度检验评定标准》规定的生产质量水平，进行控制。泵送混凝土的质量控制，应符合下列要求：混凝土的可泵性，应符合《混凝土泵送施工技术规程》的相关规定，满足泵送要求；混凝土强度的检验评定，应符合现行国家标准《混凝土强度检验评定标准》的规定；混凝土入泵时的坍落度及其误差，应符合表 9-13 的规定；其他质量要求，应符合现行国家标准《预拌混凝土》及相应标准的有关规定。

表 9-13　混凝土坍落度允许误差表

所需坍落度（mm）	坍落度允许误差（mm）
≤100	±20
＞100	±30

（5）泵送混凝土质量检查，应按现行国家标准《混凝土结构工程施工质量验收规范》的有关规定进行。用作评定结构或构件混凝土强度质量的试件，应在浇筑地点取样、制作，且混凝土的取样、试件制造、养护和试验均应符合现行国家标准《混凝土强度检验评定标准》的有关规定。

（6）泵送混凝土试验方法，除压力泌水宜按《混凝土泵送施工技术规程》的相关方法试验，并控制混凝土的可泵性外，其他项目的试验均应按现行国家标准《预拌混凝土》的有关规定进行。

（7）因混凝土坍落度大，振捣不宜过度，避免翻浆泌水。当混凝土可泵性差，出现泌水、离析，

难以泵送和浇筑时，应立即对配合比、混凝土泵、配管、泵送工艺等重新进行研究，并采取相应措施。

（8）上述检测资料汇总作为改进配合比设计的主要依据。必要时，应通过泵送进一步微调确定高强泵送混凝土的配合比。同时，应结合施工现场具体情况，建立质量控制制度，对材料、设备、泵送工艺、混凝土强度等进行系统的科学管理。

（9）泵送操作工艺的改进是可泵性的一个重要环节。由于泵送距离、环境温度、结构对混凝土要求的变化，要根据施工现场的实际情况对泵送操作工艺进行改进。

9.8 高强高性能混凝土泵送注意事项

（1）泵送支脚压力大，应垫方正，每个支脚应垫 $0.3m^2$。

（2）应使泵车水平，待支腿油缸调平锁好，防止泵车偏移。

（3）布料杆工作时，风力应少于 6 级，否则应停工。

（4）泵车料杆最低位置应在搅拌轴以上，否则因空气涡流会将混凝土从集中料斗中吹出伤人。

（5）布料杆采用风洗时端部橡皮管要拿开，并安上一个挡闸板，管端附件不许站人，以防混凝土残渣伤人。

（6）输送管内有压力时，其接头部分严禁拆卸，否则应先反泵回吸。

（7）高层出口处压力大管道易磨损，易发生管道爆炸，应经常检查，一般在补充新管时，应首先装在泵机出口处。

（8）地面上要设有管道水洗用的排水沟。

（9）楼顶上需配置约 $2m^3$ 的废料承接容器。

（10）混凝土从运输到泵送至浇筑点，时间不应超过 1h。

（11）泵送前，先泵 $1m^3$ 水，再泵 $2\sim3m^3$ 砂浆，湿润管道后，再泵送混凝土。

（12）高楼泵送过程最好连续泵送，停顿时间最好不超过 15min；如泵送间断时间或待料时间超过 15min，约每隔 10min 操作一次反泵＋正泵，避免管道内混凝土初凝，同时也避免料斗内粗骨料沉积影响 S 管阀摆动。

（13）C60 及以上混凝土，粗骨料粒径≤20mm，坍落度最好控制在 240mm 左右。

（14）混凝土压力泌水率≤30％。

（15）泵送时，注意观察主系统压力表变化，一旦压力异常波动，先降低排量，再视情况反泵 1～2 次，再正泵。

（16）楼面混凝土浇筑应采用退管法，即先从距垂直爬升管较远处开始浇筑，通过拆管边退边泵，最后进行距爬升管较近处的混凝土浇筑。

（17）在混凝土浇筑完毕后，为保证泵机水洗的顺利进行，同样需要先泵 $2\sim3m^3$ 砂浆，再泵水进行水洗。砂浆的配比为水泥同砂子各为 1：1。

（18）每次管道清洗，必须将管道内残余的混凝土清洗干净。

（19）定期检查管道是否松动、漏浆；检查眼镜板和切割环的间隙。

（20）配置超声波测厚仪定期对超高压管壁厚进行检测，以防过度磨损而发生爆管。根据经验输送管主要检测点为水平管底部、弯管外侧，特别是水平转垂直管处的弯管。

（21）严格记录每次混凝土泵送的情况，以及维修保养的时间、部位，易损件的更换情况。

第 10 章　复杂敏感环境下超深基坑施工技术

10.1　深基坑支护形式

基坑工程是一个综合性的工程问题，它有土力学中典型的强度与稳定问题，又包括变形问题，同时还涉及围护结构与土的共同作用问题；它不仅涉及土力学、基础工程、结构力学、材料力学和原位测试技术等多门学科，还与场地的工程地质条件、地下水状况、基坑开挖深度及平面形状、基坑周边荷载状况、周边环境对基坑变形的要求密切相关。现在关于基坑支护技术的论述比较多，但大多数论述各种基坑支护技术的理论依据、设计计算等理论内容，而针对一个有具体地质条件、周边环境和功能要求的基坑工程，应如何选择一种既经济合理又安全有效，且施工简便的基坑支护方案的论著不多。

针对一个基坑工程，特定场地岩土工程条件、开挖深度、周围环境要求及场地实施条件等具体条件，必须存在一种或几种相对适用的基坑支护方案。如何能够选择最佳的基坑支护结构方案既要保证整个支护结构在地下施工过程中的安全，又要控制结构变形及土体变形，以保证周围建筑物的安全，是一个值得研究的问题。

目前，国内文献总结出有关基坑支护的分类，有的按基坑开挖方式分类，有的按基坑支护的结构分类，同时也总结出不同的支护结构特征和使用条件。现在介绍现行各种基坑支护结构形式的特点和使用范围。

10.1.1　放坡开挖

在基坑开挖施工过程中，往往可以通过选择并确定安全合理的基坑边坡坡度，使基坑开挖后的土体在无加固及没有支撑的条件下，依靠土体自身的强度，在新的平衡状态下取得稳定的边坡并维持整个基坑的稳定状况，这类无支护措施下的基坑开挖方法通常称为放坡开挖。

放坡开挖（图 10-1）的特点是造价低，适用于地基土质较好、开挖深度不深、施工现场有足够的放坡空间、地下水位低于基坑地面以及周围环境对基坑开挖工程要求不高的场所，是基坑设计时的首选支护类型。这种基坑形式在建筑密集的城区、开挖较深或地下水位较高的场地受到较大的限制，雨水多时易发生事故。一般情况下，放坡开挖所需的工程费用较低，施工工期短，可以为结构施工提供比较宽敞的作业面。放坡开挖基坑的施工，通常需要选择开挖土坡的坡度，验算基坑开挖各阶段的土坡稳定性，确定地面及基坑排水组织，选择土坡坡面的防护方法，以及土方开挖顺序等设计和施工组织工作。在地下水位较高的地区，尚应进行施工降水设计并结合邻近工程环境条件提出相应的控制措施和监测方法。

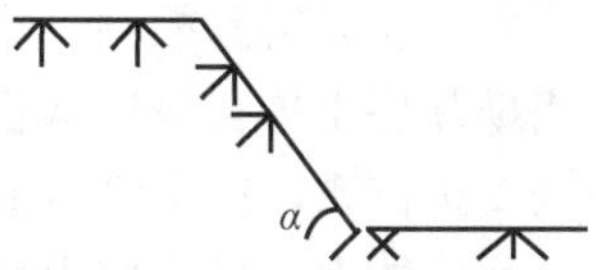

图 10-1　放坡开挖示意图

10.1.2　土钉墙围护结构

在天然土体中钻孔、打入土钉并在土体表面铺设钢筋网和喷射混凝土，使天然土体、土钉、混凝土形成一个统一的整体，达到加固天然土体的作用。可大大加强抵抗土压力并保持土壁的稳定性的能力，我们将土壁＋土钉＋钢筋网＋喷射混凝土的组合体称为土钉墙（图 10-2）。

土钉墙支护结构可应用于侧壁安全等级为二级和三级的基坑。其中单一土钉墙适用于地下水位以上或经降水的非软土基坑，且基坑深度不宜大12m；预应力锚杆复合土钉墙适用于地下水位以上或经降水的非软土基坑，且基坑深度不宜大于15m；水泥土桩垂直复合土钉墙用于非软土基坑时，基坑深度不宜大于12m；当基坑处于淤泥质土等软土地质时，基坑深度不宜过大，以小于6m为宜；在高水位的砂土、粉土层、碎石土中应慎用；微型桩垂直复合土钉墙不适宜应用于处于地下水位以下的基坑，一般情况下，基坑深度宜小于12m；用于软土基坑时，基坑深度宜小于6m。

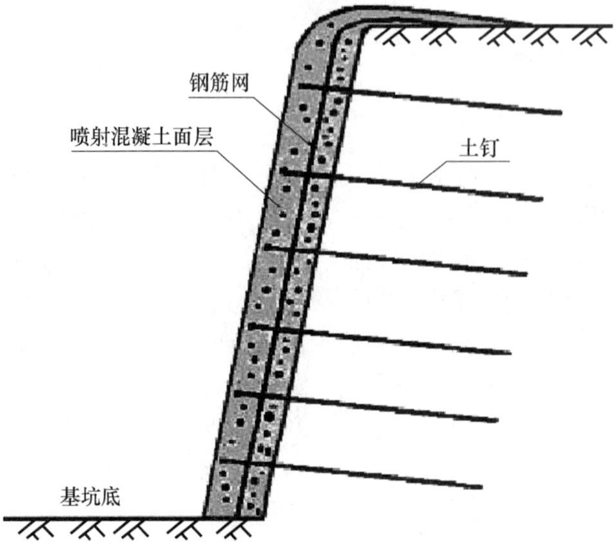

图10-2　土钉墙

土钉墙是一种边坡稳定式的支护，它起主动嵌固作用，增加边坡的稳定性，使基坑开挖后坡面保持稳定。施工时每挖深1.8m左右，挂细钢筋网，喷射细石混凝土面层厚50～100mm，然后钻孔插入钢筋（长10～15m，纵向、横向的间距均为1.8m左右），加垫板并灌浆，依次进行直至坑底。

土钉墙支护技术是一种先进的新型岩土加固技术，它充分利用原状土体自身的承载能力，通过密布土钉及压力注浆，尽可能改善加固区原状土体的力学性能，在边坡原状土体中形成加固区，以抵抗开挖造成的侧向土压力；边坡加固施工紧随开挖进行，能迅速封闭开挖面，使得因开挖造成的土层应力释放及时得到控制，从而使边坡土体变形得到有效控制；用土钉将不稳定的土压力引入深层土体中，借助深层土体自身的承载力，提供有效的锚固力来平衡不稳定的土压力，从而形成一种先进的深层主动支护体系，使土钉与土体共同作用，充分发挥土体自身能力，提高边坡土层的整体性、自身强度和自稳定能力，最终使边坡得以稳定。

土钉墙优于传统的桩、板支护结构，其特点有：土钉墙支护造价相对较低；施工与开挖同时进行，边开挖边支护，从而大大缩短基坑施工工期；占用施工场地小；施工作业快速灵活，对于出现的局部边坡失稳处理和补强加固方便迅速；支护可靠，提供稳定边坡的能力及时，可以解决桩、板支挡结构难以解决的特殊地层边坡的支护问题。

因土钉依靠它与土体接触面上的摩擦力，与其周围土体形成一个有自承能力的挡土墙体系，整体刚度相对较差，基坑坡顶的水平位移也会较大，故在场地有所限制的条件下，土钉墙的应用受到一定的限制。

土钉墙围护结构具有如下特点：

（1）可以形成土钉墙复合体，合理利用了土体的自承能力，显著提高了边坡整体稳定性和承受坡顶超载的能力。

（2）结构轻，柔性大，有良好的抗震性和延性，本身的变形很小，对邻近建筑的影响不大。

（3）施工设备简单，土钉的制作与成孔不需复杂的技术和大型机具，土钉施工的所有作业对周围环境干扰小。

(4) 施工不需要单独占用场地，对于施工场地狭小，放坡困难，有相邻低层建筑或堆放材料，大型护坡施工机械不能进场时，该技术尤其显示出优越性。

(5) 随着基坑开挖逐次分段施工作业，施工效率高，一旦开挖完成，土钉墙也就建好了。

(6) 工程造价低，土钉墙工程造价比其他类型的工程造价低 1/3～1/2。

(7) 土钉是用低强度钢材制作，与永久锚杆相比，大大减少了防腐的麻烦。

土钉墙适用于地下水位以上或经人工降水后的人工填土、黏性土和弱胶结砂土等地质条件，土钉墙宜用于深度不大于 12m 的二级、三级基坑支护或边坡围护，当土钉墙与有限放坡、预应力锚杆联合使用时，深度可增加。

土钉墙不宜用于含水丰富的粉洗砂层、砂砾卵石层和淤泥质土，不得用于没有自稳能力的淤泥和饱和软弱土层。对于不均匀系数小于 2 的级配不良的砂土，选用土钉墙时要慎重。在条件许可的前提下，土钉墙围护结构不失为一种造价低、施工简便、效果良好的边坡支护结构形式。

10.1.3　悬臂式围护结构

未加任何内支撑或锚杆，仅靠插入基坑底下一定深度，以取得嵌固和稳定的围护结构称为悬臂式围护结构。悬臂式围护结构依靠足够的入土深度和结构的抗弯能力来维持整体稳定和结构的安全。悬臂式支护桩如图 10-3 所示。

悬臂式围护结构所受土压力分布是开挖深度的一次函数，其剪力是开挖深度的二次函数，弯矩是开挖深度的三次函数，水平位移是开挖深度的五次函数。悬臂式围护结构对开挖深度很敏感，容易产生较大的变形，对相邻的建筑物产生不良影响。

悬臂式围护结构适用于土质较好、开挖深度较浅的基坑工程。基底以下的土质情况要好，有较大的内聚力（C）值，特别是在基坑底部及桩端处不是软弱土层。如是软土区，对整个结构的稳定不利，因为这两处产生的反力较大，是杆件平衡的关键部位。当基坑底下被动区土质不良时，可考虑采用人工加固的方法，以提高被动区的被动土压力。

悬臂式围护结构的优点是结构简单、施工方便，有利于基坑采用大型机械开挖；其缺点是相同开挖深度位移大、内力大，支护结构需要更大的截面和插入深度来满足刚度和稳定性的要求。一般来说，一切没有支撑和锚固的围护结构均可归为悬臂式围护结构。这里仅指没有支撑和锚固的板桩式结构、排桩式结构和地下连续墙结构。其中，板桩式结构按材料分，大致可分为钢板桩、钢筋混凝土或劲性混凝土桩、木板桩、组合型板桩等；排桩式结构常用的桩型有钢管桩、钢筋混凝土预制桩、沉管灌注桩、钻（冲）孔灌注桩、压浆桩和人工挖孔桩等。

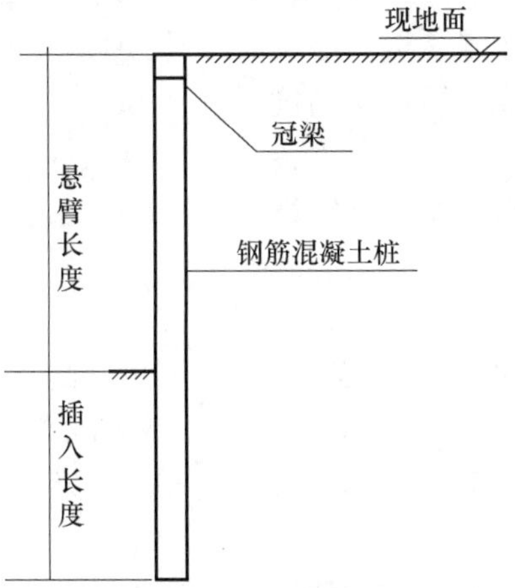

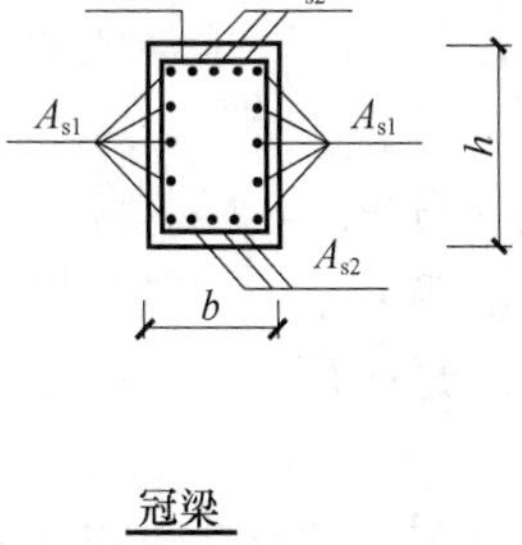

图 10-3　悬臂式支护桩

排桩支护是在基坑开挖前沿基坑边沿施工成排的深度超过坑底的灌注桩。排桩有钻孔灌注桩和挖孔灌注桩等，多用于坑深7～15m的基坑工程，具有成本低、施工方便、刚度较好、无噪声、无振动、无挤压等优点；人工挖孔桩无须大型机械，施工费用低，可以多组并行作业，成孔精度（垂直中心偏差）高，当坑底下卧坚硬岩层时，还可在底部设置竖向锚杆将桩体与岩层连成整体而减少超过基坑的深度；但各桩之间的无连系，必须在桩顶浇筑较大截面的钢筋混凝土帽梁加以可靠连接。

排桩有连续排列形式，但大多是有一定间距的布置形式。这样就会丧失挡水功能，因此，当地下水位较高时，就需要采取挡水措施，如设置深层搅拌桩、止水帷幕、在桩间桩背采用高压注浆、旋喷桩等（图10-4、图10-5）。

(a) 连续式排列　(b) 间隔式排列　(c) 交错式排列

图10-4　混凝土和钢筋混凝土排桩挡墙平面布置形式

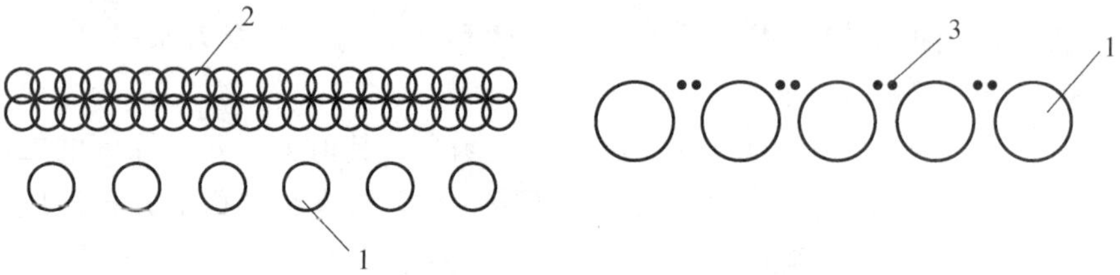

(a) 灌注桩加搅拌水泥土桩（或水泥旋喷桩）　(b) 浇筑桩加压密注浆

图10-5　挡土兼止水挡墙形式

1—灌注桩；2—水泥土桩（或旋喷桩）；3—压密注浆

10.1.4　排桩+内支撑支护

当基坑工程的面积和深度都不是很大，但同时工程地质条件又较差，仅使用围护排桩会出现较大内力和变形，无法满足支护要求时，常沿着排桩竖向位置设置一定的围檩，将水平支撑体系支撑在围檩上。从而组成排桩+内支撑的混合支护形式，此种方法可减少排桩的无支长度，提高侧向刚度，减小变形。

排桩内支撑结构体系，一般由挡土结构和支撑结构组成，两者构成一个整体，共同抵挡外力的作用。支撑结构一般由围檩（横挡）、水平支撑、八字撑和立柱等组成。沿一定高度将围檩固定在排桩墙上，通过围檩可将排桩承受的侧压力传给支撑，水平支撑为受压构件，当达到一定的长度时稳定性会降低，可在中间加设立柱，以承受支撑自重和施工荷载（图10-6）。

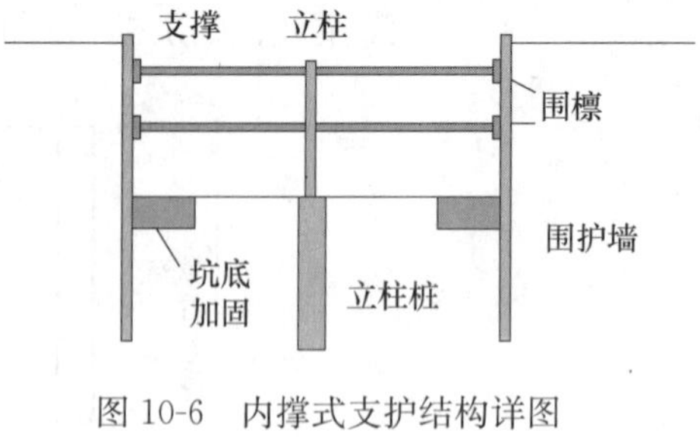

图10-6　内撑式支护结构详图

内支撑体系的平面布置形式，随基坑的尺寸、平面形状、开挖深度、地下结构布置、周围环境要求、土方开挖顺序和方法等而定。一般常用形式有角撑式、对撑式、框架式、边框架式以及环梁与边框架、角撑与对撑组合等形式，也可两种或三种形式混合使用，可根据工程因地制宜地选用最合适的支撑形式（图10-7）。

内支撑常采用钢筋混凝土支撑和钢管（或型钢）支撑两种。钢筋混凝土支撑体系的优点是刚度好、变形小，而钢管支撑的优点是钢管可以回收，且加预压力方便。内撑式支护结构适用范围广，可适用各种土层和基坑深度。两种材料的内支撑各有优缺点，具体见表 10-1。

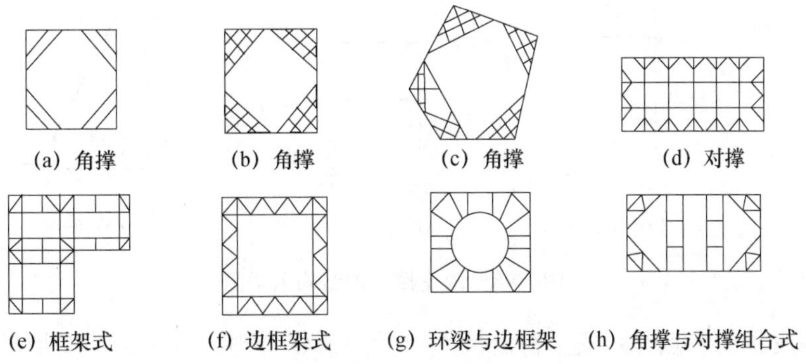

图 10-7　内撑式平面布置形式

表 10-1　不同种材料内撑的优缺点

项目	钢支撑	钢筋混凝土支撑
材料	采用钢管或型钢	钢筋混凝土
施工方法	预制后现场拼装	现场浇筑
节点	焊接或螺栓连接	一次浇筑而成
适应性	适用于对撑布置方案，平面布置变化受限制；只能受压，不能受拉，不宜用作深基坑的第一道支撑	易于通过调整断面尺寸和平面布置形式为施工留出较大的挖土空间，既能受压，又能受拉，也经得起施工设备的撞击
对布置的限制	荷载水平低，支撑在竖向和水平向的间距都比较小	荷载水平高，布置不受限制，可放大截面尺寸以满足较大间距的要求
支撑的形成	安装结束时已形成支撑作用，还可以用千斤顶施加轴力以调整围护结构的变形	混凝土结硬以后才能整体形成支撑作用，混凝土收缩变形大，影响支撑内力的增长
重复利用的可能性	在等宽度的沟渠开挖时可做成工具式重复使用，但在建筑基坑中因尺寸各异难以实现重复使用的要求	无法重复使用
支撑的利用或拆除	拆除方便，但无法在永久性结构中使用	在围护结构兼作永久性结构的一部分时，钢筋混凝土支撑可以作为永久性结构的构件；但如不作为永久性构件，则拆除工作量比较大
支撑体系的刚度与变形	刚度小，整体变形大	刚度大，整体变形小
支撑体系的稳定性	稳定性取决于现场拼装的质量，包括节点轴线的对中精度、杆件受力的偏心程度以及节点连接的可靠性，个别节点的失稳会引起整体破坏	现浇的钢筋混凝土体系节点牢固，支撑体系的稳定性可靠

内撑式支护结构由支护结构体系和内撑体系两部分组成。支护结构体系常采用钢筋混凝土桩排桩墙、钢筋混凝土咬合桩和地下连续墙形式。内撑体系可采用水平支撑和斜支撑。水平支撑又分为单层支撑和多层支撑，根据不同开挖深度而选用，如图 10-8（a）和图 10-8（b），当基坑平面面积很大，而开挖深度不太大时，宜采用单层斜支撑，如图 10-8（c）所示。

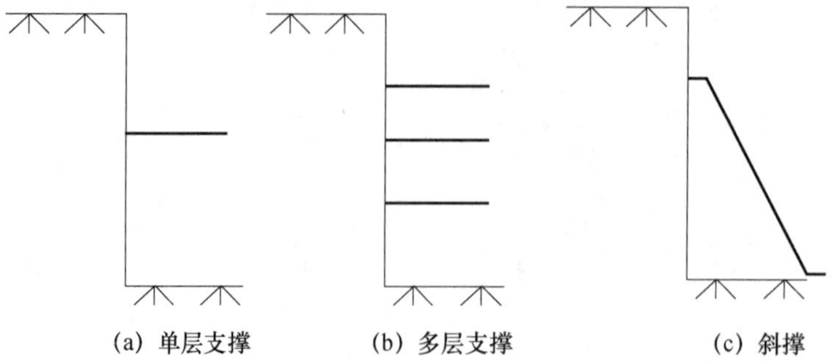

图 10-8　内支撑支护结构示意图

排桩＋内支撑支护的特点是：安全稳定性好，受力比较合理，围护结构变形较容易得到控制；但内支撑的存在会占用基坑内部空间，对地下结构施工带来不便，可通过换撑予以克服。

10.1.5　排桩＋锚杆支护

锚杆支护是指利用金属等材料支撑具有一定强度的杆柱，在岩土体中钻孔，然后将锚杆打入土中，利用锚头卡在排桩结构上，然后向锚杆中注入水泥砂浆和预应力筋并施加预应力，利用砂浆液和岩土体的固结作用和钢筋的预应力作用将锚杆和岩土体和排桩形成一个统一的支护整体，从而达到支护的作用。锚杆支护的优点主要有：不会占用基坑内部空间和不妨碍上部主体结构的施工；施工占地不大，对场地和地形要求较低；不用大量地开挖基坑，可减少对天然岩土体的扰动；锚杆的各项参数，如锚固位置、层数、间距、入射角度等都可依据实际情况灵活的调整；与内支撑支护相比，可降低成本、节省材料、节约工期，能有效地控制土体变形，安全性较高，支护效果好，操作简便，使用灵活，占用施工净空少等（图 10-9）。

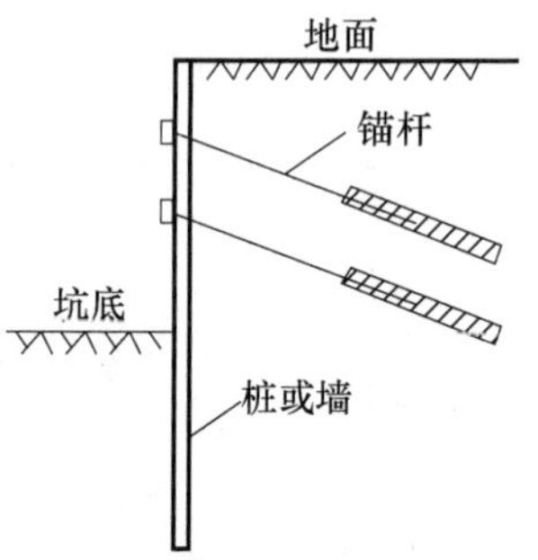

图 10-9　排桩＋锚杆支护体系

10.2　基坑支护结构选型

10.2.1　基坑支护结构设计的原则及基本内容

1. 基坑支护结构设计原则

（1）支护结构的设计应能达到足够的安全性能并能正常使用。

（2）依据实际工程的需要和用途、周边地形地貌及工程水文地质等条件，确定支护结构的平面布置形式以及支护高度、嵌固深度等。

（3）分析总结工程现场的地质和水文地质条件、周边地形地貌情况、周边构筑物、土层的物理性质、现场经济技术条件及荷载情况等，确定总体的支护结构类型。

（4）支护结构的设计应符合最新的相应技术规范、规程和条例等要求。

（5）设计的支护方案能对施工提供建设性的指导意义。

（6）基坑支护应采用以分项系数表示的极限状态表达式进行设计。

2. 基坑支护结构设计的内容

（1）各种支护体系的安全性、适用性及经济技术性的比较。

（2）支护结构的选型。

（3）支护结构本身的强度、变形和稳定性验算。

（4）基坑降水设计、围护墙抗渗设计或止水帷幕设计。

（5）周围土体的整体稳定性和倾覆稳定性验算。

（6）基坑的开挖和降水引起的支护桩的位移、周围土体的变形以及由此引起的周边建筑物和环境沉降等影响。

（7）基坑开挖的技术可行性研究。

10.2.2　影响基坑支护方案的因素

影响基坑支护方案的因素很多，并且各因素之间相互联系、相互依赖、相互制约、相互作用。归纳起来，主要应综合考虑如下因素：

（1）基坑支护结构所受的荷载：

①侧向荷载；②垂向荷载；③地震荷载；④风载；⑤地面超载等。

（2）基坑的几何尺寸：

①场地的形状；②基坑深度；③基坑的宽度。

（3）工程地质及水文地质条件：

①勘探资料的内容及测试方法；②岩土物理力学参数；③地下水情况及分布、制表水位、承压水层、承压气体等。

（4）环境条件：

①基坑周围地区性质；②基坑周围建筑物状况及所采用的基础类型；③基坑周围公用设施分布及地下构筑物、管线情况；④基坑周围交通状况及道路状况；⑤基坑周围水域（河流）状况；⑥基坑所处地区环境特殊状况及对基坑施工的特殊要求等。

（5）建筑物的基础结构及上部结构对支护结构的要求。

（6）基坑开挖及排水方法。

（7）对基坑支护结构施工（噪声、振动、地面污染）的要求。

（8）基坑场地周围已有基坑支护结构形式或类似基坑支护结构的形式，施工中的成功、失败原因、教训。

（9）现已应用的各种支护技术的特点和适用范围。

（10）业主对基坑支护设计的要求。

（11）相应的基坑支护设计规范、指南等。

10.2.3　基坑支护结构选型

《建筑基坑支护技术规程》（以下简称《规程》）是原建设部颁布实行的强制性行业标准，根据工程的基坑侧壁安全等级，其对基坑支护结构选型有一些原则规定（表 10-2、表 10-3）。

表 10-2　基坑侧壁安全等级及重要性系数

安全等级	破坏结果	r_0
一级	支护结构破坏、土体失稳或过大变形对基坑周边环境及地下结构施工影响很严重	1.10
二级	支护结构破坏、土体失稳或过大变形对基坑周边环境及地下结构施工影响一般	1.00
三级	支护结构破坏、土体失稳或过大变形对基坑周边环境及地下结构施工影响不严重	0.9

支护结构的选型应考虑结构的空间效应和受力特点，采用有利支护结构材料受力性状的形式，可根据基坑周边环境、开挖深度、工程地质与水文地质、施工作业设备、施工季节及基坑侧壁等级等条件选用合适的围护体系。选用原则是安全、经济、方便施工。表 10-3 为常见的支护结构选型及其适用条件。

表 10-3　各支护结构的安全等级和适用条件

<table>
<tr><td colspan="2" rowspan="2">结构类型</td><td colspan="3">适用条件</td></tr>
<tr><td>安全等级</td><td colspan="2">基坑深度、环境条件、土类和地下水条件</td></tr>
<tr><td rowspan="5">支挡式结构</td><td>锚拉式结构</td><td>适用于较深的基坑</td><td colspan="2" rowspan="5">1. 排桩适用于可采用降水或截水帷幕的基坑；
2. 地下连续墙宜同时用作主体地下结构外墙，可同时用于截水；
3. 锚杆不宜用在软土层和高水位的碎石土、砂土层中；
4. 当邻近基坑有建筑物地下室、地下构筑物等，锚杆的有效锚固长度不足时，不应采用锚杆；
5. 当锚杆施工会造成基坑周边建（构）筑物的损害或违反城市地下空间规划等规定时，不应采用锚杆</td></tr>
<tr><td>支撑式结构</td><td>适用于较深的基坑</td></tr>
<tr><td>悬臂式结构</td><td>适用于较浅的基坑</td></tr>
<tr><td>双排桩</td><td>当锚拉式、支撑式和悬臂式结构不适用时，可考虑采用双排桩</td></tr>
<tr><td>支护结构与主体结构结合的逆作法</td><td>适用于基坑周边环境条件很复杂的深基坑</td></tr>
<tr><td rowspan="4">土钉墙</td><td>单一土钉墙</td><td rowspan="4">二级、三级</td><td>适用于地下水位以上或经降水的非软土基坑，且基坑深度不宜大于 12m</td><td rowspan="4">当基坑潜在滑动面内有建筑物、线时重要地下管线，不宜采用土钉墙</td></tr>
<tr><td>预应力锚杆复合土钉墙</td><td>适用于地下水位以上或经降水的非软土基坑，且基坑深度不宜大于 15m</td></tr>
<tr><td>水泥土桩垂直复合土钉墙</td><td>用于非软土基坑时，基坑深度不宜大于 12m；用于淤泥质土基坑时，基坑深度不宜大于 6m；不宜用在高水位的碎石土、砂土、粉土层中</td></tr>
<tr><td>微型桩垂直复合土钉墙</td><td>适用于地下水位以上或经降水的基坑，用于非软土基坑时，基坑深度不宜大于 12m；用于淤泥质土基坑时，基坑深度不宜大于 6m</td></tr>
<tr><td></td><td>放坡</td><td>三级</td><td colspan="2">1. 施工场地应满足放坡条件；
2. 可与上述支护结构形式结合</td></tr>
</table>

10.3　九洲国际深基坑工程实例研究

10.3.1　工程概况

南宁九洲国际项目工程基坑周长约 373.3m，开挖面积 1.01 万 m^2，基坑平均开挖深度 26.5m，总土方开挖量约 20 万 m^3，基坑工程安全等级一级。基坑形状大致呈三角，西侧、北侧用地红线距华润幸福里地下室的最小距离为 3.0m，项目东侧为中新路，中新路人行道下埋有市政管线及电缆，电缆最近处距支护桩 1.5m，图 10-10 为各剖面位置图，图 10-11 为基坑平面图。图 10-12 为基坑支护 3D 图，基坑采用钢筋混凝土排桩、钢筋混凝土环撑（图 10-13）、预应力锚索组合的支护形式，各剖面支护情况见表 10-4。基坑影响范围内的土层自上而下主要为：第四系人工堆积层，素填土①层；下伏第三系邕宁群上组湖相沉积泥岩②层；泥质粉砂岩③层；砂岩④层，各土层参数见表 10-5。据区域地质资料，场地内无断裂构造通过，属稳定建筑场地。在基坑开挖深度影响范

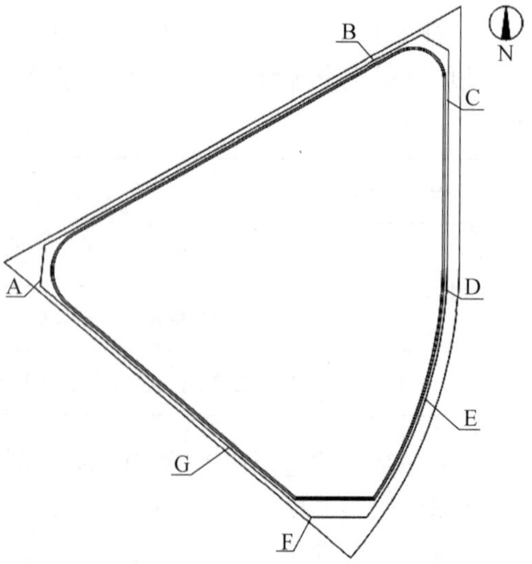

图 10-10　各剖面位置图

围内，揭露的地下水主要为裂隙水，主要分布于砂岩层④中，受大气降水，地表渗漏及地下水径流补给，水量不大，场地地下裂隙水水位在坑底 0.6m 以下，场地岩土层属弱透水层。

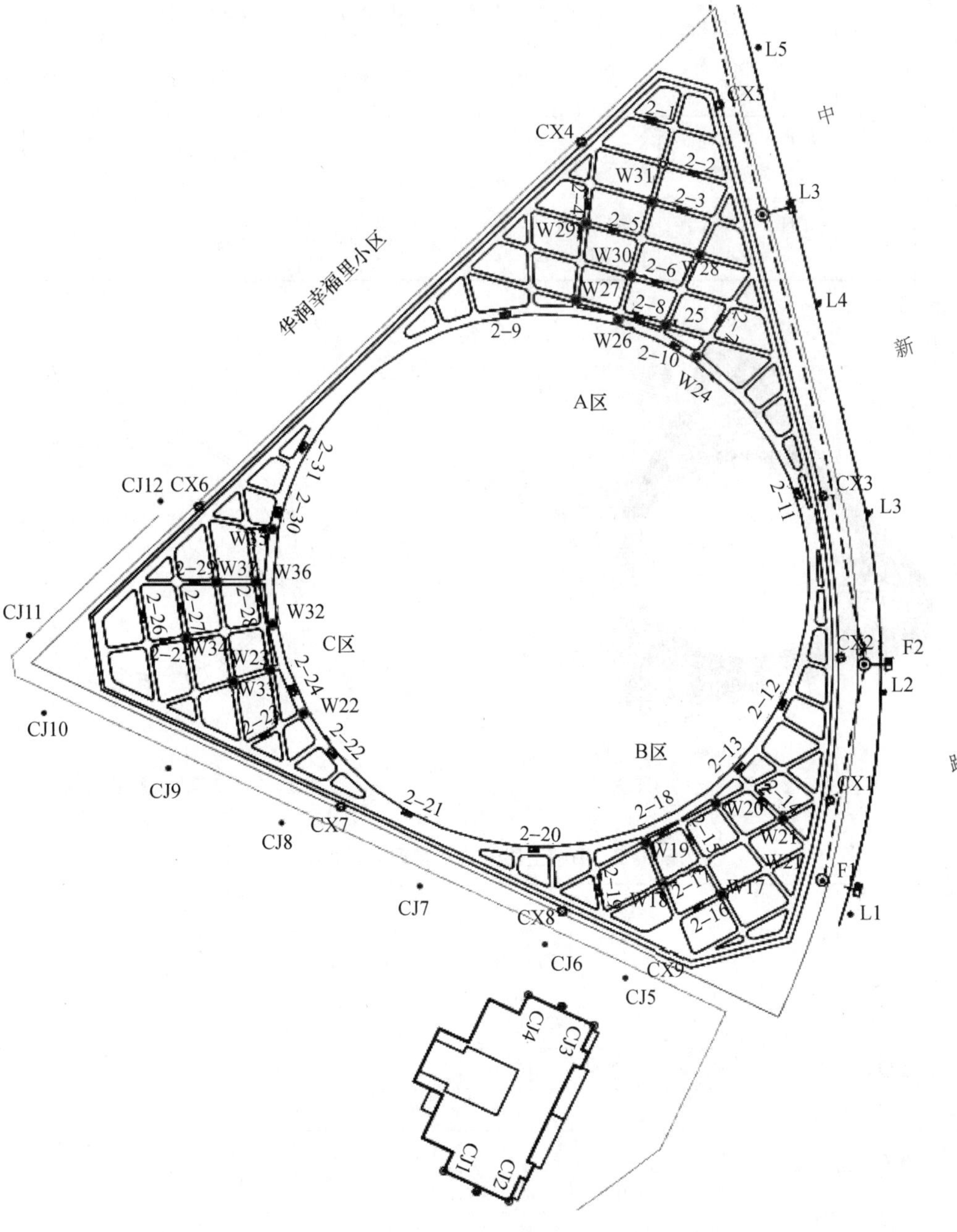

图 10-11　基坑平面图

表 10-4　各剖面支护情况

剖面	支护高度	支护形式	说明			
			止水桩	支护桩参数	内支撑参数	锚索参数
AB	24.4m	排桩＋止水桩＋内支撑	[两桩咬合 30cm]@2000	ϕ1000@2000	双层内支撑	N/A
BC	30.75m	排桩＋内支撑	N/A	ϕ1000@1500	三层内支撑	N/A
CD	30.75m	桩锚＋内支撑	N/A	ϕ1000@1500	双层内支撑	三排锚索，23～26m
DE	34.2m	桩锚＋内支撑	N/A	ϕ1000@1500	双层内支撑	三排锚索，23～26m

续表

剖面	支护高度	支护形式	说明			
			止水桩	支护桩参数	内支撑参数	锚索参数
EF	34.2m	桩锚+止水桩+内支撑	ϕ800@1500	ϕ1000@1500	三层内支撑	一排锚索，26m
FG	29.4m	排桩+止水桩+内支撑	ϕ800@1500	ϕ1000@1500	三层内支撑	N/A
GA	24.4m	排桩+止水桩+内支撑	[两桩咬合 30cm]@2000	ϕ1000@2000	双层内支撑	N/A

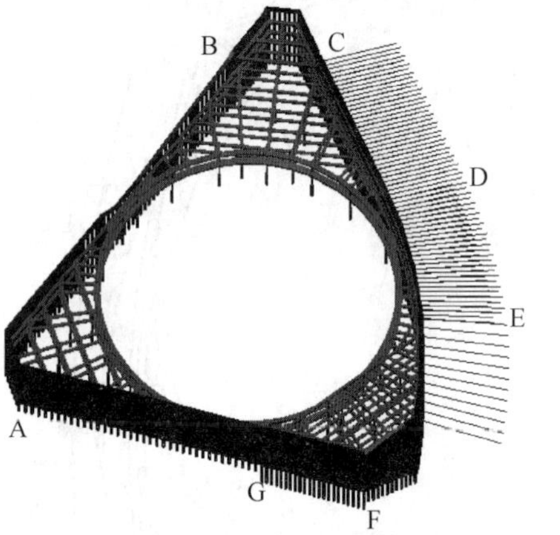

图 10-12　基坑支护 3D 图

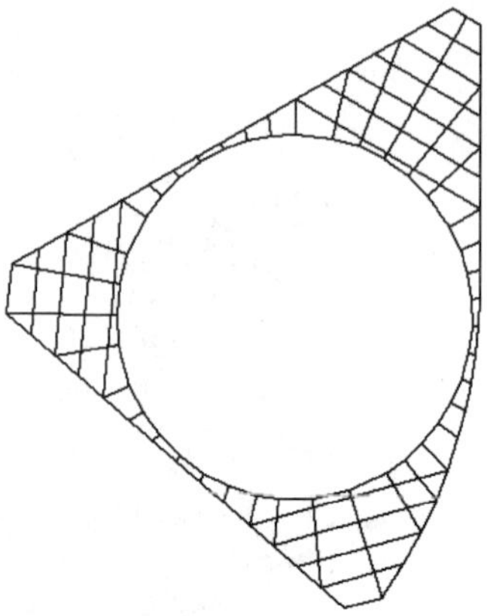

图 10-13　环梁支撑平面图

表 10-5　场地土层分布及物理力学指标

指标 地层	土层厚度 h（m）	承载力特征值 f_{ak}（kPa）	压缩模量 E_s（MPa）	天然重度 γ（kN/m³）	黏聚力 c_k（kPa）	内摩擦角 φ_k（°）	单轴饱和抗压强度 f_{rk}（MPa）	岩石软化系数
素填土①层	0.50～4.80	50	2.5	19.0	10	5	—	—
全风化泥岩②-1 层	1.00～13.60	200	10.0	20.0	70.0	10.0	—	—
强风化泥岩②-2 层	1.50～14.50	300	12.0	20.5	80.0	11.0	1.485	
中风化泥岩②-3 层	1.20～16.00	900	18.0	21.0	100.0	12.0	2.786	
泥质粉砂岩③层	0.20～27.40	1000	20.0	22.0	90.0	15.0	3.647	
强风化砂岩④-1 层	0.50～17.20	400	15.0	22.5	80.0	15.0		
中风化砂岩④-2 层	0.30～30.60	1200	25.0	23.0	100.0	20.0	10.179	0.48

10.3.2　复杂环境下针对基坑不同类型剖面的选型研究

由于基坑周边环境复杂，基坑开挖受周边建筑和车辆动荷载影响较大、开挖面积大、形状不规则等因素的影响，对基坑不同剖面采用不同的支护形式，以确保基坑施工的安全、方便、经济等方面符合要求。

选取支护形式不同的剖面进行研究，剖面 AB 有一定程度的放坡，支护形式与剖面 GA 段剖面类似，支护桩间距一致，可将两者进行对比分析研究基坑坡顶上覆荷载形式对基坑稳定性的影响；剖面 BC 和剖面 FG 的支护形式相同，剖面 FG 周边有建筑附加荷载，将两剖面进行对比分析，研究附加荷载对使用此类支护形式的深基坑的变形影响；有三排锚索支护的剖面 CD 和剖面 DE 支护形式类似，可进行对照分析；DE 剖面与 EF 剖面支护形式不同，EF 段剖面仅用一排锚索支护，将两者进行对比分析，研究支护形式对基坑的影响；剖面 EF 和 FG 可作对比分析，研究锚杆对基坑稳定性的影响；剖面 FG 段与 GA 段排桩的疏密程度不同，均有附加荷载，地层条件类似，可作为对比分析进行研究。图 10-14～图 10-20 为不同剖面的剖面图。

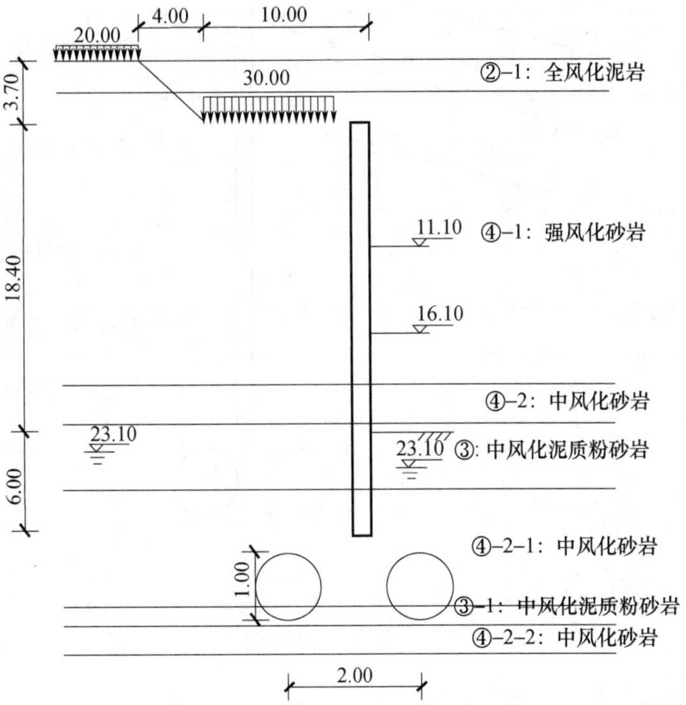

图 10-14　AB 段剖面图

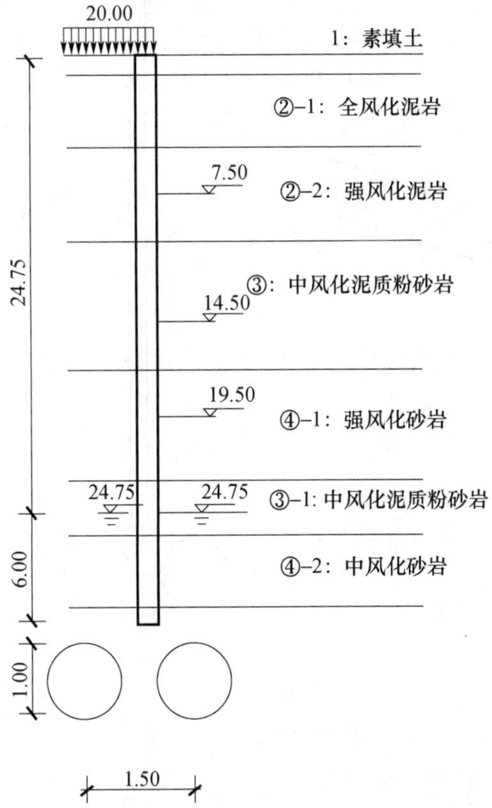

图 10-15　BC 段剖面图

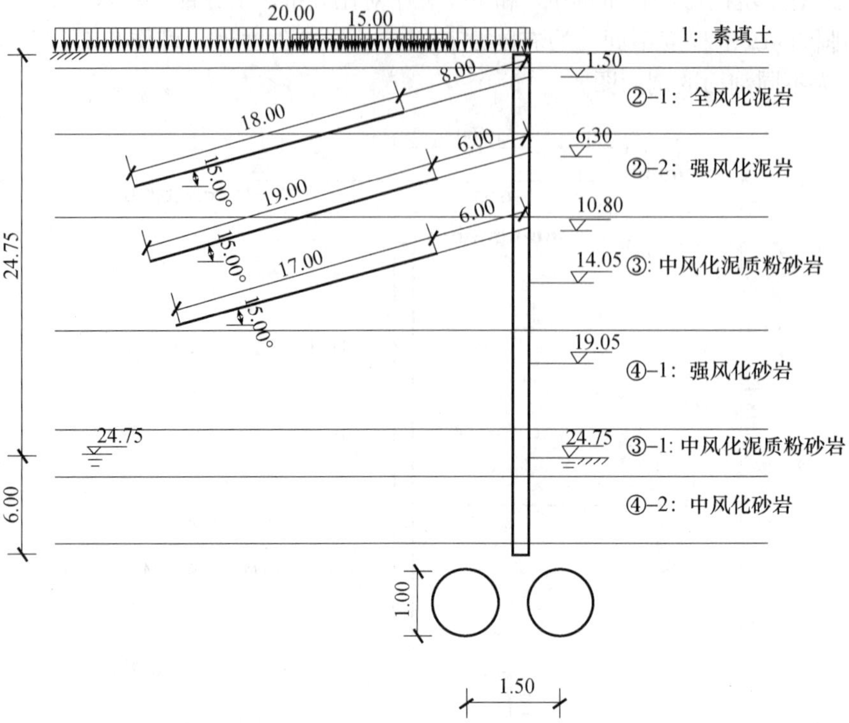

图 10-16　CD 段剖面图

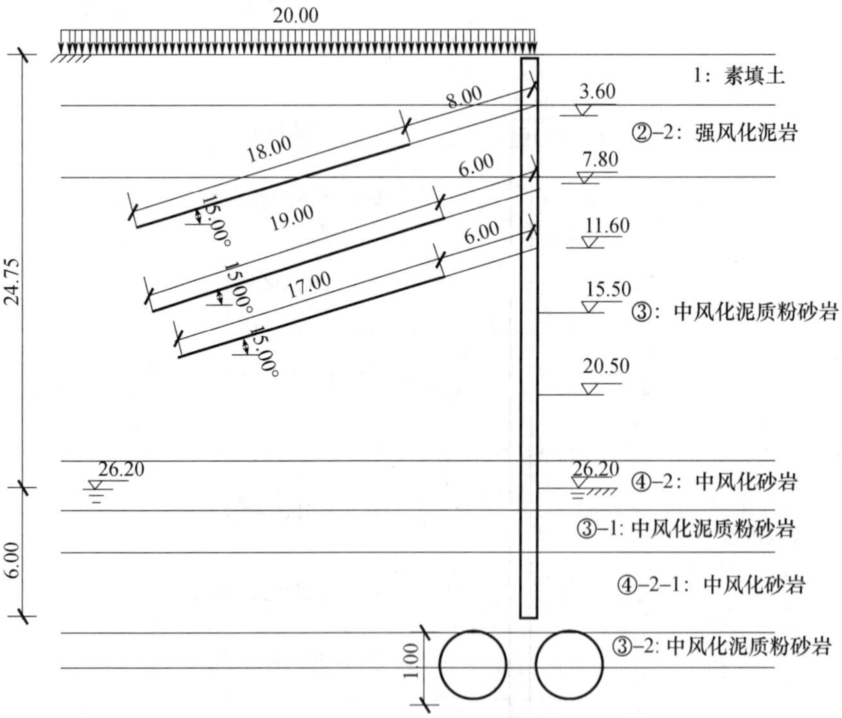

图 10-17　DE 段剖面图

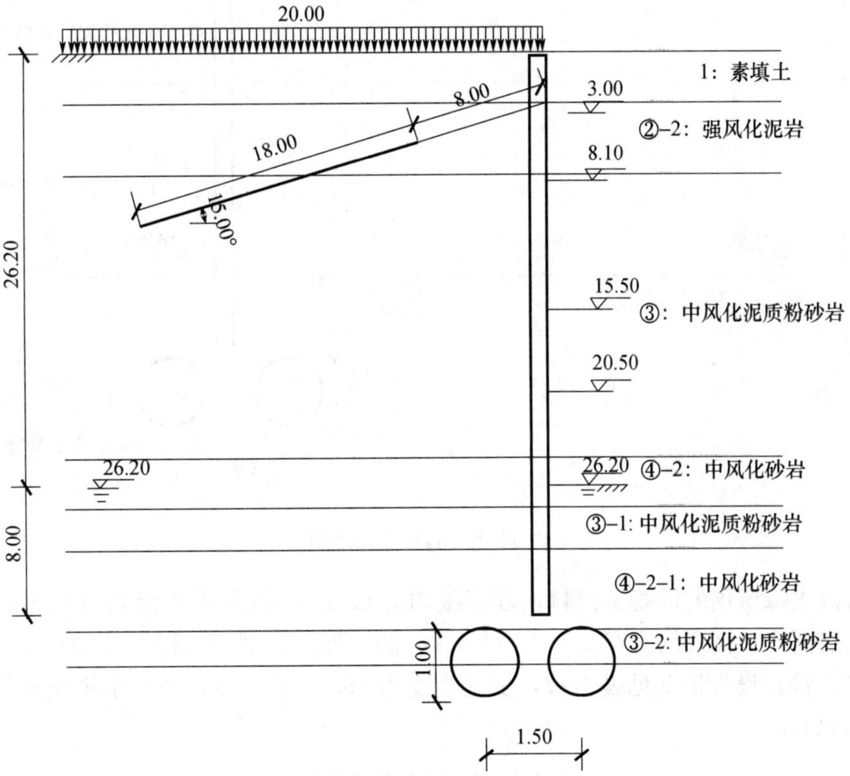

图 10-18　EF 段剖面图

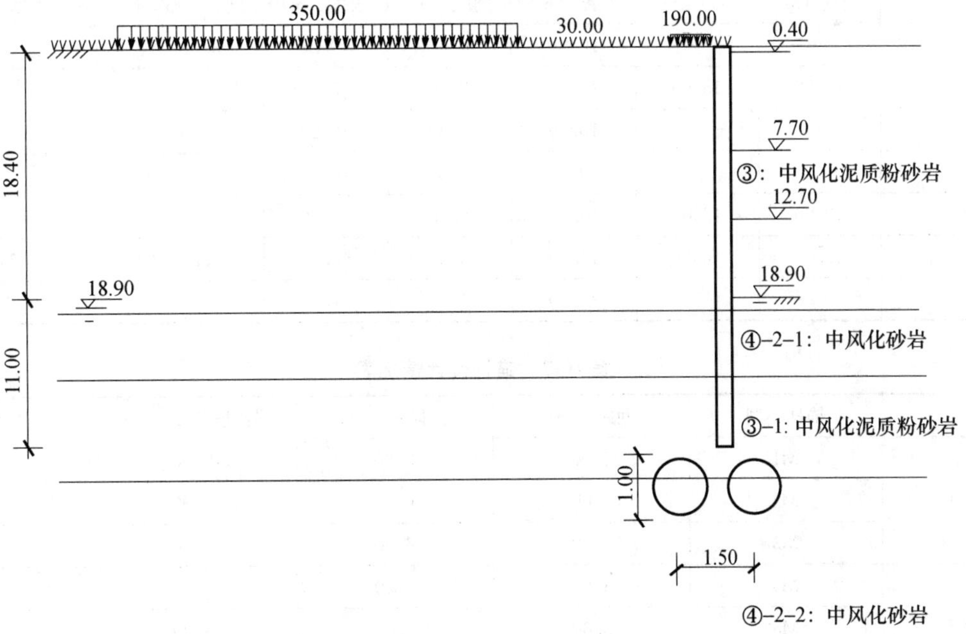

图 10-19　FG 段剖面图

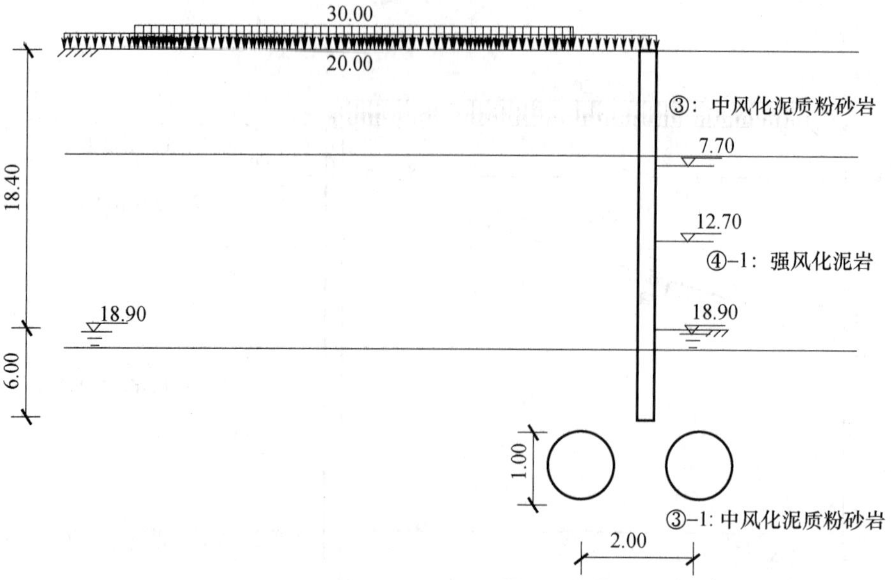

图 10-20　GA 段剖面图

排桩支撑与内支撑所用的混凝土材料强度等级均为 C30，一层角撑截面高为 0.6m、宽为 0.8m 的矩形。二层、三层内支撑截面均为宽 0.8m、高 0.8m 的矩形。各剖面支撑结构的长度、间距与排桩嵌入深度见表 10-6。锚杆设计情况见表 10-7，加筋类型为 15.24 钢绞线，锚杆水平倾角均为 15.00°，直孔直径均为 150.00mm。

表 10-6　支护结构设计情况表

剖面	1 层支撑		2 层支撑		3 层支撑		排桩嵌入深度（m）
	长度（m）	间距（m）	长度（m）	间距（m）	长度（m）	间距（m）	
AB	—	—	10.20	8.68	10.20	8.68	—
BC	15.00	15.00	10.20	8.80	10.20	8.80	6
CD	—	—	10.20	8.80	10.20	8.80	6
DE	—	—	10.20	8.80	10.20	8.80	8
EF	12.00	12.00	10.20	8.80	10.20	8.80	8
FG	15.00	8.00	10.50	8.20	10.50	8.20	11
GA	—	—	11.00	7.50	11.00	7.50	6

表 10-7　锚杆设计情况表

剖面	锚杆类型	间距（m）	自由段长度（m）	锚固段长度（m）	加筋根数
CD 剖面	M1	3.00	8.00	18.00	2
	M2	3.00	6.00	19.00	2
	M3	1.50	6.00	17.00	3
DE 剖面	M4	3.00	8.00	18.00	2
	M5	3.00	6.00	19.00	3
	M6	1.50	6.00	17.00	4
EF 剖面	M1	3.00	8.00	18.00	3

用同济启明星软件进行计算的结果进行分析，总结归纳出适用于不同类型剖面的支护选型。各剖面的配筋计算均用《混凝土结构设计规范》方法进行计算；抗隆起和抗倾覆稳定计算，均运用《上海

市基坑工程设计规程》方法进行计算。表 10-8 为各剖面稳定性计算结果。

1. AB 段支护选型研究

(1) 配筋计算。

按《混凝土结构设计规范》的方法进行计算。

① 计算参数

桩身最大计算弯矩：1511.1kN·m。

弯矩折减系数：1.0。

钢筋种类：RRB400-ϕ32mm。

保护层厚度：50.0mm。

② 计算结果

桩身受弯设计值：2077.8kN·m。

计算配筋面积：16084.6mm^2。

需钢筋：20 根。

实际配筋面积：16085.0mm^2。

配筋率：2.0%。

(2) 整体稳定计算（图 10-21）。

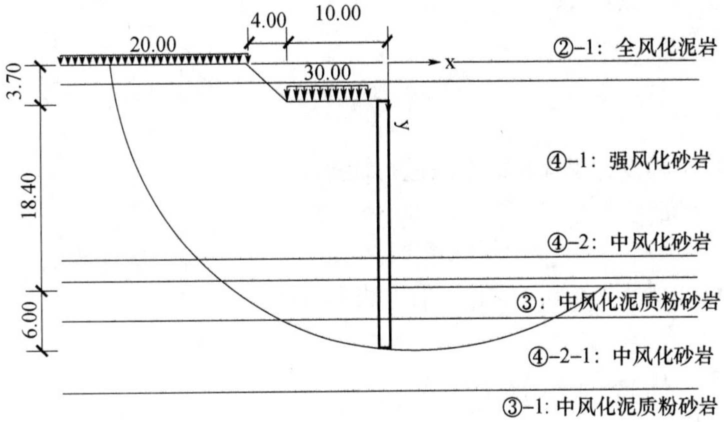

图 10-21　AB 剖面整体稳定性

滑动圆心：(2.98，−2.57) m。

滑动半径：30.93m。

下滑力：5745.2kN/m。

抗滑力：10177.7kN/m。

整体稳定安全系数：1.772。

要求安全系数：1.30。

满足要求。

(3) 抗隆起计算。

按《上海市基坑工程设计规程》的方法进行计算。

① 墙底抗隆起验算（图 10-22）。

抗隆起稳定安全系数：4.12。

要求安全系数：2.50。

满足要求。

② 坑底隆起量估算。

由经验公式估算坑底隆起量：79.65mm。

③ 坑底抗隆起验算（图 10-23）。

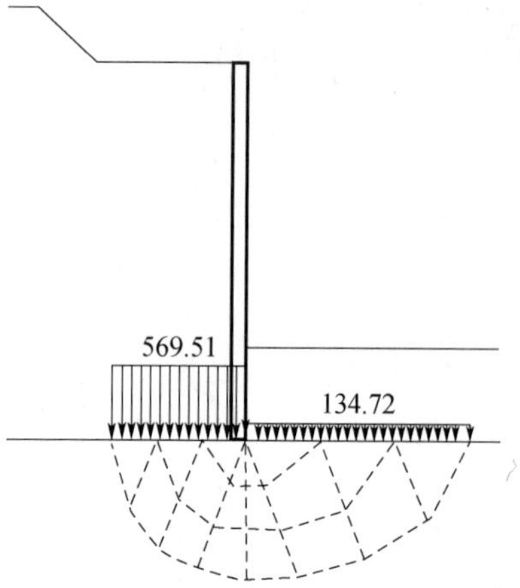

图 10-22　AB 剖面墙底抗隆起稳定性验算

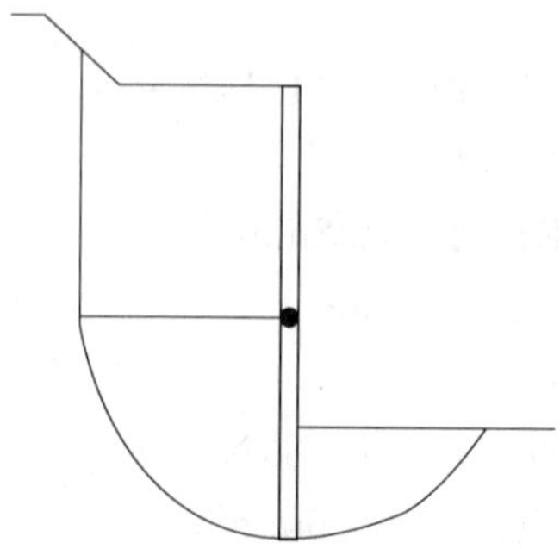

图 10-23　AB 剖面坑底抗隆起稳定性验算

抗隆起力矩：7260.54kN·m。

隆起力矩：2580.13kN·m。

坑底抗隆起稳定安全系数：2.81。

要求安全系数：2.50。

满足要求。

（4）抗倾覆稳定计算

运用《上海市基坑工程设计规程》的方法进行计算。

2. BC 段支护选型研究

（1）配筋计算

按《混凝土结构设计规范（2015 年版）》的方法进行计算。

① 计算参数

桩身最大计算弯矩：1582.0kN·m。

弯矩折减系数：1.0。

钢筋种类：HRB400-ϕ32mm。

保护层厚度：50.0mm。

② 计算结果。

桩身受弯设计值为：2175.2kN·m。

计算配筋面积：16944.5mm^2。

需钢筋：22 根。

实际配筋面积：17693.4mm^2。

配筋率：2.3%。

（2）整体稳定计算（图 10-24）。

按《建筑基坑支护技术规程》的方法进行计算。

滑动圆心：(4.04，0.00) m。

滑动半径：31.76m。

下滑力：6816.9kN/m。

抗滑力：10728.2kN/m。

整体稳定安全系数：1.574。

要求安全系数：1.30。

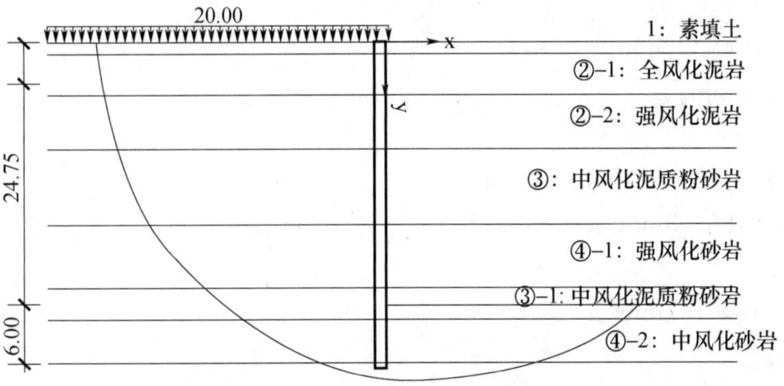

图 10-24　BC 剖面整体稳定性

满足要求。

(3) 抗隆起计算。

按《上海市基坑工程设计规程》的方法进行计算。

① 墙底抗隆起验算（图 10-25）。

抗隆起稳定安全系数：2.22。

要求安全系数：2.50。

不满足要求。

② 坑底隆起量估算。

由经验公式估算坑底隆起量：76.45mm。

③ 坑底抗隆起验算（图 10-26）。

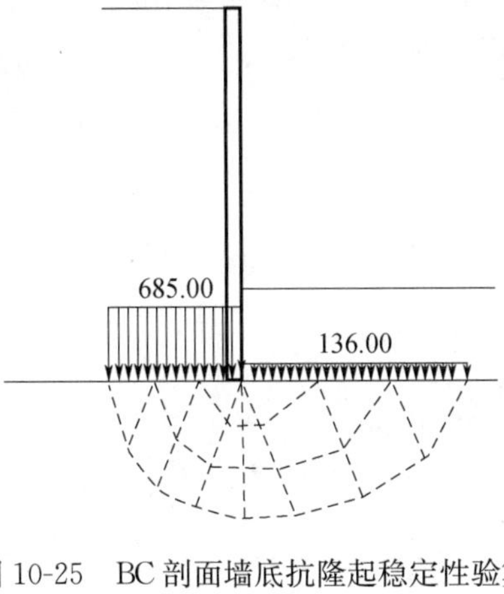

图 10-25　BC 剖面墙底抗隆起稳定性验算

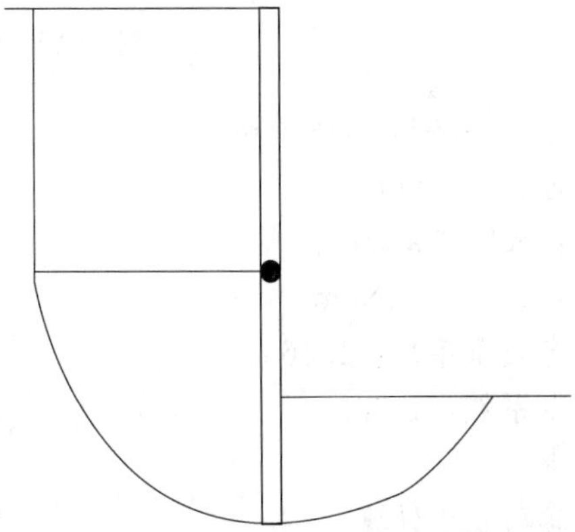

图 10-26　BC 剖面坑底抗隆起稳定性验算

抗隆起力矩：7769.65kN · m。

隆起力矩：3040.66kN · m。

坑底抗隆起稳定安全系数：2.56。

要求安全系数：2.50。

满足要求。

3. CD 段支护选型研究

(1) 配筋计算。

按《混凝土结构设计规范》的方法进行计算。

① 计算参数。

桩身最大计算弯矩：1657.2kN · m。

弯矩折减系数：1.0。

钢筋种类：HRB400-ϕ32mm。

保护层厚度：50.0mm。

② 计算结果。

桩身受弯设计值为：2278.7kN·m。

计算配筋面积：17863.3mm^2。

需钢筋：23 根。

实际配筋面积：18497.7mm^2。

配筋率：2.4%。

(2) 整体稳定计算（图 10-27）

按《建筑基坑支护技术规程》的方法进行计算。

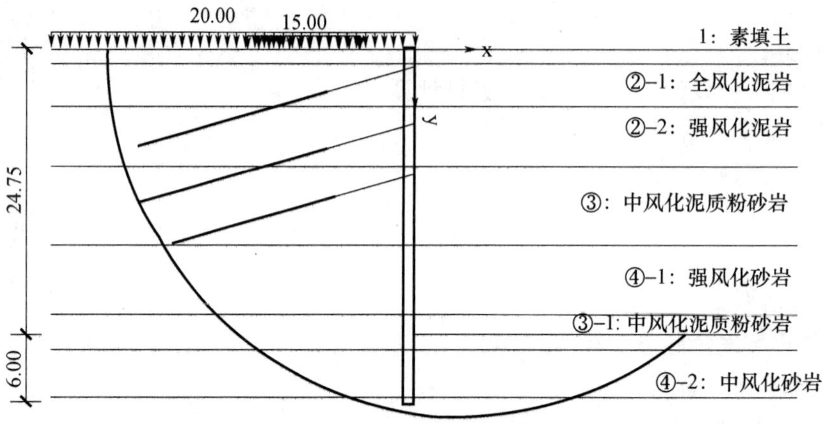

图 10-27　CD 剖面整体稳定性

滑动圆心：(4.04，0.00) m。

滑动半径：31.76m。

下滑力：6883.2kN/m。

抗滑力：10774.0kN/m。

整体稳定安全系数：1.565。

要求安全系数：1.30。

满足要求。

(3) 抗倾覆稳定计算

运用《上海市基坑工程设计规程》的方法进行计算。

4. DE 段支护选型研究

(1) 配筋计算。

按《混凝土结构设计规范》的方法进行计算。

① 计算参数

桩身最大计算弯矩：1384.2kN·m。

弯矩折减系数：1.0。

钢筋种类：HRB400-ϕ32mm。

保护层厚度：50.0mm。

② 计算结果

桩身受弯设计值为：1903.3kN·m。

计算配筋面积：14560.4mm^2。

需钢筋：19 根。
实际配筋面积：15280.7mm²。
配筋率：1.9%
(2) 整体稳定计算（图 10-28）。
按《建筑基坑支护技术规程》的方法进行计算。

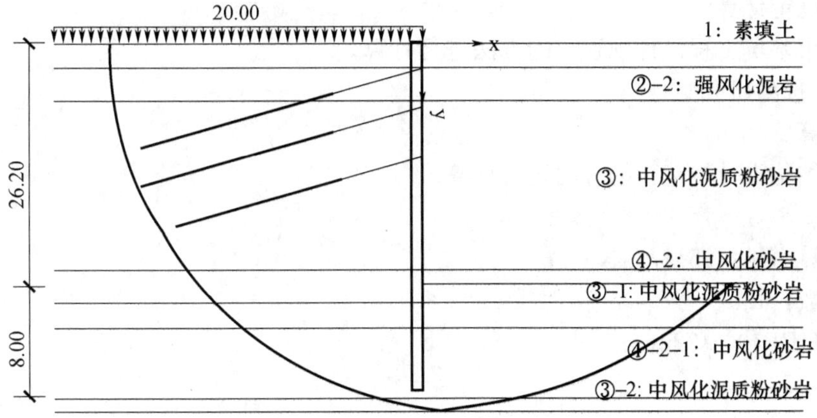

图 10-28　DE 剖面整体稳定性

滑动圆心：(5.11，−1.01) m。
滑动半径：37.97m。
下滑力：8906.0kN/m。
抗滑力：14680.9kN/m。
整体稳定安全系数：1.648。
要求安全系数：1.30。
满足要求。
(3) 抗隆起计算
按《上海市基坑工程设计规程》的方法进行计算。
① 墙底抗隆起验算（图 10-29）。
抗隆起稳定安全系数：3.46。
要求安全系数：2.50。
满足要求。
② 坑底隆起量估算。
由经验公式估算坑底隆起量：43.45mm。
③ 坑底抗隆起验算（图 10-30）。

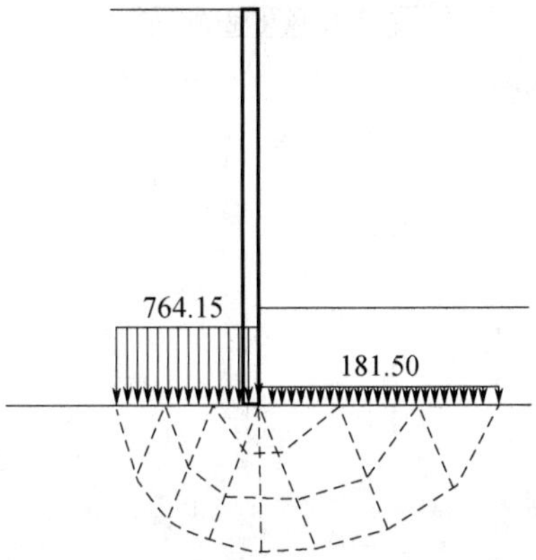

图 10-29　DE 剖面墙底抗隆起稳定性验算

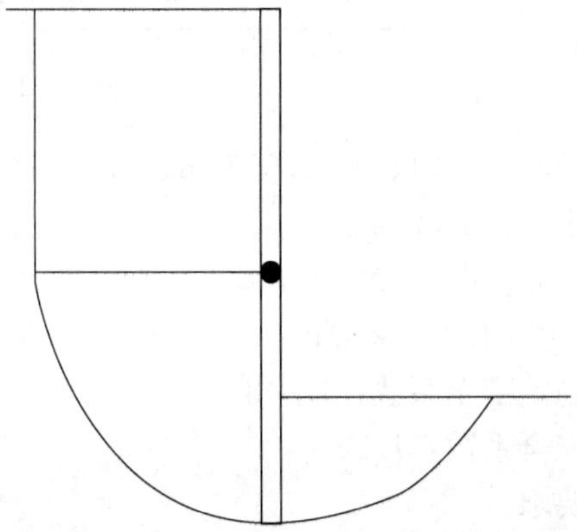

图 10-30　DE 剖面坑底抗隆起稳定性验算

抗隆起力矩：10215.06kN·m。

隆起力矩：3940.13kN·m。

坑底抗隆起稳定安全系数：2.59。

要求安全系数：2.50。

满足要求。

(4) 抗倾覆稳定计算

运用《上海市基坑工程设计规程》的方法进行计算。

5. EF段支护选型研究

(1) 配筋计算。

按《混凝土结构设计规范》的方法进行计算。

① 计算参数。

桩身最大计算弯矩：1512.5kN·m。

弯矩折减系数：1.0。

钢筋种类：HRB400-ϕ32mm。

保护层厚度：50.0mm。

② 计算结果。

桩身受弯设计值为：2079.7kN·m。

计算配筋面积：16101.3mm^2。

需钢筋：21根。

实际配筋面积：16889.2mm^2。

配筋率：2.2%。

(2) 整体稳定计算（图10-31）。

按《建筑基坑支护技术规程》的方法进行计算。

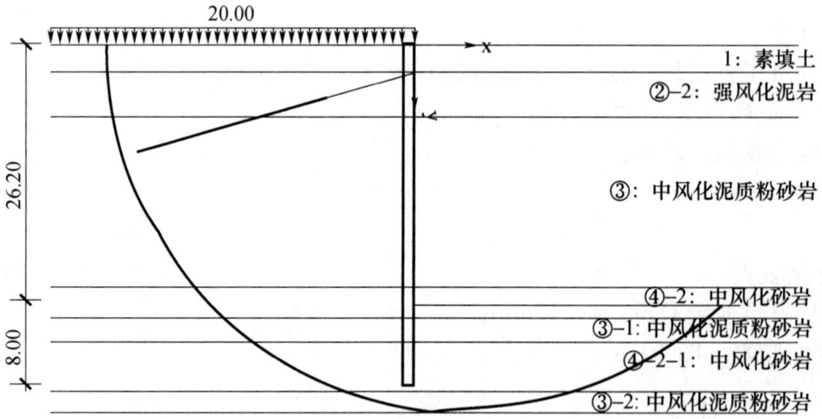

图10-31 EF剖面整体稳定性

滑动圆心：(5.11，−1.01) m。

滑动半径：37.97m。

下滑力：8906.0kN/m。

抗滑力：14680.9kN/m。

整体稳定安全系数：1.648。

要求安全系数：1.30。

满足要求。

(3) 抗隆起计算。

按《上海市基坑工程设计规程》的方法进行计算。

① 墙底抗隆起验算（图 10-32）。

抗隆起稳定安全系数：3.46。

要求安全系数：2.50。

满足要求。

② 坑底隆起量估算

由经验公式估算坑底隆起量：43.45mm。

③ 坑底抗隆起验算（图 10-33）。

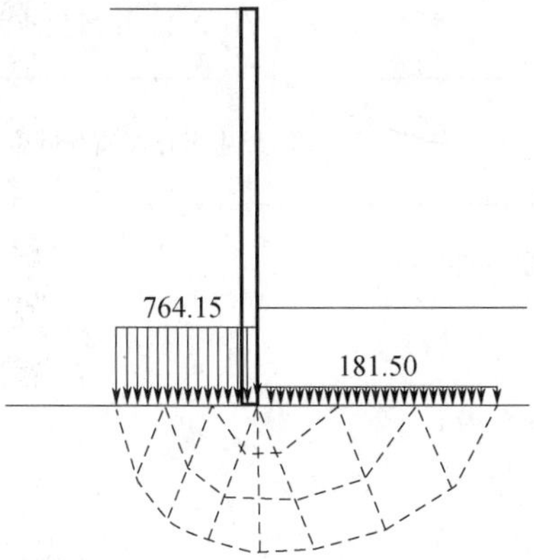

图 10-32　EF 剖面墙底抗隆起稳定性验算

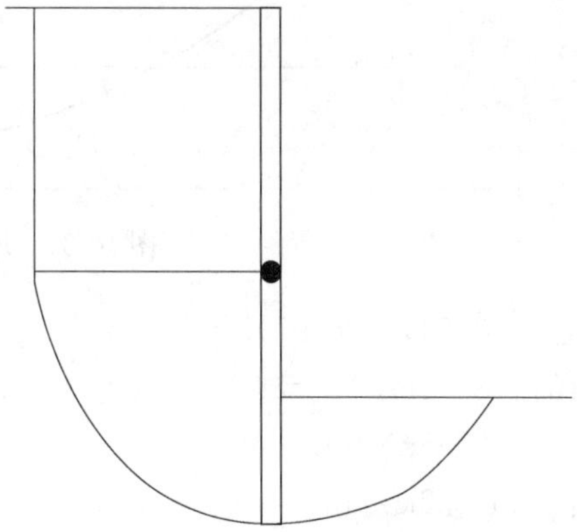

图 10-33　EF 剖面坑底抗隆起稳定性验算

抗隆起力矩：10215.06kN・m。

隆起力矩：3940.13kN・m。

坑底抗隆起稳定安全系数：2.59。

要求安全系数：2.50。

满足要求。

(4) 抗倾覆稳定计算

运用《上海市基坑工程设计规程》的方法进行计算。

6. FG 段支护选型研究

(1) 配筋计算。

按《混凝土结构设计规范》的方法进行计算。

① 计算参数。

桩身最大计算弯矩：1626.8kN・m。

弯矩折减系数：1.0。

钢筋种类：RRB400-ϕ32mm。

保护层厚度：50.0mm。

② 计算结果。

桩身受弯设计值为：2236.8kN・m。

计算配筋面积：17490.8mm^2。

需钢筋：22 根。

实际配筋面积：17693.4mm^2。

配筋率：2.3%。

（2）整体稳定计算（图 10-34）。

按《建筑基坑支护技术规程》的方法进行计算。

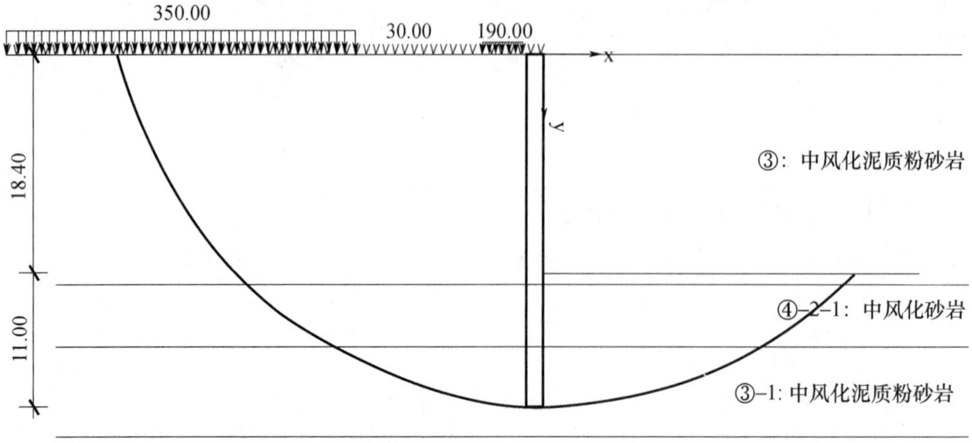

图 10-34　FG 剖面整体稳定性

滑动圆心：（0.74，－8.97）m。

滑动半径：38.41m。

下滑力：11497.5kN/m。

抗滑力：15012.2kN/m。

整体稳定安全系数：1.306。

要求安全系数：1.30。

满足要求。

（3）抗隆起计算。

按《上海市基坑工程设计规程》的方法进行计算。

① 墙底抗隆起验算（图 10-35）。

抗隆起稳定安全系数：2.92。

要求安全系数：2.50。

满足要求。

② 坑底隆起量估算。

由经验公式估算坑底隆起量：18.62mm。

③ 坑底抗隆起验算（图 10-36）。

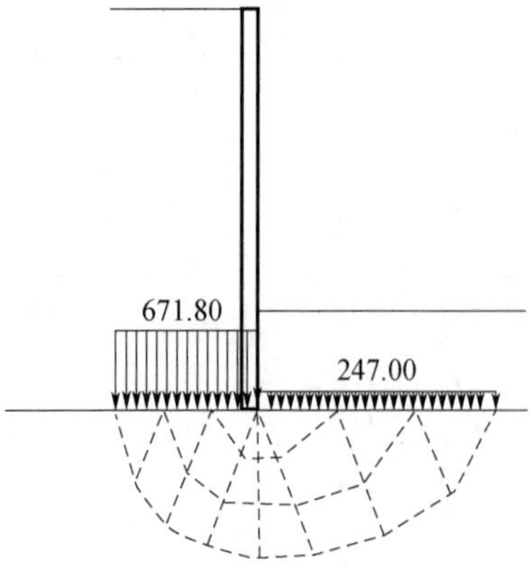

图 10-35　FG 剖面墙底抗隆起稳定性验算

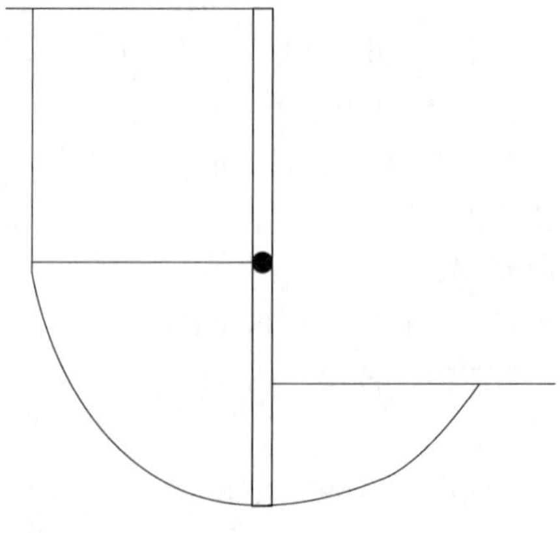

图 10-36　FG 剖面坑底抗隆起稳定性验算

抗隆起力矩：9804.80kN·m。

隆起力矩：3506.46kN·m。

坑底抗隆起稳定安全系数：2.80。

要求安全系数：2.50。

满足要求。

(4) 抗倾覆稳定计算

运用《上海市基坑工程设计规程》的方法进行计算。

7. GA 段支护选型研究

(1) 配筋计算。

按《混凝土结构设计规范（2015 年版）》的方法进行计算。

① 计算参数。

桩身最大计算弯矩：1541.6kN·m。

弯矩折减系数：1.0。

钢筋种类：HRB400-ϕ32mm。

保护层厚度：50.0mm。

② 计算结果。

桩身受弯设计值为：2119.6kN·m。

计算配筋面积：16453.1mm^2。

需钢筋：21 根。

实际配筋面积：16889.2mm^2。

配筋率：2.2%。

(2) 整体稳定计算（图 10-37）。

按《建筑基坑支护技术规程》的方法进行计算。

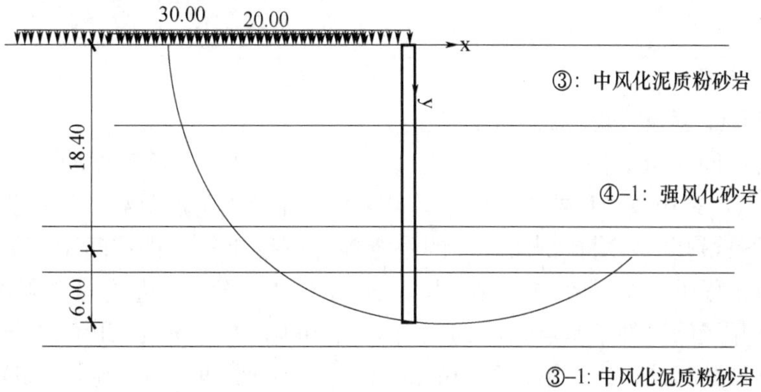

图 10-37　GA 剖面整体稳定性

滑动圆心：(3.33，−0.56) m。

滑动半径：25.33m。

下滑力：4685.0kN/m。

抗滑力：7703.4kN/m。

整体稳定安全系数：1.644。

要求安全系数：1.30。

满足要求。

(3) 抗隆起计算

按《上海市基坑工程设计规程》的方法进行计算。

① 墙底抗隆起验算（图 10-38）。

抗隆起稳定安全系数：2.68。

要求安全系数：2.50。

满足要求。

② 坑底隆起量估算。

由经验公式估算坑底隆起量：97.39mm。

③ 坑底抗隆起验算（图 10-39）。

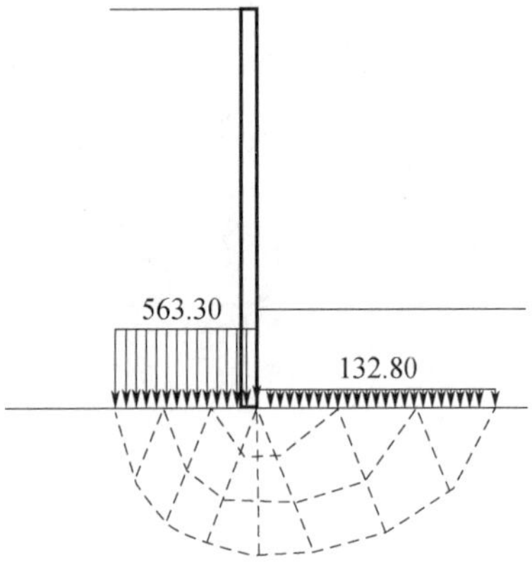

图 10-38 GA 剖面墙底抗隆起稳定性验算

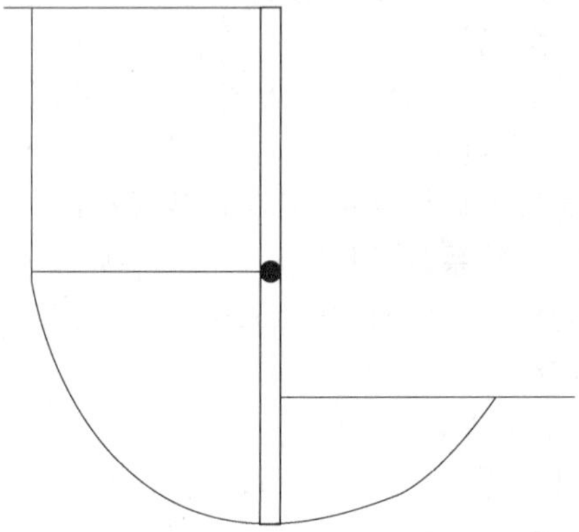

图 10-39 GA 剖面坑底抗隆起稳定性验算

抗隆起力矩：6183.59kN·m。

隆起力矩：2459.18kN·m。

坑底抗隆起稳定安全系数：2.51。

要求安全系数：2.50。

满足要求。

（4）抗倾覆稳定计算

运用《上海市基坑工程设计规程》的方法进行计算。

从稳定性角度对不同类型的剖面支护选型进行分析，表 10-8 为各剖面的稳定性计算结果，剖面 AB 的整体稳定性最高，是由于 AB 处有一放坡，且 AB 剖面处无附加荷载，周边无复杂环境，即使排桩间距较大但稳定性是最高的。对比剖面 GA 的稳定性计算结果，在排桩间距相同时，上覆荷载较大的稳定性较差。对比剖面 BC 和剖面 FG，在相同支护条件下，FG 周边受建筑附加荷载的影响较大，整体稳定性较低。从靠近路边处于基坑弧段的剖面 CD、剖面 DE、剖面 EF 的支护类型和稳定性计算结果可以看出：锚杆层数相同、支护形式相同的剖面 CD 与剖面 DE，由于剖面 CD 的锚杆加筋根数相对剖面 DE 较少（从表 10-7 锚杆设计表可知），所以剖面 CD 的整体稳定性略小，抗倾覆稳定性也略小；剖面 DE 与剖面 EF 的稳定性相同，但支护形式不同，EF 段剖面仅用一层锚杆进行支护但内侧有三层内支撑最上一层为角撑支护，而剖面 DE 有三层锚杆和两层环梁内支撑，由此说明 EF 段一层角撑的设置代替了两层锚杆的作用，能起到很好的围护作用，同时方便了工程施工，节约了人力物力。将剖面 EF 与剖面 FG 进行对比，可以发现，有锚杆支护的剖面 EF 段整体稳定性要比剖面 FG 段明显要高出许多，抗倾覆稳定性也较高，说明锚杆起到很好的支护作用，仅用内支撑和排桩支护基坑的稳定性要比排桩-内支撑-锚杆联合支护的稳定性差，同时锚杆也能有效提高基坑的抗倾覆稳定性。剖面 FG 与剖面 GA 的排桩间距不同，但由于剖面 FG 附近有一数值较大的附加荷载，即使比剖面 GA 多一层角撑，排桩间距较密，但整体稳定性仍不如剖面 GA，抗倾覆能力也没有剖面 GA 好，所以在基坑施工中，需要格外注意邻近建筑或者其他附加荷载，复杂的周边环境是影响基坑稳定性的一个重要因素。

表 10-8 各剖面稳定性计算结果

剖面	整体稳定性（要求 1.30）	抗隆起（要求 2.50）			抗倾覆（要求 1.20）
		墙底抗隆起	坑底抗隆起	隆起量（mm）	
AB	1.772	4.12	2.81	79.65	4.02
BC	1.574	2.22	2.56	76.45	2.75
CD	1.565	—	—	—	2.66
DE	1.648	3.46	2.59	43.45	5.05
EF	1.648	3.46	2.59	43.45	5.05
FG	1.306	2.92	2.80	18.62	10.03
GA	1.644	2.68	2.51	97.39	6.44

10.4 冗余度分析及环梁支护结构的优化设计

10.4.1 冗余度的概念

冗余度是超静定结构的额外约束。在土木工程和建筑结构中，冗余是指一种状况，即“由过多杆件组成的结构，其内力、反力等无法由平衡条件确定”，这种状况就称为冗余或超静定。

刘西拉等认为，可以把结构体系的冗余度理解为结构的超静定次数。静定结构中，只要有一个构件失效，整个系统就全部破坏；而对于超静定结构，个别构件或者截面的失效，并不一定会导致整个结构体系的破坏，必须形成一定的失效模式，例如塑性铰组合等。在可靠性理论中，就称之为冗余系统，冗余系统的特征量就是冗余度。

陈以一等认为，结构的冗余特性是指结构在初始的局部破坏下改变原有的传力路径，并达到新的稳定平衡状态的能力特征。因此，冗余度可以定义为结构“跨越”初始的局部破坏而不向外扩展，从而避免连续性破坏或倒塌发生的能力。

结构冗余度的作用可以概括为：（1）提高了机构在设计荷载下的可靠性；（2）降低了结构对意外或偶然荷载情况的敏感性。偶然事件导致结构某处局部损坏后，该处原先承担的荷载必然要在其邻近位置重新分布，从而要求新的结构承载路径。

结构的连续倒塌是因为突发偶然作用造成结构突发损伤，使局部结构或构件失效；荷载作用将在结构其余部分寻找新的承载路径，结果另外的部分可能因此失效并导致进一步的荷载重分布，这个过程持续到结构坍塌或通过稳定的承载路径而获得新的平衡。而冗余度是指结构具备多条荷载传力路径的属性。结构体系中的一个构件失效后，结构上的荷载由剩余结构的备用传力路径承担，构件的冗余度表现了其具备传力路径的强弱。因此，可认为冗余度是一种结构抗连续倒塌的能力。

10.4.2 冗余度的表达式

1. 冗余度定义

Furuta、Shinozuka 和 Yao 等通过结合使用确定的、基于概率的或一些模糊的替代措施来进行的损伤评估对结构冗余度进行了定义，并提出了冗余度的表达式，概括起来有如下几种：

（1）冗余度等级 R_1，也就是一般结构的超静定次数，定义为：

$$R_1=F-E \tag{10-1}$$

其中，F 为未知力的个数；E 为独立平衡方程的个数。

（2）储备冗余因子 R_2，定义为：

$$R_2=\frac{L_i}{L_{\mathrm{d}}} \tag{10-2}$$

其中，L_i 为结构的极限承载能力；L_d 为设计荷载。

（3）冗余度指数 R_3，定义为：

$$R_3=\frac{P_\beta-P_f}{P_f}=RI \tag{10-3}$$

其中，P_β 为结构中最危险构件的失效概率；P_f 为结构体系失效概率。对冗余结构体系来说，一般情况下最危险构件的破坏概率总大余体系失效概率，即单个构件的破坏不导致机构体系的失效。因此，RI 是非负的，当 $P_\beta=P_f$ 时，$RI=0$，即一旦某一构件失效则整个系统失效，是非冗余系统；当 $P_\beta>P_f$ 时，$RI>0$，表示结构为冗余体系。

2. 基于确定性结构性能的冗余度指标

对于基于确定性结构性能的冗余度分析，学者们提出了基于承载力、位移、能量、结构反应灵敏度的各种指标或测度。

（1）基于承载力的冗余度指标

20 世纪 80 年代，Frangopol、Moses 和我国学者冯元生等先后提出了基于结构损伤前后整体承载力变化的各种指标作为结构冗余度的测度。

第一种冗余度指标称为储备强度比（Reserve Strength Ratio，简称 RSR），定义为完好结构的承载力与设计承载力的比值：

$$RSR=\frac{V_u}{V_d} \tag{10-4}$$

式中，V_u 为完好结构体系的承载力；V_d 为结构的设计承载力。

RSR 实质上是完整结构的整体安全系数，需要用其他的指标来描述发生局部破坏损伤的结构冗余度。

第二种冗余度指标称为剩余或损伤强度比（Residual or Damaged Strength Ratio，简称 DSR），定义为损伤结构的承载力与设计承载力的比值：

$$DSR=\frac{V_r}{V_d} \tag{10-5}$$

式中，V_r 为损失结构体系的承载力。

第三种冗余度指标称为剩余影响系数（Residual Influence Factor，简称 RIF），定义为损伤结构承载力与完好结构承载力的比值：

$$RIF=\frac{V_r}{V_u} \tag{10-6}$$

第四种冗余度指标称为强度冗余度数（Strength Redundancy Factor，简称 SRF）”，定义为：

$$SRF=\frac{V_u}{V_u-V_r}=\frac{RSR}{RSR-DSR}=\frac{1}{1-RIF} \tag{10-7}$$

通过冗余度判别结构是否发生连续倒塌的准则为：当 $DSR>1$，或 $RIF>1/RSR$，或 $SRF>RSR/(RSR-1)$ 时，损伤结构在遭遇原设计荷载时不会发生连续倒塌，否则将发生连续倒塌。

敏感度指标是承载力对于杆件失效后的灵敏程度，通过下式定义：

$$SI=\frac{1}{SRF} \tag{10-8}$$

Frangopol 的观点颇受学者们的认可，他认为，冗余特性应从构件的性能和结构的整体承载能力角度去评价，简单的静力超静定次数对衡量结构体系的总体性能是不充分的。

（2）基于灵敏度的冗余度指标

Pandey 等将结构反应灵敏度的倒数作为一种广义的结构冗余度指标：

$$GR_j=\frac{1}{V}\sum\left[\frac{V_i}{S_{ij}}\right] \tag{10-9}$$

$$GNR_j=\frac{GR_j}{\max(GR_1,GR_2,\cdots,GR_{n_c})} \tag{10-10}$$

式中，GR_j、GNR_j 分别为结构第 j 个损伤参数的广义冗余度和标准化广义冗余度；V_i 表示第 i 个构件的体积；V 表示结构的总体积；S_{ij} 表示第 i 个构件对第 j 个损伤参数的灵敏度；n_c 为结构的构件总数。

日本钢结构协会在“9.11”事件之后将该测度应用于多高层钢框架和大跨空间结构，基于结构的非线性承载力分析，提出了反应灵敏度分析的一般方法，并将失效后容易导致结构倒塌的构件定义为关键构件。

（3）基于可靠度的冗余度指标

20 世纪 80 年代，美国学者 Frangopol 等根据结构损伤前后体系失效概率的变化，提出了概率冗余度指标 RI（Redundancy Index）：

$$RI=\frac{P_{\mathrm{f,d}}-P_{\mathrm{f,0}}}{P_{\mathrm{f,0}}} \tag{10-11}$$

式中，$P_{\mathrm{f,d}}$、$P_{\mathrm{f,0}}$ 分别为损伤结构和完好结构的失效概率。指标的取值范围为 1 到无穷大，且取值越小表明结构系统的冗余度越高。

若采用可靠指标描述结构的可靠性，则相应的冗余度系数为：

$$\beta_{\mathrm{R}}=\frac{\beta_0}{\beta_0-\beta_{\mathrm{d}}} \tag{10-12}$$

式中，β_{d}、β_0 分别为损伤结构和完好结构的可靠指标。指标取值范围为 0 到无穷大，取值越大表明结构系统的冗余度越低。

冗余度对结构的抗震性能也是重要的影响因素之一。Bertero 等采用结构可靠度理论研究了结构的冗余度对各种抗震设计方法的影响，并将结构失效时的塑性铰数目作为结构的冗余度。Liao 等采用结构可靠度方法研究了钢框架结构体系的抗震冗余性，并给出了一种定量描述结构抗震冗余性的“一致风险冗余度系数”：

$$R_{\mathrm{R}}=\begin{cases}1 & (P_{ic}\leqslant P_{ic}^{\mathrm{all}})\\ \dfrac{S_{\mathrm{a}}^{ic}}{S_{\mathrm{a}}^{\mathrm{all}}} & (P_{ic}>P_{ic}^{\mathrm{all}})\end{cases} \tag{10-13}$$

式中，R_{R} 为一致风险冗余度系数；P_{ic}为结构发生倒塌的实际失效概率；P_{ic}^{all}为允许的倒塌概率；S_{a}^{ic} 和 $S_{\mathrm{a}}^{\mathrm{all}}$分别为结构发生倒塌及允许倒塌时所对应的弹性谱加速度。

10.4.3　基坑工程中的冗余度

从近几十年来的重大基坑工程事故来看，单纯的土体强度引起的基坑失稳所占比例有限，很多基坑事故都是由于挡土结构或者支撑体系等结构的局部破坏或局部变形过大引起的。因此有必要针对重要地下工程与基坑工程引入冗余度设计理论，以提高基坑工程这种多场、多体的复杂工程的安全性和稳定性。

对于基坑支护体系来说，其进行冗余度设计的目的就是通过合理地布置支护体系，采取必要的连接构造节点，在不增加支护体系造价或造价增加很小的前提下，增加支护体系的冗余度，防止局部支护体系发生局部破坏引起整个支撑体系的变形显著增大或出现整体破坏。目前国内外还未针对基坑工程开展冗余度的研究。基于工程实践和理论研究，黄茂松等提出了基坑工程冗余度的概念和基坑支护体系冗余度的分类。

（1）基坑水平支撑系统的变形冗余度

基坑水平支撑系统的变形冗余度即水平支撑体系的承担竖向支挡结构传递来的荷载时产生变形的冗余度。水平支撑的布置应保证整个水平支撑体系在与竖向支挡结构连接的不同位置具有大致相同的刚度，整体上不同部位的变形差异不至过大。当水平支撑体系中个别杆件强度或刚度不够时，水平支撑体系能够将初始局部薄弱区域的荷载有效传递到能够承担这些冗余荷载的周边结构上，使薄弱区域

的变形不会显著增加

（2）基坑水平支撑系统的稳定冗余度

基坑水平支撑系统的稳定冗余度包括3个方面：①同一道水平支撑系统的冗余度。对重要基坑工程的水平支撑系统进行合理设计，使其在局部范围内主要水平受力构件失效、构件削弱或作用冗余荷载时仍能保证荷载的有效传递，从而避免整个水平支撑体系出现破坏；②多道水平支撑的冗余度。当某一道水平支撑失效时，其他标高的水平支撑可对竖向挡土结构的破坏起到延迟的作用，这也是重大基坑工程应具有的冗余度；③水平支撑与竖向挡土结构的连接节点冗余度。

（3）基坑竖向支挡结构的变形冗余度

基坑竖向支挡结构的变形冗余度是指基坑局部出现坑外过大荷载、局部土质条件较差、基坑局部深挖等导致竖向支挡结构可能出现局部的变形过大时，由于基坑平面性状、竖向支挡结构形式等，可将局部过大的荷载传递至相邻土体或竖向支挡结构，避免局部变形过大的能力。

（4）基坑竖向支挡结构的稳定冗余度

基坑竖向支挡结构的稳定冗余度是指基坑局部出现坑外过大荷载、局部土质条件较差、基坑局部深挖、竖向支挡结构局部强度不足、插入坑底以下深度不足等导致竖向支挡结构可能出现失稳破坏时，由于基坑平面性状、竖向支挡结构形式等，可将局部因稳定不足而产生的冗余荷载转移至相邻土体或竖向支挡结构，避免局部失稳的能力。

（5）水平支撑竖向支承结构的冗余度

水平支撑竖向支承结构的冗余度指支承水平支撑系统的竖向立柱的受力、变形及稳定的冗余度。例如，在软土地区，当基坑开挖导致基坑内土方高差过大时，可导致立柱承受较大水平荷载，深基坑开挖隆起可导致立柱因水平支撑约束而产生较大附加轴力，挖土机及重物的侧向碰撞均可能使立柱产生失稳，导致水平支撑坍塌。

对重大的基坑与地下工程来说，引入冗余度设计思想，考虑深基坑与地下工程的具体特点，可起到如下作用：

（1）通过对基坑支护体系进行冗余度分析，可在不增加造价或增加较少造价的情况下，提高基坑支护体系抵抗因局部破坏或局部变形过大而引起的整个支护体系失效或变形过大的能力。

（2）通过对支护结构体系进行冗余度设计，在支护结构构件和支护结构体系方面均保证其有预期的安全度。

（3）由于基坑支护体系的变形、受力及安全极大程度地依赖于施工过程，因此，对施工不同阶段、不同施工方案的支护结构体系的冗余度进行分析，可优化施工方案，最大程度保障支护结构体系安全。

（4）通过对基坑支护体系中的各构件进行冗余度分析，可明确地确定对支护结构体系安全有重大影响的构件，可指导施工过程中对其重点保护，并对制订基坑监测中有针对性地选择重点监测构件、监测项目等起到有力指导作用，使基坑工程信息化施工提到一个更高的水平。

10.4.4 深基坑环梁支撑冗余度分析实例

1. 计算模型的建立

依靠南宁九洲国际深基坑工程具体案例，深基坑一共有三层环梁支撑，选择第二层的环梁支撑作为研究对象。将第二层环梁支撑结构平面布置图右上端的角命名为第一角（图10-40为第一角结构编号图）、左端角命名为第二角、下端角命名为第三角。由于角撑、辐射撑和环梁主要受轴向压力为主，因此在软件计算中进行强度冗余度分析时只考虑轴力的变化量，刚度冗余度计算则考虑整个结构的位移变化量。按照实际情况对荷载进行简化，在计算模型周边加200kN/m的均布荷载。实际设计给定的内支撑构件截面尺寸见表10-9。由于文章的篇幅有限，现只分析右上角中角撑和环梁拆除后的情况。经过平面杆系结构有限元软件计算，发现当拆除右上角处的某道角撑或某根环梁后所引起轴力的变化较大的杆件是右上角范围内的杆件，因此本文只统计第一角（右上角）内的杆件的轴力值。对第一角内的各角撑和环梁进行编号，如图 10-40 所示。对第一角各编号杆件轴力统计见表 10-10。

表 10-9　内支撑构件截面尺寸表

项目	腰梁	角撑	辐射撑	环梁
高（mm）	800	800	800	800
宽（mm）	1000	800	800	1500

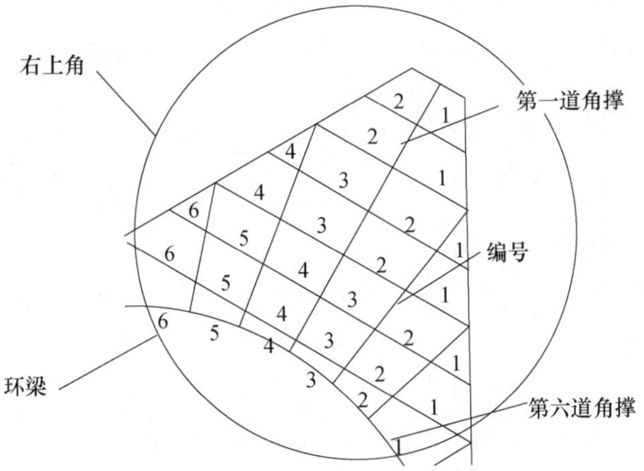

图 10-40　第一角构件编号图

表 10-10　第一角杆件轴力统计表

第一角原结构轴力（kN）	编号					
	1	2	3	4	5	6
第一道角撑	−1584	−1587	—	—	—	—
第二道角撑	−711	−703	—	—	—	—
第三道角撑	−1514	−1462	−1462	−1517	—	—
第四道角撑	−397	−453	−455	−399	—	—
第五道角撑	−1444	−1370	−1333	−1332	−1368	−1443
第六道角撑	−1339	−1642	−2150	−2277	−1830	−1500
环梁	−8708	−8388	−7906	−7766	−8165	−8500
第一角拆除第一道角撑轴力（kN）	编号					
	1	2	3	4	5	6
第一道角撑	—	—	—	—	—	—
第二道角撑	−1504	−1507	—	—	—	—
第三道角撑	−1387	−1242	−1240	−1390	—	—
第四道角撑	−431	−486	−488	−432	—	—
第五道角撑	−1445	−1372	−1336	−1334	−1360	−1443
第六道角撑	−1331	−1637	−2159	−2276	−1814	−1486
环梁	−8712	−8385	−7890	−7762	−8180	−8618

续表

第一角拆除第二道角撑轴力（kN）	编号					
	1	2	3	4	5	6
第一道角撑	−1867	−1860	—	—	—	—
第二道角撑	—	—	—	—	—	—
第三道角撑	−1719	−1788	−1790	−1724	—	—
第四道角撑	−521	−551	−554	−526	—	—
第五道角撑	−1453	−1384	−1356	−1354	−1382	−1451
第六道角撑	−1275	−1584	−2168	−2294	−1766	−1427
环梁	−8755	−8397	−7844	−7705	−8183	−8560
第一角拆除第三道角撑轴力（kN）	编号					
	1	2	3	4	5	6
第一道角撑	−1350	−1331	—	—	—	—
第二道角撑	−1276	−1379	—	—	—	—
第三道角撑	—	—	—	—	—	—
第四道角撑	−1150	−1198	−1279	−1298	—	—
第五道角撑	−1296	−1145	−1144	−1141	−1145	−1316
第六道角撑	−1167	−1359	−1816	−2561	−2190	−1720
环梁	−9089	−8867	−8349	−7470	−7705	−8163
第一角拆除第四道角撑轴力（kN）	编号					
	1	2	3	4	5	6
第一道角撑	−1590	−1592	—	—	—	—
第二道角撑	−767	−759	—	—	—	—
第三道角撑	−1665	−1653	−1650	−1660	—	—
第四道角撑	—	—	—	—	—	—
第五道角撑	−1542	−1523	−1493	−1500	−1538	−1552
第六道角撑	−1378	−1699	−2113	−2246	−1890	−1537
环梁	−8701	−8373	−8001	−7853	−8144	−8497
第一角拆除第五道角撑轴力（kN）	编号					
	1	2	3	4	5	6
第一道角撑	−1585	−1587	—	—	—	—
第二道角撑	−760	−734	—	—	—	—
第三道角撑	−1273	−1271	−1272	−1277	—	—
第四道角撑	−1313	−1329	−1323	−1291	—	—
第五道角撑	—	—	—	—	—	—
第六道角撑	−2085	−2293	−2579	−2716	−2510	−2272
环梁	−8591	−8371	−8089	−7944	−8132	−8374

续表

第一角拆除第六道角撑轴力（kN）	编号					
	1	2	3	4	5	6
第一道角撑	−1571	−1574	—	—	—	—
第二道角撑	−504	−490	—	—	—	—
第三道角撑	−1524	−1465	−1466	−1529	—	—
第四道角撑	−572	−622	−623	−572	—	—
第五道角撑	−2051	−2018	−2031	−2043	−2046	−2084
第六道角撑	—	—	—	—	—	—
环梁	−9567	−9556	−9522	−9500	−9501	−9496
第一角拆除 3 号环梁轴力（kN）	编号					
	1	2	3	4	5	6
第一道角撑	−1550	−1582	—	—	—	—
第二道角撑	−254	−446	—	—	—	—
第三道角撑	−1530	−1466	−1493	−1551	—	—
第四道角撑	−1014	−1039	−978	−894	—	—
第五道角撑	−1617	−1563	−1137	−1470	−1547	−1570
第六道角撑	−2114	−3815	−9913	−5533	−2547	−1782
环梁	−7589	−5798	—	−4032	−6930	−7812

2. 基于强度冗余度分析

在基坑水平支撑体系中，如果系统中某根杆件或者某些杆件在外力作用下突然失效，势必引起整个水平支撑系统的内力和位移发生变化。由前文计算可知，拆除右上角的角撑或环梁，右上角范围内杆件轴力会发生明显变化。所以当拆除杆件时对结构的影响主要表现在周围杆件轴力的变化大小和整个结构的最大位移的变化。为了方便计算冗余度，江杰等对 Frangopol 提出的基于结构构件强度冗余度 SRF_N 的计算公式改写为

$$SRF_N=\frac{N_u}{N_r-N_u} \tag{10-14}$$

式中，N_u 为原结构某根构件的内力值；N_r 为构件失效后的结构同根构件的内力值。

按照公式计算出所有编号杆件的强度冗余度值。某一道角撑的强度冗余度值取其所包含杆件中冗余度值的最小正值，如果某道角撑所包含的杆件中冗余度值全部为负值则取绝对值的最小值。（根据公式的定义，当冗余度值为正时，值越小说明杆件重要性程度越高，拆除后对结构的影响越大。当冗余度为负值时，拆除杆件后，结构杆件轴力相对于原结构是减小的，此时冗余度绝对值越小，对结构的影响程度越大。因此，取冗余度绝对值最小的杆件进行研究。）例如：当拆除第二道角撑时，第一道角撑中包含编号为 1 和 2 的两根角撑，其强度冗余度值分别为 5.60 和 5.81，则选择冗余度最小的 5.60 作为第一道角撑的冗余度值。将各道角撑和环梁的冗余度值列于表 10-11 中。

表 10-11　强度冗余度值

第一角拆除杆件	冗余度值						
	一道角撑	二道角撑	三道角撑	四道角撑	五道角撑	六道角撑	环梁
一道角撑	—	0.87	−11.94	11.70	444.33	238.89	72.03
二道角撑	5.60	—	4.46	3.14	57.96	119.44	141.67

续表

第一角拆除杆件	冗余度值						
	一道角撑	二道角撑	三道角撑	四道角撑	五道角撑	六道角撑	环梁
三道角撑	−6.20	1.04	—	0.44	−11.36	5.08	17.51
四道角撑	264.00	12.55	7.65	—	7.93	28.81	83.22
五道角撑	1584.00	14.51	−7.69	0.43	—	1.79	43.20
六道角撑	−122.08	−3.43	126.42	2.27	1.87	—	4.48
环梁	−317.40	−2.74	44.62	0.64	7.10	0.28	—

从表 10-11 中可以看出，原结构中环梁轴力最大，角撑轴力较小，其中第二道和第四道角撑的轴力值很小，均不超过 1000kN，第四道角撑轴力值最小，不超过 500kN，角撑轴力分布不均。当拆除其中某一道角撑后，与其相邻的角撑轴力增加，其中变化最明显的是拆除与第二道和第四道角撑相邻的角撑，拆除相邻角撑后，原本轴力较小的第二道和第四道角撑轴力明显增加，轴力最大时为原来轴力的两倍以上，从而起到分担被拆除角撑轴力的作用。当拆除轴力最大的环梁中某一杆件时，与其相邻的角撑轴力变为原来的四倍多，几乎代替了被拆除的环撑，所以与环梁相邻的角撑重要性不容忽视。

由于从轴力的变化中并不能直观地反映拆除杆件后构件轴力的变化规律，所以引入冗余度理论，以便更加直观地反应客观规律。从表 10-11 强度冗余度表中可以看出，当拆除环梁的 3 号杆时，第六道角撑冗余度值为 0.28，第四道角撑的冗余度值为 0.64，说明拆除换梁 3 号杆对第六道和第四道角撑影响较大，但由于在原结构中第四道角撑轴力值很小，导致拆除杆件后第四道角撑轴力不大，约为 1000kN，这远远小于第六道角撑中 3 号角撑的 9913kN 的轴向压力。因此拆除环梁 3 号杆后，影响最大最不利的杆件是与之邻近的第六道角撑的 3 号杆，而第四道角撑原本冗余度较大，拆除杆件后储备轴力发挥了一定作用，承担了一部分轴力。此外拆除环梁后角撑的受力变得更加不均匀，第二道角撑冗余度增加轴力减小，不能充分发挥其作用，轴力集中到第六道角撑上，导致第六道角撑冗余度过低。由冗余度值的大小可更加直观地知道，拆除环梁杆件后最不利杆件的冗余度最小，结构受力更不均匀，所以环梁的重要性要远远大于其他支撑。从表 10-11 还可以看出，当拆除某道角撑时，与其邻近杆件轴力有明显增加，冗余度较小。而且离被拆除杆件较近的原本轴力小的杆件，轴力比之前有大幅增加，冗余度偏小，杆件的重要性程度大大提高。然而当单单只拆除轴力较小的第二道或第四道角撑时，其他杆件的冗余度仍较高，均不小于 1，所以只拆除第二、第四道角撑对原结构的影响是很小的。但是当拆除某一根杆件时，比如拆除第五道角撑，原本非重要杆件第四道角撑变为了重要杆件，冗余度减小。

3. 基于刚度冗余度分析

在基坑工程中除了考虑结构强度的冗余度值外，还需要考虑基坑水平支撑变形的变化对整个体系的影响。参照公式（10-14），得出基于刚度冗余度的计算公式：

$$SRF_S=\frac{S_u}{S_r-S_u} \tag{10-15}$$

式中，S_u 为原结构最大内力值；S_r 为构件失效后的结构最大内力值。

在均布荷载 200kN/m 的作用下，得到原结构和拆除杆件情况下的结构最大位移值，如图 10-41 所示。可以看出当拆除环梁时，结构的最大位移值变化很明显，由 30.44mm 变成了 42.98mm，说明环梁不仅对结构的强度有着重要的作用，对结构的整体刚体同样重要。而当拆除第一、第二、第四、第五道角撑时位移值和原结构位移值基本一致，说明这几道角撑对结构刚度的影响较小。而第六道角撑和第三道角撑被拆除时位移值有所减小，但是减小的幅度不大，约为 3mm。

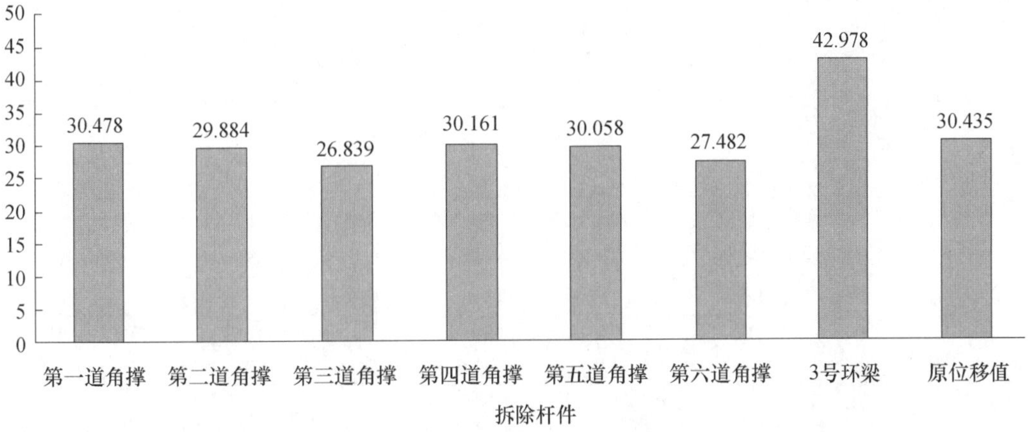

图 10-41　拆除杆件后结构最大位移值

表 10-12　刚度冗余度值

第一角	拆除杆件						
	一道角撑	二道角撑	三道角撑	四道角撑	五道角撑	六道角撑	环梁
冗余度	707.79	−55.24	−8.46	−111.08	−80.73	−10.31	2.43

将结构的刚度冗余度按照式（10-15）计算，结果列于表 10-12。基坑环梁支撑的抗变形能力是由其自身的刚度所决定的。根据公式的定义，刚度冗余度是在实数范围内变化的，当刚度冗余度为为正值时，说明拆除杆件后结构位移增大，值越大则说明所拆杆件对结构位移影响越小，反之，值越小所拆杆件对结构的位移影响越大。当刚度冗余度为负值时，说明拆除杆件反而使结构的位移减小，部分原因是由于此构件为了满足其更高的强度冗余度和减小局部结构位移而布置的。当刚度冗余度的负值绝对值越大则影响越小，反之越大。从表 10-12 中可以看出，第一道角撑和环梁被拆除后刚度冗余度值为正值。环梁刚度冗余度为 2.43，远远小于第一角撑的刚度冗余度值 707.79，说明环梁对结构的刚度的影响很显著，拆除环梁很有可能引起结构的失效。第一道角撑的刚度冗余度很大，说明到第一道角撑被拆除时，结构的其他支撑能够起到补充作用，防止结构整体失效。而其他几道角撑刚度冗余度值为负值，从刚度的角度看，支撑的布置不是越多越好，需要合理布置。

4. 优化设计方案及冗余度校核

由前两小节分析可知，拆除第一角的第二道和第四道角撑对结构的强度和刚度影响都相对较小。因此确定第一角的优化设计如图 10-42 所示，不改变内支撑构件的截面尺寸和材料属性。对确定的优化方案进行冗余度校核。同样地在周边加 200kN/m 的均布荷载，计算得出第一角的编号杆件的轴力见表 10-12，和原结构进行对比。从表 10-13 中可以看出，优化结构角撑的受力相比原结构更加均匀，环梁的最大轴力为 8757kN，角撑最大轴力为 2259kN，而原结构的环梁最大轴力为 8708kN，角撑最大轴力为 2277kN。可见，拆除两道角撑后的优化结构的环梁最大轴力较原结构仅仅增加了 0.56%，角撑轴力反而减小了 0.79%。拆除 3 号环梁计算出各道角撑的冗余度值和原结构拆除 3 号环梁冗余度值进行比较。

优化结构拆除 3 号环梁第一角编号杆件的轴力见表 10-14，优化前后强度冗余度值见表 10-15。可以发现原结构中各杆件冗余度值相差较大，而优化结构中各杆件冗余度差距明显减小，而最不利杆件的最小冗余度值无明显差异，这说明各杆件重要性相当，轴力分布均匀。角撑最大的轴力为 10050kN，相比较原结构中的 9913kN 仅仅增加了 1.38%。从位移的角度来看，优化结构拆除 3 号环梁后结构刚度冗余度值列于表 10-16。最大位移为 42.424mm，相较于原结构的 42.978mm 减小了 1.29%，刚度冗余度值很接近。

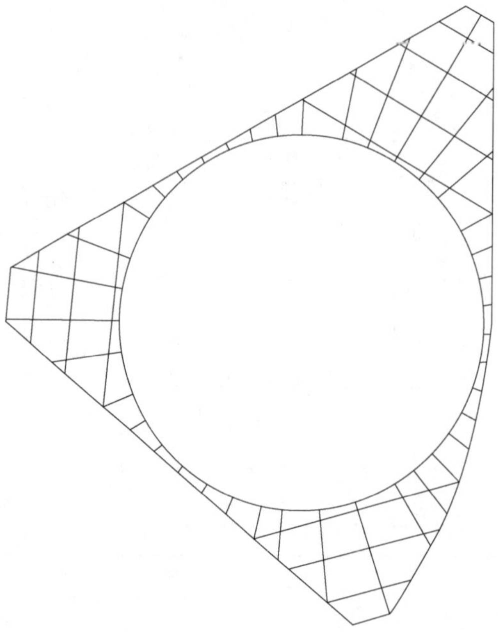

图 10-42　第二层环梁支撑优化结构图

表 10-13　优化结构轴力统计表

优化结构轴力（kN）	编号					
	1	2	3	4	5	6
一道角撑	−1916	−1909	—	—	—	—
三道角撑	−1931	−2047	−2025	−1930	—	
五道角撑	−1590	−1608	−1569	−1575	−1624	−1607
六道角撑	−1313	−1647	−2128	−2259	−1831	−1462
环梁	−8757	−8381	−7956	−7810	−8158	−8563

表 10-14　拆除环梁结构后优化结构轴力统计表

优化结构拆除环梁轴力（kN）	编号					
	1	2	3	4	5	6
一道角撑	−1700	−1863	—	—	—	—
三道角撑	−2100	−2095	−2145	−2050	—	—
五道角撑	−1876	−1965	−1524	−1921	−2075	−1911
六道角撑	−2225	−4024	−10050	−5747	−2711	−1825
环梁	−7552	−5683	—	−3905	−6775	−7814

表 10-15　强度冗余度值

第一角	冗余度值						
拆除杆件	一道角撑	二道角撑	三道角撑	四道角撑	五道角撑	六道角撑	环梁
3 号环梁	−317.40	−2.74	44.62	0.64	7.10	0.28	—
优化结构	冗余度值						
拆除杆件	一道角撑	二道角撑	三道角撑	四道角撑	五道角撑	六道角撑	环梁
3 号环梁	−41.50	—	11.43	—	3.60	0.27	—

表 10-16　刚度冗余度值

项目	原结构拆除 3 号环梁		优化结构拆除 3 号环梁	
最大位移（mm）	拆前	拆后	拆前	拆后
	30.435	42.978	29.409	42.424
冗余度	2.43		2.26	

5. 结论

由上文分析可见，优化结构相较于原结构在强度方面来说，角撑受力更加合理，从结构刚度来看和原结构接近，因此优化设计能够达到优化的目的。对于第二角和第三角，在第一角优化结构的基础上按照上述拆杆计算分析，即可以得到最终的优化结构。由于文章篇幅有限，本文仅对最终的优化结果进行分析。计算得出：第二层内支撑优化后能够节省钢筋混凝土大约 83m^3，采用这种优化方案，整个基坑工程能够节省费用大约 30 万元。得到最终优化结构后适当调整各道角撑的相对位置，可依据冗余度理论对结构进行进一步优化，得到更合理的内撑布置。对于辐射撑的优化也可参照本文使用的方法进行优化，不再赘述。

本文同时考虑深基坑中环梁支撑的安全性和经济性。在保证结构冗余度的前提下，尽量使结构优化，以达到经济性的目的。从本节拆杆后的冗余度分析可以看出，基坑环梁支撑各个构件的重要程度不是完全一致的。此外环梁支撑中的构件布置对整个结构内力和位移影响明显，杆件的布置不是越多结构就安全，合理布置杆件会使结构的传力路径更加合理，从而增强结构的冗余特征。本文基于此点对结构进行优化设计，经最终校核优化后，结构的冗余度校核通过，即达到经济性的目的。

10.4.1　本章小结

本章对复杂环境下的支护选型进行研究，首先介绍了几种常用的支护类型及其适用条件，对不同支护的选用和优缺点进行评价。

然后对九洲国际深基坑的工程资料进行整理，依据各个剖面的设计资料对复杂环境下深基坑的支护选型进行分析，结合基坑周边复杂的环境和支护体系本身支护种类多样，将各个剖面支护情况进行对比分析，得到不同支护选型在复杂环境下起到的不同支护效果，总结出以下几点结论：

（1）复杂环境对剖面稳定性影响较大，在周边环境简单的情况下可适当增加排桩间距而不影响稳定性，但当有上覆荷载时相同排桩间距情况下的稳定性较差，即使缩小排桩间距但控制效果依然达不到无荷载情况下的稳定性。这时需考虑是否采取其他手段或与其他支护形式（内支撑、锚索等支护形式）联合使用，来达到控制效果。

（2）锚索的设置对剖面的稳定性有一定影响，相同情况下锚索层数多、加筋数多的剖面稳定性好，但锚索层数和加筋根数需合理设置。在有车辆经过的路面附近可适当增设锚索，既能控制基坑变形，又能减少地面沉降。

（3）不同支护形式对剖面的稳定性有一定的影响，适当情况下可用内支撑代替部分锚索，多设一个角撑、少设一排锚索，基坑剖面也能有很好的稳定性。不同支护结构的综合应用不仅能保证基坑的稳定性，还能方便施工，减少工程量，也能更大限度地减小基坑变形，提高稳定性。

最后针对环梁内支撑结构进行结构优化，引入冗余度理论使结构的优化过程有迹可循，避免了拆除重要杆件（环撑和部分角撑）对环梁支护结构效果造成不良影响，支护杆件的布置更加合理。优化后的环梁支撑缩小了施工时的工程量，使用爆破拆除用时更少、工作量更小，同时减少了环境污染，缩短了工期，更加节约成本，为今后类似的支撑优化设计提供了参考。

第 11 章　复杂敏感环境下深基坑监测技术

11.1　复杂敏感环境下的超深基坑监测方式

南宁市九洲国际深基坑工程采用桩撑以及桩撑锚索联合支护等多种支护体系，周边环境非常复杂。对基坑支护桩深层水平位移、地表沉降、环梁支撑轴力、建筑物沉降等监测数据进行分析，得出了以下结论：深基坑变形情况与基坑周边环境有关，邻近道路和建筑一侧变形较大；桩顶锚索能有效控制基坑顶部水平位移，环梁内支撑能有效控制基坑深层水平位移；支护桩深层水平位移图线大致为弓形，最大侧移小于软土地区统计结果，车辆荷载会加剧蠕变效应，增大侧移；最大地表沉降与支护桩顶侧移密切相关；周边建筑在发生沉降的同时向坑内倾斜；立柱的隆起受开挖面积和开挖时间影响较大；环梁支撑轴力值：环撑＞角撑＞辐射撑。支撑体系均能满足围护结构变形控制指标要求，结论可为同类深基坑设计提供参考。

图 11-1 为基坑内支撑的建立与周边环境情况图，图 11-2 为基坑与周边环境的示意图，由此可见，基坑周边环境比较复杂，周边有高层建筑和道路上的车辆荷载，同时施工过程中的运输车也从此处的主干道行驶，基坑施工中的监测工作是必须的，尤其在类似图 11-1 所示的复杂环境下施工的基坑中，实时监测能够及时、直观地反映基坑支护结构及周边环境的变形，提供的第一手数据便于工作人员及时发现施工中的安全隐患，提早找出应对方法进行处理。在多种支护结构并存的深基坑中，单单只针对支护结构的监测结果进行研究较难发现问题所在，如果结合周边环境的变形情况进行分析，从多方面考虑导致基坑变形的主要因素，可便于工程师找到具有针对性的解决方法以处理基坑施工中的安全隐患，从而预防或者减少事故的发生，并且降低事故发生造成的影响。

(a) 角撑的建立　(b) 第二层内支撑

(c) 第三层内支撑　(d) 基坑周边环境

图 11-1　基坑内支撑的建立与周边环境情况图

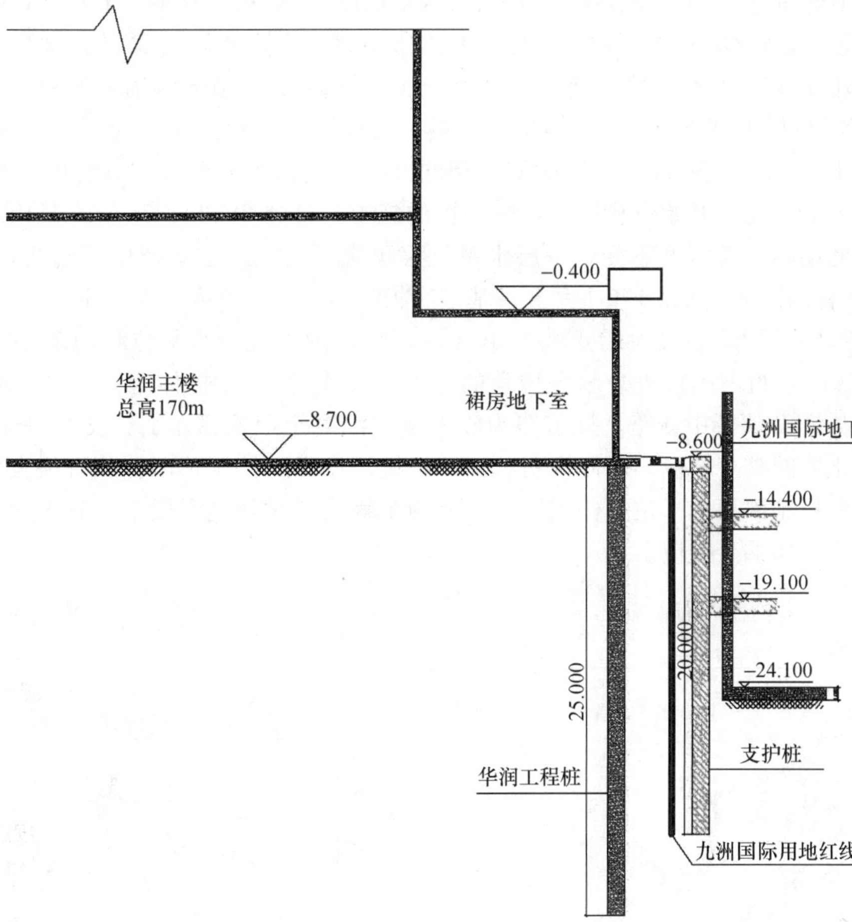

图 11-2　基坑与周边环境示意图

11.2　复杂环境下深基坑开挖对支护体系的变形监测

表 11-1 为基坑的施工进度表。

表 11-1　基坑工程施工进度表

工况	日期	内容
1	2011 年 10 月 12—2012 年 1 月 1 日	第一道角撑施工并完成
2	2012 年 1 月 1 日—2012 年 4 月 6 日	第二道环撑施工并完成
3	2012 年 4 月 7 日—2012 年 7 月 10 日	第三道环撑施工并完成
4	2012 年 7 月 11 日—2012 年 10 月 23 日	基坑开挖到底
5	2012 年 10 月 24 日—2013 年 1 月 8 日	基础桩施工、底板浇筑
6	2013 年 1 月 9 日—2013 年 5 月 12 日	基础桩施工、负六层施工

11.2.1　基坑深层水平位移测量结果分析

选择典型的两个测斜孔 CX2（支护形式为桩锚+内支撑）和 CX4（支护形式为排桩+内支撑），对基坑深层水平位移进行分析。图 11-3、图 11-4 为不同时间下测点 CX2、CX4 的深层水平位移图，可以看出，桩体的水平位移随开挖深度的增加逐渐变大，深层水平位移中间大两端小，大致呈弓形。测点CX2的桩体最大水平位移为21mm，测点CX4的最大水平位移为14mm，这是由于测点CX2位置处于基坑东侧的中新路旁，受车辆动荷载影响，深层水平位移略大。实测桩体CX2的顶部位移很小，测点CX4的桩体顶部位移较大并有前倾趋势，这是由于实测桩体CX2顶部有锚索的约束作用，顶部位移较小。测点CX4桩体上部支撑位置发生明显弯折，说明该处支撑的建立起到了控制位移作用，减缓了桩体前倾。由图11-3、图11-4不同时间下相同开挖深度的桩体侧移可以看出，在2012年6月3日基坑开挖至−20m高度开始进行第二道内支撑的施工，直到2012年7月10日内支撑施工完成且强度达标，在此期间开挖深度不变，深层水平位移仍有所增加，土体产生了蠕变，2012年10月23日开挖至坑底标高，直到2013年1月8日基础底板浇筑完成，期间深层水平位移仍有所增加，这也是土体蠕变引起的。CX2的最大蠕变量为3.2mm，约占围护桩总水平位移的15.2%，CX4的最大蠕变量为1.81mm，约占围护桩总水平位移的11.6%，其中CX2桩体测得的蠕变量大于测点CX4，这是由于测点CX2邻近中新路，该道路为施工期间混凝土运输罐车、公交车等交通主干道，车辆动荷载会加重土体的蠕变效应。由此说明：支护桩桩顶锚索对控制顶部侧移有很大作用；支撑的设置起到了很好的控制深层水平位移作用；道路上的车辆荷载对基坑深层水平有很大影响，同时车辆荷载也会加剧土体的蠕变效应。

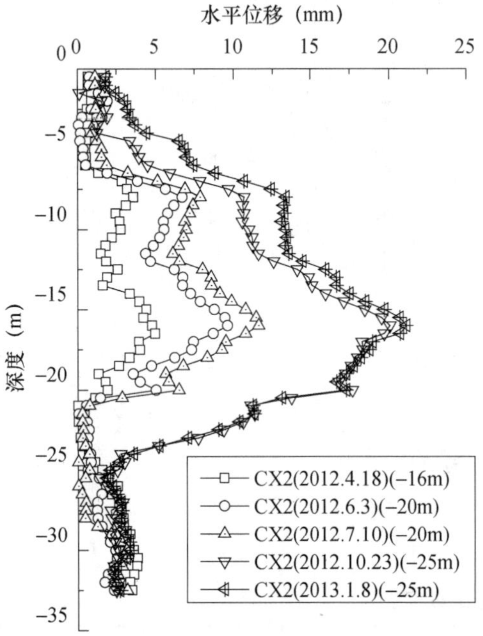

图11-3 东侧CX2测斜孔位移-深度关系曲线

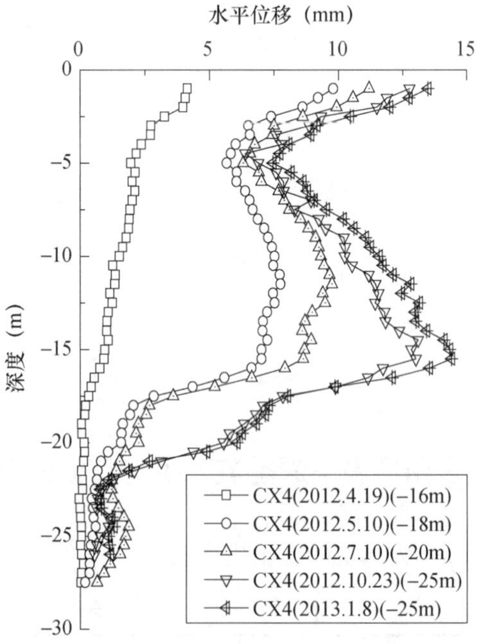

图11-4 北侧CX4测斜孔位移-深度关系曲线

图11-5、图11-6分别为排桩最大水平侧移与开挖深度的关系和最大侧移深度位置与开挖深度的关系，将9个测点按支护形式不同分为两类：东侧测点（桩锚＋内支撑）、其他测点（排桩＋内支撑）。图11-5为排桩的最大深层水平位移与基坑开挖深度的关系。最大深层水平位移随开挖深度的增加而增大，支护桩的最大水平位移δ介于0.036%H和0.12%H之间，平均值为0.08%H，这里的H为开挖深度。其中基坑东侧的最大侧移平均值为0.1%H，高于其他位置的最大侧移均值0.06%H，说明车辆荷载对基坑最大水平位移有一定的影响。由表11-2南宁地区排桩支护变形与其他统计分析的对比可知：基坑最大水平位移值比徐中华、Ou对软土地区的统计结果要小很多，与Wong、Long、Yoo统计的表层软土或填土，下卧硬质土层的结果相近。

图 11-6 为支护桩最大侧移深度位置与基坑开挖深度的关系图，可以看出支护桩最大侧移位置在开挖面以上，开挖深度位置的一半以下，最大侧移位置在 0.73H－5m～0.73H＋5m 之间，平均在约 0.73H 的位置。徐中华和 Ou 分别对上海和中国台北软土地区的深基坑最大侧移位置进行的统计结果（最大侧移位置范围均为 H－5m～H＋5m）比本文最大侧移位置值略大，说明最大侧移位置和土层条件有一定的关系，软土层最大侧移位置要比表层填土下卧硬岩地层的最大侧移位置更深。

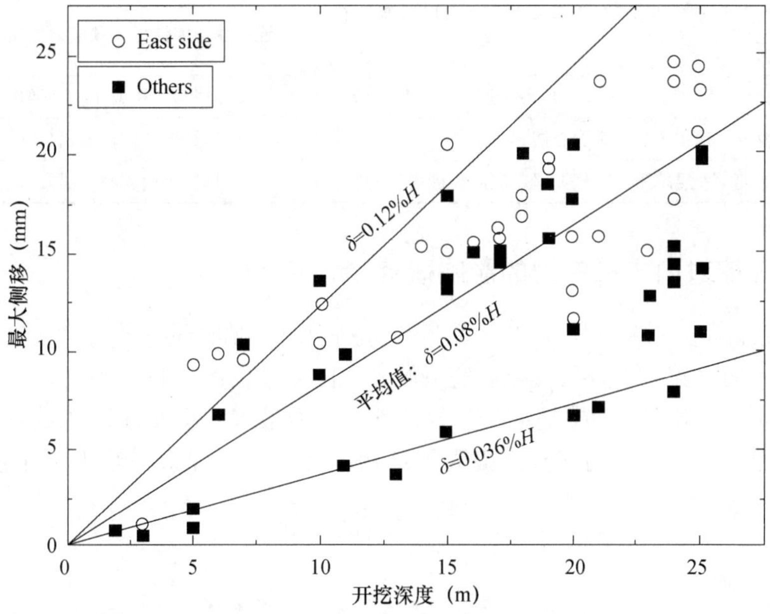

图 11-5　支护桩最大侧移与开挖深度的关系

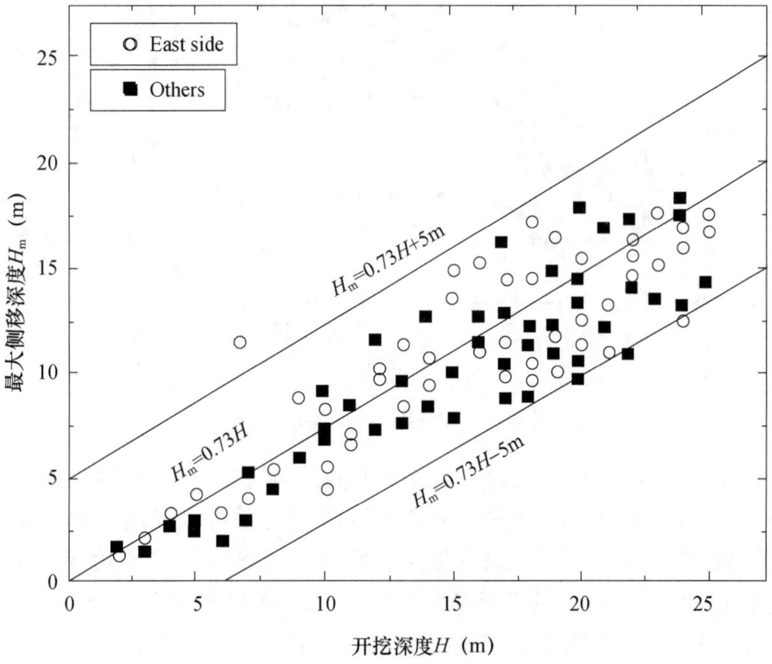

图 11-6　支护桩最大侧移深度位置与开挖深度的关系

表 11-2　南宁地区排桩变形与其他统计分析的对比

作者	地层条件	支撑系统或施工方法	平均 δ/H（%）
徐中华	上海软土	灌注桩	0.44
Ou	中国台北粉质砂土与粉质黏土交互底层	连续墙、钻孔压浆桩和钢板桩	0.4
Wong	SPT N 值小于 5 的表层软土厚度为 0.6～0.9H，下卧风化岩等硬土层	连续墙与灌注桩，预应力内支撑	约 0.15
	SPT N 值小于 5 的表层软土厚度小于 0.6H，下卧风化岩等硬土层	连续墙与灌注桩，预应力内支撑	约 0.1
Long	表层软土厚度小于 0.6H，下卧硬土层（S_u＞100kPa）	连续墙或灌注桩或企桩，逆作法	0.16
Yoo	表层填土与残积土、下卧岩石层	连续墙、内撑与锚拉	0.05
本文	南宁地区，表层填土、下伏泥岩、泥质粉砂岩、砂岩	排桩、内支撑、锚索	0.08

11.2.2　深基坑开挖对内支撑轴力的影响研究

选择第二层支撑为研究对象。图 11-7～图 11-9 分别为内支撑的环撑、角撑、辐射撑轴力随时间的变化曲线。2012 年 5 月，第二道环梁支撑已完成施工，随基坑继续开挖轴力逐渐增加。可以看出，轴力大小：环撑＞角撑＞辐射撑。环撑是主要受力杆件，轴力最大、重要性程度最高需要加强测量，角撑承受了一部分轴力，增加了传力路径，提高了结构的冗余度，辐射撑轴力最小使结构整体性更加完善。

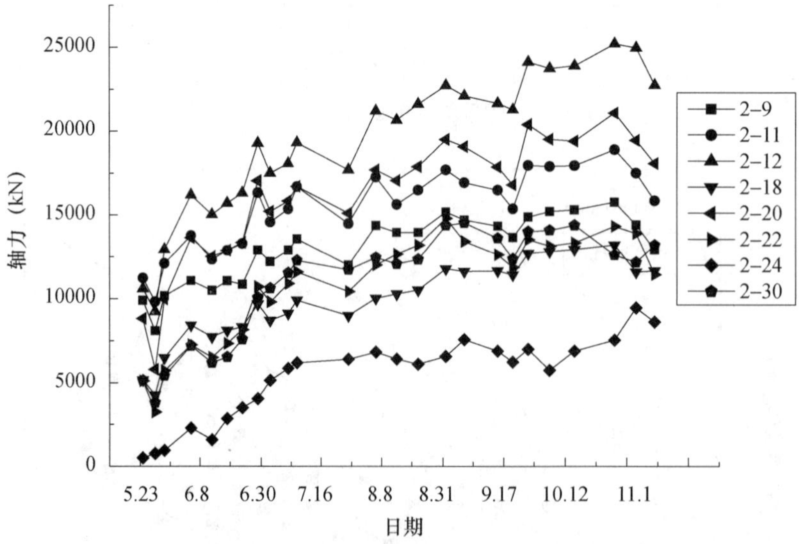

图 11-7　环撑轴力随时间变化图

图 11-10 为不同区域下不同类型的支撑最大轴力情况，可以看出，作为主要受力杆件的环撑轴力大小 B 区＞A 区＞C 区。结合图 10-11 平面图中各区域所在位置可以看出：处于基坑南侧的 B 区一侧为中新路受车辆动荷载影响，另一侧受建筑附加荷载影响，所以 B 区受周边环境影响最大，支撑轴力最大；处于基坑北侧的 A 区受道路上的车辆荷载影响，所以 A 区轴力仅次于 B 区；C 区附近无附加荷载，受环境因素影响最小。另一方面由于开挖面积大小 A 区＞B 区＞C 区，基坑开挖面积大，支撑杆件长跨度大，杆件所受轴力也较大，C 区开挖面积最小，所以 C 区支撑轴力比 A 区、B 区支撑轴力小。因此，由于基坑 A 区、B 区周边环境复杂、开挖面积大，支护难度大，较难控制基坑变形，在监测时需加强对 A 区、B 区轴力的监测。

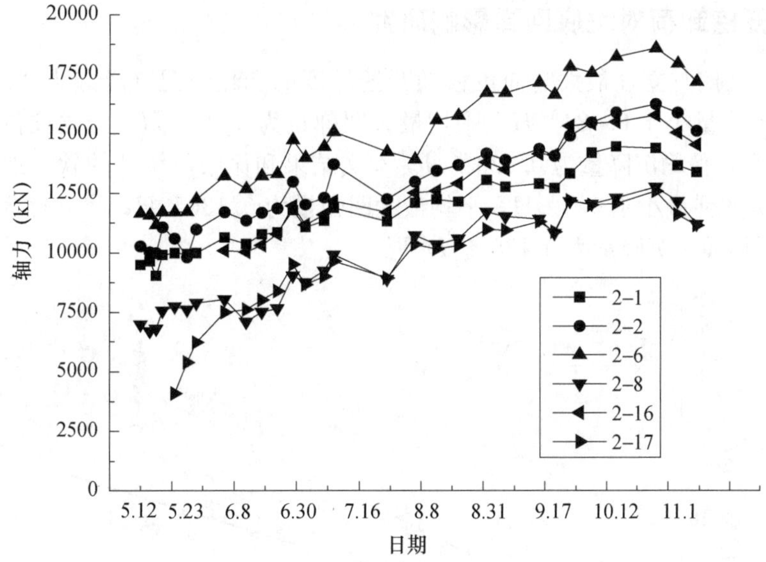

图 11-8　角撑轴力随时间变化图

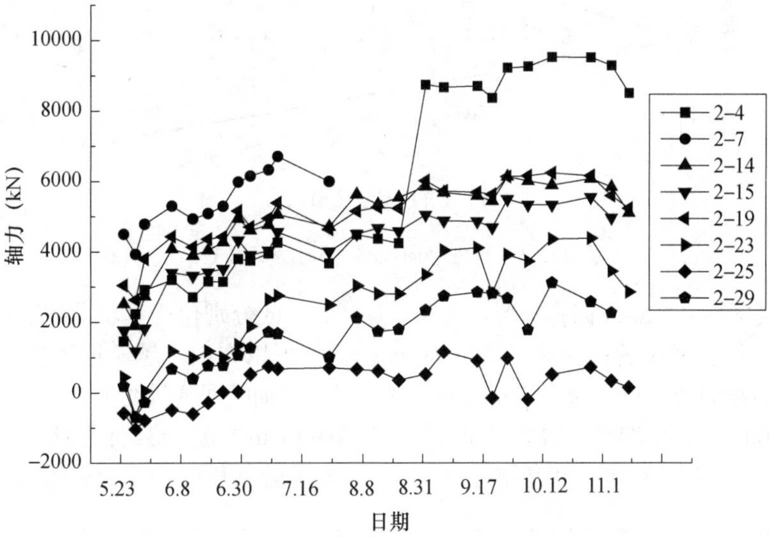

图 11-9　辐射撑轴力随时间变化图

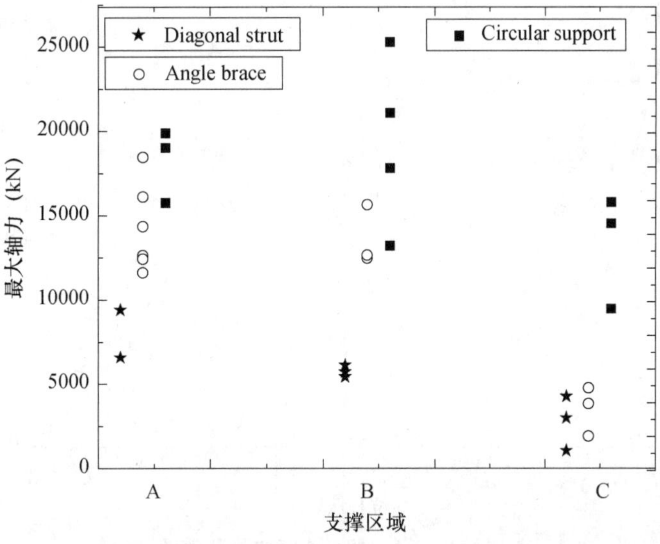

图 11-10　不同区域的不同类型支撑的轴力最大值图

11.2.3 深基坑开挖卸荷对坑底回弹影响研究

图 11-11 为基坑开挖时立柱最大竖向位移随开挖深度的变化情况（隆起为“＋”沉降为“－”），立柱回弹时，最大回弹量小于 0.084％H，平均最大回弹量为 0.05％H；当立柱位移为沉降时，最大沉降量小于 0.04％H，平均沉降量为 0.029％H。本文结果和徐中华统计的软土地区得出的结果（当立柱为回弹时，最大回弹量小于 0.3％H，平均最大回弹量为 0.136％H；当立柱为沉降是，最大沉降量小于 0.2％H，平均最大沉降量为 0.175％H）要小。

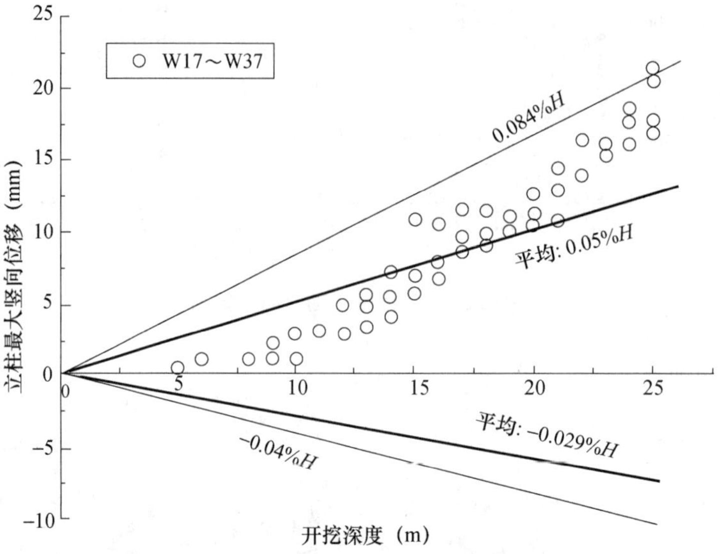

图 11-11　立柱竖向位移与开挖深度的关系

图 11-12 为不同区域立柱最终回弹情况，A 区、B 区、C 区分别位于基坑北侧、南侧、西侧，Δ 为从基坑边缘到基坑中心每米增加的回弹量（单位为 mm/m）。可以看出，越靠近基坑中心的立柱回弹量越大，A 区立柱每米增加的回弹量约为 0.62mm/m，B 区每米增加的回弹量约为 0.49mm/m，C 区每米增加的回弹量约为 0.61mm/m，平均每米增加回弹量约为 0.57mm/m。立柱最终回弹量 A 区>B 区>C 区，这是受开挖面积（A 区>B 区>C 区）和开挖时间（A 区、B 区较早开挖，C 区较晚）的因素影响。

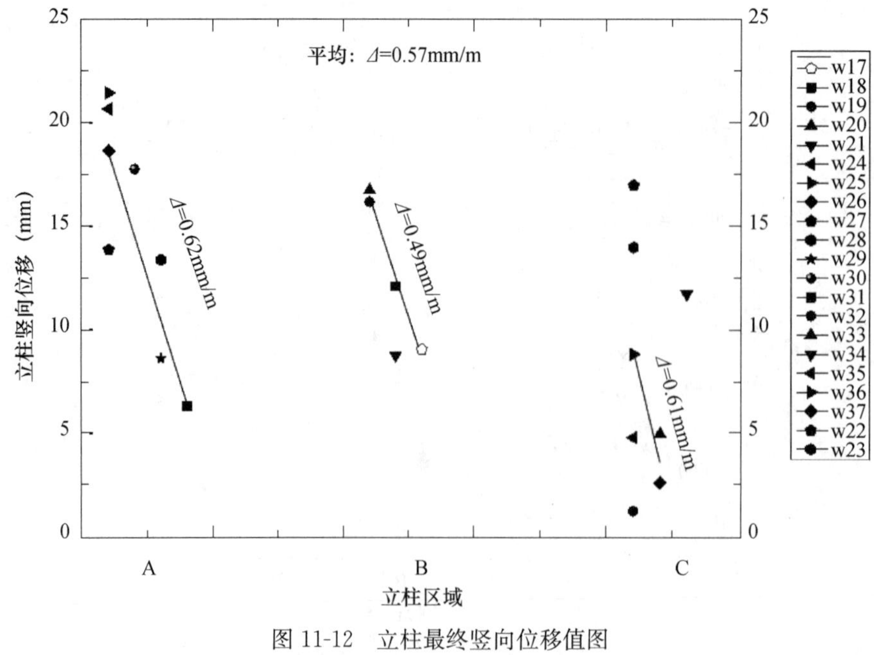

图 11-12　立柱最终竖向位移值图

11.3　复杂环境下深基坑开挖对周边环境的变形监测

11.3.1　深基坑开挖对周边地表沉降影响研究

图 11-13 和图 11-14 为基坑东侧路面和地表沉降随时间变化的情况，可以看出，基坑东侧路面和地表沉降随时间逐渐增加，最大沉降值仅为 9.9mm，未超过标准值。基坑东侧路面沉降很小，沉降控制良好，这是由于设置的锚索有效地控制了基坑坡顶侧移，从而对路面沉降起到了很好的控制作用。基坑南侧邻近华润建筑的地表位移相对较大，一方面是受车辆动荷载影响，另一方面受建筑荷载影响，同时由于建筑物的存在不方便设置锚索，导致基坑南侧坡顶位移较大，基坑附近地表沉降大于东侧路面沉降。

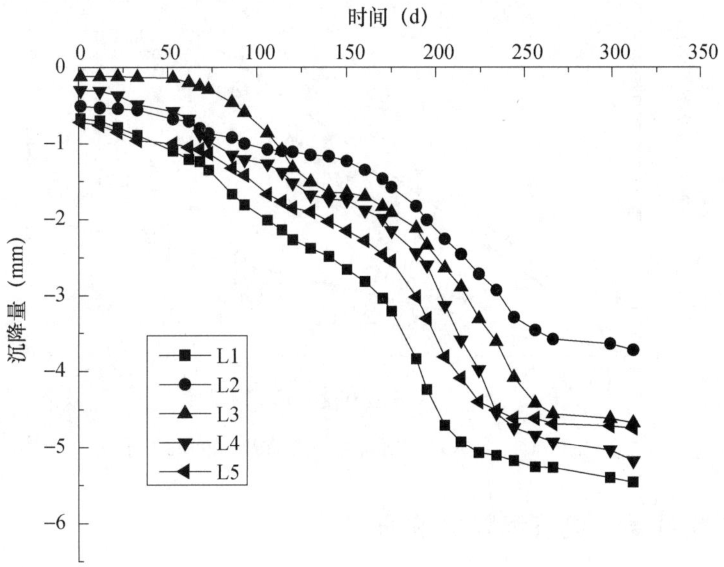

图 11-13　基坑东侧路面沉降随时间变化图

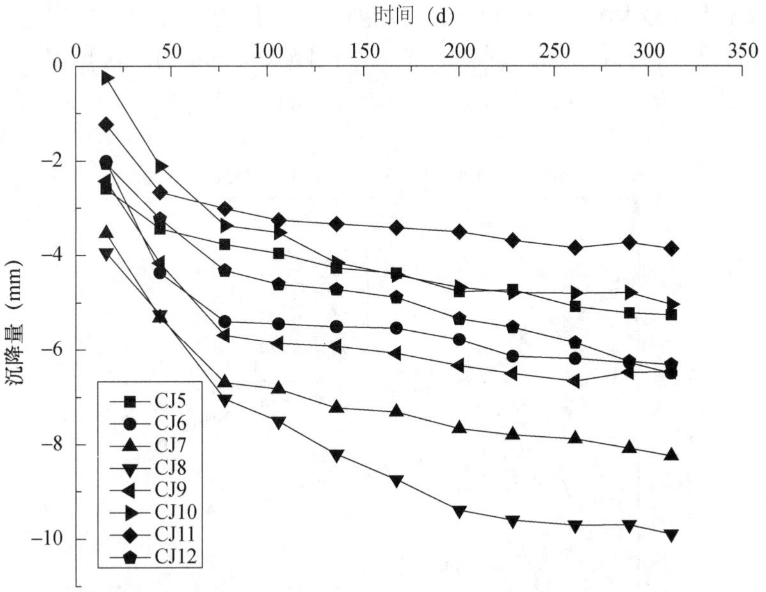

图 11-14　基坑南侧地表沉降随时间变化图

图 11-15 为基坑周边地表最大沉降与开挖深度的关系，L 代表基坑东侧测点，CJ 代表基坑南侧临近华润建筑的测点。从图 11-15 可看出，地表最大沉降随开挖深度的增加逐渐增大，测得的地表沉降最大值范围不超过 0.04%H，平均值为 0.035%H，附近路面最大沉降均值更小，约为 0.011%H。这远小于徐中华（范围为 0.1%H～0.8%H，平均值约为 0.38%H）和 Moormann（范围为 0.5%H～2.0%H，平均值约为 1.0%H）、Long（平均值 0.8%H）统计的软土地层基坑的最大地表沉降。也比 Clough 等统计的硬黏土、残积土及砂土地层基坑（基本介于 0～0.5%H，平均值约为 0.15%H）和 Leng 等统计的（基本小于 0.2%H）结果小。说明南宁地区的地表沉降小，土层地质条件良好，多种支护结构相结合的支护形式能有效控制基坑变形和地表沉降。

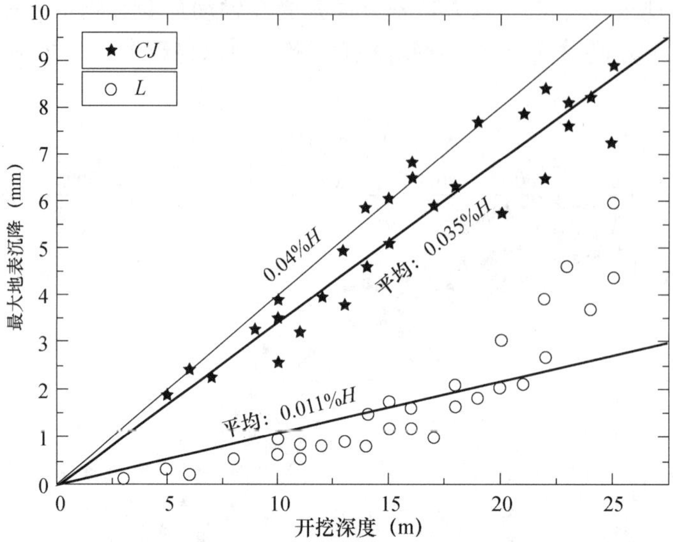

图 11-15　最大地表沉降与开挖深度之间的关系

11.3.2　深基坑开挖对周边建筑沉降影响研究

图 11-16 是基坑南侧建筑沉降随时间的变化图，图中左下角为建筑测点方位及建筑最终倾斜方向和每米倾斜程度。从图中可以看出，建筑沉降随时间增加而增加，靠近基坑一侧的测点 CJ3 和 CJ4 沉降相对较大，但建筑总体沉降不大，最大沉降为－5.6mm，在测点 CJ4 附近。建筑每条边的沉降方向和沉降程度为：测点 CJ2 向 CJ1 沉降 0.055mm/m；测点 CJ2 向 CJ3 沉降 0.05mm/m；测点 CJ3 向 CJ4 沉降 0.082mm/m；测点 CJ1 向 CJ4 沉降 0.059mm/m。因此，建筑在沉降同时向基坑内倾斜，离基坑越近倾斜程度越大。

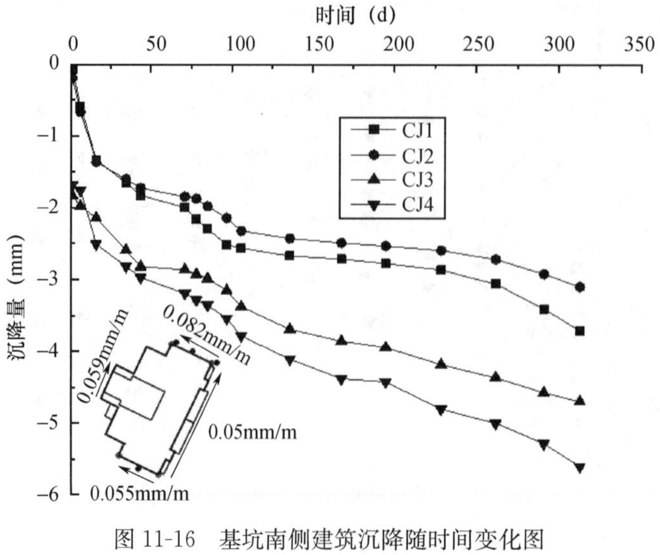

图 11-16　基坑南侧建筑沉降随时间变化图

11.3.3　本章小结

结合九洲国际深基坑工程的监测数据分析，得出基坑的水平位移、地表沉降、立柱隆起、周边建筑沉降、支撑支护体系轴力等的变化规律如下：

(1) 支护桩深层水平位移随开挖深度增加而增大，深层水平位移图线大致为弓形，最大侧移和最大侧移深度位置比软土地区小，地层条件较好，支护系统控制位移情况良好。支护桩顶部锚索有效地控制了基坑顶部水平位移，环梁内支撑能较好地控制基坑整体的深层水平位移。车辆的动荷载对基坑深层水平位移有不利影响，并会加大蠕变效应对基坑变形的影响。

(2) 基坑周边地表沉降和支护桩顶部侧移有关，侧移越大，地表沉降越大。在支护桩顶设置锚索能有效控制基坑顶部位移，减少地表沉降。最大地表沉降随着开挖深度增大而增大，小于软土地区地表沉降。周边建筑在发生沉降的同时向基坑内倾斜，越靠近基坑倾斜程度越大。

(3) 土体开挖越早、开挖面积越大，立柱隆起情况越严重，而且越靠近基坑中心位置立柱隆起越明显。由于地层条件较好，立柱隆起情况的统计结果比软土地区得出的结果要小很多。

(4) 施工过程中，基坑支撑轴力随时间增加而增大，受环境影响较明显，建筑固定附加荷载和车辆动荷载的影响区域内支撑轴力相对较大，同时也受基坑开挖面积等因素的影响。不同支撑类型的轴力值大小顺序为环撑＞角撑＞辐射撑，环撑是主要的受力杆件，需要加强测量，角撑的设置改变了传力路径并增加了结构的冗余度。

第 12 章　复杂敏感环境下超深基坑施工数值模拟

12.1　超深基坑施工概况

12.1.1　工程概况

九洲国际工程拟建场地位于南宁市琅东开发区、中国-东盟国际商务区，民族大道、青秀路及中新路之间，华润万象城的东南侧，为广西九洲天龙房地产开发有限公司兴建项目，主要功能为商业、酒店、办公，其中：5A 级写字楼 86713m^2；商场 27751m^2；五星级酒店物业 44595m^2；地下车库、人防、设备、避难及技术层共 53058m^2。该项目占地 17.28 亩，规划建筑面积 212117m^2，框架-核心筒结构，建筑高度 316.8m，地上 71 层、地下 6 层、裙楼 6 层。工程±0.000 绝对高程 102.600m，基底标高 75.60m。

基坑支护方案采用桩锚加大直径环撑支护形式，基坑开挖深度为 18.4～26.20m，基坑工程安全等级一级。项目东、南面为中新路，场地地势南高北低，西高东低。西、北面为华润开发项目，地下室距基坑开挖边线 5.0m，距基坑开挖边线 16.80m 为在建 45 层高层住宅楼（图 12-1）。

图 12-1　南宁九洲国际基坑卫星俯瞰图

12.1.2　基坑支护设计方案

支护工程安全等级为一级，使用期限为 12 个月。根据周边荷载、土层与地面标高不同，划分为七个剖面，采用支护形式具体见表 12-1。

表 12-1　基坑支护参数表

剖面	支护高度	支护形式	说明			
			止水桩	支护桩参数	内支撑参数	锚索参数
AB	24.4m	咬合桩＋内支撑	(两桩咬合 30cm) @2000	ϕ1000@2000	双层内支撑	—
BC	30.75m	排桩＋内支撑	—	ϕ1000@1500	三层内支撑	—
CD	30.75m	桩锚＋内支撑	—	ϕ1000@1500	双层内支撑	三排锚索，23～26m
DE	34.2m	桩锚＋内支撑	—	ϕ1000@1500	双层内支撑	三排锚索，23～26m
EF	34.2m	咬合桩＋内支撑	ϕ800@1500	ϕ1000@1500	三层内支撑	一排锚索，26m
FG	29.4m	咬合桩＋内支撑	ϕ800@1500	ϕ1000@1500	三层内支撑	—
GA	24.4m	咬合桩＋内支撑	(两桩咬合 30cm) @2000	ϕ1000@2000	双层内支撑	—

12.1.3　基坑施工顺序

基坑施工顺序如图 12-2 所示。

12.1.4　基坑施工阶段的平面布置

基坑施工阶段的平面布置如图 12-3～图 12-5 所示。

12.1.5　施工重难点分析

九洲国际工程施工工序简单，且工艺比较成熟，施工重点、难点在于施工质量控制、施工工序配合，具体为：

(1) 支护桩施工阶段，控制桩施工顺序，不仅需要支护桩与止水桩跳打，还不能与下放钢筋笼、灌浆相互影响，这要求现场施工员严格执行已定的桩施工计划，加强钻机人员的管理。

(2) 进出土道路与 AB 剖接头缓坡结构，必须优先施工，并事先计算每桩桩顶标高，灌注时技术人员即时测量浆面，既不要超灌浪费混凝土，也不能留下空洞后期补浆影响支护桩整体强度。

(3) 立柱桩垂直度控制是工程一大难点，立柱桩结构上部为角钢焊制，下部为钢筋笼，为减少孔口操作时间，钢立柱与钢筋笼在地面上焊接在一起，设计要求钢立柱与钢筋笼中心偏差不大于 20mm，钢立柱垂直度偏差不大于 1/300，我们决定从 4 个方面解决此问题：

① 选调有经验的焊工进行立柱角钢焊制，控制焊接顺序，减少焊制阶段立柱变形。

② 钢筋笼与立柱焊接时使用对中支架，确保钢立柱与钢筋笼中心偏差。

③ 因该工程选用旋挖钻机成孔，钻孔垂直度较高，但在立桩桩施工前，仍需要对钻机垂直度进行校对，施工中轻挖慢进，以保证桩垂直度偏差小于 1/200。

④ 钢立柱部分焊接对中支架，并且钢筋笼不下放到底，以悬挂方式保证立柱垂直。对中支架如图 12-6 所示。

(4) 内支撑梁的水平控制也是该工程很重要的内容，土方开挖至每层梁底标高后，将水准点引至基坑内保护，在各梁部分埋设标高点，控制混凝土垫层厚度，要求支撑梁底标高差不大于 10mm。

(5) 该工程工期长，从基坑开始施工至地下室回填约需要 1 年，要求在基坑及主体施工阶段，需要基坑监测持续进行，监测结果及时反馈给施工方，施工方对结果进行分析，如达到监测报警值，立即通知设计人员，针对变形情况采用相应处理措施。

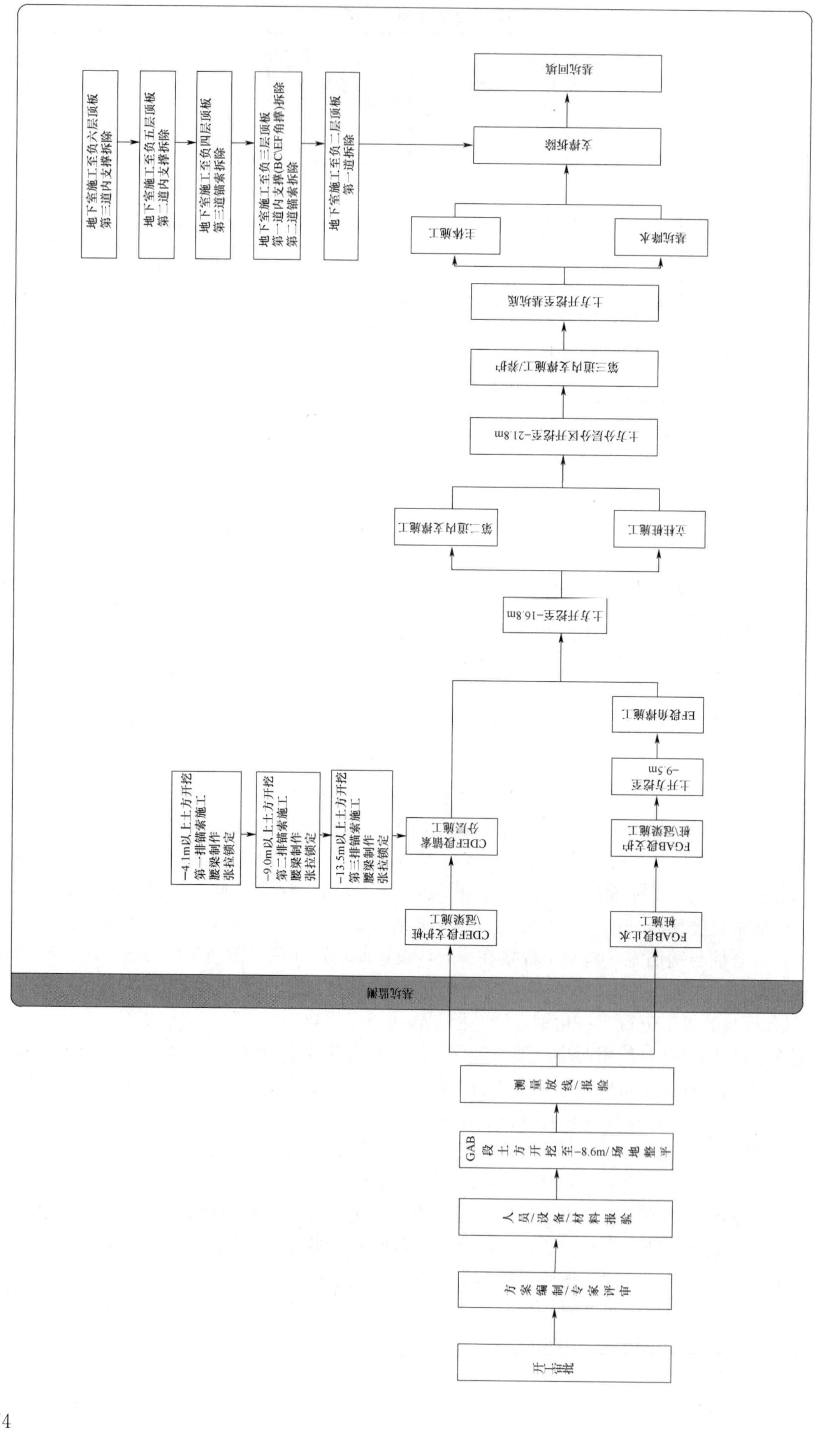

图12-2 南宁九洲国际基坑支护流程图

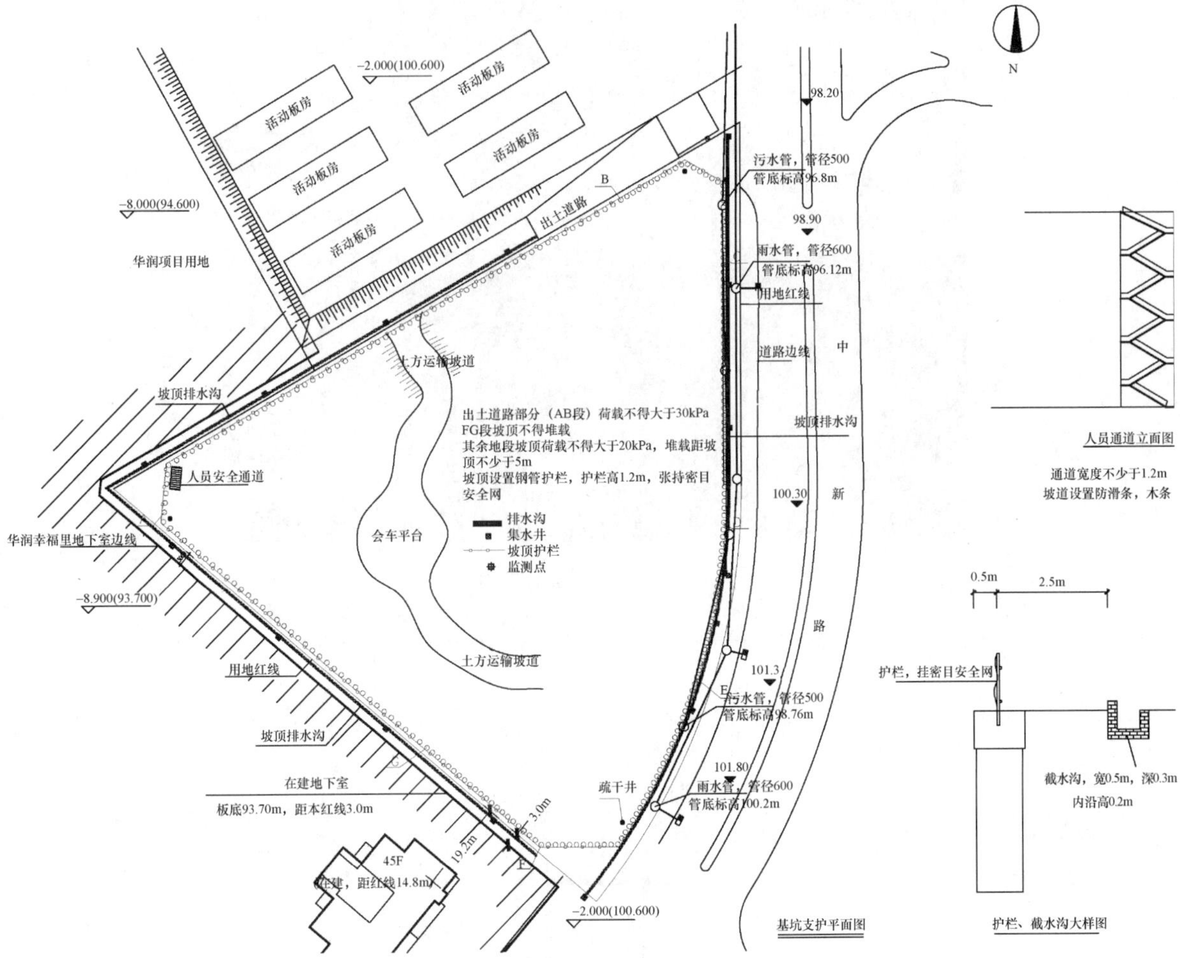

图 12-3　南宁九洲国际基坑平面图

图 12-4　南宁九洲国际基坑

图 12-5　南宁九洲国际基坑

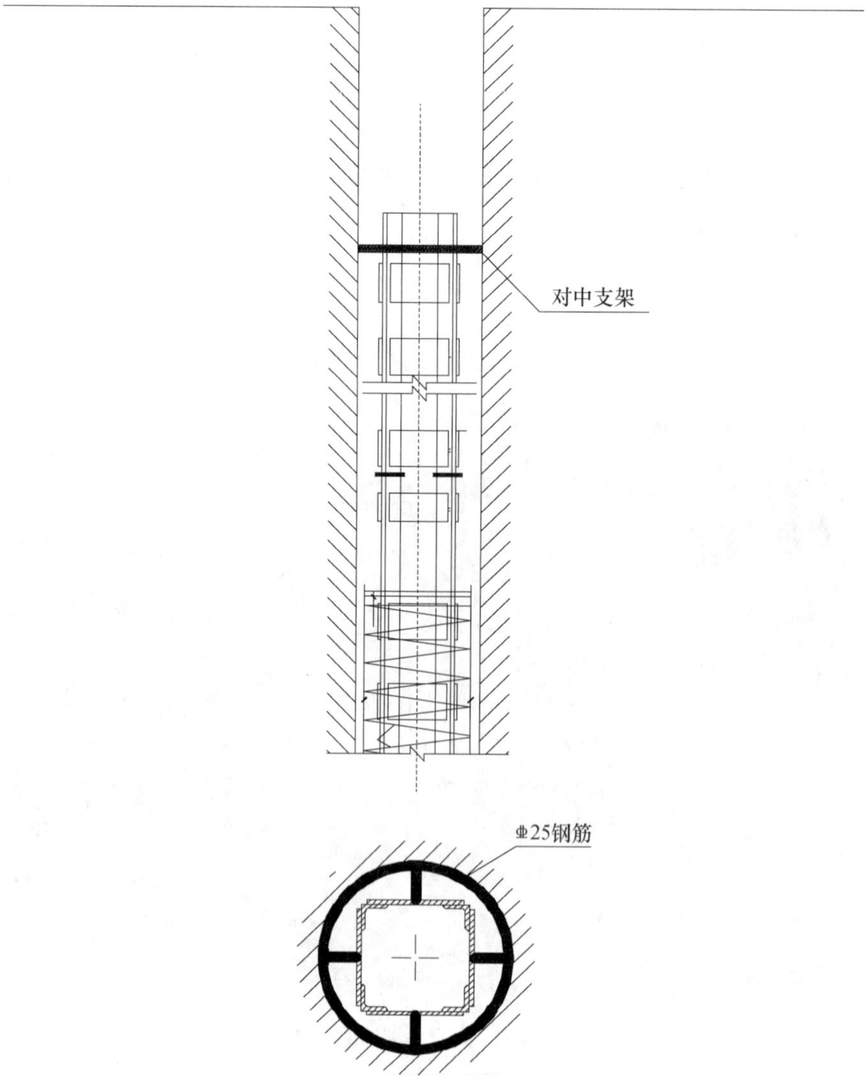

图 12-6　对中支架加工图

12.1.6　主要分项施工方案

1. 护坡桩施工

护坡桩施工工艺流程图如图 12-7 所示。

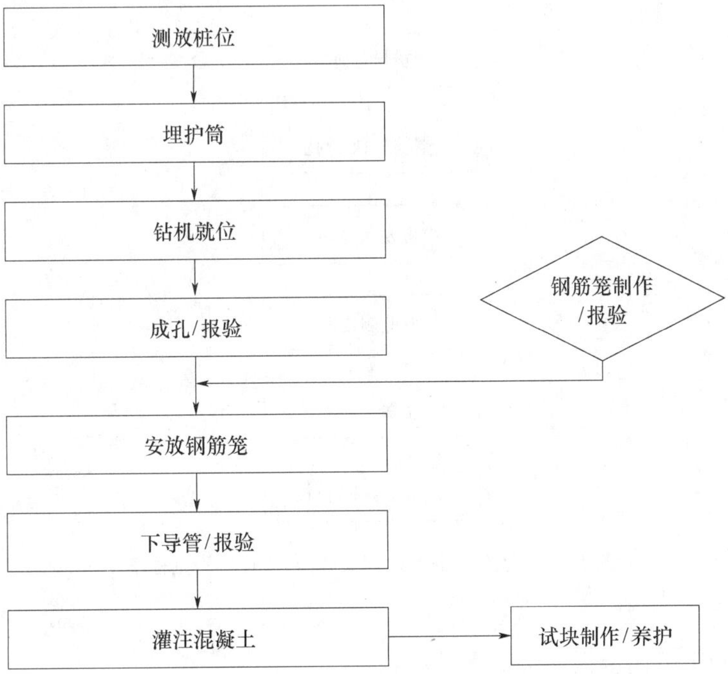

图 12-7　旋挖钻施工工艺流程图

采用旋挖钻机（SR280R）施工，干法成孔。其施工示意图如图 12-8 所示。

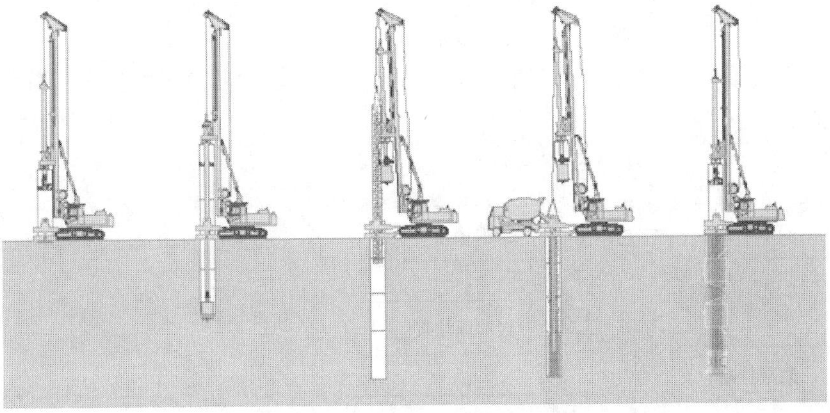

图 12-8　旋挖钻施工示意图

2. 冠梁、围檩及内支撑梁施工

冠梁、围檩及内支撑梁施工工艺流程图如图 12-9 所示。

冠梁、围檩、内支撑梁均采用现浇混凝土梁，小钢模，梁内预留爆破药孔。

冠梁在土方开挖至梁底标高后，剔凿桩头，钢筋绑扎、模板支设、浇筑混凝土、养护。围檩和内支撑梁在土方开挖至围檩底或支撑梁底标高后，钢筋绑扎、模板支设、浇筑混凝土、养护。

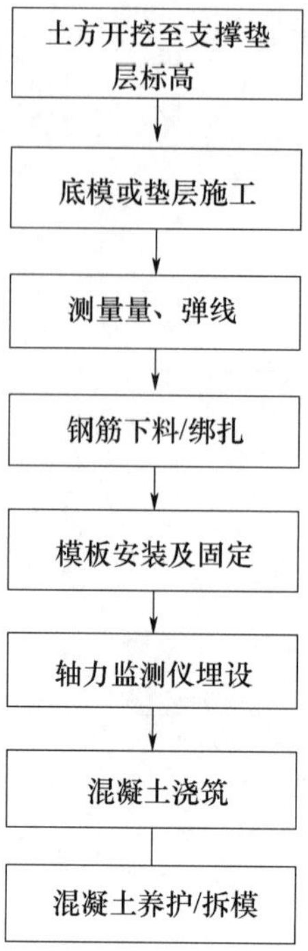

图 12-9　冠梁、围檩及内支撑梁施工工艺流程图

3. 预应力锚索施工

(1) 预应力锚索施工工艺流程

预应力锚索施工工艺流程图如图 12-10 所示。预应力锚索施工工艺表见表 12-2。

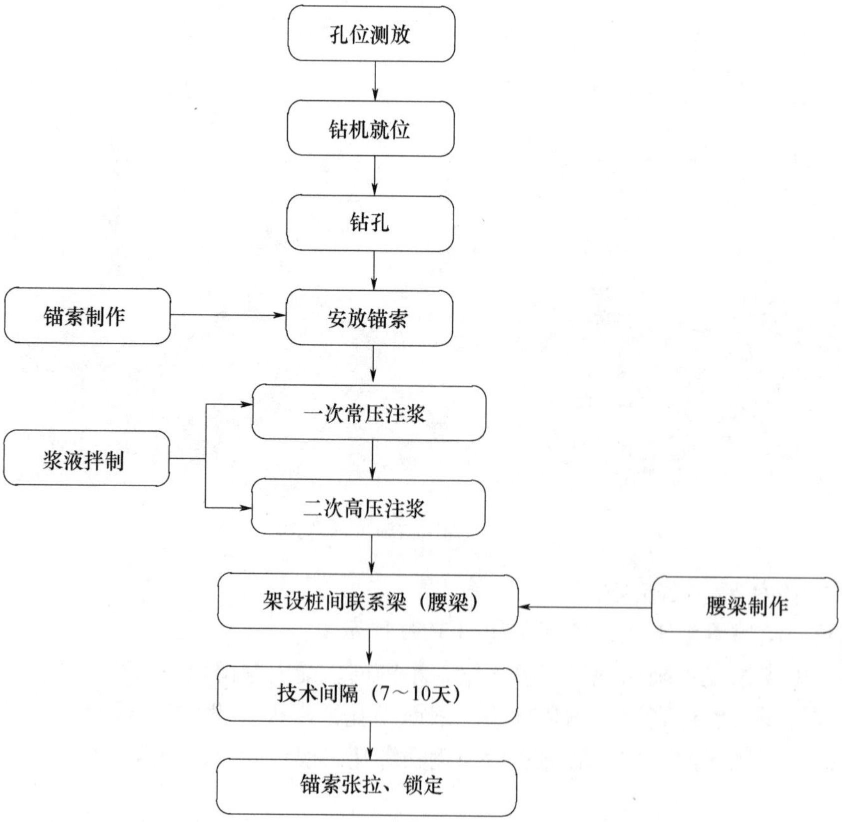

图 12-10　预应力锚索施工工艺流程图

表 12-2　预应力锚索施工工艺表

序号	工艺	施工要点	施工实例
1	开挖工作面	土方开挖至工作，喷射混凝土	
2	钻机就位 调整角度	钻机就位，调整机身，用量角器测定钻杆角度	
3	套管准备	先启动水泵，注水钻进，并根据地质条件控制钻进速度，接外套管时，要停止供水，把丝扣处的泥砂清除干净，抹上少量黄油，要保证接的套管与原有套管在同一轴线上	
4	钻孔施工	钻进过程中随时注意速度、压力及钻杆的平直，直到孔深比设计要求深 0.3～0.5m。用水反复冲洗管中泥砂，直到外管管内溢出清水，然后退出内钻杆	
5	钢索准备	锚索体锚固段的钢绞线通过夹紧环和隔离架的交替设置而呈波浪形。隔离架的间距为 2m。将注浆管与锚索一起放入钻机，注浆管从隔离架内通过，端头注浆管内端距孔底 50～100mm，保证孔底顺利返浆	

续表

序号	工艺	施工要点	施工实例
6	放钢索	（1）放置前应检查钢绞线的隔离架，用扎丝和胶条绑好； （2）自由段套塑料管，套管端用胶布封闭； （3）杆体的外露部分应等于杆体下料时的张拉段长度，下料长度为锚索自由段、锚固段及外露长度（1.0m）之和，外露长度须满足台座、腰梁尺寸及张拉作业要求	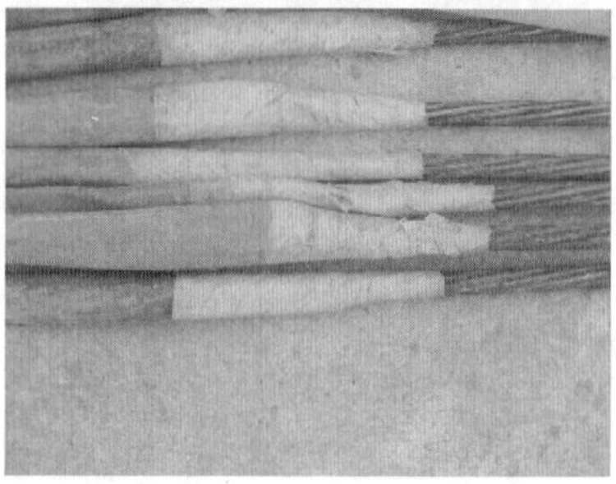
7	注浆拔外套管	在拔出钻杆后，把注浆管插入外套管底部，开始灌注水泥浆。边注浆边拔注浆管和外套管，每拔3～4根外套管补一次浆，直至将孔口注满，水泥浆从孔口返出，直至浆体达到初凝后拔出最后剩余的外套管和注浆管	
8	锚索预应力张拉与锁定	在锚固体强度达到设计强度的80%，即可进行预应力张拉。张拉之前先切除露在护坡桩帽梁的钢制注浆管头。张拉前先取设计轴向力的0.1倍对锚索预张拉1～2次，进行锚具受力调整，再正式张拉。钢绞线正式张拉时宜分3～4次张拉至设计荷载，停留5min左右，卸压至设计张拉锁定力，用夹片锁紧	

（2）预应力锚索设计参数

预应力锚索设计参数见表12-3。

表 12-3　预应力锚索设计参数表

序号	位置	长度		孔径（mm）	杆体材料	倾角（°）	设置间距（m）
		自由段（m）	锚固段（m）				
1	CD 剖第一排	8.0	18.0	150	$3\Phi^{S}15.2$ 钢绞线	15	3.0
2	CD 剖第二排	6.0	19.0	150	$3\Phi^{S}15.2$ 钢绞线	15	3.0
3	CD 剖第三排	6.0	17.0	150	$3\Phi^{S}15.2$ 钢绞线	15	1.5
4	DE 剖第一排	8.0	18.0	150	$3\Phi^{S}15.2$ 钢绞线	15	3.0
5	DE 剖第二排	6.0	19.0	150	$3\Phi^{S}15.2$ 钢绞线	15	3.0
6	DE 剖第三排	6.0	17.0	150	$3\Phi^{S}15.2$ 钢绞线	15	1.5
7	EF 剖第三排	8.0	18.0	150	$3\Phi^{S}15.2$ 钢绞线	15	3.0

（3）锚索的张拉与锁定

锚固体强度达到设计强度的 80%后方可进行张拉锁定，设计锚固体强度为 M20。

锚索张拉前，应对张拉设备进行标定。

锚索设计拉力值如下：

CD 剖：第一排设计拉力 410kN，张拉锁定力 300kN；第二排设计拉力 400kN，张拉锁定力 300kN；第三排设计拉力 400kN，张拉锁定力 270kN。

DE 剖：第一排设计拉力 410kN，张拉锁定力 300kN；第二排设计拉力 400kN，张拉锁定力 300kN；第三排设计拉力 400kN，张拉锁定力 270kN。

DE 剖：第一排设计拉力 410kN，张拉锁定力 300kN。

锚索张拉之前，应取 0.1～0.2 倍设计轴向拉力值。对锚索预张 1～2 次，使其各部位的接触紧密，杆体完全平直。

锚索张拉至设计轴向拉力值的，保持 10～5min，然后卸载至锁定荷载按设计要求进行锁定。

锚索锁定后，若发现有明显的预应力损失时，应进行补偿张拉。

4. 土方开挖

九洲国际工程基坑开挖面积大，开挖面积约为 $10100m^2$，总土方开挖量约 $200000m^3$。基坑开挖深度大，开挖深度最深处约 26.2m。开挖深度范围内主要由人工填土、强风化泥岩④层、粉砂岩、中风化砂岩⑤层组成，特别是强风化粉砂岩和中风化砂岩，十分坚硬，挖掘机开挖较困难。

（1）先进行剖面 GA、剖面 AB 的基坑土方开挖，因剖面 AB 位于靠华润还未进行开挖的高地块，开挖前由业主与华润方面进行沟通，有部分需要占地作临时运输道路的做道路硬化处理，有需要放坡的，按 1∶1 坡比做放坡处理，如图 12-11 所示。

本阶段开挖厚度为 7～10m，总方量约 6 万 m^3，分 3 层进行开挖，而正在施工的华润中心幸福里基坑基底标高为 93m，考虑排水现况，先开挖到比幸福里基底高出 30～50cm，以减少排水困难。

本阶段投入大型挖掘机 3 台、容积 $20m^3$ 运土车辆 25 台，此层土质属泥岩②层（EY2）、中风化泥岩②-3 层和泥质粉砂岩③层（EY2）居多，大型挖掘机可以顺利开挖，本项开挖用时 11 个施工天，之后进行支护施工。

（2）待 BCDEF 段支护排桩施工完毕，进行开挖靠中新路原预留宽 25m 作支护操作面的土方，因中新路市政管道、地下埋设物复杂，支护是关键，开挖时应密切观测支护桩及冠梁的偏移情况，在偏移大于设计值时，应立即停止往下一层开挖，必要时还要采取应急措施，比如堆沙包、回填土方的措施，如图 12-12 所示。

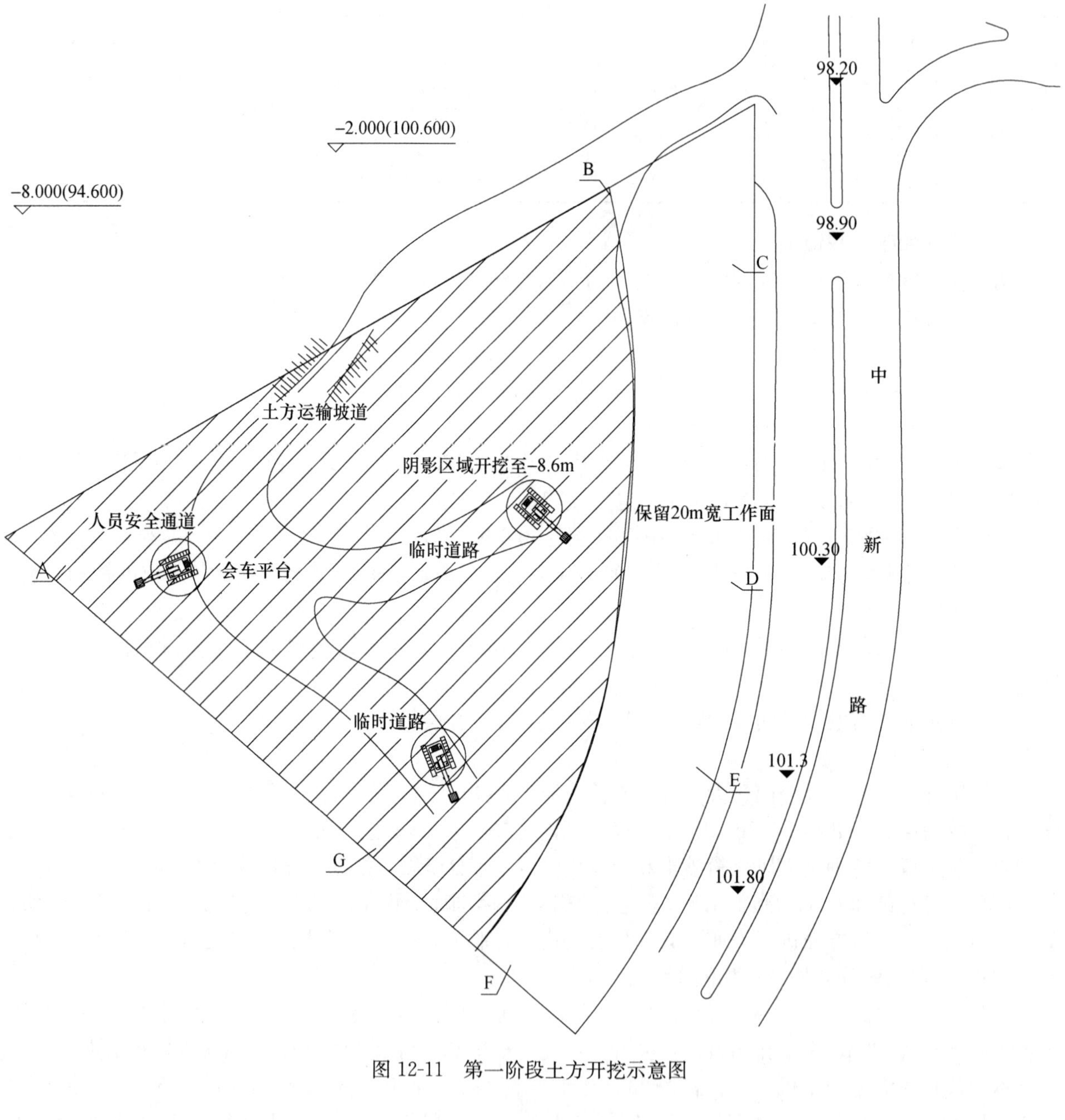

图 12-11　第一阶段土方开挖示意图

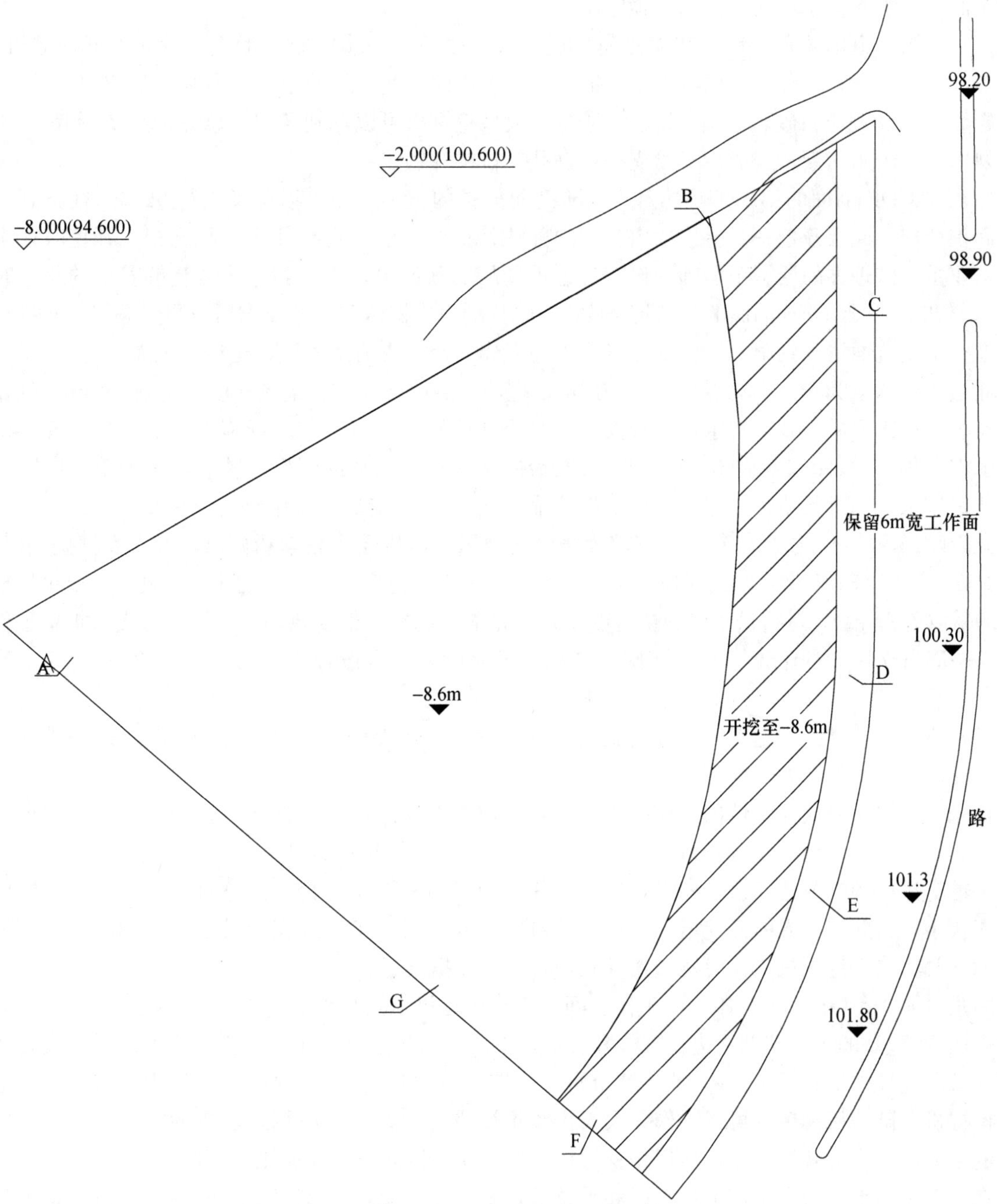

图 12-12 第二阶段土方开挖示意图

本阶段开挖厚度为4～5m，在靠近BCDEF剖面的支护桩往基坑方向6m处，预留作锚索工作面，其余土方可以在此工作面以外按1∶1放坡挖至与GAB剖面同等高度，总方量约3万m^3，计划投入大型挖掘机3台、容积$20m^3$运土车辆25台，此层土质属泥岩②层（EY2）、中风化泥岩②-3层和泥质粉砂岩③层（EY2）居多，大型挖掘机可以顺利开挖。本项开挖计划用时8个施工天，开挖至第一道锚索工作面，交给支护作钻孔、拉锚和锁定施工。

（3）待第一道锚索完全锁定和喷锚完工后，大致按照上一步的施工形式，投入大型挖掘机2台、容积$20m^3$运土车辆25台，开挖至第二道锚索所需工作面，此阶段开挖土质属泥岩②层（EY2）、中风化泥岩②-3层和泥质粉砂岩③层（EY2）居多，大型挖掘机可以顺利开挖，总方量约2万m^3。本项开挖计划用时7个施工天，完成后交给支护作钻孔、拉锚和锁定施工。

（4）在CDE剖面的第二道锚索和GAH剖面排桩的施工中，可以交叉进行92.6m往下到86.6m的大面积开挖，此层开挖一定要采取由基坑中部往外扩的方法进行整体大面积开挖，开挖时视土质情况，与业主、监理方的资深工程师商讨，考虑现场的实际情况，扩挖到靠边坡足够安全的距离时应按1∶1.5放坡，待BCDEF剖面的第二道锚索和HAB剖面排桩达到设计要求后，再继续统一扩挖至排桩边，在整个基坑面清理到第一道内支撑梁所需的工作面时，再清运入坑运土道路土方。

此层挖土深度为6m，总方量约5.5万m^3，应分2层进行开挖，整体深度已达到－15m，抽排水工作要及时，由于泥质粉砂层含水量比较大，在每层开挖好后，施工方现场施工人员要及时安排机械挖好排水沟和集水井，由支护单位进行抽水。因粉砂层含水量大和易流失的特点，支护单位应以最快的速度装好排水孔和进行喷锚（建议采用干料喷锚），以免流失造成护壁中空现象。

此阶段开挖的土方层比较复杂，有较为坚硬的强风化砂岩层和较软粉砂层，投入大型挖掘机3台、容积$20m^3$运土车辆25台，在遇到强风化砂岩层时，因普通挖掘机工作进度比较缓慢，需要单钩挖掘机配合的采取单钩配合，进行松土以加快进度。开挖完毕后机械平整场地，整个场地移交支护单位作立柱桩和第一道内支撑梁的施工。此项开挖工作视强风化砂岩层含量程度，初步计算约用时25个施工天以上。

（5）待第一道支撑梁施工完毕和达到一定的强度后，可以进入－16～－21m，即第一道支撑梁与第二道支撑梁之间的土方开挖。

首先安排原来停放在基坑内的挖掘机从环形支撑内取质地比较好的土方，回填好出土坡道，道路填好后，开始装车外运，先开挖环形支撑以内土方，还是采用由中到外的方法清挖完毕此部分土方，待第一道支撑梁的强度达到设计要求，再同时往三个三角形部位扩挖。因垂直空间狭小和立柱桩的横向空间狭小，给此层土方的开挖增加了很大的难度，开挖时施工员和安全员必须时刻跟进，并随时进行技术交底，严禁挖掘机工作时碰撞挤推立柱桩、内支撑梁等。

因垂直4.1m和横向6～10m的工作空间，大型挖掘机与汽车无法入内进行开挖和运土，按此空间只能采用60型号的小型挖掘机进行破碎和转运，如此方法进度将会十分缓慢。为了加快进度，建议采用三角形内整体往下超挖1.5m，或挑选个别立柱桩较为宽阔的地方超挖2m，作为临时施工通道，使中型挖掘机、破碎机和单钩可以工作，大大提高推进进度，开挖时应算好超挖的需回填土方，用最边角上的土方回填之前超挖部分，然后用挖掘机来回压实，以防支撑梁施工时下陷。

在三个三角形撑土方全部清运完毕和平整后，要进行的是出土道路土方的搬迁或清运，现阶段基底为－20m，基坑下坡道路垂直高差为8m，按1∶4的坡度计算土方量约$5000m^3$，此部分土方可以停靠在斜坡道路上装车外运的只有$2000m^3$左右，所剩方量只能抛运到环形支撑内回填预先挖好的堆土坑，然后平整场地，移交给相应人员做第二道内支撑施工。

此阶段开挖深度为5m，总方量约4.7万m^3，土层大部分为强风化砂岩层，常规挖掘机开挖十分困难，因场地所限，在进行环形支撑以内的土方开挖和清运时，计划投入2台大型挖掘机和1台大型单钩挖掘机（松土用）；在进行三角形支撑土方开挖时，计划投入中型挖掘机（斗容$1m^3$）3台、中型破碎机3台或60型破碎机4～6台，运土车辆15～20台。因土质坚硬和工作空间关系，初步计算每天的出土量在 3500m^3左右。

（6）在第二道支撑强度达到设计要求后，大致采取上一步的开挖方法，将基坑开挖至基底－27.5m（预留 30cm 人工清土，以免机械抓松软土破坏承载力），此层开挖深度 6.5m，总方量约为 6.2 万 m^3。不过此阶段土质比上一阶段的土质更为坚硬，大部分地方会遇到 1～4m 厚的砂岩层，此土质只能依靠炮机进行破碎，然后装车。因砂岩层分布不均，暂时不能具体确定其方量的大小，只能视土方量和面积的大小来调配炮机数量，以加快进度。

待基底需清运土方全部清运完毕后，所有不需要在基坑内施工的机械完全退出基坑，坑内只留一台大型挖掘机，然后开始由基底开始一步一步往上清运斜坡道路土方，此道路落差 14.5m，土方量约 1 万～1.2 万 m^3 之间，首先将运土车辆停在原斜坡道路上，采用常规钩机进行反向装车，装车时不要过满，因汽车在半坡起步时比较困难，等常规挖掘机够不到基底时，改用加长臂挖掘机继续进行反向装车，原来留在坑内的挖掘机预先松土和归堆协助装车。由于长臂挖掘机的抓土深度可达 18m，道路土方采取此方式基本能完全清理完毕。

鉴于长臂挖掘机的装载量为 400～500m^3/台班，相比之下是确保进度最为理想的办法，由于收尾时操作手会有视角盲区，现场需安排专人指挥，采取两班倒的办法，此土方量在 12～15 施工日完成，如图 12-13 所示。

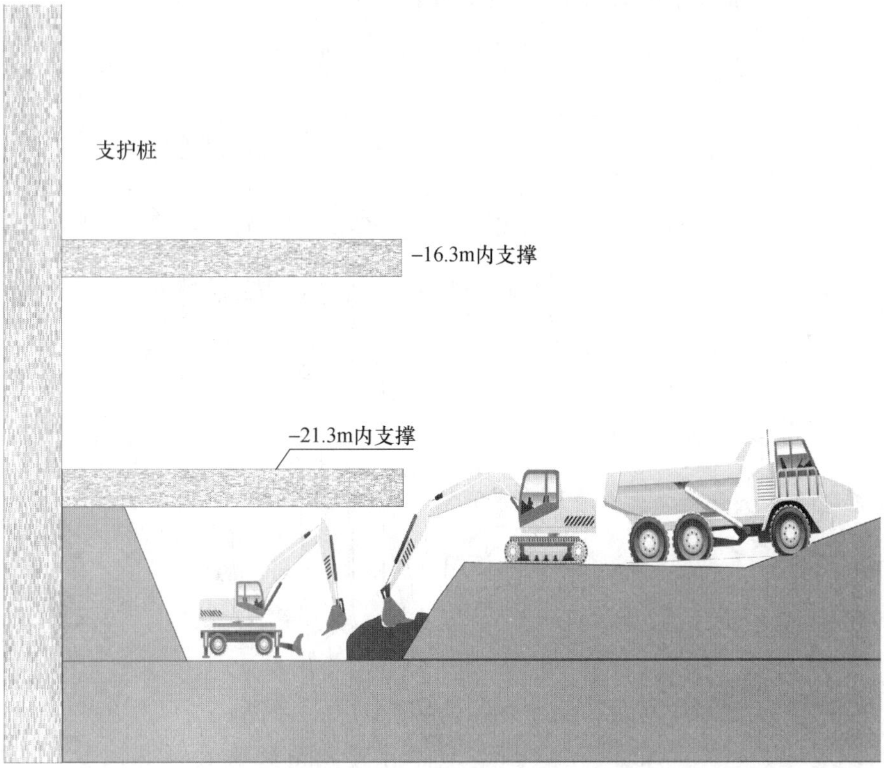

图 12-13　－20.9m 至基坑底土方剖面示意图

（7）工程基坑深度大，无法按常规方法在坑内设置临时道路放坡至坑底，所以在基坑施工至－20m后，使用小型挖机在坑内转土，运土车辆及长臂挖机停放在－22m 左右，采用接力方式逐步开挖剩余土方。

当长臂挖机及运土车辆无停放位置时，换用挖斗抓取坑内土方，土方全部施工完毕，将小型挖机用吊车吊出基坑，如图 12-14 所示。

（8）土方开挖流向图

① －8.6m 以上土方开挖流向图如图 12-15 所示。

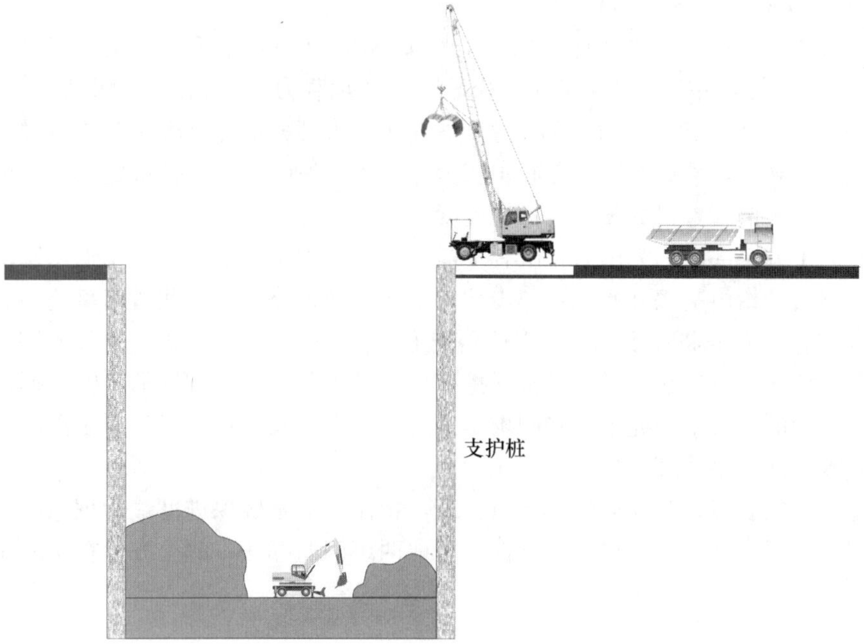

图 12-14　抓斗挖剩余土方剖面示意图

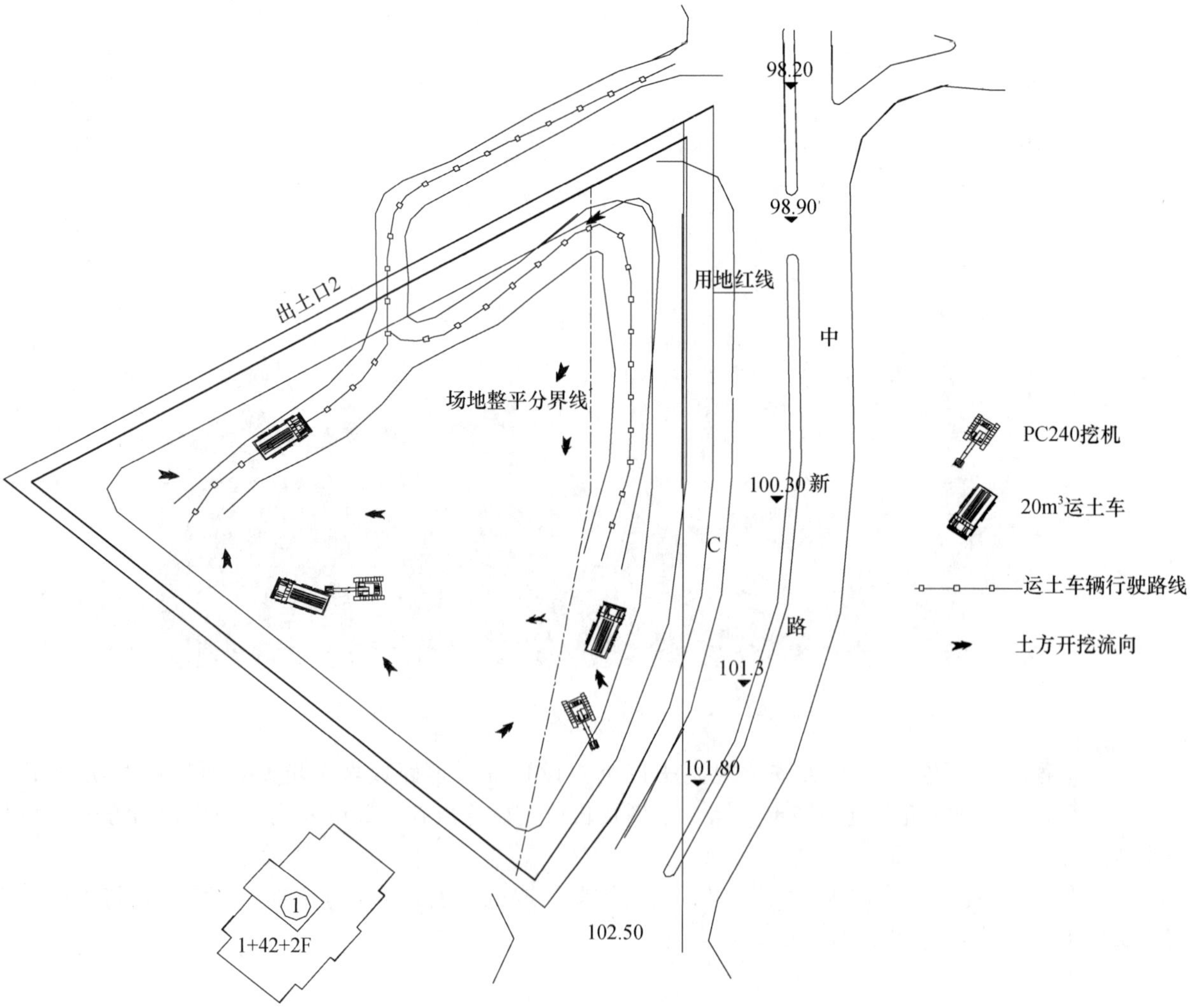

图 12-15　－8.6m 以上土方开挖示意图

② －20.6m 以上土方开挖流向图如图 12-16 所示。

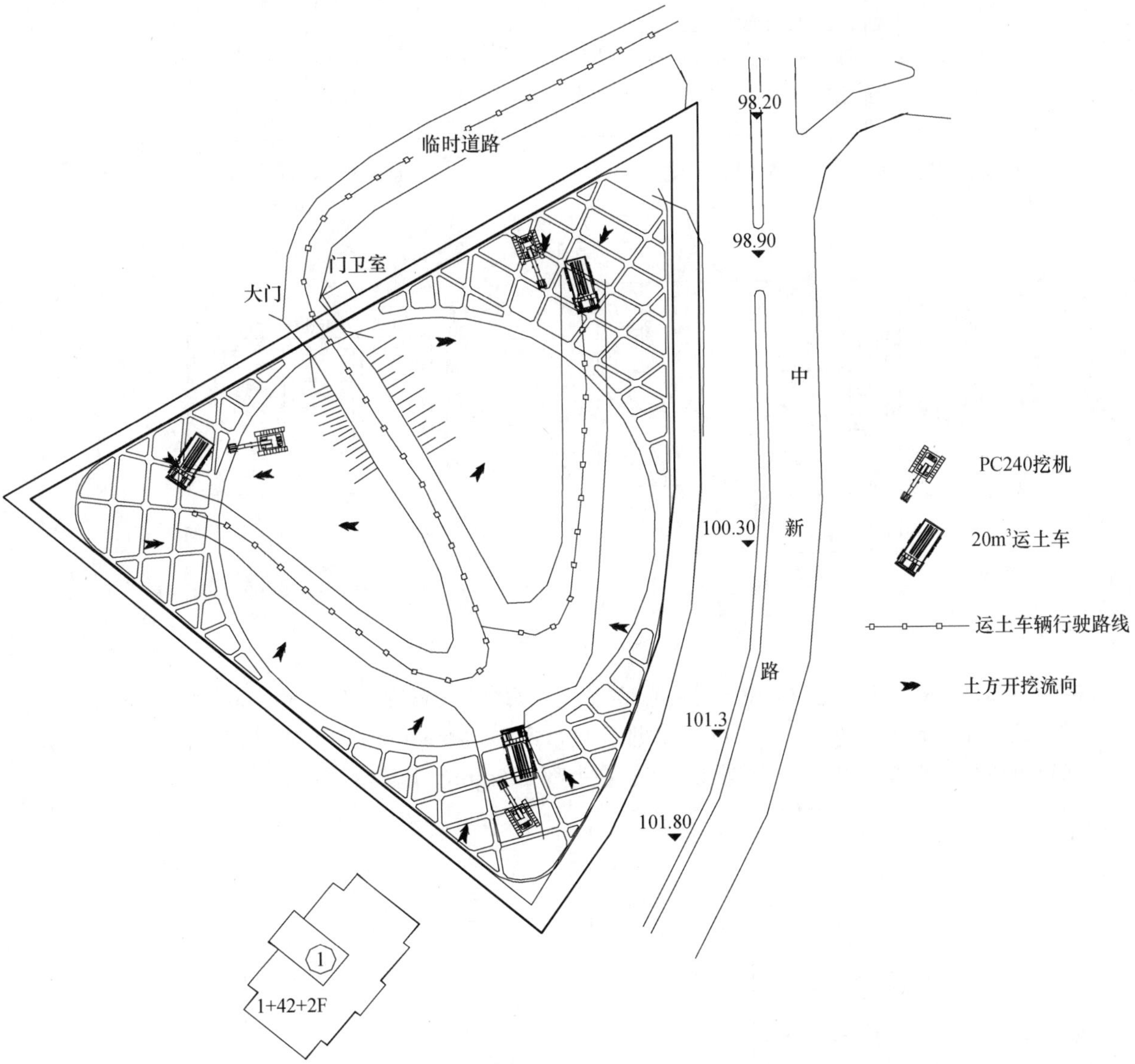

图 12-16　－20.9m 以上土方开挖示意图

5. 内支撑拆除方案

(1) 埋孔方案

选用直径 40mm 的纸管或塑料管进行预埋，预埋前应先将管两端进行封闭，以防止浇灌时混凝土进入管内。

预埋孔按深度分 3 种：

①500mm 深预埋孔（预埋管长 520mm），主要布置在支撑（ZC）、第一道圈梁（HC-1）。

②650mm 深预埋孔（预埋管长 670mm），主要布置在第二道圈梁（HC-2）。

③420mm 深预埋孔（预埋管长 440mm），主要布置在腰梁。

(2) 埋管方法

预埋的管长度分 520mm、670mm、440mm 三种，埋前先将管两端封闭好，埋时将管上部的 20mm 出露在外，如：埋 520mm 管时，管的下部 500mm 埋在支撑内，上部 20mm 出露在外，如图 12-17～图 12-20所示。

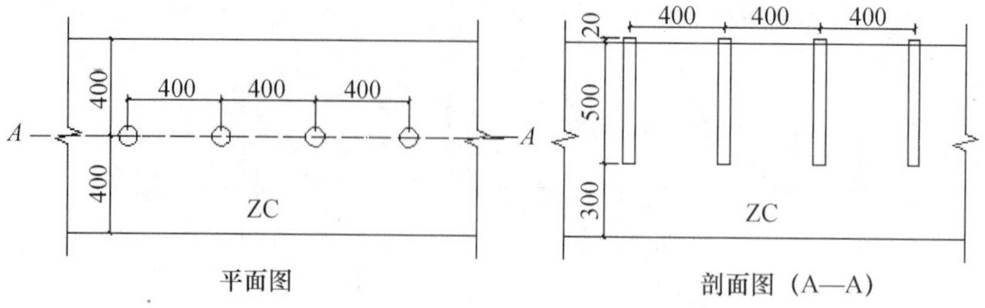

图 12-17　支撑预埋孔布置图

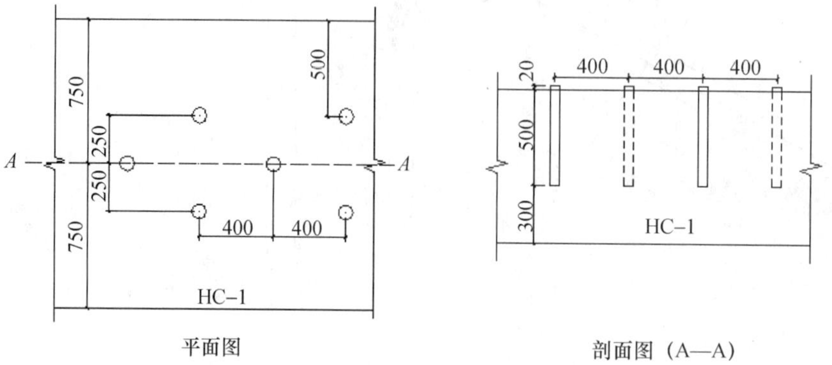

图 12-18　第一道内支撑预埋孔布置图

支撑（ZC）、第一道圈梁（HC-1）厚度 800mm，预埋孔只布置在上部 500mm，下部留 300mm。
第二道圈梁（HC-2）厚度 1000mm，预埋孔只布置在上部 650mm，下部留 350mm。
腰梁埋管位置厚度 640mm，预埋孔只布置在上部 420mm，下部留 220mm。

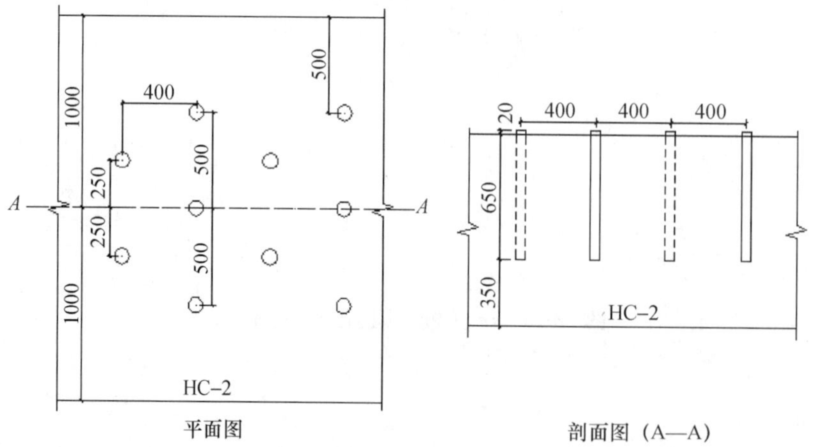

图 12-19　第二道内支撑预埋孔布置图

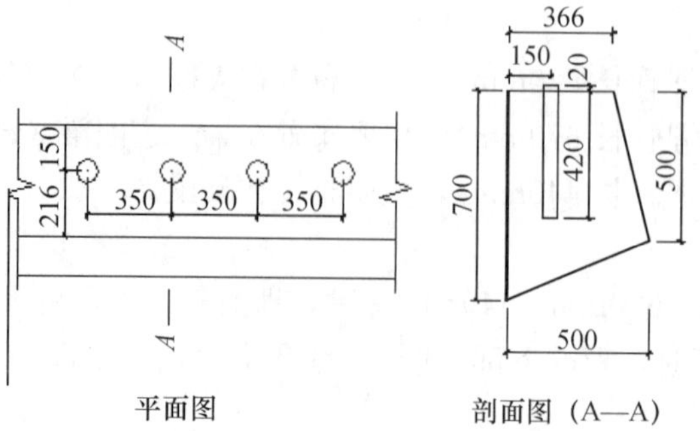

图 12-20　腰梁预埋孔布置图

（3）布孔原则

① 利用围檩、支撑、圈梁的边界、中心线和中心线交点作为距离测量参照，以预埋孔的中心作为测量点。

② 预埋孔布置

支撑宽 800mm，高 800mm，采用一字形方式布孔，孔布置在中心线上，孔距取 400mm。

第一道圈梁（HC-1）宽 1500mm，高 800mm，采用三角形方式布孔，其中两个孔布置在中心线两侧 250mm 处，即两孔相距 500mm，第三个孔布置在中心线上，其与另外两孔的连线垂直距离取 400mm。

第二道圈梁（HC-2）宽 2000mm，高 1000mm，采用梯形方式布孔，其中三个孔布置在中心线和中心线两侧 500mm 处，另外两个孔布置在中心线两侧 250mm 处，三个孔的连线与另外两个孔的连线垂直距离取 400mm。

腰梁上宽 366mm、下宽 500mm，外侧高 500mm，内侧高 700mm，采用单排方式布孔，孔距离腰梁内侧 150mm，孔距 350mm。

③ 围檩附近的孔距离围檩一般不小于 150mm。

④ 支撑（ZC）、第一道圈梁（HC-1）布置 500mm 深预埋孔，第二道圈梁（HC-2）布置 650mm 深预埋孔，腰梁布置 420mm 深预埋孔。

⑤ 节点布孔参照图 12-21～图 12-25。

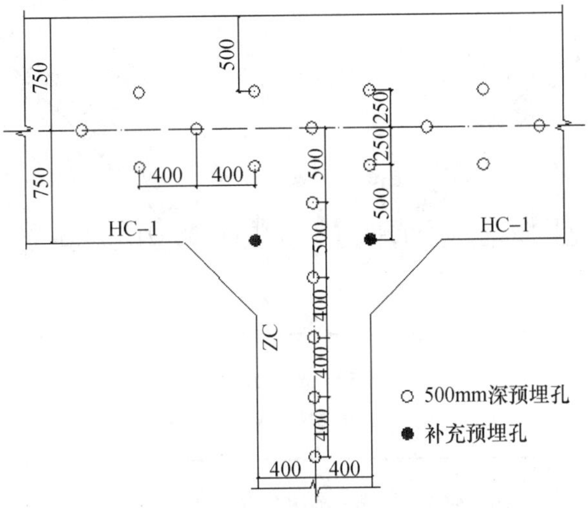

图 12-21　支撑与第一道圈梁节点预埋孔布置图

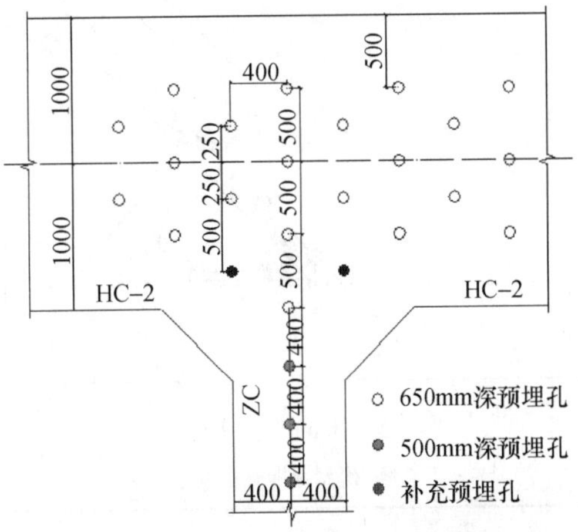

图 12-22　支撑与第二道圈梁节点预埋孔布置图

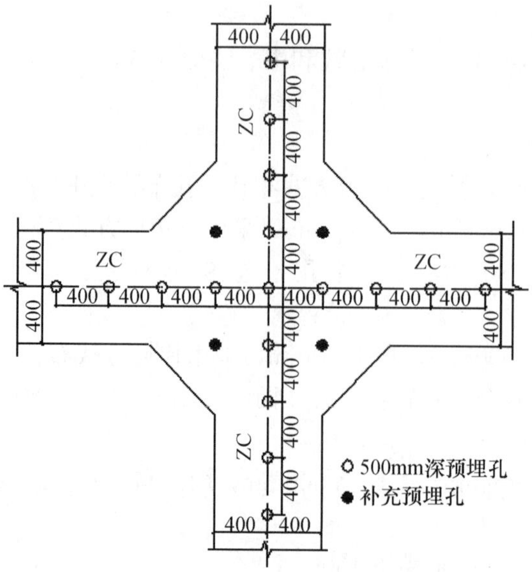

图 12-23　支撑与支撑节点预埋孔布置图

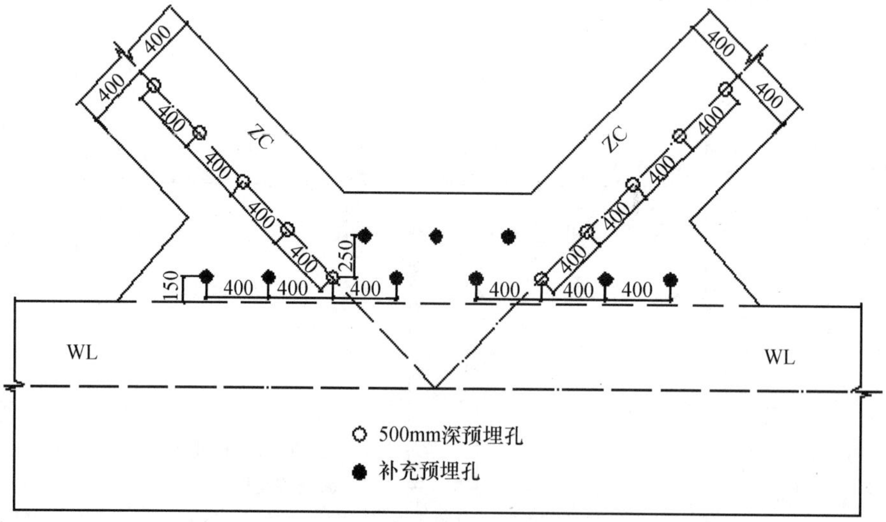

图 12-24　支撑与围檩节点预埋孔布置图 1

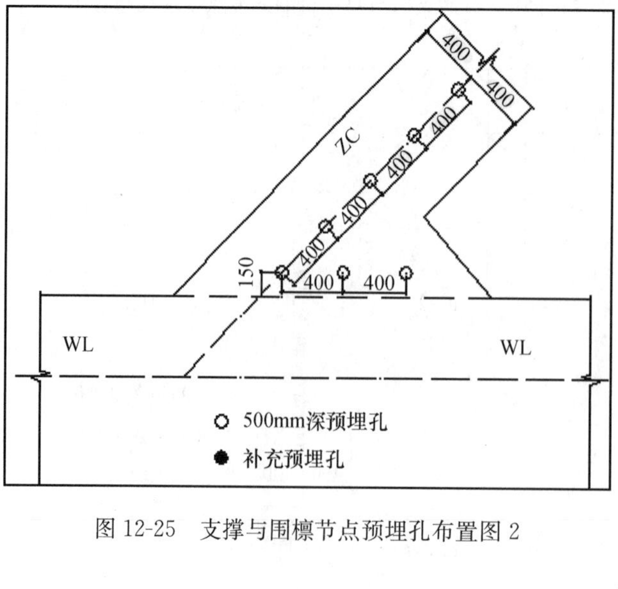

图 12-25　支撑与围檩节点预埋孔布置图 2

补充预埋孔：因各节点交角不同，而使边界宽度有所变化，根据实际施工浇筑情况，再调整补充预埋孔数和距离。

⑥ 因部分节点有立柱支撑，为了确保爆破不对立柱造成损伤，在立柱 0.5m 范围内不布置炮孔，待爆破后再用机械对剩余的 0.5m 混凝土进行破碎清理。

在距离立柱周围 0.5m 处对称布置一排预裂孔和一排缓冲孔，爆破时采用微差起爆（微差不小于 75ms），以切断爆破震动向立柱方向传播（图 12-26～图 12-29）。

为确保支撑结构的稳定，预裂孔仅按 500mm 间距预埋，待爆破前再用凿岩机加密打孔，预裂孔孔深应比该支撑上的预埋孔超深 100mm，比如当支撑上的孔深为 650mm 时，预裂孔应为 750mm。

缓冲孔间距为 300mm，孔深与其所在支撑的预埋孔孔深一样，比如当支撑上的孔深为 650mm 时，缓冲孔也为 650mm。

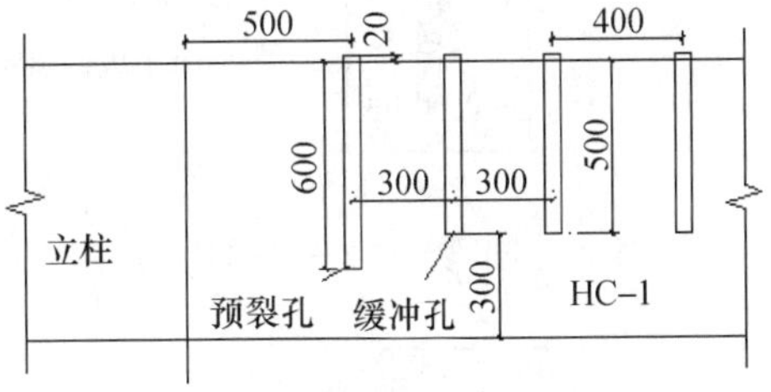

图 12-26　支撑与第一道圈梁节点处立柱周围预埋孔布置剖面图

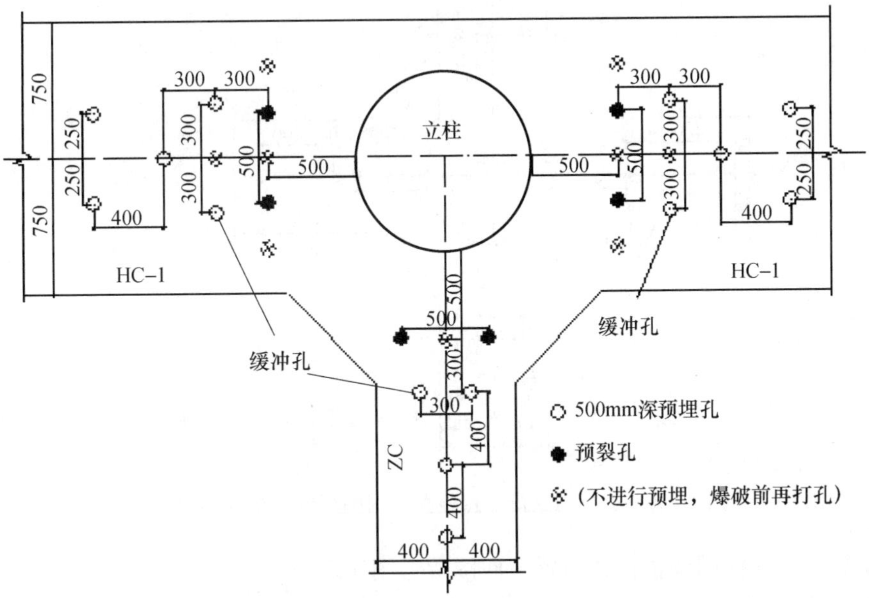

图 12-27　支撑与第一道圈梁节点处立柱周围预埋孔布置平面图

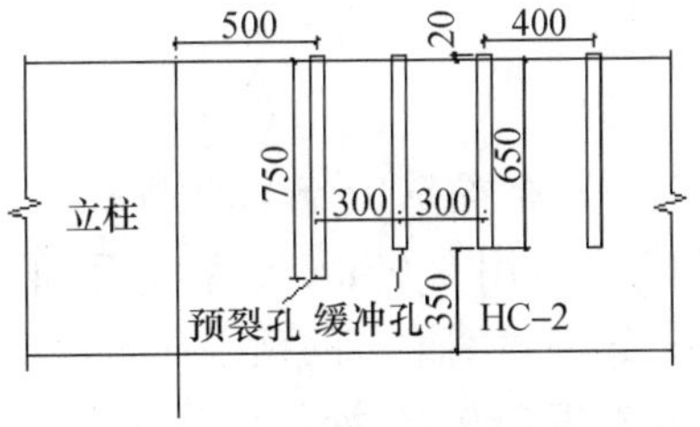

图 12-28　支撑与第二道圈梁节点处立柱周围预埋孔布置剖面图

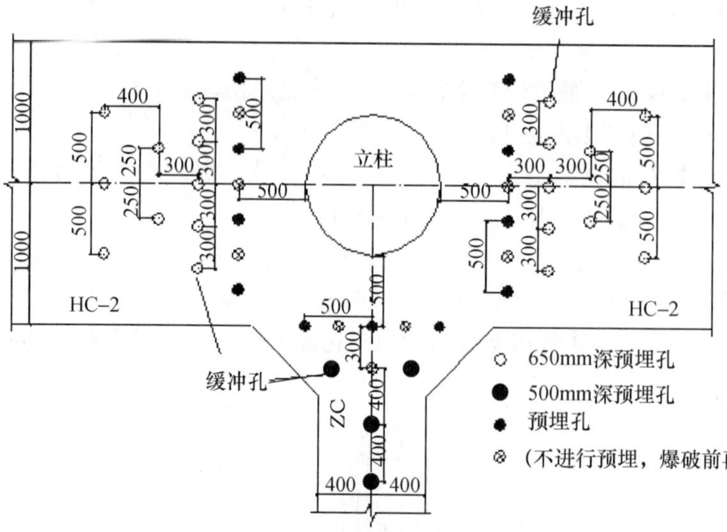

图 12-29　支撑与第二道圈梁节点处立柱周围预埋孔布置平面图

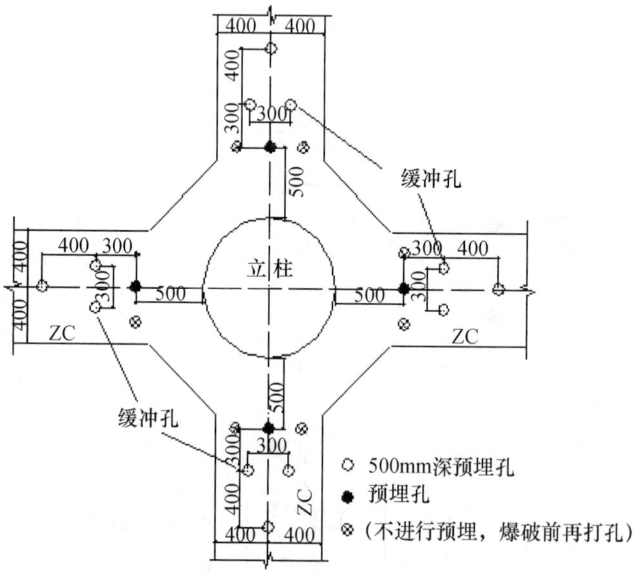

图 12-30　支撑与支撑节点处立柱周围预埋孔布置平面图

支撑与支撑节点处立柱周围预埋孔布置平面图参考图 12-30。

⑦ 因支护下方有立柱支撑，当遇到立柱时在其中心布置一个孔，两侧的孔布置在立柱外。

⑧ 布孔方向：为便于测量，原则上从围檩开始向内布孔，从简单节点向复杂节点方向布孔。局部也可根据实际施工的浇灌次序测量布孔。

（4）主要参数

① 支撑（ZC）、第一道圈梁（HC-1）布置 500mm 深预埋孔（用 520mm 长管），下部留 300m；第二道圈梁（HC-2）布置 650mm 深预埋孔（用 670mm 长管），下部留 350m；腰梁布置 420mm 深预埋孔（用 440mm 长管），下部留 220m；第一道圈梁上的预裂孔布置 600mm 深预埋孔（用 620mm 长管），下部留 200m；第二道圈梁上的预裂孔布置 750mm 深预埋孔（用 770mm 长管），下部留 250m。

② 埋管时将管上部的 20mm 出露在外。

③ 支撑（ZC）的孔距一般为 400mm；第一道圈梁（HC-1）的孔距为 500mm，行距为 400mm；第二道圈梁（HC-2）孔距为 500mm，行距为 400mm；腰梁孔距为 350mm；预埋的预裂孔间距 500mm（爆破前再加

密打孔），缓冲孔间距 300mm，预裂孔与缓冲孔行距 300mm，缓冲孔与一般的预埋孔行距 300mm。

④围檩附近的孔距离围檩一般不小于 150mm。

⑤500mm（管长 520）深预埋孔个数：约 6339 个。

⑥650mm（管长 670）深预埋孔个数：约 4420 个。

⑦420mm（管长 440）深预埋孔个数：约 3686 个。

⑧共需管长度约 7879520mm。

⑨以上预埋管个数及长度未包含补充预埋管。

施工现场图如图 12-31 所示。

图 12-31　现场图

(5) 预埋孔对结构影响分析

预埋孔是参照类似工程进行布孔。

支撑的预埋孔与钢筋混凝土结构的比例（体积比）为 1∶408。

第一道圈梁的预埋孔与钢筋混凝土结构的比例（体积比）为 1∶510。

第二道圈梁的预埋孔与钢筋混凝土结构的比例（体积比）为 1∶392。

腰梁的预埋孔与钢筋混凝土结构的比例（体积比）为 1∶177。

预埋孔与钢筋混凝土结构的比例均很小，且各支护内均有较密集的钢筋加固，因此，按设计布置预埋孔不会对支护结构造成影响。现场圈梁施工如图 12-32 所示。

图 12-32　现场圈梁施工图

（6）爆破参数

① 炮眼深度：支撑（ZC）、第一道圈梁（HC-1）炮孔深度 L_1＝0.5m，第二道圈梁（HC-2）炮孔深度 L_2＝0.65m，腰梁炮孔深度 L_3＝0.42m。

② 炮孔直径

炮孔的直径（预埋管直径）d＝40mm。

③ 炮孔间距 a、排距 b

支撑 a_1＝0.4m，第一道圈梁 a_2＝0.5m，第二道圈梁 a_3＝0.5m，腰梁 a_4＝0.3m，圈梁为交错布孔，第一道圈梁 b_2＝0.3m，第二道圈梁 b_3＝0.4m。

④ 单孔装药量 Q

因各个支撑尺寸不同，为了便于装药，单位炸药消耗量 q 取值也根据尺寸有所变化。

支撑 $Q_1=qa_1K_1H_1=0.8\times0.4\times0.8\times0.8=0.2$kg（$q$ 为单位炸药消耗量，取 0.8kg/m³）。

圈梁为交错布孔，则

第一道圈梁按 3 个孔计算，$Q_2=q2b_2K_2H_2\div3=0.65\times2\times0.4\times1.5\times0.8\div3=0.2$kg（$q$ 为单位炸药消耗量，取 0.65kg/m³）。

第二道圈梁按 5 个孔计算，$Q_3=q2b_2K_2H_2\div5=0.95\times2\times0.4\times2\times1\div5=0.3$kg（$q$ 为单位炸药消耗量，取 0.95kg/m³）。

腰梁 $Q_4=qSa_4=1.1\times0.266\times0.35=0.1$kg（$q$ 为单位炸药消耗量，取 1.2kg/m³）

⑤ 装药长度

目前广西区内常规小药卷规格为直径 32mm，长度 0.2m，重量 0.2kg，则

支撑装药长度 L'_1＝0.2m；

第一道圈梁装药长度 L'_2＝0.2m；

第二道圈梁装药长度 L'_3＝0.3m；

腰梁装药长度 L'_4＝0.1m。

⑥ 堵塞长度

所有炮孔装药后均用炮泥堵塞满炮孔。

⑦ 预裂孔、缓冲孔部分

预裂孔、缓冲孔仅将支撑炸开一条隔断的裂缝，切断主体爆破震动向立柱方向传播。

第一道圈梁预裂孔装药量：$Q_{预1}$＝0.2 kg/m³×0.25m×0.3m×0.8m＝0.01kg；

第一道圈梁缓冲装药量：$Q_{缓1}$＝0.25 kg/m³×0.25m×0.3m×0.8m＝0.012kg；

第二道圈梁预裂孔装药量：$Q_{预2}$＝0.2 kg/m³×0.25m×0.3m×1m＝0.015kg；

第二道圈梁缓冲装药量：$Q_{缓2}$＝0.25 kg/m³×0.25m×0.3m×1m＝0.02kg。

支撑部分的预裂孔、缓冲孔装药量与第一道圈梁一样。

装药方法：预裂孔是将一节炸药竖切成 4 份，将分好的炸药按装药量绑扎于竹片上，再装入孔内；缓冲是将一节炸药竖切成 2 份，将分好的炸药按装药量绑扎于竹片上，再装入孔内。用 1～2cm 的纸团堵塞在炸药上部，再用炮泥堵塞至炮孔口。

（7）起爆器材及起爆网络

起爆器材：爆破器材选择 2 号岩石乳化炸药（直径 32mm，长度 0.2m，重量 0.2kg）、毫秒延期 3 号导爆管、半秒延期 5 号导爆管、电雷管、胶质导线、胶布、起爆器等。

装药结构：因药卷直径小于炮孔直径，采用不耦合连续装药。

起爆方式：为了控制爆破震动，提高爆破效果，采取孔外延时孔间微差松动控制爆破，孔内用半秒延期 5 号导爆管起爆。单个炮孔的起爆采用中部偏底部起爆方式，即将雷管放在药柱偏底部位置。

起爆网络：采用孔外延时单孔微差起爆技术，炮孔内药包采用 1 发半秒延期 5 号导爆管起爆，炮

孔之间用 1 发毫秒延期 3 号导爆管进行串联，如图 12-33 所示。

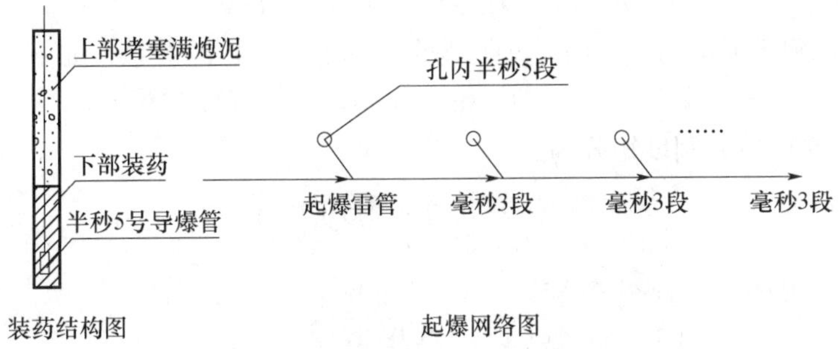

图 12-33　装药结构及起爆网络示意图

（8）爆破拆除顺序

腰梁、支撑、圈梁的整体拆除顺序按原基坑设计要求的顺序拆除。

单层上的拆除顺序应能保证未拆除部分的稳定。两道支撑均分为 3 个部分，各部分中间仅有圈梁相连，相对较独立，原则可按北面→南面→东面顺序，以交接处为分界线分三块单独实施爆破拆除。但拆除顺序也可根据基坑施工要求改变，但必须成片拆除。也可根据基坑施工要求同一层的三片同时爆破拆除。

腰梁因其量相对较小，可单层整体拆除。

12.2　有限元分析理论

12.2.1　概述

有限元法于 20 世纪 50 年代由 Clough 提出，经过三十多年的发展，有限元法的理论和应用都得到了长足的进步，有限元法就是先将开挖影响范围内的土体和支护结构离散化，划分为许多的网格，每个网格就是一个小块的单元，这些小块单元的集合体就是原来的土体和支护结构，然后分别对单元建立平衡方程，再引入单元的边界条件，通过数值模拟的计算，就可得出土体和支护结构精确的内力和变形结果。目前经常使用的有限元法主要有平面弹性地基梁法和连续介质有限元方法，连续介质有限元法又包括平面和三维方法，这两种计算方法并不能很好地模拟深基坑的开挖过程。这时对深基坑工程进行三维有限元分析就成了必然的选择，通过三维空间有限元计算除了可以求得支护结构内力之外，还可求得基坑的隆起量、地表的沉降量，最重要的一点，它能对每步的施工工况下的应力和位移做出分析，在目前的复杂基坑设计中，该方法已经成为一种非常流行的方法。

12.2.2　有限元分析基本过程

有限元法先将土体和支护结构离散化，分成小块的单元，然后分别对单元建立平衡方程，再引入单元的边界条件，通过数值模拟的计算，就可得出土体和支护结构精确的内力和变形结果，其基本计算过程如下：

1. 单元内任一点的位移 $\{\delta(x, y)\}$ 与单元节点位移 $\{\delta^e\}$ 的关系可以用下式来表示：

$$\{\delta(x, y)\} = [N(x, y)]\{\delta^e\} \tag{12-1}$$

式中，$[N(x, y)]$ 为单元形状函数，仅与单元节点坐标及其相应的坐标变量有关。

2. 单元应变 $\{\varepsilon(x, y)\}$ 与节点位移 $\{\delta^e\}$ 的关系如下式来表示：

$$\{\varepsilon(x, y)\} = [B]\{\delta^e\} \tag{12-2}$$

式中，$[B]$ 为单元几何矩阵。

3. 材料的应力-应变关系可表示为：

$$\{\sigma(x, y)\} = [D]\{\varepsilon(x, y)\} \tag{12-3}$$

代入式（12-2）可以得到单元应力 $\{\sigma(x, y)\}$ 与节点位移 $\{\delta^e\}$ 的关系，如下式所示：

$$\{\sigma(x, y)\} = [D]\{\varepsilon(x, y)\} = [D][B]\{\delta^e\} \tag{12-4}$$

4. 由虚功原理可推得单元刚度矩阵为：

$$[K^e] = \int_v [B]^T[D][B]\mathrm{d}v \tag{12-5}$$

因此可得节点力和节点位移的关系式：

$$[F^e] = [K^e]\{\delta^e\} \tag{12-6}$$

5. 形成总刚度矩阵，整个模型的节点力与节点位移的关系如下式：

$$\{F\} = [K]\{\delta\} \tag{12-7}$$

其中，$[K]$ 为总刚度矩阵。

6. 将外力和外界条件等已知量代入式（12-7），可以求解出每一个节点的位移及节点力，然后由式（12-1）、式（12-3）即可求得任意一点处的位移、应力及应变。

12.2.3 土体本构模型的选择

基坑的开挖是一个土与结构共同作用的动态变化过程，其中土体本构关系的选取对有限元计算结果的影响很大。虽然目前土的本构模型有很多，但能在基坑工程中使用的仍只有有限的几种，如弹性模型、Mohr-Coulomb 模型、修正剑桥模型、Drucker-Prager 模型、Duncan-Chang 模型等，各种本构模型在基坑开挖分析中的适用性见表 12-4。

表 12-4 各种本构模型在基坑开挖分析中的适用性

本构模型的类型		不适用	适用初步分析	适用较精确的分析	适用于高级分析
弹性模型	弹性模型	√	—	—	
	各项同性模型	√	—	—	
	DC 模型	—	√	—	
弹-塑性理想模型	Tresca 模型	—	√	—	
	M-C 模型	—	√	—	
	D-P 模型	—	√	—	
硬化模型	MCC 模型	—	—	√	
	D-P 模型	—	—	√	
小应变模型	MIT-E3 模型	—	—	—	√

Brinkgreve 对各种土体的本构模型在基坑工程中的适用性作了较详细的描述，土体是一种黏弹性材料，在实际工程中土体常常具有很复杂的应力应变特性，因此弹性模型并不适用于基坑开挖过程的分析，为了反映土体真实的力学性状，必须建立较为复杂的本构模型，如 MCC 模型或者 MIT-E3 模型，但这两种模型参数难以被精确确定，而且计算时间过长，在实际的工程应用中，在满足一定的精度条件下，土体的本构模型应尽量简单实用，这时就可以考虑使用弹塑性模型里的 Mohr-Coulomb 模型或者 Drucker-Prager 模型，但 Mohr-Coulomb 模型对基坑隆起的计算模拟不够精确。一种适合应用在基坑开挖上的模型——HS 模型被提了出来，目前对 HS 模型的研究相较于其他模型资料偏少，但 HS 模型计算中考虑因素较多，是一种小应变硬化模型，适合应用于基坑开挖，可使计算更加合理。

HS 模型适用于敏感环境下的基坑开挖数值分析，并且已成为基坑开挖数值分析中用得最多的模型之一。HS-Small 模型是 PLAXIS 有限元计算软件中自带的一种土体模型，是由 Benz 在 HS 模型的基础上进一步修正而来。修正后的 HS-Small 模型不仅继承了 HS 模型可以同时考虑剪切硬化和压缩硬化，且还可以考虑剪切模量在微小应变范围内随应变衰减的行为，因此，HS-Small 模型较 HS 模型具有更好的适用性，计算结果能给出更为合理的墙体变形及墙后土体变形。HS-Small 本构模型的参数较多，不仅包含了 HS 模型的参数，还包含了小应变参数，因此，获取较完整的 HS-Small 模型参数存在一定困难。就 HS 模型而言，目前上海地区乃至全国仅有王卫东等通过大量室内土工试验较完整地获得过上海软土地区典型土层 HS 模型的参数，但尚没有通过上海地区的具体工程实例对整套参数进行检验。HS-Small 模型的小应变参数更是需要特殊的土工试验才能确定。目前，在国内还未见有确定 HS-Small 模型小应变参数方法的报道。

12.3　超深基坑有限元模型

12.3.1　数值模拟前述

出于数值模拟的特殊性（模型越逼真，结果越分散）和便于计算的考虑，对整个数值模拟基坑模型做如下简化，如图 12-34 所示，整个基坑支护范围划分为四个区域：AB、BC、CD、DA。AB 和 CD 区域采用支护方案一，BC 和 DA 区域采用支护方案二。基坑支护参数见表 12-5。原护坡桩采用“桩墙代换”的方法，护坡桩代换为厚度××mm 的地下连续墙。

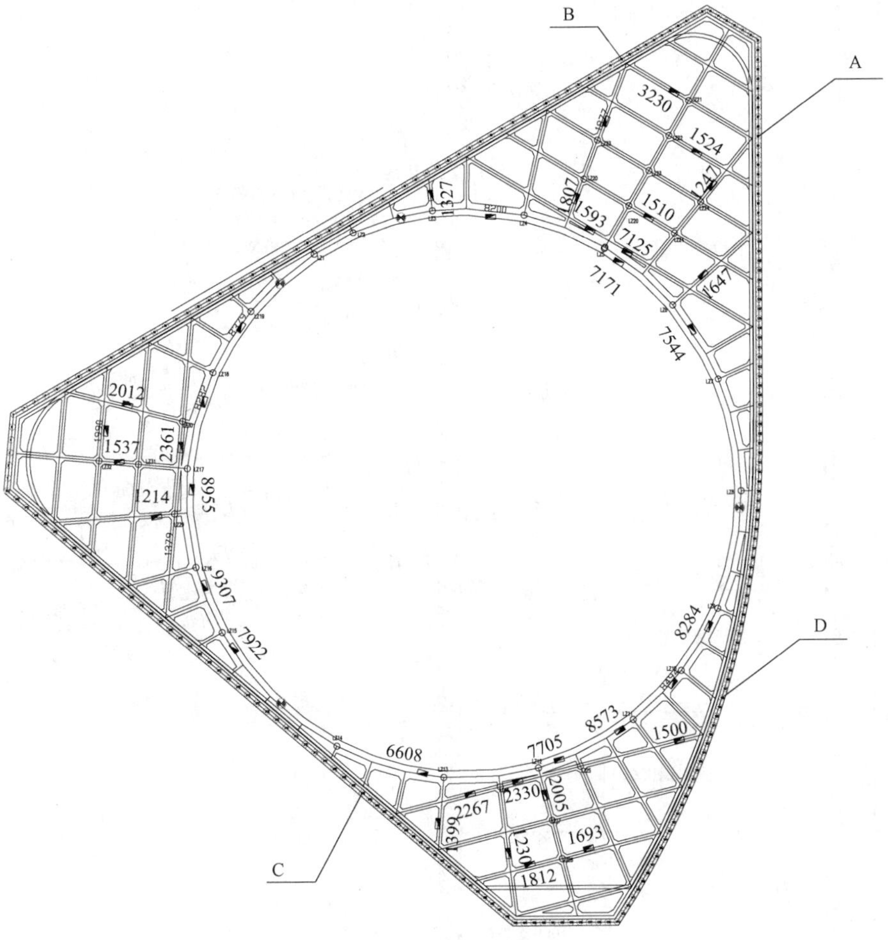

(a) 支护方案区域划分

图 12-34　基坑支护方案

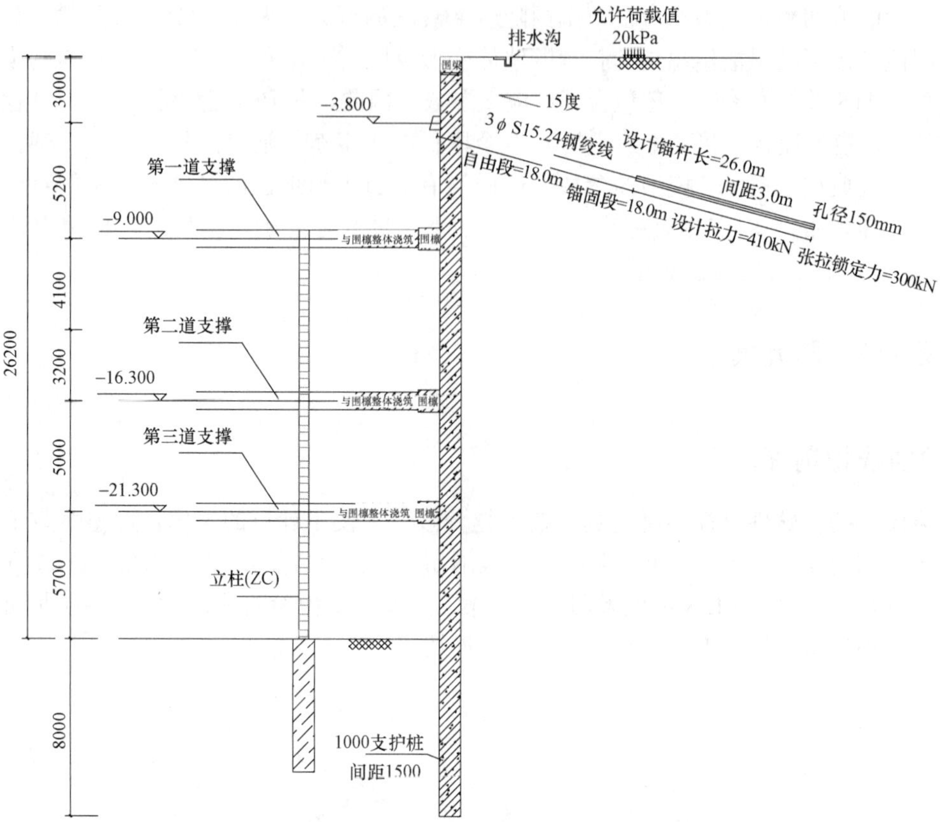

(b) 支护方案一

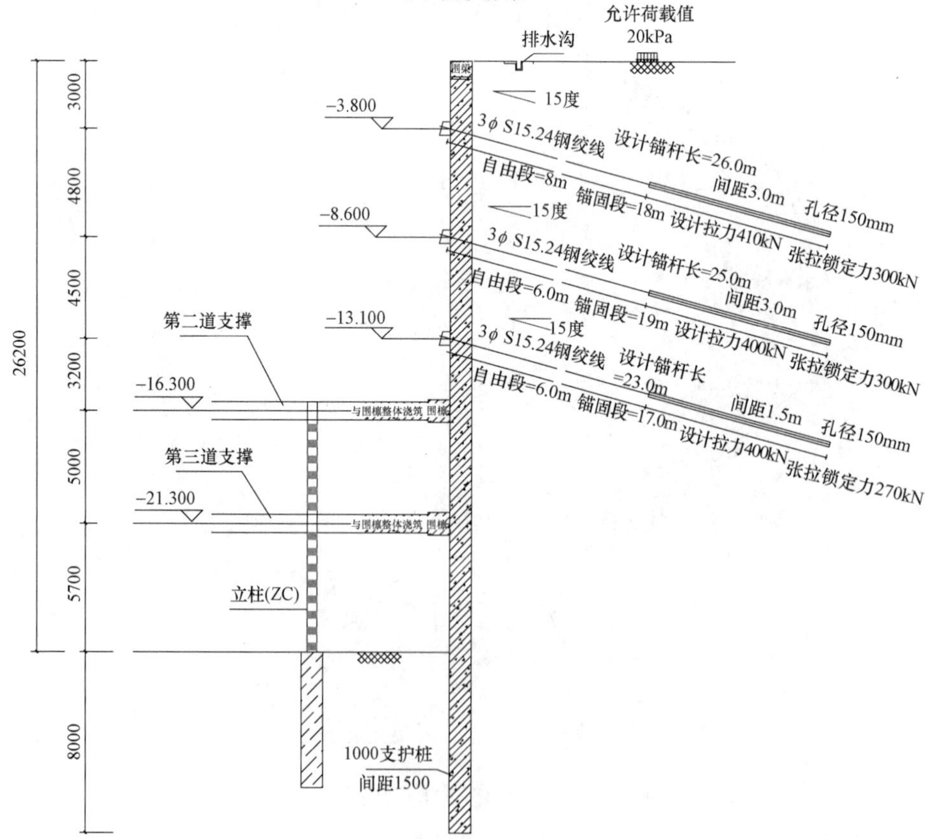

(c) 支护方案二

图 12-34　基坑支护方案（续）

表 12-5　基坑支护形式表

支护方案	支护高度	支护形式	说明			
			止水桩	支护桩参数	内支撑参数	锚索参数
方案一	34.2m	桩锚＋止水桩＋内支撑	ϕ800@1500	ϕ1000@1500	三层内支撑	一排锚索，26m
方案二	34.2m	桩锚＋内支撑	ϕ800@1500	ϕ1000@1500	双层内支撑	三排锚索，23～26m

12.3.2　模型尺寸及网格划分

应用 MIADAS/GTS 软件进行有限元分析，建立地层-支护结构共同作用三维数值计算模型。计算模型区域为 500m×500m×70m（长×宽×高），四周设置位移边界条件，模型上表面为自由面，左右两侧约束其法向位移，底部约束其竖向位移。在有限元网格划分时运用定义线性梯度（长度）的方法，使得支护结构两侧网格相对密集，网格宽度 0.5m，边界处网格相对稀疏，网格宽度 20m。整体模型网格划分如图 12-35 所示，支护结构部分网格划分如图 12-36 所示。

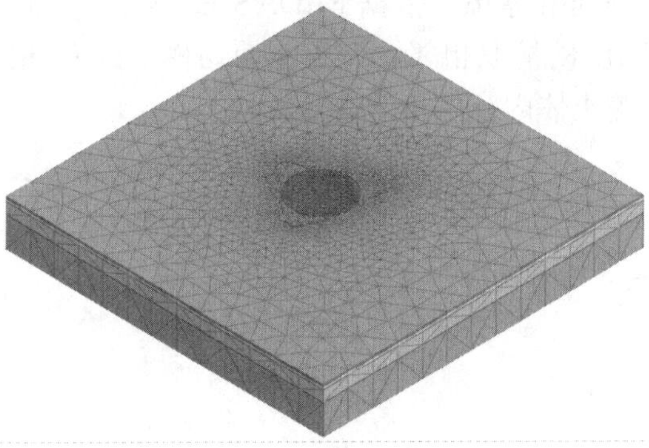

图 12-35　整体模型网格划分

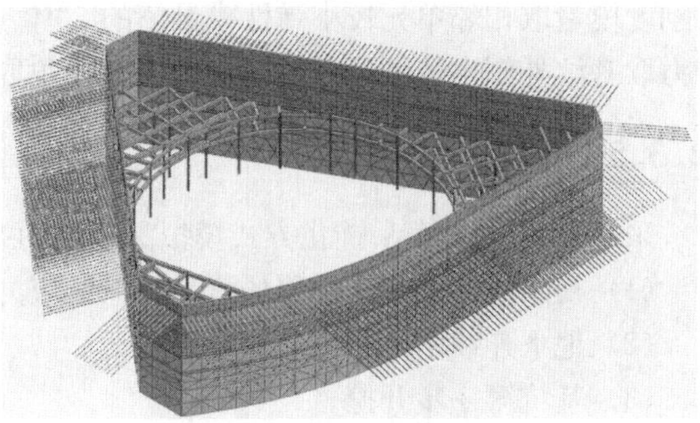

图 12-36　支护结构部分网格划分

12.3.3　模型材料参数设定

相比于 Mohr-Coulomb 模型，修正的 Mohr-Coulomb 本构模型可分别设定土体的加载、卸载变形模量，能有效地控制基坑开挖时由于应力释放引起的回弹隆起现象，故本模型中地基土体选用修正的 Mohr-Coulomb 本构模型，以实体单元建立。依据 MIDAS/GTS 帮助文件，卸荷模量取 3 倍加载模量。具体取值依据对应的地质勘查报告数据，见表 12-6。

为避免支护桩与土体单元之间由于刚度频繁变化导致的计算不收敛，同时也为了降低计算成本，该模拟采用等刚度代换法将支护桩折算为连续墙后以板单元计入；内支撑、钢立柱、立柱桩基础采用梁单元建模。连续墙、内支撑、钢立柱、立柱桩基础等均采用弹性本构模型。其具体取值见表 12-6。

表 12-6　计算模型物理力学参数表

模型类别	厚度(m)	弹性模量(MPa)	泊松比	重度(kN/m³)	黏聚力(kN/m²)	摩擦角(°)	加载模量(MPa)	卸载模量(MPa)
素填土①	3.0	7.5	0.36	19	10	5	7.5	22.5
泥岩②	4.3	54	0.32	20.5	80	11	54	162
泥质粉砂岩③	17.2	60	0.28	22	90	15	60	180
中风化砂岩④	—	75	0.26	23.0	100	20	75	225

续表

模型类别	厚度 (m)	弹性模量 (MPa)	泊松比	重度 (kN/m³)	黏聚力 (kN/m²)	摩擦角 (°)	加载模量 (MPa)	卸载模量 (MPa)
地下连续墙	—	30000	0.2	25.0	—	—	—	—
内支撑	—	30000	0.2	25.0	—	—	—	—
钢立柱	—	210000	0.2	76	—	—	—	—
钢立柱桩基础	—	30000	0.25	25	—	—	—	—
锚索	—	200000	0.25	76	—	—	—	—

12.3.4 界面接触处理

MIDAS/GTS 软件中通过设置接触单元来模拟相对刚度差异较大的地基土体和支护结构之间的界面行为。接触单元应用 Mohr-Coulomb 准则，通过设置接触面之间的法向刚度模量、切向刚度模量、黏聚力、内摩擦角等参数，模拟地基土与支护结构间的挤压和摩擦。依据 MIDAS/GTS 帮助文件，法向刚度模量取相邻单元较小弹性模量值的 50 倍；剪切刚度模量取相邻单元较小剪切模量的 50 倍；黏聚力取基坑外侧土体黏聚力的 3 倍；内摩擦角取基坑外侧土体内摩擦角的 3 倍。

12.3.5 施工工况模拟

采用单元网格激活-钝化方式模拟深基坑动态施工过程，工况如下：

(1) 初始应力状态，位移场清零，保留应力场。
(2) 地下连续墙施工。
(3) 基坑第一步开挖。
(4) 第一道锚索施工。
(5) 基坑第二步开挖。
(6) 第二道锚索施工，第一道内支撑施工。
(7) 基坑第三步开挖。
(8) 第三道锚索施工。
(9) 基坑第四步开挖。
(10) 第二道内支撑施工。
(11) 基坑第五步开挖。
(12) 第三道支撑施工。
(13) 基坑第六步开挖，开挖至基坑底部。

12.3.6 基坑顶部位移分析

图 12-37 所示为基坑支护结构位移曲线，水平位移向基坑内侧为正，向基坑外侧为负；竖向位移向下为负值，向上为正值。监测点 W1 和监测点 W2 水平位移及竖向位移时程曲线如图 12-37 (a)～图 12-37 (d) 所示，分析图 12-37 (a) ～图 12-37 (d) 可知，基坑水平位移远大于竖向位移，随着基坑开挖深度的增加，基坑支护结构水平位移逐步增加，监测点 W1 竖向位移呈先上浮后下沉趋势，监测点 W2 呈整体上浮趋势。基坑施工完成后，监测点 W1～W6 位移分布如图 12-37 (e) ～图 12-37 (f)所示，监测点 W1 和监测点 W6 位移基坑角部位置，采用支护方案一；监测点 W2～W5 位于基坑中部位置，采用支护方案二。分析图 12-37 (e) ～图 12-37 (f)及位移云图 (图 12-38) 可知，基坑顶部位移存在明显的空间效应，呈现基坑角部

位移小，中部位移大的特征，工程实践中，对于基坑角部位置可充分利用基坑角部的“空间效应”，适当降低其支护结构强度。数值模拟结果与实测曲线形态高度相似，数值计算结果较好地还原了工程实际。

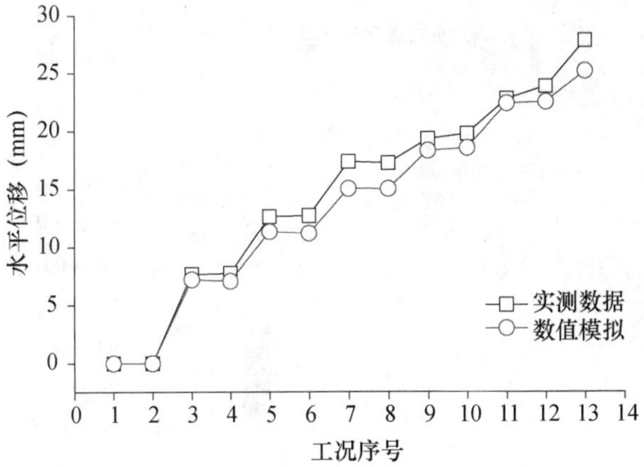

(a) 监测点W1水平位移

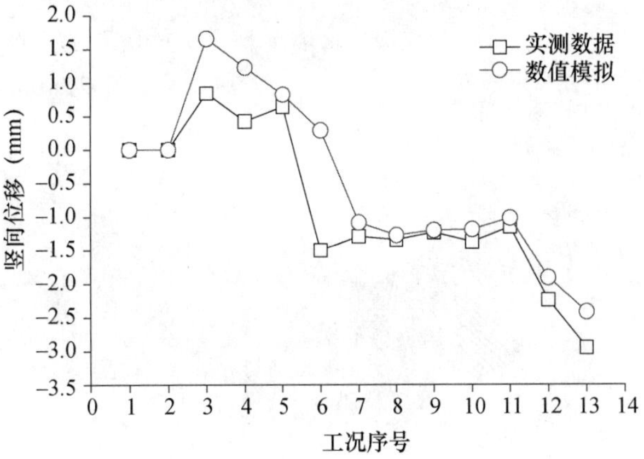

(b) 监测点W1竖向位移

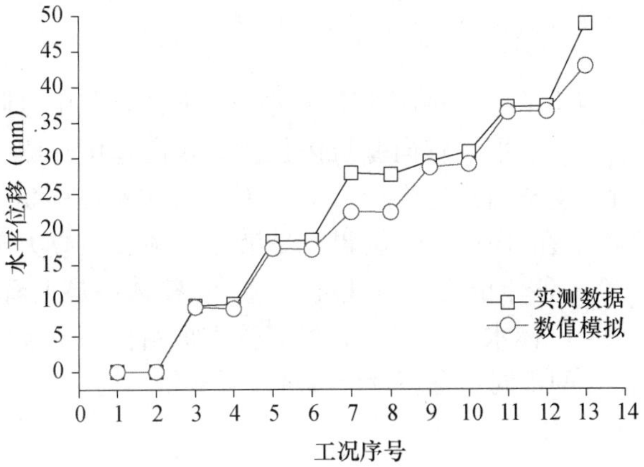

(c) 监测点W2水平位移

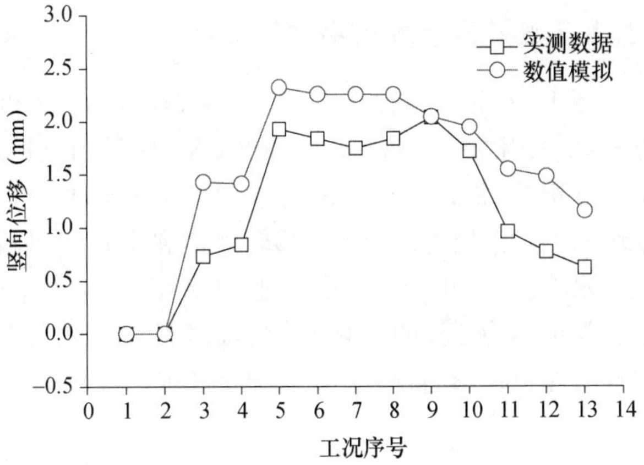

(d) 监测点W2竖向位移

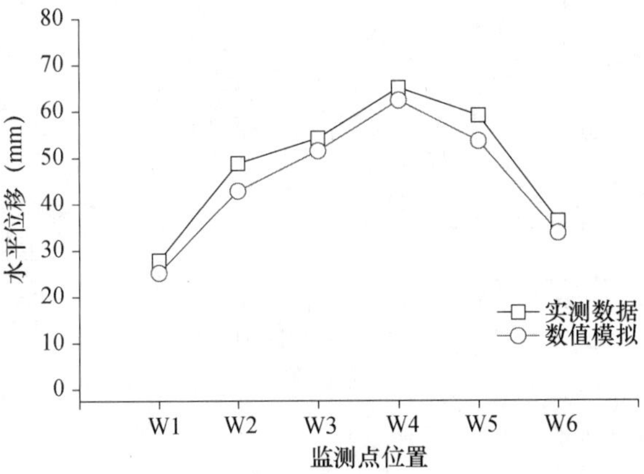

(e) 水平位移分布

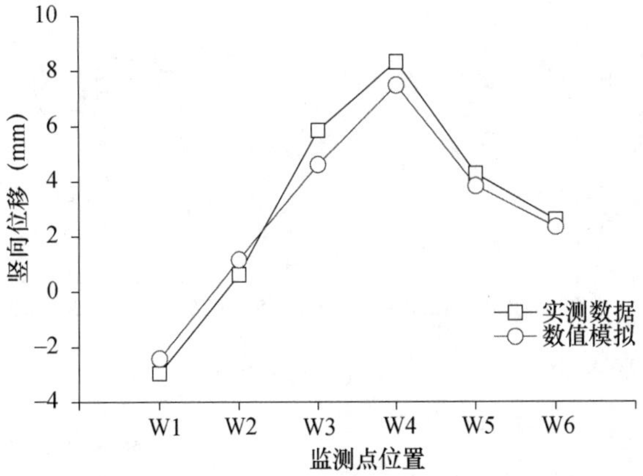

(f) 竖向位移分布

图 12-37 基坑顶部位移

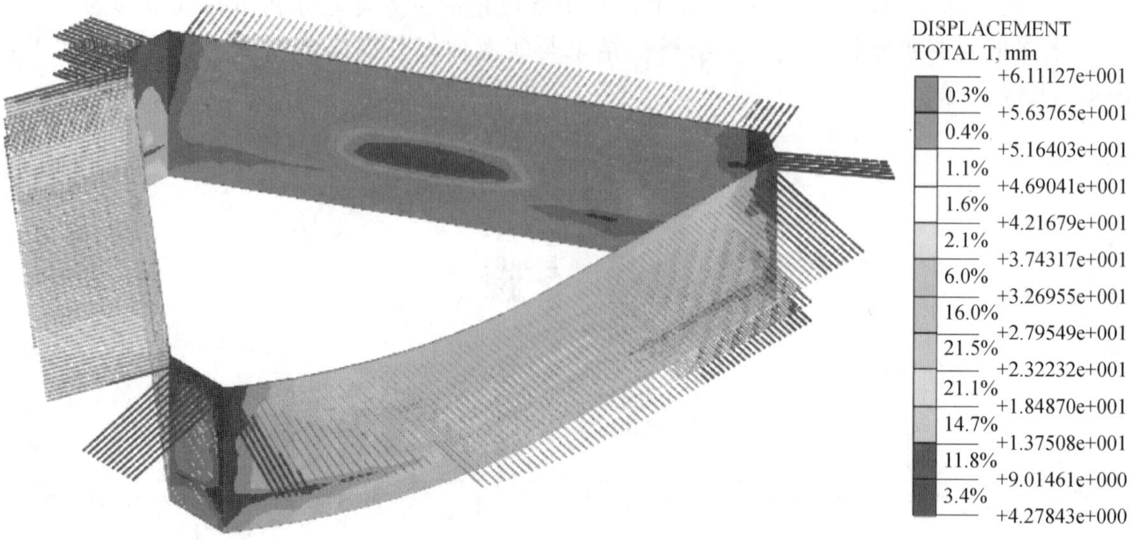

图 12-38　支护结构位移云图

12.3.7　深层土体水平位移分析

图 12-39 所示为基坑开挖完成后监测点 CX2 和监测点 CX3 支护结构深层水平位移曲线，其中监测点 CX2 采用支护方案一，监测点 CX3 均采用支护方案二。水平位移向基坑内侧为正，向基坑外侧为负。分析图 12-39 可知，监测点 CX2 位于基坑拐角位置，支护结构自－6～－33m 位置，水平位移朝向基坑内侧，深层土体水平位移较大位置出现于基坑底部；在 0～－6m 位置，受第一道锚索预应力影响，水平位移朝向基坑外侧。监测点 CX3 位于基坑中部，整体位移朝向基坑内侧，从整体趋势上看，随着支护结构埋深的增加，水平位移逐步增加。基坑深层土体水平位移分布形态受支护结构类型及监测点所在位置影响较大，对于异型基坑，宜根据空间位置的不同，合理设计基坑水平支护结构。

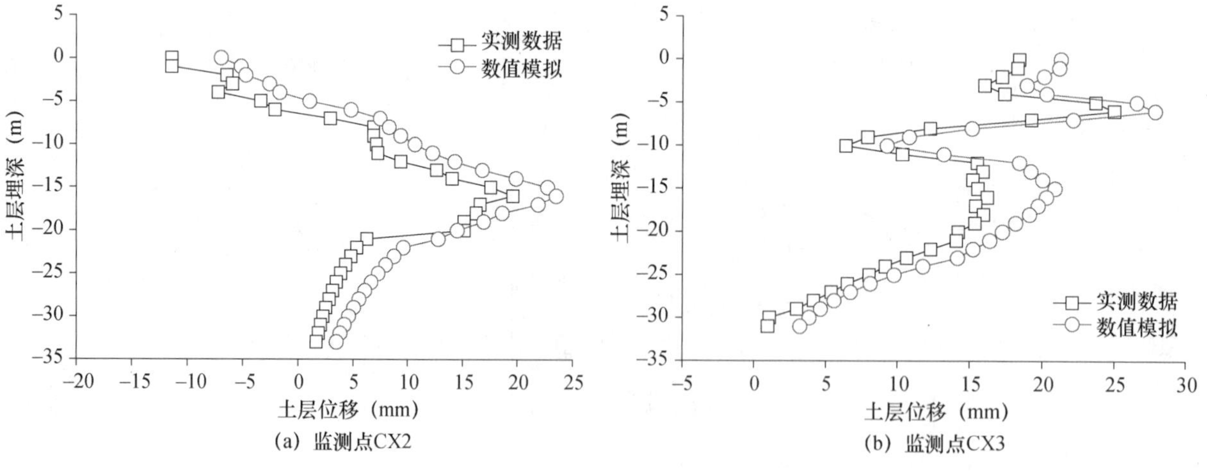

图 12-39　深层土体水平位移

12.4　周围环境位移分析

1. 计算参数的选取

本节计算使用 PLAXIS 有限元计算软件，选取 PLAXIS 软件中自带的 HS-Small 土体本构模型进行计算。

对于 PLAXIS 中 HS-Small 模型中的 13 个参数，其中 11 个 HS 模型参数和 2 个小应变参数。HS 模型参数有有效黏聚力 c'、有效内摩擦角 φ、剪胀角 w、三轴固结排水剪切试验的参考割线模量 E_{50}^{ref}、固结试验的参考切线模量 $E_{\mathrm{oed}}^{\mathrm{ref}}$、与模量应力水平相关的幂指数 m、三轴固结排水卸载再加载试验的参考卸载再加载模量 $E_{\mathrm{ur}}^{\mathrm{ref}}$、泊松比 ν_{ur}、参考应力 p^{ref}、破坏比 R_f、正常固结条件下的静止侧压力系数 K_0。小应变参数为小应变刚度试验的参考初始剪切模量 G_0^{ref} 和当割线剪切模 G_0^{ref} 衰减为 0.7 倍的初始剪切模量 G_0 对应的剪应变 $\gamma_{0.7}$。由于 HS-Small 模型参数过多，在现场试验缺少的情况下很难得出全部的计算参数，可根据相关经验令 $E_{\mathrm{ur}}^{\mathrm{ref}}\approx 3E_{50}^{\mathrm{ref}}$ 和 $E_{\mathrm{oed}}^{\mathrm{ref}}\approx E_{50}^{\mathrm{ref}}$ 来满足工程需求，具体见表 12-7、表 12-8。

表 12-7　HS-Small 模型中土体计算参数表

层号	土名	厚度 (m)	$E_{\mathrm{oed}}^{\mathrm{ref}}$ (MPa)	E_{50}^{ref} (MPa)	$E_{\mathrm{ur}}^{\mathrm{ref}}$ (MPa)	G_0^{ref} (MPa)	$\gamma_{0.7}$ (10^{-4})	ν_{ur}	p^{ref} (kPa)	K_0	m	R_{f}
①	素填土	4	6.0×10^3	6.0×10^3	2.4×10^4	9.7×10^4	2	0.2	100	0.515	0.8	0.9
②-2	强风化泥岩	4	8.0×10^3	8.0×10^3	3.0×10^4	1.0×10^5	2	0.2	100	0.485	0.8	0.9
②-2	中风化泥岩	17	1.0×10^4	1.2×10^4	5.5×10^4	2.0×10^5	2	0.2	100	0.470	0.8	0.9
④-2	中风化砂岩	2	8.0×10^4	8.0×10^4	2.4×10^5	1.4×10^6	2	0.2	100	0.500	0.5	0.9
③	泥质粉砂岩	3	6.0×10^4	6.0×10^4	2.1×10^5	8.0×10^5	2	0.2	100	0.577	0.5	0.9
④-2	中风化砂岩	—	8.0×10^4	8.0×10^4	2.4×10^5	1.4×10^6	2	0.2	100	0.500	0.5	0.9

表 12-8　其他结构参数表

名称	EA (kN/m)	EI (kN·m²/m)	直径 d (m)	w (kN/m/m)	v
管线结构	2.5×10^7	3.5×10^5	0.410	21.00	0.20
基坑立柱	2.0×10^7	3.5×10^5	0.458	10.00	0.30
建筑基础	1.0×10^7	2.0×10^5	0.490	23.00	0.30
建筑立柱	1.0×10^6	2.0×10^4	0.490	20.00	0.20
路面	2.0×10^5	2.0×10^3	0.346	23.00	0.23
内支撑	2.0×10^7	4.8×10^5	0.537	1.00	0.25
排桩	2.2×10^7	8.0×10^5	0.661	21.00	0.20

2. 施工过程的模拟

为了更符合实际施工过程，设置分析步骤时将基坑开挖分为 9 个工序，以方案一为例，具体每个工序步骤如下：

初始状态：仅有土体，进行地应力平衡。

工序一：设置建筑基础和立柱并移除建筑基础中的土体，在建筑基础上施加均布荷载 A (20kN/m)；设置管线并移除管线内土体；设置路面并在其上施加均布荷载 B (20kN/m)。

工序二：插入排桩。

工序三：基坑开挖至 4m，设置第一道锚索，施加预应力 200kN/m。

工序四：基坑开挖至 8m，设置第二道锚索，施加预应力 250kN/m。

工序五：基坑开挖至 12m，设置第三道锚索，施加预应力 300kN/m；设置立柱和第一道内支撑（标高－10m）。

工序六：基坑开挖至 16m，设置第二道内支撑（标高－15m）。

工序七：基坑开挖至 20m，设置第三道内支撑（标高－20m）。

工序八：基坑开挖至 24m。

工序九：基坑开挖至 27m，基坑坑底位置。

方案二：取消了锚索中预应力的施加。

方案三：去除了锚索。

3. 模型的建立

图 12-40 为建立的模型图，图中标注有土体名称和整体模型的坐标位置，其中左侧排桩 X 轴方向的坐标为 110m，右侧排桩 X 方向的坐标为 190m，基坑开挖沿 X 轴的总长度为 80m。基坑立柱 20m 一个，共设 3 道用来控制变形的内支撑，三道内支撑分别设置在标高－10m、－15m、－20m 的位置（坑顶标高设为±0.00m），基坑右侧锚杆设置在标高－4m、－8m、－12m 的位置。基坑左侧建筑边线距离基坑左侧边沿为 6m，建筑有地下室 6m，建筑边长 24m，建筑底部设有桩基间距为 6m，建筑顶部上覆均布荷载 A（20kN/m）。基坑右侧管线直径为 2m，管线中心距离基坑边沿 4m，距离地表 2m。基坑附近路面边线距离基坑右侧边沿为 7m，公路宽 23m，公路上的车辆荷载用均布荷载 B（20kN/m）代替。

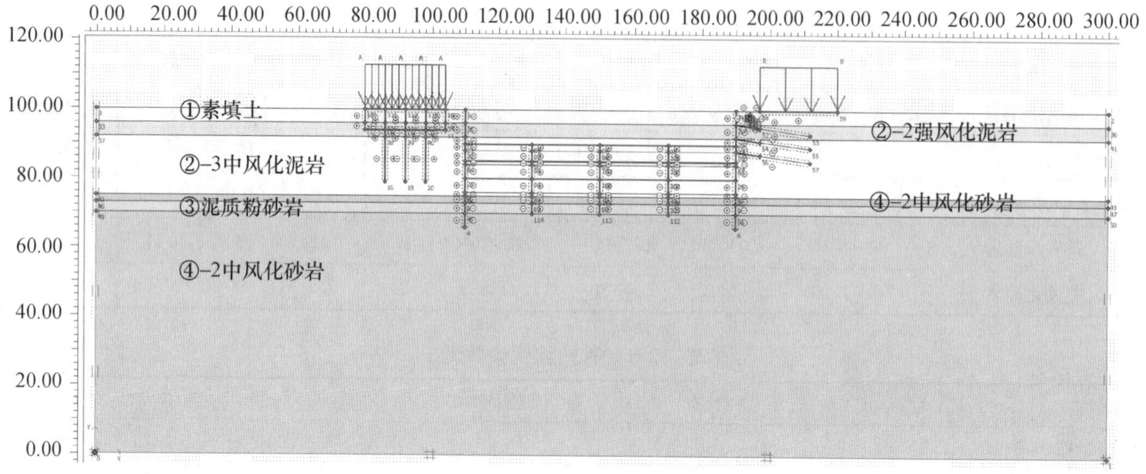

图 12-40　模型的建立

12.4.1　锚索对复杂环境下深基坑变形的影响分析

三种方案计算的出的最大位移值情况和安全系数见表 12-9，三种方案计算得出的整体安全系数相差不大约为 4.7，这是由于基坑开挖面积较大，锚索支护是其中的一部分，对整体的稳定性影响不大，主要针对的是对局部变形的影响。三种不同方案对基坑左侧结构位移影响不大，由于右侧有锚索的拉力作用，所以左侧排桩位移略大约 2mm，基坑隆起约为 14.8mm，左侧建筑位移为 3～4mm。锚索对基坑右侧位移和周边环境影响较大，方案一中施加锚索预应力之后能有效控制右侧排桩、管线和路面的位移。方案一中右侧排桩位移为 4.25mm，相较于其他两种方案位移减小了约 80%；管线位移为 5.12mm，相较于其他两种方案位移减小了约 60%；路面沉降为 14.48mm，相较于另外两种方案位移减小了 20%～25%。

表 12-9　三种方案最大位移值表

方案	安全系数	最大位移值（mm）					
		左侧排桩	右侧排桩	基坑隆起	建筑位移	路面沉降	管线位移
一	4.7261	19.51	4.25	14.88	4.05	14.48	5.12
二	4.7027	18.09	22.48	14.79	3.48	19.13	14.13
三	4.7101	18.16	21.31	14.80	3.37	18.12	13.64

依据三种方案计算得出的最终结果如图 12-41～图 12-46 所示。图 12-41、图 12-42、图 12-43 分别为方案一、方案二、方案三的整体位移图；图 12-44、图 12-45、图 12-46 分别为方案一、方案二、方案三在笛卡尔坐标系下土体的位移图。从图 12-41（a）、图 12-42（a）、图 12-43（a）放大的网格图

（放大 300 倍）中可看出，基坑左侧建筑向基坑方向倾斜；基坑左右两侧的支护桩向基坑内侧倾斜，排桩上部位移较明显；基坑右侧管线沉降并向基坑方向移动；右侧路面沉降的同时，靠近基坑一侧路面沉降更大；基坑坑底有隆起现象。此外，在方案一中，基坑右侧排桩由于受锚索约束，上部位移得到明显控制，最大位移位置发生变化，由上部转移至排桩中部。

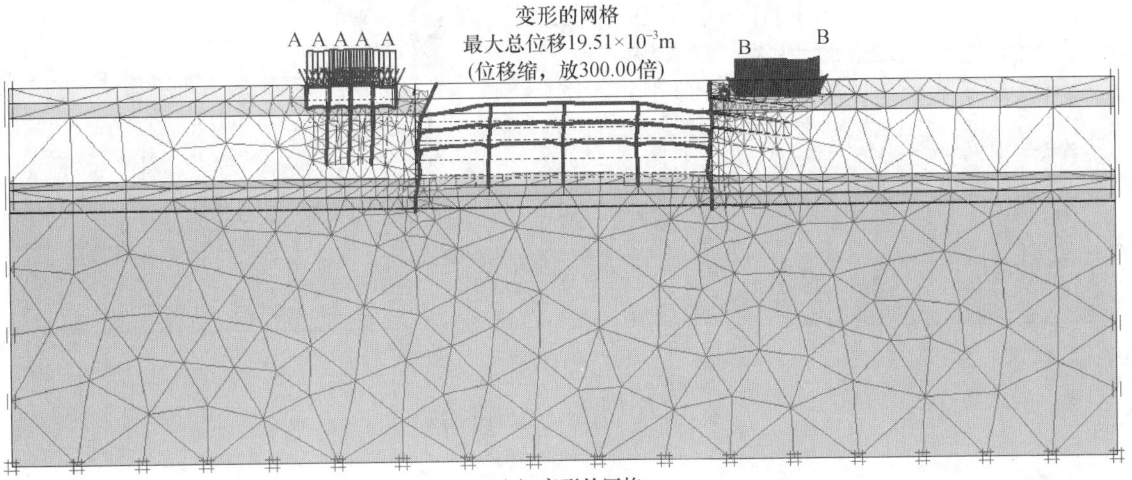

(a) 变形的网格

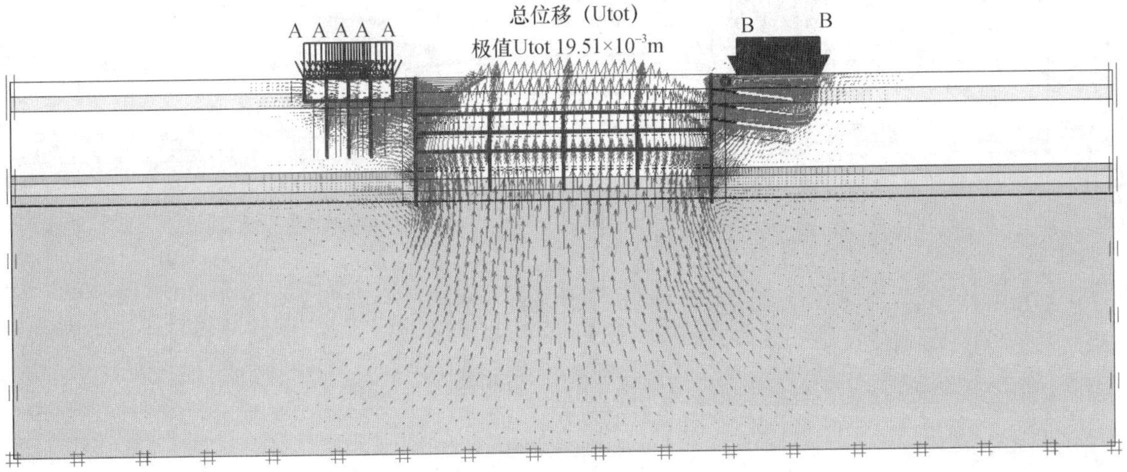

(b) 总位移

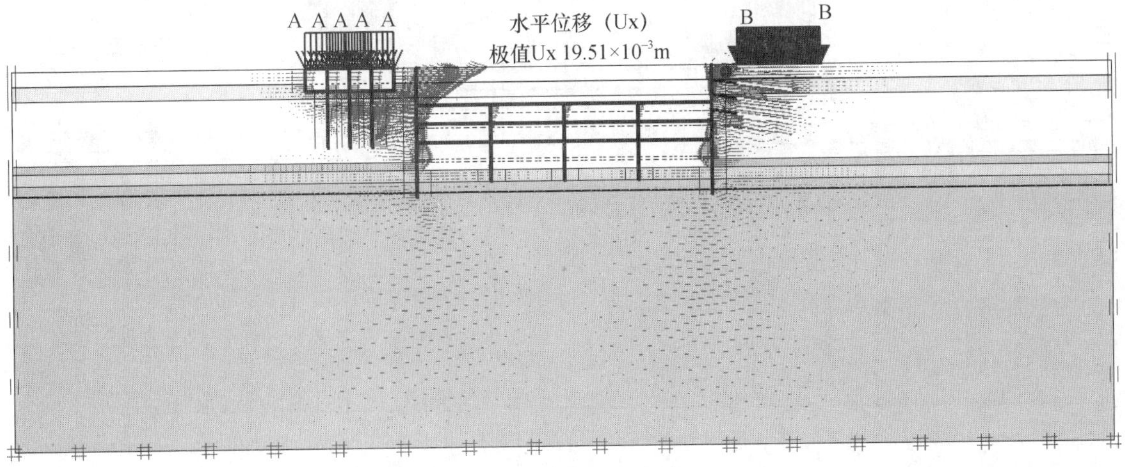

(c) 水平位移

图 12-41　方案一位移图

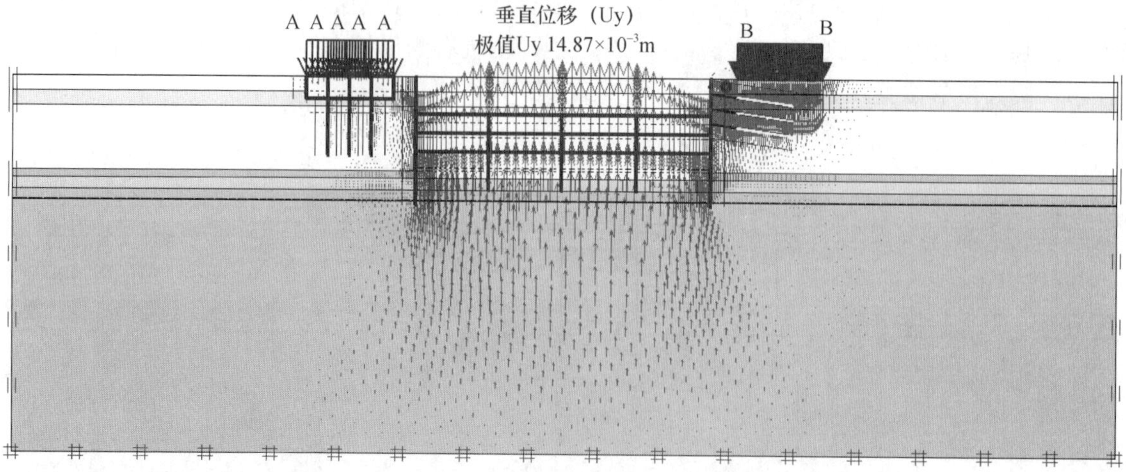

(d) 垂直位移

图 12-41　方案一位移图（续）

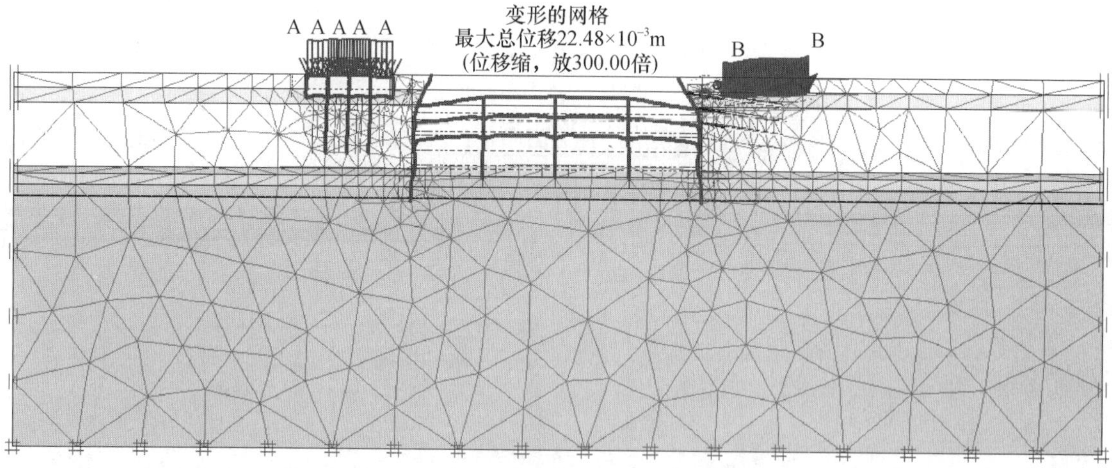

(a) 变形网格

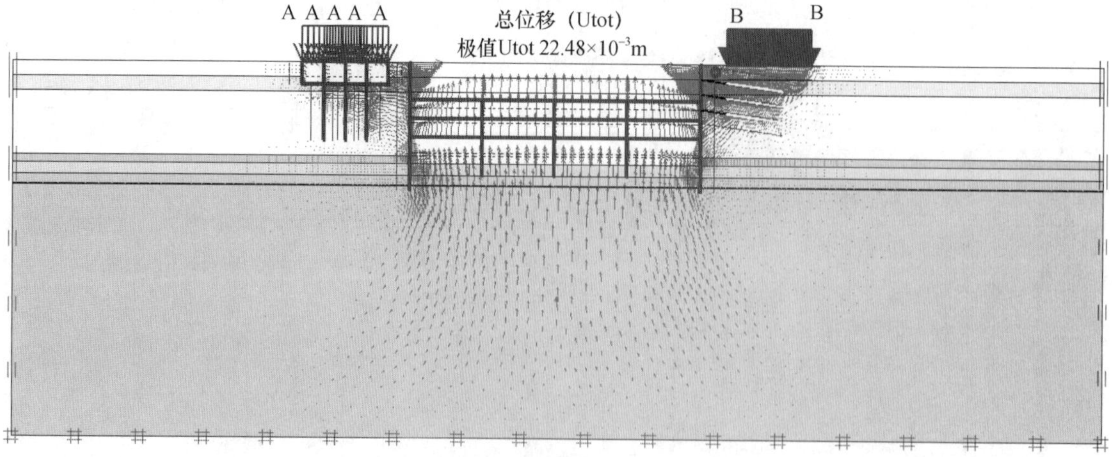

(b) 总位移

图 12-42　方案二位移图

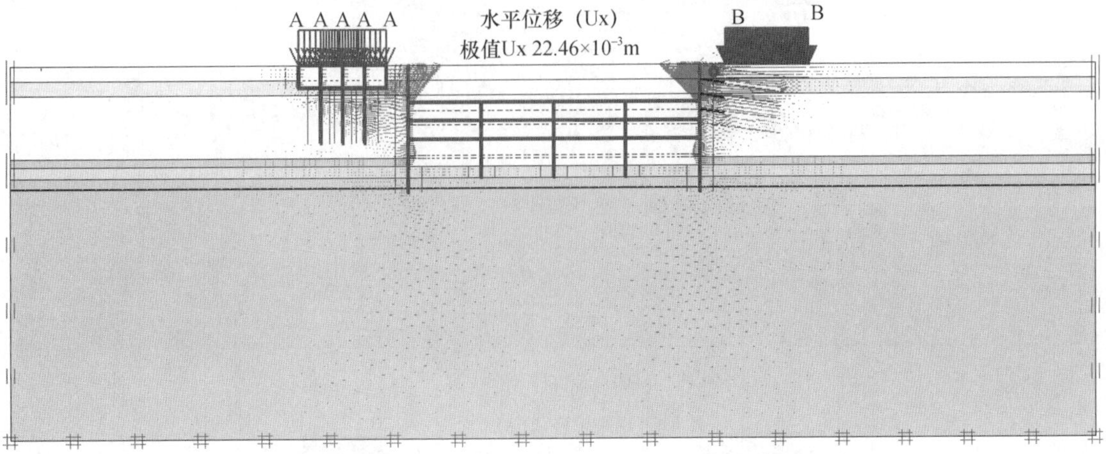

(c) 水平位移

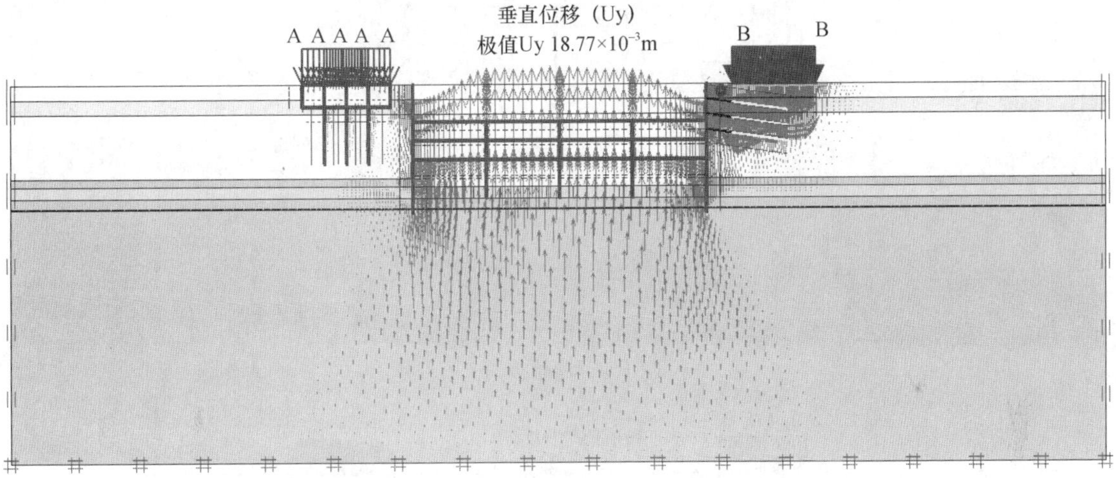

(d) 垂直位移

图 12-42　方案二位移图（续）

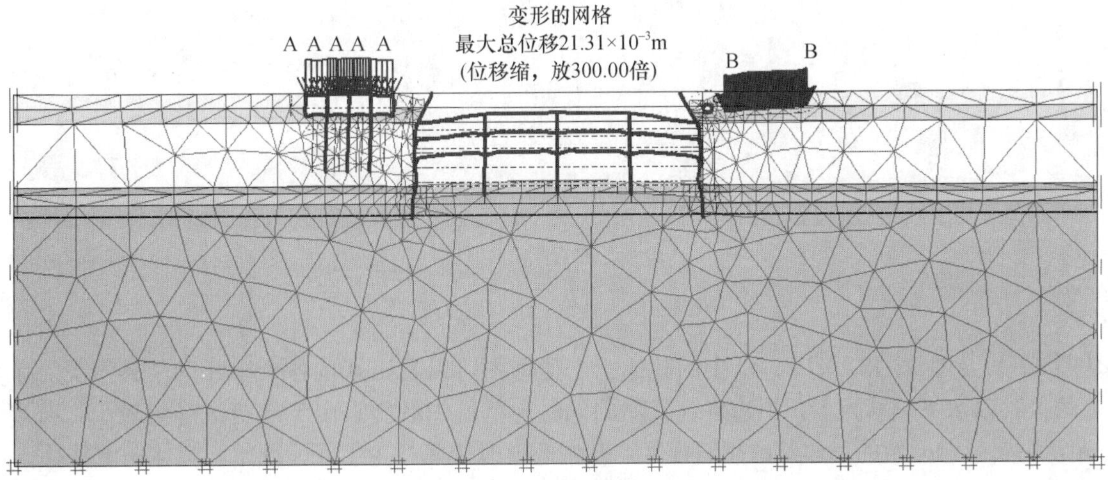

(a) 变形的网格

图 12-43　方案三位移图

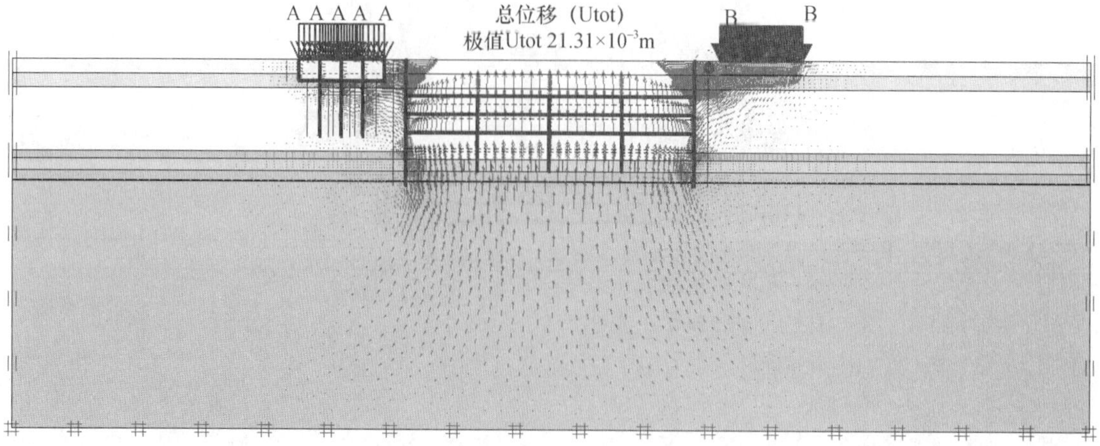

(b) 总位移

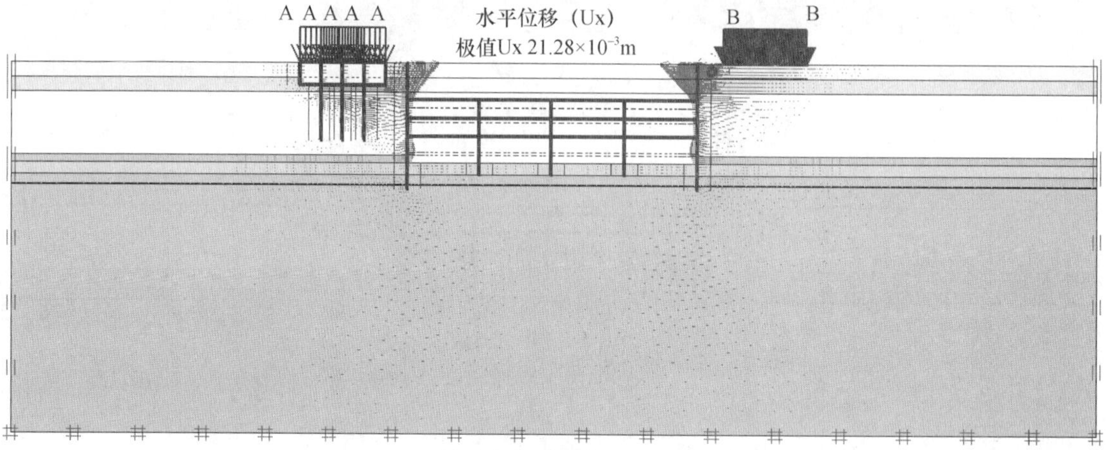

(c) 水平位移

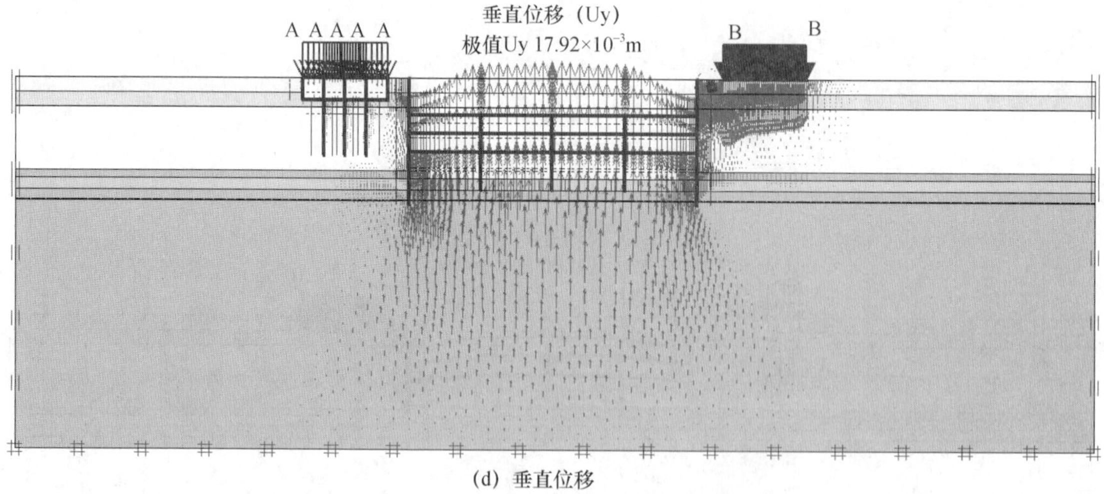

(d) 垂直位移

图 12-43　方案三位移图（续）

从图 12-41、图 12-42、图 12-43 中的其他三个位移图可以看出基坑各个单元的位移情况。基坑两侧排桩的位移以水平侧移为主，周边建筑沉降的同时向基坑内倾斜，由于建筑沉降量较小，沉降值仅为 3mm，主要影响建筑的是建筑的倾斜程度，基坑开挖时坑底产生了回弹现象，土体向上位移。

从图 12-44、图 12-45、图 12-46 三种方案中的笛卡尔坐标系下土体位移情况图中可以看出，土体的最大位移出现在基坑底部中心位置和基坑顶部靠近排桩位置。其中，基坑顶部靠近排桩的位置水平位移最大，基坑底部中间位置土体隆起位移最大，两侧位移依次递减。路面邻近基坑一侧土体沉降最大，其次是基坑左侧排桩的附近土体沉降较大。此外，方案一中土体的最大水平位移出现在基坑左侧排桩位置，而其他两种方案土体的最大水平位移出现在右侧排桩位置，说明方案一的锚索起到了很好的位移控制作用，而方案二锚索未加预应力情况和方案三不加锚索情况仅有排桩支护时，均不能有效控制基坑右侧土体水平位移。并且受路面荷载影响，路面之下的土体沉降明显，加之基坑的开挖对路面位移的影响，靠近基坑一侧土体的沉降更大。基坑左侧排桩由于水平位移较大，导致土体水平位移较大，同时土体沉降较大。由图中还可看出，路面荷载对土体沉降的影响要比建筑荷载对土体的影响大，这是由于建筑基础结构对土体有一定的加固作用，而路面一侧设有管线并且作用力直接作用于土体之上，更容易产生沉降。

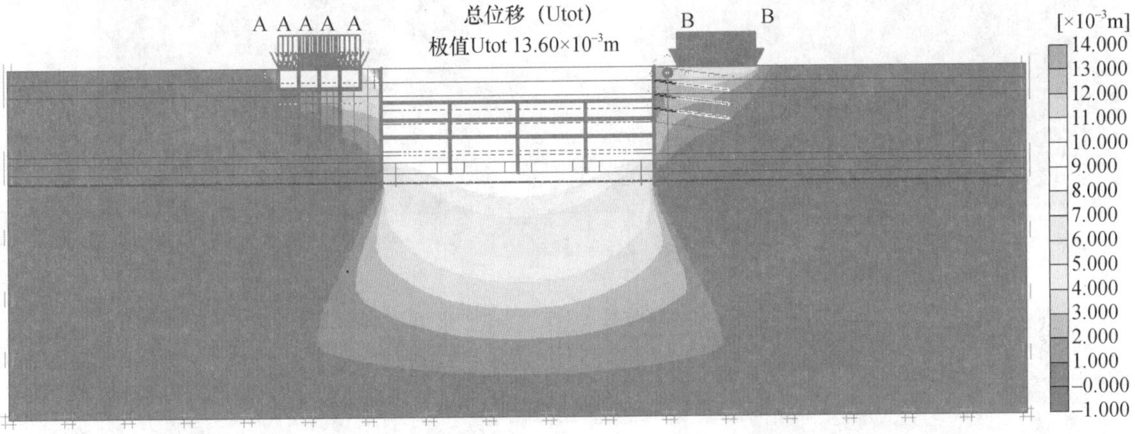

(a) 总位移

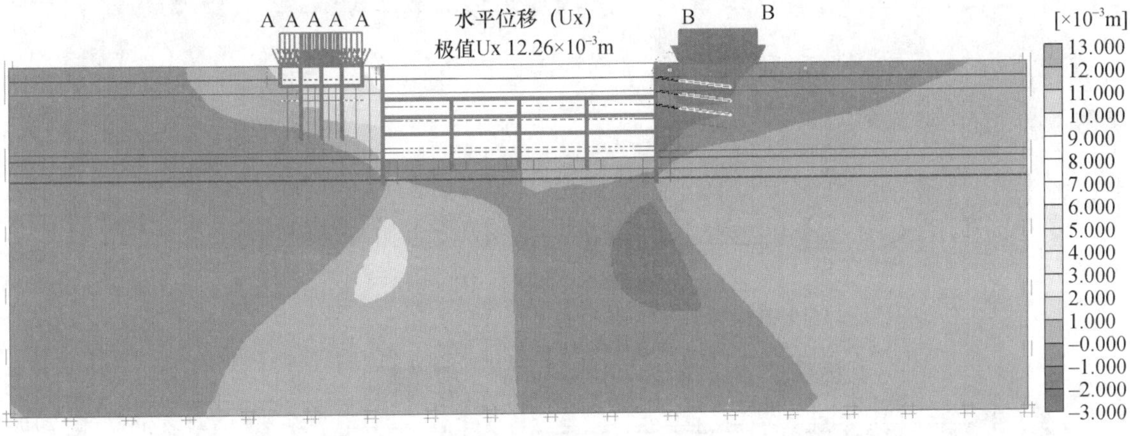

(b) 水平位移

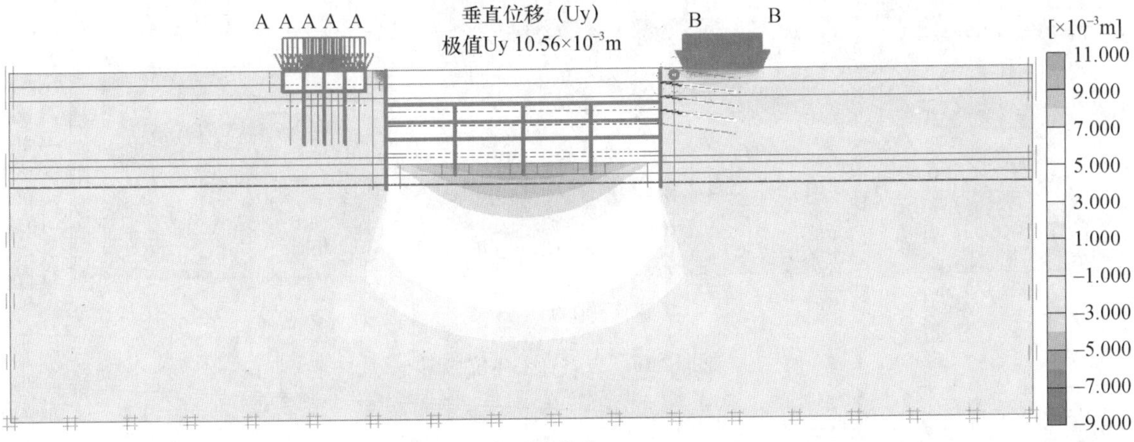

(c) 垂直位移

图 12-44　方案一土体位移图

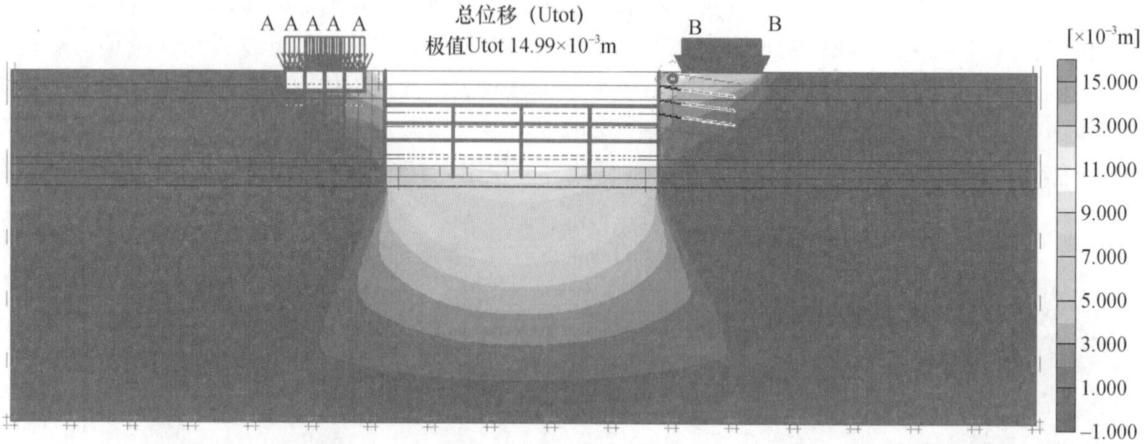

(a) 土体总位移

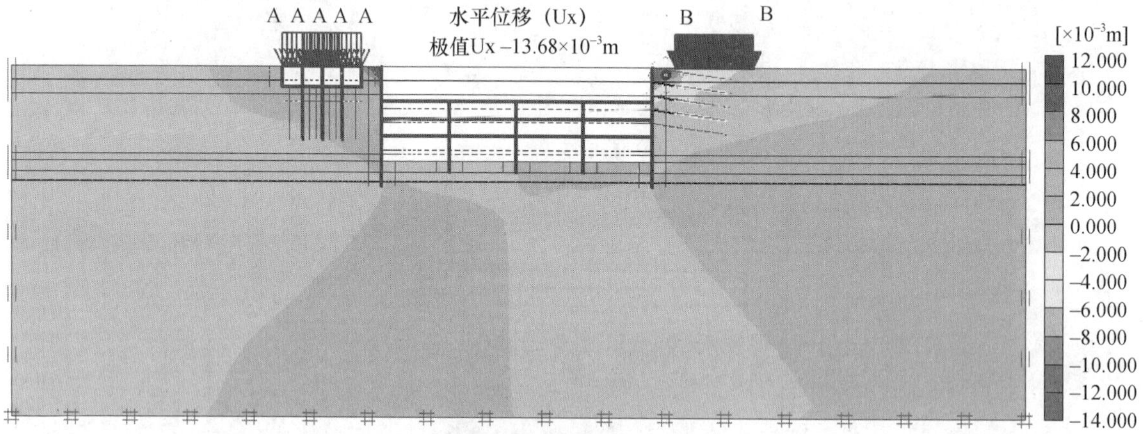

(b) 土体水平位移

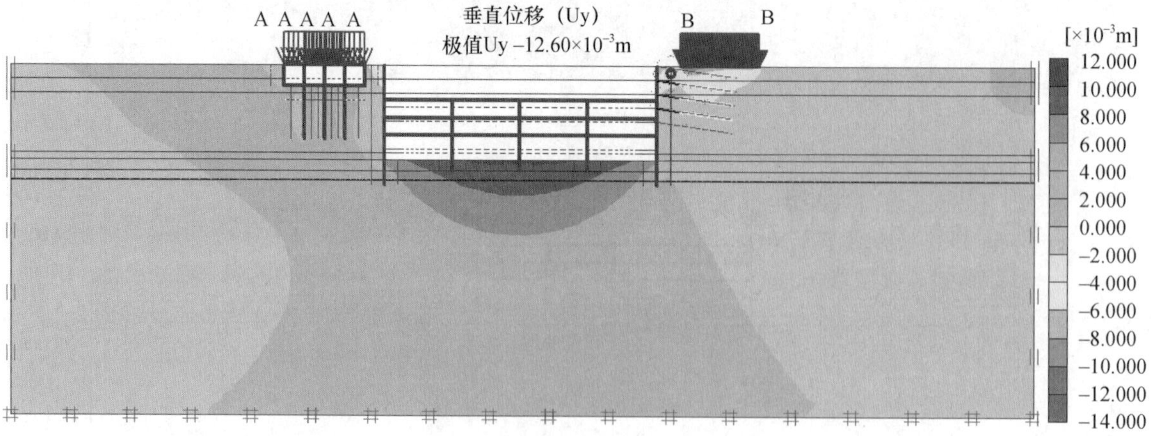

(c) 土体垂直位移

图 12-45 方案二土体位移图

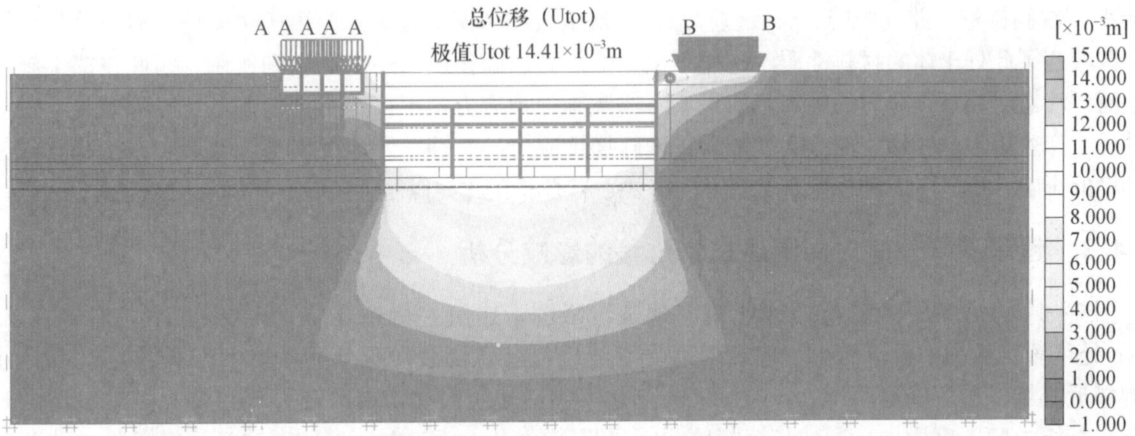

(a) 土地总位移

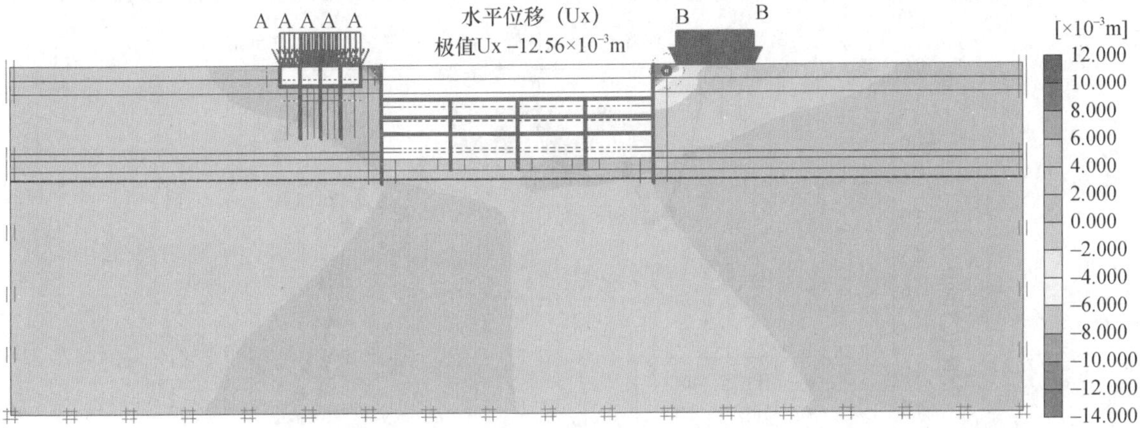

(b) 土体水平位移

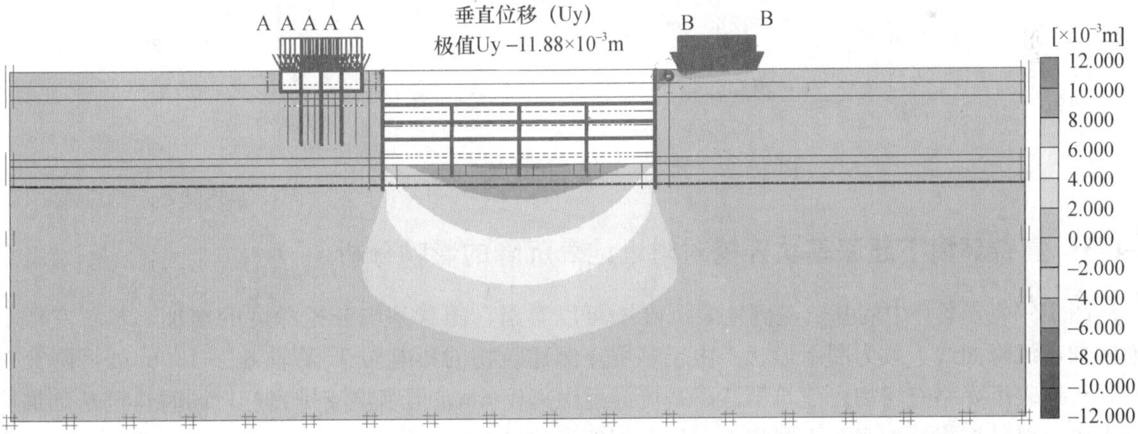

(c) 土体垂直位移

图 12-46　方案三土体位移图

因此，锚索施加预应力对基坑变形和周边环境均有一定的影响。锚索能有效控制基坑坑顶的变形，对支护排桩的侧移、土体的水平位移和沉降均起到了很好的控制效果，本小节方案一中锚索施加预应力在基坑顶部有效地控制了排桩顶部的水平位移。同时，由于锚索施加预应力，有效地控制了基坑周边管线的位移，这也是有效控制基坑顶部侧移引起的间接控制效果。基坑附近路面的沉降由于锚索的正确施加预应力而减小，并且明显控制了临近基坑一侧路面沉降过大的情况，可由图 12-41（a）、图 12-42（a）、图 12-43（a）变形的网格（放大 300 倍）看出。

通过几种方案的比较，方案二施加锚索并未加预应力的效果比方案三不加锚索的效果差，安全系数最小，右侧排桩、路面沉降、管线位移均比不加锚索的情况略大，这是由于锚索施工对土体产生了扰动，并改变了此处土体的材料性质，这样不仅不能起到加固作用，还会产生副作用。因此在锚索施工过程中需要注意对锚索预应力的施加，如果不对锚索施加预应力，不仅达不到控制基坑变形效果，还会适得其反，产生更大的变形。而方案一锚索正确施加预应力，能够较好地控制基坑变形和减小基坑施工周边环境的影响，所以考虑到控制基坑变形的需要，有必要在此类似复杂环境下锚索施加预应力。

12.4.2 超深基坑开挖对周围建筑物位移的影响分析

图 12-47 为方案一中基坑左侧建筑与地表沉降图，建筑左侧边在 X 轴 80m 位置，右侧在 X 轴 104m 处位置。从图中可以看出，建筑两边受荷载压力沉降较大，但总沉降较小，不超过 3mm；建筑右侧邻近基坑一边沉降逐渐增大，左侧沉降变化不大，建筑右侧沉降大于左侧沉降；随着基坑的开挖建筑向基坑内倾斜度增加。同建筑沉降监测结果进行对比，倾斜方向一致，并且计算沉降与监测测得沉降均不大，左侧沉降均不超过 3mm，右侧沉降均不超过 6mm，建筑沉降较小位移得到较好的控制。

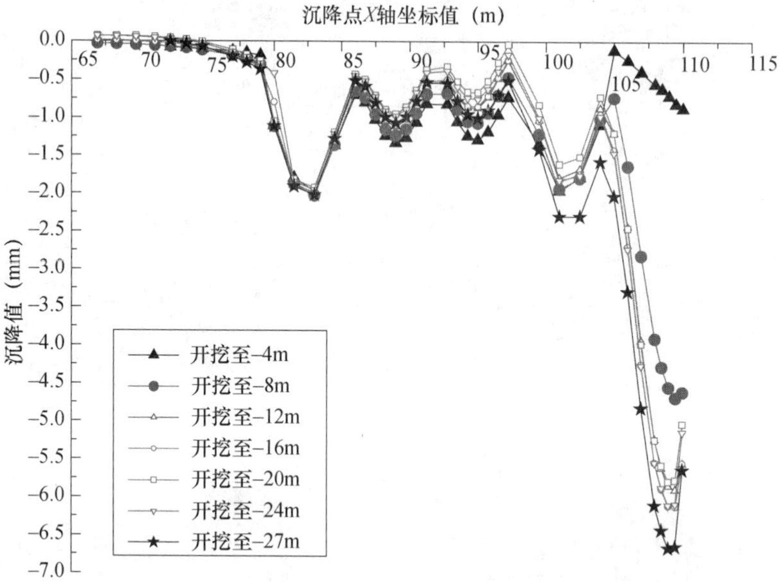

图 12-47 方案一基坑左侧建筑与地表沉降图

12.4.3 复杂环境下超深基坑开挖对附近地表沉降的影响分析

从图 12-47 方案一中的基坑左侧地表沉降图可以看出，随着基坑开挖深度的增加，基坑左侧沉降逐渐增加，沉降曲线大致为图示形状。由于基坑左侧建筑物的影响位于 X 轴 80～100m 处沉降突然变大，导致地表沉降略有增加。建筑虽然离基坑最近距离仅 6m，但基坑支护良好，同时建筑基础加固了周边土体，对基坑附近地表沉降影响不大，左侧地表的最大沉降约为 7mm。在基坑开挖至－12m 之前沉降变化较大，这是由于左侧基坑上部仅用排桩支护，此时内支撑并未设置。直到基坑设立了内支撑后地表沉降得到控制，所以在－12～－24m 时地表沉降变化不大，三道内支撑很好地控制了排桩侧移，减小了地表沉降。基坑开挖至－27m 坑底时，地表沉降有所增加，这是由于基坑开挖过深造成的，但沉降依然在可控制范围内。由此可见，在基坑周边有建筑物的时候，内支撑的设置能有效控制地表沉降，这是通过控制排桩和土体的深层水平位移从而减小地表土体沉降间接控制的。

12.4.4 复杂环境下超深基坑开挖对邻近路面沉降的影响分析

图 12-48～图 12-57 为方案一加锚杆和方案三不加锚杆情况下，随基坑开挖深度加深对周边邻近路面土体沉降影响图示。

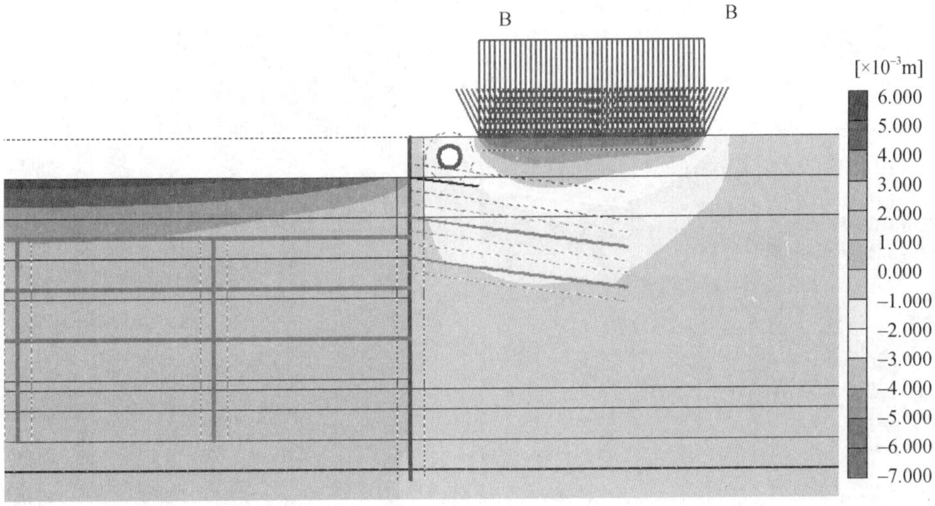

图 12-48　方案一工况 3 路面土体沉降图

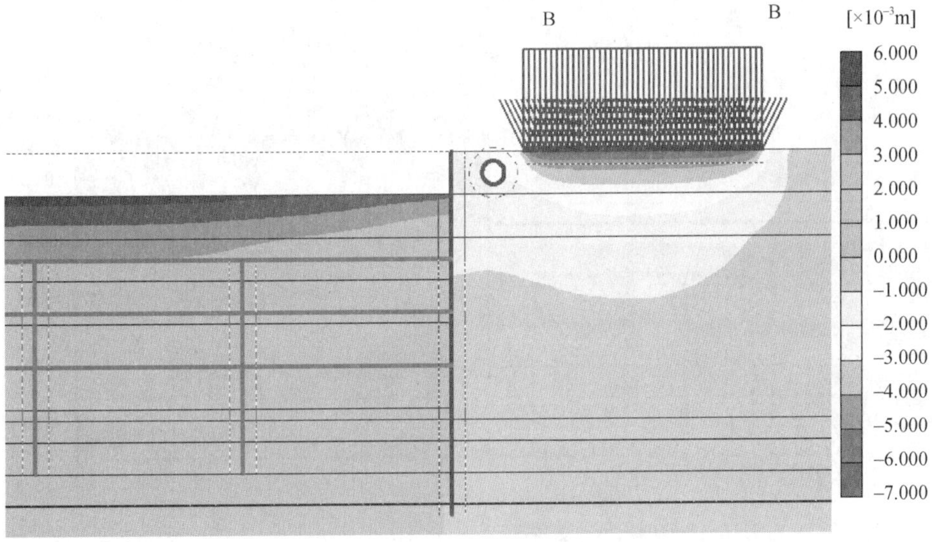

图 12-49　方案三工况 3 路面土体沉降图

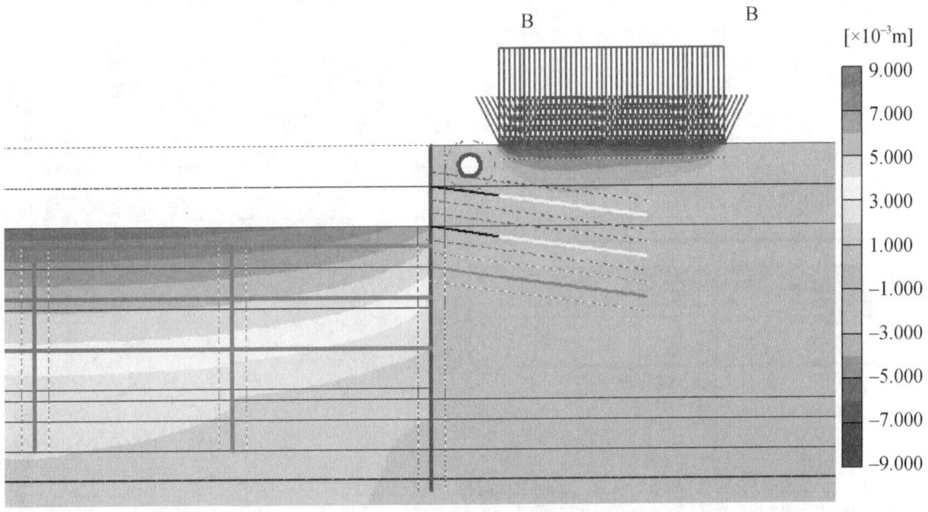

图 12-50　方案一工况 4 路面土体沉降图

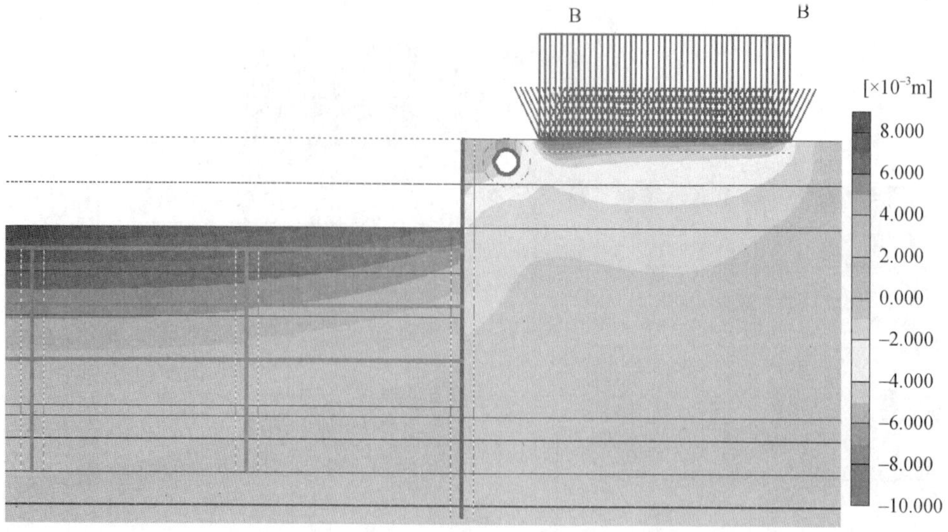

图 12-51 方案三工况 4 路面土体沉降图

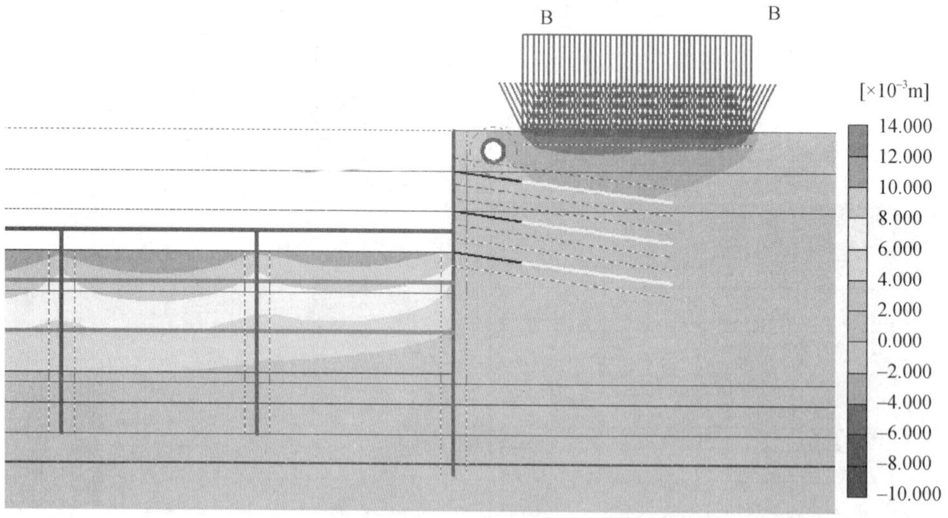

图 12-52 方案一工况 5 路面土体沉降图

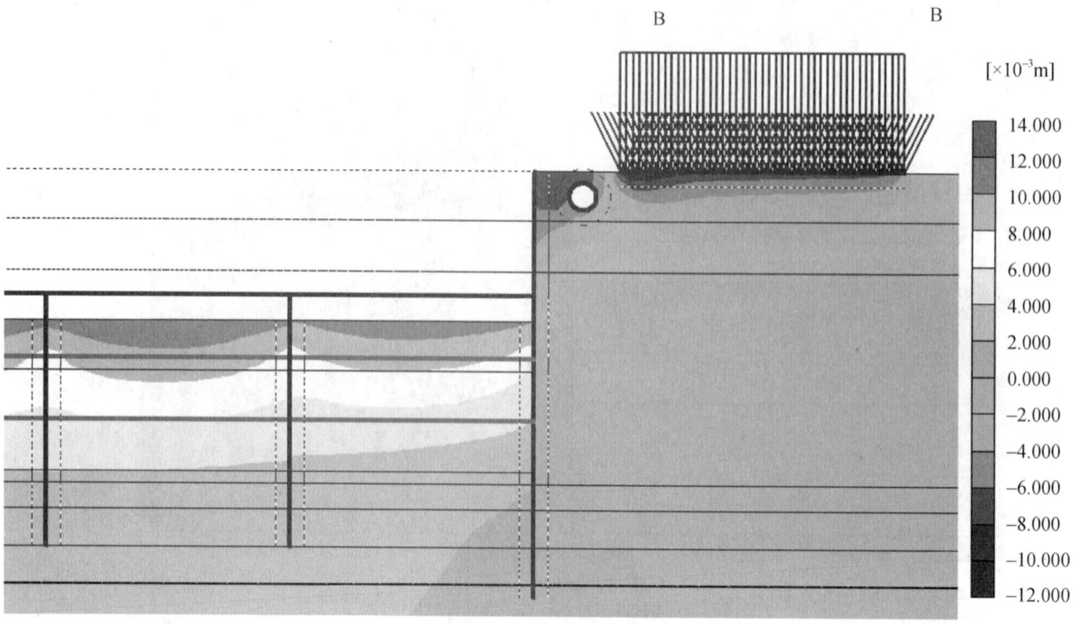

图 12-53 方案三工况 5 路面土体沉降图

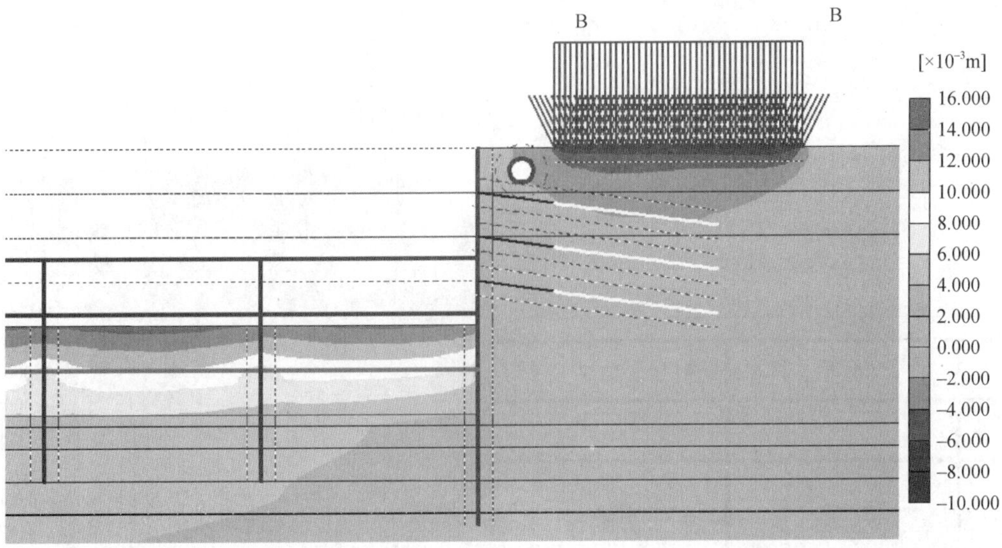

图 12-54　方案一工况 6 路面土体沉降图

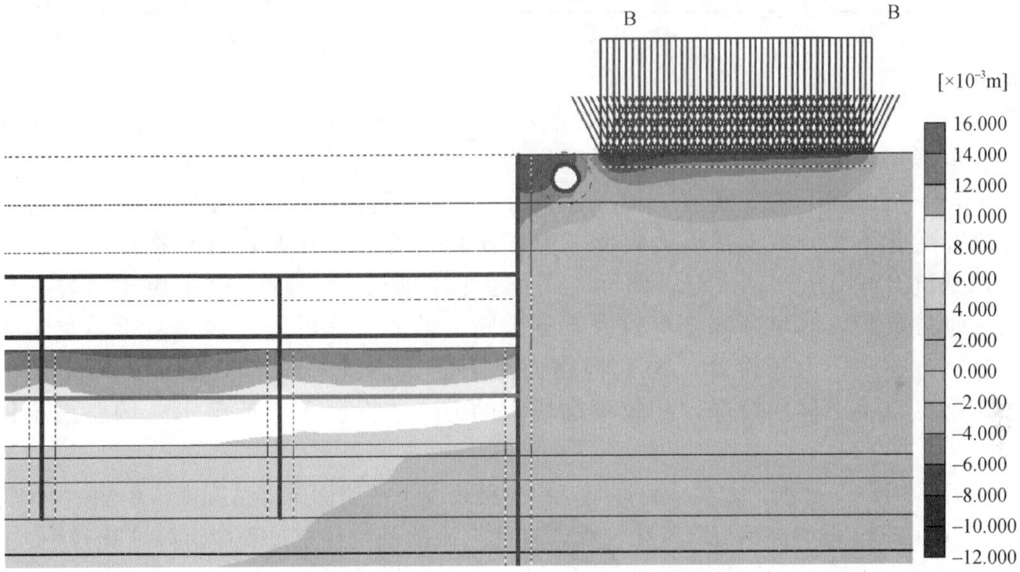

图 12-55　方案三工况 6 路面土体沉降图

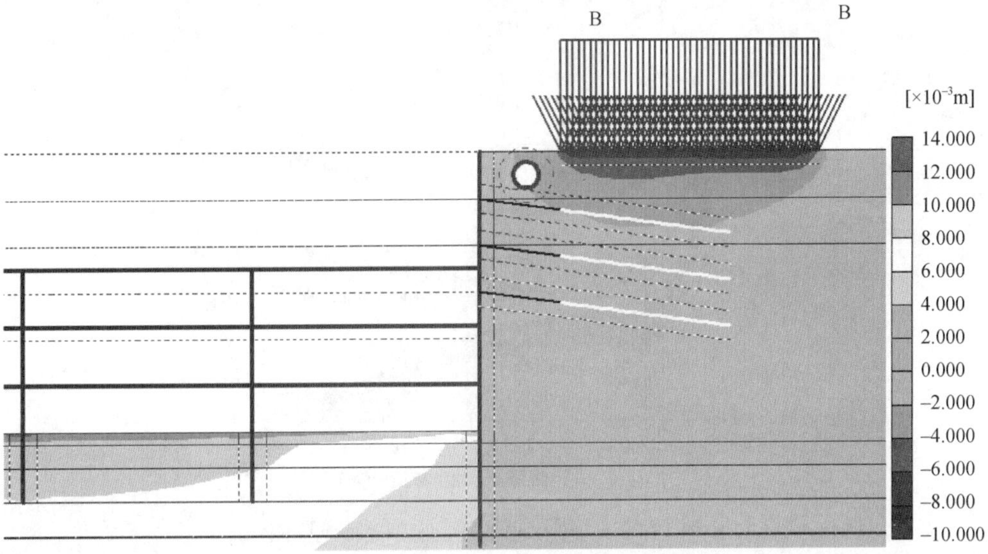

图 12-56　方案一工况 8 路面土体沉降图

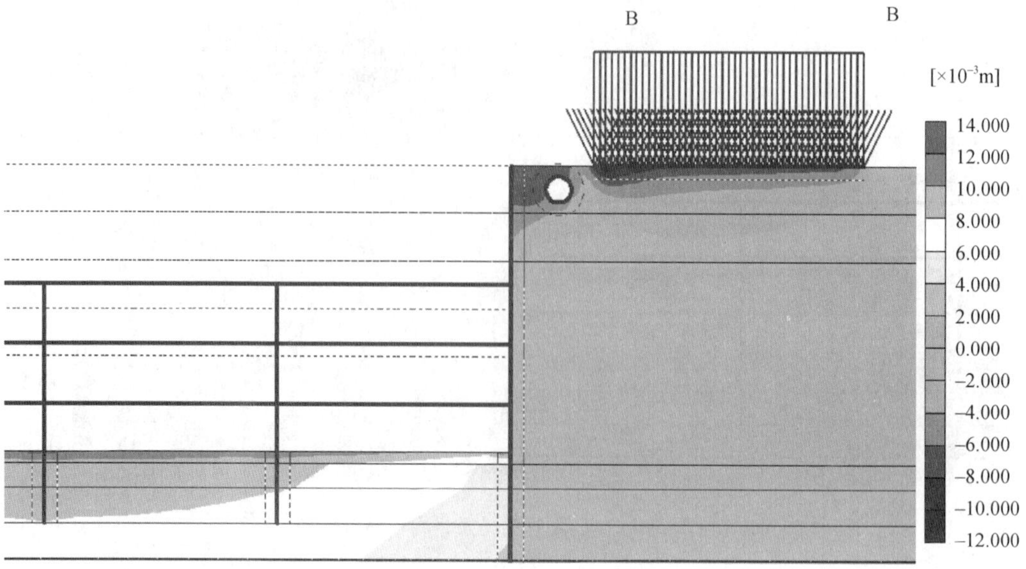

图 12-57　方案三工况 8 路面土体沉降图

由图 12-48～图 12-57 可以看出，随着基坑开挖深度加深，加锚杆和不加锚杆情况下，路面以下土体沉降均逐渐加深。基坑施工至工况 5：基坑开挖至－12m，建立第一道内支撑，之后继续施工，基坑继续开挖并建立二道三道内支撑，直至挖至坑底。在此期间工况 5～工况 8，道路土体沉降变化不大，内支撑有效控制了路面土体沉降。而在基坑开挖初期，工况 5 内支撑建立之前，基坑开挖 0～－12m 时，路面之下的土体沉降变化较大，这是由于基坑开挖初期基坑顶部仅有排桩支护，基坑顶部侧移较大，导致附近路面土体沉降增加，其中不加锚索的方案三表现明显。方案一中由于设置了锚索将路面之下的土体沉降减小了 2mm，减小了由于受基坑开挖影响路面以下土体的沉降，相较不加锚索的方案三对受车辆荷载影响的路面土体沉降控制更好。

图 12-58 和图 12-59 分别为方案一和方案三中各种工况下的路面沉降情况图，由图中可以看出，在基坑开挖进行前四项工况时路面沉降变化较大，在此之后的基坑开挖过程中沉降变化较小，内支撑的

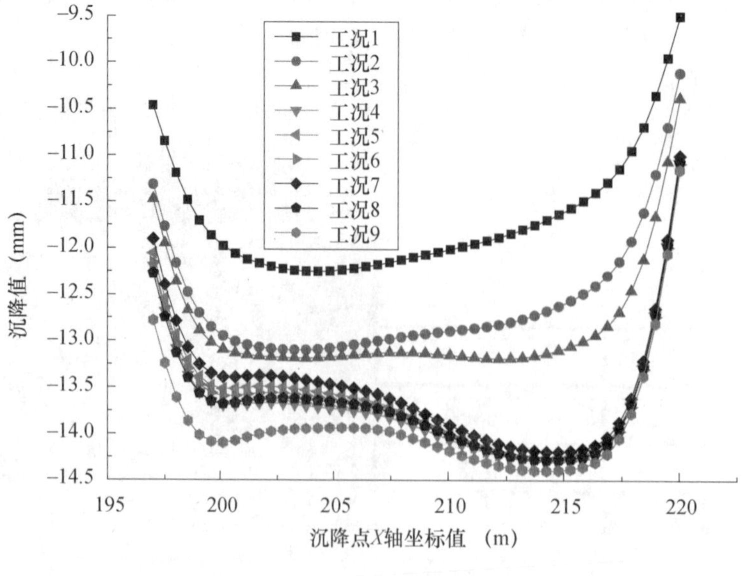

图 12-58　方案一中各种工况下路面沉降图

建立约束了路面地表沉降。通过比较两种方案的路面沉降可以看出，有锚索约束的路面沉降比没有锚杆约束的小 4mm 左右；有锚索约束的路面沉降形状大致为碗状，并且随基坑的开挖形状大致保持一致；没有锚索约束的路面在基坑开挖初期路面沉降大致为碗状，随着开挖的继续，靠近基坑一侧的路面地表由于没有锚索控制沉降显著增大。这是由于没有锚索的控制排桩顶部侧移增大，导致附近路面沉降较大，加之路面上有均布荷载作用，锚索对排桩顶部位移和路面的沉降控制起了很大作用，为了控制路面沉降有必要加上锚索进行支护。

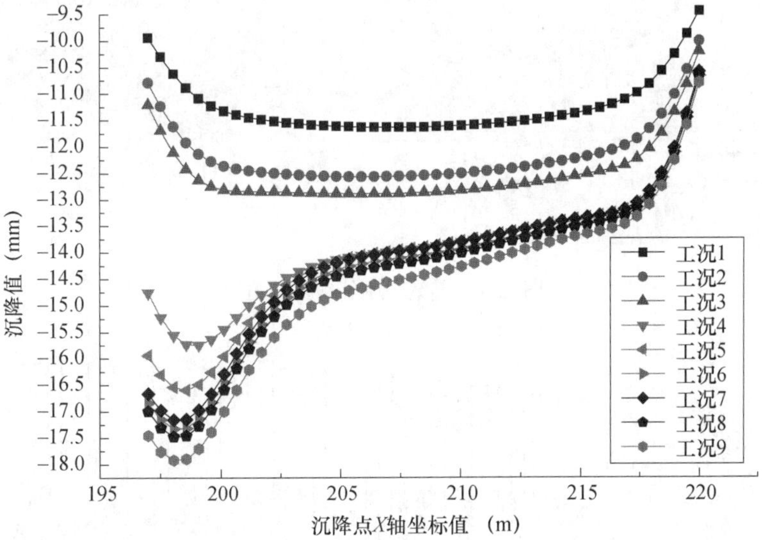

图 12-59　方案三中各种工况下路面沉降图

12.4.5　超深基坑开挖对邻近管线变形的影响分析

图 12-60 为方案一、方案三中管线在工况 1 情况下的初始位移图（放大 200 倍后），图 12-61 和图 12-62 分别为方案一和方案三中管线的最终位移图。由图可以看出，方案一中的管线位移大致为沉降并且略有向基坑内的水平位移；方案三中的管线有沉降并且明显地向开挖基坑内进行水平位移；方案一中的排桩顶部水平位移较小，方案三中的排桩位移较大。由于受排桩顶部侧移的影响，方案三中的管线位移较大。

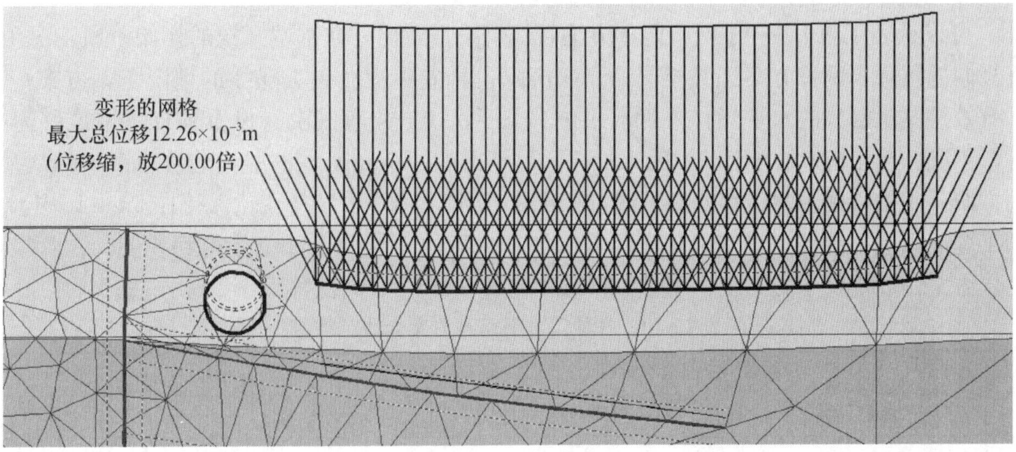

图 12-60　方案一、方案三中管线初始位移图

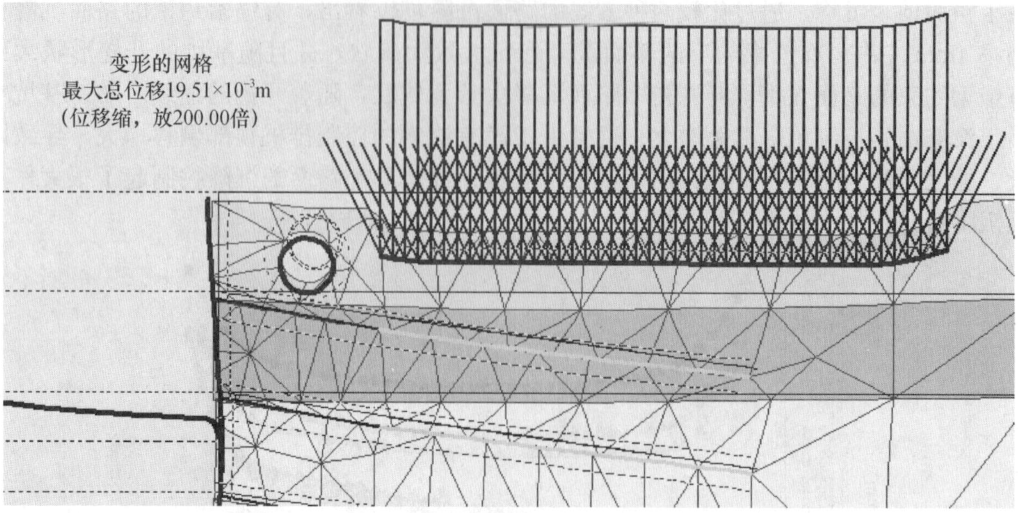

图 12-61　方案一中管线最终位移图

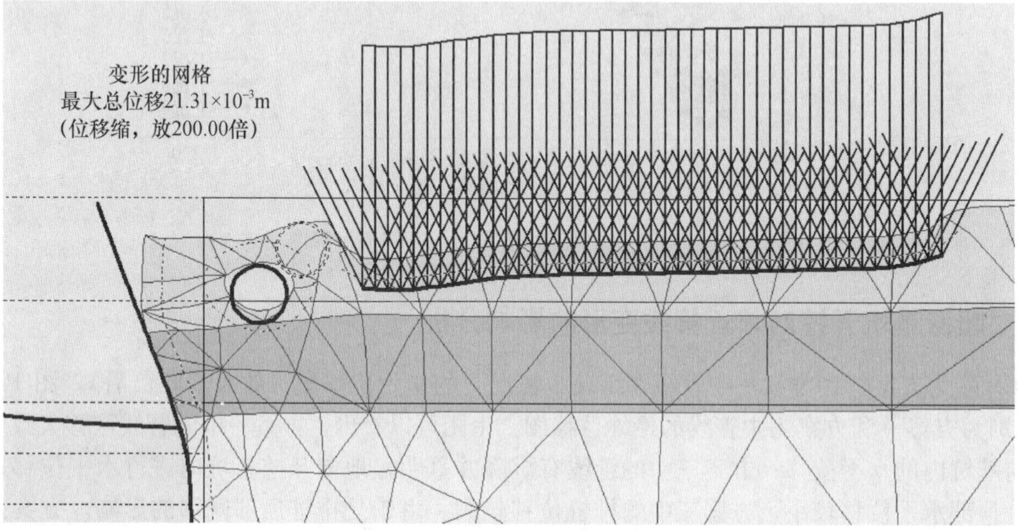

图 12-62　方案三中管线最终位移图

另外，可以从表 12-10 各种工况下两种方案管线沉降值看出，在基坑开挖的初始阶段工况 1 至工况 2 管线仅有竖向的沉降，两种方案工况相同，竖向沉降也相差不大。在工况 3 的情况下，方案一设置了一层锚杆，有效控制了管线的水平侧移，管水平位移几乎为 0，方案三没有设置锚杆水平位移为 1.28mm。在此之后，工况 3 至工况 5，方案三中的水平位移逐渐增加到 9mm，同时竖向位移也由 4mm 增加至 9mm 左右。而方案一中的管线水平位移始终未超过 2mm，竖向位移几乎没有变化保持在 5mm 以内。在基坑开挖进行到工况 5 以后，两种方案的位移变化均不大，由于内支撑的设置位移得到控制。在管线水平位移的控制上，方案一明显优于方案三，水平位移减小超过 8mm，竖向位移减小 5mm 左右。

表 12-10　各种工况下两种方案管线沉降值

工况	方案一（mm）		方案三（mm）	
	水平位移	竖向位移	水平位移	竖向位移
1	0	−4.29	0	−3.90
2	0	−4.63	0	−4.22
3	0	−4.41	1.28	−4.07

续表

工况	方案一（mm）		方案三（mm）	
	水平位移	竖向位移	水平位移	竖向位移
4	1.45	−4.31	7.32	−7.86
5	1.67	−4.08	9.09	−9.15
6	1.48	−4.18	9.30	−9.39
7	1.32	−3.88	9.13	−9.15
8	1.48	−4.31	9.48	−9.52
9	1.76	−4.86	10.00	−10.04

12.5　基坑围护结构位移分析

12.5.1　复杂环境下超深基坑对开挖基坑支护桩变形的影响分析

图 12-63 为方案一左侧排桩水平位移图，图 12-64、图 12-65 分别为方案一和方案三中右侧排桩水平位移图，由于两种方案基坑左侧的支护形式相同，基坑开挖对左侧排桩的变形影响效果类似，位移相差不大，所以仅选取方案一左侧排桩为研究对象进行分析。由图中可以看出，方案一左侧排桩未设置锚索，顶部水平位移较大，基坑挖至底部时位移最大约为 20mm，随基坑开挖越深排桩顶部位移越大，在基坑开挖初期工况 3 至工况 5（0～−9m 深）时，排桩顶部水平位移增长迅速，在工况 5 时建立了第一道内支撑，之后顶部位移不再增加，位移得到有效控制。在工况 7 内支撑建立完成后，工况 8、工况 9 基坑继续开挖，排桩中下段位移逐渐增加，大致呈弓形，挖至坑底时排桩腹部位移最大，达到 5mm。对比图 12-65，方案三未加锚索右侧排桩的水平位移情况与方案一左侧水平位移情况类似，这是由于支护形式类似，同时左右侧周边均有均布荷载，环境情况类似。所以在此未加锚索周边环境复杂的情况下，用排桩和内支撑支护对桩顶位移的控制较弱，但对排桩深层水平位移控制较好，内支撑的设置对排桩的水平位移起到很好的控制作用。

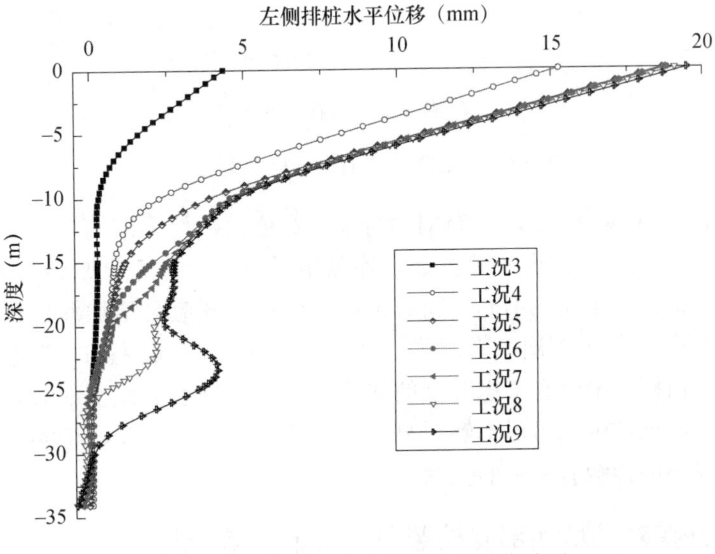

图 12-63　方案一中左侧排桩水平位移图

图 12-64 为方案一右侧设置锚索后排桩水平位移随基坑开挖的变化情况，相较于未加锚索的图 12-65，锚索对排桩顶部位移起到了很好的控制作用，比不设锚索减小了 18mm。两种方案的排桩腹段位移控制情况相似。

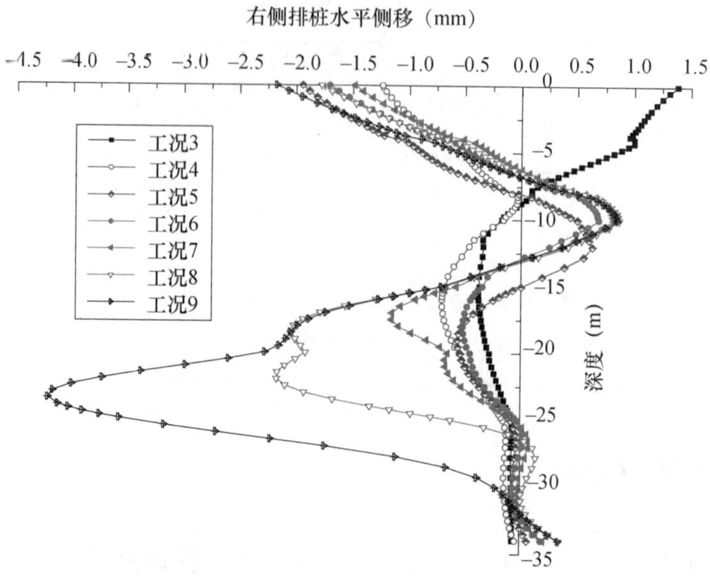

图 12-64　方案一中右侧排桩水平位移图

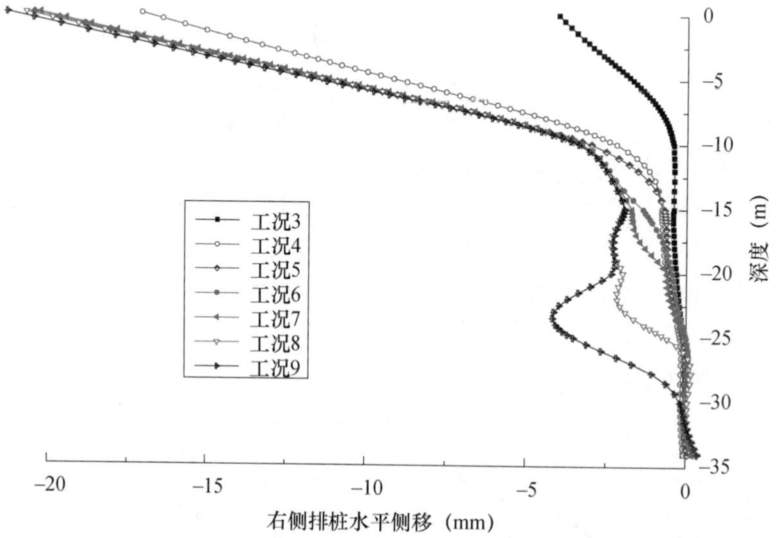

图 12-65　方案三中右侧排桩水平位移图

与第 11 章中的测斜点 CX2 和 CX4 进行对比分析，数值模拟计算出的排桩深层水平位移普遍小于现场检测结果，其中 CX2 测点为路面一侧测点，检测结果较大的一部分原因是路面荷载为车辆荷载，有循环效应，与数值模拟的均布荷载不同，同时土体产生蠕变效应会增加深层水平位移。左侧排桩的最大深层水平位移与 CX4 的最大深层水平位移相差不大，均为 15mm 左右，但数值模拟出的排桩顶部位移较大，这是由于数值模拟中没有考虑冠梁的作用，导致排桩顶部位移偏大，而检测结果排桩腹段的位移较大，数值模拟结果排桩的弓形不够明显，这和施工的影响有关，检测排桩略有前倾，这和土体与排桩、排桩与内支撑的接触有一定的关系。

12.5.2　超深基坑开挖对基坑底部立柱竖向位移的影响分析

图 12-66 为方案一中的立柱隆起情况图，*X* 坐标轴 150m 位置为基坑开挖的中心位置，可以看出在基坑中心位置隆起最明显，两边依次减弱。工况 5 至工况 8，每次开挖 4m，工况 9 开挖 3m 至坑底，随着基坑开挖深度的加深，基坑隆起逐渐增加。对比第 3 章立柱隆起监测结果，由于选取的立柱较少

仅设有三根立柱，并且立柱自身自重等因素，隆起略小，监测隆起最大值约为 20mm，软件计算得出的结果约为 15mm，相差不大，而且隆起情况均为越靠近基坑中心隆起越大，两侧逐渐减小，基坑开挖越深隆起越大，当然这也可以从第 12.2.1 节中计算得出的三种方案土体位移图更形象地看出。

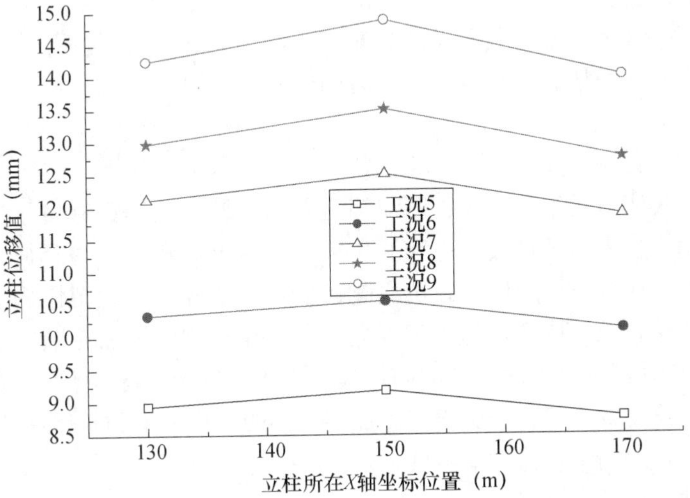

图 12-66　方案一中立柱隆起情况图

结合第 12.2.1 小节中变形的网格和土体位移方向图可以看出，基坑开挖过程及开挖后，坑底及坑壁土体向临空方向发生变形，若假定土体变形过程中体积未发生变化，则必然有基坑周边土体的沉降予以体积上的补偿平衡。坑壁和坑底隆起与周边土体的变形是直接相关的。因此，影响基坑坑壁侧向变形及坑底隆起变形的因素都同样影响周边土体地面沉降，且在作用类型上表现相同。

12.6　超深基坑开挖周边环境与支护结构的变形控制

由深基坑开挖引起的地面沉降以及深基坑变形、破坏不仅对地质环境带来影响，而且也会对社会环境带来巨大的问题。一般情况下，深基坑工程中发生问题的很少是结构本身，多数是由于过大的变形引起周围环境和构筑物的损害，如汉口新宜大厦深基坑工程，由于支护桩急剧的大变形而引起邻近的服装厂厂房不均匀沉降和开裂；而泰合广场、威格大厦深基坑工程均是由于止水帷幕失效，使得基坑周围的地下水携带泥砂大量涌入基坑，基坑周围土体下沉，分别导致相邻的立交桥和煤气主管道不均匀沉降或开裂。因此，要确保基坑工程的安全，除将设计的重点放在决定支撑系统和挡土结构的形式和尺寸上外，还必须考虑到基坑工程与周围环境间的相互制约关系。一方面根据周围环境的要求，确定出允许的变形量；另一方面根据基坑的情况估算变形量，在对周围环境所受到的影响程度进行评估的基础上，确定或修改设计和施工方案。

根据上述对深基坑开挖和支护的变形分析结果，可知控制支护结构的位移和减少深基坑开挖对环境影响的措施和对策有：

1. 设计措施

（1）在保证基坑底部稳定和隆起量的前提下，只要有效地控制支护结构的侧向位移，地面沉陷一般是可以控制的。

（2）增加支护结构的刚度（如增大桩的混凝土强度等级、增大桩径、增加墙厚度、减小锚撑间距等）对减少侧向位移是有效的，但过分提高刚度其效果并不显著。

（3）入土深度不足会造成“踢脚”现象，导致支护结构位移增加，但在满足最小入土深度的前提下，再增加入土深度对减少位移的效果甚微。

（4）提高头道支撑（或锚杆）的位置对减少支护结构上部位移的效果是明显的。

(5) 增加锚撑刚度，施加一定水平的预应力对减少支护结构位移有显著作用。预应力是通过各部件和土层给锚杆预先施加应力，它不能增加土层的抗剪强度，但能减少在受荷时的位移量。不过，在支护结构本身刚度较大时，加大锚撑刚度对限制支护结构的最大侧移及下端侧移效果都不是很大，但能减少周围地基土的沉降值。

(6) 增大圈梁刚度，如增大圈梁截面尺寸和配筋量，对减小桩顶水平位移有很好的效果。

(7) 及时架设支撑、缩短架设下一道支撑的时间、减小支撑（或锚杆）水平间距与垂向间距也是减小位移的有效方法。

(8) 采用被动区加固方法。

实际工程监测结果表明，对于含有深、厚流塑至软塑黏性土层的深基坑，支护结构体前的主动土压力非常大。另一方面，在基坑开挖过程中和开挖后，由于土体自重应力释放、土体松弛与蠕变以及支护结构向坑内的变形挤压等方面原因导致坑底隆起变形和坑底下一定范围内土体强度的降低。为了控制支护结构的侧向位移，减少坑底隆起和工程造价，可在基坑开挖前超前一定时间（加固土体的硬结时间），对支护结构被动区进行加固，加固的形式有格构式暗撑、齿形暗扶壁和暗墙等，加固方法有水泥搅拌桩、旋喷桩、注浆等。工程经验表明，加固土体的平均强度和基床系数可提高 2～6 倍，从而大大降低支护工程费用，提高支护体的安全度。

(9) 采取有效的地下水处理措施。

如何控制开挖场地的地下水是武汉等沿江一级阶地上深基坑工程中的一个难题。在深基坑工程中，处理地下水的方式主要可分为三大类：降水措施、隔渗措施和降、隔联合措施。降水的方式有多种，按降水所处的位置可分为坑外降水和坑内降水；按疏干地下水的方式可分为抽排疏干型和导渗减压型。控制降水深度在基坑开挖面以下 0.5～1.0m 或承压水头降至基坑开挖到坑底后不致产生坑底突涌现象，并有一定安全储备；过深或过大时容易引起渗流所带来的不利影响。隔水措施主要为打竖向防渗围幕和封底（水平防渗帷幕）。一般来说，采用降水措施要比采用防水措施经济。但是，由于降水引起的地面沉降不可避免地要对基坑周边的环境造成一定的不利影响，因此，降水方案的优化需要既能满足基坑开挖施工的需要，又能将坑外地下水的水力坡度和压降或水位降深降至最小。实践证明，降水与防渗帷幕或回灌技术相结合的地下水处理措施能既经济又较好地保护基坑附近建筑物的安全。

九洲国际工程基坑由于场地地下水为裂隙水，水量少、易疏干，同时为了防水设置了排水桩，排水桩和支护桩联合使用不仅起到支护作用还起到防水作用。下层砂岩岩体稳定性高，易排水，所以此基坑并不需要进行降水处理。

(10) 对邻近建（构）筑物进行软托换处理。软托换是一种主动托换，在基坑开挖前保护坑外邻近建（构）筑物，使其沉降量减少的一种办法。它是通过一定数量的托换构件将坑壁外的建（构）筑物自重超载直接传向较可靠的深部地层，以减少基坑外土体变形对邻近建（构）筑物的影响；同时，由于超载的转移使其不再对支护体产生侧向力，从而大幅度减少支护结构工程量和位移。

常见的软托换的形式有人工挖孔灌注桩、树根桩、锚杆静压桩、旋喷桩、静压注浆等。本基坑附近建筑距离基坑虽然较近、楼层较高，但沉降较小，建筑基础在一定程度上加固了周边土体，上部结构荷载对附近地表沉降有一定的影响，但土层条件良好，建筑倾斜程度不大，不需要进行软托换处理。

2. 施工措施

从国内近十年来在深基坑的施工实践和研究成果中可以认识到，在深基坑开挖及支撑过程中，每个分步开挖的空间几何尺寸和支护墙体开挖部分的无支撑暴露时间，与周围墙体和土体位移有一定的相关性。这里反映出基坑开挖过程中时空效应的规律性。实践证明，运用时空效应规律能可靠而合理地利用土体自身在基坑开挖过程中控制土体位移的潜力而达到保护环境的目的，这是一条安全而经济的技术途径。

(1) 合理确定开挖施工顺序

不适当的开挖方式往往是造成基坑事故的重要原因。一方面，围护结构设计应为土方开挖创造条件；另一方面，合理地进行土方开挖也是基坑安全的一个保障。支护结构的水平位移不仅与支护结构的刚度、土层性质有关，也与基坑开挖方式和开挖应力释放速率有关。原则上要求每阶段的开挖深度与相应设计工况的计算模型一致，强调分层开挖、先支撑（或锚定）后开挖和每次控制规定深度、及时架设支撑的原则。

大量工程资料表明，开挖顺序不同引起支护结构位移不同，从中间开始向纵深和两侧扩大的中心岛法开挖顺序，比从一定方向向另一个方向顺序推进的开挖方法对基底隆起和桩后地面沉降有一定程度减少。特别是对于有深厚流塑状淤泥质土的深基坑，如果采用重型挖土机具从基坑一边向另一边挖土推进，很容易造成坑底工程桩向一个方向位移。在大型基坑工程中，可采用分段开挖法，即先开挖一部分，待浇筑底板后再开挖其他部分；或者采用分层盆式开挖法，即在每一层土中先挖中间部分，保留两侧土体并安装或浇筑此范围的支撑，而后将各根支撑两端所留支撑挡墙的土堤，分步、对称地挖除并立即安装或浇筑其间的部分支撑。

（2）采取分步快挖、快撑和支撑予加轴力的施工工艺

由于软土的流变性，在同一工况下基坑的围护墙体随其开挖后暴露时间的延长而增加。在软土深基坑开挖施工中，每步开挖中围护墙体的暴露空间和时间越小，则控制基坑变形的效果越大。因此，加快开挖和支撑速度的施工工艺，是提高软土深基坑工程技术经济效果的重要环节。

实验证明，科学地采用预加轴力的钢支撑，对保护环境、节约造价和缩短工期具有明显优势。

3. 应急措施

对基坑开挖过程中突发的和偶然情况下发生的事件，首先应分析研究原因，然后果断采取相应的对策，具体见表 12-11。

表 12-11　应急对策表

出现问题及原因	应急措施
桩顶水平位移过大	增设支撑或锚杆
桩间有水土流失	增设注浆孔、泄水
基坑附近地表或路面下沉或裂缝扩大	封填裂缝，查明原因，必要时先行反压

九洲国际深基坑工程使用锚索达到控制基坑支护桩桩顶位移的作用，从而控制周边地表沉降和对周边管线、路面的位移影响。使用内支撑很好地控制排桩深层水平位移，排桩、内支撑、锚索等多种支护的联合运用，有效控制了在复杂的环境下基坑施工对周边环境产生的影响。

12.6.1　本章小结

本章对复杂环境下多种支护结构相结合的深基坑开挖对周边环境和支护结构的影响进行了数值模拟，首先对本构模型的选取进行了讨论，选取了适合基坑开挖的土体本构模型进行计算，之后利用 PLAXIS 软件模块进行数值模拟，研究了不同方案下基坑开挖对周边管线、建筑、路面、地表沉降的影响，对不同工况下（主要针对开挖深度对周边环境和支护结构变形的影响）基坑周边环境的位移和支护结构的位移进行了研究，得出了基坑施工对周边管线、建筑、地表、路面和支护结构影响的变化规律，并得出以下结论：

（1）锚索的设置对基坑侧移的控制具有显著效果，尤其是在基坑一侧为公路车辆荷载作用时，在这种有条件设置锚索的复杂环境下，能起到很好的变形控制效果。同时还能控制周边管线的位移与变形、地表沉降。设置锚索时需对锚索施加预应力，否则会扰动土体，产生不良效果，甚至不如不设锚索的情况。

（2）基坑周边有建筑物时，基坑开挖会引起建筑的倾斜。影响建筑沉降的因素很多，如建筑基础自身刚度、离基坑距离、基坑开挖变形影响、建筑上覆荷载影响等，但建筑基础一定程度上加固了建筑下方的土体，能起到减小沉降的作用。所以控制基坑变形是控制建筑沉降一种非常可行的方法，由

于周边有建筑不方便设置锚索等支护，使用排桩和内支撑也能有效控制基坑变形，此时需严密监测排桩深层水平位移和内支撑轴力的变化。

（3）对于排桩的深层水平位移，数值模拟计算结果与监测结果大致相同，两者区别在于：数值模拟结果显示排桩上部位移较大，监测结果显示排桩腹段位移较大。究其原因，主要是因为：①数值模拟并未加上冠梁结构，导致排桩上部位移较大。②数值模拟并未考虑土体的蠕变效应和车辆的动荷载效应，导致排桩的中段位移较小。③数值模拟本身与实际施工不同，现场环境复杂，会有很多不确定因素，数值计算针对的是某几个主要因素，结果会有一定的差别。但两种方法得出的结果，最大水平位移相差不大，排桩变形情况均大致为弓形，变形规律一致。

（4）立柱隆起情况监测结果和模拟结果非常相近，数值模拟的最大隆起值比实际监测略小，为2mm，两者隆起均为中间大、两边依次递减。基坑隆起的部分原因是，排桩产生了侧移，造成基坑顶部土体沉降；或是由于上覆荷载的压力造成基坑顶部土体沉降，荷载层层传递到坑底，将基坑底部土体向上挤压，产生隆起，基坑产生隆起后会影响排桩的水平位移而产生踢脚效应，也就是监测结果中测点 CX2 排桩底部产生的现象。为了防止基坑隆起过大，采用了在基坑底部的排桩底部位置进行反压的方法，减小隆起量，减小地表沉降。

本章分析了基坑开挖影响环境和支护结构的主要因素和控制方法，并结合监测结果进行对比分析，这些规律和现象与实际监测情况一致。并总结出复杂环境下多种支护结构相结合的基坑施工，对周边环境和支护结构变形的控制技术，并为今后类似基坑施工提供参考依据。

第 13 章　岩基载荷试验及沉降分析

13.1　前言

岩基原位载荷试验确定性高、安全可靠，对积累地区经验具有重要的意义和实用价值，也能为数值模拟提供参考。岩基载荷试验的结果，根据现场实际情况，又受到众多因素的影响，本章将对这些影响因素进行数值模拟分析。

13.2　工程地质概况及岩土的物理性能

广西九洲国际大厦位于南宁市东盟商务区，总建筑面积 214389m^2，占地面积 11516m^2，建筑高度 317.6m，其中主楼 71 层，附楼 8 层，地下 6 层。

主楼采用钢筋混凝土核心筒结构，其地下基础分布 36 根大直径人工挖孔扩底桩，最大桩径达 4m，最长桩长达 16.2m。桩底嵌入持力岩层，持力层为④-2 层中风化砂岩，岩石单轴饱和抗压强度标准值 f_{rk}=10.179MPa，岩体较完整，属软化岩石。场地岩土层主要为第三系邕宁群上组内陆湖相沉积的软质岩类，属弱透水层，地下水水量不大，易于疏干。场地各处土层分布不均，各岩土层物理力学性质指标详见表 13-1。

表 13-1　各岩土层物理力学性质指标值

地层编号	岩土性质	平均层厚 (m)	天然重度 γ (kN/m^3)	压缩模量 E_s (MPa)	饱和单轴抗压强度 f_{rk} (MPa)
①	素填土	1.1	19.0	2.5	—
②-1	全风化泥岩	4.7	20.0	10.0	—
②-2	强风化泥岩	5.0	20.5	12.0	1.485
②-3	中风化泥岩	6.9	21.0	18.0	2.786
③	泥质粉砂岩	6.4	22.0	20.0	3.647
④-1	强风化砂岩	4.7	22.5	15.0	—
④-2	中风化砂岩	未穿	23.0	25.0	10.179

13.3　岩基载荷试验

岩石地基载荷试验适用于确定较完整岩石地基作为桩基础持力层时的承载力，根据反力系统的差异，岩基载荷试验分为堆载平台法、锚杆反力梁法、锚桩反力梁法、护壁反力法、斜壁支撑法等。由于大直径桩难以进行桩基静载荷试验，为了确定该工程大直径人工挖孔嵌岩桩的端阻力特征值，检测机构对桩端持力层进行了岩基载荷试验。试验选用 ϕ300mm 圆形刚性承压板，压板面积为 0.07m^2，以堆载平台作为反力装置，最大能提供 1640kN 反力（比试验最大加载量 1260kN 高 20%以上），采用一台最大起重量为 2500kN 的电动液压千斤顶逐级加载。本次深层平板岩基载荷试验选择基坑内 10 号桩孔，采用慢速维持荷载法，首级加载至 3600kPa，后逐级增加 1800kPa，达到相对稳定后施加下一级荷载，直至达到最大荷载 18000kPa 或破坏。现场及试验装置如图 13-1 所示。

(a) 10号点现场堆载照片

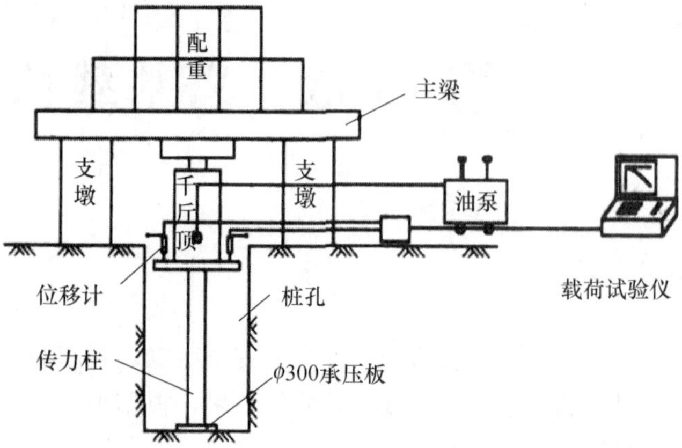

(b) 试验装置图

图 13-1 现场及试验装置图

13.4 岩基载荷试验沉降分析

13.4.1 *P-s* 曲线

在 10 号桩孔处，当试验加载至 18000kPa 时，历时 60min 观测，沉降达到相对稳定，承压板周围岩体未出现异常，岩体未破坏，但已达到试验最大加荷值，故终止加载，此时总沉降量为 10.97mm，然后分级卸荷至零，回弹值为 7.93mm，残余沉降值为 3.04mm，回弹率 72.3%。岩基载荷试验的荷载-沉降曲线如图 13-2 所示，由图可知，曲线呈缓变型，未出现比例界限和“明显”的沉降突变，取 18000kPa 为该处岩基的极限荷载，则桩端阻力特征值为极限荷载除以 3 的安全系数，即 6000kPa。

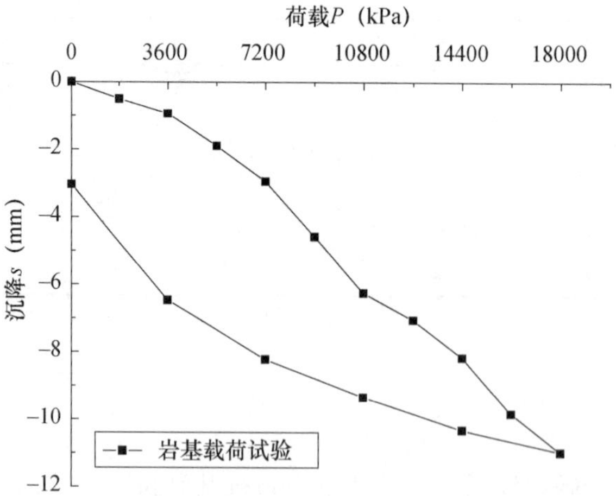

图 13-2 岩基载荷试验荷载-沉降曲线

岩基载荷试验所确定的地基承载力，相对于室内饱和单轴抗压强度试验所确定的 5090kPa 还高出 17.9%。说明即使按照规范取折减系数上限值 0.5 尚过于保守。由本例可知，通过岩石饱和单轴抗压强度试验来确定南宁市中风化砂岩地基承载力时，折减系数 ψ_r 可取 0.6。

13.4.2　岩基变形模量

对于地基沉降的的验算，变形模量是需要确定的关键因素。地基变形模量按弹性理论采用 Boussinesq 解，地基土处于半无限弹性体内，计算公式为：

$$E_0=\frac{pb\omega\ (1-\nu^2)}{s} \tag{13-1}$$

式中，p 为压力（kPa）；b 为平板直径（m）；ω 为沉降影响系数，取 0.785；ν 为泊松比；s 为沉降（m）。

不同压力作用下的变形模量是变化的，不同压力下的沉降及相应的变形模量见表 13-2。由表 13-2 可知，荷载-沉降曲线呈上凸型，说明岩体裂隙和结构面发育。不同压力作用下变形模量是变化的，它随着压力增大而减小，这是由于岩体随压力的增加塑性变形逐渐增大所致。由变形模量的变化可知，岩体没有明显的弹性阶段，在较小压力水平下即表现为塑性变形；在较大压力水平下，变形模量达到相对稳定，约为 380MPa。

表 13-2　变形模量随压力的变化

压力（kPa）	沉降（mm）	变形模量（MPa）	压力（kPa）	沉降（mm）	变形模量（MPa）	压力（kPa）	沉降（mm）	变形模量（MPa）
3600	−0.94	881.6	9000	−4.58	452.4	14400	−8.16	406.2
5400	−1.90	654.3	10800	−6.25	397.8	16200	−9.82	379.8
7200	−2.95	561.8	12600	−7.05	411.4	18000	−10.95	378.4

根据实测数据，用 Origin 软件拟合在各级压力下的变形模量曲线，如图 13-3 所示，采用指数函数模型，得到的曲线可用于本文预测模型。

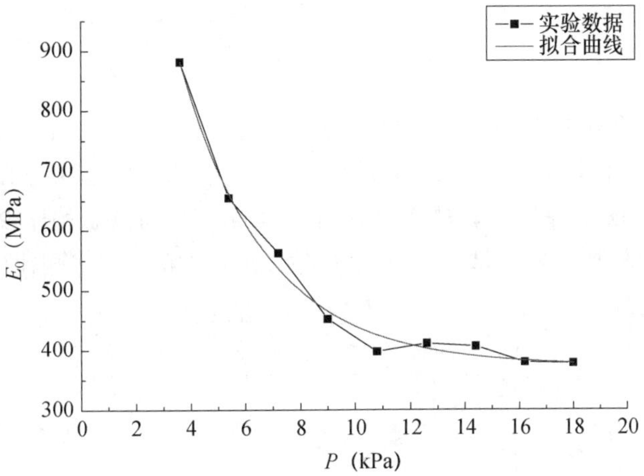

图 13-3　变形模量拟合曲线

13.5　岩基载荷试验有限元模型

室内饱和单轴抗压强度试验法及现场岩基载荷试验法所确定的岩基承载力，结果稍有不同。通过有限单元法对载荷试验进行数值模拟，通过改变单一变量对可能影响试验结果的因素进行分析，并对其影响规律进行研究。

采用 ABAQUS 大型商业有限元分析软件对岩基载荷试验简化模型进行模拟，整个模型划分为

17760 个单元，采用八结点线性六面体单元，在载荷板周围的土体进行了网格加密处理，如图 13-4 所示。图示模型根据场地实际情况，取超大基坑底部表面为顶部，其下为泥质粉砂岩③层与中风化砂岩④-2 层互层地基。岩体采用 Mohr-Coulomb 模型，参数按照表 13-1 选取。模拟施工顺序为：地应力平衡→桩孔土体开挖→孔底岩基载荷试验。

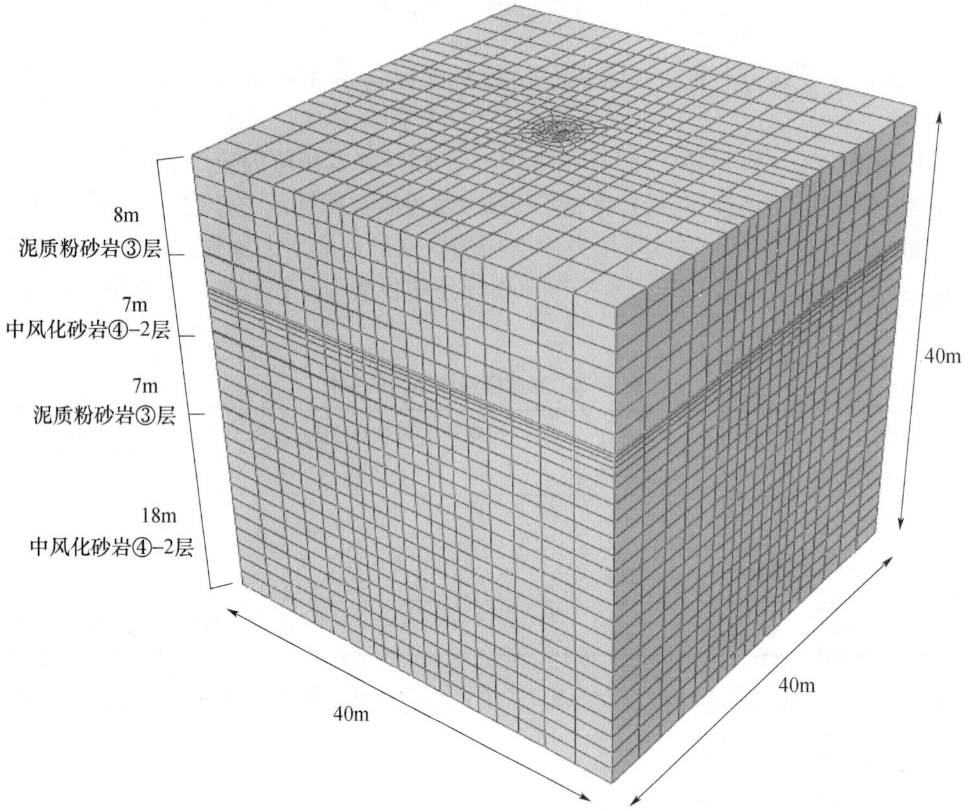

图 13-4　网格划分图

由数值模拟得到的荷载-沉降曲线及与岩基载荷试验结果对比，如图 13-5 所示。由图可知，有限元模拟得到的曲线和试验结果曲线吻合较好，基本能反映持力岩层在荷载的作用下的沉降规律，曲线呈缓变型。在最大荷载 18000kPa 作用下，最终沉降为 11.42mm，与试验相比误差为 4.1%。这说明只要 E、ν、c、φ 等强度参数比较接近实际情况，载荷试验中沉降计算也与实测比较接近。

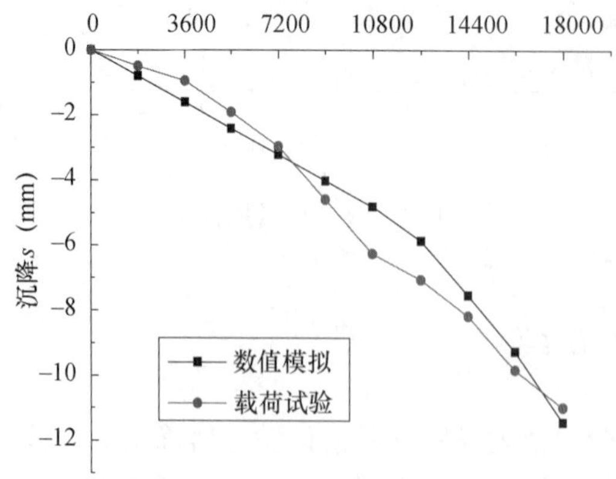

图 13-5　数值模拟与载荷试验的荷载-沉降曲线对比

13.6　岩基载荷试验影响因素分析

岩基载荷试验的结果会受很多因素影响，如人工挖孔桩孔径大小、岩基的埋深，除此之外，岩基内摩擦角及黏聚力变化、持力岩层厚度等因素也会影响试验结果。运用有限元分析软件，代入反演得到的参数进行模拟，分析岩基内摩擦角、黏聚力、桩底嵌岩深度等因素对试验的影响。

13.6.1　持力层厚度的影响

当其他因素不变，仅有持力岩层厚度变化，荷载-沉降曲线如图 13-6 所示。当桩孔嵌入持力岩层 1m，即持力层厚 7m 时，由于持力层尚有足够的厚度，在最大荷载 18000kPa 下，岩体尚处于弹性变形阶段，图中 P-s 呈线性关系。随着持力岩层厚度的减少，在较大荷载作用下，沉降增大，曲线变陡，P-s 曲线呈非线性。由此说明持力岩层厚度是影响载荷试验的重要因素，桩端嵌岩太深既不经济也难以保证持力层有足够的厚度。而《规范》规定嵌岩深度不宜低于 0.5m，选择持力岩层时应探明岩层的地质状况，保证其有足够的厚度。

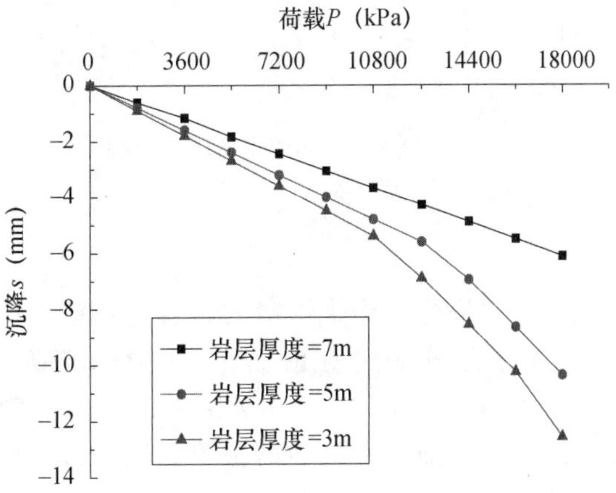

图 13-6　不同持力岩层厚度下的荷载-沉降曲线

13.6.2　持力岩层黏聚力的影响

当其他因素不变，仅持力岩层黏聚力不同，荷载-沉降曲线如图 13-7 所示。由图可知，类似于不同内摩擦角 φ 的情况，当荷载水平较低时，三条曲线基本重合，岩体处于弹性变形阶段。荷载加到 10800kPa 以后，岩体开始进入塑性变形阶段，随着 c 的增加，最终沉降量减小。

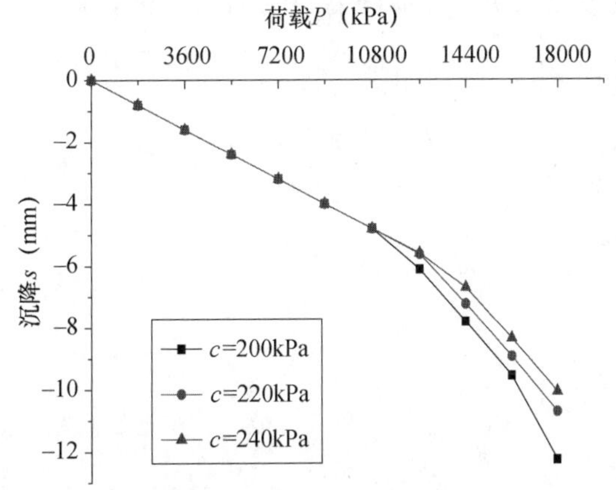

图 13-7　不同黏聚力下的荷载-沉降曲线

13.6.3 持力岩层内摩擦角的影响

当其他因素不变，仅持力岩层内摩擦角不同，荷载-沉降曲线如图13-8所示。由图可知，荷载水平较低时，三条曲线基本重合。随着φ的增加，最终沉降量减小，岩体塑性变形减小；反之，随着φ减小，岩体在较大荷载作用下塑性变形越加明显，如$\varphi=10°$时，曲线出现明显的拐点，若继续增加荷载，沉降将急剧增大。

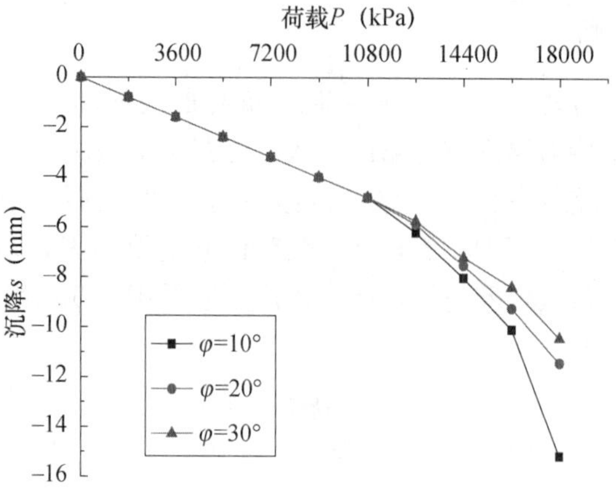

图13-8 不同内摩擦角下的荷载-沉降曲线

13.6.4 本章小结

大直径人工挖孔桩静载荷试验难以进行，而采用室内岩石饱和单轴抗压强度试验法来确定地基承载力又存在偏差。利用现场岩基载荷试验来确定桩底极限端阻力标准值，并采用数值反演分析法与岩基载荷试验结果进行对比分析，进而研究影响试验的主要因素，得到如下结论：

（1）由岩基载荷试验表明，软岩互层地基岩基载荷试验曲线呈缓变型。九洲国际工程桩基端阻力特征值为6000kPa，远大于勘察报告中给出的岩石地基浅基础的承载力参考值1200kPa，且相对于由室内饱和单轴抗压强度所确定的5090kPa更为可靠，当采用该法时，折减系数可取0.6。南宁地区中风化砂岩层作为大直径人工挖孔桩持力层时，其端阻力特征值可取6000kPa。

（2）岩基变形模量随着荷载水平的增加而减小，岩体变形增大，后趋于稳定，岩基无明显的弹性变形阶段。荷载-沉降曲线呈上凸形，数值计算能较好地反映这一情况，数值模拟曲线与试验曲线吻合较好。

（3）岩层物理参数φ、c值和嵌岩深度等是影响岩基载荷试验的重要因素，随着φ、c值的减小，最终沉降量增加，岩体塑性变形更加明显；而随着持力岩层变薄，最终沉降量也相对增大，选择持力岩层时应保证其有足够的厚度。

第 14 章　溶岩地质条件下超大直径人工挖孔桩施工技术

14.1　前言

相关研究表明，深厚软土地区深长大直径扩底灌注桩的侧阻力先于端阻力发挥，同时其荷载传递不同于等直径的灌注桩，深长大直径扩底灌注桩在荷载水平较高时会产生桩侧摩阻力软化；扩底桩的桩端扩大部分对承载能力影响较大，不仅影响到桩端阻力的发挥，还影响到桩侧阻力的发挥，深长大直径扩底灌注桩在低水平荷载作用下表现为摩擦桩性状，在高水平荷载作用下表现为端承摩擦桩性状。然而，在南宁下伏软岩地基地区却缺少相关研究，并且由于桩端持力岩层性质较好，在该地基上没必要使用深长桩，一般为中短长度，例如在九洲国际工程中桩基长度大多不超过 10m。因此研究超大直径人工挖孔桩在软岩地基上的承载机理是十分必要的。

而在计算单桩的极限承载力时通常采用以下两种经验公式法。《建筑桩基技术规范》对嵌岩桩的单桩承载力标准值的计算考虑到其由桩周土总极限侧阻力、嵌岩段总极限阻力两部分组成，并给出了半经验公式：

$$Q_{uk}=Q_{sk}+Q_{rk}=u\sum q_{sik}l_i+\zeta_r f_{rk}A_p \tag{14-1}$$

式中，Q_{sk}、Q_{rk}分别为总极限侧阻力标准值、嵌岩段总极限阻力标准值；u 为桩身周长；q_{sik}为桩周第 i 层土的极限侧阻力；l_i 为第 i 层土厚度；ζ_r 为嵌岩段侧阻和端阻综合系数，与嵌岩深径比、岩石硬度和成桩工艺有关；f_{rk}为岩石饱和单轴抗压强度标准值；A_p 为桩端面积。

《建筑地基基础设计规范》则认为嵌岩桩在竖向力作用下沉降较小，侧摩阻力很难发挥，将嵌岩桩视为端承桩，在设计中不考虑侧摩阻力的影响。

将这两种不同理论指导下的规范用于嵌岩桩的设计时，常常出现相矛盾的一面，本章将针对南宁下伏软岩地基，依靠大直径扩底人工挖孔桩的岩基载荷试验结果，提出一种极限承载力预测的方法。

14.2　超大直径扩底人工挖孔桩承载机理

14.2.1　桩土体系荷载传递规律

大量扩底桩现场静荷载试验资料表明，竖向承载桩的承载力由桩侧摩阻力和桩端承载力构成，两者之比取决于土的分层及其力学性质、桩的尺寸、桩的施工方法和桩顶总荷载的大小。

桩侧和桩端承载力的变化分为四个阶段：第 1 阶段，当桩顶承受较小的竖向荷载时，桩侧摩阻力首先发挥作用，随着荷载增加，桩端承载力开始发挥作用，逐渐承担部分桩顶荷载。第 2 阶段，由于桩-土相对位移的产生，桩侧摩阻力逐渐发挥作用，并承担部分桩顶荷载，同时当桩顶荷载较大时，桩顶的桩-土间摩阻力首先达到塑性极限值，并且随着桩顶荷载增加，该极限值点自桩顶逐渐向桩端移动。第 3 阶段，当桩顶荷载较大时，桩侧土摩阻力逐渐得到充分发挥，桩端承载力开始起主要作用，此时桩端土产生较大的弹塑性变形，当桩顶荷载作用使桩端土开始产生明显的塑性变形时，桩端承载力达到极限值，此时所对应的桩顶荷载即为单桩的极限承载力。第 4 阶段，当桩顶荷载超过极限荷载时，单桩产生过大竖向位移或破坏。

影响桩土体系荷载传递性状的因素有：

(1) 桩端土与桩周土的刚度比 E_b/E_s。当 $E_b/E_s=0$ 时，荷载全部由桩侧摩阻力所承担，属纯摩擦桩。当 E_b/E_S越大，即桩底土越硬时，则经由桩底传递的荷载越多；当 $E_b/E_s=\infty$时，荷载全部由桩端阻力来承担，属端承桩。

(2) 桩土刚度比 E_p/E_s。E_p/E_s越大，桩端阻力所分担的荷载比例越大，侧阻发挥值也越大。但当桩土刚度比大于 1000 后，端阻分担的荷载比变化不明显。

(3) 桩的长径比 L/d。L/d 越大，传到桩端的荷载越小，当 L/d 大于 100 时，端阻分担的荷载值可忽略不计，即长径比很大的桩属于摩擦桩或纯摩擦桩，在此情况下无需采用扩底桩。

(4) 桩端扩径比 D/d。随着比值的增大，桩端分担的荷载增大。叶萌等通过弹塑性有限元分析，表明当 D/d 大于 2 时，端阻力增大将不显著。

14.2.2 单桩荷载沉降特性

大直径扩底桩单桩竖向静力荷载试验的 Q-s 曲线反映了桩土体系的荷载传递规律及桩破坏特征，是桩受力和荷载传递特征的宏观反映，它反映了不同应力阶段桩土相互作用规律，包括桩侧阻力端阻力的发挥规律，桩的破坏模式等。研究桩在各级荷载作用下桩顶沉降便于揭示桩的受力机理。Q-s 曲线随桩侧土层的分布和性质、桩端持力层性质、桩径、桩长、长径比、成桩工艺与成桩质量等诸多因素而变化。

大量试验及研究表明，大直径扩底桩在竖向荷载作用下，能经受较大的变形而无明显破坏特征点，静载试验的 Q-s 曲线为缓变型，极限承载力由位移控制。

当采用不同的成桩工艺、持力层的性质不同时，发挥桩侧阻力所需要的桩顶沉降会有所不同。

14.2.3 大直径扩底桩的破坏形态

顾宝和对大直径扩底桩进行了现场试验研究，其研究结果表明大直径扩底桩的变形、破坏性状不同于浅基础及一般桩基础。大直径挖孔扩底桩下的土体以竖向变形为主，伴随有侧向挤压，无向上隆起。当荷载较大时，扩底端上方有一临空面（由于土拱的作用和土的凝聚力而不致塌落），扩底端底面外侧有伞形拉裂缝，存在一个拉应力区，接近扩底端头处裂缝较宽，越远越窄以至逐渐消失，如图 14-1 所示。

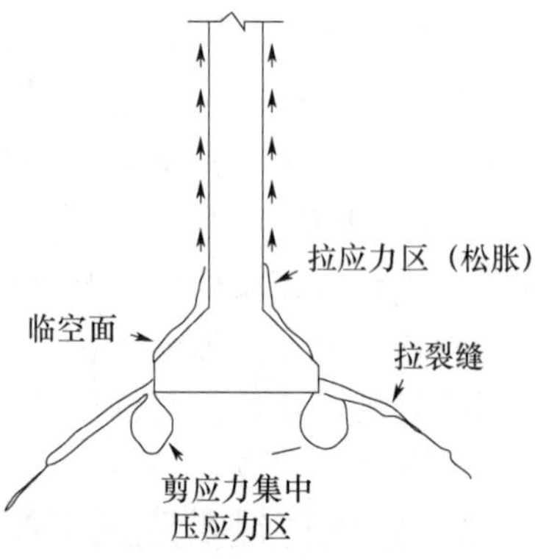

图 14-1 扩底桩的受力特性

当荷载加大时，基底土被进一步压密，桩下沉变形越大，临空面裂缝也越大。最后形成了自由面，持力层脱离了上部土柱重量和传下来的摩阻压力的约束作用，承载力降低，其上土体由于拱作用或土的黏聚力作用而不致塌落。

14.3 超大直径人工挖孔桩承载力的计算

14.3.1 单桩解析理论

桩-土相互作用机理相当复杂，尽管国内外许多岩土工程科学工作者和工程师曾通过桩基原位试验、模型试验、工程监测和理论分析等多种途径进行过大量研究，迄今为止也只是对轴向承载桩的荷载传递过程有了一定的认识，荷载传递分析是桩基设计计算的理论基础。

单桩的解析理论研究主要有荷载传递法、弹性理论法、剪切位移法等，还有将各种方法混合应用的混合法。

（1）荷载传递法

荷载传递法的基本思想是由 Seed 提出的，它把桩沿桩长方向离散成若干单元，并假定桩体中任意一点的位移只与该点的桩侧摩阻力有关，采用独立的线性或非线性弹簧来模拟土体与桩体单元之间的相互作用。

荷载传递法能较好地反映桩-土间的非线性和地基的成层性，且计算简便，因而十分方便工程应用。荷载传递法的关键在于建立真实反映桩土界面的侧摩阻力和剪切位移的传递函数 [τ（z）-s（z）函数]，而传递函数的建立一般通过现场测量拟合或在一定的经验及机理分析基础上探求具有广泛适用性的理论传递函数，目前主要通过后者来确定荷载传递函数。

目前传递函数有很多种形式，如指数函数、理想弹塑性、抛物线函数、双曲线函数、三折线等。

荷载传递法的求解方法有解析法、变形协调法和矩阵位移法等。解析法由 Kezdi、佐滕悟等提出，Coyle 提出了迭代求解的位移协调法，费勤发提出了矩阵位移法，曹汉志则提出了桩尖位移等值法。变形协调方法十分方便考虑土体的分层性和非线性。

（2）弹性理论法

该方法最早由 D'Appolonia 提出，弹性理论法假定土是均质的、连续的、各向同性的弹性半空间体，土体性质不会因桩体的存在而变化。采用弹性半空间体内集中荷载作用下的 Mindlin 解计算土体位移，由桩体位移和土体位移的协调条件建立平衡方程，进而求解桩体位移和应力。弹性理论法考虑了土体的连续性，并具有比较完善的理论基础，已形成比较完善的体系；其基于弹性力学的基本解，无法精确考虑土的成层性和非线性特性。

（3）剪切位移法

该方法首先由 Cooke 在试验和理论分析基础上提出来，假定受荷桩身周围土体以承受剪切变形为主，桩土间没有相对位移，并将桩土视为理想的同心圆柱体，剪应力传递会引起周围土体沉降，由此得到桩土体系的受力和变形。

剪切位移法可以给出桩周土体的位移变化场，因此通过叠加方法可以考虑群桩的共同作用，但该方法没有考虑桩土间的相对位移，无法考虑桩侧土体上下层间的相互作用，因而与实际工程的不符，存在重大缺陷。Rondolph 提出了可以考虑可压缩性桩、桩长范围内轴向位移和荷载分布等的剪切位移法，使其可用于群桩分析。

在当前众多的单桩承载力理论分析方法中，荷载传递法因能够方便考虑土体成层性和非线性，方法简单，参数确定容易，易于为设计施工人员所掌握，精度能基本满足工程要求等众多优点而被较为广泛地应用。

目前，大直径扩底桩静载试验很容易收到加载设备的限制，很难达到极限荷载，在此情况下所确定的承载力并不是桩基极限承载力，桩基潜力没有充分发挥，造成了很大的浪费。或者，由于无法进行静载试验，只能通过其他方法间接估算桩基的极限承载力。

因此，本文应用理论与实际相结合的方法，拟采用荷载传递法结合桩端持力层的岩基载荷试验结果，进行大直径扩底桩的非线性分析，预测超大直径扩底人工挖孔桩的极限承载力。

14.3.2　桩土体系荷载传递分析

单桩受竖向荷载作用时，其桩顶沉降量 s_0 由以下部分组成：①桩身在荷载作用下的压缩量 s_s，包括弹性压缩量 s_{se} 和塑性压缩量 s_{sp}；②桩端荷载引起桩端下土体压缩所产生的桩端沉降 s_{bb}；③由于桩侧摩阻力向下传递，引起桩端土体压缩所产生的桩端沉降 s_{sb}；④桩身作为柱型构件，在上部荷载作用下产生的弯曲变形 s_f，一般情况下不考虑弯曲变形。

本文将考虑大直径扩底人工挖孔桩在荷载作用下桩身的弹性压缩量和桩顶荷载传递到桩端引起桩端下土体的压缩位移。这两部分位移是桩顶沉降 s_0 的主要组成部分。

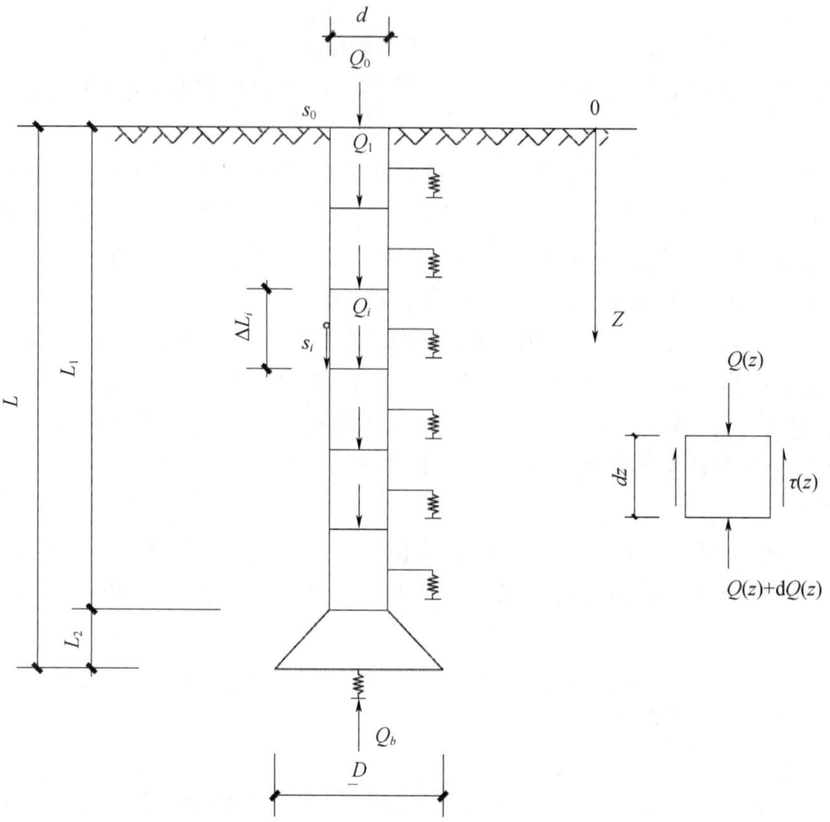

图 14-2 桩土荷载传递体系示意图

由图 14-2 所示，任意深度 z 处桩身截面荷载为：

$$Q(z)=Q_0-u\int_0^z\tau(z)\mathrm{d}z \tag{14-2}$$

任意深度 z 处桩身竖向位移为：

$$s(z)=s_0-\frac{1}{E_\mathrm{p}A_\mathrm{p}}\int_0^z Q(z)\mathrm{d}z \tag{14-3}$$

取任一桩身微单元 dz，由其竖向静力平衡条件可求得 τ（z）：

$$\tau(z)=-\frac{1}{u}\frac{\mathrm{d}Q(z)}{\mathrm{d}z} \tag{14-4}$$

微单元 dz 的压缩量 ds（z）为：

$$\mathrm{d}s(z)=-\frac{Q(z)}{E_\mathrm{p}A_\mathrm{p}}\mathrm{d}z \tag{14-5}$$

结合式（14-4）和式（14-5）可得到桩土体系荷载传递的基本微分方程：

$$\frac{\mathrm{d}s^2(z)}{\mathrm{d}z^2}=\frac{u}{E_\mathrm{p}A_\mathrm{p}}\tau(z) \tag{14-6}$$

式中，u 为桩截面周长；E_p 为桩身弹性模量；A_p 为桩身截面积。

若已知荷载传递函数，则解此微分方程可得到单桩的荷载传递情况，即 z 深度处的桩身轴力 Q（z）、侧摩阻力 τ（z），以及桩身截面位移 s（z）和桩顶沉降量 s_0。目前求解该方程的方法有解析法、位移协调法以及矩阵位移法。

本文将采用位移协调法，当微分方程无法求得解析解时，只能采用数值解法。该法适用于复杂的传递函数，能考虑土体的分层性和非线性。位移协调法是将桩划分成若干单元体，考虑每个单元的内力与位移协调关系。

14.3.3　桩身混凝土

桩可视为一种深入土层的柱状构件，在上部荷载作用下，桩受箍筋、主筋和桩侧土的横向约束，混凝土在三个方向受压，而箍筋和主筋则提高了混凝土的强度和变形能力。混凝土所受应力较小时，箍筋对混凝土的约束作用并不明显，只有当应力超过 $0.8f_c$（f_c为混凝土轴心抗压强度）时，受到约束的混凝土应力-应变曲线与没有受到约束的混凝土应力应变曲线才有明显差别。而对于长径比较大的桩，与高水平的轴向荷载相比，桩侧土体对混凝土的横向约束相对较小，因此可将桩视为单轴受压。本文将其考虑为理想弹性材料。

14.3.4　桩侧传递函数

从式（14-6）中可以看出，求解桩土体系荷载传递基本方程的关键是确定荷载传递函数 $\tau(z)$-$s(z)$。崔科宇认为实际的桩侧传递曲线超过峰值后会出现明显软化，并采用了考虑软化的全曲线表达式，能较准确地描述渐进破坏过程。

但是桩侧传递函数不宜考虑得过于复杂，目前应用较多的荷载传递函数是双曲线函数，该模型由 Gardner 提出，假设桩土之间的摩阻力是桩土相对位移的函数，以桩土相对位移为变量的双曲线桩侧荷载传递模型，模型表达式如下：

$$\tau(z)=A\left[\frac{s(z)}{\dfrac{1}{K_s}+\dfrac{s(z)}{\tau_u}}\right] \tag{14-7}$$

式中，A 为试验常数；$\tau(z)$ 为桩侧摩阻力；$s(z)$ 为桩土相对位移；K_s 为双曲线的初始切线模量，可采用下式计算：

$$K_s=\frac{G_s}{R\ln\left(\dfrac{r_m}{R}\right)} \tag{14-8}$$

式中，G_s 为小应变下土体的剪切模量；R 为桩的半径；r_m 为桩侧应力影响区半径。

其中，工程上广泛应用小应变下的初始剪切模量 G_s 可由变形模量 E_0 和泊松比 ν_s 求解：

$$G_s=\frac{E_0}{2(1+\nu_s)} \tag{14-9}$$

E_0 和土体压缩模量 E_{s1-2}存在倍数关系，但其并不是一个固定值，根据土的性质不同其倍数也不同，如根据汪文彬的研究，软土地区土层的弹性模量可取 $E_0=3.5E_{s1-2}$。参数 E_{s1-2}可由地质勘察报告确定或参考地质勘察报告确定。

而影响半径 r_m 可根据桩入土深度 L 和泊松比 ν_s，取：

$$r_m=2.5\times L(1-\nu_s) \tag{14-10}$$

由式（14-7）可知，确定极限摩阻力 τ_u 是确定双曲线传递函数的关键之处。τ_u 的计算一般有三种方法，即总应力法（α 法）、有效应力法（β 法）、混合法（λ 法）。

（1）α 法是由 Tomlinson 提出的，用于计算饱和黏性土的侧阻力：

$$\tau_u=\alpha c_u \tag{14-11}$$

式中，α 为系数，取决于土的不排水剪切强度和桩进入黏性土层的深度比，一般黏性土 α 为 0.35～0.8；c_u 为饱和黏土的不排水剪切强度。

九洲国际工程中桩土层为强风化砂岩，与黏性土性质相差较大，故对于大直径扩底桩采用 α 法并不合适。

（2）β 法由 Chandler 提出，用于计算黏性土和非黏性土的侧阻力：

$$\tau_u=\beta\sigma'_v=K_0\tan\delta\sigma'_v \tag{14-12}$$

式中，K_0 为静止土压力系数，对于正常固结土，$K_0=1-\sin\varphi'$，$\delta=\varphi'$，φ'为土的有效内摩擦角，δ 为

桩土间摩擦角。

β法还可以考虑超固结黏性土中的大直径桩，但是依然不适用于计算强风化岩层的极限摩阻力。

（3）λ法由 Vijayvergiya 提出。该法认为黏性土单桩极限承载力是由桩身与桩周介质边界上的极限摩阻力决定的，可采用下式表示：

$$\tau_u=\lambda(\sigma'_v+2c_u) \tag{14-13}$$

式中，λ为系数，一般为0.1～0.5，随着桩入土深度的增加而减小。

可以看出λ法用于计算强风化岩层的极限摩阻力，依然会存在较大误差，而各地的桩侧极限摩阻力值差异很大，不同土层由于性质不同极限摩阻力也相差甚远。如顾培英等根据大直径灌注桩试验研究得到苏州地区亚黏土层的极限摩阻力值大多集中在30～50kPa之间，而与其他地区有所不同。

而《建筑桩基技术规范》给出了不同土层桩的极限侧阻力标准值q_{sik}的经验参数，具有一般性和通用性，更加接近实际情况。本文将采用《建筑桩基技术规范》给出的q_{sik}作为桩侧极限摩阻力τ_u，应用双曲线函数作为桩侧荷载传递函数进行计算。

14.3.5 桩端传递函数

桩端传递函数一般都用弹性理论的 Boussinesg 解求解。从现有研究结果及现场实测结果来看，对于中短桩，桩端持力层性状较好，其曲线基本属于硬化型，可用双曲线函数表示。研究表明，桩端极限荷载发挥所需要的桩端位移一般较大，约为0.05D（D为扩底直径），一般情况下很难达到，如扩底直径为5.6m的大直径扩底人工挖孔桩该值为0.28m。基于刚性圆面积上的 Boussinesg 解，根据 Fleming 和 Delpak 的研究建议，对桩端土的弹性位移可采用下式计算：

$$s_b=\eta\frac{P_b(1-\nu_b^2)}{DE_b} \tag{14-14}$$

式中，ν_b为桩端下土体平均泊松比；D为扩底直径；E_b为桩端下土体的平均弹性模量；η为考虑桩端土深度效应的沉降折减系数，η=0.5～0.78，对于超长桩可取η=0.5。

在实际工程中，桩端土的平均弹性模量是变化的，即E_b并不是一定值，E_b可采用由现场岩基载荷试验结果计算得到的变形模量E_0，利用岩基试验的实测数据，能更真实地反映实际情况。

14.3.6 计算方法

本文利用位移协调法，桩侧采用双曲线荷载传递函数，桩端采用考虑岩基载荷试验结果的弹性模型。由假设的桩端位移计算桩顶荷载-沉降关系的步骤如下：

（1）已知该扩底桩的特征值（如桩长L、桩径d、截面面积A_p、弹性模量E_p、扩底直径D、扩底段标高h_c）、桩侧和桩端土物理性质指标以及桩侧传递函数曲线$\tau(z)$-$s(z)$等。

（2）将桩身摩擦段分成n个单元，每个单元长$h=(L-h_c)/n$。n的大小取决于计算精度要求，也可根据桩侧土的分层情况进行划分，各单元长度可以不同，n=10一般能满足实用要求。

（3）对桩的扩底部分进行计算，假定桩端位移为s_b，通过计算机试算得出由此位移引起的桩端阻力（桩端处的桩的轴向力）为$Q_b=\frac{DE_b}{\eta(1-\nu_b^2)}s_b$，其中$E_b$由岩基载荷试验结果换算可得。并计算扩底段桩身压缩量s_c，由此得到非扩底部分第n个单元底部位移$s_n=s_b+s_c$，n单元桩底轴力$Q_n=Q_b$。

（4）对摩擦段第n个单元进行计算，假定第n单元桩中点截面处的位移为s'_n（一般可假定s'_n等于或略大于s_n），然后从桩侧传递函数曲线上得到相应于s'_n的桩侧摩阻力值τ_n。

（5）求第n单元桩顶面处的轴力$Q_{n-1}=Q_n+\tau_n uh$。

（6）求第n单元中央截面处的压缩量$\Delta=\frac{h}{2}\cdot\frac{1}{E_pA_p}\cdot\frac{Q_n+Q_{n-1}}{2}$，$\Delta$为第$n$单元下半段桩的弹性压

缩量。

（7）校核是否 $s'_n = s_n + \Delta$。若不符，重新假定 s'_n，重复（4）～（6）步直至计算值与假定值相等或仅有微小误差。由此得到 Q_{n-1} 和 s_{n-1}。

（8）再向上推一个单元，假定第 $n-1$ 单元桩中点截面处的位移为 s'_{n-1}，按照上述步骤计算 $n-1$ 单元顶面的 Q_{n-2} 和 s_{n-2}。

（9）依次向上推移，直至桩顶第一个单元，即可求得对应于桩端位移 s_b 的桩顶荷载 Q_0 及桩顶沉降量 s_0。

（10）重新假定不同的桩端位移，重复上述（3）～（9）步，可以得到桩顶荷载-位移曲线（Q_0-s_0 曲线），以及 Q（z）-z 曲线、τ（z）-z 曲线等。

14.3.7　方法应用

在九洲国际桩基工程中，超大直径扩底人工挖孔桩最大直径达 4m，桩长 9.2m，扩底段标高 2.8m，扩底直径扩底 5.6m，桩身采用 C40 级钢筋混凝土，弹性模量为 3.25×10^{10}Pa。采用本文简化分析方法计算得到的 Q-s 曲线如图 14-3 所示。

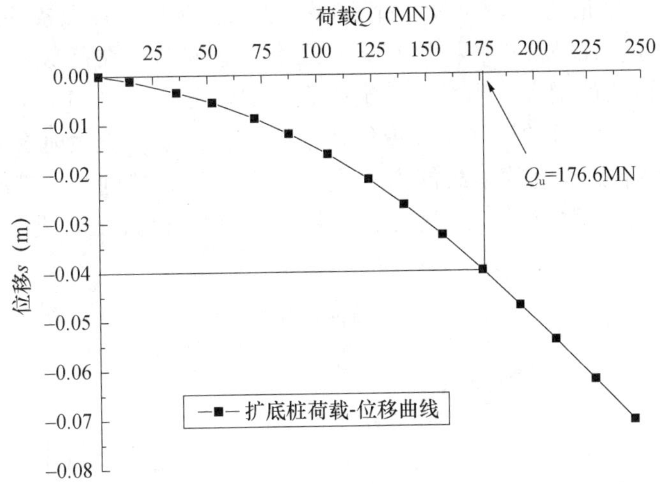

图 14-3　简化分析方法计算的 Q-s 曲线

由图 14-3 可知，由本文简化分析方法计算的 Q-s 曲线呈缓变型，符合一般大直径扩底人工挖孔桩的荷载-沉降特性。以 40mm 沉降对应的荷载作为该单桩的极限承载力，则其极限承载力为 176.6MN，承载力特征值为 88.3MN。

14.4　超大直径人工挖孔桩的影响因素

运用本文的方法，结合广西九洲国际工程资料，对影响大直径扩底人工挖孔桩荷载沉降特性的影响参数进行计算分析。其影响因素有扩底直径、桩长、桩径等。在其他条件不变的情况下，仅改变单一变量，绘制出 Q-s 曲线。下面分别对这些影响因素进行分析。

14.4.1　扩底的影响

工程中的大直径人工挖孔桩桩端设计成扩底形式，以期提高单桩的极限承载力，现不改变其他参数，用本文的方法计算该桩在不扩底（等直桩）情况下的荷载-位移关系，并作桩顶 Q-s 曲线如图 14-4 所示。

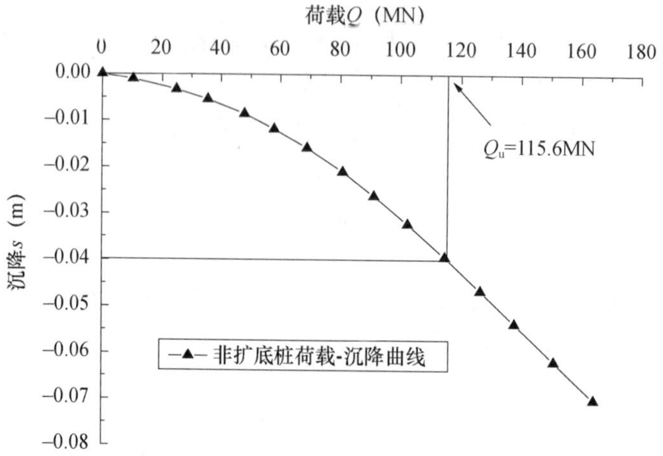

图 14-4　非扩底桩 Q-s 曲线

图 14-5 为同参数条件下非扩底桩（等直径桩）的荷载-沉降曲线，由图可知，其极限承载力为 115.6MN，单桩承载力特征值为 57.8MN。如图 14-5 所示，对比同参数条件下的扩底桩及等直径桩的 Q-s 曲线可以看出，等直径桩及扩底桩的 Q-s 曲线都呈缓变型，在荷载较小时，变化较平缓，曲线变化较为类似；随着荷载的增大，当增至一定值后（如本文中的 50MN），其变化逐渐不同，等直径桩的沉降增加较快，而扩底桩的沉降曲线依然较平缓，直到荷载较大时沉降才有较大增长。根据 Q-s 曲线得知，相同条件下扩底桩的承载能力要大于等直径桩。本例中，扩底使大直径桩的极限承载力提高了 61MN，增长了 52.8%。由此可见，扩底对大直径人工挖孔桩的承载力提升有较大作用。

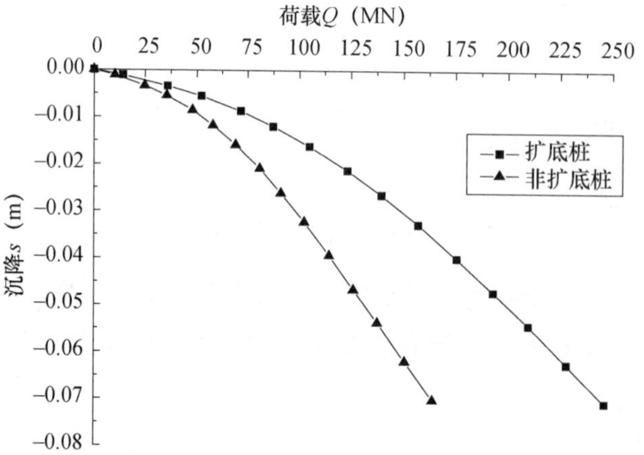

图 14-5　扩底与非扩底桩 Q-s 曲线对比

桩基扩底能提高桩基的极限承载力。扩底直径不同，即桩端底面积不同，对大直径人工挖孔桩的承载力和承载特性影响程度也不同。在其他条件不变的情况下，仅改变扩底直径 D 的大小，在扩底直径分别为 4.0m（等直桩）、4.8m、5.6m（标准）、6.4m、7.2m 的情况下，桩基的 Q-s 曲线如图 14-6 所示。

从图中可以看出，扩底桩径对桩承载变形性状有较大影响，随着扩底桩径的增加，承载力得到提高；同等荷载下，扩底桩径较大的桩沉降较小，同时扩底桩径较大的桩的极限承载力较高，因此可通过适当增加扩底桩径来提高单桩的极限承载力。实际工程应用中若采用扩底时，应尽量采用大直径扩底提高桩的极限承载力。

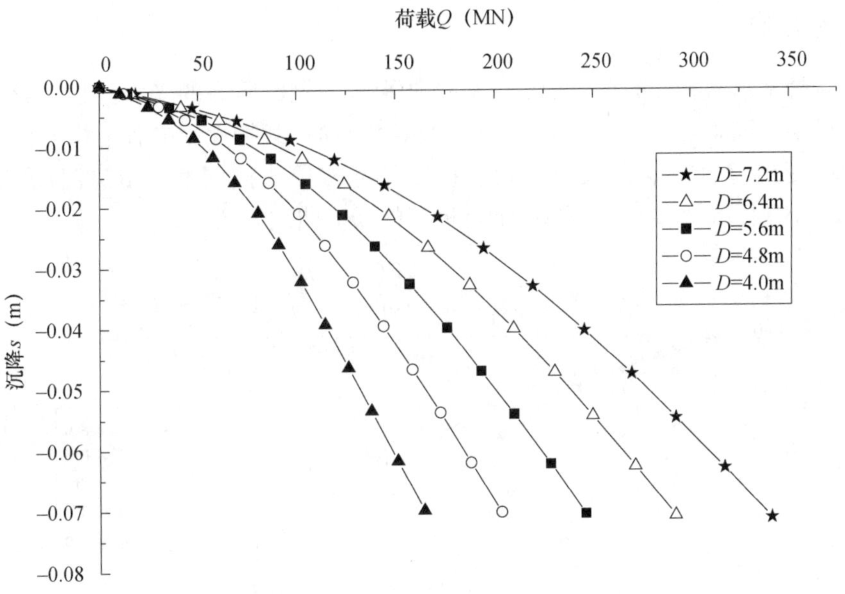

图 14-6　不同扩底直径的 Q-s 曲线

14.4.2　桩长的影响

桩长是影响桩基承载特性的重要指标。桩长能影响桩侧摩阻力的发挥和桩身压缩量，桩长不同，对大直径人工挖孔桩的承载力和承载特性影响程度也不同。在其他条件不变的情况下，仅改变桩长 L 的大小，在桩长分别为 9.2m（标准）、15m、20m、25m、30m 的情况下，桩基的 Q-s 曲线如图 14-7 所示。

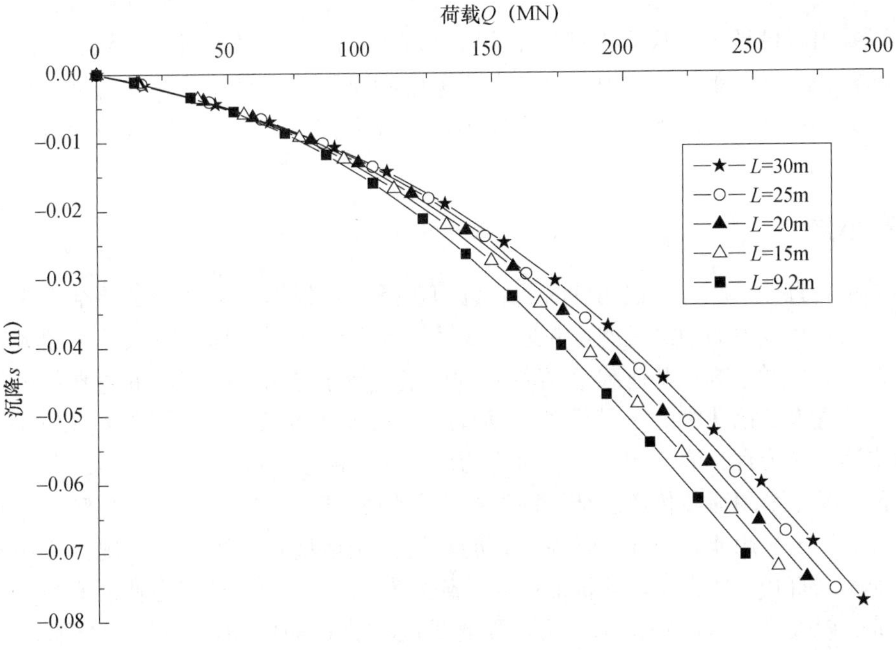

图 14-7　不同桩长时的 Q-s 曲线

从图中可以看出，随着桩长增加，桩的承载能力逐渐增大；大直径扩底桩 Q-s 曲线在荷载较小时，荷载随沉降基本呈线性增加，而荷载较大时，随着荷载增加，沉降逐渐增大，沉降增量也逐渐增大，对大直径扩底桩宜按照变形控制的原则确定其承载力。同时从图 14-7 还可看出，随着桩长的增加，同等荷载下沉降较小，桩长较长的桩的承载力较高，大直径扩底单桩承载力随桩长的增加而增加。

14.4.3 桩径的影响

桩径也是影响桩基承载特性的重要指标。桩径能影响桩侧摩阻力的受力面积，影响桩端与持力层的接触面积等，桩径不同，对大直径人工挖孔桩的承载力和承载特性影响程度也不同。在其他条件不变的情况下，仅改变桩身直径 d 的大小（相应扩底尺寸按原比例调整），在桩身直径分别为 1.6m、2.4m、3.2m、4.0m（标准）、4.8m 的情况下，桩基的 Q-s 曲线如图 14-8 所示。

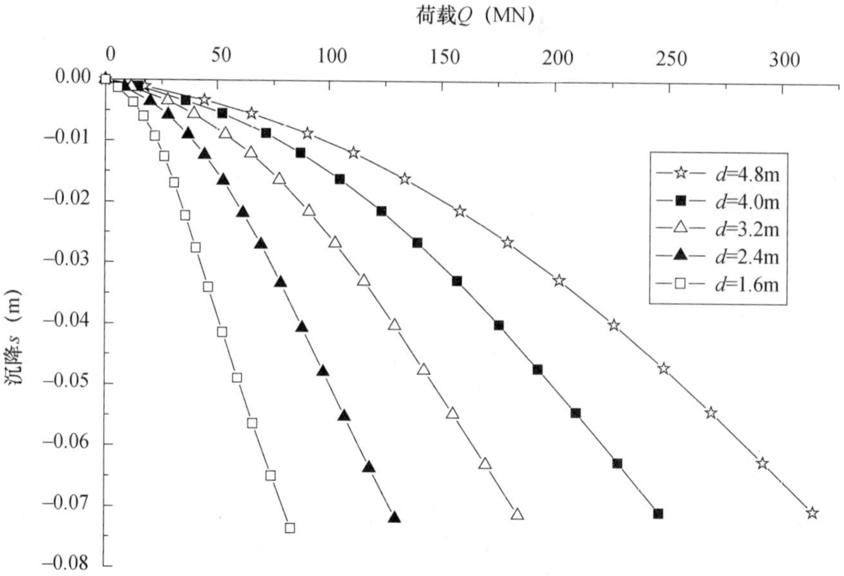

图 14-8　不同桩径时的 Q-s 曲线

从图中可以看出，桩径对桩基承载变形性状影响较大，随着桩径的增加，承载力明显增加，因此可通过适当增加桩径来提高单桩承载力，但是也要考虑到实际的工程情况，避免铺张浪费；相比于小直径桩，桩径较大的桩基，在同等荷载下沉降较小，承载力较高。在实际工程应用时，还需适当考虑经济性等因素。

14.4.4 本章小结

本章描述了超大直径扩底人工挖孔桩的承载机理，提出了根据岩基载荷试验结果来预测超大直径扩底人工挖孔桩极限承载力的预测模型，并运用该模型计算了广西九洲国际项目中超大直径人工挖孔桩的极限承载力，而后对影响桩基荷载-沉降性状的因素进行了分析，得到以下主要结论：

（1）大直径扩底人工挖孔桩的极限承载力没有统一的确定方式。静载试验的 Q-s 曲线为缓变型，极限承载力由位移控制为宜，取 40mm 沉降对应的荷载为其极限承载力。

（2）本文预测模型采用荷载传递法结合桩端持力层的岩基载荷试验结果，桩侧土体考虑双曲线函数传递模型，桩端岩土采用非线弹性力学模型，能较为真实地反映工程实际情况。应用本文模型，预测九洲国际工程超大直径扩底人工挖孔桩的极限承载力为 176.6MN，承载力特征值为 88.3MN。

（3）扩底桩径能提高单桩的极限承载力，随着扩底桩直径的增加，承载力得到提高的幅度越大，实际工程中，可通过适当增加扩底桩径来提高单桩的极限承载力。

（4）随着桩长增加，桩的承载能力逐渐增大，桩长较长的桩的承载力较高，但是对于以端承力为主的超大直径扩底人工挖孔桩来说，影响程度不是很大。

（5）桩径对桩基承载变形性状影响较大，随着桩径的增加，承载力明显增加，因此可通过适当增加桩径来提高单桩承载力，在实际工程应用时，还需适当考虑经济性等因素。

第 15 章　大直径人工挖孔桩静载荷试验数值模拟分析

15.1　前言

有限单元法（Finite Element Method）是在当今工程分析中获得最广泛应用的数值计算方法。其具有对复杂几何构形的适应性、对于各种物理问题的可应用性、建立于严格理论基础上的可靠性、适合计算机实现的高效性等特征。由于它的通用性和有效性，受到工程技术界的高度重视。伴随着计算机科学和技术的快速发展，现已成为计算机辅助设计（CAD）和计算机辅助制造（CAE）的重要组成部分。

在岩土工程领域，由于工程问题的复杂性，得到解析解几乎是不可能的。而有限单元法可以解决包括非线性、多自由度、复杂边界条件等众多因素的问题，被广泛应用于桩基础、地下工程与深开挖、挡土结构、固结与渗流以及土工问题的反分析等。在桩基的设计计算中，有限元法是十分有利的工具，从原则上说，它在计算中能够同时考虑影响桩性能的许多因素，如土的非线性、固结时间效应以及动力效应等。

超大直径扩底单桩承载力高，一般以一柱一桩形式出现，排除了桩与桩之间的相互影响，利用有限元方法进行桩土之间相互作用分析可以得到满意的结果，能够反映工程的实际情况，其结果可以反映出扩底桩的承载性状。而且，有限单元法的应用对研究嵌岩桩承载力起到了不可缺少的作用。在考虑土的非线性属性、层状体系及桩土间的非线性相互影响等因素时，有限单元法可能是现阶段最通用的方法。

就岩土材料本身的物理力学性态的可变性和不确定性而言，对桩基承载力进行有限元定量计算，显然不如现场原型试验直观和准确，定性分析是桩基有限元计算的特征。但如果就结构某一介质的变化进行对比分析，同样由于岩土材料性态的复杂和不确定性，相对于现场原型试验，利用有限元法进行计算分析，除了具备经济快捷和预估分析的优点外，还能显示出其定量对比分析的特长。虽然在桩基分析中，由于涉及的因素多，不能做到完全符合工程实际。但用有限元法分析桩土作用的主要机理，并以其作为指导实际工程以及探索和校核工程的实用简化计算方法，有着重要的实际意义。

本章将采用有限单元法对嵌岩桩的承载性状进行计算分析，并校核前一章节提出的桩基承载力预测模型。通过对超大直径扩底人工挖孔桩的静载荷试验模拟，预测其极限承载力。在此基础上分析扩底、桩长、桩径、岩土层物理性质等因素对桩基承载性状的影响，定性分析超大直径人工挖孔桩的承载规律。

15.2　大直径人工挖孔桩的 ABAQUS 模型

目前，国际上面向工程的有限元的通用分析程序已达到几百种，其中著名的有 ABAQUS、ANSYS、MARC、ADINA 等。它们一般采用 FORTRAN 语言编写，规模达几万甚至几十万条语句，其功能越来越完善，不仅包含多种条件下的有限元分析程序，而且带有功能强大的前处理和后处理程序，使得分析更加简单方便。其中 ABAQUS 包括一个丰富的、可模拟任意几何形状的单元库。并拥有各种类型的材料模型库，可以模拟典型工程材料的性能，包括金属、橡胶、高分子材料、复合材料、钢筋混凝土、可压缩超弹性泡沫材料以及土壤和岩石等地质材料，作为通用的模拟工具，ABAQUS 除了能解决大量结构（应力/位移）问题，还可以模拟其他工程领域的许多问题，例如热传导、质量扩散、热电耦合分析、声学分析、岩土力学分析（流体渗透/应力耦合分析）及压电介质分析。

本章桩基静载荷试验数值模拟将采用 ABAQUS 对模型进行非线性分析，具体参数设置如下：

15.2.1 模型参数

（1）地基土的计算范围

地基土的计算范围必须大于桩受荷时对周围地基土的影响范围。可以通过试算的方式确定地基土的计算范围，当地基土计算范围达到一定值时，再增加这个范围对计算结果没有影响，则可认为已达到地基上的最小计算范围。本章地基模型为 40m×40m×40m 的立方体，模拟深基坑底部的岩土体，横向、纵向以及深度的计算范围均可以满足要求。标准工况计算模型如图 15-1 所示。

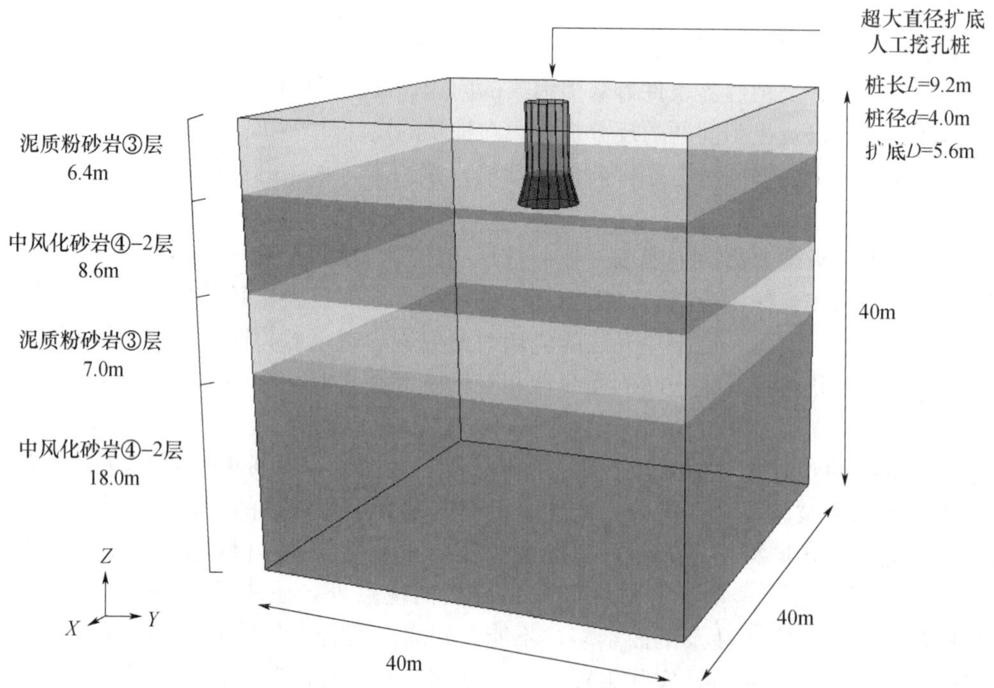

图 15-1 桩基静载荷试验模型

（2）扩底桩模型参数

桩基模型参照广西九洲国际工程实际，参数选取依据工程实际情况。标准工况采用桩长 9.2m、直径 4m、扩底直径 5.6m 的超大直径扩底人工挖孔桩，桩身混凝土为 C40 级，具体参数见表 15-1。

表 15-1 扩底桩模型参数

桩基	本构模型	深度	桩径	扩底直径	弹性模量	泊松比	密度
混凝土 C40 级	线弹性	0 ～ −9.2m	4.0m	5.6m	32.5GPa	0.15	2500kg/m³

（3）地基土体参数

考虑到实际工程中的土层分布情况，桩侧为泥质粉砂岩③层，桩端持力岩层为中风化砂岩④-2 层，持力层下还有泥质粉砂岩③层夹层，最底部是较厚的中风化砂岩④-2 层，如图 15-1 所示。岩土体均考虑其非线性，本构模型均采用 Mohr-Coulomb 模型，具体参数见表 15-2。

表 15-2 地基岩土模型参数

岩土层	层厚	弹性模量	泊松比	密度	内摩擦角	黏聚力	剪胀角
泥质粉砂岩③	0～−8m −15～−22m	1280MPa	0.15	2200kg/m^3	20°	450kPa	0.1°
中风化砂岩④-2	−8～−15m −22～−40m	1600MPa	0.20	2300kg/m^3	20°	500kPa	0.1°

15.2.2 边界条件和接触

考虑到模型边界离桩基较远，桩基加载影响范围有限，将模型的底部设置为固定边界，两侧边界分别固定 X 和 Y 水平方向位移，岩土体 Z 竖直方向不限制位移。

模型中设置扩底桩与桩侧、桩底岩土体接触。桩土接触面采用表面-表面接触，滑移公式采用小滑移，切向摩擦公式采用法函数，摩擦系数为 0.3，法向采用硬接触，允许接触后分离。

15.2.3 网格划分

地基土体和扩底桩网格划分如图 15-2 和图 15-3 所示。

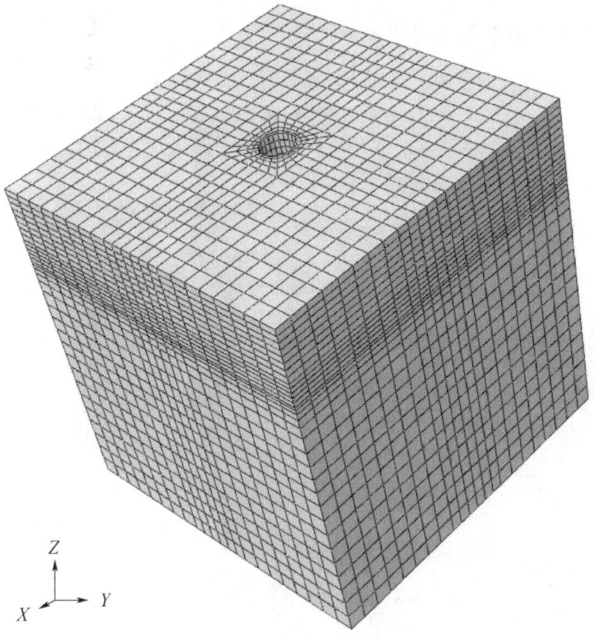

图 15-2 岩土体网格划分

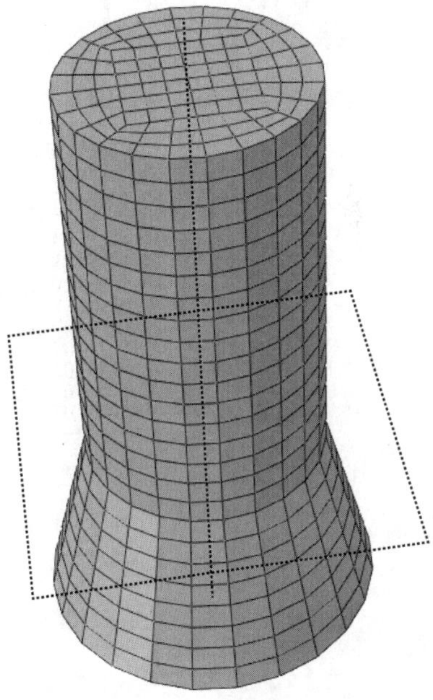

图 15-3 扩底桩网格划分

土体共划分为 20864 个单元，扩底桩划分为 2700 个单元，两者均采用 C3D8 八结点线性六面体单元进行结构划分，桩端与桩底接触部分岩土体网格加密。

15.2.4 分析步骤

在进行竖向荷载下扩底桩有限元计算前要考虑初始地应力的平衡。地应力平衡是使模型地基的应力状态与实际应力状态相符的过程。在地应力平衡中，重力是外力，应力场是内力，仅有外力重力，没有内力是不可能的，同样，仅有内力（专指初始应力场）而不受重力也是不可能的，否则，整个体系的力不会平衡。ABAQUS 中的初始地应力场平衡一般在表面水平的情况下仅仅和密度相关，密度一样的均质材料平衡的结果很好，别的参数改变之后经过计算，差别很小。

本模型中地表水平，考虑挖去桩孔土体再灌注桩基的施工过程。开始时对未挖空的原状地基土进行地应力平衡。在 ABAQUS 中采用设置预定义场的方法，进行初始地应力平衡，平衡效果如图 15-4 和图 15-5 所示。

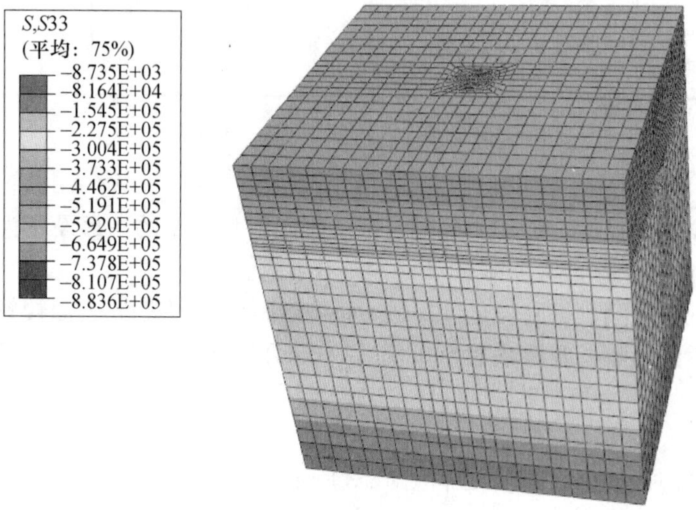

图 15-4　地应力平衡应力图

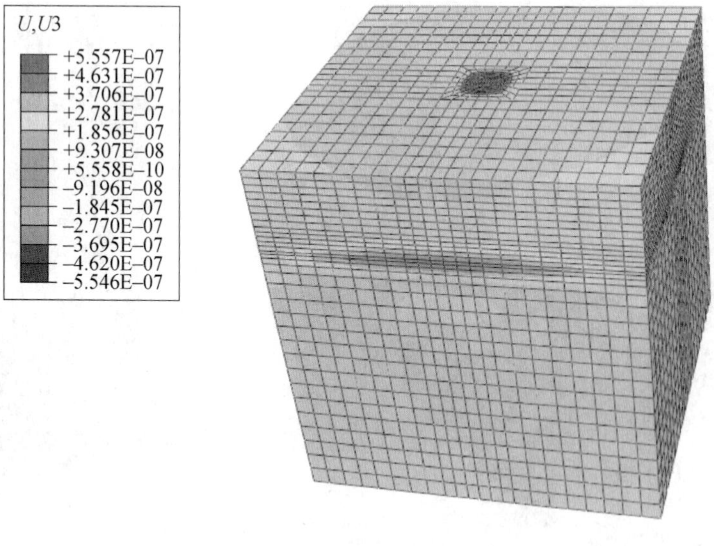

图 15-5　地应力平衡位移图

地应力平衡之后，在加载之前还应进行桩孔的固定，并利用生死单元控制，移除桩孔土体、激活扩底桩。在移除桩孔土体时，桩底会有轻微回弹，如图 15-6 所示，但是回弹量很小，可以忽略不计。而在桩单元激活时，如图 15-7 所示，在桩基自重的影响下，回弹岩土体又被压回。

桩基静载试验的加载分为 10 级荷载，每级在桩顶叠加 1.8×10^6Pa 的压力，相当于 22.62 MN 的桩顶压力，直至加载到 226.19MN 后停止，输出结果。

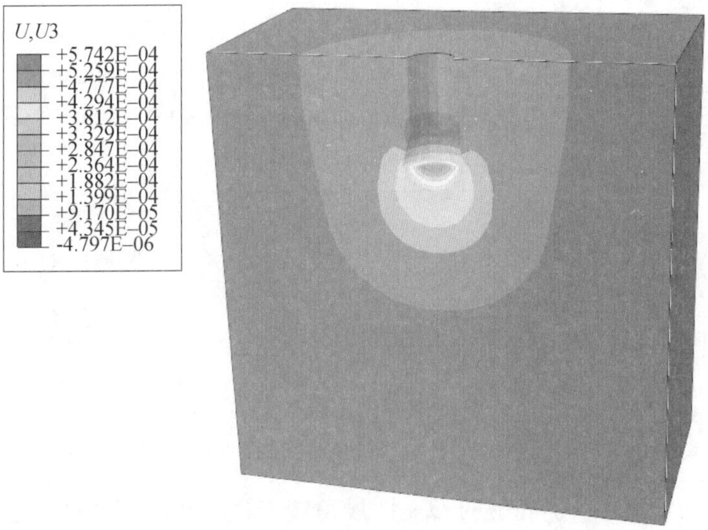

图 15-6　桩孔底部土体回弹位移云图

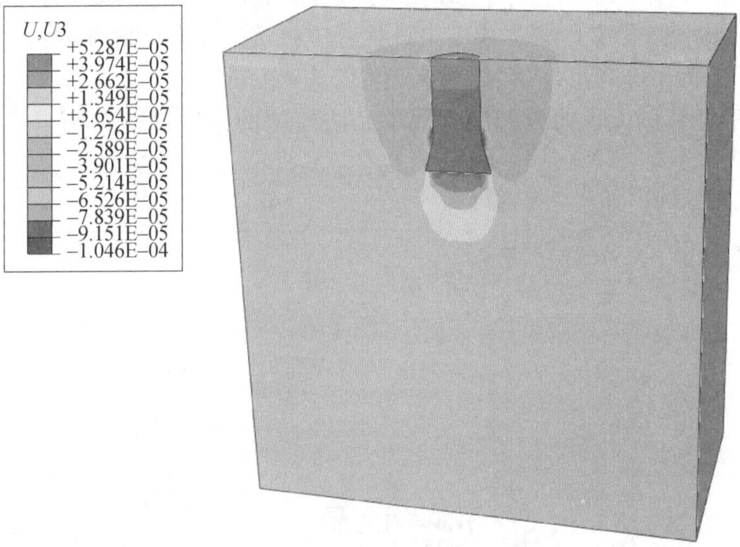

图 15-7　激活桩单元后位移云图

15.3　桩基静载荷试验数值模拟

15.3.1　扩底桩数值模拟与结果分析

桩的 Q-s 曲线，即桩顶（端）的荷载-沉降曲线，是桩受力和荷载传递特征的宏观反映，它反映了不同应力阶段桩土相互作用规律，包括桩侧阻端阻的发挥规律、桩的破坏模式等。研究桩在各级荷载作用下桩顶沉降便于揭示桩的受力机理。

根据超大直径扩底人工挖孔桩模型在各级荷载下的桩顶位移，作桩基静载荷试验的 Q-s 曲线，如图 15-8 所示。

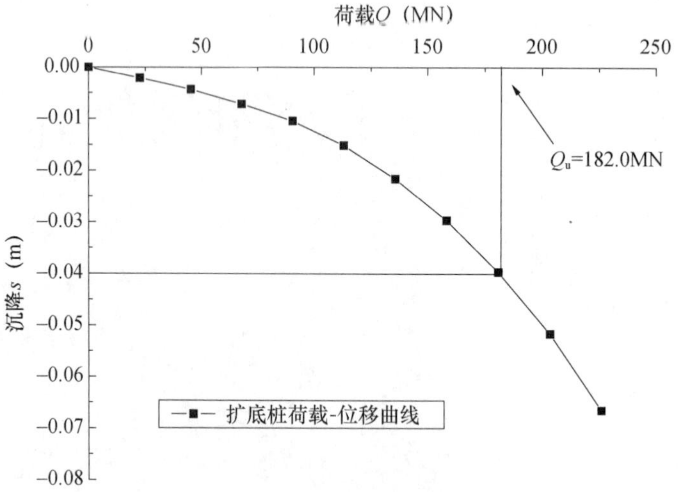

图 15-8　扩底桩荷载-位移曲线

从图 15-8 可以看出，大直径扩底桩的 Q-s 曲线呈缓变型，在前期加荷过程中曲线基本呈线性增长，当荷载水平较低时曲线较平缓，每级加载下桩顶沉降增量也不太大，随荷载的增大，沉降增量逐渐变大，但当荷载达到极限荷载后，桩顶沉降量有明显增大。大直径扩底桩荷载-沉降曲线较平滑，没有明显的特征点来确定极限承载力，宜用桩顶位移控制原则确定其极限承载力。取桩顶沉降 40mm 时对应的荷载作为其极限承载力 Q_u，则本模型中该扩底单桩沉降 40mm 时所对应的荷载为 182MN，所以该桩基的极限承载力为 182.0MN，承载力特征值 R_a 为 91.0MN。

将本文预测模型计算的 Q-s 曲线和用有限单元法模拟的结果进行对比，结果如图 15-9 所示。

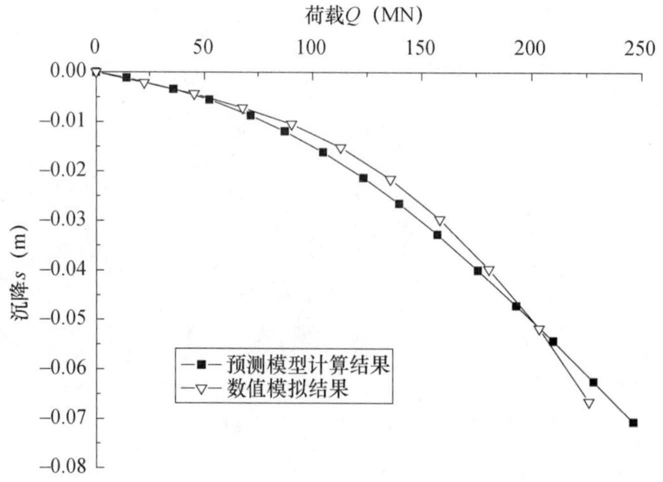

图 15-9　扩底桩模拟结果与预测模型对比

从图中可以看出，两条曲线吻合较好，相互印证了两种方法的可靠性。加载前期，预测模型的 Q-s 曲线和有限元计算结果基本重合，可以看出在低荷载水平下，两条曲线都基本呈线性增长，在中等荷载水平下，有限单元法计算的桩顶位移比预测模型稍小，究其原因，发现有限元计算的桩侧摩阻力发挥情况和预测模型的桩侧摩阻力发挥情况有所差别，并不是预测模型中标准的双曲线函数模型，而实际工程中摩阻力的发挥情况十分复杂，理论方法并不能很精准地模拟实际情况。在位移控制点 40mm 处，两条曲线的极限荷载相差不大，说明本文的预测模型能够较好地预测大直径扩底人工挖孔桩的极限承载力。

加载分为十级，每一级为 22.62MN，在低荷载水平下，桩土的位移云图和应力云图分别如图 15-

10 和图 15-11 所示。从图中可以看出，受大直径扩底桩的影响，岩土层的竖向位移影响范围以桩为中心，呈涟漪状向远处扩散，离桩越近影响程度越大，其中桩的沉降要大于桩周土，桩侧摩阻力因桩土相对位移而有所发挥。桩顶沉降比桩底沉降略大，桩身有所压缩。在桩底 5 倍左右桩径处，土体竖向位移已减小到约 0.17mm，桩对持力层的影响已经较小，可以忽略不计。扩底桩在变截面处出现了应力集中现象，桩端底部岩土体受大直径扩底桩挤压，应力高于周边岩土体。

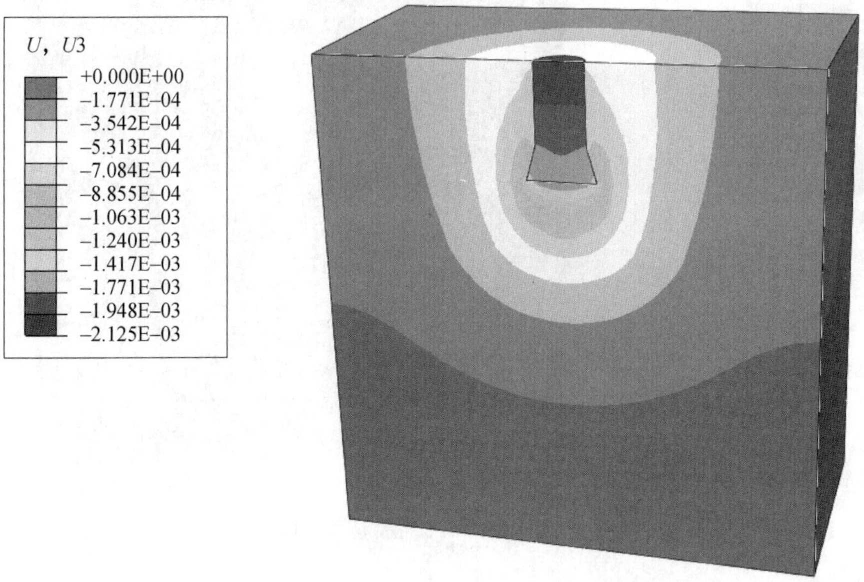

图 15-10　低荷载下桩土位移云图

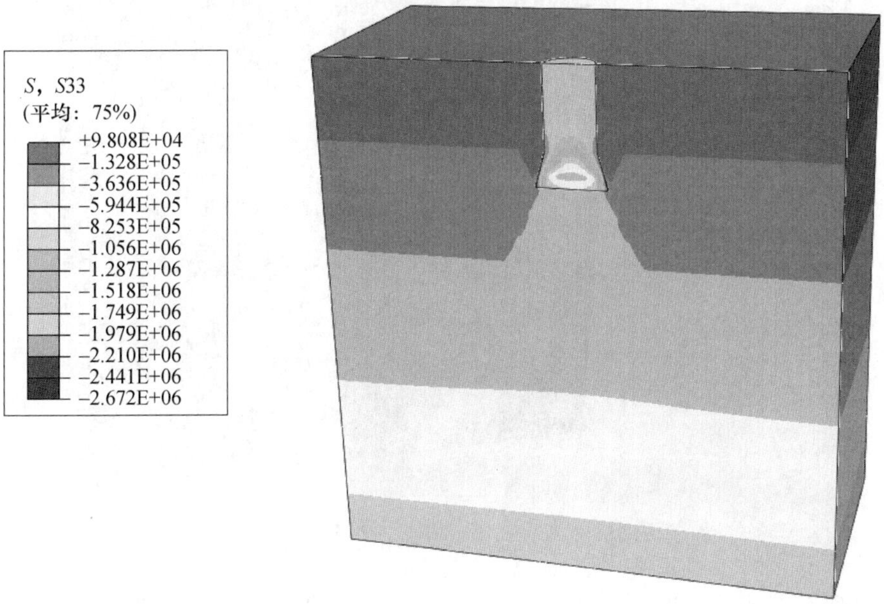

图 15-11　低荷载下桩土应力云

在高荷载水平下，即在第十级荷载 226.19MN 下，桩土的位移云图和应力云图分别如图 15-12 和图 15-13 所示。从图中可以看出，受大直径扩底桩的影响，岩土层的竖向位移影响范围依然以桩为中心，呈涟漪状向远处扩散，桩周土竖向位移影响范围在高荷载时比低荷载时大。桩土相对位移增大，桩侧摩阻力的发挥较低荷载时大很多，桩侧摩阻力甚至因桩土相对位移过大而达到极限值，增长缓慢。桩身压缩量因桩顶荷载变大而变大。桩底土压缩量变大，扩底桩位移影响深度增加。扩底桩上半部分应力较大，而下半部分由于扩底桩径增大、桩侧摩阻力分担等原因应力相对降低，桩端底部岩土体在受到大直径扩底桩高荷载挤压下，应力明显高于周边岩土体。

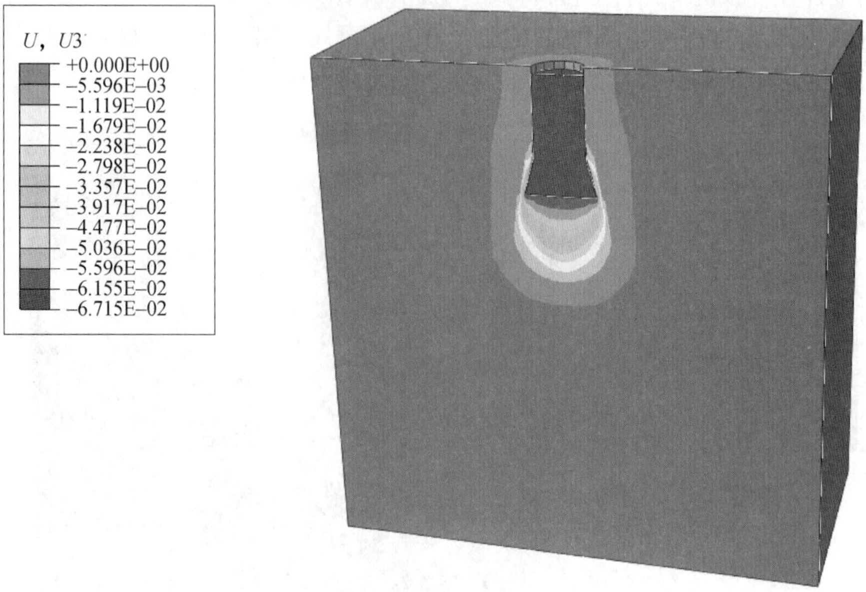

图 15-12　高荷载下桩土位移云图

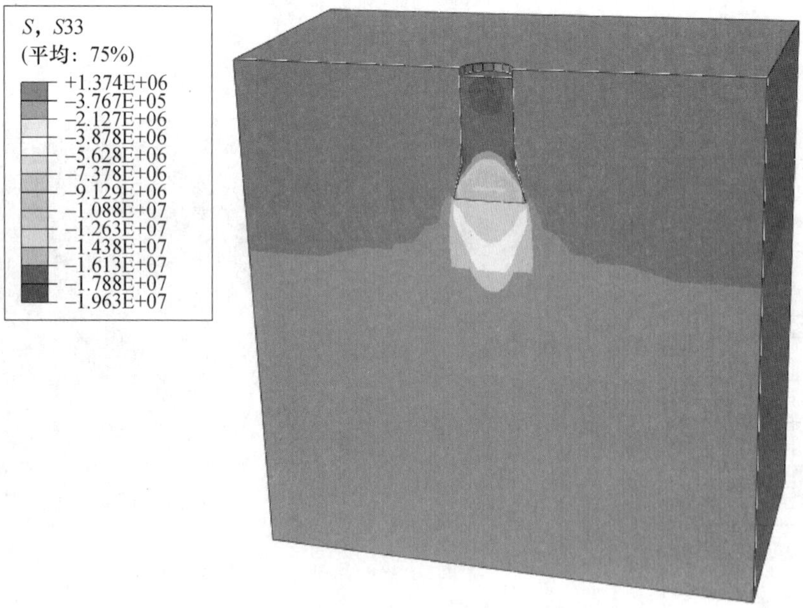

图 15-13　高荷载下桩土应力云图

图 15-14 为各级荷载下，桩身轴力示意图，0～－6.4m 为等直段，其下为扩底段。由图可知，随着桩顶荷载的增加，桩身轴力也逐级增大。桩顶轴力和桩端轴力变化很小，说明该类大直径桩是以端承力为主的摩擦端承桩，摩阻力的发挥不足总承载力的 10%。

桩侧摩阻力的发挥与上部荷载水平、土层性质、桩土相对位移以及桩的几何参数（长度、直径和刚度）等密切相关。随着荷载的增加，桩侧摩阻力逐步发挥出来，且上部土层的摩阻力先于下部发挥作用，其发挥是一个异步的过程，如图 15-15 所示。

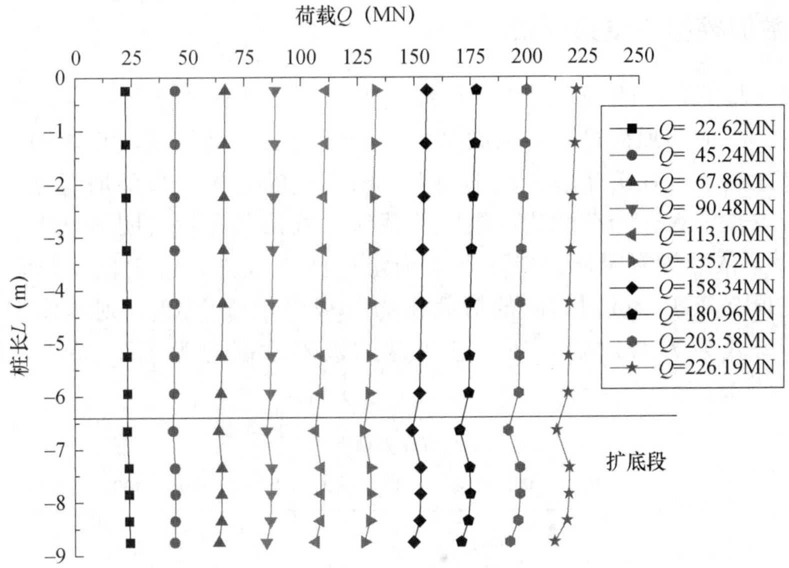

图 15-14　各级荷载下桩身轴力

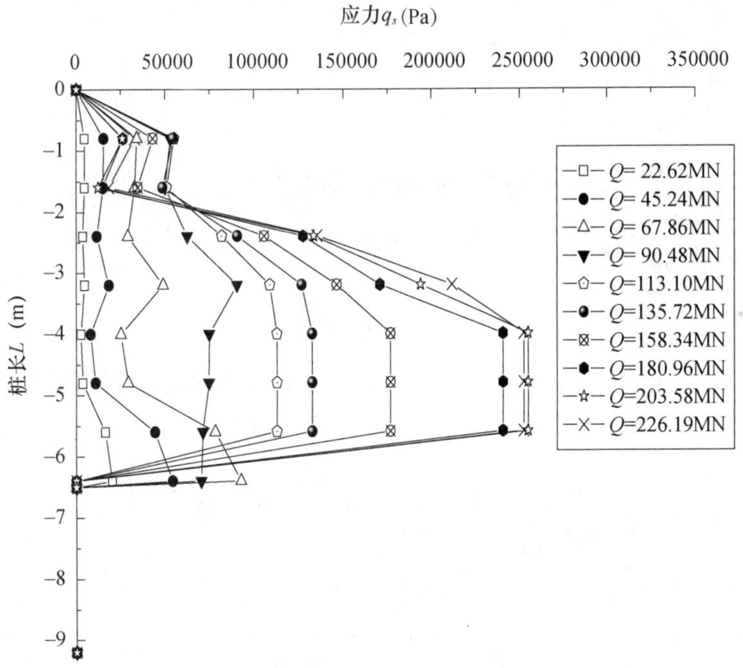

图 15-15　各级荷载下桩侧摩阻力

等直段的摩阻力大体随着荷载等级的增加而增加，在低荷载水平时摩阻力发挥很小，基本随着深度的增加而增加，这是由于桩周土越深其自重应力越大，桩受到土的压力越大，摩阻力也越大。在高荷载水平下，桩土相对位移变大，桩侧摩阻力变大，但是由于桩侧极限摩阻力存在极限值，达到极值后桩侧摩阻力增长不明显，甚至出现减弱的现象，如从图中−5m 处桩侧摩阻力可知，在第十级荷载下桩侧摩阻力比第九级荷载低。而扩底段摩阻力为零，说明扩底段上方存在一临空面（由于土拱的作用和土的凝聚力而不致塌落），扩底段底面外侧有伞形拉裂缝，存在一个拉应力区，当荷载加大时，基底土被进一步压密，桩下沉变形越大，临空面裂缝也越大。从图中注意到，在低荷载水平下扩底段上部摩阻力不为零，说明此部分桩土还有接触，而在高荷载水平下扩底段上方摩阻力已经为零，说明桩土已经分离，也验证了扩底段上方的临空面随着荷载的增加而逐渐向上发展。

15.3.2 等直桩数值模拟与结果分析

大直径等直桩（非扩底）的 Q-s 曲线也呈缓变型，如图 15-16 所示，由图中可知，其曲线明显比扩底桩陡许多。在前期加荷过程中曲线基本呈线性增长，增长量较小，即当荷载水平较低时曲线较平缓，每级加载下桩顶沉降增量也不太大，随荷载的增大，沉降增量逐渐变大，在高荷载水平下桩顶沉降量增长较大，当荷载达到极限荷载后，桩顶沉降量有明显增大。大直径等直桩荷载-沉降曲线较平滑，依然没有明显的特征点来确定极限承载力，宜用桩顶位移控制原则确定其极限承载力。取桩顶沉降 40mm 时对应的荷载作为其极限承载力 Q_u，则本模型中该等直桩沉降 40mm 时所对应的荷载为 121.2MN，所以该桩基的极限承载力为 121.2MN，承载力特征值 R_a 为 60.6MN。

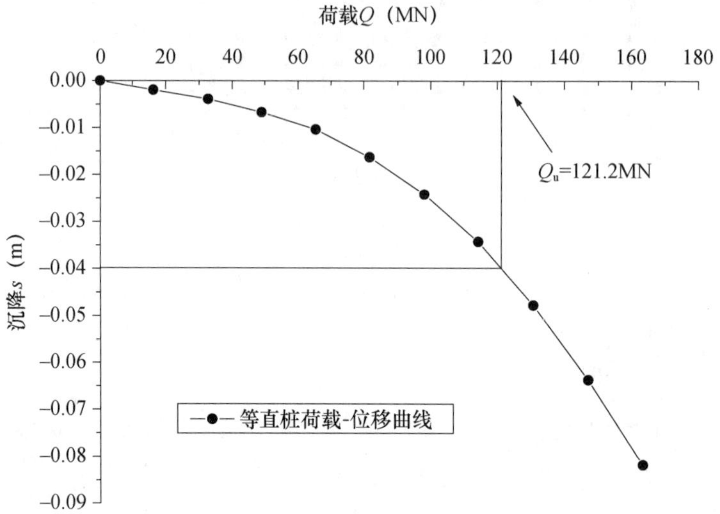

图 15-16 等直桩荷载-沉降曲线

将本文预测模型计算的等直桩 Q-s 曲线和用有限单元法模拟的结果进行对比，结果如图 15-17 所示。两条曲线吻合较好，说明本文预测模型对非扩底桩依然适用。

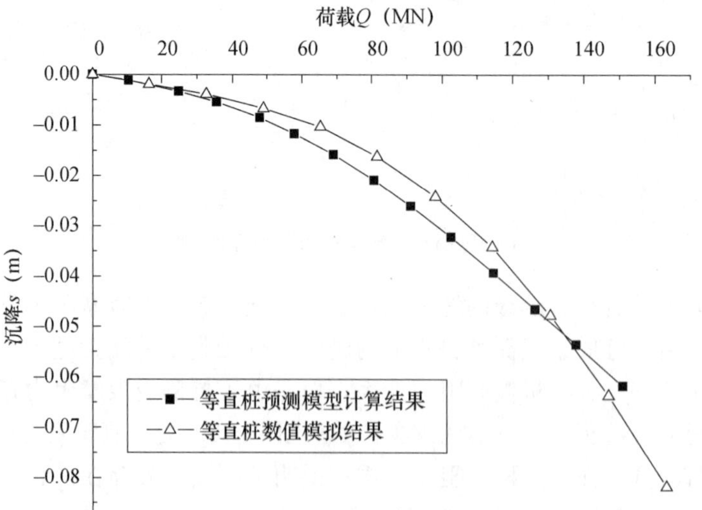

图 15-17 等直桩模拟结果与预测模型对比

加载前期，本文预测模型的 Q-s 曲线和有限元计算结果基本重合，可以看出在低荷载水平下，两条曲线都基本呈线性增长，在中等荷载水平下，有限单元法计算的桩顶位移与扩底桩情况相似，比预测模型稍小，在位移控制点 40mm 处，两条曲线的极限荷载相差不大，说明本文的预测模型不仅能够较好地预测扩底桩的荷载-沉降性状，也能用于大直径等直桩的预测。

15.4　超大直径人工挖孔桩承载力影响因素

15.4.1　扩底的影响

对比大直径扩底桩和大直径等直桩的有限元分析结果，由图 15-18 可知，扩底桩的 Q-s 曲线比等直桩平缓许多，说明扩底对于增大单桩的极限承载力是有一定作用的，在不耗费太多材料的情况下，扩底能显著增大桩基承载能力。

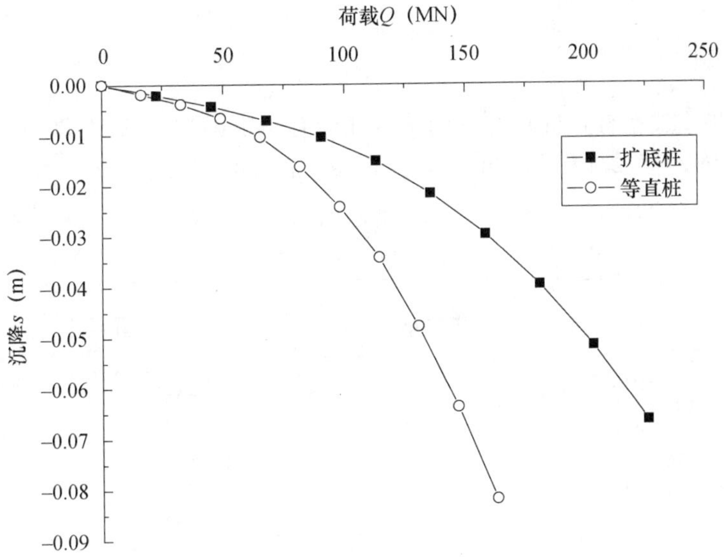

图 15-18　扩底与非扩底桩 Q-s 曲线对比

将本文预测模型计算的荷载-沉降曲线和利用数值模拟得到的荷载-沉降曲线置于同一图中对比（图 15-19）。从 Q-s 曲线可看出，前期加荷过程中，4 条曲线基本都呈线性增长，但是等直径桩与扩底桩的增长速率是不同的，同等沉降量条件下，扩底桩承载力明显高于等直桩，扩底试桩的极限荷载也远大于等直桩的极限荷载。

运用位移控制原则来确定桩基的极限承载力，取 40mm 沉降对应的荷载为其各自的极限承载力 Q_u。由数值模型计算得到扩底桩的 $Q_{u1}=182.0$MN，预测模型计算得到扩底桩的 $Q_{u2}=176.6$MN；由数值模型计算得到的等直桩的 $Q_{u3}=121.2$MN，预测模型计算得到的等直桩的 $Q_{u4}=115.6$MN。有限元计算的扩底桩、等直桩的极限摩阻力分别比预测模型计算结果大 5.4MN、5.6MN，误差分别为 3.1%、4.8%。

有限元法计算得出扩底桩的极限承载力比等直桩高 60.8MN，承载力提高了 50.2%，而用本文预测模型计算得出扩底桩的极限承载力比等直桩高 61MN，承载力提高了 52.8%。

由此可见，扩底桩的承载能力比等直径桩的承载能力高，即灌注桩在桩端扩底后，其承载能力得到极大提高，当使用大直径人工挖孔桩作为地基时，应当使用扩底桩提升其承载性能。

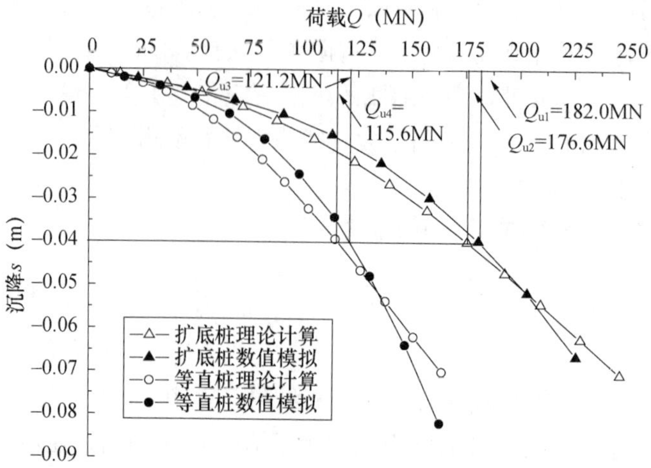

图 15-19 两种方法计算的扩底桩与等直桩荷载-沉降曲线对比

15.4.2 桩长的影响

桩长是桩基的一项重要指标，桩长对桩的承载性能有一定影响，图 15-20 为在其他条件不变，桩长分别为 9.2m、13.2m、17.2m 和 21.2m 时，大直径扩底桩的 Q-s 曲线。

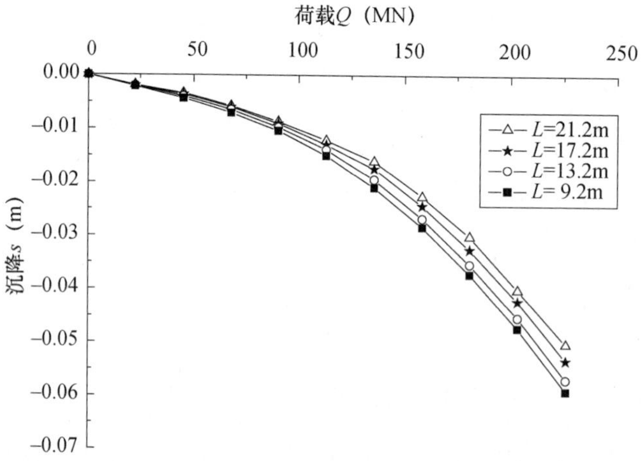

图 15-20 不同桩长时的荷载-沉降曲线

由图可以看出，不同桩长时单桩的 Q-s 曲线均为缓变型，都存在直线段和曲线段，不同桩长的荷载-沉降曲线变化不明显，不同桩长的桩对应的极限荷载都在 170～190MN 之间。随着桩长的增加，同一荷载作用下的桩的沉降逐渐减小，同时桩的极限荷载略微增大，这说明桩的承载能力随着桩长的增加而稍有增加。随着桩长的增加，桩侧摩阻力分担的荷载也相应增加，但是大直径扩底桩的承载力主要由端承力提供，所以增加此类桩的桩长收益并不明显。桩长对大直径扩底人工挖孔桩的承载性能提高的作用较小，一定条件下，桩长与承载能力间存在一最佳值，超过该最佳值后，再继续增大桩径，经济性将不佳。

15.4.3 桩径的影响

桩径对桩基的承载性能影响较大，也是桩基的一项重要指标，图 15-21 为在其他条件不变，桩径分别为 4.8m、4.0m、3.2m 和 2.4m 时，大直径扩底桩的 Q-s 曲线。

由图 15-21 可以看出，不同桩径时单桩的 Q-s 曲线均存在直线段和曲线段，且曲线变化较明显，随着桩径的增加，桩的极限荷载逐渐增大，且同一荷载作用下，相应的沉降值逐渐减小，这说明桩的承载能力随着桩径的增加而增加。不同桩径下的曲线变化明显，随着桩径的增加，同一荷载作用下的桩的沉降显著减小，同时极限荷载增大，不同桩径的桩对应的极限荷载范围为 110～240MN。对于大直径扩底人工挖孔桩来说，其桩端承载力为其主要承载力，所以增大桩径能显著提高桩的极限承载力，但是在实际工程中，同样需要考虑到经济性和适用性条件。

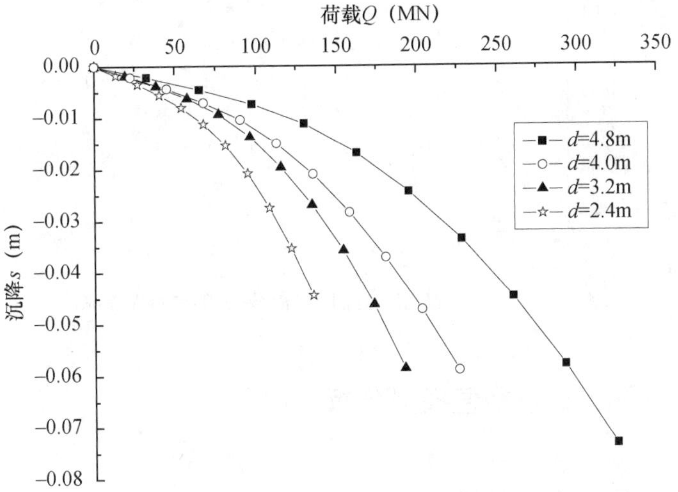

图 15-21 不同桩径时的荷载-沉降曲线

15.4.4 持力层的影响

对于大直径扩底人工挖孔桩来说，其承载特性为摩擦端承桩，从而桩端持力岩层的物理性质尤为重要。在其他条件不变的情况下，仅改变桩端岩层的黏聚力 c，分别为 400kPa、500kPa 和 600kPa 时，桩的荷载-沉降性状如图 15-22 所示。在其他条件不变的情况下，仅改变桩端岩层的内摩擦角 φ，分别为 15°、20°和 25°时，桩的荷载-沉降性状如图 15-23 所示。

从图 15-22 和图 15-23 可以看出，随着持力层黏聚力的增大，扩底桩的极限承载力增大，相同荷载下桩顶的沉降越小。而随着持力层内摩擦角的增大，扩底桩的极限承载力同样增大，曲线变得平缓，相同荷载下桩顶的位移也越小。

以上规律表明，当持力层的承载能力由弱到强，桩端阻力所占桩顶极限荷载的比例也由低到高，这与蒋建平的试验研究成果一致。

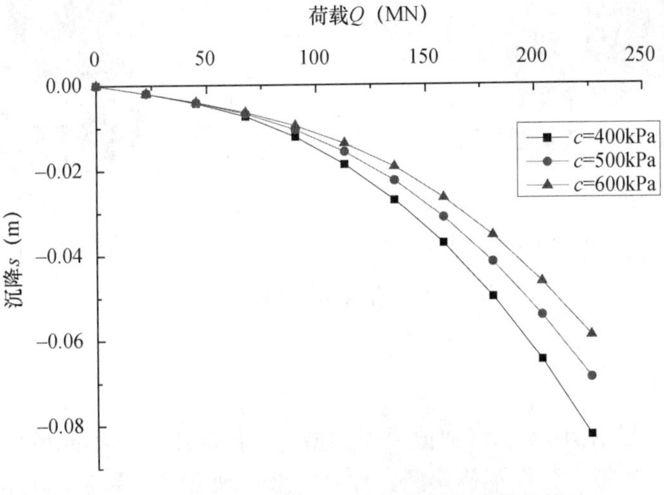

图 15-22 持力岩层黏聚力对荷载-沉降曲线的影响

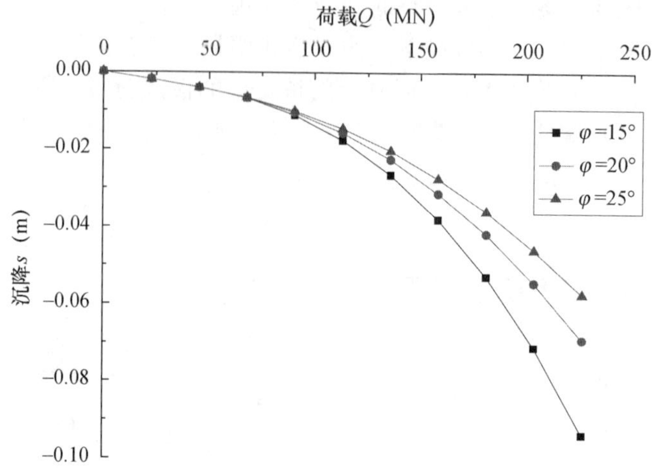

图 15-23 持力岩层内摩擦角对荷载-沉降曲线的影响

15.5 超大直径人工挖孔桩护壁数值模拟分析

15.5.1 模型网格划分与边界条件设置

应用 MIADAS/GTS 软件进行有限元分析，计算模型区域为 50m×50m×40m（长×宽×高），在有限元网格划分时运用定义线性梯度（长度）的方法，使得超大直径桩周围网格相对密集，网格宽度 0.3m，边界处网格相对稀疏，网格宽度 5m，如图 15-24 所示。四周设置位移边界条件，模型上表面为自由面、左右两侧约束其法向位移，底部约束其竖向位移。

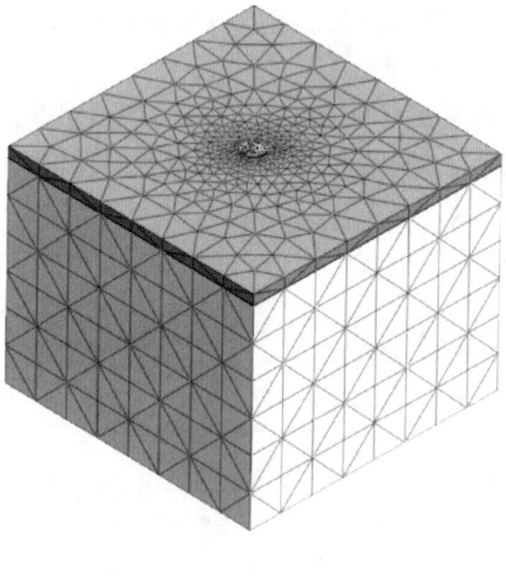

(a) 整体模型网格划分

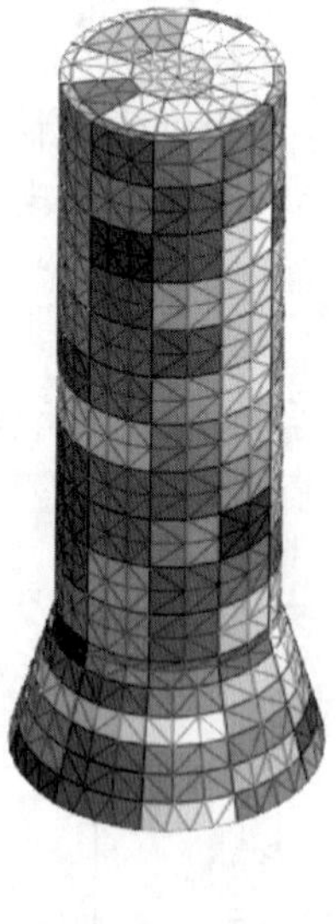

(b) 超大直径桩网格划分

图 15-24 有限元模型网格划分

15.5.2 模型材料参数

建立地层-护壁-基桩共同作用的三维数值模拟模型。土体应用实体单元模拟，摩尔-库仑本构模型；桩基、护壁应用实体单元模拟，弹性本构模型。计算模型物理力学计算参数见表 15-3。

表 15-3　计算模型物理力学参数表

模型类别	本构模型	厚度（m）	弹性模量（MPa）	泊松比	重度（kN/m³）	黏聚力（kN/m²）	内摩擦角（°）
泥质粉砂岩①	摩尔-库仑	14.7	70	0.28	22	90	15
中风化砂岩②	摩尔-库仑	—	85	0.26	23.0	100	20
基桩	弹性	—	30000	0.2	25.0	—	—
护壁	弹性	—	25000	0.2	25.0	—	—

15.5.3　接触界面设置

为考虑桩土之间接触部位对超大直径桩力学性能的影响，在桩土之间设置接触单元。通过设置桩-土模量比、接触面最终剪力、桩端承载力、桩端弹簧刚度、切向模量、法向模量等参数，模拟桩土之间的挤压和摩擦。在计算分析过程中，桩土之间可以发生相互错动，但不能穿透对方。

15.5.4　桩体护壁位移分析

超大直径桩采用多导坑法施工完成后，桩体护壁位移及桩顶护壁位移时程曲线如图 15-25 所示。分析图 15-25 可知，超大直径桩桩孔开挖完成后，桩体护壁在 0～12m 埋深范围内呈下沉趋势，

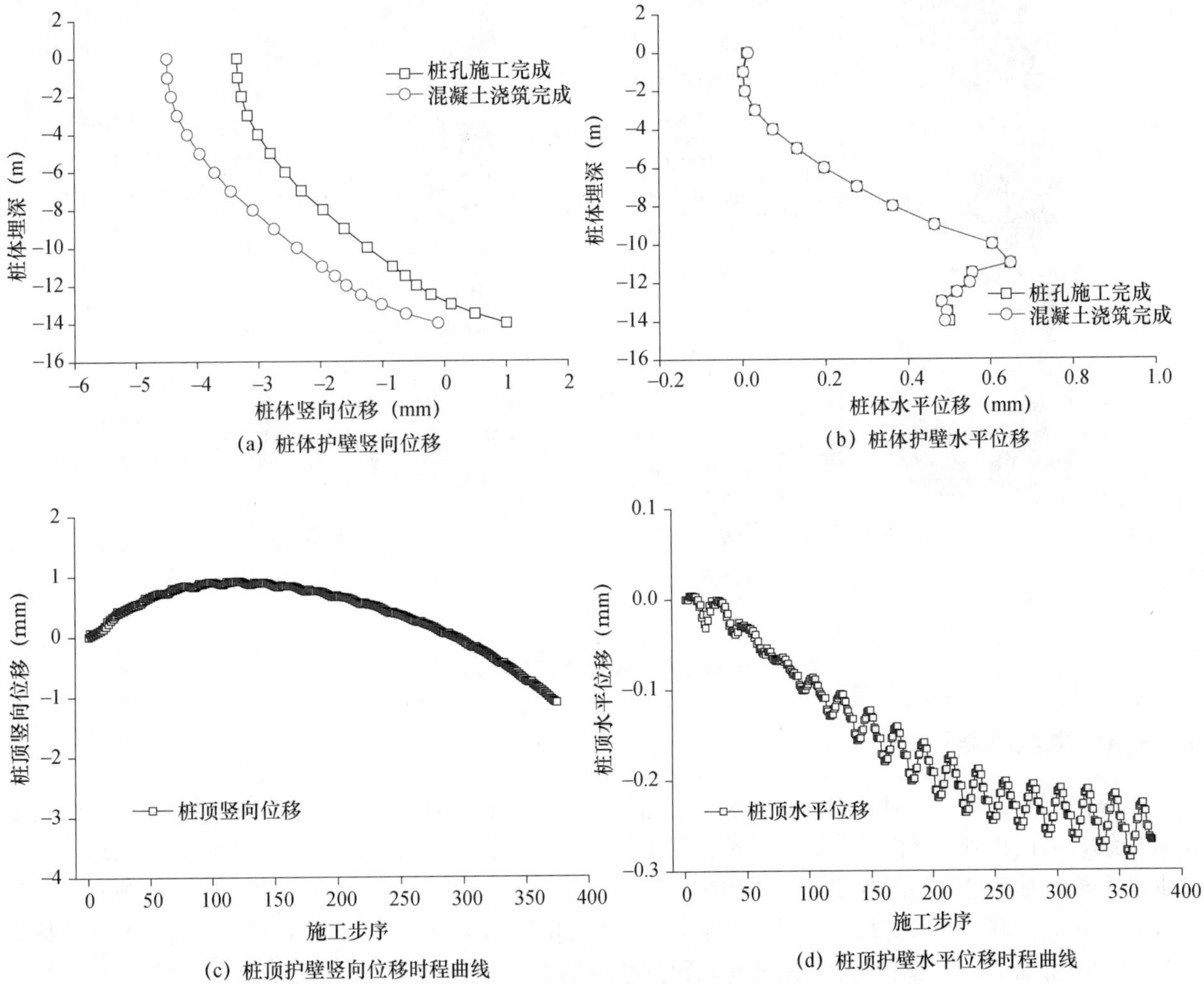

图 15-25　桩体护壁位移曲线

12～14m埋深范围内呈上浮趋势；混凝土浇筑完成后，桩体护壁呈下沉趋势。桩体护壁最大水平位移出现在超大直径桩变截面处，变截面以上，随着桩体埋深的增加，桩体护壁水平位移逐步增加；变截面以下，随着埋深的增加，桩体护壁水平位移逐步减小，混凝土浇筑对桩体护壁水平位移基本无影响。桩顶护壁竖向位移随着多导坑法施工的进行呈现先上浮后下沉趋势，在多导坑法施工初期阶段，受卸荷回弹影响，桩顶护壁竖向位移稍有上浮，随着开挖深度的增加，桩顶护壁竖向位移逐步下沉，在混凝土浇筑阶段，桩顶护壁下沉迅速增加，增加至最大值 3.4mm。桩顶护壁水平位移随着多导坑法施工的进行逐步增加，在混凝土浇筑阶段，桩顶护壁水平位移保持稳定。基坑护壁水平位移及竖向位移较小，超大直径桩采用多导坑法施工可有效保证工程安全。

15.5.5 桩体护壁应力分析

多导坑法施工完成后，桩体护壁主应力分布云图如图 15-26 所示。分析图 15-26 可知，桩体护壁最大主应力以拉应力为主，最大拉应力出现在桩体变截面处，为 1.44MPa。桩体护壁最小主应力以压应力为主，最大压应力出现在桩体变截面处，为 0.954MPa。主应力均小于混凝土抗压（抗拉）强度设计值，在人工挖孔桩多导坑法施工过程中，可保证施工安全，但对桩体护壁变截面处的较大应力需加以重视。

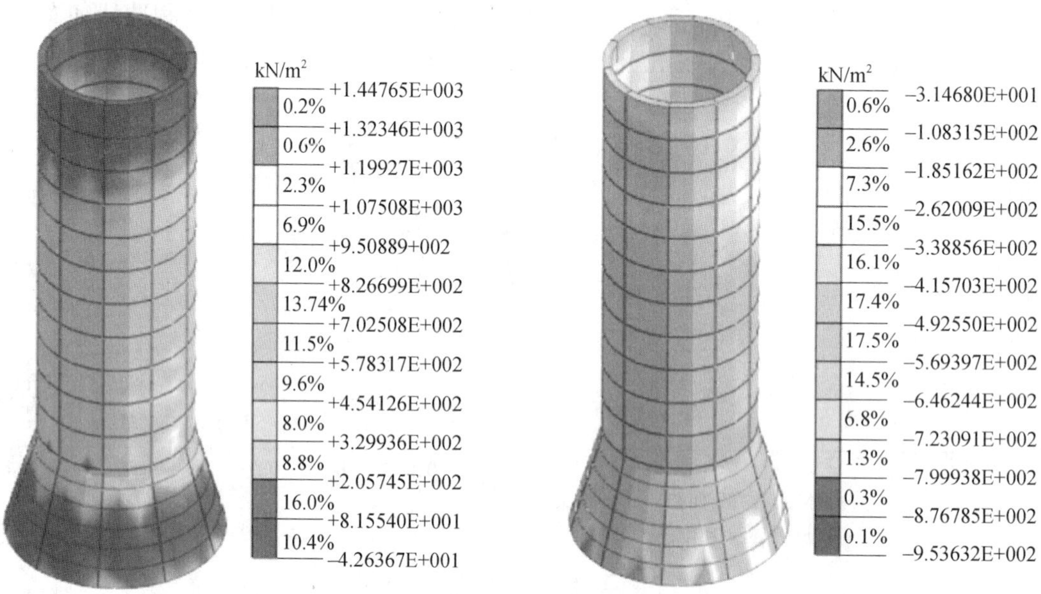

(a) 桩体护壁最大主应力　　(b) 桩体护壁最小主应力

图 15-26　桩体护壁主应力分布云图

15.5.6 本章小结

本章采用有限单元法对大直径扩底人工挖孔桩进行数值模拟分析，得到了大直径扩底单桩的荷载-沉降曲线，从而预测其极限承载力，并对相同条件下的非扩底桩进行了模拟，得到了等直桩的荷载-沉降曲线。根据数值计算结果分析了扩底与非扩底情况下桩的承载性状，验证了本文提出的预测模型的可靠性。在此基础上对大直径人工挖孔桩承载力的影响因素进行研究，分析了不同桩长、桩径、持力岩层参数的情况下，桩基承载性能的变化，得到结论如下：

（1）由本章数值模拟的结果可知，本工程中大直径扩底桩基的极限承载力 Q_u 为 182.0MN，承载力特征值 R_a 为 91.0MN，非扩底桩基的极限承载力 Q_u 为 121.2MN，承载力特征值 R_a 为 60.6MN。

扩底比非扩底极限承载力提高了 50.2%。

（2）用本章数值模拟的方法得到的 Q-s 曲线和本文提出的预测模型计算得到的 Q-s 曲线吻合较好，两者误差在 5%以内，相互印证了两者的可行性。本文预测模型不仅可以用于大直径扩底单桩的极限承载力预测，还可以用于大直径等直桩的极限承载力预测。

（3）扩底桩的承载能力比等直径桩的承载能力高，即灌注桩在桩端扩底后，其承载能力得到极大提高，在工程中，经济情况允许的情况下应当使用扩底桩以提高人工挖孔桩的极限承载力。

（4）桩长的增加对大直径桩的承载力提高效果不明显，而桩径能大大影响大直径桩基的承载力，随着桩径的增大，单桩的极限承载力提高。

（5）随着持力层黏聚力的增大、内摩擦角的增大，扩底桩的极限承载力增大，即当持力层的承载能力由弱到强，桩基的承载能力逐渐提高。

第 16 章　大直径人工挖孔桩施工质量控制

16.1　前言

在我国社会经济的快速发展、生产力的提高，以及人口增长和人口集中问题的影响下，我国的房屋建筑行业迎来了新的机遇与新的挑战。无论是建筑用地的紧张还是建筑成本的约束，都把解决问题的目光集中到了高层、超高层建筑上。由于高层、超高层建筑不仅仅需要考虑竖向荷载，还要考虑水平荷载带来的影响，相应地，由上部结构传递下来的复杂荷载对桩基的要求更高，传统工艺的机械挖孔灌注桩受到极限承载力和施工条件的制约，已经满足不了承载力的要求，超深基坑人工挖孔桩凭着其各方面优势，自然而然地成为房屋建筑行业的新宠儿。高层建筑已经越来越普遍，由于高层建筑高度大，从结构设计角度考虑其基础必须有一定的埋深，因此施工难度大。高层建筑的基础通常采用筏形基础、箱形基础及桩基等，尤以桩基（或桩基加箱基）为多。高层建筑一般情况设有地下室，所以妥善解决高层建筑基础大体积混凝土施工温度缝的问题是高层建筑施工的关键环节。近年来随着城市化的快速发展，各城市的地上、地下交通网络也日趋完善，特别是地铁轨道线，它在城市的地下发展迅速，纵横交错，不断向四周区域延伸，构成了快捷、便利的交通网络线，但同时也提高了在地铁口上建造高层建筑时地基与基础设计的复杂性。

近 10 年来，检测领域取得了长足的发展，检测技术更加趋于成熟和先进，有关桩基工程检测的标准、规范相继发布、施行，使桩基检测工作进一步规范化，对保证工程质量起到了很好的作用。但是在这么多的检测方法和技术标准面前，对于实际工程中要应用哪种桩基检测理论和方法来进行最贴近最合理的评价工程的施工质量有待于我们进一步探讨和总结，这对于提高桩基检测工作的质量和检测结果评定的可靠性以及对确定整个桩基工程的质量与安全有重要意义。目前我国从事桩基工程检测的单位有 700 家以上，从事桩基检测仪器制造的单位有十余家，动测仪器的软件、硬件水平已经接近或达到国际先进水平。诚然，我们在先进检测技术上的创新和开拓需进一步加强和提升。

我国沿海地区因为其复杂的地质条件限制（主要是软土层以及风华严重的岩层）使得许多较小的桩的承载力有限，不能满足上部结构要求，超深基坑长桩直接直达深处承载力稳定的持力层，很好地解决了以上问题，其本身还有承载力大、稳定性好、沉降量较小且均匀的优点，成为沿海地区高层、超高层建筑的首要选择。而超深基坑长桩在施工时，机械受到场地、成本等各种条件的限制很难满足各方要求，人工挖孔成桩反而靠着其对场地要求小的优点，在成本和工期上领先机械挖孔成桩，成为各单位的首选。

超深基坑人工挖孔桩在各方面均有广泛的运用，其安全性也成为人们关注的重点，但是承载力过高，很难直接做桩的静荷载实验，也没有办法很直观地看出桩是否完整。因此有了很多对桩基承载力和完整性的检测方法，人们也在不断地改进检测方法，使结果更加精准，但是目前还没有一种方法能十分有效地、完整地检测桩基完整性。在建筑工程的施工过程中，往往会因为对桩基检测技术的认识不够正确、使用过程中方法不够恰当以及对桩基检测技术不够重视等原因，直接导致了桩基检测技术不具备可靠性，甚至会使房屋建筑工程埋下安全隐患、引发安全事故以及质量事故等。除此之外，桩基技术在施工的过程中还会受到或多或少的影响，比如说房屋建筑工程的隐蔽性比较高、房屋建筑的施工地形比较复杂以及在施工过程中机械的性能稳定度、施工工作人员的素质高低等，而这些都会直接影响到桩基检测技术的质量。

目前检测超深基坑人工挖孔桩比较常见的有单桩的静载模拟实验、声波透射法、低应变法、高应变法、钻心法。静载模拟实验方法简单，数据结果直观、准确，但是静载模拟实验也受到现场和桩基本身的限制，往往因为试验成本高或者场地条件不允许而被舍弃，对超深基坑人工挖孔桩来说，应用范围非常小，因此以下不讨论静载模拟实验。而高应变法与低应变法完全不同，用重锤冲击桩顶产生较大应变，实测桩顶部的速度和力时程曲线，波动理论分析单桩竖向抗压承载力和桩身完整性。尽管方法简单，但是对于数据处理极为困难，对分析人员研究水平要求极为苛刻，并且对桩具有破坏性。因此以下也不讨论高应变法。声波透射法、低应变法、钻心法三个方法比起其他方法有着天然的优势，并且各有所长，以下主要研究这三种方法在实际工程中的应用。

16.2　超大直径人工挖孔桩施工技术

16.2.1　人工挖孔桩设计参数

该工程核心筒区域采用人工挖孔灌注桩基础（ZH1～ZH4），人工挖孔灌注桩共计为 36 根，桩身混凝土强度为 C40 级，桩径为 2600～4000mm，桩长 3.6～14.1m 不等，最小桩身直径为 2.6m，扩底桩身直径 4.2m，最大桩身直径为 4.0m，扩底桩身直径 6.4m，最小承载力 55000kN，最大承载力 128000kN，各桩型参数见表 16-1。人工挖孔扩底桩钢筋图如图 16-1 所示。施工参数见表 16-2。

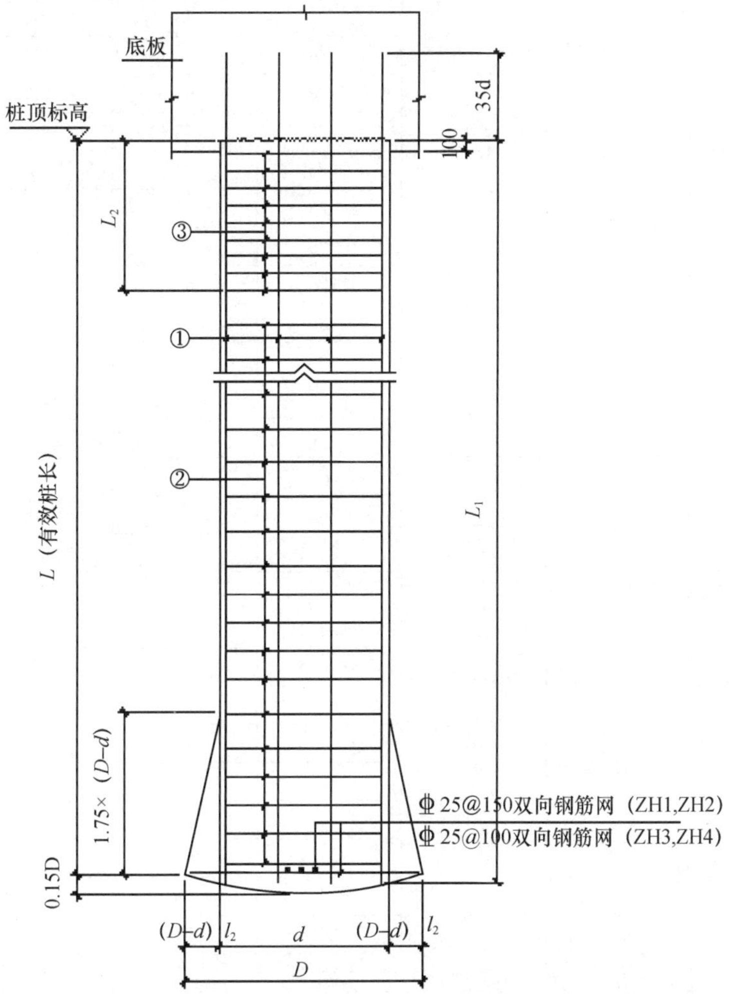

图 16-1　人工挖孔扩底桩钢筋图

表 16-1　基坑支护形式表

桩编号	桩身直径 d (mm)	扩底直径 D (mm)	桩数（根）	桩端持力层	竖向承载力特征值 (kN)
ZH1	2600	3600	4	中风化砂岩②层	55000
ZH2	3000	4200	16	中风化砂岩②层	72000
ZH3	3600	5200	4	中风化砂岩②层	108000
ZH4	4000	5600	12	中风化砂岩②层	128000

表 16-2　人工挖孔桩施工参数一览表

人工挖孔桩		桩身直径 (mm)	扩底直径 (mm)	桩顶标高 (m)	桩底绝对标高 (m)	桩底标高 (m)	有效桩长 (m)
截面	编号						
ZH1	1	2600	3600	−26	73	−29.6	3.6
	6			−26	69	−33.6	7.6
	31			−26	73	−29.6	3.6
	36			−26	69	−33.6	7.6
ZH2	2	3000	4200	−26	69	−33.6	7.6
	3			−26	69	−33.6	7.6
	4			−26	69	−33.6	7.6
	5			−26	66	−36.6	10.6
	7			−26	73	−29.6	3.6
	12			−26	73	−29.6	3.6
	13			−26	64	−38.6	12.6
	18			−26	73	−29.6	3.6
	19			−26	63	−39.6	13.6
	24			−26	71	−31.6	5.6
	25			−26	63	−39.6	13.6
	30			−26	69	−33.6	7.6
	32			−26	71	−31.6	5.6
	33			−26	67	−35.6	9.6
	34			−26	70	−32.6	6.6
	35			−26	69	−33.6	7.6
ZH3	15	3600	5200	−26.4	72	−30.6	4.2
	16			−26.4	72	−30.6	4.2
	21			−26.4	70	−32.6	6.2
	22			−26.4	72	−30.6	4.2
ZH4	8	4000	5600	−26.4	69	−33.6	7.2
	9			−26.4	71	−31.6	5.2
	10			−26.4	71	−31.6	5.2
	11			−26.4	71	−31.6	5.2
	14			−32.5	56	−46.6	14.1
	17			−26.4	72	−30.6	4.2
	20			−28	70	−32.6	4.6
	23			−32.5	65	−37.6	5.1
	26			−26.4	71	−31.6	5.2
	27			−26.4	71	−31.6	5.2
	28			−26.4	71	−31.6	5.2
	29			−26.4	66	−31.6	5.2

16.2.2　人工挖孔桩施工

超大直径桩采用人工挖孔工艺。挖孔桩内护壁，上厚 200mm，下厚 150mm，混凝土强度等级为 C40，其模板采用大块定型模板，护壁模板和支撑采用快速支拆挖孔桩内模板的施工方法。

超大直径人工挖孔桩每个孔采取两组人同时挖土，上配 2 台移动式卷扬机作为垂直运输机械，每天按 1m 进深速度下挖，扩大头处按每天 0.5m 速度下挖。土方开挖采用先中间后周边，扩底部分先挖桩身圆桩体，再挖扩底尺寸的施工方案。其详细施工流程如下：

（1）第一层导洞施工，施工顺序为开挖 1、支护 1、开挖 2、支护 2、……、开挖 11，支护 11，护壁 1 拆除。

（2）第二层至第十一层导洞施工，重复（2），每次开挖深度 1m，开挖至变截面处。

（3）第十二层导洞施工，施工顺序为开挖 1、支护 1、开挖 2、支护 2、……、开挖 11，支护 11，护壁 1 拆除，扩底部分施工。

（4）第十三层至第十七层导洞施工，重复（4），每次开挖深度 0.5m，开挖桩底。

（5）混凝土浇筑，混凝土每次浇筑 1m，混凝土浇筑共分 14 个施工步骤。

人工挖孔桩施工如图 16-2～图 16-7 所示。

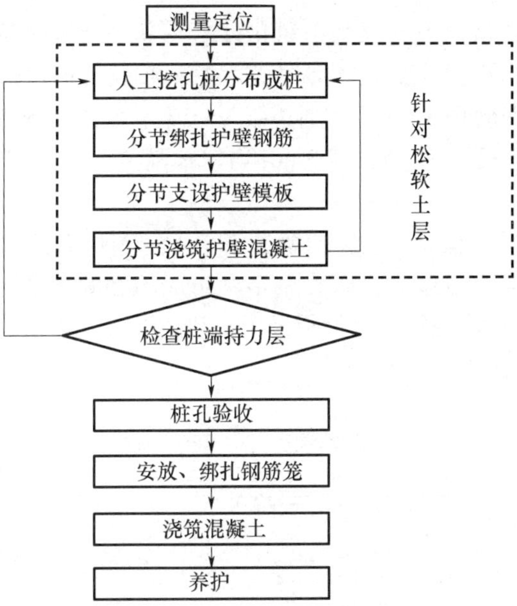

图 16-2　超大直径桩施工工艺流程

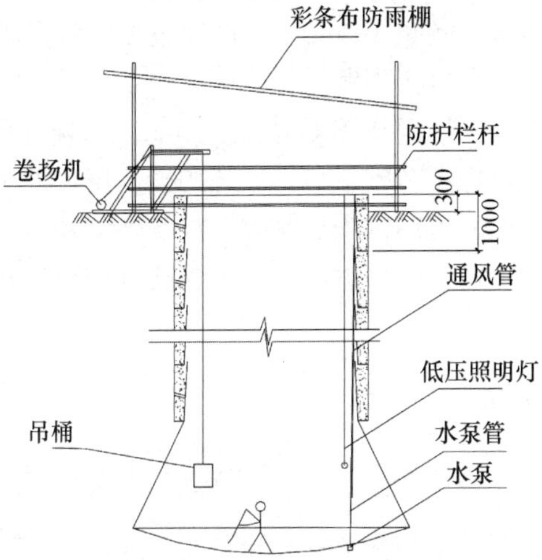

图 16-3　超大直径桩施工布置图

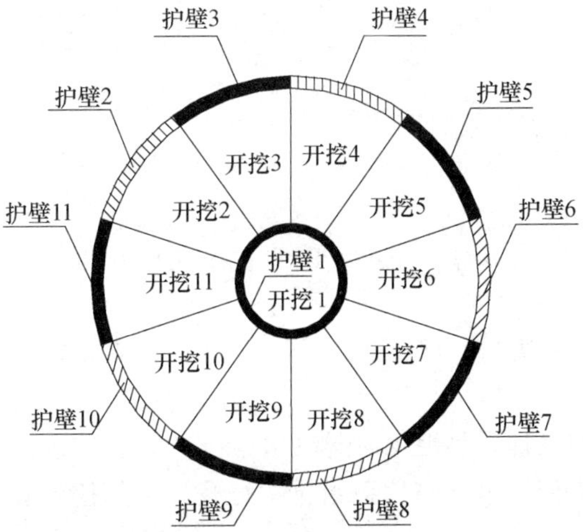

图 16-4　多导坑法施工过程示意

图 16-5　人工挖孔桩施工照片（一）

图 16-6 人工挖孔桩施工照片（二）

图 16-7 人工挖孔桩施工照片（三）

16.2.3 施工技术重点难点突破

（1）局部爆破施工

基于邻近工程基坑开挖及地勘报告的信息，在底板以下土层为中风化砂岩，其坚硬程度较高，需采取坑底局部爆破的方式进行施工，爆破方式宜采用小直径浅孔微差爆破，爆破布孔根据地形实际情况主要采用矩形布孔和梅花型布孔，工作面通常按掏槽眼 3～4 个，周边眼 7～13 个。其中掏槽眼按照锥形布置，倾角 10°～15°；周边眼多用垂直眼，距孔桩护壁 100～200mm 均匀布置。

（2）混凝土护臂

工程采用现浇钢筋混凝土护壁，混凝土强度等级不低于 C40。护壁施工采取一节组合式钢模板拼装而成，拆上节支下节，循环周转使用，模板用 U 形卡连接，上下设两半圆组成的钢圈顶紧，不另设支撑，混凝土用吊桶运输人工浇筑，上部留 100mm 高作浇筑口，拆模后用砌砖或混凝土堵塞，混凝土强度达 1MPa 即可拆模。人工挖孔桩护壁大样图如图 16-8 所示。

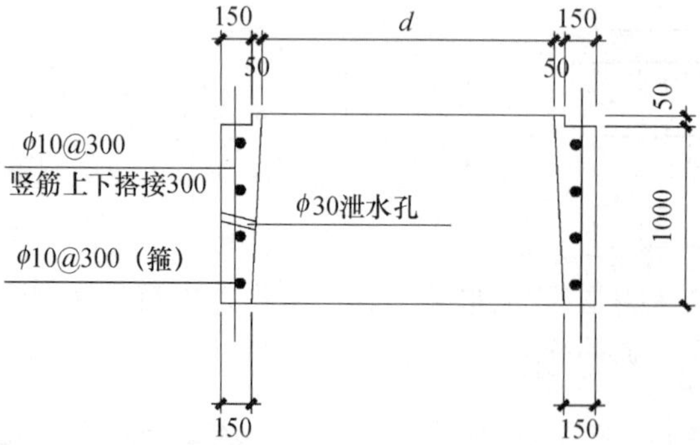

图 16-8 人工挖孔桩护壁大样图

（3）排水措施

南宁雨季持续时间长、降水量大、暴雨天数多，全年均有降雨可能，降水主要集中在每年 3 月至 7 月份，所以季节性施工以雨季施工措施为重点。

在挖孔的同时应严密监测地下水情况，制订专项降水措施，保证施工安全。如地下水丰富、渗水或涌水量较大时，可根据情况分别采取以下措施：

① 少量渗水时可在桩孔内挖小集水坑，随挖土随用吊桶，将泥水一起吊出。

② 大量渗水时，可在桩孔内先挖较深集水井，设小型潜水泵将地下水排出桩孔外，随挖土随加深集水井。

③ 涌水量很大时，如桩较密集，可将一桩超前开挖，使附近地下水汇集于此桩孔内，用 1～2 台潜水泵将地下水抽出，起到深井降水的作用，将附近桩孔地下水位降低。

④ 渗水量较大，井底地下水难以排干时，底部泥渣可用压缩空气清孔方法清孔。

桩孔内排水时，注意周围地下水位变化，否则由于土壤固结、地面下沉会给周围设施带来危害。

(4) 钢筋笼

工程钢筋笼如图 16-9 所示，截面尺寸较大并且长度较长，在主筋内侧每隔 2.5m 加设一道加强箍，每隔一箍在箍内设一加强支撑，与主筋焊接牢固组成骨架。为便于吊运，一般分两节制作，钢筋笼的主筋为通长钢筋，其接头采用机械连接，主筋与箍筋间隔点焊固定，控制平整度误差不大于 5cm，钢筋笼 4 侧主筋上每隔 5m 设置耳环，控制保护层为 5～7cm，钢筋笼外形尺寸比孔小 11～12cm。

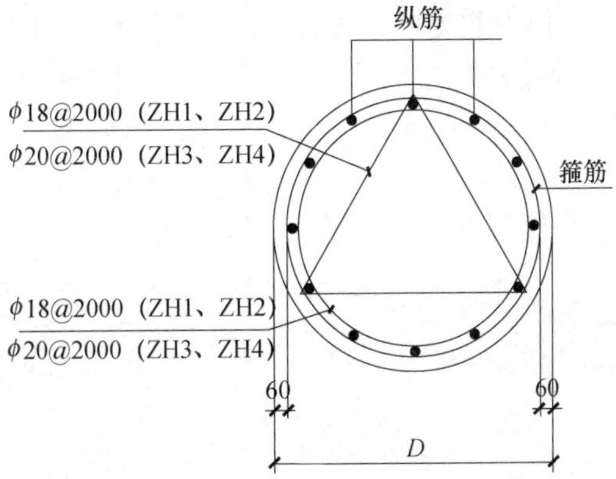

图 16-9　工程钢筋笼大样图

16.2.4　施工安全

(1) 遇到特殊情况的处理

当挖孔过程中遇流砂层时，一般可在井孔内设高 1～2m、厚 4mm 的钢套护筒，直径略小于混凝土护壁内径，利用混凝土支护作支点，用小型油压千斤顶将钢护筒逐渐压入土中，阻挡流砂，钢套筒可一个接一个下沉，压入一段，开挖一段桩孔，直至穿过流砂层 0.5～1.0m，再转入正常挖土和设混凝土支护。浇筑混凝土时，随浇混凝土随将钢护筒（上设吊环）吊出，也可不吊出。

(2) 通风处理

当孔深超过 10m 后，配小型送风机一台，每隔 20min 向井底送风一次，风量为 25L/s，每次 5min。每天下井作业前，必须用送风机进行送风，排除井内有害气体，并通过释放小动物方式检查井内确无有害气体后，方可下井作业。当挖桩深度超过 15m 时，每桩孔配备一套响铃，方便孔内外人员联络。

16.2.5　施工技术成果总结

工程桩基设计承载力超大，其标准值最小为 50000kN（试验荷载 10000t），最大达到 128000kN（试验荷载 25600t），成桩后无法进行常规静载试验。因此在成孔时采用基岩荷载试验检测其桩端承载力。成桩后采用钻芯法和声波透射法检测桩身完整性，检测结果表明，桩身混凝土芯连续完整，胶结良好，混凝土强度达到设计要求。

另外，由于桩截面巨大，单桩混凝土约 160m^3，已构成大体积混凝土且长期处于地下潮湿环境，应考虑混凝土抗渗性能及水化热产生的内外温差。应按照大体积混凝土考虑配合比及温度控制措施。

16.3 超深基坑人工挖孔桩质量控制

16.3.1 超大直径人工挖孔桩桩身检测

九洲国际工程由于单桩承载力非常大，检测单位没有采取常规的静载试验，而是采用间接的检测方法，即通过检测桩端持力层承载力、检测桩身完整性、检测桩身混凝土强度的方法来确认单桩承载力特征值符合设计要求。

桩身完整性的检测方法采用了两种：低应变法和声波透射法。《检测报告》显示，通过低应变法检测的 36 根桩中 35 根为Ⅰ类桩，1 根为Ⅱ类桩；通过声波透射法检测的 6 根桩全部为Ⅰ类桩。

通过钻芯法对桩身混凝土和桩底岩石进行了取样（图 16-10）。采用钻芯法检测的 2 根桩，桩身完整，芯样采取率 99.6%。对桩身 36 件混凝土试件的抗压强度试验的结果显示，桩身混凝土强度标准值达到 42MPa，超出了设计的 C40 混凝土的标准值，满足设计要求。对基岩芯样坚硬程度的判断为较软岩，岩体完整程度为较完整，岩体基本质量等级为Ⅳ级。

图 16-10 桩身取芯照片

对桩底基岩采取的载荷试验。压板面积为 $0.07m^2$，试验加载值预计为 $6000 \times 3 \times 0.07 = 1260kN$（3 为安全系数）。分 10 级加载，第一级荷载值为预估设计荷载的 1/5，以后每级为 1/10，共计 1386kN。试验结果显示，当最后一级加载完成以后，压板的下沉量为 17.6mm，中风化砂岩②层桩端阻特征值能够达到 6000kPa。

16.3.2 声波透射法

（1）超声波

人耳所能听到的声波的频率介于 20Hz～20kHz 之间。频率低于 20Hz 的声波称为次声波，频率高于 20kHz 的声波称为超声波

（2）波的类型

根据介质中质点的振动方向和波的传播方向的不同，可将波分为以下几种类别：

① 纵波

质点的振动方向与波的传播方向平行，我们将这种波称为纵波。纵波的传播和介质的体积弹性相关，是依靠介质时疏时密使介质的局部容积发生变化引起压强的变化而传播的。

② 横波

质点的振动方向与波的传播方向垂直的波称为横波。横波的传播和介质的剪切弹性相关，是依靠使介质产生剪切变形（局部形状变化）引起的剪应力变化而传播的。

③ 表面波

固体介质表面受到交替变化的表面张力作用，介质表面质点发生相应的纵向振动和横向振动，结果使质点做这两种振动的合成运动，围绕其平衡位置作椭圆运动，该质点的运动又波及相邻质点，而在介质表面传播，这种波称为表面波。

（3）声波声场

声波的介质所占据的空间称为声场。声压、声强、声阻抗率是描述声场特征的基本物理量。

① 声压

声场中某一点在某一瞬间所具有的压强与没有声场存在时同一点的静态压强之差称为声压。

② 声强

将垂直于声波传播方向上的单位面积、单位时间内通过的声能量（即在垂直于声传播方向单位面积上的平均能流）称为声强。

③ 声阻抗率

声学中，把介质中某点的声压与质点振动速度的比值 P/V 称为声阻抗率，用符号 Z 表示，$Z=PV$ 仅取决于介质的特性，又称为特性阻抗。

（4）声波在混凝土中传播的特点

混凝土是一种多相非均匀的复杂的多孔结构，其内部有许多不同声阻抗的声学界面，超声波在混凝土中的传播过程中会出现众多复杂的声学现象，比如反射、折射、散射、波形发生畸变或多种现象杂糅在一起。因此超声波在混凝土中的传播情况很复杂并有着自身的特点。其特点有以下几个方面：

① 声波的能量衰减较大

由于混凝土内部有许多不同声阻抗的声学界面，超声波在混凝土中的传播过程中，声波会朝着不同阻抗的声学界面传播，声波经过多个界面的传播，它的能量散射得比较多，导致声波能量衰减也较大。

② 指向性差

由于超声波所使用的声波频率高于 20kHz，导致超声波的波长较大和扩散角较大，超声波在混凝土中传播时向各个方向传播，没有一定的规律；混凝土内部存在着不同阻抗的声学界面，超声波在混凝土中传播时会导致许许多多的折射波和散射波，这些折射波和散射波相互干涉和叠加，再加上它们的数量比较多，最后出现声能散失。以上这两个方面都是造成超声波在混凝土中传播时的指向性较差的原因。

③ 声波传播途径复杂

因为混凝土内部结构复杂，并有众多的不同阻抗的声学界面，超声波在混凝土中传播时会出现多次的折射、反射、散射、漫射等，一旦超声波在混凝土的传播过程中，遇到了桩身混凝土中较大的缺陷时，超声波在混凝土中的传播路线就会改变，不再是沿着直线传播，而是绕过缺陷传播。

④ 经混凝土介质特性调制后声波的构成复杂

超声波在混凝土的传播过程中，由换能器接收到的信号其实是一次声波和二次声波的叠加，一次声波因为是沿直线传播的，它所走的距离更短，它比二次声波更快到达接收换能器，而二次声波由于混凝土内部存在不同阻抗的声学界面，它要经过多次的反射和折射，传播路径较复杂，所走的距离也比较长。最终由换能器接收到的信号是由一次声波和二次声波相互叠加的声波信号，该信号变得复杂，而且会使波形发射畸变。

（5）波透射法检测灌筑桩的基本原理

由于混凝土内部有许多不同声阻抗的声学界面，超声波在混凝土中的传播过程中，声波会朝着不同阻抗的声学界面传播，声波经过多个界面的传播，它的能量散射得比较多，导致声波能量衰减也较大。超声波在混凝土中传播时会导致许许多多的折射波和散射波，这些折射波和散射波相互干涉和叠加，再加上它们的数量比较多，最后出现声能散失，超声波在混凝土的传播过程中，遇到了桩身混凝土中较大的缺陷时，超声波在混凝土中传播路线就会改变，不再是沿着直线传播，而是绕过缺陷传播。

在桩基混凝土中预埋声测管，进行桩基检测工作时，将发射换能器和接收换能器分别放入声测管中，并在声测管中注满清水以备耦合用。发射换能器发射出超声波，超声波从声测管中沿着不同的传播途径到达接收换能器中，在这个过程中，不同传播途径传播的超声波的传播声时不是完全相同的。若桩基桩身混凝土完整性良好时，超声波在混凝土中的传播时沿着直线传播的，这时的传播路径是最短的，所经历的传播声时也是最短的；当桩基桩身混凝土质量存在缺陷时，超声波在混凝土中的传播声时会绕过缺陷传播，所经历的传播声时就会变长。我们可以根据声时的多少计算出此时的声速值，从而再判别桩基质量类别。

当桩身混凝土质量存在缺陷时，由于混凝土内部有许多不同声阻抗的声学界面，混凝土缺陷处又充满了水和空气，而水和空气的声阻抗跟混凝土的声阻抗又不一样，导致超声波在混凝土中的传播路径变得复杂起来，超声波在混凝土中的传播途径不再是沿着直线传播，而是透过或绕过缺陷在混凝土中传播，这时超声波在混凝土中的传播路径要比在直线距离时的传播路径更长，超声波在混凝土中的传播时间也就越长，体现在声学参数上的声时就会变长，由于测距是测量桩顶的两声测管之间的距离，根据声速等于测距除以声时，由此计算出来的声速因为声时变大而变小。由于混凝土内部存在不同阻抗的声学界面，超声波在混凝土中的传播过程中，超声波遇到混凝土缺陷时，因为混凝土缺陷处充满了空气和水，而空气和水的声阻抗要比混凝土中的声阻抗小得多，在混凝土不同阻抗的声学界面和缺陷界面中，超声波会发射多次的反射、折射等声学现象，超声波声能衰减，接收到的波幅也变小，频率也会发生改变。直线传播的超声波和经过缺陷传播的超声波相互叠加干涉，会使波形畸变。由此可见，当桩身混凝土质量出现缺陷时，声学参数会发生改变：波速降低、波幅变小、频率发生改变、波形发生畸变等声学变化，也有可能会出现上述的一种或几种情况。我们要对桩基桩身质量进行综合判别，就要运用超声波在混凝土中的声学参数值的相对变化，结合施工等其他工程资料来分析、判别桩身混凝土缺陷的位置和范围，评定桩基混凝土的质量类别。

（6）声波透射法检测方法

准备工作：

① 采用标定法确定仪器系统延迟时间。

② 计算声测管及耦合水层声时修正值。

③ 在桩顶测量相应声测管外壁间净距离。

④ 将各声测管内注满清水，检查声测管畅通情况；换能器应能在全程范围内升降顺畅。

首先确定检测截面（图 16-11），一般通过桩直径确定将要预埋的声测管，两两组合得到检测的所有截面。检测开始时，保证发射与接收声波换能器随时处于相同深度并保持固定高差同步升降（图 16-12），并且测点间距竖向不宜大于 250mm。记录每个测点接收信号的时程曲线，读取声时、首波峰值和周期值，显示频谱曲线及主频值。在同一根桩内，不应改变声波发射电压和仪器设置参数。在桩身质量可疑的测点周围，应采用加密测点，或采用斜测、扇形扫测（图 16-13）进行复测，进一步确定桩身缺陷的位置和范围。

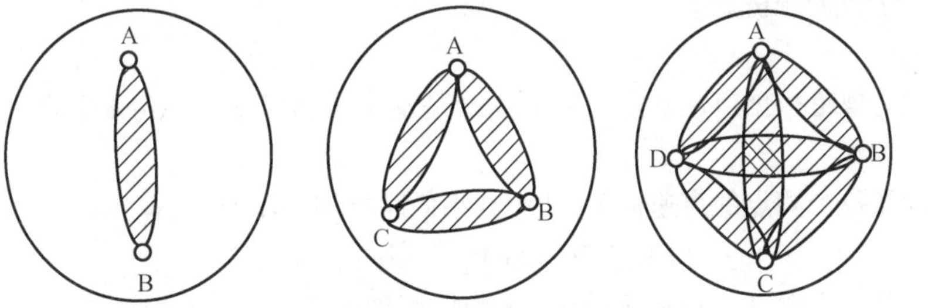

图 16-11　声波检测法测点及检测范围

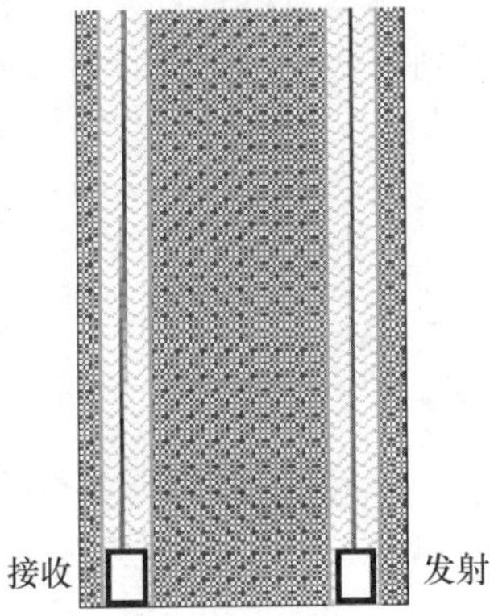

图 16-12　接收器与发射器位置示意图

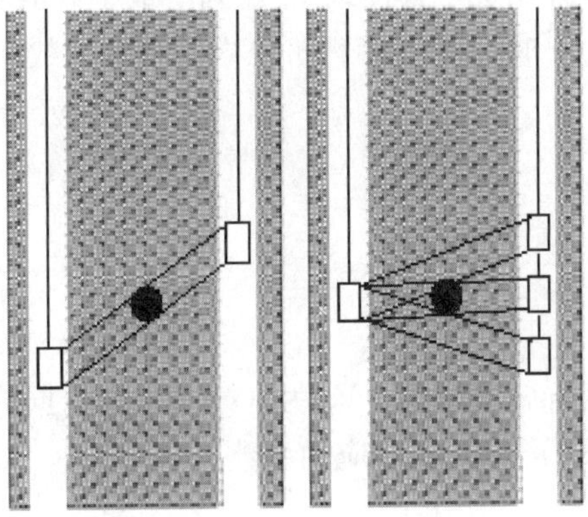

图 16-13　斜测法（左）和扇形扫测法（右）

按照超声波换能器通道在桩体中的不同的布置方式，超声波透射法基桩检测主要有三种方法：

① 桩内单孔透射法

在特殊情况下，只有一个孔道可供检测使用，例如在钻孔取芯后，需进一步了解芯样周围混凝土质量，作为钻芯检测的补充手段，这时可采用单孔检测法，此时，换能器放置于一个孔中，换能器间用隔声材料隔离（或采用专用的一发双收换能器）。超声波从发射换能器出发经耦合水进入孔壁混凝土表层，并沿混凝土表层滑行一段距离后，再经耦合水分别到达两个接收换能器上，从而测出超声波沿孔壁混凝土传播时的各项声学参数。需要注意的是，运用这一检测方式时，必须运用信号分析技术，排除管中的影响干扰，当孔道中有钢质套管时，由于钢管影响超声波在孔壁混凝土中的绕行，故不能用此法。

② 桩外孔透射法

当桩的上部结构已施工或桩内没有换能器通道时，可在桩外紧贴桩边的土层中钻一孔作为检测通道，检测时在桩顶面放置一发射功率较大的平面换能器，接收换能器从桩外孔中自上而下慢慢放下，超声波沿桩身混凝土向下传播，并穿过桩与孔之间的土层，通过孔中耦合水进入接收换能器，逐点测出透射超声波的声学参数，根据信号的变化情况大致判定桩身质量。由于超声波在土中衰减很快，这种方法的可测桩长十分有限，且只能判断夹层、断桩、缩颈等。

③ 桩内跨孔透射法

此法是一种较成熟可靠的方法，是超声波透射法检测桩身质量的最主要形式，其方法是在桩内预埋两根或两根以上的声测管，在管中注满清水，把发射换能器、接收换能器分别置于两管道中。检测时超声波由发射换能器出发穿透两管间混凝土后被接收换能器接收，实际有效检测范围为声波脉冲从发射换能器到接收换能器所扫过的面积。根据不同的情况，采用一种或多种测试方法，采集声学参数，根据波形的变化，来判定桩身混凝土强度，判断桩身混凝土质量，跨孔法检测根据两换能器相对高程的变化，又可分为平测、斜测、交叉斜测、扇形扫描测等方式，在检测时视实际需要灵活运用。

（7）声波透射法数据分析处理

① 声速值判据

现行的桩基检测规范根据声速判定混凝土质量是基于声速服从正态分布规律，采用的是临界值判别法。

将同一检测剖面各个测点的声速值 V_i 从大到小依序排列，即

$$V_1 \geqslant V_2 \geqslant \cdots V_{n-k} \geqslant \cdots V_{n-1} \geqslant V_n \tag{16-1}$$

式中，V_i 为按序排列后的第 i 个声速测量值；n 为检测剖面测点数；k 为从零开始逐一去掉式 V_i 序列中尾部最小数值的数据个数。

对从零开始逐一去掉式 V_i 序列中最小数值后余下的数据再重新进行统计计算。当去掉最小数值的数据个数为 k 时，对包括 V_{n-k} 在内的余下的数据 $V_1 \sim V_{n-k}$ 按下列公式进行统计计算：

$$V_0 = V_m - \lambda \cdot s_x \tag{16-2}$$

$$V_m = \frac{1}{n-k}\sum_{i=1}^{n-k} V_i \tag{16-3}$$

$$s_x = \sqrt{\frac{1}{n-k-1}\sum_{i=1}^{n-k}(V_i - V_m)} \tag{16-4}$$

式中，V_0 为异常判断值；V_m 为（$n-k$）个数据的平均值；s_x 为（$n-k$）个数据的标准差；λ 为由表 16-3 查得的与（$n-k$）相对应的系数。

表 16-3　统计数据个数（$n-k$）与对应的 λ 值

$n-k$	20	22	24	26	28	30	32	34	36	38
λ	1.64	1.69	1.73	1.77	1.80	1.83	1.86	1.89	1.91	1.94
$n-k$	40	42	44	46	48	50	52	54	56	58
λ	1.96	1.98	2.00	2.02	2.04	2.05	2.07	2.09	2.10	2.11
$n-k$	60	62	64	66	68	70	72	74	76	78
λ	2.13	2.14	2.15	2.17	2.18	2.19	2.20	2.21	2.22	2.23
$n-k$	80	82	84	86	88	90	92	94	96	98
λ	2.24	2.25	2.26	2.27	2.28	2.29	2.29	2.30	2.31	2.32
$n-k$	100	105	110	115	120	125	130	135	140	145
λ	2.33	2.34	2.36	2.38	2.39	2.41	2.42	2.43	2.45	2.46
$n-k$	150	160	170	180	190	200	220	240	260	280
λ	2.47	2.50	2.52	2.54	2.56	2.58	2.61	2.64	2.67	2.69

将 V_{k-n} 与异常判断值 V_0 进行比较，当 $V_{k-n} \leqslant V_0$ 时，V_{k-n} 及其以后的数据均为异常，去掉 V_{k-n} 及其以后的异常数据；再用数据 $V_1 \sim V_{n-k-1}$ 重复以上计算步骤，直到 V_i 序列中余下的全部数据满足：

$$V_i > V_0 \tag{16-5}$$

此时，V_0 为声速的异常判断临界值 V_c。

声速异常时的声速临界值判据为：

$$V_i \leqslant V_c \tag{16-6}$$

当式（16-6）成立时，声速可判定为异常。

② 波幅判据

现行的桩基检测规范中采用下列方法确定波幅临界值判据，当实测的波幅小于波幅的临界值时，该点就可作为波幅异常点。

$$A_m = \frac{1}{n}\sum_{i=1}^{n} A_{pi} \tag{16-7}$$

$$A_{pi} < A_m - 6 \tag{16-8}$$

式中，A_m为波幅平均值（dB）；n为检测面测点数。

当式（16-8）成立时，波幅可判定为异常。

③ *PSD* 判据

根据声时-深度曲线上相邻两测点的斜率 K 以及相邻的声时差 Δt 的乘积 $K\Delta t$ 来判断被检桩基桩身混凝土质量有无缺陷，将 $K\Delta t$ 值严重偏离的测点视为可疑的缺陷点，再结合其他因素，来进行综合分析确定。

在深度 Z_{i-1}和 Z_i 两相邻的测点处，所测得的声时分别为 t_{i-1}和 t_i，声时差 $\Delta t = t_i - t_{i-1}$，声时曲线的斜率：

$$K = \Delta t/\Delta Z = (t_i - t_{i-1}) / (Z_i - Z_{i-1}) \tag{16-9}$$

据此可得

$$K\Delta t = (t_i - t_{i-1})^2 / (Z_i - Z_{i-1}) \tag{16-10}$$

其中，t_i为第 i 个测点的声时（μs）；t_{i-1}为第 $i-1$ 个测点的声时（μs）；Z_i为第 i 个测点的深度（m）；Z_{i-1}为第 $i-1$ 个测点的深度（m）。

④ 缺陷判定

根据声速值判据、波幅判据、*PSD* 判据可将桩基完整性划分为以下标准：

Ⅰ类桩：各声测剖面每个测点的声速值、波幅值均大于声速临界、波幅临界值，波形正常。

Ⅱ类桩：某一声测剖面个别测点的声速值、波幅值略小于声速临界、波幅临界值，但波形基正常。

Ⅲ类桩：某一声测剖面连续多个测点或某一深度桩截面处的声速值、波幅值小于声速临界值、波幅临界值，*PSD* 值变大，波形畸变。

Ⅳ类桩：某一声测剖面连续多个测点或某一深度桩截面处的声速值、波幅值明显小于声速临界值、波幅临界值，*PSD* 值突变，波形严重畸变。

图 16-14、表 16-4 分别为用概率法、*PSD* 判据检测得到的正常数据。

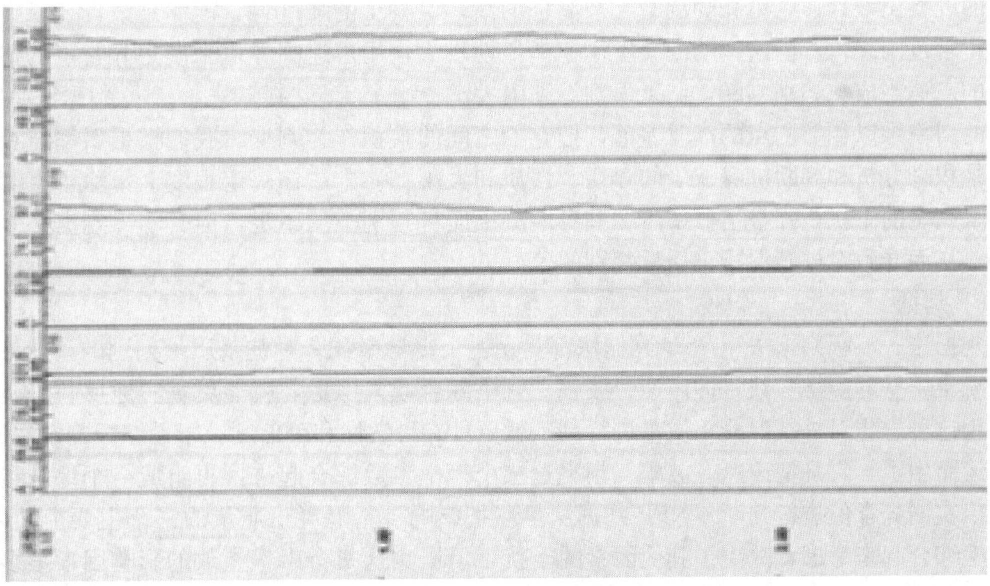

图 16-14　检测正常数据（概率法）

表 16-4　检测正常数据（*PSD* 判据）

内定	3～4：1900mm	
	声速（km/s）	幅度（dB）
最大值	4.177	104.80
最小值	3.996	102.38
平均值	4.0725	103.324
临界值 1	3.9838	97.324
标准差	0.0513	0.589
离差系数	0.6126	0.006

⑤ 目前判据的不足

数值判据法，是把测试数据经过一定的数学转换和数学处理后，找出桩基桩身质量可能出现的缺陷的声速临界值、波幅临界值，作为判断的根据。为了使桩基质量判别方法更具科学性，越来越多的学者都对桩基质量的判别方法进行了专门的研究。当前，判定桩基质量的判据方法有以下几类：

A. 概率法判据

混凝土是一种多相复合材料，其组成成分和比例是复杂多变的，即使是相同的配合比、同一构件上的不同部位的质量情况也不尽相同，反映到声学参数上就是声速、波幅、频率等声学参数都不相同，其数值分布在一定范围之内，它们是服从一定的统计规律的，一般认为，正常混凝土中的声学参数是呈正态分布的，根据每个测面测试的结果，将声速、波幅等声学参数进行数理统计。计算出声速临界值和波幅临界值，如果测点的声速值或波幅值小于声速临界值或波幅临界值，就认为该测点的声速或波幅异常。该方法的优点是将声速和波幅加以综合考虑。如果桩的完整性较差，而声速的标准差又较大，导致声速临界值很小，可能会把此桩误判为好桩；另一方面，桩的完整性和均匀性都较好，而声速的标准差较小，导致声速临界值较大，有可能会把此桩错判为坏桩。

B. *PSD* 判据法

因为混凝土内部结构复杂，如果桩基混凝土质量的实测声速值普遍偏低，但桩基混凝土质量的实测声速值离散度小，这时再采用声速临界值判据法来判断的话，就会导致漏判现象；如果为了工程需要，使用的混凝土设计强度更高的混凝土来灌桩的话，混凝土的强度肯定能满足设计要求，测出的声速值也在正常范围之内，但这样的混凝土声速离散性较大，用声速临界值来确定异常点的话，会把正常混凝土的声速当成缺陷来判断，结果误判。湖南大学提出了 *PSD* 判据法，*PSD* 判据法是将声时-深度曲线中的斜率乘以相邻测点的声时差值，把它们之间的乘积作为判据。我们根据斜率与相邻测点声时差值的乘积来分析和判断桩身缺陷的存在、性质和大小。该方法在一定程度上排除了声测管不平行对桩身缺陷判定的干扰，弥补了概率法在桩身混凝土质量判别上的不足，但其临界判据必然会受到桩径的影响，从而导致对桩基混凝土质量判别的偏差。

C. NFP 判据

声速判据法、波幅判据法、*PSD* 判据法都是用一个声学参数来对桩基质量判别的，如果我们把影响桩基混凝土质量的声学参数，即声速、波幅、频率综合起来考虑，就能更真实地反映桩基桩身混凝土质量，用这种思想对桩基混凝土质量进行判别就更具有科学性和可信度。于是综合判定法即 NFP 判据法就应运而生了，它是把声速、波幅、频率这三个声学参数综合起来，再组成一个综合参数。用综合参数找出实测异常值进行判断。NFP 判据法虽然把影响桩基混凝土质量的三个主要声学参数声速、波幅、频率综合起来考虑，减少了其他因素的干扰，但影响这三个声学参数的影响因素很多，要想准确地测量这些声学参数显得很困难，它也只是把三种参数的平均值参与判定，并没有考虑到实际的桩身混凝土缺陷情况而应给某个声学参数以适当的权值，用这种判据方法来判定桩身混凝土质量的情况就略显偏颇。

D. 多因素模糊综合判据

影响桩基桩身混凝土质量的声学参数，即声速、波幅、频率都是判别桩基桩身质量的重要依据，多因素模糊综合判据法把这些声学参数综合考虑，但它把这三个参数平均考虑，没有充分考虑声速、波幅、频率之间的权数分配，只是把桩身混凝土质量进行了定性分析，没有进行定量分析，对混凝土内部的质量情况只是用好坏来区分，没有一定程度上的分析。用这种判据法来对桩基桩身混凝土质量进行判别就毫无意义。

以上方法各有优缺点，但都难以对桩身混凝土质量作进一步的定性分析，都不能进行定量分析。本文采用相对强弱指标对桩身混凝土质量进行分析，同时利用 MATLAB 语言实现了相对强弱指标的算法，得到通用程序可以适用于各类桩基的定性分析。

⑥ 新判据方法的提出

超声波透射法中的声学参数与桩身混凝土强度和完整性密切相关，基本反映了桩身混凝土的质量情况。目前，常用的判据方法主要是依据“概率法”和“斜率法”（*PSD* 判据）来评价桩身混凝土质量。但上述方法无法进一步进行定性分析且不能定量分析，其分析结果会受到一定的影响，针对上述存在的问题，在对现场超声波检测大量数据的分析研究基础上，设计了声学参数（声速、波幅、频率）相对强弱指标。该指标是根据声学参数（声速、波幅、频率）进行计算，为了消除环境因素的影响，能够更加准确地反映桩身混凝土的强度和稳定性，对该指标进行了标准化处理。根据声学参数（声速、波幅、频率）相对强弱指标，并结合声学参数（声速、波幅、频率），更能准确地评价桩身混凝土质量。并用 MATLAB 语言对相对强弱指标实现算法。

声发射相对强弱指标的方法，将 N 次测试过程中的上升声速（波幅、频率）相对值的总和定为 a_1（b_1、c_1），将下降声速（波幅、频率）相对值的总和定为 a_2（b_2、c_2），声速相对强弱指标 AR 计算方法如下：

设声速数据序列为：C_1，……，C_i，……，其中 C_1 为第一个测点的声速，C_i 为第 i 个测点的声速。对声速系列求一次差，得序列 $\Delta C_1 = C_1 - C_2$，$\Delta C_2 = C_2 - C_3$，……，$\Delta C_i = C_i - C_{i+1}$，……。上升序列 $\Delta C_{1i} = \max\{\Delta C_i, 0\}$，下降序列 $\Delta C_{2i} = -\min\{\Delta C_i, 0\}$，$a_1 = \sum \Delta C_{1i}$，$a_2 = \sum \Delta C_{2i}$，$a = (a_1 - a_2) / (a_1 + a_2)$，$a$ 在 $+1$ 与 -1 之间变化，为了方便地使用该指标，对其进行标准化处理，令：$AR = 50(1 + a) = 100[a_1 / (a_1 + a_2)]$。波幅、频率相对强弱指标 BR、CR 可用同样方法计算：$BR = 100[b_1 / (b_1 + b_2)]$、$CR = 100[c_1 / (c_1 + c_2)]$。经标准化处理后，声学参数（声速、波幅、频率）相对强弱指标 AR、BR、CR 的值在 0～100 之间变化。这从进一步定性分析和定量方面为桩身混凝土质量评价提供了一条有效途径。

对某个检测剖面，按照以上方法分别作出声速相对强弱指标-深度曲线、波幅相对强弱指标-深度曲线、频率相对强弱指标-深度曲线。在曲线图中，曲线的突变情况反映出测点的异常情况。

根据声速相对强弱指标-深度曲线、波幅相对强弱指标-深度曲线、频率相对强弱指标-深度曲线中的突变情况，再结合波形图，可将桩基完整性分为以下标准：

Ⅰ类桩：每个声测剖面的声速相对强弱指标-深度曲线、波幅相对强弱指标-深度曲线、频率相对强弱指标-深度曲线中突变现象不明显，波形正常。

Ⅱ类桩：某一声测剖面个别测点的声速相对强弱指标-深度曲线、波幅相对强弱指标-深度曲线、频率相对强弱指标-深度曲线突变严重，但波形基本正常。

Ⅲ类桩：各个声测剖面的声速相对强弱指标-深度曲线、波幅相对强弱指标-深度曲线、频率相对强弱指标-深度曲线都突变严重，波形畸变。

但是就目前来看，还需要在实际工程中慢慢检验。

16.3.3　低应变法

（1）波的传播理论

应力波的传播，是振动产生位移、速度这些动力学和运动学量沿某一方向传递的现象。要了解这种传递的规律，我们就需要建立位移、速度随时间、位置变化的方程，并进行求解，从而得到位移、速度随时间、位置变化的解。以达到研究应力波传播规律的目的。

（2）基本假定

① 桩为杆体（长径比>5）

② 桩的杆体为弹性杆，桩截面积 A、桩身弹性模量 E、桩身质量密度为常数 ρ。

③ 应力波在桩身内以平面波方式传播。

（3）一维波动方程的建立

在受力时保持平面，忽略桩内外的阻尼和表面摩擦力的影响，桩周和桩端的约束力和支承作用，由桩端一个弹簧来代替桩的力学模型。当杆的顶部受到一激振力 $f(t)$ 后，杆内产生纵向力波，由杆的顶端向杆的底部传播。一维波动方程为

$$\rho\frac{\partial^2 u}{\partial t^2}=E\frac{\partial^2 u}{\partial x^2} \tag{16-11}$$

式中，ρ 为质量密度；E 为杆的弹性模量；u 为 x 方向质点位移。

令 $c=\sqrt{E/\rho}$，式变换为

$$\frac{\partial^2 u}{\partial t^2}=c^2\frac{\partial^2 u}{\partial x^2} \tag{16-12}$$

一维波动方程的达朗贝尔解为

$$U(x,t)=\frac{1}{2}[\Phi(x+at)+\Phi(x-at)]+\frac{1}{2a}\int_{x-at}^{x+at}\Psi(\xi)\mathrm{d}\xi \tag{16-13}$$

混凝土桩的物理强度远远大于周围土的物理强度，如果在桩的顶部产生应力波，那么应力波变只在桩内传递。基于桩是较为均匀的杆件，应力波在桩内近似视为平面波。应力波在桩底反弹后回到桩顶，而缺陷处，如缩颈、离析等波抗与正常处混凝土波抗不同，研究反弹回来的应力波来判断桩身缺陷。

（4）低应变法检测方法

首先凿出新的顶面后安好仪器，确认无明显干扰后，适当力度锤击桩顶，使锤击点产生应力波，然后在仪器上读取数据，并观察锤击力度是否合适，干扰是否强烈，确认数据完整无较大干扰后，进行下一次实验（图 16-15）。

（5）低应变法数据处理

当弹性直杆的波阻抗 $Z=\rho cA$ 发生变化时，应力波在杆中的传播将会产生反射、透射和折射。假设桩中某处阻抗发生变化，当速度入射波 v_i从介质 1（阻抗 Z_1）进入介质 2（阻抗 Z_2）时，将产生速度反射波 v_r 和速度透射波 v_t，由界面处力平衡及速度连续条件得

$$v_r=v_i\frac{Z_1-Z_2}{Z_1-Z_2} \tag{16-14}$$

$$v_t=v_i\frac{2Z_1}{Z_1-Z_2} \tag{16-15}$$

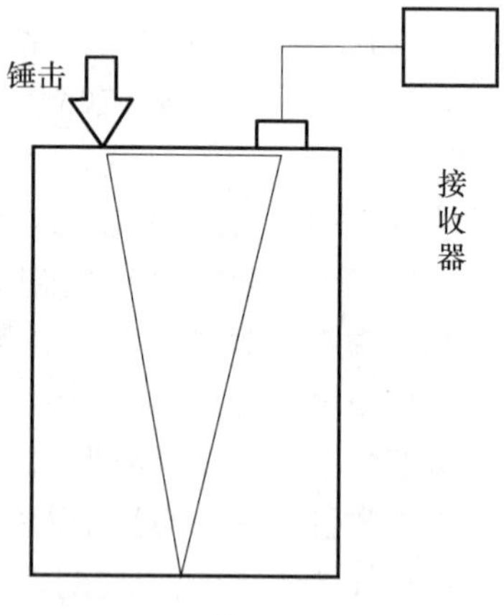

图 16-15　低应变法示意图

$Z_1>Z_2$时，速度反射波 v_r和速度入射波 v_i同号（同相位）。当桩下部发生了断桩、离析或缩颈等缺陷时，反射波与入射波同相位。$Z_2>Z_1$时，速度反射波 v_r和速度入射波 v_i异号（反相位）。当应力波由软材料向硬材料方向传播时，或者应力波由截面积小的向截面积大的方向传播，桩出现了扩径或桩底嵌固的情况时，反射波和入射波反相位。

低应变反射波法是根据反射波与入射波的相位以及应力波传播时间进行完整性判定。其中缺陷的程度根据缺陷反射波的幅值定性确定，缺陷位置根据反射波的时间 t_x由下式确定。

$$L_x=ct_x/2 \tag{16-16}$$

完整的桩基，波形图一般得到 2 个完整的周期（图 16-16）。如果出现其他波形且排除干扰的可能性后可初步判断是缺陷导致的，其深度可以由图中比例结合桩长得出（图 16-17）。

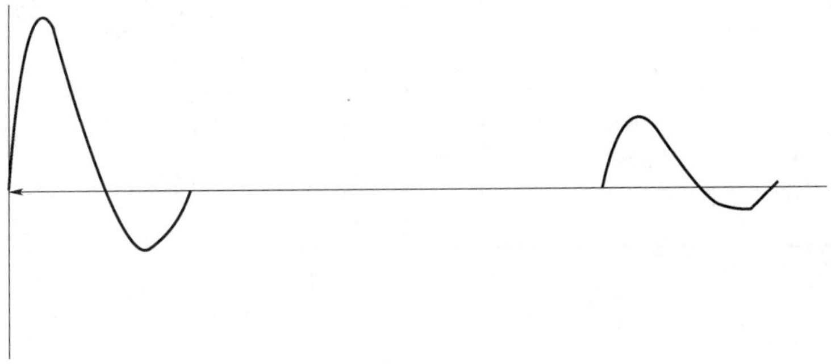

图 16-16　完整桩基理论数据结果

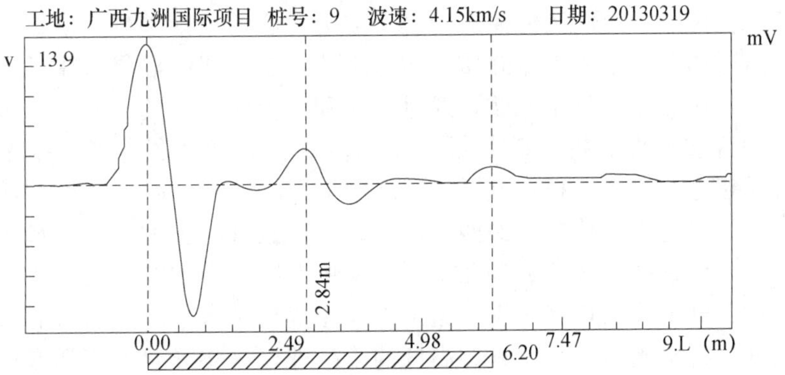

图 16-17　九洲国际工程 9 号桩基低应变法检测结果

16.3.4　钻芯法

利用专用钻机，从结构混凝土中钻取芯样以检测混凝土强度或观察混凝土内部质量（图 16-18、表 16-5）。由于它对结构混凝土造成局部损伤，是一种半破损的现场检测手段，因此，考虑到桩基检测成本和桩基的保护，钻芯法需要在一定条件下才能使用，一般是在有其他方法检测结果不佳，并对构件产生怀疑的情况下，可使用钻芯法进行桩基质量的确认。

33–K1号芯样照片

图 16-18　钻芯法试样

表 16-5 钻芯法检测结果汇总表

序号	孔号	桩径（mm）	钻芯长度（m）	芯样描述	取样深度	抗压强度平均值（MPa）	同一深度强度代表值	
							深度（m）	强度（MPa）
	22-K1		11.44（混凝土 6.56m）	混凝土芯样连续、完整、表面光滑、胶结好、骨料分布基本均匀、呈长柱状、断口吻合，芯样侧面仅见少量气孔	0.00～0.40	44.1	0.00～0.85	47.8
					5.76～6.16	41.4		

16.3.5 对比分析

（1）声波透射法与低应变法结合的必要性

进些年来，各类超声波测试技术发展迅猛，作为弹性波测试方法之一，声波透射法的发展尤为突出。通过固体介质传播的弹性波传播理论是声波透射法的理论基础。声波透射法的基本原理是：经发射换能器向诸如混凝土的固体介质发射超声波，超声波在混凝土中的传播过程中经过物理特性调制，再经接收换能器接收超声波，通过记录和分析超声波的声学参数波速、波幅、频率等，解决了工程中的许多问题。桩基础是最常用的基础形式和加固方式，据不完全统计，在我国，每年平均用桩量超过约 300 万根，其中 70%～80%集中在沿海地区和长江中下游地区，桩基础工程造价较高，一般为工程总造价的四分之一以上。在各种类型的桩基础形式中，混凝土灌注桩的应用最为广泛，特别是大直径桩基几乎全都采用混凝土灌注桩。桩基工程因受岩土工程条件、基础与结构设计、桩土体系相互作用、施工以及专业技术水平和经验等相关因素的影响而具有复杂性，除此之外，桩基础的施工还具有高度的隐蔽性，这将导致发现质量问题难和事故处理难的问题。因此，基桩检测工作成为整个桩基工程中不可缺少的重要环节，只有提高桩基检测工作的技术水平和桩基检测评定结果的可靠性，才能真正做到确保桩基工程的质量与安全。目前，我国桩基础的检测方法主要有高应变法、低应变法、超声波透射法、钻芯法、单桩竖向抗压、抗拔静载实验、单桩水平静载实验等。在检测灌注桩桩身完整性，判定其桩身缺陷方面，因具有检测细致、结果可靠、检测范围大、不受桩长和桩径的限制、结果直观、准确度高等特点，声波透射法在工程中得到广泛应用，成为目前桩基检测中最常见的检测方法之一。但是，当前的声波透射法检测桩基的质量判别方法存在局限性：概率法将声速和波幅综合考虑，如果桩的完整性较差，而声速的标准差又较大，导致声速临界值很小，可能会把此桩误判为好桩；另一方面，桩的完整性和均匀性都较好，而声速的标准差较小，导致声速临界值较大，有可能会把此桩错判为坏桩，出现此种情况，概率法就很难真实反映桩身质量的真实性。*PSD* 判别法的临界判据必然因受到桩径的影响而导致对桩基质量判别的偏差。NFP 多因素概率分析法综合考虑了声速、波幅、频率等声学参数，但它只是把这三个声学参数平均参与判定，没有对某个参数给以适当的权值。超声层析成像技术需要大量的检测数据，不能沿用传统的现场检测程序，且加大了现场检测的工作量，同时需要进行大量的数据处理工作，目前条件还不成熟。以上的各种判据方法都不能对桩身质量进行定量分析，对桩身缺陷也难以作进一步的定性分析。本书针对上述存在的问题，结合德昌、上武高速公路和地方渡改桥的桩基检测工作的具体工程实例，对影响桩身质量的各个声学参数进行综合分析，提出了一种新的质量判别方法——相对强弱指标法。此方法对声时、声速、波幅、频率进行了相对强弱指标的设计，并通过 MATLAB 语言对相对强弱指标实现了算法，能够更加准确地反映桩身混凝土质量的强度和稳定性。

在桥梁基桩完整性检测中，钻孔取芯法和声波透射法是比较准确可靠的。对有缺陷的部位实施处理措施时，钻孔取芯法和声波透射法的检测结果起到了积极的指导作用。在做检测工作时，对有缺陷的桩要本着实事求是的原则，不要漏判缺陷，也不要夸大缺陷的严重程度，有必要时还要结合低应变动测（反射波法）对缺陷桩进行综合评价。

刘增永、徐日庆着重介绍了超声波透射法检测桩基的技术要求，阐述了超声波透射法检测桩基的基本原理和现场操作步骤，记录了超声波透射法进行桩基检测前的准备工作和在检测过程中如何对桩基进行检测及对可疑测点的检测步骤与方法。提出并论证了桩基检测的质量判别方法，对检测数据进行分析判别和对结果的判定。在今后的工作中，对工程桩要进行百分之分的超声波透射法的检测。不光是检测单位，施工单位和建设单位都要对超声波检测桩基的基本知识有所了解。相对于传统的低应变动测技术（发射波法）来说，超声波检测技术的检测结果比低应变动测（反射波法）的结果准确性要高许多，另外，对于深长灌注桩下部的质量问题，超声波透射法可以清晰地检测得到，而低应变动测法却对此无能为力。

吴国勇、刘曙光结合具体的工程实例，系统说明了超声波透射法检测桩基的基本原理，超声波透射法在国内外的发展历程，并对钻孔灌注桩出现的缺陷进行分析，叙述了各类桩的质量判别类别，以及在具体分析的基础上判定桩基类别（Ⅰ类桩、Ⅱ类桩、Ⅲ类桩、Ⅳ类桩）和对缺陷桩进行取芯验证的结果进行对比和分析。

张锋矛介绍了声波透射法进行桩基检测工作实践中的检测方法，以及如何判定桩身混凝土强度、缺陷位置和对桩基进行质量判别，说明了混凝土灌注桩的常见缺陷及出现的原因，对桩基混凝土的均匀性进行了评价，说明了检测报告如何编写，总结了声波透射法的优点。叙述了声测管埋设的要求及规范，以及声测管的其他要求，说明了超声波透射法检测混凝土灌注桩的方法。

杨明亮等说明了桩基检测的一般规定和检测时间，在检测前要调查和收集资料、确定检测桩位、指定检测方案、检查仪器设备、进行检测前现场检测工作。对桩基检测工作的特点进行了说明：抽检对象的性能指标的离散性大、检测结果的代表性、抽检数量；各种检测方法的优缺点和操作方法及步骤。

随着我国桩基工程的施工技术的不断成熟和完善，桩基础在工程中的应用越来越广泛，超声波透射法检测技术也越成熟，在今后的桩基检测中将会得到更广泛的应用。

对于低应变法，首先是桩形状限制，当桩的直径过大且桩长过短时，无法当作杆件来看待，假设无法成立，继续使用该方法时，会由于桩外侧的反射的影响，得到的结果必然乱而不准确，此时只能考虑声波透射法进行检测，对结果怀疑时，还必须进行钻芯法检测；然后是桩周围地层变化对低应变反射波法的干扰，上面的原理中，分析是基于一定的理想条件下成立的，即桩基周围都是匀质的地层，而现实中这样的情况是极少的。绝大部分桩基周围地层是非匀质且地层之间也是弯曲不平的，这时候波阻抗不仅仅取决于桩身的材料，还受到周围底层的影响，如地层变化处，即使桩本身的材质均匀统一，还是会在交界处产生一次反射波，因此，直接通过两波之间是否有相同的波来判断是否有缺陷是不科学的；最后是二次反射的干扰，顾名思义，当存在阻抗变化截面时（非缺陷），反射的声波在桩顶反射后再次在该处截面反射，由接收器接收，导致出现多个波形，影响判断（图 16-19），尤其是易判为扩颈等情况，尤其在变截面或者阻抗变化面较多的桩基上，二次反射严重影响判断的结果。一般遇到该种情况，就必须舍弃掉低应变法，转而采用声波透射法，其所得到的结果相对来说较为准确；护壁材料的不同也会导致产生阻抗变化面，在事先不知道的情况下多数会造成误判，因此，最好的办法是事先整理好资料，对要检测的桩的情况深入了解，可以大大减小误判率；最后是桩土（岩）相互作用下检测失败，主要是桩基底部与岩土紧密结合，并且强度相差不大，导致没有应力波或者反射回来的应力波过小，即没有办法得出检测结果，因此，遇到该情况时，声波透射法就能很好地取代低应变法，进行首次检测。

（2）钻芯法的必要性与适当性

钻芯法是目前对超深基坑人工挖孔桩混凝土检测最直接最有效的方法，它有着其他方法所不能比拟的优点。①直观，拿到检测报告时，所有的结果结论都是桩基本身的实验结果，可以直接拿来使用，而不是由参数进行换算而得出来的结论，没有繁琐的处理，也不用经验的指导，很直观；②准确，由于没有公式的推导，大大减小了误差的传递，芯样品直接进行试验，理论完整简单，不像声波透射法和低应变法还需要对数据进行理论推导，甚至理论本身就存在缺陷；③应用面广，钻芯法适用于任何构件，几乎不存在局限性，而声波透射法与低应变法均存在局限性，甚至会出现两者均不适用的情况，因此说钻芯法是必要的、不可或缺的。

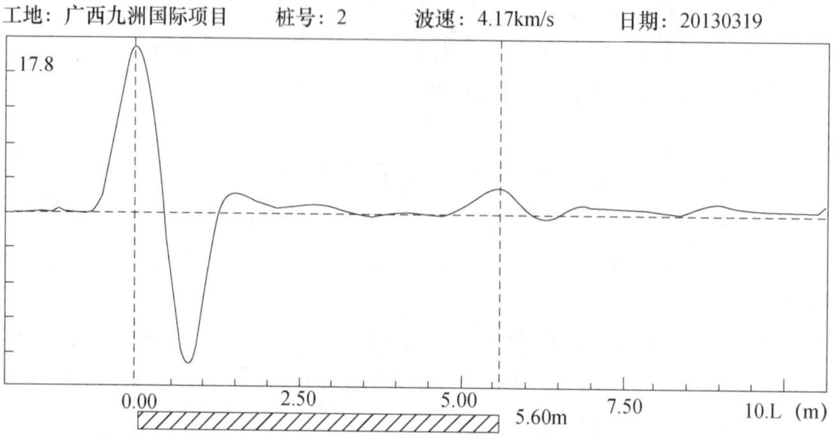

图 16-19　低应变法检测结果

与此同时，钻芯法不能彻底取代声波透射法和低应变法的原因有三点：一是成本过高，价格达到了每米 1000 元到 3000 元人民币，超深基坑人工挖孔桩检测成本很容易计算，但是明显过高了，而相比起来声波透射法和低应变法价格就低廉得多，因此从成本考虑，声波透射法和低应变法的使用可以适当降低成本；二是周期过长，钻芯法除了钻芯取样耗时外，芯样品强度的检验也需要送到专门的实验室进行，大大增加了检测时间，影响工期，而声波透射法和低应变法只需要安装好仪器并进行简单的操作后就可以得到结果，时间较钻芯法短，是个不容忽视的优势；三是破坏性强，钻芯法还有个致命的缺陷，也就是属于破损试验，尽管有修复措施，破损试验会对桩基产生不可逆转的伤害，因此，规范规定了桩基各大小程度所能进行的最多次数钻芯实验，声波透射法和低应变法属于非破损试验，不会对构件产生分毫影响。因此，总地来说，钻芯法不能盲目使用，要结合其他两种方法进行针对性使用，目标准确，才能利用最少的成本，达到最好的效果。

（3）工程结合案例分析

以 9 号桩（表 16-6、表 16-7、表 16-8）为例，尽管声波透射法较为精密细致，检测结果为Ⅰ类桩基，但是低应变法却显示该桩基属于Ⅱ类桩基，工程为了保证工程质量而进行了钻芯检测，结果是 9 号桩基存在轻微缺陷，其中一个测点的抗压强度偏低，并且几个点都出现了轻微的蜂窝麻面以及气孔。

图 16-6　9 号桩基声波透射法检测结果

9	4000	0.0～6.20	1-2	测试深度内未见明显缺陷	Ⅰ类桩
		0.0～6.20	1-3	测试深度内未见明显缺陷	
		0.0～6.20	1-4	测试深度内未见明显缺陷	
		0.0～6.20	2-4	测试深度内未见明显缺陷	
		0.0～6.20	2-3	测试深度内未见明显缺陷	
		0.0～6.20	3-4	测试深度内未见明显缺陷	

表 16-7　9 号桩基低应变法检测结果

工程名称：广西九洲国际项目　　　　桩型：人工挖孔桩　　　　混凝土等级：C40

桩号	桩长（施工记录）L（m）	设计桩径（mm）	扩底直径（mm）	平均波速 V_p（km/s）	桩身结构完整性评价	桩身类别评价
1	5.6	2600	3600	4.06	桩身完整	Ⅰ类
2	5.6	3000	4200	4.17	桩身完整	Ⅰ类
3	7.6	3000	4200	3.98	桩身完整	Ⅰ类
4	7.6	3000	4200	3.92	桩身完整	Ⅰ类
5	5.6	3000	4200	3.71	桩身完整	Ⅰ类
6	5.6	2600	3600	4.03	桩身完整	Ⅰ类
7	3.6	3000	4200	4.03	桩身完整	Ⅰ类
8	9.2	4000	5600	4.01	桩身完整	Ⅰ类
9	6.2	4000	5600	4.15	桩身完整	Ⅰ类
10	6.3	4000	5600	4.06	距桩顶约 2.5m 处桩身有轻微缺陷	Ⅱ类

表 16-8　9 号桩基钻芯法检测结果

芯样外观质量	表面少量气孔	表面少量气孔	表面少量气孔	表面少量蜂窝、气孔	表面少量蜂窝、气孔	表面少量蜂窝、气孔
含钢筋数量直径及位置	无	无	无	无	无	无
最大压力（kN）	324	310	212	157	181	210
受压面积（mm^2）	5278	5278	5278	5278	5278	5278
芯样抗压强度（MPa）	61.4	58.7	40.2	29.7	34.3	39.8
芯样抗压试验破坏形式	正常破坏	正常破坏	正常破坏	正常破坏	正常破坏	正常破坏

以 31 号桩（表 16-9、表 16-10）为例，由于低应变法检测结果属于良好情况，因此没有大规模地进行检查，对部分桩基进行抽检，结果令人满意，除了 31 号桩基存在轻微的蜂窝麻面和气孔外，其他桩基基本合格，且所有的混凝土强度均达标。

表 16-9　31 号桩基低应变法检测结果

工程名称：广西九洲国际项目　　　　桩型：人工挖孔桩　　　　混凝土等级：C40

桩号	桩长（施工记录）L（m）	设计桩径（mm）	扩底直径（mm）	平均波速 V_p（km/s）	桩身结构完整性评价	桩身类别评价
25	4.6	3000	4200	4.00	桩身完整	Ⅰ类
26	5.2	3000	5600	4.03	桩身完整	Ⅰ类
27	5.2	4000	5600	3.96	桩身完整	Ⅰ类
28	6.2	4000	5600	4.08	桩身完整	Ⅰ类
29	9.2	4000	5600	3.93	桩身完整	Ⅰ类
30	4.6	3000	4200	4.04	桩身完整	Ⅰ类
31	3.6	2600	3600	3.83	桩身完整	Ⅰ类
32	5.6	3000	4200	4.15	桩身完整	Ⅰ类
33	4.6	3000	4200	4.00	桩身完整	Ⅰ类
34	5.6	3000	4200	4.03	桩身完整	Ⅰ类
35	5.6	3000	4200	3.97	桩身完整	Ⅰ类
36	5.6	2600	3600	3.97	桩身完整	Ⅰ类

表 16-10　31 号桩基钻芯法检测结果

桩号及孔号	31 号桩 3 号孔			31 号桩 3 号孔		
钻芯位置	0.2	0.6	0.8	2.7	3.0	3.3
钻芯方向	与混凝土成型方向垂直					
芯样直径×高度（mm）（端面处理后）	82.0×82	82.0×82	82.5×82	82.0×82	82.0×82	82.0×82
芯样高径比	1.00	1.00	0.99	1.00	1.00	1.00
芯样端面与轴线的不垂直度（°）	0.0	0.5	0.2	0.5	0.2	0.3
平整度（mm）	0.00	0.00	0.00	0.00	0.00	0.00
芯样外观质量	表面浅沟槽	表面浅沟槽	表面浅沟槽	表面少量蜂窝、气孔	表面少量蜂窝、气孔	表面少量蜂窝、气孔
含钢筋数量直径及位置	无	无	无	无	无	无
最大压力（kN）	340	181	213	205	240	240
受压面积（mm^2）	5278	5278	5343	5278	5278	5278
芯样抗压强度（MPa）	64.4	34.3	39.9	38.8	45.5	45.5

16.3.6　本章小结

桩基础作为隐蔽工程，具有施工程序复杂、施工难度大、技术要求高等特点。桩基质量的好坏直接影响上部建筑结构的稳定性，因此桩基检测工作至关重要。桩基检测方法主要有钻孔取芯法、低应变法、静载试验、高应变法、声波透射法等，其中低应变反射波法和声波透射法以操作简便、成本低廉、结果准确等优点应用最广。本文以低应变反射波法和声波透射法这两种桩基检测中常用的检测方法在桩基检测中的应用为基础，分别介绍其在检测手段上的不足，并以此为依据提出将两种方法综合运用的综合检测方法，旨在更好地指导桩基检测工作，提高缺陷的判别效率，增强检测结果的可信度。本文首先分别介绍了低应变反射波法和声波透射法的理论基础、工作方法以及数据判定三个主要环节，同时详细阐述了检测注意事项和数据处理方法。之后依据某工程桩基检测为例，综合两种检测方法，对同一缺陷进行检测。检测结果表明，低应变法和声波透射法综合检测可以避免单一检测的局限性，同时在检测结果上相互印证，提高检测的准确性。最后总结得出以下几点认识：

（1）不同的桩基缺陷类型在检测结果上的反映特征不同，影响检测结果的因素非常多。因此，桩基检测结果应当参考当地地质情况和桩基施工工艺进行分析，准确判断缺陷成因。

（2）低应变反射波法和声波透射法可分别从整体质量和局部细节对桩基进行质量评价，综合运用两种方法，可以取长补短，使得检测结果的可信度更高。

（3）低应变检测时选择合适的激振设备，超声波检测时声测管是否平行，现场仪器参数设置等，都会直接影响到检测数据。

（4）低应变反射波法属于桩基动测，而声波透射法基于声波脉冲技术。不同检测手段可以提供桩基不同物理特性的数据，也为检测工作提供更多依据。

第 17 章　超高层建筑施工控制重点

17.1　超高层建筑结构施工控制重点

超高层建筑结构关键技术部分主要包括组合结构施工关键技术、结构变形及内力和抗震等三方面的研究，通过研究分析可以得到如下结论：

17.1.1　组合结构施工关键技术

组合结构施工关键技术主要包括：钢管混凝土柱-RC 环梁、外包混凝土钢管柱和内置钢管混凝土组合剪力墙。通过详细介绍其主要的研究进展、运用效益和施工工法，形成了较为全面的体系。

九洲国际工程项目在结构选型和布置上，针对不同的结构特点和使用要求，将这几种类型的结构进行了全面的考量和运用，现总结如下：

(1) 综合九洲国际项目的建设实践可知，钢管混凝土柱-RC 环梁在超高层建筑中的使用，与现行规程中各种钢管混凝土梁柱节点形式相比，能够减少用钢量，具有较好的经济效益；在该项目中形成的施工工法，简化了过程中的多项复杂工序，使得 RC 环梁成型得以在流水线上进行加工，推进了施工生产，且提高了施工质量，节约了生产成本，有利于施工的顺利进行，具有较好的社会效益。

(2) 结合广西九洲国际项目工程对钢管混凝土柱外包混凝土的实际运用可知，外包混凝土能够提高钢构件的耐久性能和可靠性，具有较好的经济实用性；同时工程设计的一套外包混凝土的施工工法，保证了施工质量，提高了施工效率。

(3) 选用钢管混凝土剪力墙结构更节省钢材，经济指标较高；九洲国际工程施工场地狭小，钢管混凝土剪力墙施工中采用了大量工厂预制钢构件，提高了施工效率，降低了场地限制对施工带来的不利影响。同时表明传统工艺可以成功应用于大体量钢管混凝土剪力墙结构的施工。

17.1.2　结构变形及内力

九洲国际工程超高层建筑结构构件类型较多、数量较大，在各向变形及内力分布、发展情况十分复杂，是该类建筑结构设计的重点，通过对该工程竖向构件变形差引起的构件受力状态变化分析，可以得到如下结论：考虑混凝土的收缩徐变特性后，钢管混凝土柱与核心筒的变形差异并不明显，结构的受力合理；由施工仿真分析可知，结构构件承载力可满足各施工阶段受力的要求。

17.1.3　结构抗震

通过对该项目主体结构的抗震性能分析，可以得到以下结论：工程所采用的结构形式满足“小震不坏，中震可修，大震不倒”的三水准要求；通过增大板厚及加大配筋量等构造措施，楼板能够满足小震、中震弹性，大震不屈服的性能目标；可以判定出斜撑-柱转换结构上、下节点都具有较好的力学性能，能满足设计要求。

17.2　超高层建筑基础施工控制重点

超高层建筑基础关键技术部分包括超深基坑支护及基坑开挖对周边环境影响研究和超大直径人工

挖孔桩承载力研究，通过研究分析得到如下结论：

17.2.1 超深基坑支护及其对周边环境的影响

复杂环境下超深基坑的开挖对周边环境和支护结构的影响，在施工过程和基坑设计中都是需要进行综合考虑的，尤其是在超大超深基坑同时周边环境复杂，附近高层建筑多，道路纵横，附近有管线的情况下，不仅需要考虑到对周边环境的影响，还要保证施工的正常进行，所以支护结构的设置需要合理安排。但一般基坑的支护形式比较单一，考虑因素较少。九洲国际基坑工程使用了桩-锚-撑联合支护的形式，针对不同的剖面进行具有针对性的支护组合，对不同组合形式的支护体系的支护效果进行研究具有一定的工程意义。同时可以对不同的支护形式应对复杂环境的产生的不同效果进行分析，研究出针对某些复杂环境下控制超深超大基坑变形有效的支护组合形式。

首先对不同的支护结构和不同支护组合形式的支护体系进行理论上的分析研究，对其优缺点进行分类和评价。然后针对九洲国际深基坑工程的各个剖面进行研究，对不同剖面的整体稳定性、抗滑移稳定性、抗倾覆稳定性进行对比分析，同时结合不同剖面的支护形式进行对比，并结合周边复杂的环境因素，分析不同环境情况下的不同剖面的不同支护形式的支护效果。从稳定角度考虑并分析，针对不同的周边环境选取支护形式最能保证基坑的安全。

得到不同支护选型在复杂环境下起到的不同支护效果，总结出以下几点认识：

(1) 复杂环境对剖面稳定性影响较大，在周边环境简单的情况下可适当增加排桩间距而不影响稳定性，但当有上覆荷载时，相同排桩间距情况下的稳定性较差，即使缩小排桩间距但控制效果依然达不到无荷载情况下的稳定性。这时需考虑是否采取其他手段或与其他支护形式（内支撑、锚索等支护形式）联合使用，来达到控制效果。

(2) 锚索的设置对剖面的稳定性有一定影响，相同情况下锚索层数多、加筋数多的剖面稳定性好，但锚索层数和加筋根数需合理设置。在有车辆经过的路面附近可适当增设锚索，既能控制基坑变形，又能减少地面沉降。

(3) 不同支护形式对剖面的稳定性有一定的影响，适当情况下可用内支撑代替部分锚索，多设一个角撑，少设一排锚索，基坑剖面也能有很好的稳定性。不同支护结构的综合应用不仅能保证基坑的稳定性，还能方便施工，减少工程量，也能更大限度地减小基坑变形，提高稳定性。

(4) 针对环梁内支撑结构进行结构优化，引入冗余度理论使结构的优化过程有迹可循，避免了拆除重要杆件（环撑和部分角撑）对环梁支护结构效果造成的不良影响，支护杆件的布置更加合理。优化后的环梁支撑缩小了施工时的工程量、使用爆破拆除用时更少、工作量更小，同时减少了环境污染，缩短了工期，更加节约成本，为今后类似的支撑优化设计提供了参考。

本文对九洲国际深基坑的监测数据和相关资料进行了整理，通过对基坑支护桩深层水平位移、地表沉降、环梁支撑轴力、建筑物沉降等监测数据进行分析，得出了以下结论：深基坑变形情况与基坑周边环境有关，邻近道路和建筑一侧变形较大；桩顶锚索能有效控制基坑顶部水平位移，环梁内支撑能有效控制基坑深层水平位移；支护桩深层水平位移图线大致为弓形，最大侧移小于软土地区统计结果，车辆荷载会加剧蠕变效应，增大侧移；最大地表沉降与支护桩顶侧移密切相关；周边建筑在发生沉降的同时向坑内倾斜；立柱的隆起受开挖面积和开挖时间影响较大；环梁支撑轴力值的顺序为环撑＞角撑＞辐射撑。支撑体系均能满足围护结构变形控制指标要求，结论可为同类深基坑设计提供参考。

本文采用 PLAXIS 中的 HS-Small 小应变硬化模型，建立了模拟深基坑开挖和支护全过程的平面有限元数值分析模型。对复杂环境下多种支护结构相结合的深基坑开挖对周边环境和支护结构的影响进行了分析，找出了不同的支护形式对周边建筑、管线、地表沉降的影响规律，和复杂环境下深基坑开挖对支护结构变形的影响情况。并将分析结果与现场监测结果进行了对比分析，结合实际工程情况研究变形变化的规律，并证实数值分析的可靠性，和现场监测得出与数值分析计算上的不同之处，并相应地从设计和施工等方面提出了支护结构变形和环境控制的对策，对复杂环境条件下如何控制深基坑变形进行了进一步的研究、分析和验证。之后又对环梁支撑结构，进行了基于冗余度理论的结构优化，从安全经济角度提出环梁设计上需注意的问题，并提出了类似结构的优化设计方法。综合监测得出结论，总结出以下几点内容：

（1）锚索的设置对基坑侧移的控制具有显著效果，尤其是在基坑一侧为公路车辆荷载作用时，在这种有条件设置锚索的复杂环境下，能起到很好的变形控制效果。同时还能控制周边管线的位移与变形、地表沉降。设置锚索时需对锚索施加预应力，否则会扰动土体，产生不良效果，甚至不如不设锚索的情况。

（2）基坑周边有建筑物时，基坑开挖会引起建筑的倾斜。影响建筑沉降的因素很多，如建筑基础自身刚度、离基坑距离、基坑开挖变形影响、建筑上覆荷载影响等，但建筑基础一定程度上加固了建筑下方土体，能起到减小沉降作用。所以控制基坑变形是控制建筑沉降一种非常可行的方法，由于周边有建筑不方便设置锚索等支护，使用排桩和内支撑也能有效控制基坑变形，此时需严密监测排桩深层水平位移和内支撑轴力的变化。

（3）对于排桩的深层水平位移，数值模拟计算结果与监测结果大致相同，两者区别在于：数值模拟结果显示排桩上部位移较大，监测结果显示排桩腹段位移较大。究其原因，主要是因为：①数值模拟并未加上冠梁结构，导致排桩上部位移较大。②数值模拟并未考虑土体的蠕变效应和车辆的动荷载效应，导致排桩的中段位移较小。③数值模拟本身与实际施工不同，现场环境复杂，会有很多不确定因素，数值计算针对的是某几个主要因素的考虑，结果会有一定的差别。但两种方法得出的结果，最大水平位移相差不大，排桩变形情况均大致为弓形，变形规律一致。

（4）立柱隆起情况监测结果和模拟结果非常相近，数值模拟的最大隆起值比实际监测略小，为2mm，两者隆起均为中间大、两边依次递减。基坑隆起的部分原因是排桩产生了侧移，造成基坑顶部土体沉降，或是由于上覆荷载的压力造成基坑顶部土体沉降，荷载层层传递到坑底，将基坑底部土体向上挤压，产生隆起，基坑产生隆起后会影响排桩的水平位移产生踢脚效应，也就是监测结果中测点CX2 排桩底部产生的现象。为了防止基坑隆起过大在基坑底部的排桩底部位置进行反压的方法，减小隆起量，减小地表沉降。

总的来说，本文首先通过收集国内外类似深基坑工程的研究情况，进行整理分析后确定了对复杂环境下多种支护结构相结合的超深基坑开挖对周边环境和支护体系影响的研究。之后对深基坑工程的各个剖面进行研究，分析适合各剖面的支护形式以及不同支护体系在不同环境下的稳定性控制效果。然后对现场监测资料进行整理，分析了深基坑开挖对周边环境和支护结构的影响情况，同时为之后进行的数值分析提供实际参考。接着用有限元软件模拟深基坑开挖对周边环境和支护结构的影响，并结合实际监测内容进行分析，得出复杂环境下多种支护结构相结合的深基坑开挖对周边环境和支护体系变形的控制技术，并对环梁支撑进行结构优化，为类似支护结构的优化提供参考。

17.2.2　超大直径人工挖孔桩承载力研究

目前国内外关于超大直径扩底人工挖孔桩的承载机理研究尚不全面，由于大直径人工挖孔桩难以进行常规的静载试验，故其极限承载力没有统一的方法能确定，这给大直径人工挖孔桩的设计带来了不便。要得到较可靠的大直径扩底人工挖孔桩的极限承载力值，应该结合多种方法，利用理论分析、现场试验结果和数值模拟结果，研究大直径人工挖孔桩的承载机理，考虑桩侧摩阻力的发挥，建立合理的、适用于软岩地区的大直径人工挖孔桩极限承载力预测方法。

报告立足于广西九洲国际工程实际，结合岩基载荷试验结果，提出了一种大直径扩底人工挖孔桩的极限承载力预测模型，并通过有限元数值模拟验证其可靠性。通过分析不同工况下桩基的荷载-沉降曲线，得出了以下主要结论：

（1）软岩互层地基岩基载荷试验曲线呈缓变型，岩基变形模量随着荷载水平的增加而减小，岩体变形增大后趋于稳定，岩基无明显的弹性变形阶段，可采用负指数函数拟合得到压力和变形模量的关系曲线。通过数值模拟得到较吻合的 P-s 曲线，岩层物理参数 φ、c 值和嵌岩深度等是影响岩基载荷试验的重要因素，随着 φ、c 值的减小，最终沉降量增加，岩体塑性变形更加明显；而随着持力岩层变薄，最终沉降量也相对增大，选择持力岩层时应保证其有足够的厚度。

(2) 大直径扩地人工挖孔桩的极限承载力由位移控制为宜，取 40mm 沉降对应的荷载为其极限承载力。本文预测模型采用荷载传递法结合桩端持力层的岩基载荷试验结果，桩侧土体考虑双曲线函数传递模型，桩端岩土采用非线弹性力学模型，能较为真实地反映工程实际情况。应用本文模型，预测九洲国际超大直径扩底人工挖孔桩的极限承载力为 176.6MN，承载力特征值为 88.3MN。扩底能提高单桩的极限承载力，桩长对大直径桩的承载力提升不明显，而随着桩径的增加桩基承载力明显增加。

(3) 用本章数值模拟的方法得到的 Q-s 曲线和本文提出的预测模型计算得到的 Q-s 曲线吻合较好，曲线皆呈缓变型，两者误差在 5%以内，相互印证了两者的可行性。本文预测模型不仅可以用于大直径扩底单桩的极限承载力预测，还可以用于大直径等直桩的极限承载力预测。工程中大直径扩底桩基的极限承载力 Q_u 为 182.0MN，承载力特征值 R_a 为 91.0MN，非扩底桩基的极限承载力 Q_u 为 121.2MN，承载力特征值 R_a 为 60.6MN，扩底比非扩底极限承载力提高了 50.2%。数值模拟结果显示，桩长的增加对大直径桩的承载力提高效果不明显，而桩径能大大影响大直径桩基的承载力。随着持力层黏聚力的增大、内摩擦角的增大，扩底桩的极限承载力增大，即当持力层的承载能力由弱到强，桩基的承载能力逐渐提高。

(4) 在底板以下土层为中风化砂岩，其坚硬程度较高，需采取坑底局部爆破的方式进行施工，施工时应注意安全并应该考虑混凝土抗渗性能及水化热产生的内外温差。桩基检测方法主要有钻孔取芯法、低应变法、静载试验、高应变法、声波透射法等，其中低应变反射波法和声波透射法以操作简便、成本低廉、结果准确等优点应用最广。不同的桩基缺陷类型在检测结果上的反应特征不同，影响检测结果的因素非常多。因此，桩基检测结果应当参考当地地质情况和桩基施工工艺进行分析，准确判断缺陷成因。低应变反射波法和声波透射法可分别从整体质量和局部细节对桩基进行质量评价，综合运用两种方法，可以取长补短，使得检测结果的可信度更高。低应变反射波法属于桩基动测，而声波透射法基于声波脉冲技术。不同检测手段可以提供桩基不同物理特性的数据，也为检测工作提供更多依据。该项目研究成果可为南宁地区下伏软岩地基，高层建筑大直径扩底人工挖孔灌注桩基础的设计提供科学、可靠的技术支撑，具有重要的理论价值和现实指导意义。